Bodenkundliches Praktikum

Hans-Peter Blume   Karl Stahr   Peter Leinweber

Bodenkundliches Praktikum

Eine Einführung in pedologisches Arbeiten für Ökologen, insbesondere Land- und Forstwirte, und für Geowissenschaftler

3., neubearbeitete Auflage

em. Professor Dr. h.c. **Hans-Peter Blume**
Institut für Pflanzenernährung und Bodenkunde Universität Kiel
24098 Kiel

Professor Dr. **Karl Stahr**
Universität Hohenheim
Institut für Bodenkunde und
Standortslehre (310)
70593 Stuttgart

Professor Dr. **Peter Leinweber**
Universität Rostock
Institut für Bodenkunde und Pflanzenernährung
Justus-von-Liebig-Weg 6
18051 Rostock

1. Auflage 1966 von E. Schlichting und H.-P. Blume; Verlag: Parey , Hamburg
2. Auflage 1995 von E. Schlichting †, H.-P. Blume und K. Stahr; Verlag: Blackwell, Berlin

Wichtiger Hinweis für den Benutzer
Der Verlag, der Herausgeber und die Autoren haben alle Sorgfalt walten lassen, um vollständige und akkurate Informationen in diesem Buch zu publizieren. Der Verlag übernimmt weder Garantie noch die juristische Verantwortung oder irgendeine Haftung für die Nutzung dieser Informationen, für deren Wirtschaftlichkeit oder fehlerfreie Funktion für einen bestimmten Zweck. Der Verlag übernimmt keine Gewähr dafür, dass die beschriebenen Verfahren, Programme usw. frei von Schutzrechten Dritter sind. Die Wiedergabe von Gebrauchsnamen, Handelsnamen, Warenbezeichnungen usw. in diesem Buch berechtigt auch ohne besondere Kennzeichnung nicht zu der Annahme, dass solche Namen im Sinne der Warenzeichen- und Markenschutz-Gesetzgebung als frei zu betrachten wären und daher von jedermann benutzt werden dürften. Der Verlag hat sich bemüht, sämtliche Rechteinhaber von Abbildungen zu ermitteln. Sollte dem Verlag gegenüber dennoch der Nachweis der Rechtsinhaberschaft geführt werden, wird das branchenübliche Honorar gezahlt.

Bibliografische Information der Deutschen Nationalbibliothek
Die Deutsche Nationalbibliothek verzeichnet diese Publikation in der Deutschen Nationalbibliografie; detaillierte bibliografische Daten sind im Internet über http://dnb.d-nb.de abrufbar.

Springer ist ein Unternehmen von Springer Science+Business Media
springer.de

3. Auflage 2011
© Spektrum Akademischer Verlag Heidelberg 2010
Spektrum Akademischer Verlag ist ein Imprint von Springer

11 12 13 14 15   5 4 3 2 1

Planung und Lektorat: Frank Wigger, Dr. Christoph Iven
Redaktion: Andreas Held, Eberbach
Satz: TypoStudio Tobias Schaedla, Heidelberg
Umschlaggestaltung: SpieszDesign, Neu–Ulm
Titelfotografie: Rendzina auf Kalkstein
Fotos/Zeichnungen: von den Autoren, wenn in der Abbildungsunterschrift nichts anderes angegeben ist.

ISBN 978-3-8274-1553-0

Vorwort zur 3. Auflage

Auch in der dritten Auflage wird versucht, exemplarisch einen abgerundeten Abriss über Grundlagen, Technik und Auswertung bodenkundlicher Untersuchungsmethoden zu geben. Neben einer gründlichen Überarbeitung der Bodenbeschreibung und Kartierung im Gelände sowie Labormethoden unter Berücksichtigung moderner Messtechniken und Auswertungsmöglichkeiten wurden auch Methoden aufgenommen, mit denen sich die Dynamik am Standort für längere Zeit messend verfolgen lässt. Zudem wurden verstärkt Methoden berücksichtigt, die es gestatten, auch Böden anderer Klimate zu charakterisieren.

Den Pedologen interessieren gleichermaßen Entwicklung, Klassifikation und ökologische Bewertung von Böden. Den Biologen allgemeiner (Botaniker, Mikrobiologen, Zoologen) oder angewandter Richtung (Land- und Forstwirte, Gärtner) sowie den Landschaftsökologen interessieren Böden besonders als Standort und Lebensraum für Mikroorganismen, höhere Pflanzen und Tiere. Der Geowissenschaftler bearbeitet sie als umweltbedingte Landschaftssegmente (Geographen) bzw. von der Umwelt zeugende, erdgeschichtliche Urkunden (Geologen). Für Archäologen sind sie kulturgeschichtliche Urkunden, für Wasserwirtschaftler und Umweltingenieure Filter für umweltrelevante Stoffe. Alle genannten Disziplinen eint das Bestreben, die für Mensch und Umwelt relevanten Bodenfunktionen zu erhalten. Das Buch wendet sich daher an alle Interessenten und soll ihnen nicht nur für ihre speziellen Fragen eine Hilfe zu sein, sondern ihnen auch einen Einblick in weitere Aspekte vermitteln.

Die Methoden wurden auf jeder Stufe so ausgewählt, dass sie grundsätzlich internationalen (ISO) bzw. nationalen (DIN) Normen folgen, aber möglichst einfach sind (z. T. etwas vereinfacht wurden), um dennoch eine möglichst umfassende Aussage über einen Boden zuzulassen. Sie haben sich größtenteils seit vielen Jahren in Geländeübungen, kleinen und großen Praktika bewährt. Der zur Verfügung stehende Platz zwang auch in der dritten Auflage weitgehend zur Beschränkung auf das rein Bodenkundliche. Daher wurden die physikalisch-chemischen Grundlagen der Methoden nur kurz skizziert. Bei der Charakterisierung des Stoffbestandes wurden neben anorganischen Schadstoffen wie Schwermetallen auch exemplarisch einige organische Schadstoffe berücksichtigt. Bodenbewohnende Pflanzen und Tiere wurden in geringem Umfang berücksichtigt, wenn anders die exakte Bestimmung einer Bodeneigenschaft nicht möglich erschien wie z. B. die mikrobielle Biomasse im Bezug auf die organische Bodensubstanz bzw. einige Bodentiere im Bezug auf die Deutung mikromorphologischer Befunde. Breiterer Raum wurde weiterhin der integrierenden Auswertung der ermittelten Daten gegeben, weil Entsprechendes in der einschlägigen Literatur kaum zu finden ist.

Die Autoren haben sich die Bearbeitung wie folgt geteilt:

alle 8.2

Blume: 1, 2, 5.1, 5.2, 7.1, 7.2, 7.5, 8.1, 8.3

Leinweber 5.4, 5.6

Stahr 4, 5.5, 6

Blume und Leinweber 7.3, 7.4

Blume und Stahr 5.3

Stahr und Blume 3

Auch für diese Auflage hat es Anregungen, konstruktive Kritik, und Verbesserungsvorschläge gegeben, von unseren Kolleg(inn)en und Mitarbeiter(inn)en in Kiel, Stuttgart-Hohenheim und Rostock, aber auch aus weiteren Instituten (S. Brodowski, Bonn; R. Jahn, Halle; Y. Kuzyakow, Bayreuth; S. Thiele-Bruhn, Trier), Ämtern und Arbeitskreisen, wofür wir herzlich danken. Dem Verlag danken wir für seine Geduld, sowie gute und konstruktive Zusammenarbeit. Trotz aller Mühe sind wir uns bewusst, dass sich manches noch nicht optimal gestalten liess und sich Fehler eingeschlichen haben. Dankbar nehmen wir daher auch Anregungen entgegen, die zu einer Verbesserung führen.

Kiel, Stuttgart-Hohenheim und Rostock im Dezember 2009

Hans-Peter Blume, Karl Stahr

und Peter Leinweber

Vorwort zur 1. Auflage

Die wesentliche Frage der Bodenkunde lautet: Wie entwickelt sich (ein) Boden aus (einem) Gestein und welche Eigenschaften bekam er dadurch für die Organismen? Das bodenkundliche Praktikum soll zur Beantwortung dieser Frage in konkretem Falle mittels sinnvoller Untersuchungen anleiten.

Die Verfasser versuchten, exemplarisch einen abgerundeten Abriss von Grundlagen, Technik und Auswertung bodenkundlicher Untersuchungsmethoden zu geben. Da sich eine Disziplin am leichtesten demjenigen erschließt, der das Spezielle studiert, ohne das Allgemeine aus dem Auge zu verlieren, hoffen sie, dadurch auch zur Einführung in die Bodenkunde beizutragen.

Die obige Frage zeigt, dass die Bodenkunde genetische und ökologische Aspekte untrennbar miteinander verbindet. Den Biologen allgemeiner (Botaniker, Mikrobiologen, Zoologen) oder angewandter Richtung (Land- oder Forstwirte, Gärtner) interessiert der Boden insbesondere als Standort und Lebensraum für höhere und niedere Pflanzen und Tiere, den Geowissenschaftler dagegen vornehmlich als umweltbedingtes Landschaftssegment (Geographen) bzw. von der Umwelt zeugende erdgeschichtliche Urkunde (Geologen). Das Buch wendet sich daher an alle diese Interessenten, um ihnen nicht nur für ihre speziellen Fragen eine Hilfe zu sein, sondern ihnen auch einen Einblick in die weiteren Aspekte zu vermitteln.

Im Methodischen haben wir eine Dreiteilung nach erforderlichen Vorkenntnissen und Gerätschaften, Zeitaufwand und damit nach der erzielbaren Exaktheit der ermittelten Daten vorgenommen. Der erste Teil umfasst Felduntersuchungen, die überwiegend ohne oder mit jedermann zugänglichen Hilfsmitteln durchgeführt werden können. Die einfacheren Laboruntersuchungen erfordern nur wenige spezifisch bodenkundliche Geräte und dürften daher in den meisten Instituten praktikabel sein, während die eingehenderen (durch Kleindruck gekennzeichnet) eine normale bodenkundliche Ausstattung erfordern. Die Methoden wurden auf jeder Stufe so ausgewählt, dass sie zwar möglichst einfach sind (z. T. sogar vereinfacht wurden), aber dennoch eine wirklich umfassende Aussage über einen Boden zulassen. Sie haben sich zum größten Teil seit 10 Jahren in unseren Geländeübungen, kleinen und großen bodenkundlichen Praktika in Kiel und Hohenheim bewährt und erfordern in der Lehre nach unseren Erfahrungen anfänglich im Gelände je Profil etwa 2–3 Stunden und im Labor je Horizontprobe ein halb- bzw. eintägiges einsemestriges Praktikum.

Der zur Verfügung stehende Platz zwang zur Beschränkung auf das rein Bodenkundliche. Daher konnten die physikalisch-chemischen Grundlagen der Methoden meist nur kurz skizziert werden. Ebenso betrachteten die Verfasser es nicht als ihre Aufgabe, Methoden zur Untersuchung der bodenbewohnenden Pflanzen und Tiere zu beschreiben. Breiterer Raum wurde dagegen der integrierenden Auswertung der ermittelten Daten gegeben, weil Entsprechendes in der Literatur bislang fehlt. Infolge der Vielfalt möglicher bodengenetischer und -ökologischer Faktorenkonstellationen und Merkmalskombinationen konnten jedoch nur allgemeine Grundzüge erläutert werden. Hier müsste dann die „Anleitung zu selbständigen wissenschaftlichen Arbeiten" folgen.

Im Technischen wird ein Praktikumsbuch wegen der Vielzahl der anwendbaren Methoden und der stetigen Entwicklung nur schwerlich alle Interessenten dauernd zufriedenstellen können. Wir wären daher für Änderungsvorschläge jederzeit dankbar, zumal mancher Schatz als scheinbar simple Gelände- oder Laborerfahrung noch zu heben ist.

Stuttgart-Hohenheim im Herbst 1965
Ernst Schlichting
Hans-Peter Blume

Inhalt

1 Ziele und Wege bodenkundlicher Untersuchungen

Wesentliches Ziel bodenkundlicher Untersuchungen ist es, die Böden einer Landschaft zu verstehen. Das beinhaltet eine Antwort auf die Fragen, wie sich die einzelnen Böden entwickelt haben (d. h. wie die Faktoren der Bodenbildung wirkten), wie sie als Standort auf Organismen und als Filter auf Gewässer wirken werden und wie sie in Bildung und Standorteigenschaften miteinander verknüpft sind.

Nötig ist zunächst, an charakteristischen Stellen der Landschaft den gegenwärtigen Zustand des Mineral- und des Humuskörpers sowie des Gefüges in den verschiedenen Horizonten vorurteilslos (wertneutral) zu beschreiben. Um dies in allgemein verständlicher und interpretierbarer Form tun zu können, sind jedoch aus der Vielzahl der ermittelbaren Merkmale bestimmte konventionelle und diagnostisch wichtige auszuwählen (Entsprechendes gilt für die nur im Labor an Bodenproben messbaren Merkmale). Auf diese also beziehen sich die folgenden Ausführungen, wobei im speziellen Fall andere durchaus bedeutsamer sein können. Stabile Merkmale wie die Körnung oder der Mineralbestand sind dabei einmal anzusprechen. Labile Merkmale wie Gehalt und Zusammensetzung des Bodenwassers ändern sich im Jahreslauf und erfordern demzufolge mehrfache Untersuchungen, d. h. Umsatzmessungen oder Jahresgänge.

Aus diesen Merkmalen sind die Bildungsprozesse der Böden (Verwitterung und Mineralbildung, Zersetzung und Humifizierung, Vermischung, Verlagerung und Gefügebildung) zu rekonstruieren. Da ein Boden natürlicherweise unten durch sein anorganisches und oben durch sein organisches Ausgangsmaterial (Gestein bzw. Streu) begrenzt wird und die Umweltkräfte von oben eingreifen, kann man den allgemeinen Ablauf der Prozesse aus einem Horizontvergleich mit Gestein und Streu erschließen. Man folgt dabei dem einfachen Prinzip, dass in der Regel Abschwächung eines Merkmals in einem Horizont Abbau oder/und Fortfuhr, Verstärkung entsprechend Bildung oder/und Zufuhr bedeuten (Beispiel: Tongehaltsanstieg im Unterboden durch Tonbildung bzw. -verlagerung). Je näher dem Ausgangsmaterial diese Veränderung auftritt, desto später hat sie im Allgemeinen eingesetzt (Beispiel: Kalkgehaltsabfall unmittelbar über dem Gestein durch frühe Entkalkung). Umsatzmessungen gestatten dabei, rasch ablaufende Vorgänge zu verfolgen, bzw. zu ermitteln, inwieweit Prozesse auch heute noch ablaufen.

Sodann sind aus den Bodenmerkmalen die künftigen Lebensbedingungen der Organismen vorherzusagen. Da für sie nur die in labiler Bindung vorliegenden Wasser-, Luft- und Nährstoffvorräte verfügbar und die entsprechenden Schadstoffvorräte wirksam sind, hat man die Veränderbarkeit der entsprechenden Bodenmerkmale in ihrem Wurzel- bzw. Lebensraum abzuschätzen (Beispiel: Gehalt an leicht verwitterbaren Mineralen wie Kalk). Das hat aber stets in Zusammenhang mit dem gleichgewichtigen Standortfaktor Witterung zu geschehen (besonders bedeutsam beim Wasser- und Lufthaushalt). Entscheidend ist dann das Verhältnis zum Anspruch für optimales Gedeihen. Infolgedessen ist der Vergleich mit der gegenwärtigen Vegetation (Artenbestand, Wuchsleistung) eine wichtige Gegenprobe. Mit der Analyse der Fähigkeit, Stoffe zu binden, werden Böden nicht nur als Lebensraum von Organismen und Wurzelraum von Pflanzen charakterisiert, sondern zugleich als Regulator der Grundwasserneubildung und Grundwasserqualität.

Für die genannten Interpretationen gilt, dass sie nicht nur in Gänze, sondern auch für jedes der Einzelmerkmale umso sicherer werden, je mehr andere man berücksichtigt. Eine gegebene Kombination der bodenbildenden Faktoren beeinflusst ja alle Prozesse, und diese tun es untereinander. Daher müssen alle Merkmale in gewisser Weise harmonisch ausgeprägt sein, sodass sich die Schlüsse wechselseitig sichern lassen. Hinzu kommt, dass die vielfältigen Ansprüche der Organismen an ihren Lebens- bzw. Wurzelraum eine Einheit bilden, die der Boden harmonisch erfüllen muss.

Die Böden einer Landschaft unterliegen in ihr nicht nur einer abgestuften Einwirkung der Umwelteinflüsse, sondern sind auch oft durch Umlagerungsprozesse (durch Wasser, Wind oder Schwerkraft) miteinander verbunden. Infolgedessen lassen sich manche Schlüsse durch einen Profil- bzw. Standortvergleich in der Landschaft sichern (Beispiele: Geköpften Böden am Ober- werden überdeckte am Unterhang entsprechen; Erstere werden weniger, Letztere mehr Wasser erhalten, als der Niederschlagshöhe entspricht; auf Wasserstau deutende Merkmale werden vom Rand zum Kern von Plateaus zunehmen). Der Vorteil der Bodenuntersuchung im Gelände liegt gerade in der Möglichkeit, die Gültigkeit entsprechender Schlüsse schnell zu überprüfen.

Bei diesen Indizienbeweismethoden werden aber die gegenwärtig ablaufenden Prozesse, die sich morphologisch (bei kürzlichen Eingriffen oft auch ökologisch) kaum ausgewirkt haben, meist wenig erfasst. Hier muss man die Veränderung der Bodenmerkmale über eine ausreichend lange Zeit beobachten oder messen. Beweisen lassen sich alle Aussagen über den Ablauf bestimmter bodenbildender Prozesse bzw. über die Wuchsbegrenzung durch diesen oder jenen Faktor nur durch einen gezielten Eingriff in das System, d. h. durch Experimente. Diese Experimente wiederum müssen letztlich unter Feldbedingungen durchgeführt werden. *Bodenkundliche Untersuchungen beginnen und enden also im Gelände.*

2 Auswahl der Untersuchungsobjekte

Man muss zunächst versuchen, typische Böden aufzufinden, die von wenigen Punkten ausgehend das ganze Bodenmosaik begreifbar machen. Solche typischen Böden sind dort zu erwarten, wo die Faktoren der Bodenbildung in charakteristischen Kombinationen wirkten. Diese Faktoren sind Gestein, Klima, Relief, Pflanzen und Tiere, Zeit und bei Kulturböden der Mensch. Das Gestein ist das umzuwandelnde Substrat, das Klima repräsentiert die Umweltenergien, das Relief modifiziert dessen Wirksamkeit (auch im Hinblick auf Grund- und Gewässerwasser), die Pflanzen und Tiere liefern die Streu, die Zeit bestimmt das mögliche Ausmaß der durch die vorher genannten Faktoren bedingten Prozesse, während der Mensch in vielfältiger Weise in sie eingreift.

Landschaften können nach verschiedenen Gesichtspunkten abgegrenzt werden und demnach unterschiedlich groß sein. Der Erdball wird durch das Großklima in Zonen gegliedert, diese weiter durch klimatische Variationen in Provinzen. Dann treten in den Regionen Gesteine bzw. Gesteinsgruppen (oft als tektonische Einheiten) hervor, die durch bestimmte Reliefgruppen in Elementarlandschaften unterteilt werden können. Es ist zweckmäßig, sie durch die Wasserscheiden und nicht durch die Wasserläufe abzugrenzen. In der genannten Folge nimmt also die Bedeutung des Klimas als Gliederungsprinzip ab, diejenige des Reliefs dagegen zu (das heißt natürlich nicht, dass in den kleineren Einheiten etwa keine Gesteinsunterschiede vorkämen). Im Folgenden wird diese Elementarlandschaft kurz als Landschaft bezeichnet. In ihr gilt es also, die wahrscheinlichen Positionen typischer Böden zu lokalisieren. Das geschieht durch Auswerten vorhandener Karten und durch eine Geländebegehung (vgl. Kap. 4).

2.1 Auswertung vorhandener Karten

Eine Auswertung vorhandener Karten ist erforderlich, um das fragliche Gebiet in die nächstgrößere Landschaftseinheit einordnen zu können, und ratsam, um Arbeit zu sparen. Wichtigste Grundlage ist eine *topographische Karte* (Maßstab möglichst 1:25 000 oder größer) mit Höhenschichtlinien. Legt man die verschiedenen Höhenstufen (kleine im Flach-, größere im Bergland) farbig an, so lassen sich die geomorphen Einheiten (z. B. Terrassen, Moränen, Hochebenen) leichter erkennen. Diese Einheiten sind durch ein bestimmtes Relief (bzw. eine Reliefabfolge), gleiches Alter (durch Gesteinsbildung oder -abtragung) und meist auch gleiches Gestein (prüfe!) ausgezeichnet. Man erfasst mit ihnen in einem großklimatisch einheitlichen Gebiet also die Faktoren Relief (und das davon mit abhängige Mikroklima), Zeit und oft auch Gestein. Bei Flusstälern mit starkem Gefälle oder nachträglich gekippten Hochebenen mit starkem Schichtenfallen ist jedoch zu berücksichtigen, dass sie Höhenschichtlinien queren. Hier ist nicht die absolute, sondern die relative, d. h. auf die Flusssohle oder die Schichtbasis bezogene Höhenlage herauszuziehen.

Durch diese morphologische Gliederung gewinnt man auch einen Überblick über das Gewässernetz. Der Vergleich mit einer *hydrologischen Karte* lässt alte (trockengefallene oder verlandete) Wasserläufe bzw. -flächen erkennen. Je genauer diese Karte, desto mehr kann die Landschaft weiter nach Flächen gleicher Grundwasserhöhe, -schwankung und -zügigkeit gegliedert werden.

Innerhalb der geomorphen Einheiten vorhandene Gesteinsunterschiede auszugrenzen, ist oft nicht einfach, da es petrographische Karten kaum gibt. Die *geologischen Karten* gliedern häufig bei den Sedimentiten nicht nach der Art, sondern nach dem Bildungszeitraum der Gesteine (Chronostratigraphie). In großmaßstäblichen geologischen Karten sind meist einheitliche Gesteinskörper, d. h. die Fazies (Lithostratigraphie) innerhalb eines Zeitraumes, gegliedert und diese angegeben (z. B. Dogger = Opalinuston). Bei Magmatiten und Metamorphiten wird jedoch mehr die Art und weniger das Alter der Gesteine angegeben. Das Alter eines Gesteins bestimmt natürlich auch die maximale Dauer der Bodenbildung. Die tatsächliche ist aber oft beträchtlich kürzer, weil die Bedingungen, unter denen das Gestein gebildet wurde, oft kaum Bodenbildung erlaubten (z. B. Glazialklima) oder weil das Gestein überdies durch ein neues überdeckt wurde (z. B. Meeressedimente). In letzterem Fall vermittelt die geologische Karte keine Kenntnis darüber, wann Deckgebirge wieder abgetragen wurden und danach die Bodenbildung in dem betreffenden Gestein neu beginnen konnte. Für die Bodenentwicklung ist nicht das Alter des Gesteins sondern der Landoberfläche entscheidend. Die Nutzbarkeit geologischer Karten für die Gliederung einer Landschaft nach den Faktoren Gestein und Zeit wird ferner dadurch eingeschränkt, dass die Darstellung meist *abgedeckt* ist, d. h. geringer mächtige jüngere Deckschichten nicht enthält. Diese aber werden natürlich besonders intensiv umgewandelt und bestimmen demnach oft den Charakter der Böden (z. B. Lössschleier über Unterkeuperton, Flugsand über Geschiebemergel).

Der Vergleich *jüngerer* mit *älteren Karten* lässt einen Nutzungswandel erkennen und dann ältere Prägungen erwarten. So lässt ackerbauliche Nutzung Erosionsspuren am Ober- und Kolluvien am Unterhang erwarten, und zwar auch dann, wenn dem Ackerbau die Forstnutzung folgte. Auch Abgrabungen und Verfüllungen lassen sich dann prognostizieren.

Hat man auf diese Weise charakteristische Relief-(Mikroklima-)Gestein-Zeit-Kombinationen lokalisiert, so müsste die natürliche Vegetation ihnen folgen, da sie ja vom Boden einerseits und vom Klima andererseits bestimmt wird. Der Vergleich mit *Karten der natürlichen* (potenziellen) *Vegetation* (d. h. derjenigen, die sich ohne menschliche Eingriffe vorfände bzw. wieder einstellen würde: s. z. B. BOHN et al. 2000) kann also als Gegenprobe dienen. Eine Karte der Kulturvegetation wäre sinngemäß oft nur vorübergehend gültig. Diese aktuelle Vegetation ist auch weniger als Faktor der Bodenbildung aufzufassen, denn als Indikator. Einerseits werden beim Pflanzenbau meist natürliche Bodenunterschiede berücksichtigt, und andererseits erfordert er bestimmte Eingriffe des Menschen in den Boden. Diese sind selten direkt kartographisch erfasst. Karten über die *Waldgeschichte* sind daher von besonderem Wert, da sie Informationen über alle erwähnten Gesichtspunkte und oft auch über Rodungszeiten vermitteln. Vorhandene Bodenbewertungs- und davon abgeleitete Bodenkarten sollte man selbstverständlich benutzen, wenngleich z. B. bei der Bodenschätzung unterschiedliche Merkmalskombinationen zur selben Bewertungsziffer führen können (s. Abschn. 3.6.2.6). Besonders zu empfehlen ist es, vorliegende forstliche Standortkarten einzusehen (AD-HOC-AG BODEN 2005, AK STANDORTKARTIERUNG 1996, AK STADTBÖDEN 1997, JAHN et al. 2006).

2.2 Luftbildinterpretation/ Fernerkundung

Einen Übergang zwischen der Kartenauswertung und der Geländebegehung stellt die Interpretation des *Luftbildes* dar (in Entwicklungsländern ist dieses oft die alleinige *Karten*-Grundlage). Wie eine Karte gibt es die Landschaft verebnet und verkleinert wieder, abstrahiert aber im Gegensatz zu dieser nicht von *unwesentlichen* Landschaftsmerkmalen, die bodenkundlich von Belang sein können. Es erlaubt zunächst eine Kontrolle der Relief- und Vegetationseinheiten (zumal bei stereoskopischer Betrachtung), bei schütterer Vegetation oft auch des Mikroreliefs und des Gesteins. Ferner lässt es indirekt regelmäßige Störungen im Bodenaufbau erkennen (z. B. prähistorische Anlagen, Dränstränge). Und letztlich können Unterschiede in Bodenfarbe, Bearbeitungseffekten u. a. wahrgenommen werden, die bei der Geländebegehung als gleitende Übergänge nicht auffallen.

2.3 Geländebegehung

Aber die beste Vorbereitung kann die Geländebegehung nicht ersetzen. Sie dient zunächst wiederum der Kontrolle der vorigen Ermittlungen. Beim Relief stehen die kartographisch nicht erfassten Kleinformen im Vordergrund. Sie bedingen besonders bei Grundwassernähe und in Trockengebieten oft große Bodenunterschiede. Noch größer sind diese, wenn das Mikrorelief selbst die Folge der Bodenbildung ist (z. B. Thufur oder Gilgai). Mittelbar trifft das auch für anthropogene Kleinformen (z. B. Ackerbeete, Bifänge) zu. Die anstehenden Gesteinsarten lassen sich an vorhandenen Aufschlüssen (z. B. Steinbrüchen, Kiesgruben) sicher, aber nicht immer flächenrepräsentativ ermitteln. Unverwitterte Blöcke und Steine an der Bodenoberfläche erlauben oft, das Bild zu vervollständigen. Unterschiede zwischen Aufschluss- und Oberflächenermittlungen deuten auf geringmächtige Deckschichten (z. B. Fließerden, Flugsanddecken, Lössschleier). Der Inhalt von Lesesteinhaufen und Steinwällen lässt nur einen Schluss auf die überhaupt vorkommenden Gesteine zu, nicht auf ihre Verbreitung, da sie ja von verschiedenen Stellen zusammengetragen sein können. Die Vegetationsunterschiede sind ähnlich sorgfältig zu beobachten wie die Kleinformen des Reliefs. Zum einen ist auch die rezente Vegetationsdecke selten eingehend kartographisch erfasst, und zum anderen gilt hier in besonderem Maße, dass Bodenunterschiede direkt angezeigt werden können. Kennt man den Zeigerwert der verschiedenen Pflanzen bzw. Pflanzengesellschaften, so sagt die spontane Vegetation nicht nur aus, ob, sondern auch, welche Bodenunterschiede bestehen. Bezüglich der Einzelheiten sei hier auf die pflanzensoziologische Literatur verwiesen (ALEXANDER & MILLINGTON 2000, DIERSCHKE 1994, DIERSSEN 1990, ELLENBERG et al. 1992).

Es sei nur kurz vermerkt, dass die beiden in Mitteleuropa heimischen Nutzungsformen Wiese und Wald insbesondere die Gründigkeit und den Grundwassereinfluss anzeigen. Der Pflanzenbestand des Dauergrünlandes kann noch in gewissem Maße als standortgebunden betrachtet werden; in den Forsten gilt das allenfalls für die Krautschicht und auf den Äckern für die Unkräuter. Die Aussage wird allerdings infolge der neuerdings auch in Forsten verbreiteten Düngung und bei den Äckern zusätzlich wegen der Anwendung selektiver Herbizide immer problematischer. Besser zu sichern ist die Abgrenzung von bodenbedingten Vegetationseinheiten, wenn man ihre jahreszeitlich wechselnden Aspekte beobachtet. Indessen hat man häufig nicht so viel Zeit für die Auswahl seiner Untersuchungsobjekte. Bei den Kulturbeständen tritt an die Stelle der Artenzusammensetzung das Wuchsbild (Bonität der Bäume, Stand der Feldfrüchte). Hier wirken sich allerdings kurzfristige Veränderungen des Bodenzustands (z. B. durch Düngung) oft so stark aus, dass Vorsicht geboten ist. Letztlich muss man bei der Geländebegehung natürlich versuchen, direkte Hinweise auf Bodenunterschiede zu erhalten. Vorhandene Gruben usw. ermitteln ähnliche Einblicke, wie beim Gestein beschrieben, während die Beobachtung der Bodenoberfläche meist aufschlussreicher ist als dort, da nicht nur der Steingehalt von Belang ist. Bereits beim Überschreiten sind Unterschiede spürbar, z. B. am Federn die Lockerheit des Gefüges. Bei nacktem Boden treten Farbe und Gefüge der Oberfläche an die Stelle der Vegetation. Da bei beiden Merkmalen Unterschiede durch hohe Wassergehalte nivelliert werden können, empfiehlt sich auch hier, sie zu verschiedenen Jahreszeiten zu beobachten (z. B. gibt sich bei Trockenheit ein schluffiger Oberboden durch Verkrusten, ein toni-

ger durch Zersplittern zu erkennen; Unterschiede im Humusgehalt erscheinen dann viel deutlicher). Aber auch unterschiedliche Feuchte zu einer gegebenen Zeit deutet auf merkliche Bodenunterschiede. Beim Gefüge ist natürlich wiederum zu beachten, dass Unterschiede zwischen zwei Äckern bearbeitungsbedingt und somit vorübergehender Natur sein können.

2.4 Platzierung der Leitprofile

Hat man auf diese Weise alle verfügbaren Informationen über wahrscheinliche und sichere Bodenunterschiede gesammelt, so ist zunächst zu entscheiden, welche Differenzen wesentlich und welche unwesentlich sind. Das hängt natürlich sehr von der erstrebten bzw. möglichen Genauigkeit der Untersuchung, d. h. sowohl von der Ausdehnung der Landschaft als auch von ihrer Ausgeglichenheit sowie vom möglichen Zeitaufwand ab. Nach dieser Entscheidung werden in der *Mitte* der jeweils als einheitlich angesehenen Flächen sogenannte Leitprofile freigelegt. Zu vermeiden sind dabei jedoch gestörte Lokalitäten (z. B. ehemalige Siedlungsplätze, Wege und Gräben, deren Lage man älteren topographischen Karten oder dem Luftbild entnehmen kann) und deren nähere Umgebung (z. B. können Veränderungen am Straßenrand 10–30 m weit reichen). Auch sollte man nicht alte Aufschlüsse oder Wegeinschnitte wählen bzw. die Leitprofile der Arbeitsersparnis wegen an untypischen Stellen (z. B. Wegraine, Waldlichtungen) legen; denn die unzweckmäßige Platzierung eines Leitprofils vermindert den Nutzeffekt der ganzen folgenden Arbeit.

2.5 Anlage eines Bodenprofils

Die Felduntersuchung erfolgt an einem Bodenprofil. Ersatzweise ist sie an einem Bohrkern möglich, und zwar umso besser, je größer dessen Querschnitt ist. Der Durchmesser eines *Erdbohrstockes* (∅ 2 cm) lässt z. B. noch die Ermittlung der Körnung, dagegen nicht mehr die des Gefüges zu. Die Eignung verschiedener im Handel befindlicher *Bohrgeräte* hängt dabei von den Bodeneigenschaften ab. Geeignet sind insbesondere für sandige Böden *Löffel-*

bohrer, für lehmige und tonige Böden *Schlagbohrer* und für Moore *Kammerbohrer* (DIN 19 671). Bohrungen sind zu unterlassen, wenn mit verlegten Leitungen zu rechnen ist, z. B. im städtischen Bereich, weil diese beschädigt werden können (und auch zu einer Gefährdung des Bohrenden führen können). Bei steinreichen Böden empfiehlt sich die Anlage kleinerer Schürfen mit einer *Hacke.*

Als **Bodenprofil** wird mit *Spaten* sowie *Schaufel* oder *Pickhacke* eine Grube von 1 m Breite ausgehoben, die bis 0,2 m unterhalb der Oberkante des Gesteins, bei Böden aus Lockergesteinen jedoch mindestens bis 1 m Tiefe reicht. Der Aushub wird auf rechts und links ausgebreitete *Planen* geworfen (und zwar Ober- und Unterboden getrennt); das hält den Flurschaden in Grenzen und erleichtert das spätere Schließen der Schürfe. Die Grube sollte anderthalbmal so lang wie tief sein und mit mehreren Treppen für den Einstieg ausgeführt werden (Abb. 2.5.1). Die Stirnwand sollte in Hanglagen bergwärts angelegt werden, sonst nach Westen oder Osten ausgerichtet, um gute Fotos machen zu können (s. Abschn. 3.7.2). Für Beobachtungen an Baumwurzeln ist die Stirnwand etwa 1 m neben dem Stammfuß anzulegen. Dann kann nach der Profilbeschreibung der durchwurzelte Bereich abgegraben werden. Die Stirnwand wird zur einen Hälfte spatenglatt abgestochen, zur anderen dem Aggregatverband nach mit *Messer* oder *Spatel* präpariert. Bei lehmig-tonigen Böden kann man in einer Ecke der Profilgrube einen Quader für Gefügestudien stehen lassen (s. Abschn. 3.5.3). Auch eine der Längswände wird spatenglatt abgestochen, da sich an langen Wänden ein Streichen bzw. Fallen von Schichten, Steineinregelungen usw. besonders gut beobachten lassen. Später wird hier eine zweite Treppe angelegt, deren Stufen sich jeweils in der Mitte einer Lage (mächtige Lagen werden mehrfach unterteilt) befinden; sie dient Aufsichtsbeobachtungen und Gefügemessungen. Die Grube ist über Nacht zu sichern, ansonsten in der Reihenfolge erst Unterboden, dann Oberboden wieder zu füllen, um eine Belastung des Bodenlebens gering zu halten.

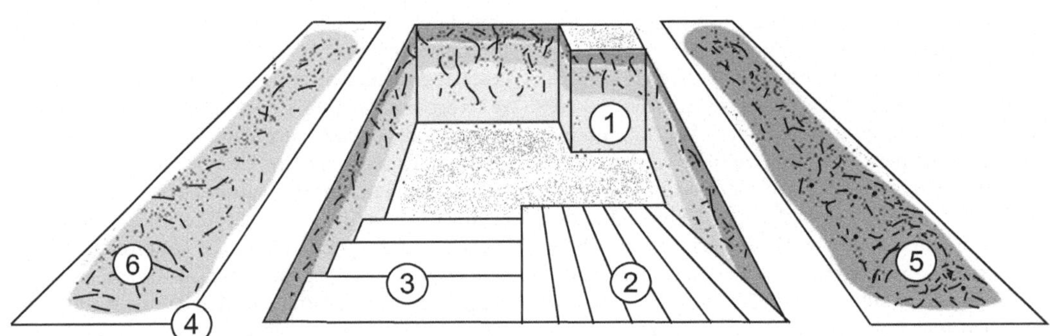

Abb. 2.5.1 Anlage des Bodenprofils
Geräte: Spaten, Zollstock, 2 Planen (ca. 1,50 x 2 m)
Breite: 100 cm
Länge: 180 cm
Tiefe: 120 cm, falls das Ausgangsgestein nicht erreicht wird
1. Diagnostische Säule (bleibt für die Untersuchung erhalten)
2. Schiefe Ebene (Rettungsweg für Tiere)
3. Treppe
4. Plane
5. Oberboden (bis ca. 40 cm Tiefe. Er enthält das Bodenleben)
6. Unterboden (Rechtshänder)

3 Aufnahme und Deutung des Bodens im Gelände

Vom Bodenprofil (s. Abschn. 2.5) werden neben den Eigenschaften der Horizonte bzw. Schichten auch die Lokalität und die bodenbildenden Faktoren angesprochen. Es folgen die genetische Deutung, die ökologische Beurteilung und ggfs. die Eignungsbewertung im Hinblick auf spezifische Nutzungen (Abb. 3.1).

Alle Erhebungen und Beobachtungen werden in ein vorbereitetes Formular eingetragen (s. Abb. 3.7.1). Dabei kann man Symbole verwenden. Die üblichen Abkürzungen (DV-Zeichen) finden sich in AD HOC-AG BODEN (2005); DIN 4220, 19 682, 19 685, 19 686.

3.1 Kennzeichung der Lokalität

Jede Profilbeschreibung ist zur Vermeidung von Verwechslungen zunächst mit folgenden Angaben zu versehen (Abb. 3.7.1):

- Profilnummer (fortlaufend), wird in die Feldkarte eingetragen
- Angabe der benutzten Feldkarte (Kartennummer, Maßstab)

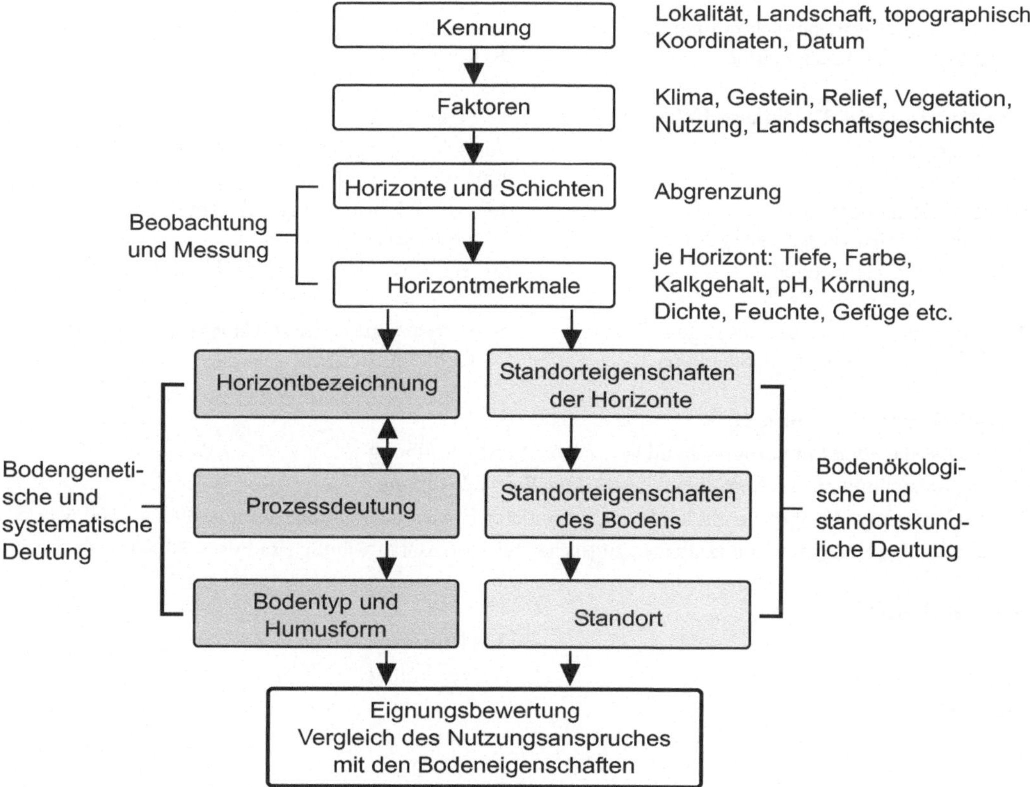

Abb. 3.1 Übersicht zur Ansprache von Böden im Gelände

- Lokalität (möglichst eindeutige Beschreibung des Ortes mit Flurdaten etc.)
- Koordinaten des beschriebenen Standortes (Hoch- und Rechtswerte, GPS)
- Aufnahmedatum und Bearbeiter

Das **Oberflächenrelief** hat sowohl für die Eigenschaften der Böden als auch für deren Abgrenzung auf Bodenkarten Bedeutung. Unterschiedliche Neigungen, Längen und Formen von Hängen beeinflussen z. B. die Sicker- und Abflussgeschwindigkeit des Niederschlagwassers und damit die Gefahr der Bodenerosion. Kuppenlagen sind in der Regel trockener als Mittelhänge, und an Unterhängen treten nicht selten Vernässungen auf. Bei der Bodenkartierung nicht nur im Bergland liefern die Reliefformen und die Hangneigung wichtige Kriterien zur Abgrenzung von Bodeneinheiten. Die Kennzeichnung des Oberflächenreliefs am Aufnahmepunkt kann nach folgendem Schema erfolgen:

Reliefformtypen

K	**Kulminationsbereich**
T	**Tiefenbereich**
H	**Hang**

Untergliederung des Kulminationsbereichs K:

nach Hangneigung:

KS ebener Kulminationsbereich

KH hängiger Kulminationsbereich

KV Kulminationssattelbereich mit konkav gewölbter Kulminationslinie

zusätzliche Angaben zum Kulminationsbereich:

Z sehr stark gewölbt (zugeschärft, zugespitzt)

R schwach bis stark gewölbt (gerundet) (Hangneigung N 1–N 2)

F sehr schwach gewölbt bis gestreckt (flächenhaft)

K Kuppe

Untergliederung des Tiefenbereichs T:

nach Hangneigung:

TS ebener Tiefenbereich (Senkenbereich Hangneigung N 0)

TH geneigter Tiefenbereich (Hangneigung N 1–N 2)

TX Tiefensattelbereich mit konvex gewölbter Tiefenlinie (Talwasserscheidenbereich)

zusätzliche Angaben zum Tiefenbereich nach Queraufriss:

M schwach bis stark gewölbt (muldenförmig, gerundet)

F sehr schwach gewölbt (flächenhaft)

S gestreckt, meist durch Hangkehle begrenzt (sohlenförmig)

Untergliederung des Hanges H:

HF Hangverflachung mit vorherrschend gestreckter Vertikalwölbung

HS Hangversteilung mit vorherrschend gestreckter Vertikalwölbung

HR muldenförmige Hangrinne mit konkaver, gerundeter Horizontalwölbung (Radius: 30 – < 1000 m)

HZ kerbförmige Hangrinne mit konkaver, zugeschärfter Horizontalwölbung (Radius: < 30 m)

Komplexe Reliefformtypen:

E Erhebung

G geschlossene Hohlform

O offene Hohlform

F Flanke

V Verebnung

Erhebung:

Gliederung nach Queraufriss:

EZ zugeschärfte, zugespitze Erhebung

ER gerundete Erhebung

EF flächenhafte Erhebung

EP plateauförmige Erhebung
(Kulminationsbereich überwiegend
durch gerundete Kante begrenzt)

zusätzliche Gliederung nach Grundriss der
Erhebung (Zusatzangabe):

R rundlich

L länglich gestreckt bis gebogen
(Länge:Breite ≥ 3:1)

K angebundene Erhebung mit kurzem Grundriss
(a:b < 3:1), z. B. Felsklippen, Buckel oder
Schichtstufenrest am Hang

F Schwemmkegel

Die **Hangneigung** wir mittels eines *Klinometers*
festgestellt oder ersatzweise aus dem Höhenlinienabstand der *topographischen Karte* abgelesen (bei
starkem Mikrorelief kann mit letzterem ein erheblicher Fehler auftreten) (Tab. 3.1.1).

HO Oberhang
HM Mittelhang
HU Unterhang

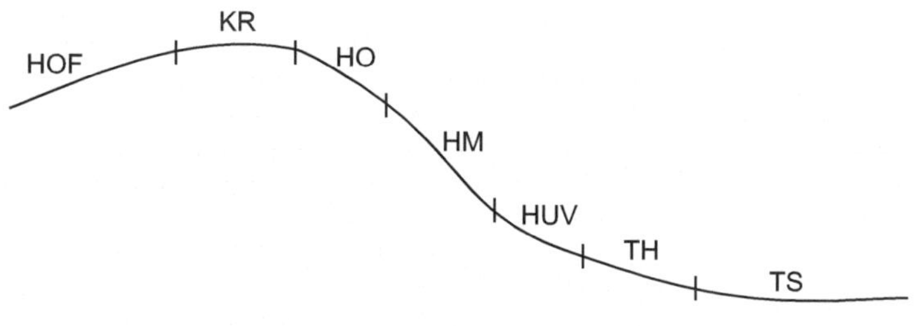

Abb. 3.1.1 Beispiele für
die Kennzeichnung von
Reliefpositionen

Tab. 3.1.1 Hangneigungsstufen (AD-HOC-AG BODEN 2005, FAO 2006)

Neigungsstufen		Bezeichnung	Bez. FAO	Kurzzeichen	Abstand der 10 m-Linien in Karte 1:25 000
%	°				
0–2	0–0,5	nicht geneigt	*flat*	N 0	> 20 mm
2–4	0,5–2	sehr schwach geneigt	*level*	N 1	11–20 mm
4–9	2–5	schwach geneigt	*gently*	N 2	4,5–11 mm
9–18	5–10	mittel geneigt	*sloping*	N 3	2,2–4,5 mm
18–27	10–15	stark geneigt	*strongly*	N 4	1,5–2,2 mm
27–36	15–20	sehr stark geneigt	*mod. steep*	N 5	1,1–1,5 mm
> 36	> 20	steil	*steep to very steep*	N 6	< 1,1 mm

3.2 Kennzeichnung von Klima und Witterung

Das **Lokalklima** müsste langjährig gemessen werden (s. hierzu Kap. 6), um repräsentative Werte zu erhalten. Im Normalfall entnimmt man daher *Tabellenwerken der Klimakunde* (z. B. MÜLLER 1987) die langjährigen Mittel von Jahresniederschlag und -temperatur der nächsten *Klimastation* des Wetterdienstes und schätzt das Standortklima unter Berücksichtigung abweichender Höhenlage und Auslage zur Himmelsrichtung.

Genauere Aufschlüsse geben langjährige Monatsmittel des Niederschlags oder der Temperatur sowie Angaben über die Zahl der Tage mit Bodenfrost und mit über 1 mm Niederschlag. Die komplexe Wirkung von Niederschlag und Temperatur auf die Durchfeuchtung des Bodens lässt sich dann über die klimatische Wasserbilanz (s. Abschn. 3.6.2.2) oder andere Indices charakterisieren. Bezüglich weiterer Einzelheiten sei auf LESER & KLINK (1988) verwiesen.

Die **Witterung** unmittelbar vor und zur Zeit der Profilaufnahme ist zu registrieren, weil von ihr die aktuelle Bodenfeuchte und davon abhängige Größen (z. B. Gefügeform, Redoxpotenzial, Salzgehalt) der Bodenhorizonte abhängen. Die Kennzeichnung des aktuellen Niederschlagsverlaufs ist aus Tab. 3.2.1 ersichtlich.

3.3 Kennzeichnung der Biozönose und der Bestandsgeschichte

3.3.1 Biozönose

Vegetation und Tierwelt beeinflussen einerseits die Entwicklung eines Bodens und reflektieren andererseits dessen Eigenschaften als Wuchsort, sodass ihnen vielfach diagnostische Bedeutung zukommt. Bei natürlicher bzw. standortbestimmter Vegetationsdecke (z. B. Hochgebirge, Flussaue, Moor, Naturschutzgebiet) sollten die vorhandenen Pflanzenarten und ihr Deckungsgrad erfasst werden, z. B. nach BRAUN-BLANQUET (1964), DIERSSEN (1990); bei Ackerflächen (A) die derzeitige Kulturart und Fruchtfolge sowie Arten und Bedeckungsgrad der Pflanzen; bei Forsten die vorkommenden Holzarten, Bestandsalter und -dichte, außerdem Zusammensetzung und Dichte der Krautschicht. Weiterhin ist auf Naturverjüngung sowie Auftreten bestimmter Tierarten (z. B. Regenwürmer, Ameisen, Termiten) zu achten, weil auch deren Kenntnis der Standortdiagnose zu dienen vermag (Isolierung der Tiere s. SCHINNER et al. 1993, Ansprache s. DUNGER & FIEDLER 1989).

Tab. 3.2.1 Kennzeichnung des aktuellen Niederschlagsverlaufs (AD-HOC-AG BODEN 2005)

Witterungsereignis	Kurzzeichen
keine Niederschläge während des letzten Monats	WT 1
keine Niederschläge während der letzten Woche	WT 2
keine Niederschläge während der letzten 24 Stunden	WT 3
regnerisch mit nicht sehr starken Niederschlägen während der letzten 24 h	WT 4
stärkere Niederschläge seit mehreren Tagen oder Starkregen während der letzen 24 h	WT 5
extrem niederschlagsreiche Zeit	WT 6
schlechte Belichtung (z. B. Beeinträchtigung der Farbansprache)	L
Nebel (z. B. Beeinträchtigung der Fingerprobe)	N
tiefe Temperaturen (z. B. Beeinträchtigung der Fingerprobe)	T
starker Wind (Beeinträchtigung der gesamten Aufnahme)	W
Regen (Beeinträchtigung der gesamten Aufnahme)	R

3.3.2 Bestandsgeschichte

Nicht nur die derzeitige Nutzung, sondern auch frühere Nutzungen haben die Eigenschaften eines Bodens geprägt. Deren Kenntnis erleichtert daher die Deutung erfasster Bodeneigenschaften. Insbesondere ist zu ermitteln, ob Stoffe entnommen (Streunutzung, Torfstich, Plaggenstich, Grundwassersenkung) oder zugeführt (Düngung, Berieselung, Kalkung, Überschwemmung) oder der Boden bearbeitet, dräniert, nivelliert, terrassiert oder verdichtet wurde.

3.4 Ausgangsgestein

Ausgangsgesteine sind Mineralvergesellschaftungen und bilden geologische Körper, die das anorganische Ausgangsmaterial für die Bodenbildung darstellen. Bei Böden aus einheitlichem Gestein lässt sich die Gesteinsart nach Tab. 3.4.1 aus den Eigenschaften der untersten, noch unveränderten Bodenlage nach sichtbarer Struktur, Mineralbestand und Körnung ermitteln (PAPE 1996).

Auch die vor allem in städtischen und industriellen Verdichtungsräumen vom Menschen verursachten Aufträge natürlich entstandener oder künstlicher Substrate bilden das Ausgangsmaterial von Böden (Tab. 3.4.2, s. auch MEUSER 1993).

Oft ist ein Boden nicht aus einem, sondern aus mehreren, übereinander lagernden Gesteinsschichten entstanden, z. B. aus Flugsand über Geschiebemergel. Dann sind die ursprünglichen Eigenschaften des oberen Gesteins nicht am Profil selbst zu studieren, sondern müssen mittels verwitterungs- und verlagerungsresistenter Bestandteile rekonstruiert werden. Häufig stellt das Gestein eines Bodens oder einzelner Bodenlagen auch ein Gemisch verschiedener Gesteine (Fließerden, Schuttdecken) dar, deren Mischungsanteile dann zu ermitteln und anzugeben sind (s. Tab. 3.4.2).

Die Böden deutscher Mittelgebirgslagen entwickelten sich z. B. überwiegend aus Hangschutt und/oder Fließerden, deren obere Lagen (Deck- und Hauptlage) zudem eingewehten Löss und deren untere (Basislage) auch Anteile älterer Boden (Paläoböden) enthalten können. Auch viele Böden städtisch/industrieller Verdichtungsräume haben sich vielfach aus Aufträgen verschiedener, übereinander liegender und/oder miteinander vermischter natürlicher und/oder technogener Substrate entwickelt. In all diesen Fällen ist für jede Lage eines Bo-

dens das Ausgangsgestein gesondert zu ermitteln. (AD-HOC-AG BODEN 2005, AK STANDORT-KARTIERUNG 1996, FAO 2006)

3.5 Beschreibung und Untersuchung des Bodenprofils

3.5.1 Abgrenzung von Lagen

Aus 1–2 m Entfernung wird die Profilwand nach Farbe und Gestalt in Lagen untergliedert. Deren Mächtigkeit wird mit einem *Zollstock* von der Oberkante des Mineralkörpers ab nach oben und unten gemessen. Die Grenzen der Lagen werden als scharf (dann Übergangsbereich < 2 cm), deutlich (2–5), gleitend (5–12) bzw. diffus (> 12 cm) sowie gerade, wellig oder lappig angesprochen. In der Folge werden alle Bodenmerkmale (Gefüge, Bodenart etc.) an Proben aus den so abgegrenzten Lagen bestimmt.

Beispiel:

	Tiefe in cm	Mächtigkeit in dm
1. organische Auflage	+10	0,7
2. organische Auflage	+3	0,3
1. Mineralbodenhorizont	−15	1,5
2. Mineralbodenhorizont	−35	2,0
3. Mineralbodenhorizont	−74	3,9

3.5.2 Kennzeichnung der Bodenfarbe

Zunächst wird (aus größerer Entfernung) die Mischfarbe jeder Lage angesprochen, dann die Farbe der einzelnen Aggregate, und zwar sowohl die ihrer Oberfläche als auch die des Inneren, angegeben. Die Fleckung (rundliche Formen, fl), die Marmorierung (vertikal gestreifte Formen, vm) oder horizontaler Bänderung (st); wird der Deckungsgrad

3

Tab. 3.4.1 Bestimmung häufiger natürlicher Gesteine nach makroskopischen Merkmalen

Eigenschaften	Bezeichnung	Symbol[1]
1. Prüfen der Festigkeit		
a) locker, grabbar oder zerfällt in Wasser	zu 2	
b) fest, nicht grabbar, zerfällt nicht in Wasser	zu 11	
2. Prüfen auf Kies und Steine (> 2 mm)		
a) kies- und steinhaltig	zu 3	
b) kies- und steinfrei	zu 6	
3. Verteilung und Form von Kies und Steinen		
a) geschichtet und gerundet, kaum Feinerde	Fluss-, Terassenkies	Gt
b) ungeschichtet, z. T. gerundet	zu 4	
c) ungeschichtet, Steine kantig, z. T. am Hang eingeregelt	zu 5	
4. Bodenart und Carbonatgehalt		
a) sandig ± Kalk	Geschiebesand	sSg
b) lehmig, mit Kalk	Geschiebemergel	Mg
c) lehmig, ohne Kalk	Geschiebelehm	Lg
5. Bodenart		
a) feinerdearm	Hangschutt[2]	hg
b) feinerdereich	Fließerde[2]	fl
6. Bodenart		
a) sandig	zu 7	
b) schluffig	zu 9	
c) tonig, geschichtet	Beckenton	Tb
7. Sortierungsgrad		
a) hoch	Flugsand	Sa
b) mittel, geschichtet	zu 8	
8. Salzgehalt und Schichtung		
a) z. T. salzhaltig, Meeresfossilien	Meeressand	Sm
b) salzfrei, deutlich geschichtet	Flusssand	sf
c) salzfrei, mäßig geschichtet	Talsand	Ss
9. Schichtung		
a) ungeschichtet, kalkhaltig	Löss	Lo
b) ungeschichtet, kalkfrei	Lösslehm	Lol
c) geschichtet	zu 10	
10. Salzgehalt		
a) salzhaltig, oft schwarz	Schlick	Tm
b) salzfrei, kalkhaltig	Auenmergel	Mf
c) salzfrei, kalkfrei	Auenlehm	Lf
11. Mineralbestand		
a) eine Mineralart	zu 12	
b) mehrere Mineralarten	zu 14	
12. Ritzbarkeit		
a) mit Fingernagel ritzbar, weiß	Gips	-y
b) nur mit Messer ritzbar	zu 13	
c) mit Messer kaum ritzbar	Quarzit	×q
13. Prüfung mit 10 %iger HCl		
a) braust schwach, Einzelkörner erkennbar	Dolomit	-d
b) braust stark, keine Einzelkörner erkennbar	Kalkstein	-k
c) braust stark, Einzelkörner erkennbar	Marmor	

Tab. 3.4.1 Bestimmung häufiger natürlicher Gesteine nach makroskopischen Merkmalen (Fortsetzung)

Eigenschaften	Bezeichnung	Symbol[1]
14. Anordnung der Minerale		
a) schichtig und/oder Fossilien enthaltend	zu 15	
b) schlierig, fossilienfrei	zu 20	
c) weder a noch b	zu 22	
15. Kies- und Steingehalt		
a) reich (> 50 %)	zu 16	
b) arm bis frei	zu 17	
16. Form der Steine und Kiese		
a) gerundet	Konglomerat	–c
b) kantig	Breccie	–b
17. Prüfung mit 10 %iger HCl		
a) braust	zu 18	
b) braust nicht	zu 19	
18. Bodenart des Lösungsrückstands		
a) sandig	Kalksandstein	–mo
b) schluffig	Schluffmergelstein	–mu
c) tonig	Tonmergelstein	–mt
19. Bodenart		
a) sandig	Sandstein	–s
b) schluffig	Schluffstein	–u
c) tonig	Tonstein	–t
d) tonig und deutlich plattig	Schieferton	–tsf
20. Körnigkeit		
a) grobkörnig (verschiedenfarbige Partikel)	Gneis	×gn
b) feinkörnig, sehr schiefrig, z. T. spaltbar	zu 21	
21. Oberflächenkonsistenz bzw. -glanz		
a) leuchtend, viele Glimmerplatten erkennbar	Glimmerschiefer	×gl
b) seidig, fühlt sich fettig an	Phyllit	×ph
c) stumpf, keine Minerale sichtbar	Tonschiefer	×t
22. Körnigkeit		
a) grobkörnig (= Tiefengestein)	zu 23	
b) feinkörnig ± wenige grobe Körner (= Ergussgestein)	zu 24	
23. Färbung und Mineralarten[2]		
a) grau (Plagioklase, Augite)	Gabbro	+Gb
b) bunt (weiß, rosa, schwarz: Quarz, Feldspat, Biotit)	Granit	+G
24. Färbung und Mineralarten[3]		
a) dunkelgrau bis schwarz, z. T. Olivin-/ Augiteinsprenglinge	Basalt	+B
b) hell, meist rosa, Quarzeinsprenglinge	Rhyolith (Quarzporphyr)	+R

[1] – Sedimentite, + Magmatite, × Metamorphite

[2] Hangschutt und Fließerden können aus allen sowie mehreren Festgesteinen entstanden sein, Fließerden auch aus präholozänen Lockergesteinen, was im Namen zu berücksichtigen ist (z. B. Löss/Sandstein – Fließerde).

[3] Die Festgesteinsansprache kann (sollte) oft genauer durchgeführt werden. Dazu kann man oft großmaßstäbliche Geologische Karten heranziehen. Eine ausführlichere Tabelle, die allerdings geologisch-petrographische Kenntnisse verlangt, findet sich bei AD-HOC-AG BODEN 2005, Tab. 43.

Tab. 3.4.2 Bestimmungsschlüssel häufiger anthropogener Aufträge

Eigenschaften	Substrat	Symbol
1. Natürliche Substrate (j)		
geschichtet, überwiegend Sand	**Sand**	jS
geschichtet, Gemisch aus Sand, Schluff, Ton	**Lehm**	jL
geschichtet, überwiegend Ton	**Ton**	jT
geschichtet, kalkhaltig	**Mergel**	jM
geschichtet, überwiegend Kies	**Kies**	jG
gebrochenes Festgestein (z. B. Granit)	**Schotter**	jX
geschichtet, feinkörnig, humushaltig, schwarz-grau	**Mudde**	jF
geschichtet, C-reich, grau-schwarz, sulfidhaltig	**Kohle** (-Sand, -Lehm, -Schluff, -Ton)	jK
bei > 1 % organischer Substanz	humoser jS, jL usw.	
2. Künstliche bzw. technogene Substrate (Y)		
alkalisch, salzhaltig, feinkörnig, grau-braunrot	**Asche**	Ya
> 30 % × (Ziegel, Mörtel), 5–10 % Kalk	**Bauschutt**	Yb
> 30 % org. S., Skelett (Glas, Keramik, Leder, Holz, Plaste), schwarz, methan- und sulfidhaltig	**Müll**	Ym
>30 % gesinterte Brocken, alkalisch, grau-braunrot	**Schlacke**	Ys
>30 % org. S., alkalisch, feinkörnig, d. grau-schwarz	**Industrieschlamm**	Yi
	Klärschlamm	Yh
alkalisch; braunrote, poröse Pellets	**thermisch behandelte Bodensubstrate**	Yt
3. Gemenge (Beispiele)		
lehmarmes Bauschuttgemenge	(< 10 % Lehm)	
lehmhaltiges Bauschuttgemenge	(10–30 % Lehm)	
Lehm-Bauschuttgemenge	(30–70 % Lehm)	
bauschutthaltiges Lehmgemenge	(70–90 % Lehm)	
bauschuttarmes Lehmgemenge	(> 90 % Lehm)	

ermittelt (1: < 1 %, 2: 1–2, 3: 2–5, 4: 5–10, 5: 10–30, 6: > 30 %); gleiches gilt für Gefügebesonderheiten wie Konkretionen. Gute Dienste leisten *Vergleichstafeln* (s. Abb. 3.5.1). Um Farbwerte später vergleichen zu können, sollte man nicht nur die gegenwärtige Farbe, sondern auch die im feuchten Zustand ermitteln. Die Ansprache lässt sich mithilfe von *Farbtafeln* (nach MUNSELL 1954) verfeinern und objektivieren. Bei diesen wird nach Farbart (Hue: z. B. 7.5 YR), Farbwert (Value: 8 = hell, 1 = dunkel) und Farbtiefe (Chroma: 1 = blass, 8 = leuchtend) unterschieden (s. Abb. 3.5.2) und die Farbe dann als Symbolkombination angegeben (z. B. dunkelbraun = 7.5 YR 2/3).

verschiedenen Lagen. Die Anordnung bestimmt sowohl den von Hohlräumen eingenommenen Anteil (die Porosität) als auch die Größe und Form der Aggregate und Poren (die Gefügeform). Da Porosität und Gefügeform oft labile Bodenmerkmale darstellen, die sich bereits im Jahreslauf (z. B. mit der Durchfeuchtung) rhythmisch ändern, wird mit ihrer Ansprache nur eine Momentaufnahme gemacht, die man durch die Ermittlung der Gefügeamplitude, d. h. durch wiederholte Messungen, ergänzen sollte. Erste Anhaltspunkte über die Gefügeamplitude ergeben sich auch aus der Stabilität der Aggregate gegen Wasser und der zeitlichen Änderung der Wasserleitfähigkeit bei Beregnung.

3.5.3 Kennzeichnung des Bodengefüges

Das Bodengefüge ist charakterisiert durch die räumliche Anordnung der festen Bodenbestandteile und der wasser- oder lufterfüllten Hohlräume in den

3.5.3.1 Gefügeformen und Gefügebesonderheiten

Im Feld lässt sich nur das mit unbewaffnetem Auge oder *Lupe* sichtbare Makrogefüge ansprechen; vielfach ist daher eine Ergänzung durch mikroskopische

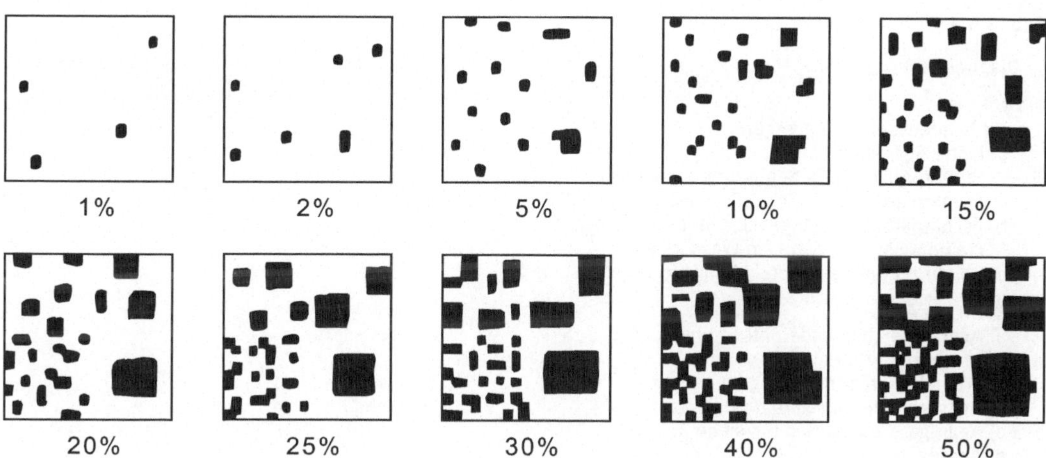

Abb. 3.5.1 Vergleichstafel zur Schätzung des Deckungsgrades (Flächen-%)

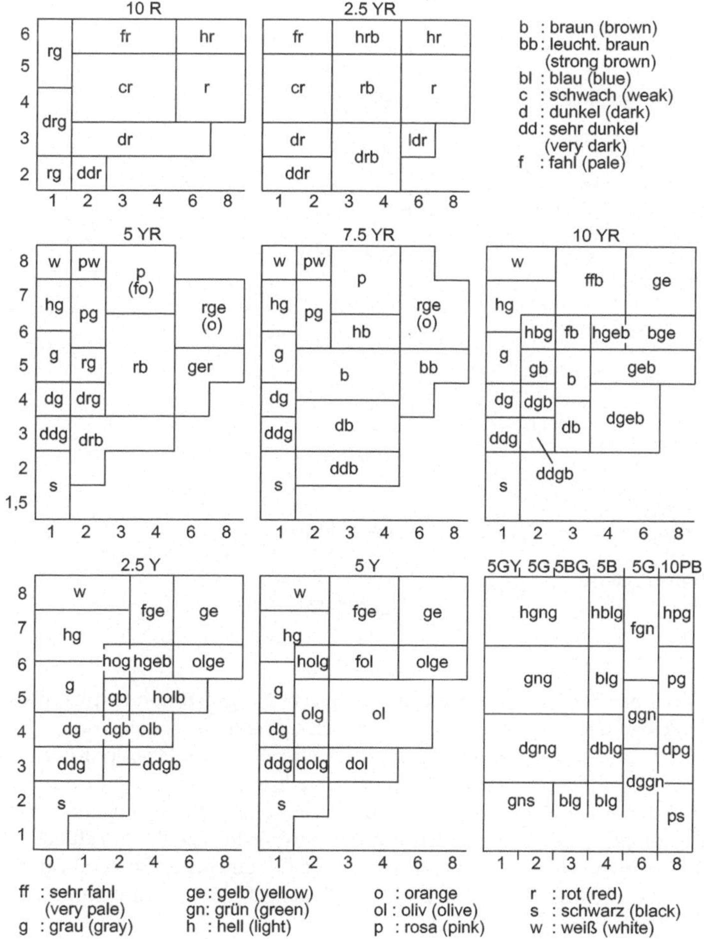

Abb. 3.5.2 Deutsche Bezeichnung für Munsell-Werte häufig auftretender Bodenfarben (Munsell 1954)

3

Tab. 3.5.1 Bestimmung der Gefügeform

Diagnostische Merkmale	Gefügeform	Aggregatgröße [mm]	

1. Vorhandensein von Aggregaten
  a) keine Aggregate
    Primärpartikel (z. B. Sandkörner) lose gelagert
    Primärpartikel (z. B. Schluffkörner) zusammenhängend
  b) Primärpartikel durch gefällte Stoffe verkittet
    (zementiert, kein Zerfall in Wasser), siehe 4.
  c) Boden zerfällt bei Aufbrechen in Aggregate, siehe 2.
	
	Einzelkorn – (ein)
	Kohärent – (koh)		

2. Form der Aggregate
  a) Aggregate abgerundet, oft traubig-nierig,
    Ø 1 bis mehrere mm
    Krümel zu großem Aggregat verklebt
  b) Aggregate gerinnselartig, Ø < 0,5 mm
  c) Aggregate ± scharfkantig, siehe 3.
  d) Aggregate unregelmäßig z. T. mit
    Bearbeitungsspuren, siehe 5.
	Krümel – (kru)
	
	Schwamm – (schw)
	Feinkoagulat – (gri)		

3. Räumliche Orientierung der Aggregate
  a) Aggregate nicht orientiert (Breite ~ Länge)
    mit rauen Flächen
    mit glatten Flächen
  b) Aggregate vertikal orientiert (Breite < Länge)
    mit rauer Kopffläche
    mit gerundeter Kopffläche
  c) Aggregate horizontal orientiert (Breite > Länge)
	
	Subpolyeder – (sub)
	Polyeder – (pol)
	
	Prismen – (pri)
	Säulen – (sau)
	Platten – (pla)
		fein
		
		< 5
		< 5
		
		< 20
		< 20
		dünn
		< 2
			grob
			
			> 20
			> 20
			
			> 50
			> 50
			dick
			> 5

4. Form der Zementierung
  a) Einzelkörner mit schwarzen bis gelbbraunen
    Überzügen (Humus + Eisenoxide)
    versehen und teilw. verkittet
  b) gesamter Horizont umhüllt und verkittet
  c) Ausfällungen in Hohlräumen und starke
    Verkittung
    (vgl. Tab. 3.5.2 (2b))
	
	Hüllen – (hül)
	
	Ortstein – (ort)
	
	Kitt – (kit)		

5. Form der Gefügefragmente
  a) große, in sich kohärente Körper
    Ø 1–3 dm
  b) unregelmäßige meist auf einer Seite
    abgeschnittene Körper
    Ø 0,5–2 dm
  c) kleine, durch mehrere Bearbeitungsgänge
    zerteilte (subpolyederähnliche) Körper
    Ø 0,5–5 dm
  d) bei aufgeschüttetem Material transportierte,
    abgerollte, stumpfe Aggregate
	Schollen – (scho)
	
	Klumpen – (klu)
	
	Bröckel – (bro)
	
	Rollaggregate – (rol)		

Untersuchungen erforderlich (s. Abschn. 5.3.2.5). Zur Ermittlung der wichtigsten Makrogefügeformen prüfe man nacheinander die in Tab. 3.5.1 aufgeführten Kriterien.

Angaben sollte man auch der Grad der Ausprägung (z. B. kaum oder deutlich ausgeprägt). Zwischen den Gefügeformen gibt es Übergänge (Gefügeinterferenzen); es kann beispielsweise ein Prismengefüge in sich Elementar- oder Polyedergefüge besitzen. Durch Bearbeitungsmaßnahmen kann ein Kohärent-, Polyeder-, Prismen-, Säulen- oder Plattengefüge in Bröckel (bro, < 5 cm Ø) oder Klumpen (klu, > 5 cm Ø) zerteilt werden. Bei der Ermittlung der optimalen Bearbeitungstiefe begnügt man sich bisweilen mit der Ansprache des Bodengefüges im Oberboden nach der Görbingschen Spatendiagnose (besonders auf Plattengefüge in Bearbeitungstiefe achten).

Tab. 3.5.2 Besonderheiten des Gefüges

1. In Aggregaten oder kohärenten Massen	
a) Kalk-, Gips-, Eisen- und/oder Manganklümpchen	**Konkretionen** (ko)
b) Tierschalen, Ziegelbrocken, Holzkohle usw.	**Einschlüsse** (Benennen)
2. Auf Aggregatoberflächen	
a) eingeregelte Eisenoxid-, Ton- und/oder Humusüberzüge	**Wandbeläge** (Häu)
b) körnige Kalk-, Gips-, Kochsalz-, Eisenoxid- und/oder Kieselsäureüberzüge	**Krusten** (Kru)
c) hauchdünne stängelige Kalk-, Gips- und/oder Kochsalzanflüge	**Pseudomycelien** (My)
d) weißgraue, mehlige Beläge	**Puder** (Pu)
3. Bänder (< 2 (bis 10) mm dick)	
a) schwarz, weich	Humus-
b) braun, plastisch	Ton-
c) braun(rot)-schwarz, hart	Fe/Mn-Oxid-
d) weiß, farblos	Kalk oder Opal-
4. Als Röhrenfüllung	
a) rostbraune Fe/Mn-Oxidfüllungen	Roströhren
b) weißgraue Kalkfüllungen	Kalkröhren, Kindel
c) schwarze, Exkrementfüllungen	Wurmröhren
d) Wurzel(reste)	Wurzelröhren
e) Bodenfüll. von Wühlern	Krotowinen

Gesondert anzusprechen sind Gefügebesonderheiten (Tab. 3.5.2), und zwar Konkretionen und Einschlüsse im Inneren von Aggregaten, Beläge von Hohlraumwandungen, Röhrenfüllungen sowie Bänder. Deren stoffliche Eigenschaften sind ebenso wie die eines Kittgefüges (Ortstein, Raseneisenstein, Kalk(= Calcrete)-, Gips-, Salzbänke, Silcrete bzw. Duripan, Permafrost) nach 3.5.5.1 und 3.5.5.4 anzusprechen.

3.5.3.2 Stabilität der Aggregate

Die Stabilität der Aggregate bzw. ihre Verschlämmungsneigung kann man nach dem Widerstand einschätzen, den sie dem Zerdrücken oder der Verschlämmung durch überschüssiges Wasser entgegensetzen. Es werden etwa zehn Aggregate ($\varnothing$ 1–3 mm) in einer Schale mit Wasser überstaut. Nach kurzem rotierendem Umschwenken (0,5 min) wird die Aggregatstabilität (nach SEKERA & BRUNNER 1943) nach dem Zerfallsgrad bewertet (Tab. 3.5.3).

Bei der Ansprache muss von Einzelkörnern abstrahiert werden; eine genaue Schätzung ist also nur bei kies- und sandarmen Böden möglich.

Tab. 3.5.3 Bestimmung der Gefügestabilität

kein Zerfall oder nur große Bruchstücke	sehr groß	AS1
vorwiegend große und wenig kleine Bruchstücke	groß	AS2
etwa gleichviel große und kleine Bruchstücke, leicht getrübt	mittel	AS3
vorwiegend kleine und wenige große Bruchstücke, getrübt	mäßig	AS4
nur kleine Bruchstücke und deutliche Trübung	gering	AS5
völliger Zerfall und starke Trübung	sehr gering	AS6

3.5.3.3 Lagerungsdichte

Unter (trockener) Lagerungsdichte (ρ_t), auch Bodendichte, Rohdichte (trocken), versteht man das Verhältnis der trockenen Bodenmasse zum Bodenvolumen, ausgedrückt in g cm^{-3}. Sie ermöglicht die Umrechnung massebezogener Bodengehalte in volumenbezogene Daten.

3

Zur Bestimmung wird dem Boden horizontweise mit einem 100-cm³-*Stahlzylinder* eine Volumenprobe entnommen, bei 105 °C im *Trockenschrank* getrocknet und gewogen. Multiplikation mit 0,01 ergibt dann die Lagerungsdichte in g cm⁻³. Die Klassifizierung erfolgt nach Tab. 3.5.4 (exakte Bestimmung s. Abschn. 5.3.1.2).

Soll die Volumenprobe mit dem *Bohrstock* gezogen werden, ist zunächst das Volumen der unteren 10 cm des inneren Bohrstockschaftes zu ermitteln. Dann wird der Bohrstock zunächst bis zur Entnahmetiefe in den Boden getrieben und das Bohrgut entfernt. Anschließend wird der Bohrstock um exakt weitere 10 cm in den Boden getrieben. Dieses Bohrgut ermöglicht nach Trocknung bei 105 °C und

Tab. 3.5.4 Kennzeichnung der Lagerungsdichte (ϱt [g cm³]) von Mineralböden (vgl. AD-HOC-AG BODEN 2005)

ϱt (g cm⁻³)	Stufe	DV-Zeichen
< 1,0	extrem gering	ϱt 0
1,0–1,2	sehr gering	ϱt 1
1,2–1,4	gering	ϱt 2
1,4–1,6	mittel	ϱt 3
1,6–1,8	hoch	ϱt 4
≥ 1,8	sehr hoch	ϱt 5

Tab. 3.5.5 Schätzen der Lagerungsdichte von Mineralböden

Merkmale	häufige Gefügeformen	geschätzte Lagerungsdichte [kg dm⁻³]
Sand-, Schluff-, und leichte Lehmböden (trocken bis frisch)		
Probe zerfällt schon bei der Probenahme, an der Profilwand sind viele Grobporen sichtbar	Einzelkorn, Krümel	0,9–1,2
Probe zerfällt bereits bei leichtem Drücken in zahlreiche Bruchstücke oder in ihre Einzelteile	Einzelkorn, Bröckel, Subpolyeder, (Polyeder)	1,2–1,4
Messer mit wenig Kraft in den Boden zu drücken, Probe zerfällt in wenige Bruchstücke, die von Hand weiter zerteilt werden können	Subpolyeder, Polyeder, Prismen, Fragmente, Hüllen, Platten	1,4–1,6
Messer nur schwer 1–2 cm in den Boden zu drücken, Probe zerfällt nur in wenige Bruchstücke, die kaum weiter zerteilbar sind	Prismen, Platten, Hüllen, (Polyeder)	1,6–1,8
Messer nur mit Gewalt in den Boden zu treiben, Probe zerfällt kaum	Hüllen, Kohärent, Prismen	1,8–1,9
Schwere Lehmböden und Tonböden (trocken bis frisch)		
Probe zerfällt beim Aufprall in zahlreiche Bruchstücke, weiteres Zerkleinern bei mäßigem Drücken möglich	Polyeder, Fragmente	1,0–1,2
Probe zerfällt beim Aufprall in wenige Bruchstücke, weiteres Zerkleinern bei mäßigem Drücken möglich	Polyeder, Prismen, Säulen, Klumpen, Platten	1,2–1,4
Probe zerfällt beim Aufprall kaum, weiteres Zerkleinern bei starkem Drücken noch möglich	Kohärent, Prismen, (Platten, Säulen, Polyeder)	1,4–1,6
Probe zerfällt beim Aufprall nicht, weiteres Zerkleinern mit der Hand kaum möglich	Kohärent, (Prismen, Säulen)	1,6–1,7

Bei Humusgehalten von mehr als 2 % ist die geschätzte Lagerungsdichte je Prozent Humus um 0,03 g cm⁻³ zu verringern.

Wägung die Ableitung der Lagerungsdichte (nicht geeignet bei leicht verdichtenden und nassen Böden). Eine grobe Schätzung der Lagerungsdichte im Feld ist (bei weitgehend steinfreien Böden) nach Tab. 3.5.5 über den Eindringwiderstand möglich, der beim Eintreiben eines *Messers* in die Profilwand zu überwinden ist. Bei hohem Eindringwiderstand ist zu prüfen, ob eine Verfestigung vorliegt (s. Kittgefüge in Abschn. 3.5.3.1); dabei kann die Lagerungsdichte gering sein.

Die Lagerungsdichte-und das Substanzvolumen von Torfen lassen sich grob nach deren Entwässerungsgrad bzw. Humifizierungsgrad (s. Tab. 3.5.14) abschätzen, wobei davon ausgegangen werden kann, dass schwach entwässerte bzw. schwach humifizierte Torfe ein geringeres Substanzvolumen und eine geringere Lagerungsdichte haben als stark entwässerte bzw. humifizierte (Tab. 3.5.6).

3.5.3.4 Porosität

Neben dem Porenvolumen interessiert die Porenverteilung. Im Feld lassen sich Größe und Form der (meist luftgefüllten) Makroporen qualitativ beschreiben und deren Menge aus Wasser- und Luftleitfähigkeit (vgl. Abschn. 3.5.3.7) abschätzen. Es werden Form (Röhren, Risse), Größe (in mm) und Zahl (wenig, viel) der sichtbaren Poren im Einzelnen beschrieben.

3.5.3.5 Feuchte

Unter Feuchte ist die gegenwärtige Verfügbarkeit des Wassers zu verstehen. Ihr entspricht jeweils ein bestimmter pF-Wert (log der zur Wasserentbindung mindestens aufzuwendenden Saugkraft in cm

Tab. 3.5.6 Schätzen des Substanzvolumens (SV) und der Lagerungsdichte von Torfen

Entwässerungsgrad		kennz.	Hum.	Einstufung	Substanzvolumen		Lagerungs-dichte
Hoch-moor	Nieder-moor	Eigenschaften	grad		[Vol.-%]	Stufe	[g cm^{-3}]
nicht entw.	nicht entw.	fast schwimmend	H1	sehr gering	< 3	SV1	< 0,04
schwach	schwach	locker		gering	3–5	SV2	0,04–0,07
mäßig	schwach	zieml. locker	H5	mittel	5–7,5	SV3	0,07–0,11
stark	mäßig	zieml. dicht		groß	7,5–12	SV4	0,11–0,17
stark	stark	dicht	H10	sehr groß	> 12	SV5	> 0,17

Tab. 3.5.7 Schätzen der Feuchte

Zerdrücken	Formen (zu einem Ball)	Befeuchten	Reiben (in warmer Hand)	Feuchte	pF
staubt bzw. hart	bindet nicht, fühlt sich warm an	dunkelt stark	nicht heller	dürr	5
staubt nicht	bindet nicht, fühlt sich warm an	dunkelt merklich	kaum heller	trocken	4
staubt nicht	formbar (außer Sand)	dunkelt wenig	merklich heller	frisch	3
klebt	Finger feucht, kühl, schwacher Glanz	dunkelt nicht	merklich heller	feucht	2
freies Wasser	zerfließt bzw. Wasser tropft ab	dunkelt nicht		nass	1
freies Wasser	bereits ohne Drücken	dunkelt nicht		sehr nass	0

Wassersäule = hPa). Naturgemäß können Lagen unterschiedlicher Porengrößenverteilung bei gleicher Feuchte ganz verschiedene Wassergehalte besitzen. Die Feuchte lässt sich an einer Probe nach Tab. 3.5.7 zu entnehmenden Kriterien bestimmen. Beim Klopfen an den *Bohrstock* zerfließen Proben nasser Lagen, während bei denen feuchter Lagen nur wenig Wasser austritt; sehr nasse lehmige und tonige Proben sind im Bohrstock zähflüssig, während sandige bereits beim Ziehen des Bohrers herausgleiten. Wird eine nasse Lage von trockeneren unterlagert, liegt Stauwasser vor, sonst Grundwasser. Gespanntes Grundwasser (bes. bei Tonen) wirkt nur feucht statt nass: Der Grundwasserstand stellt sich dann erst nach längerer Zeit über der Sohle der offenen Grube ein. Im Feuchtebereich frisch bis nass können als Hilfsmittel die *Wasserzange* nach TEPE (1961) oder der *Tonstift* nach DIMBLEBY (1954) eingesetzt werden. Mit beiden Geräten wird die durch Saugpapier bzw. Kieselgur in einer bestimmten Zeit aufsaugbare Wassermenge ermittelt. Die Ergebnisse hängen damit nicht nur vom Sättigungsgrad, sondern auch vom Gehalt an leicht gebundenem Wasser ab.

3.5.3.6 Wassergehalt

Der Wassergehalt lässt sich im Feld mittels Carbid bestimmen, aus dem durch Wasser Acetylen freigesetzt wird, welches gasvolumetrisch bestimmt werden kann (SIBIRSKI 1935). Stationäre Mehrfachmessungen der Feuchte oder der Wassergehalte s. Abschn. 6.2. Eine grobe Schätzung lässt sich bei Kenntnis von Feldkapazität (FK), nutzbarer Feldkapazität (nFK) und Totwasser (TW) (Schätzung dieser Größen s. Abschn. 3.6.2.2) aus der Bodenfeuchte ableiten: Beim Feuchtezustand *feucht* entspricht der Wassergehalt FK; *frisch* bedeutet bei Sanden TW + 1/3 nFK, bei Lehmen + 1/2 und bei Tonen + 2/3 nFK; *trocken* bedeutet TW + weniger als 1/10 nFK; nass bedeutet bei den Bodenarten G und S die drei- bis sechsfache nFK, bei Sl, u, t die zweifache nFK, bei L und U ist die nFK mit 1,5, bei T mit 1,2 zu multiplizieren, die jeweils mit TW zu addieren sind, um den Wassergehalt zu erhalten (vgl. Abschn. 3.6.2.2 ff).

3.5.3.7 Wasserleitfähigkeit im wassergesättigten Zustand

Die Wasserleitfähigkeit im wassergesättigten Zustand, d. h. der kf-Wert einer Bodenlage, hängt von Größe und Zahl dränender Poren ab. Da diese wesentlich von Bodenart und Lagerungsdichte bestimmt werden, lässt sich aus diesen Größen eine grobe Schätzung von kf- Stufen nach Tab. 3.6.9 ableiten, die wie folgt zu bewerten sind:

kf-Wert	< 1	1–10	10–40	40–100	100–300	> 300 cm d^{-1}
Bezeichnung	sehr gering	gering	mittel	hoch	sehr hoch	äußerst hoch
kf-Stufe	kf1	kf2	kf3	kf4	kf5	kf6

Die Wasserleitfähigkeit stau- oder grundwassererfüllter Lagen lässt sich mit der Bohrlochmethode nach HOUGHHOUDT ermitteln (s. hierzu DIN 19 682 Teil 8).

3.5.4 Kennzeichnung von Dispersität, Ionenbelag und Redoxzustand

Dispersität, Ionenbelag und Redoxzustand können als Eigenschaften des Gefüges wie auch des Mineral- und Humuskörpers angesehen werden. Mit der Dispersität einer Probe wird die Kornverteilung der Primärpartikel und (häufig ungewollt) der stabilen Mikroaggregate nach AD-HOC-AG BODEN (2005) ermittelt. Durch die Eigenschaften der Grenzflächen seiner festen Bestandteile einerseits und der Bodenlösung andererseits stellt der Boden ein Ionenaustauschsystem und gleichzeitig ein Redoxsystem dar. Ersteres ist durch Menge und Verteilung der verschiedenen Ionen auf Austauscher und Lösung charakterisiert, Letzteres durch das Redoxpotenzial. Grobe Messungen bzw. Ableitungen sind nach DIN ISO 11 271 möglich.

3.5.4.1 Bodenart

Die *Dispersität* bzw. Bodenart wird mit der Fingerprobe ermittelt. Dabei wird der Anteil von Ton, Schluff und Sand am Feinboden (⌀ < 2 mm) geschätzt, d. h. die Bodenart. Für die Bestimmung der Bodenart wird eine Probe im Handteller gleichmäßig (bis pF 2,5) durchfeuchtet und zur Entfernung überschüssigen Wassers so lange geknetet, bis der Glanz verschwindet. In diesem Zustand wird nach Tab. 3.5.8 geprüft. Der dabei geschätzte Sand-, Schluff- und Tongehalt lässt sich aus Abb. 3.5.3 entnehmen. Bei reinen Sanden unterscheidet man zwischen überwiegend Feinsand (fS), überwiegend Mittelsand (mS) und überwiegend Grobsand (gS), ggfs. durch Vergleich mit entsprechenden Fraktionen *(Glasröhren* mit reinen Siebfraktionen gefüllt).

Tab. 3.5.8 Schätzen der Bodenart

Diagnostische Merkmale		Symbol*	
1. Versuch, die Probe zwischen den Handtellern zu einer bleistiftdicken Wurst auszurollen			
a) ausrollbar	zu 4		
b) nicht ausrollbar	zu 2		
2. Prüfen der Bindigkeit zwischen Daumen und Zeigefinger			
a) bindig, schwach formbar, haftet etwas am Finger		Sl	Sl
b) nicht bindig, nicht formbar	zu 3		
3. Zerreiben in der Handfläche			
a) in den Fingerrillen mehlig-stumpfe Feinsubstanz sichtbar		Su	lS
b) in den Fingerrillen keine Feinsubstanz sichtbar		Ss	S
4. Versuch, die Probe zu einer Wurst von halber Bleistiftstärke auszurollen			
a) ausrollbar, stumpf, mehlig	zu 7		
b) ausrollbar, plastisch, klebrig	zu 10		
c) nicht ausrollbar	zu 5		
5. Prüfen der Bindigkeit zwischen Daumen und Zeigefinger			
a) bindig, haftet deutlich am Finger (Sand > 46 %)	zu 6		
b) nicht oder schwach bindig, kaum Sandkörner	zu 7		
6. Beurteilung der Menge der Sandfraktion			
a) wenig Feinsubstanz, 60–95 % Sand		St	Sl
b) viel Feinsubstanz		Ls4	SL
7. Prüfen der Körnigkeit			
a) Sandkörner sicht- und fühlbar, deutlich mehlig		Us	lS
b) Sandkörner nicht oder kaum sichtbar	zu 8		
8. Prüfen der Bindigkeit zwischen Daumen und Zeigefinger			
a) nicht bindig, samtartig–mehlig, reißt und bricht, wenig formbar		U	SL
b) schwach bindig, reißt beim Quetschen	zu 9		
9. Prüfen der Konsistenz			
a) deutlich mehlig, reißt leicht		Ut	sL
b) schwach mehlig, reißt kaum, gut formbar		Lu	L
10. Prüfen der Körnigkeit			
a) Sandkörner gut sicht- und fühlbar, rissig (Sand 25–53 %)		Ls2–3	SL
b) Sandkörner nicht oder kaum sichtbar	zu 11		
11. Versuch die Wurst zu einem Ring zu formen, Quetschprobe			
a) schlecht formbar, raue, schwach glänzende Quetschfläche		Ts	LT
b) gut formbar, glatte Quetschfläche	zu 12		
12. Beurteilung der Quetschfläche			
a) Quetschfläche stumpf		Lts	LT
b) Quetschfläche sehr schwach glänzend		Lt	LT
c) Quetschfläche glänzend, stark klebrig	zu 13		
13. Prüfen zwischen den Zähnen			
a) knirscht		Tl	LT
b) butterartige Konsistenz		T	T

*) rechte Spalte: Bodenart der Bodenschätzung nach BodSchätzG (2007)

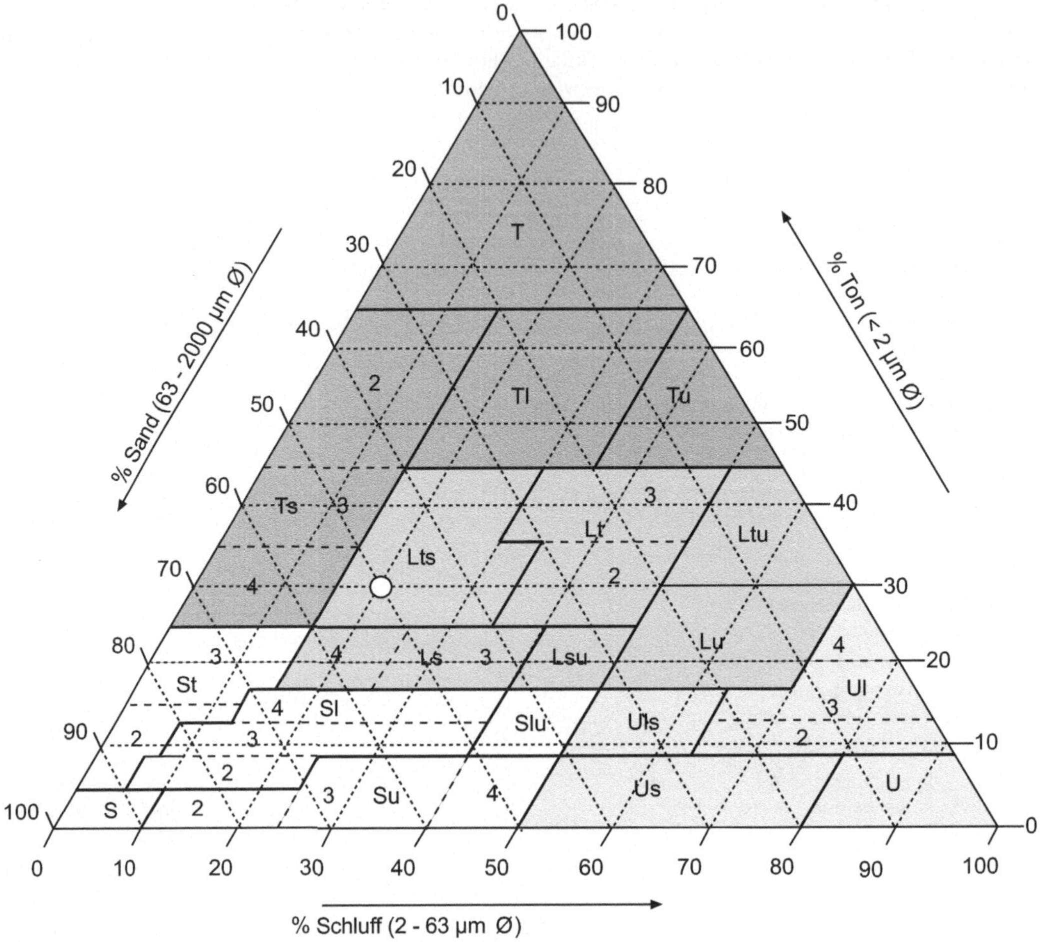

Legende:

S = Sand	s = sandig	(alt)
U = Schluff	u = schluffig	2 = schwach	(x')
L = Lehm	l = lehmig	3 = mittel	(x°)
T = Ton	t = tonig	4 = stark	(x)

Der Punkt ◯ entspricht Anteilen von 50% Sand, 20% Schluff und 30% Ton

Abb. 3.5.3 Bodenarten des Feinbodens

Die **Bodenschätzung** für steuerliche Zwecke (Bod-SchätzG 2007) beruht auf einer Bodenart, die nur den Massenanteil der Korngrößenfraktion < 10 µm Ø am Feinboden berücksichtigt:

	S		Sl		lS		SL		sL		L		LT		T
0	–	10	–	14	–	19	–	24	–	30	–	45	–	60	–	100 % <10 µm Ø

Tab. 3.5.9: Klassifizierung der Skelettanteile von Böden und Sedimenten (n. AD-HOC-AG BODEN 2005, Tab. 33)

Vol.-%	Masse-%	Bezeichnung	Kurzzeichen
< 1	< 2	sehr schwach steinig, kiesig, grusig	x1, g1, gr1
1–10	2–15	schwach steinig, kiesig, grusig	x2, g2, gr2
10–30	15–45	mittel steinig, kiesig, grusig	x3, g3, gr3
30–50	45–60	stark steinig, kiesig, grusig	x4, g4, gr4
50–75	60–85	sehr stark steinig, kiesig, grusig	x5, g5, gr5
> 75	> 85	Skelettboden	X, G, Gr

Diese Bodenart lässt sich ebenfalls nach Tab. 3.5.8 (ganz rechts *) schätzen.

Der **Grobboden** (bzw. Skelett)-anteil wird an der Profilwand mittels Abb. 3.5.1 getrennt nach gerundetem Kies (G) bzw. kantigem Grus (Gr), beide 2–63 mm, sowie Steinen (X: > 63 mm) geschätzt und nach Tab. 3.5.9 klassifiziert.

3.5.4.2 pH-Wert

Die Bodenreaktion ist definiert durch die H-Ionen-Aktivität der Bodenlösung. Ein durchsichtiges 50 ml-*Plastikgefäß* erhält Graduierungen für 8 cm^3 (entspricht ca. 10 g) Boden und zusätzlich 25 ml Flüssigkeit. Dieses Gefäß wird im Feld bis zur unteren Marke mit feldfrischer Feinerde und dann bis zur oberen Marke mit *0,01 M $CaCl_2$-Lösung* versetzt und durch Schwenken oder besser mehrfaches Rühren homogenisiert. Nach ca. 30 Minuten wird der pH-Wert der überstehenden (klaren) Lösung *elektrometrisch* mit einer *pH-Elektrode* unter Beachtung der Gebrauchsanleitung ermittelt (pH < 7,0 sauer, 7,0 neutral, > 7,0 alkalisch):

pH-Wert (nach AD-HOC-AG BODEN 2005)

Kurzzeichen	Bezeichnung	pH-Wert-Bereich	
a6	extrem alkalisch	≥ 10,7	s1
a5	sehr stark alkalisch	10,0 bis < 10,7	u.s.w.
a4	stark alkalisch	9,3 bis < 10,0	
a3	mäßig alkalisch	8,6 bis < 9,3	
a2	schwach alkalisch	7,9 bis < 8,6	
a1	sehr schwach alkalisch	7,2 bis < 7,9	
s0	neutral	6,8 bis < 7,2	
s1	sehr schwach sauer	6,1 bis < 6,8	
s2	schwach sauer	5,4 bis < 6,1	
s3	mäßig sauer	4,7 bis < 5,4	
s4	stark sauer	4,0 bis < 4,7	
s5	sehr stark sauer	3,3 bis < 4,0	
s6	extrem sauer	< 3,3	

Ältere kolorimetrische Verfahren, z. B. Hellige-Pehameter, geben nur sehr grobe Anhaltspunkte. Neuere „nicht blutende" Farbindikatorpapiere lassen eine erste Einstufung (pH ± 0,5) zu. Für höhere Ansprüche ist immer die potentiometrische Messung zu empfehlen.

3.5.4.3 Redoxzustand

Der Redoxzustand eines Bodens wird durch das Redoxpotenzial (Eh [mV]) bzw. den pe-Wert (als negativer Logarithmus der Elektronenaktivität dimensionslos) charakterisiert. Zwischen Eh und pe besteht die Beziehung pe = Eh/59. Die elektrometrische Bestimmung des Eh-Wertes erfolgt analog zur pH-Bestimmung nach DIN ISO 11 271 durch Messung von Potenzialdifferenzen, die sich zwischen der Pt-Elektrode als Messelektrode und einer Normalwasserstoffelektrode als Bezugselektrode ergeben (wegen leichterer Handhabbarkeit verwendet man als Bezugselektrode eine Silberchloridelektrode, deren Potenzial um 250 mV niedriger liegt).

Zur Messung wird (in 1–2 m Abstand von der Profilgrube) mit einem 20–120 cm langen, 4–5 mm dicken *Edelstahlstab* von oben ein Loch bis zur gewünschten Messtiefe in den Boden gedrückt. Die Pt-Spitze einer *Pt-Elektrode* gleichen Durchmessers wird mit *feinkörnigem Sandpapier* aufgeraut, sofort in das vorgebohrte Loch eingeführt und fest angedrückt. In 10–20 cm Abstand wird (nach Vorbohrung) eine *Salzbrücke* in den Boden gedrückt (konzentrierte, mit Agar fixierte KCl-Lösung in perforiertem Plastikrohr mit ca. 15 mm Innendurchmesser). In dieser wird die *Bezugselektrode* verankert. Mit einem *Redox-Messgerät* (Potenziometer) wird dann die Potenzialdifferenz zwischen Pt- und Bezugselektrode frühestens nach 30 Minuten gemessen. Die Messung wird in zehnminütigen Abständen bis zur Gleichgewichtseinstellung wiederholt. Bei Kartierungen hat sich bewährt, 1, 5 und 12 dm lange Pt-Elektroden (Selbstbau s. PFISTERER & GRIBBOHM 1989) zu setzen und nach einigen Stunden oder am nächsten Tag abzulesen. Durch Addition von 250 mV wird der Bezug auf eine Normalwasserstoffelektrode hergestellt.

Da pe und pH voneinander abhängen, vermag der **rH-Wert** als negativer Logarithmus des Wasserstoffpartialdrucks den Redoxzustand besser als der Eh-Wert zu charakterisieren. Zwischen rH, Eh und pH besteht (nach der Nernst'schen Gleichung) die Beziehung: rH = (2 Eh/59) + 2 pH (Eh in mV bei 25 °C).

Der rH-Wert ist nach dieser Gleichung aus **gleichzeitig** gemessenem pH-Wert und Eh-Wert abzuleiten. In vielen Fällen lässt sich der rH-Wert auch aus redoximorphen Bodenmerkmalen (Fe/Mn-Konkretionen, Rostflecken, Sulfidfärbung) sowie der Nachweisbarkeit von Fe^{2+}-Ionen, Schwefelwasserstoff (Geruch) oder Methan (brennbar) nach Tab. 3.5.10 ableiten und bewerten.

Tab. 3.5.10 Bewertung redoximorpher Merkmale und Beziehungen zum rH-Wert (DVWK 1994)

redoximorphe Merkmale/Bedeutung	rH-Wert	rH-Stufe
schwarze Bodenfärbung; Methanbildung und -freisetzung (brennt)	< 10	1
schwarze Bodenfärbung durch Metallsulfide, Sulfidbildung, Nachweis: beim Besprühen mit 10 %iger HCl H_2S-Freisetzung am Geruch wahrnehmbar (faule Eier)	10–13	2
blaugrüne und graue Bodenfärbung; Bildung von Fe(II)/Fe(III)-Mischoxiden; ständig vorhanden Fe(II)-Ionen, Nachweis: nach Besprühen mit - 1 % K_3 $(Fe(CN)O_2$-Lösung Dunkelblaufärbung - 0,2 % 2,2′-Bipyridin-Lösung (in 10 % Essigsäure) Rotfärbung	13–20	3
Rostflecken und/oder braune Eisenoxid-Konkretionen;	vorübergehend	
bei Vernässung Fe(II)-Bildung, Nachweis siehe rH 3	< 20	3–4
schwarze Manganoxid-Konkretionen; bei rH < 29 kein O_2 vorhanden	20–29	4
temporär Nitratreduktion	29–33	5
keine redoximorphen Merkmale bei ständig hohen Potenzialen; andauernd stark belüftet	> 33	6

3.5.5 Kennzeichnung des Mineralkörpers

Der Mineralkörper eines Bodens ist charakterisiert durch Mineralbestand und -größe in den einzelnen Bodenlagen.

3.5.5.1 Mineralbestand

Minerale sind natürliche, feste, anorganische Kristalle. Bodenkundlich wichtig sind folgende Gruppen:

Merkmal	Mineralgruppe	Mineralkörper
a) plastisch (feucht)	Tonminerale	tonig
b) mit HCl stark brausend	Carbonate	kalkig und mergelig
c) stark färbend: rot, braun, ocker	Eisenoxide	oxidisch
d) weder a) bis c), spröd oder stumpf farbig oder weiß farblos (bzw. milchig grau)	pyrogene Silicate Quarz	silicatisch kieselig

Die diagnostischen Eigenschaften wichtiger pyrogener Silicatminerale sind Tab. 5.5.2 zu entnehmen.

Diagnostisch wichtige Nebenbestandteile, die häufig als Kittsubstanz oder Besonderheiten des Bodengefüges auftreten (vgl. Tab. 3.5.2), lassen sich mithilfe einfacher Tests identifizieren:

3.5.5.2 Carbonate

Der Carbonatgehalt kann grob nach Stärke und Dauer des Aufbrausens nach Behandlung mit *10 %iger HCl* geschätzt werden. Dabei ist zu berücksichtigen, dass die Reaktion bei sandigen Proben stärker und bei tonigen Proben schwächer als angegeben abläuft. Grobkörniger Dolomit reagiert erst mit 30 %iger HCl oder nach Erwärmen. Im Feld ist meist eine Differenzierung oberhalb 10 % Carbonat nicht mehr möglich. Fein verteilter Kalk reagiert intensiver als grobkörniger.

3.5.5.3 Tonminerale

Der Tonmineralgehalt lässt sich aus der Bodenart ableiten, da die Tonfraktion überwiegend aus Tonmineralen besteht (vgl. Tab. 3.5.8). Bei verkittetem Gefüge wird der Tongehalt leicht unterschätzt, bei Anwesenheit von Humus überschätzt. Die Tonmineralart lässt sich im Feld nicht eindeutig bestimmen (vgl. Abschn. 5.5.7)

3.5.5.4 Pedogene Fe- und Mn-Minerale

Pedogene Fe- und Mn-Minerale sind diagnostisch wichtige Nebenbestandteile, die man aufgrund ihrer Farbe nach Tab. 3.5.12 ansprechen kann.

3.5.5.5 Leicht lösliche Salze

Die wasserlöslichen Salze (vor allem NaCl sowie weitere Chloride, Nitrate, Alkalicarbonate und -sul-

Salze	schmecken „salzig", lösen sich in wenig Wasser
Gips	ist weiß, löst sich in viel Wasser; nach *BaCl$_2$ + HCl-Zusatz* weiße Fällung
Carbonate	sind weiß, lösen sich unter Brausen in HCl
Si-Oxide	sind nur in Flusssäure löslich
Fe/Mn-Oxide	stark färbend, Farbe verschwindet bei starken Bleichmitteln (Reduktion)
Tonminerale	ergeben in Wasser starke Trübung (u. U. erst nach Schütteln in 0,1 % Na$_4$P$_2$O$_7$ oder Lauge, Waschmittel)
Huminstoffe	sind schwarz gefärbt; Färbung verschwindet beim Erhitzen (> 600 °C) in einem Muffelofen
Sulfide	sind blauschwarz gefärbt (mit *HCl* H$_2$S-Geruch)

3

Tab. 3.5.11 Schätzen des Carbonatgehalts nach der Reaktion mit 10 %iger HCl

Aufbrausen	Carbonate (%)	Bezeichnung	Stufe
keine Reaktion	0	carbonatfrei	c0
nur hörbar [1]	< 0,5	sehr carbonatarm	c1
langsam und schwach, z. T. nur stellenweise			
kleine Blasen	0,5–2	carbonatarm	c2
deutlich, nicht anhaltend	2–10	(mäßig) carbonathaltig	c3
stark anhaltend	10–25	carbonatreich	c4
sehr stark, sehr lang anhaltend	25–50	sehr carbonatreich	c5
	50–75	extrem carbonatreich	c6
	> 75	Kalk	c7

[1] anhaltend hörbar, sonst nur durch Verdrängung von Luft; ggfs. Gegenprobe mit Wasser

Tab. 3.5.12 Ansprache pedogener Fe- und Mn-Verbindungen

Farbe-tradit.	Munsell-Farbe	Formel	Mineral
rostbraun	5-7.5YR3-6/4-6	$Fe(OH)_3 \cdot H_2O$	Ferrihydrit
(gelb)braun	10YR-2.5Y3-6/4-6	α-FeOOH	Goethit
orangerotbraun	2.5-5YR4-6/6-8	γ-FeOOH	Lepidokrokit
rot	5-10R4-6/6-8	α-Fe_2O_3	Hämatit
braunschwarz	5-7.5YR2-3/2-4	MnO_2, –MnOOH	Braunstein, Manganit
grau-grün hellblau	5GY-5B2-3/1-3	Fe^{II}/Fe^{III}	grüner Rost (Eisenmischverbind.)
weiß, nach Oxidation braun	N7 → (10YR 4/5)	$FeCO_3$	Siderit
weiß nach Oxidation blau	N7 → 5B	$Fe_3(PO_4) \cdot 8\,H_2O$	Vivianit
blauschwarz (mit HCl H_2S-Geruch)	5-10B1-2/1-3	FeS (Fe_3S_4)	Eisensulfide
goldgelb, metallisch		FeS_2	Pyrit

fate, teilweise Gips) sind meist nur im trockenen Boden existent, während sie im frischen bis feuchten Boden teilweise und im nassen Boden vollständig gelöst sein können. Der Salzgehalt wird über die elektrische Leitfähigkeit (EC [mS cm^{-1}] bei 25 °C) ermittelt, da der elektrische Strom durch Wasser umso besser geleitet wird, je höher die Ionenkonzentration im Wasser ist.

Zur groben Messung im Feld wird ein graduiertes Gefäß (wie pH-Messung nach Abschn. 3.5.4.2) unter Schütteln mit feldfrischem Feinboden und 25 ml H_2O versetzt und zur Homogenisierung ge-

schwenkt. Nach mindestens 30 min wird der $EC_{2,5}$-Wert des überstehenden, klaren Extrakts mit einem *temperaturkompensierenden Leitfähigkeitsmessgerät* unter Beachtung der Gebrauchsanleitung gemessen. Der $EC_{2,5}$-Wert wird dann auf den aktuellen Wassergehalt (Wg nach Abschnitt 3.5.3.6) nach der Gleichung

$$EC_{WG} = (250 \cdot EC_{2,5})/WG$$

oder den Wassergehalt eines gesättigten Bodens bzw. der Gleichgewichtsbodenlösung (GBL_W) nach der Gleichung

$$EC_{GBL} = (250 \cdot EC_{2,5})/GBL_W$$

bezogen. Dabei bedeuten:

EC_{GBL}	< 0,25	0,25–0,75	0,75–2	2–4	4–8	8–15	15–30	> 30
Salzgehalt	frei	sehr gering	gering	mäßig	mittel	hoch	sehr hoch	extrem hoch
Symbol	EC00	EC01	EC1	EC2	EC3	EC4	EC5	EC6

3.5.5.6 Mineralgröße

Die Körnung der einzelnen Mineralgruppen lässt sich nur im Labor ermitteln (s. Abschn. 5.5.2). Die Kornverteilung des Mineralkörpers in seiner Gesamtheit ist mit Einschränkungen aus der Dispersität (vgl. Abschn. 3.5.4.1) abzuleiten. Bei Böden mit hoher Aggregatsstabilität kann es notwendig werden, die Proben statt mit Wasser mit einem stärkeren *Dispergierungsmittel* (z. B. 0,1 %igem $Na_4P_2O_7$) zu befeuchten und zu kneten. Besonders bei Sanden ist der Humusgehalt dadurch zu berücksichtigen, dass man je Humusklasse (vgl. Abschn. 3.5.6.3) eine Körnungsklasse zurückstuft.

3.5.5.7 Mineralkörper

Der Mineralkörper ergibt sich dann aus Mineralbestand und Körnung (s. Tab. 3.5.13).

3.5.6 Kennzeichnung des Humuskörpers

Der Humuskörper ist charakterisiert durch Menge und Art der ihn in den verschiedenen Bodenlagen aufbauenden organischen Substanzen. Es gilt also, Humusmenge und Humuszustand zu bestimmen. Aus der Verteilung beider im Profil ergibt sich dann die Humusform.

3.5.6.1 Streu

Die Streu ist der Bestandsabfall der Vegetation (einschl. abgestorbener Wurzeln) und stellt das organische Ausgangsmaterial der Bodenbildung dar. Da der Abbau bereits vor dem Laubfall einsetzt, kann die Streu bereits durch Fraß perforiert und mit Kotpillen durchsetzt sein. Bei schneller Streu-mischung und -umwandlung ist an ihrer Stelle die nach Leit- und Begleitpflanzen charakterisierte, bodenbildend wirksame Vegetation (ggf. der Fruchtfolgetyp) anzugeben, z. B. krautreicher Buchenwald oder Feldgrasacker (s. Abschn. 3.3.1) Die Streu als Wurzelstreu wird auch im Mineralboden gebildet.

3.5.6.2 Durchwurzelung

Die Durchwurzelung lässt die gegenwärtige Durchdringung des Bodens durch die Vegetation erkennen. Ihre Beobachtung erleichtert auch das Erkennen von Verdichtungen (vgl. Abschn. 3.5.9.3). Die Durchwurzelung ist in jeder Bodenlage von oben auf einer $3 \cdot 3$ dm großen Fläche anzusprechen und zu signieren (n dm^{-2}): < 1 Feinwurzel ($\varnothing < 2$ mm) = nicht (W0), 1–2 = kaum (W1), 2–5 = schwach (W2), 5–10 = mittel (W3), 11–20 = stark (W4), 21–50 = sehr stark (W5) und über > 50 = extrem stark bis Wurzelfilz (W6). Ungleichmäßige Durchwurzelung und die Zahl der Grobwurzeln sind gesondert einzugeben. (vgl. AK STANDORTKARTIERUNG 1996).

3.5.6.3 Humusgehalt und Humusmenge

Die Humusmenge einer Bodenlage ergibt sich aus deren Lagerungsdichte (s. Abschn. 3.5.3.3), Mächtigkeit und Humusgehalt. Dieser lässt sich in Minerallagen unter Berücksichtigung der Bodenart aus der Farbe im trockenen oder feuchten Zustand nach Tab. 3.5.14 unter der Voraussetzung herleiten, dass die Farbe eines Horizonts eine Mischfarbe aus schwarzen Huminstoffen und anders gefärbten Mineralpartikeln darstellt. RENGER et al. (1987) entwickelten eine ähnliche Methode, bei der über den pH-Wert zusätzlich berücksichtigt wird, dass saure Huminstoffe heller als alkalische sind.

Tab. 3.5.13 Charakterisierung des Mineralkörpers (vieler mitteleuropäischer Böden)

Boden-arten-gruppe	dominierende Minerale				Mineralkörper	Symbol
	Tonminerale	Silicate[1]	Quarz	Carbonate[2]		
X	1	0	0	7	Kalkschutt	Xk
	1	1	0	6–3	Mergelschutt	Xm
	0–1	4	0	0(–2)	Silicatschutt	Xs
	0	1–2	4	0(–2)	Kieselschutt	Xq
Gr	1	0	0	7	Kalkgrus (-schotter)	Gk
(G)	1	1	0	6–3	Mergelgrus (-schotter)	Gm
	0–2	4	0–1	0(–2)	Silicatgrus (-schotter)	Gs
	0	1–2	4	0(–2)	Kieselgrus (-schotter)	Gq
S	0	1–2	4	0(–2)	Kieselsand	Sq
	0–2	4	0–1	0(–2)	Silicatsand	Ss
	0–1	0–2	0–2	3–4	Mergelsand	Sm
	0–1	0–2	0–1	5–6	Sandmergel	Ms
L	2–3	2–3	2–3	0(–2)	Lehm	L
	2–3	2(–3)	2(–3)	3–4	Mergellehm	Lm
	1–2	1–2	1–2	5–6	Lehmmergel	Ml
	1–2	0–1	0–1	7	Mergelkalk	Km
U	1–2	2–3	2–3	0(–2)	Schluff (Lösslehm)	U
	1–2	2(–3)	2(–3)	3–4	Mergelschluff (oft Löss)	Um
	1–2	1–2	1–2	5–6	Schluffmergel	Mu
T	3–4	0–1	0	5–6	Tonmergel	Mt
	4(–3)	1(–2)	0–1	3–4	Mergelton	Tm
	4	1–2	0–1	0(–2)	Ton	T

[1] oft bei 0 < 2 %, 1 < 5 %, 2 5–25 %, 3 25–65 %, 4 65–75 %, 5 75–85 %, 6 85–< 100 %, 7 ca. 100 %
[2] vgl. Tab. 3.5.11

Tab. 3.5.14 Schätzen des Humusgehalts (in %) nach der Bodenfarbe (bei Chroma 3,5–6 Value um 0,5 höher stufen, bei > 6 um 1; Eichung erfolgte an Böden norddeutscher Sedimente, BLUME & HELSPER 1987)

Farbe	Value n. Munsell	feucht S, G	Sl-Ls	L, U, T	trocken S, G	Sl-Ls	L, U, T
hellgrau	7				< 0,3	< 0,5	< 0,6
hellgrau	6,5				0,3–0,6	0,5–0,8	0,6–1,2
grau	6				0,6–1	0,8–1,2	1,2–2
grau	5,5			< 0,3	1–1,5	1,2–2	2–3
grau	5	< 0,3	< 0,4	0,3–0,6	1,5–2	2–4	3–4
dunkel-	4,5	0,3–0,6	0,4–0,6	0,6–0,9	2–3	4–6	4–6
grau	4	0,6–0,9	0,6–1	0,9–1,5	3–5	6–9	6–9
schwarz-	3,5	0,9–1,5	1–2	1,5–3	5–8	9–15	9–15
grau	3	1,5–3	2–4	3–5	8–12	> 15	> 15
schwarz	2,5	3–6	> 4	> 5	> 12		
schwarz	2	> 6					

Für die Bewertung der Humusgehalte gelten dann folgende Stufen:

% Humus	< 1	2	3	4	8	15	30 >
Bezeichnung	stellenweise humos	sehr schwach humos	schwach humos	mittel humos	stark humos	sehr stark humos	extrem humos / organ. Lagen
Symbol	h0	h1	h2	h3	h4	h5	h6 / H

Die Humusmenge einer Lage in kg m^{-2} ergibt sich dann durch Multiplikation des Humusgehalts (in %) mit der Lagerungsdichte (in kg dm^{-3}) und der Mächtigkeit der Lage (in dm) · 100.

3.5.6.4 Morphe des Humus

Die **Humusmorphologie** kennzeichnet Grad und Art von Streuzersetzung und Humifzierung. Makroskopisch ist (mittels *Lupe*) zwischen Grobhumus (GH, Teilchen mit > 0,15 mm Ø und erkennbarer Gewebestruktur) und Feinhumus (FH, vorwiegend Huminstoffe neben stark zerkleinerter Streu und Mikroorganismen) zu unterscheiden. Für organische Lagen bedeuten:

Bei tiefer gelegenen oder entwässerten Torfen ist die streubildende Vegetation aus Eigenschaften des Grobhumus abzuleiten, da sie nicht der gegenwärtigen entsprechen muss (Anleitung gibt GÖTTLICH 1990).

Bei eingehendem Studium sind auch Fleckigkeit und Punktierung, Bräunung, Wellung und Bleichung, Löchrigkeit und Auskerbung, Rissigkeit und Skelettierung der Waldstreu oder der Ernterückstände des Ackers zu beschreiben, außerdem Lagerungsart (schütter, locker, schichtig, bröckelig, kompakt), Vernetzungsgrad (durch Wurzeln, Pilzhyphen) und Brechbarkeit von Auflagehorizonten und die Übergangsschärfe zwischen ihnen (Näheres s. AK STANDORTKARTIERUNG 1996, VON ZEZSCHWITZ 1976; mikromorphologische Beschreibung mittels *Mikroskop* s. Abschn. 5.3.2).

FH-Anteil (Vol.-%)	0–10	10–40	40–70	70–90	90–100
Wertung	gering	mäßig	mittel	hoch	sehr hoch
Symbol	FH 1	FH 2	FH 3	FH 4	FH 5

3.5.6.5 Humifizierungsgrad

Von ständig feuchtem bis nassem Torf und Auflagehumus lässt sich der Grad der Humifizierung im Feld (nach V. POST 1924; s. auch HARTMANN 1952) bestimmen. Hierzu wird eine Probe mit der Faust gequetscht. Dann kann der Humifizierungsgrad (H) nach Tab. 3.5.15 durch Beobachten des zwischen den Fingern austretenden Presssaftes und des Rückstands angesprochen werden.

3.5.6.6 Humifizierungsart

Die Art der Huminstoffe lässt sich nur im Labor bestimmen (s. Abschn. 5.6.5.4). Im Feld kann man allenfalls zwischen mildem und saurem Humus unterscheiden und zwar nach Basensättigungsgrad (s. Abschn. 3.5.4.4): BS > 50 % = mild, BS < 50 % = sauer.

3.5.6.7 Humuskörper

Humusgeprägte Bodenhorizonte unterscheiden sich in Humusgehalt, Streuart, Humifizierungsgrad und Trophie (Tab. 3.5.16). Differenzierungsmerkmale sind auch den Definitionen diagnostischer Humushorizonte (s. Abschn. 3.6.1.1) und den Humusformen (s. Abschn. 3.6.1.3) zu entnehmen.

Tab. 3.5.15 Schätzen des Humifizierungsgrades

H	Beobachten des Presssaftes	Beobachtung des Rückstands	Eigenschaften des Torfes
1	farbloses klares Wasser	nicht breiartig	nicht humifiziert
2	gelbes klares Wasser	nicht breiartig	
3	braunes klares Wasser	nicht breiartig	schwach humifiziert
4	trübes Wasser ohne Torfsubstanz	schwach breiartig	
5	trübes Wasser, wenig Torfsubstanz	stark breiartig	mittel humifiziert
6	1/3 der Probe als Brei	stark breiartig, aber	
7	1/2 der Probe als Brei	viel Pflanzenreste	
8	2/3 der Probe als Brei	vornehml. Pflanzenreste	stark humifiziert
9	nahezu gesamte Probe als Brei	wenig Pflanzenreste	
10	gesamte Probe als Brei	kein Rückstand	völlig humifiziert

Tab. 3.5.16 Bestimmung humusgeprägter Horizonte (> 1 % org. S.)

Eigenschaft	Name	Symbol
1. Bildungsraum		
a) Wasser (ohne Röhrichtzone und Salzwiese)	→ 2.	
b) Sumpf (durchgehend > 300 Tage nass oder entwässert)	→ 5.	
c) Land	→ 8.	
2. Basensättigungsgrad (Ansprache s. Abschn. 3.6.5.2)		
a) BS < 50 % + H < 20	**Dyhorizont** (z. T. Torfmudde)	Ff
b) BS > 50 %	→ 3.	

Tab. 3.5.16 Bestimmung humusgeprägter Horizonte (> 1 % org. S.) (Fortsetzung)

Eigenschaft	Name	Symbol
3. Redoxzustand (Ansprache s. Abschn. 3.5.4.3)		
a) rH > 20 (oliv bis rotbraun, b. Kalk hellgrau)	→ 4.	
b) rH < 20 (meist schwarz und H_2S-Geruch)	**Sapropelhorizont** (Faulschlamm)	Fr
4. Kalkgehalt		
a) kalkfrei bis -arm (meist oliv bis rotbraun)	**Gyttjahorizont** (Lebermudde)	Fh
b) kalkreich (meist weißgrau)	**Kalkgyttjahorizont** (Kalkmudde)	Fe
5. Humusgehalt		
a) 15–30 %	**Anmoorhorizont**	Aa
b) > 30 %	Torfhorizont → 6.	H
6. Streurückstände von		
a) Bleichmoosen, Wollgras, *Calluna v.*, Moostorf	→ 7.	hH
b) Moorbirke, Schlammsegge, Sumpfbinse	**Carrtorf**	uH
c) Seggen, Schilf, Laubmoos, Schwarzerle	**Fentorf**	nH
d) stark zersetzte kleine Streureste aggregiert	**Erdtorf**	nHv
e) zersetzt, aggregiert, trocken, hydrophob	**Mulmtorf**	nHm
7. Humifizierungsgrad (Ansprache s. Abschn. 3.5.6.5)		
a) H1 – H4	**Rohmoostorf**	hHf
b) H5 – H10	**Erdmoostorf**	hH
8. Mineralgehalt		
a) unter ½ (bzw. < 70 Masse-%)	Auflagenhorizont → 9.	
b) über ½ (bzw. > 70 Masse-%)	Mineralbodenhorizont → 10.	
9. Feinhumusanteil		
a) gering (< 1 / 10)	**Streuhorizont**	L
b) mäßig (1 / 10 – 7 / 10)	**Grobhumushorizont**	Of
c) hoch (> 7 / 10)	**Feinhumushorizont**	Oh
10. Lage im Profil		
a) nach oben durch Streu oder Auflagehorizont begrenzt	→ 11.	Ah
b) nach oben durch humusärmere Lagen begrenzt	→ 13.	
11. Gefüge, Humusgehalt, Munsell-Value/Chroma		
a) pol, pri oder h1–2, Munsell > 3 / > 3	**Kryptohumushorizont**	Ah
b) übrige; h > 2; Munsell < 3,5 / < 3,5	(ähnl. ochric)[1] → 12.	
12. Basensättigung (Ansprache s. Abschn. 3.5.4.4) und Gefüge		
a) BS > 50 % und/oder kru, schw, sub	**Wurmhumushorizont** (mollic)[1]	Axh
b) BS < 50 % und ein, gri	**Moderhorizont** (umbric)[1]	Ah
13. Vegetationsreste		
a) vorhanden	**fossiler Humushorizont**	fAh
b) nicht vorhanden, Humus an Wandbeläge oder Fe-Oxide gebunden	**verlagerter Humus**	Bh, Ghr, Bht

[1] n. FAO 2006

3.6 Auswertung der Bodendaten

An dieser Stelle sollen die Prinzipien einer Auswertung nur kurz gestreift und die Technik einer Deutung nur insoweit dargestellt werden, wie sie allein mithilfe der Feldaufnahme möglich sind. Eine umfassendere Darstellung wird in Kap. 7 gegeben.

Auf die Analyse folgt die Synthese (vgl. Abb. 3.1). Wesentlich für eine gute Synthese ist, dass alle verfügbaren Einzeldaten zu einem sinnvollen Ganzen zusammengefasst werden. Die Synthese ist zunächst eine einfache Zusammenfassung der ermittelten Daten zu einer Feststellung (z. B. nutzbare Wasserkapazität) und sodann eine Deutung des Befunds. Schließlich lässt sich die Deutung des Befunds unter Heranziehung weiterer Feststellungen (z. B. Durchwurzelbarkeit und Witterung) zu einer umfassenden Aussage erweitern (z. B. über den Wasserhaushalt des Standortes). Die Aussage kann dabei in manchen Fällen bereits endgültig sein; oft muss die Profilaufnahme aber durch Laboruntersuchungen ergänzt werden, damit Aussagen präzisiert und gesichert werden können. Dann bekommt die Felduntersuchung die Aufgabe, Arbeitshypothesen zu erarbeiten, Zeitpunkt und Ort der Probenahme festzulegen sowie den Einsatz genauerer Analysen zu steuern. Auch hilft die Profilbetrachtung bereits, den Grad der Heterogenität eines Pedons abzuschätzen. Beobachtungen, die im Feld versäumt werden, lassen sich nicht oder nur schwer im Labor nachholen.

3.6.1 Bodengenetische Deutung der Bodenaufnahme

Ziel einer genetischen Untersuchung ist es, das Wie und Warum der Eigenschaften eines Bodens zu verstehen und damit dessen Geschichte nachzuzeichnen sowie dessen weitere Entwicklung vorherzusagen. Eine bodengenetische Aussage macht man aufgrund einer vergleichenden Horizontbetrachtung (vgl. Abb. 3.1). Hierfür muss aber sicher sein, dass der Boden auch wirklich aus vergleichbarem Material entstanden ist, dass also nicht ein Wechsel im Gestein vorliegt. Schichtgrenzen können dabei an einem schroffen Wechsel in den Eigenschaften der einzelnen Lagen, insbesondere in durch bodenbildende Pro-

zesse kaum beeinflussbaren Eigenschaften wie dem Sand- oder Kiesgehalt, erkannt werden. Es muss weiterhin ermittelt werden, ob Bodenlagen erodiert wurden (kenntlich an einer Kornvergröberung nahe der Oberfläche, bei überdeckten Schichten auch am Auftreten von Steinsohlen und bei Winderosion am Auftreten von Windkantern; talwärts Auftreten von Kolluvien) oder die natürliche Entwicklung unterbrochen wurde (z. B. durch Pflügen bzw. andere Kulturmaßnahmen, kenntlich an gleichförmiger Beschaffenheit, aber scharfer Begrenzung der obersten Mineralkörperlage). Ferner ist zu prüfen, ob im Profil reliktische Bodenmerkmale auftreten, also solche, die sich unter den gegenwärtigen Umweltbedingungen nicht gebildet haben können (z. B. Brodeltaschen und Eiskeile aus dem Periglazialklima). Schließlich soll in naher Vergangenheit kein Nutzungs- oder Vegetationswechsel stattgefunden haben, da sich sonst die beobachteten Eigenschaften nicht im Gleichgewicht mit Vegetation und Nutzung befinden. Falls die Böden geschichtet, erodiert oder überdeckt sind, muss zunächst die Eigenschaft der Schichten zu Beginn einer Bodenbildungsphase rekonstruiert werden, bevor die Bildung quantifiziert werden kann (STAHR 1979, ALAILY 1984).

Aus dem Vergleich der Lagen lassen sich die Prozesse rekonstruieren, durch welche sie und damit der Boden als Ganzes geprägt wurden. Das Ergebnis der Untersuchung wird in der Benennung der Lagen durch Horizontsymbole festgelegt. Aus bestimmten Horizontkombinationen ergeben sich dann Bodentyp und Humusform.

3.6.1.1 Horiontbezeichnung

Horizonte sind durch bodenbildende Prozesse entstandene Lagen im Profil. Sie sind zu unterscheiden von **Schichten**, den durch gesteinsbildende Prozesse entstandenen Lagen. Die Horizonte werden durch Großbuchstaben symbolisiert (Hauptsymbole). Zur näheren Kennzeichnung diagnostisch wichtiger Horizontmerkmale dienen Kleinbuchstaben (Hilfssymbole = Suffixe). Vor die Hauptsymbole gestellt, charakterisieren sie lithogene oder phytogene Merkmale, nachgestellt pedogene Merkmale. Übergangshorizonte oder Horizonte mit mehreren diagnostisch wichtigen Merkmalen werden durch Kombination von Hauptsymbolen oder/und Hilfssymbolen gekennzeichnet, wobei die Bedeutung der gekennzeichneten Merkmale von links nach rechts ansteigt (Tab. 3.6.1).

Tab. 3.6.1 Bestimmungsschlüssel wichtiger Horizonte (AK BODENSYSTEMATIK 1998 und AD-HOC-AG BODEN 2005, vereinfacht)

Wichtige mineralische Horizonte (< 30 % Humus)	
A	Oberbodenhorizonte mit Verarmung und/oder Humusanreicherung
B	Unterbodenhorizonte mit < 75 % Festgesteinsresten, Änderung von Farbe und Stoffbestand gegenüber Ausgangsgestein durch Stoffeinlagerung aus A und/oder Verwitterung (Transformation) und Gefügebildung
C	Gestein unterhalb des Solums, entspricht oft dem Ausgangsgestein
lC	Lockergestein, grabbar (l = locker)
mC	Festgestein, nicht grabbar (m = massiv)
Cn	nicht verwittert (n = neu)
Cv	schwach verwittert (v = vergrust, physikal. Zerfall)
Cc	mit Kalk angereichert (c = Sekundärcarbonat)
Humusanreicherung im Oberboden	
Ah	1–30 % Humus (außer Aa) (h=humos)
Aa	Anmoor (= a) (Feuchtboden) mit 15–30 % Humus
Ai	Initialstadium (= i) mit lückiger Anreicherung von > 1 % Humus oder < 2 cm mächtiger Anreicherung von < 1 %
Axh	stabiles biogenes Gefüge und hohe Basensättigung, > 1 dm
Verwitterung	
Bv	verwittert (= v), entkalkt, verbraunt, verlehmt, > 25 % der Gesteinsstruktur verändert
Bu	sehr stark verwittert: < 5 Vol.-% Festgesteinsreste, > 17 % Ton mit KAK < 16 $cmol_c$ kg^{-1}, < 3 % verwitterb. Minerale (*ferralic horizon* der WRB 2006, *oxic horizon* der SOIL SURVEY STAFF 2006)
Tonverlagerung	
Al	gegenüber Ah aufgehellt, gegenüber Bt tonverarmt (l = lessiviert)
Ael	tonverarmt und stark versauert (Fahlerde)
Bt	Tongehalte gegenüber A um mindestens eine Bodenartstufe erhöht und/oder Tonhäutchen auf den meisten Aggregatoberflächen bzw. Tonbänder (t = tonangereichert)
Podsolierung	
Ae	gebleicht (Munsell-Value feucht ≥ 4; - Chroma ≤ 2,5) (c = eluvial, ausgewaschen)
Bs	Fe/Mn-angereichert (Munsell-Hue 1 Stufe röter als Nachbarhorizonte) (s = sesquioxidangereichert)
Bh	humusangereichert (Munsell-Value mindestens 1 Stufe niedriger als Ae bzw. Ap)

Tab. 3.6.1 Bestimmungsschlüssel wichtiger Horizonte (AK BODENSYSTEMATIK 1998 und AD-HOC-AG BODEN 2005, vereinfacht) (Fortsetzung)

Wichtige mineralische Horizonte (< 30 % Humus)		
Unterböden aus Ton- und Carbonatgestein		
P		Unterbodenhorizont aus Tongestein, > 45 % Ton, kaum redoximorph, stark quellend/schrumpfend (Trockenrisse in 5 dm Tiefe zeitweilig breiter 1 cm), mit Polyedern/Prismen (oft glänzende Aggregatoberflächen = *slicken sides*) (P = pelitisch, tonig)
T		Unterbodenhorizont aus Lösungsrückstand von Carbonatgestein, > 65 % Ton, Polyeder, leuchtend gelbbraun bis braunrot gefärbt, nicht redoximorph (T = terra)
Stauwassereinfluss		
S		stauwassergeprägter Horizont; zeitweilig nass und dann rH ≤ 19 (oder gedränt) und > 80 Flächen-% Konkretionen, Rost- und/oder Bleichflecken (Konkretionen und Rostflecken in Aggregaten)
	Sw	stauwasserführend, Bleichzonen (Munsell-Value feucht > 3,5; -Chroma < 3) neben Konkretionen/Rostflecken, kf höher als Sd
	Srw	nassgebleicht, Konkretionen/Rostflecken fehlend oder < 1 %, sonst wie Sw
	Sd	wasserstauend (kf niedriger und/oder grobporenärmer als Sw) und marmoriert
	Sg	Rost-/Bleichflecken diffus verteilt, LK < 3 %, viel U und ffS (Haftnässe)
Grundwassereinfluss		
G		grundwassergeprägte Horizonte
	Go	im Grundwasserschwankungsbereich, mit > 10 Flächen-% Rost- oder/und Carbonatflecken, besonders an Aggregatoberflächen (o = oxidiert)
	Gr	im Grundwasserbereich, (fast) ständig nass und dann rH ≤ 19 bzw. F der entwässert) und mit Reduktomorphie (MUNSELL-HUE von N1 (schwarz) bis N8 (weiß) oder von 5Y (grau), 5G (grün), 5B (blau) bei Chroma < 1,5 (5G < 2,5), allenfalls 5 % Rostflecken an Wurzelbahnen (r = reduziert)
	Gor	Rostflecken auch außerhalb Wurzelbahnen, sonst wie Gr
	Gro	5–10 Flächen-% Rostflecken, sonst wie Gr
Organische Horizonte (> 30 % org. Substanz)		
Hauptprägung durch Zersetzung und Humifizierung		
L		Streu (org. Ausgangsmaterial), < 10 % Feinhumus
H		Torf; mit Resten torfbildender Pflanzen (durchgehend > 30 d nass oder gedränt)
	nH	Fentorf (Seggen-, Schilf-, Laubmoos-, Schwarzerlenreste)
	uH	Carrtorf (Moorbirken-, Schlammseggen-, Sumpfbinsenreste)
	hH	Moostorf (Bleichmoos-, Wollgras-, *Calluna v.*-Reste)
	Hr	Rohtorf (H1–H4)
	Hv,	stärker zersetzte Torfe, <u>v</u>ererdet
	Hm,	stärker zersetzte Torfe, <u>v</u>ermulmt
	Ha	stärker zersetzte Torfe, <u>a</u>bgesondert
O		organische Auflage über Mineralboden oder Torf (FH 2–5)

Tab. 3.6.1 Bestimmungsschlüssel wichtiger Horizonte (AK BODENSYSTEMATIK 1998 und AD-HOC-AG BODEN 2005, vereinfacht) (Fortsetzung)

Organische Horizonte (> 30 % Humus)		
	Of	Grobhumushorizont 10-70 % Feinhumus
	Oh	Feinhumushorizont > 70 % Feinhumus
Horizonte mit Sauerstoffverdrängung durch Gase		
Y		Reduktgase (CO_2, CH_4, H_2S) geprägter Horizont
	Yr	durch Metallsufide schwarz gefärbt (r = reduziert)
	Yo	durch Ferrihydrit rotbraun gefärbt (o = oxidiert)
Unterwasserhorizonte (ohne Torfe)		
Hauptprägung durch Humusanreicherung bei Wassersättigung		
F		Horizont am Gewässergrund m. > 1 % Humus
	Fi	Initialhorizont, < 1 % Humus
	Fh	dunkelbraun, BS < 50 %
	Fo	oliv-rotbraun, BS > 50 %, rH > 19
	Fch	hellgrau, kalkreich, rH > 19 (Kalkmudde)
	Fr	schwarz, H_2S-Geruch, BS > 50 %, rH ≤ 19
	Fw	ohne Oxidationsmerkmale, zeitweise gesättigt
Vom Menschen (mit-) geprägte Horizonte		
Ap		bearbeitet, sonst wie Ah (p = gepflügt)
Hp		bearbeitet, sonst wie Hh
M		humoser (entsprechend Ah), mit ungelagertem Bodenmaterial angereicherter Horizont (M = migrare)
E		humoser (entsprechend Ah) Horizont aus aufgetragenen Plaggen oder Kompost m. Kulturresten und/oder erhöhtem P-Gehalt (E = Esch)
R		Mischhorizont, durch Rigolen bzw. Tiefumbruch entstanden (R = rigolt)
Anthropogener Auftrag (s. Tab. 3.4.2)		
jC		künstlicher Auftrag natürlicher Substarte (z. B. Löss; Bodenaushub)
yC		künstlicher Auftrag technogener Substrate (z. B. Bauschutt, Müll, Schlacke, Klärschlamm, Industriestaub)
Stoffanreicherungen als zusätzliche Hilfssymbole		
...c		Carbonatanreicherung (Ach, Ccv, Gc, Hc)
...z		Salzanreicherung (EC_{GBL} > 0,75 mS cm^{-1})
...k		> 5 Flächen-% Konkretionen: Ckc, Gkc als Kalk, Gko, Skw und Bku als Fe/Mn-Oxide
...m		mit Kittgefüge; Bmh, Bms als Ortstein; Gmo als Raseneisenstein; mc als Calcrete
...b		gebändert: von Ton Bbt, von Fe/Mn-Oxiden Bbs

Schichtwechsel im Solum wird durch Voranstellen römischer Ziffern signiert (z. B. **IIBv**). Ein fossiler (von Sediment überdeckter) Horizont wird durch Voranstellen eines **f** hervorgehoben (z. B. ein reliktischer Horizont (dessen Morphe nicht mehr mit der heutigen Dynamik im Einklang steht) durch Voranstellen eines **r** (z. B. **rGr** bei entwässertem Gley).

3.6.1.2 Bestimmung des Bodentyps

Bodentypen sind die charakteristischen Umwandlungsformen von Gesteinen. Sie sind durch bestimmte lithogene (dem Ausgangsgestein entstammende), phytogene (der Streu entstammende), atmogene (auf Niederschläge oder andere Atmosphärilien zurückzuführende) und pedogene (durch bodenbildende Prozesse entstandene) Merkmale gekennzeichnet. Für jeden Bodentyp ist daher eine bestimmte Horizontkombination – verknüpft mit bestimmten litho-, phyto- und atmogenen Merkmalen – charakteristisch (Tab. 3.6.2).

Aufgrund weiterer diagnostischer Merkmale (z. B. Humusform bei Rendzinen, Basizität bei Braunerden) bzw. Merkmalen mehrerer Haupteinheiten (z. B. Ah/Bv/Go/Gr = Braunerde-Gley, wenn Ah/Bv < 4 dm; sonst Gley/Braunerde) ergeben sich Subtypen.

Ist ein Boden unter weniger als 3 dm Auftrag begraben, wird nur jener klassifiziert und „mit Auftrag" dem Namen angefügt. Bei über 3 dm mächtigem Auftrag werden die Böden beider Substrate klassifiziert (z. B. Regosol über Podsol aus Flugsand/Geschiebesand).

Böden aus künstlichen, d. h. vom Menschen verursachten, Aufträgen werden wie diejenigen aus natürlichen Gesteinen klassifiziert (z. B. Ah/C-Boden aus Bauschutt = Pararendzina). Für eine vollständige Darstellung deutscher Bodeneinheiten siehe AK BODENSYSTEMATIK (1998) und AD-HOC-AG BODEN(2005).

Bodentyp und Ausgangsgestein (Substrat) bilden zusammen die **Bodenform**. Das Gestein ist stets mit anzugeben.

Tab. 3.6.2 Bestimmungsschlüssel wichtiger Bodentypen (nach AK BODENSYSTEMATIK 1998, AD-HOC-AG BODEN 2005, stark vereinfacht)

Horizontkombination (nur diagnostisch wichtige)	weitere diagnostische Merkmale	Typ	Symbol
Abteilung der Landböden (GOF: Geländeoberfläche)			
Ai/mC	Beginn mC < 2 cm unter GOF	Syrosem	O
Ai/lC	Beginn lC < 2 cm unter GOF	Lockersyrosem	OL
O/mC		Felshumusboden	FF
xC + O/xlC mC	x > 95 % Grobskelett (> 2 cm Ø)	Skelethumusboden	FS
Ah/imC	i < 2 % Kalk, mC flacher 3 dm	Ranker	RN
Ah/ilC	i < 2 % Kalk	Regosol	RQ
Ah/cC	cC > 75 % Kalk oder Gips	Rendzina	RR
Ah/eC	e 2–75 % Kalk	Pararendzina	RZ
Axh/C	Ah > 4 dm, x biogen gemischt	Tschernosem	TT
Ah/P/C	toniges Substrat > 45 % Ton	Pelosol	DD
Ah/Bv/C		Braunerde	BB
Ah/Al/Bt/C	Beginn Bt < 8 dm GOF	Parabraunerde	LL
Ah/Ael/Ael + Bt/Bt/C	Ael + Bt verzahnt	Fahlerde	LF
Ah/Ae/Bh, Bs –		Podsol	PP
Ah/T/cmC		Terra fusca	CF
Ah/Bu		Ferralit	VW
Ah/Sw/Sd –	Sd marmoriert	Pseudogley	SS
Ah/Srw/Sd –	Srw nassgebleicht	Stagnogley	SG

Tab. 3.6.2 Bestimmungsschlüssel wichtiger Bodentypen (nach AK BODENSYSTEMATIK 1998, AD-HOC-AG BODEN 2005, stark vereinfacht) (Fortsetzung)

Horizontkombination (nur diagnostisch wichtige)	weitere diagnostische Merkmale	Typ	Symbol
Ah/Sg -	marmoriert	**Haftpseudogley**	SH
Ah/Y	Y durch Reduktgas reduziert	**Reduktosol**	XX
Abteilung der Grundwasserböden			
aAi/alC/(aG)	a Aue, A + C > 8 dm	**Rambla**	AO
aAh/ailC/(aG)	wie AO, i < 2 % Kalk	**Paternia**	AQ
aAxh/(aM, alC)/(aG)	wie AQ, aber Axh wie TT	**Tschernitza**	AT
aAh/aM(aBv)/alC/aG	A + M + C > 8 dm	**Vega**	AB
Ah/Go/Gr	Beginn Go < 4 dm GOF	**Gley**	GG
aAh/aGo/aGr	a Aue, sonst wie GG	**Auengley**	AG
Go-Ah/Gr	kein Go, sonst wie GG	**Nassgley**	GN
Go-Aa/Gr	kein Go, sonst wie GG	**Anmoorgley**	GM
(Gr)H/Gr	H < 3 dm	**Moorgley**	GH
t(z)Go-Ah/t(z)Gr	t Gezeiteneinfluss	**Rohmarsch**	MR
(t, e)Ah/(t, e)Go/(z)eGr	t oder Deich, < 4 dm kalkfrei	**Kalkmarsch**	MC
(t)Ah/(t)Go/-(zlGr	t oder Deich, > 4 dm kalkfrei	**Kleimarsch**	MN
Ah/Sw/Sq/Gr	Sq dichter Knick; > 7 dm kalkfrei	**Knickmarsch**	MK
(t, z)Ai/(t, z)lC/(z)G	obere > 3 dm Reinsand und rH ständig > 19	**Strandböden**	ÜA
Abteilung der Moore[1]			
nH/(IlfF/) ...	nH > 3 dm	**Niedermoor**	HN
uH/IlnH/ ...	uH + IlnH > 3 dm	**Übergangsmoor**	HNu
hH/(IluH/IllnH)...	hH + IluH + IllnH > 3 dm	**Hochmoor**	HH
Abteilung der semisubhydrischen und subhydrischen Böden			
tzFw/tzFr	obere > 3 dm Reinsand und rH ständig > 19	**Nassstrand**	IA
t(z)Fo/t(z)Fr	t Gezeiteneinfluss, Unterboden ständig reduziert, Oberboden oft verrostete Tiergänge	**Watt**	IW
Fi/ ...		**Protopedon**	JP
Fo/ ...		**Gyttja**	JP
Fh/ ...		**Dy**	JD
Fr/ ...		**Sapropel**	JS
Kultosole (vom Menschen wesentlich geprägt)			
Ah/M//II ...	Ah + M > 4 dm	**Kolluvisol**	YK
R-Ap/(Ah-)R/C	Ap + R > 4 dm	**Rigosol**	YY
Ap/Ex/(Ex-)C	Ap + Ex > 4 dm; x biogen gemixt	**Hortisol**	YJ
R-Ap/+.../ ...R	Ap + R > 4 dm	**Treposol**	YU
Ah/E/II ...	Ah + E > 4dm	**Plaggenesch**	YE

[1] Die entwässerten, anthropogen überformten Moore werden je nach der Torfumwandlung als Erdmoor (vererdet) oder Mulmmoor (vermulmt) bezeichnet.

3.6.1.3 Bestimmung des Substrattyps und der Bodenform

Wegen der großen kleinräumigen Vielfalt der Gesteine und der durch die glaziale und periglaziale Landschaftsentwicklung entstandenen, häufig gering mächtigen **Decklagen** wurde in Deutschland neben der Bodensystematik auch eine **Substratsystematik** entwickelt (AK BODENSYSTEMATIK 1998). Durch die Verknüpfung der Entwicklung des Substrats mit der Bodenentwicklung wird es möglich, die Entwicklung besser zu rekonstruieren und die Prognose der Weiterentwicklung viel gerichteter durchzuführen.

Bei der Ansprache des Substrats werden die verschiedenen Lagen in Tiefenstufen zum Substrattyp vereinigt. Die einzelnen Lagen werden nach der Substratart (Gestein, Bodenart, Kalkgehalt, Kohlegehalt) und der Schichtmächtigkeit eingestuft. Die Substratart lässt sich mit Tab. 3.4.1 Gestein, Tab. 3.4.2 Anthropogene Gesteine, Tab. 3.5.8 Bodenart und Tab. 3.5.13 Mineralbestand und Körnung beschreiben.

Für die Substrattypen gibt es sechs mögliche Fälle, die allerdings mit den verschiedenen Gesteinen kombiniert zu einer großen Gesamtzahl führen (Abb. 3.6.1). Die Substrate werden grundsätzlich in den Tiefenstufen 3, 7, 12 dm bis max. 20 dm angesprochen. Auf dem Niveau des Substrattyps werden aber Lagengrenzen unterhalb 12 dm nicht mehr berücksichtigt. Bodentyp -> Bodenform <- Substrattyp (Gesteinsschichten).

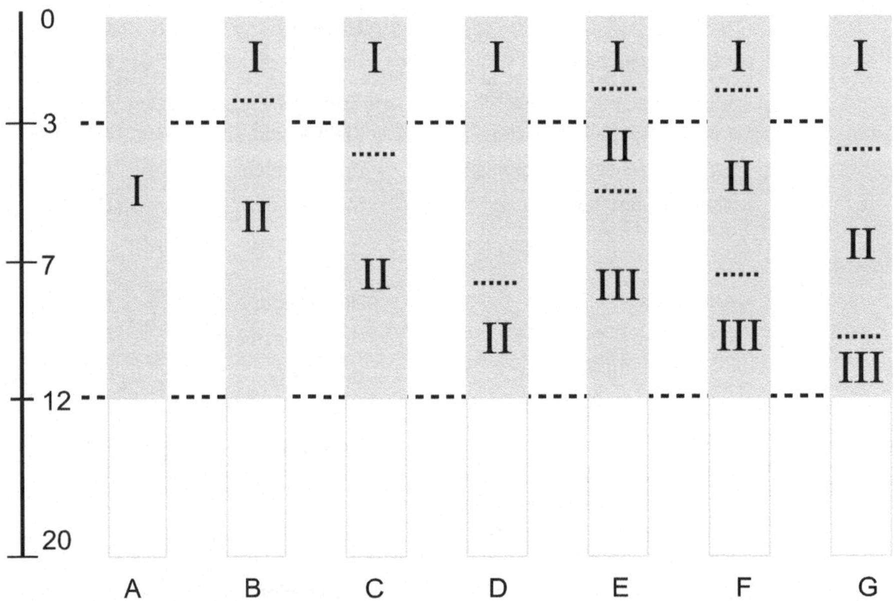

Beispiel: **I** Flugsand
        II Geschiebelehm
        III Kalkmergel

Benennung der Bodenform, wenn der Bodentyp Ah/Al/Bt/Cc eine Parabraunerde ist.
A Parabraunerde aus Flugsand
B Parabraunerde aus flachem Flugsand über Geschiebelehm
C Parabraunerde aus Flugsand über Geschiebelehm
D Parabraunerde aus Flugsand über tiefem Geschiebelehm
E Parabraunerde aus flachem Flugsand über Geschiebelehm, über Kalkmergel
F Parabraunerde aus flachem Flugsand über Geschiebelehm, über tiefem Kalkmergel
G Parabraunerde aus Flugsand über Geschiebelehm, über tiefem Kalkmergel

Abb. 3.6.1 Schichtfolgen der Substrattypen

3.6.1.4 Bestimmung der Humusform

Da wegen der leicht veränderlichen Eigenschaften des Humuskörpers der Schwerpunkt bei der Ansprache des Bodentyps auf den Eigenschaften des Mineralkörpers liegt, müssen die des Humuskörpers gesondert gekennzeichnet werden. **Humusformen** sind die natürlichen Kombinationstypen der verschiedenen Humusstoffe. Einteilungsprinzipien sind neben einer bestimmten Horizontkombination der Bildungsraum (bes. Wasserverhältnisse) sowie Mächtigkeit und Eigenschaften der Horizonte und Subhorizonte (s. Tab. 3.6.3). Die Torfe lassen sich nach den erkennbaren Pflanzenresten weiter untergliedern (AD-HOC-AG BODEN 2005).

Tab. 3.6.3 Bestimmungsschlüssel wichtiger Humusformen

Horizontkombination	weitere diagnostische Merkmale	Humusform
Waldhumusformen	(Grz Horizontgrenzen)	
L /Ah	Ah meist kru-sub und > 8 cm, L und O nicht ganzjährig vorhanden	**L-Mull**[1] (typischer Mull)
L /Of / Ah	Of < 3 cm, Ah meist < 10 cm	F-Mull (Modermull)
L / Of /Oh /A(e)h	Of + Oh < Ah	**Moder**[1] (typischer Moder)
	Oh < 0,5 cm	mullartiger Moder
	Oh 0,5–2 cm und meist bröckelig	feinhumusarmer Moder (Grobmoder)
	Oh 2–3 cm, Grz diffus	feinhumusreicher Moder (Feinmoder)
	Oh 3–6 cm, kompakt, Grz scharf	rohhumusartiger Moder
L / Of / Oh /(Aeh)	Of + Oh > Ah, Grz scharf	**Rohhumus**[1]
	Oh < 4 cm, kompakt	feinhumusarmer Rohhumus (Grobrohhumus)
	Oh > 4 cm, kompakt	feinhumusreicher Rohhumus (Feinrohhumus)
Ackerhumusformen (n. BLUME & BEYER 1996) (BS = Basensättigung)		
Ap	kru oder sub + > 2 % Humus + BS > 50 %	Wurmmull
Ap	pol, pri oder sub + < 2 % Humus + BS > 50 %	Kryptomull
Ap	ein oder gri + BS > 50 %	Sandmull
Ap	ein oder gri + BS < 50 %	Ackermoder
A(e)p	wie Ackermoder + gebleichte Sandkörner	Bleichmoder
Ap	BS < 50 %, sonst wie Kryptomull	Kryptomoder
Sumpfhumusformen (incl. Röhricht)		
L /Aa	Aa > 1 dm, BS meist > 50 %	**Anmoor**
L / H-		**Torf**
nH		Niedermoortorf
uH		Übergangsmoortorf
		(Waldtorf)
hH		Hochmoortorf
Seehumustorf (Humusform = Bodentyp)[2] (Tab. 3.6.2)		Dy, Gyttja, Sapropel

[1] Bei Stauwassereinfluss erhöhte Humusgehalte bis anmoorig, dann Zusatz „feucht"

[2] Fossile Unterwasserböden werden als Sedimente aufgefasst und dann als Mudden klassifiziert.

3.6.2 Ökologische Beurteilung der Bodenaufnahme

Die ökologische Auswertung dient dem Zweck, den Boden als Pflanzenstandort zu kennzeichnen und daraus Voraussagen für den zukünftigen Pflanzenwuchs zu treffen. Es kommt also darauf an, aus den ermittelten Bodeneigenschaften auf Gründigkeit und Durchwurzelbarkeit, auf Wasser-, Luft- und Wärmehaushalt sowie auf den Nährstoffhaushalt zu schließen. Zu beachten ist aber, dass die Bewertung der Eigenschaften eines Horizonts stets von dem der darüber liegenden Horizonte mit abhängen muss (gute Durchwurzelbarkeit eines Horizonts bleibt wirkungslos, wenn der darüber liegende schwer durchwurzelbar ist). Eine große Schwierigkeit besteht außerdem darin, dass eine Kennzeichnung streng genommen nur für eine Pflanzenart (bzw. Pflanzengesellschaft) gelten kann. Daher sollte man bei Kulturstandorten zumindest die spezifischen Ansprüche einer Wald-, Wiesen- oder Ackervegetation berücksichtigen, aber andererseits nicht gerade nach den Erfordernissen bestimmter Spezialisten bewerten (außer, sie sollen angebaut werden: z. B. Spargel). Um dieser Schwierigkeit aus dem Wege zu gehen, empfiehlt es sich, zunächst unabhängig von der angestrebten oder bestehenden Nutzung die Standorteigenschaften zu klassifizieren. Soll eine Nutzungseignung ausgewiesen werden, so müssen die Standortansprüche der Nutzung in der gleichen Maßeinheit angegeben werden. Aus dem Vergleich beider lässt sich dann die Eignung ableiten (vgl. Abb. 3.1).

3.6.2.1 Gründigkeit und Durchwurzelbarkeit

Die Begrenzung des **Wurzelraumes** sollte die Grundlage jeder Bodenbewertung sein: Die Durchwurzelungstiefe bestimmt den standortkundlich zu berücksichtigenden Anteil des Bodens (den möglichen Wurzelraum) und die Durchwurzelungsintensität (bes. die seitliche) die zu veranschlagende Ausnutzung der in ihm ermittelten Wasser- und Nährstoffmengen. Sie bestimmen oft auch die Standfestigkeit (bei Bäumen die Windwurfgefahr).

Die **Gründigkeit** ist die Mächtigkeit (in dm) des potenziellen Wurzelraumes. Geringe Gründigkeit im ökologischen Sinn kann mechanisch (festes Gestein, verfestigte Bodenlage) oder physiologisch (Gr-Horizont der Grundwasserböden) wirkende Ursachen haben. Möglicher Wurzeltiefgang unter 1,5 dm ist als sehr flachgründig (Wp1), 1,5–3,0 dm als flach- (Wp2), 3–7 dm als mittel- (Wp3), 7–12 dm als tief- (Wp4) und > 12 dm als sehr tiefgründig (Wp5) zu bezeichnen. Gleichzeitig sollte die Ursache mangelnder Gründigkeit angegeben werden. Problematisch ist die Angabe der Gründigkeit bei Bodenfüllung von Gesteinsklüften und des Wurzelraumes bei gemischten Pflanzengesellschaften (z. B. Kraut-, Strauch- und Baumschicht).

Der Hauptwurzelraum vieler Wild- und Kulturpflanzen ist auf den Oberboden, d. h. die oberen 3–4 dm (incl. 0-Lagen) beschränkt. Die Kapillarität des Unterbodens entscheidet dann darüber, inwieweit in Trockenperioden Wasser und gelöste Nährstoffe in den Hauptwurzelraum aufsteigen können. Das wird beim **effektiven Wurzelraum** (We) berücksichtigt, der sich für viele Böden Mitteleuropas aus Bodenart und Lagerungsdichte des Unterbodens nach Tab. 3.6.4 ableiten lässt.

Nährstoffarmut und mit der Tiefe abnehmende pH-Werte können den We ebenfalls mindern. Eine Begrenzung kann auch durch Schichtwechsel, Verdichtungen oder Verfestigungen (z. B. Ortstein), Nässe, Luftmangel, oder durch eine geringere Entwicklungstiefe der Böden gegeben sein. Bei Grundwasserböden endet der We spätestens im Sauerstoffmangelbereich, d. h. am Gr-Horizont (außer bei Sumpfpflanzen wie Sumpfreis). Überschritten werden die angegebenen We-Werte vor allem bei tief humosen Böden, wie z. B. bei Plaggeneschen und Kolluvisolen.

Unter **Durchwurzelbarkeit** ist die mögliche Erschließung des Wurzelraumes durch Pflanzen zu verstehen. Die Durchwurzelbarkeit hängt einmal (wie auch die Gründigkeit) von Art und Größe der Hohlräume zwischen den Bodenaggregaten und Steinen ab, und außerdem von den Eigenschaften der Aggregate selbst. Die Durchwurzelbarkeit lässt sich demnach aus Porosität. Lagerungsdichte, Stabilität der Bodenaggregate und Steingehalt erschließen. Allgemein sind Absonderungsaggregate wie Polyeder oder Prismen arm an Grobporen und damit schlechter durchwurzelbar als etwa die porösen Krümel. Außerdem kann die Durchwurzelbarkeit sehr von Wandbelägen (wie Tonhäutchen) eingeengt werden. Der Eindringwiderstand (Tab. 3.5.4) vermag als Maß für die Durchwurzelbarkeit dienen. Während die Gründigkeit gemessen werden kann, ist die Durchwurzelbarkeit eher eine qualitative Größe (sehr gut, gut, mittel, schlecht).

Tab. 3.6.4 Effektive Durchwurzelungstiefe (We) homogener Böden in Abhängigkeit von Bodenart bzw. Torfart und Lagerungsdichte (ϱt) für Ackerkulturen und Nadelgehölze[1] (AD-HOC-AG Boden 2005, verändert)

Bodenartenhauptgruppe	Bodenart	We in dm		
	DV-Zeichen	ϱt1 bis 2	ϱt3	ϱt4 bis 5
Sande	gS	7	5	5
	mS, fS, Ss	8	6	6
	Su, Sl2	9	7	6
	Sl3, St2	10	8	7
	Slu, Sl4, St3	13	9	8
Schluffe	Uu, Us	14	10	8
	Uls, Ul, Ut	15	11	9
Lehme	Ls, Lt, Lts	13	10	8
Tone	Tu3	14	11	9
	Tl, Tt, Tu2	13	10	8
Torfe	Hh		2	
	Hn		4	

[1] Für Grünland von We-Acker (außer Hh) 2 dm subtrahieren; für Laubgehölze We-Acker mit 1,5 multiplizieren

3.6.2.2 Wasserhaushalt

(z. T. nach JAHN et al. 2006)

Wasserbindung und Porengrößenverteilung

Böden (aber auch Sedimente und die meisten Gesteine) enthalten stets in Abhängigkeit von Bodenart, Lagerungsdichte, Gefüge und Humusgehalt mehr oder weniger Poren unterschiedlichen Durchmessers. In Abhängigkeit von ihrem Durchmesser und des Wasserhaushalts des Standortes sind sie entweder mit Luft oder Wasser gefüllt. Die Bindung des Wassers im Boden erfolgt dabei nach den Gesetzmäßigkeiten der Kapillarität und der Adsorption an feste Grenzflächen (je enger eine Kapillare ist, desto höher vermag Wasser in ihr aufzusteigen, bzw. desto höher ist die Kraft, mit der das Wasser gebunden ist). Damit die Pflanze Wasser aufnehmen kann, muss sie höhere Saugspannungskräfte aufbringen, als jene sind, mit denen das Wasser im Boden festgehalten wird.

Es gelten folgende Zusammenhänge:
Ist das **gesamte Porenvolumen** (GPV) mit Wasser gefüllt, hat der Boden volle Wassersättigung. Die Grobporen mit einem Äquivalentdurchmesser > 50 μm werden durch Schwerkraft innerhalb kürzester Zeit gedränt (nicht im Grundwasserbe-

reich), und den Anteil dieser jetzt mit Luft gefüllten Poren bezeichnet man als **Luftkapazität** (LK). Die zurückbleibende Wassermenge im Porenbereich < 50 μm wird mit einer Saugspannung von $\approx$ pF 1,8 (60 cm WS) festgehalten und als **Feldkapazität** (FK) bezeichnet. (Die Bezeichnung pF stellt den dekadischen Logarithmus des Druckwertes dar, angegeben in hPa, früher mbar oder cm WS; p = Potenzial, F = freie Energie des Wassers.) Die von den Pflanzen ausschöpfbare Wassermenge wird als **nutzbare Feldkapazität** (nFK) bezeichnet und im Bereich hoher Saugspannungen durch den **permanenten Welkepunkt** (PWP) begrenzt. Der PWP ist konventionell bei pF 4,2 (150 m WS = 1,5 MPa) (irreversibles Welken der Sonnenblume) in der landwirtschaftlichen Praxis festgelegt worden. Bei dürrebeständigen Pflanzen kann der PWP bis auf pF 4,7 (500 m WS) ansteigen und sich somit für diese Pflanzen die nFK erhöhen. Das Wasser, welches in feinsten Poren (< 0,2 μm) mit einer Saugspannung von pF 4,2 festgehalten wird (Haarwurzeln minimal 0,8 μm $\varnothing$), ist nicht mehr pflanzenverfügbar und wird als **Totwasser** (TW) bezeichnet.

Es gilt also: GPV = LK + nFK + TW
FK = GPV − LK, bzw. nFK + TW
nFK = FK − TW

Ermittlung der Wasserhaushalts- und Porengrößen

Für mitteleuropäische Mineral-, anmoorige Böden und Torfe können die Werte für nFK, LK, FK und GPV Tabellen entnommen werden, die bei Mineralböden nach der Bodenart differenzieren. Da die organische Substanz und die Lagerungsdichte großen Einfluss auf die Porengrößenverteilung haben, sind entsprechende Zu- und Abschläge notwendig. Bei Mooren ist der Humifizierungsgrad nach Tab. 3.5.15 zu berücksichtigen. Die so ermittelten Werte in Volumenprozent sind durch Multiplikation mit dem Faktor

$$(100 - \text{Vol.-\% Kies und Steine})/100$$

auf den kies- und steinhaltigen Boden zu beziehen (problematisch bei porigen Steinen), da durch Kies und Steine der Porenraum eingeschränkt wird. Anschließend sind die Werte (in Vol.-%) horizontweise für den gesamten gründigen Bereich mit der jeweiligen Horizontmächtigkeit (in dm) auf Werte in l m^{-2} bzw. mm umzurechnen. Die nFK wird üblicherweise für den Wurzelraum aufaddiert, die FK bis 1 m Tiefe oder bis zum Festgestein.

Porenraumgliederung und Funktionen

Äquivalent-Poren-$\varnothing$ (μm)	Saugspannungsbereich (pF)	Poren Bezeichnung	Poren Funktion	Bezeichnung		
> 50	< 1,8	e. Grobporen	schnell dränend			Luftkapazität
50–10	1,8–2,5	w. Grobporen	langsam dränend	GPV		nutzb. Feldkapazität
10–0,2	2,5–4,2	Mittelporen	pflanzenverfügb.		Feldkap.	
< 0,2	> 4,2	Feinporen				Totwasser

Tab. 3.6.5 Schätzung von Gesamtporenvolumen (GPV), Lufkapazität (LK), nutzbarer Feldkapazität (nFK) und Feldkapazität (FK) steinfreier mitteleuropäischer Böden im Volumen-% in Abhängigkeit von Bodenart und Lagerungsdichte bzw. Substanzvolumen nach AD-HOC-AG BODEN 2005, vereinfacht

Bodenart	Gesamtporenvol.			Luftkapazität			nutzb. Feldkap.			Feldkapazität		
	< 1,2	1,45	1,65 >	< 1,2	1,45	1,65 >	< 1,2	1,45	1,65 >	< 1,2	1,45	1,65 >
Sande												
Ss	50	43	37	36	32	27	9	7	7	14	11	10
Ss	50	43	37	36	32	27	9	7	7	14	11	10
Sl	52	42	35	20	15	10	21	18	16	33	27	25
Su	52	43	36	18	15	11	24	21	19	33	28	25
Slu	52	43	37	14	10	7	23	21	19	38	33	30
St	52	43	34	21	17	12	18	16	13	31	26	22
Schluffe												
Uu	53	45	38	10	7	3	30	26	23	43	38	35
Us	52	44	36	11	9	4	28	25	22	41	35	32
Uls	52	43	38	13	8	5	24	22	21	39	35	33
Ut	50	43	38	11	6	3	26	24	22	39	37	35

Tab. 3.6.5 Schätzung von Gesamtporenvolumen (GPV), Lufkapazität (LK), nutzbarer Feldkapazität (nFK) und Feldkapazität (FK) steinfreier mitteleuropäischer Böden im Volumen-% in Abhängigkeit von Bodenart und Lagerungsdichte bzw. Substanzvolumen nach AD-HOC-AG BODEN 2005, vereinfacht (Fortsetzung)

	Gesamtporenvol.				Luftkapazität				nutzb. Feldkap.				Feldkapazität			
bei einer Lagerungsdichte (kg dm^{-3}) von																
Bodenart		<1,2	1,45	1,65>		<1,2	1,45	1,65>		<1,2	1,45	1,65>		<1,2	1,45	1,65>
Lehme																
Ls		54	43	36		14	10	6		21	16	14		39	33	30
Lt		53	44	38		10	6	4		18	13	11		44	38	34
Lts		54	43	36		10	6	5		17	14	11		44	37	31
Lu		53	43	37		12	7	4		21	17	15		41	36	33
Tone																
Tt	64	52	46	37	8	4	3	2	20	15	13	12	56	48	43	35
Tl	63	52	45	38	9	5	4	3	19	14	13	11	54	47	41	35
Tu2	60	51	46	39	7	5	4	3	20	15	12	10	53	46	42	36
Tu3-4	60	50	44	38	11	9	6	3	22	17	15	13	49	41	38	35
Ts2	61	51	43	37	10	5	4	3	18	15	13	12	51	46	39	34
Ts3-4	59	54	43	37	13	10	8	6	17	17	14	11	46	44	35	31
anmoorige Horizonte (Aa) mit 15–30 % organischer Substanz																
S, Su, Slu, Sl		67				11				37				56		
St, L, U, T		73				6				37				67		

	Gesamtporenvol.			Luftkapazität			nutzb. Feldkap.			Feldkapazität		
Torfe				bei Substanzvolumen in % von								
	<5%	7,5%	>	<5%	7,5%	>	<5%	7,5%	>	<5%	7,5%	>
hH 1-4	95	94	92	30	25	20	55	58	60	65	69	72
hH 5-6	95	93	90	25	20	15	60	60	60	70	73	75
hH 7-10	95	92	88	10	10	5	60	65	55	85	82	83
entwässerte Niedermoore (mit 25–50 % Aschegehalt)												
nHv	–	–	78	–	–	16	–	–	32	–	–	62
nHm	–	–	77	–	–	18	–	–	29	–	–	59
nHa	–	–	83	–	–	20	–	–	29	–	–	63
nHt	–	80	82	–	14	10	–	50	40	–	76	72
nHr, nHw	–	92	83	–	12	8	–	58	50	–	80	75

Oh-Lagen sind stark humizierten Niedermoortorfen (nHa) gleichzustellen
nach AD-HOC-AG BODEN 2005, vereinfacht

Zu- und Abschläge zu GPV, LK, nFK und FK aufgrund höherer Gehalte an organischer Substanz in Abhängigkeit der Bodenart

	Gesamtporenvol.				Luftkapazität				nutzb. Feldkap.				Feldkapazität			
	h2	h3	h4	h5	h2	h3	h4	h5	h2	h3	h4	h5	h2	h3	h4	h5
% Humus	1–2	–4	–8	–15	1–2	–4	–8	–15	1–2	–4	–8	–15	1–2	–4	–8	–15
Ss	3	5	7	9	0	–1	–2	–3	1	3	4	5	3	6	9	12
S außer Ss	4	7	12	16	1	2	3	4	2	3	4	6	3	6	9	13
U , L außer Lt	5	9	15	20	2	3	5	7	2	3	5	6	3	6	10	13
Lt, Tone	6	9	15	20	1	2	4	7	2	4	6	8	5	7	11	14

nach AD-HOC-AG BODEN 2005, vereinfacht

Beurteilung des Gesamtporenvolumens (GPV)

Je höher das Gesamtporenvolumen ist, desto besser ist ein Boden landwirtschaftlich bearbeitbar und nutzbar. Das Gesamtporenvolumen wird horizontweise bewertet.

Bewertung des Gesamtporenvolumens (GPV) (horizontweise)				
GPV (Vol.-%)	< 30	40	50	> 60
Bewertung	sehr gering	gering	mittel	hoch	sehr hoch

Beurteilung der nutzbaren Feldkapazität (nFK)

Die nutzbare Feldkapazität bestimmt die pflanzenverfügbare Wassermenge, die ein Boden speichern kann. Unter Grundwassereinfluss kann dieser Speicher laufend ergänzt werden (siehe unten).
Die nutzbare Feldkapazität wird für den **effektiven Wurzelraum** bestimmt, der jedoch nicht über die physiologische Gründigkeit hinausreichen kann.

Bewertung der nutzbaren Feldkapazität (nFK) (für effektiven Wurzelraum)				
nFK ($l\ m^{-2}\cdot We$)	< 50	90	140	> 200
Bewertung	sehr gering	gering	mittel	hoch	sehr hoch

Sofern kapillarer Aufstieg aus GW möglich, ist dieser mit zu berücksichtigen (siehe unten).

Beurteilung der Feldkapazität (FK)

Die Feldkapazität ist die Wassermenge, die der Boden gegen die Schwerkraft festhalten kann. In diesem Wasser können Stoffe, die der Boden nicht adsorptiv festhalten kann (z. B. Nitrate) gelöst sein. Daher ist die Feldkapazität auch ein Maß für die Fähigkeit des Bodens, die Verlagerung derartiger Stoffe in den Untergrund zu verhindern. Die Feldkapazität ist auch für den Wärmehaushalt der Böden von großer Bedeutung. Je feuchter ein Boden ist, desto mehr Wärme muss ihm zugeführt werden, um ihn auf eine bestimmte Temperatur zu bringen (späterer Vegetationsbeginn bei Böden hoher FK). Andererseits kann die einmal gespeicherte Wärme länger gehalten werden (Schutz vor Frühfrost im Herbst).
Die Feldkapazität wird bis 1 m Tiefe (wenn nicht vorher anstehendes Gestein) ermittelt.

Bewertung der Feldkapazität (FK) (bis 1 m Tiefe)				
FK ($l\ m^{-2}\cdot We$)	< 130	260	390	> 520
Bewertung	sehr gering	gering	mittel	hoch	sehr hoch

Beurteilung des Wasserhaushalts (nFK) unter Grundwassereinfluss

Da in grundwasserbeeinflussten Böden kapillarer Aufstieg aus dem Grundwasser erfolgen kann, ist die kapillare Aufstiegsrate mit in die Bewertung des Wasserhaushalts (nFK) einzubeziehen. Die Werte sind in Abhängigkeit des Grundwasserabstands von der Untergrenze des effektiven Wurzelraumes und der Bodenart Tab. 3.6.6 zu entnehmen.

Tab. 3.6.6 Mittlere kapillare Aufstiegsrate für Mineralböden und Torfe in mm pro Tag in Abhängigkeit von Bodenart bzw. Humifizierungsstufe und Abstand zwischen Grundwasseroberfläche und Untergrenze des effektiven Wurzelraumes (mittl. Lagerungsdichte, Substanzvol.) (nach AD-HOC-AG BODEN, 2005, vereinf.)

kapillare Aufstiegsrate $[mm\ d^{-1}]$ bei Abstand zwischen der Grundwasseroberfläche und der Untergrenze des effektiven Wurzelraumes [dm]

Bodenart	1	2	3	4	5	6	7	8	9	10	11	12	13	14	15	17	20	25
gS	>5	5,0	1,5	0,9	0,4	0,2	-	-	-	-	-	-	-	-	-	-	-	-
mS, mSfs, mSgs	>5	>5	>5	3	1	0,5	0,3	0,2	0,1	-	-	-	-	-	-	-	-	-
fS, fSms, fSgs	>5	>5	>5	>5	3,5	1,9	0,8	0,4	0,3	0,2	0,1	-	-	-	-	-	-	-
Ss	>5	>5	5	3,5	2,2	1,1	0,6	0,3	0,2	0,1	-	-	-	-	-	-	-	-
Sl, Slu	>5	>5	5	2,8	1,6	1,0	0,6	0,4	0,3	0,2	0,1	0,1	-	-	-	-	-	-
St	>5	>5	5	2,0	0,9	0,5	0,3	0,2	0,1	-	-	-	-	-	-	-	-	-
Su	>5	>5	>5	3,6	2,1	1,3	0,8	0,6	0,4	0,3	0,2	0,2	0,1	-	-	-	-	-
Ls	>5	>5	>5	2,2	1,4	1,1	0,9	0,6	0,3	0,2	0,1	-	-	-	-	-	-	-
Lt	>5	5	2,6	1,4	0,9	0,5	0,4	0,3	0,2	0,1	0,1	-	-	-	-	-	-	-
Lts	>5	5	2,4	1,3	0,8	0,5	0,3	0,2	0,1	0,1	-	-	-	-	-	-	-	-
Lu	>5	>5	>5	>5	5	3,1	2,1	1,5	1,1	0,8	0,5	0,4	0,3	0,2	0,1	-	-	-
Uu	>5	>5	>5	>5	>5	>5	>5	>5	>5	5	4,1	3,4	2,8	2,4	2	1,5	0,9	0,4
Uls	>5	>5	>5	>5	5	3,2	2,3	1,7	1,3	1	0,8	0,6	0,5	0,4	0,3	0,2	0,1	-
Us	>5	>5	>5	>5	>5	>5	>5	4,4	3,4	2,7	2,1	1,7	1,4	1,1	0,9	0,6	0,3	0,1
Ut	>5	>5	>5	>5	>5	>5	>5	>5	5,0	3,6	2,9	2,4	2,0	1,7	1,4	1,0	0,7	0,2
Tt	5	2,0	1,2	0,8	0,5	0,4	0,3	0,2	0,2	0,1	0,1	-	-	-	-	-	-	-
Tl	5	3,4	1,3	0,7	0,4	0,3	0,2	0,1	0,1	-	-	-	-	-	-	-	-	-
Tu2	5	3,2	1,3	0,7	0,5	0,3	0,2	0,2	0,1	0,1	-	-	-	-	-	-	-	-
Tu3-4	>5	>5	4,0	3,7	2,5	1,7	1,0	0,6	0,4	0,3	0,2	0,1	-	-	-	-	-	-
Ts2	5	3,0	1,5	1,0	0,5	0,3	0,2	0,1	0,1	-	-	-	-	-	-	-	-	-
Ts 3-4	>5	4,5	3,0	1,8	0,6	0,3	0,2	0,1	-	-	-	-	-	-	-	-	-	-
Torfe nach Humifizierungsstufe (mittleres Substanzvolumen)																		
Hh (H1–4)		>5	>5	>5	4,5	2,5	1,5	1	0,5	0,3		0,1		<0,1	-	-	-	-
Hh (H5–6)		5	3	2	1,3	0,8	0,4	0,3	0,2	0,2		<0,1		-	-	-	-	-
Hh (H7–10)		5	3	2	1,2	0,7	0,3	0,2	0,1	<0,1		-		-	-	-	-	-
Hn (H1–4)		>5	>5	5	2,5	1	0,5	0,3	0,2	0,1		<0,1		-	-	-	-	-
Hn (H5–6)		>5	5	3	1,5	0,8	0,4	0,2	0,1	<0,1		-		-	-	-	-	-
Hn (H7–10)		4	2,2	1,1	0,6	0,3	0,2	0,1	<0,1	-		-		-	-	-	-	-

Mudden ähnlich stark humifizierter Niedermoortorfe

Bei einem Bodenartenwechsel im Bereich zwischen Grundwasseroberfläche und Untergrenze des effektiven Wurzelraumes ist jeweils nur die kleinste Aufstiegsrate zur Bewertung heranzuziehen. Auszugehen ist hierbei nicht vom aktuellen Grundwasserstand, sondern vom mittleren Grundwassertiefstand (Obergrenze Gr-Horizont), der in unserem Klimabereich etwa während Juli bis August erreicht ist. Bewertet wird dann diejenige Wassermenge, die der Vegetation in der trockensten Periode minimal zur Verfügung steht. Bei einer täglichen kapillaren Aufstiegsrate von 3–5 mm pro Tag ist in Mitteleuropa die Vegetation unabhängig vom sonstigen Wasserdargebot.

Bewertung der kapillaren Aufstiegsrate aus dem Grundwasser in den effektiven Wurzelraum (KRWe)					
KRWe (mm d^{-1})	0	0,5	1,0	2,0	> 5,0
Bewertung	kein Aufstieg	sehr gering	gering	mittel	hoch	sehr hoch

Das gesamte Dargebot an pflanzenverfügbarem Bodenwasser für grundwasserbeeinflusste Standorte ergibt sich aus nFK plus kapillarem Aufstieg aus dem Grundwasser. Für die Berechnung sind die mittleren täglichen Aufstiegsraten mit der Dauer der Tage, an denen ein kapillarer Aufstieg stattfindet, zu multiplizieren und zur nutzbaren Feldkapazität zu addieren.

Mit einer Hauptwachstumszeit ist zu rechnen bei:

Getreide	mit ≈ 60 Tagen
Hackfrüchten und Mais	≈ 90 Tagen
Grünland	≈ 120 Tagen

Beurteilung des Wasserhaushalts (nFK) unter Berücksichtigung des Regionalklimas

Die Bedeutung des Regionalklimas lässt sich über die klimatische Wasserbilanz (Differenz zwischen mittlerem Niederschlag und mittlerer Verdunstung) abschätzen. Für die standortkundliche Bewertung ist hierbei vor allem die klimatische Wasserbilanz der Vegetationsperiode von Bedeutung. Im Folgenden werden Beispiele für einige Landschaften gegeben. Im Einzelfall sind örtliche meteorologische Daten zu berücksichtigen.

Tab. 3.6.7 Berücksichtigung der klimatischen Wasserbilanz während der Vegetationsperiode (Mai bis Oktober) bei der Einstufung der nFK (nach DVWK 1999, verändert)

klimatische Wasserbilanz [mm]	Veränderung der nFK-Einst.	Beispiele
… bis – 150	– 2 Stufen	Leipziger Land, östl. Harzvorland, Uckermärk. Hügelland, Barnimplatte, Elbe-Elster-Tiefland
– 50 bis – 150	– 1,5 Stufen	Hannoversches Wendland, Kaiserstuhl, Altenburg-Zeitzer Lössgebiet, Ilm-Saale u. Ohrdrufer Platte, Thüringer Becken
+ 50 bis – 50	– 1 Stufe	Hildesheimer Börde, Mainzer Becken, Ostthür.-Vogtländische Hochfl., unteres Osterzgebirge, Mittelsächs. Lösslehmhügelland
+ 150 bis + 50	± 0	Nordseeküste, Kraichgau, Münsterland, Mittelfränkisches Becken, oberes u. unteres Westerzgebirge
+ 300 bis + 150	+ 1 Stufe	Teutoburger Wald, Sauerland, Eifel, Schwarzwaldrand, Ammer-Loisach-Hügelland, Schwäbische Alb
+ 500 bis + 300	+ 1,5 Stufen	Oberharz, hinterer Bayerischer Wald, Inn-Chiemsee-Hügelland, Schwäbisch-oberbayerische Voralpen
… bis + 500	+ 2 Stufen	nördliche Kalkalpen, Hochschwarzwald

Beurteilung des Wasserhaushalts (nFK) unter Berücksichtigung des Standortklimas
Die Bedeutung des Standortklimas lässt sich anhand der Landschaftsposition, Relief und Exposition abschätzen (Tab. 3.6.8).

Beurteilung der gesättigten Wasserleitfähigkeit (kf)
Die gesättigte Wasserleitfähigkeit ist sowohl für die Nutzung des Bodens als auch für ökologische Fragestellungen von Bedeutung (Stauwasserböden, Grundwassererneuerung usw.).

Bei der Einschätzung des Verhaltens von Böden hinsichtlich Niederschlagsereignissen (Oberflächenabfluss, Erosion) stellt die gesättigte Wasserleitfähigkeit allerdings nur eine erste Näherung dar. Hier ist auch die Infiltrationsrate und die ungesättigte Wasserleitfähigkeit vorherzusagen.

Die gesättigte (Boden vollständig mit Wasser gesättigt) Wasserleitfähigkeit (kf) ist die Durchflussmenge von Wasser je Flächen- und Zeiteinheit geteilt durch das Wasserspiegelgefälle (antreibendes Potenzial). Die gesättigte Wasserleitfähigkeit kann über die Bodenart und Lagerungsdichte nur sehr grob abgeschätzt werden. Aggregierung, Durchwurzelung usw. beeinflussen des Weiteren in hohem Maße die gesättigte Wasserleitfähigkeit, sodass sich gemessene Werte über mehrere Zehnerpotenzen erstrecken können. Gemessene Werte werden nach folgender Einstufung bewertet:

Bewertung der gesättigten Wasserleitfähigkeit (kf-Wert)

kf (cm d^{-1})	< 1	10	40	100	> 300
Bewertung	sehr gering	gering	mittel	hoch	sehr hoch	äußerst hoch

Eine sehr grobe Einschätzung kann nach Tab. 3.6.9 vorgenommen werden.

Tab. 3.6.8 Berücksichtigung des Standortklimas bei der Einstufung der nFK (nach SCHLICHTING et al. 1995, verändert)

Standortklima	Veränderung der nFK-Einst.	Relief und Exposition
stark wind- und einstrahlungsgeschützt	+ 2 Stufen	Schluchten, Kessel, schattseitige steile Unterhänge
schwach wind- und einstrahlungsgeschützt	+ 1 Stufe	flache Dellen, sonnseitige Hangmulden, schattseitige Unterhänge
wie Regionalklima	± 0	Plateaus, sonnseitige Unterhänge, schattseitige Mittel- und Oberhänge
schwach wind- und strahlungsbeeinflusst	– 1 Stufe	flache Kuppen und Rücken, flache sonnseitige Mittelhänge
stark wind- und strahlungsbeeinflusst	– 2 Stufen	ausgeprägte Kuppen, steile sonnseitige Ober und Mittelhänge

3.6.2.3 Lufthaushalt

Die Luftverhältnisse eines Bodens lassen sich häufig aus dem Bodentyp ableiten, da Böden vorrangig nach Merkmalen definiert sind, die in unterschiedlichen Sauerstoffverhältnissen ihre Ursache haben (Tab. 3.6.10). Die Ansprache lässt sich unter Berücksichtigung der realen Horizontierung und insbesondere der Redoxzustände (s. Abschn. 3.5.4.6) noch verfeinern. Ist der Oberboden nur wenig luftdurchlässig (kl-Stufe 1–2 n. Abschn. 3.6.8), muss mit zeitweiligem Luftmangel auch dann gerechnet werden, wenn die Belüftungsstufen LV1–LV3 vorliegen.

Beurteilung der Luftkapazität (LK)
Sehr geringe und geringe Werte der Luftkapazität begrenzen die Gründigkeit eines Bodens. Die Luftkapazität ist bei Auftreten von Grund- und Stauwasser gleichzeitig Speicherkapazität für frei bewegliches Wasser. Je höher die Luftkapazität, desto langsamer ist im Allgemeinen der Kapillarhub für Grund- und Stauwasser, während andererseits Niederschlagswasser relativ schnell versickern kann. Wichtig ist ferner bei sehr nährstoffreichen Böden eine hohe Luftkapazität, da sonst eine unzureichende Sauerstoffversorgung zur Denitrifikation führt.

Tab. 3.6.9 Mittlere gesättigte Wasserleitfähigkeitsstufen in Abhängigkeit von Bodenart bzw. Humifizierungsstufe und Lagerungsdichte bzw. Substanzvolumen (nach SCHLICHTING et al. 1995)

Bodenart	Wasserleitfähigkeitsstufen		
bei Lagerungsdichte (kg dm^{-3}) von:	< 1,45		1,65 >
gS, mS	> 300	> 300	> 300
fS	100–300	40–100	10–40
Sl	100–300	40–100	1–40
Su	40–100	10–40	1–10
St	40–300	10–100	1–10
Ls	100–300	10–100	< 1–10
Lu	40–100	10–40	< 1–10
U..., Lts, Lt, T...	40–300	10–40	< 1–10
Torfart bei Substanzvolumen (%) von:	< 5		7,5 >
H H1–4	> 100	10–100	1–40
H H5–6	10–40	1–40	< 1–10
H H7–10	1–40	< 1–10	< 1

Bewertung der Luftkapazität (LK) (horizontweise)					
LK (Vol.-%)	< 2	4	12	> 20	
Bewertung	sehr gering	gering	mittel	hoch	sehr hoch
Beispiele	Sd-, Sg-Horizonte	Cv-, Bt-Horizonte	Bv-Horizonte	Ap-Horizonte	Ah-Horizonte

Tab. 3.6.10 Klassierung der Sauerstoffverhältnisse typischer Böden (z.: zeitweilig, besonders im Frühjahr) (n. BLUME & FRIEDRICH 1979)

Stufe[2]	Sauerstoffangebot in cm Tiefe[1]			Bodentyp (Auswahl)
	Bodentiefe in cm unter GOF			
LV	0–30	30–80	> 80	
1	hoch	hoch	nicht vorhanden	Ranker, Rendzina
1a	hoch	hoch	hoch	Regosol, Pararendzina, Schwarzerde, Braunerde, Parabraunerde, Podsol, Plaggenesch, Hortisol, Kolluvisol
2	hoch	z. mittel	z. mittel	Pseudogley-Braunerde, -Parabraunerde, -Schwarzerde; Auenböden

Tab. 3.6.10 Klassierung der Sauerstoffverhältnisse typischer Böden (z.: zeitweilig, besonders im Frühjahr) (n. BLUME & FRIEDRICH 1979) (Fortsetzung)

Stufe[2]	Sauerstoffangebot in cm Tiefe[1]			Bodentyp (Auswahl)
2a	hoch	z. mittel	gering	Gley-Braunerde, - Parabraunerde, -Schwarzerde, -Podsol, -Kolluvisol
3	hoch	z. gering	z. gering	Braunerde, Parabr.-, Podsol- Pseudogley
3a	hoch	z. gering	gering	Braunerde-, Parabr.-, Podsol-, Schwarzerde-Gley
4	z. mittel	z. mittel	z. mittel	Pelosol
5	z. mittel	z. mittel	z. gering	Pseudogley; Haftnässe-, Pelosol-Pseudogley
5a	z. mittel	z. gering	sehr gering	Gley; Pelosol, Pseudogley- Gley, Marsch
6	z. gering	gering	gering	Stagnogley
6a	z. gering	gering	sehr gering	Nassgley, Knickmarsch
7	gering	sehr gering	sehr gering	Anmoorgley, Reduktosol
7a	sehr gering	sehr gering	sehr gering	Moorgley, Moor

[1] Die Tiefenangaben gelten nur ungefähr; genauere Angaben sind aus den Mächtigkeiten redoximorpher Horizonte abzuleiten

[2] Eine praxisübliche Entwässerung kann mit einer Verschiebung der Belüftungsstufen verbunden sein: 7, 7a → 5a; 6 u. 5 → 4; 3 → 2 u. 1; 2 → 1

3.6.2.4 Wärmehaushalt

Der Wärmehaushalt eines Bodens hängt von Klima, Lage im Gelände, Bewuchs, Bodenfarbe und Wasser- bzw. Lufthaushalt ab. In unserem Gebiet ist die Erwärmung bei gleichen Bodenverhältnissen umso stärker, je mehr eine Hangneigung von 45° bei S-Exposition (eine größere bei SO- bzw. SW-Exposition) und je mehr entsprechend bei Hangneigungen > 3° S-Exposition erreicht wird. Tief liegende Mulden kühlen stärker aus. Bei gleichen Reliefverhältnissen sind Erwärmung und Abkühlung umso mehr verzögert, je dichter der Bewuchs und je höher Wassergehalt bzw. -kapazität. Bei Gleichheit der vorgenannten Verhältnisse erwärmen sich dunkle Böden schneller und stärker als helle. In Ermangelung geeigneter Faustzahlen muss die Charakterisierung qualitativ bleiben. Einzelmessungen der Bodentemperatur mit Bodenthermometern sind kaum sinnvoll; regelmäßig wiederholte Messungen im Jahresverlauf vermögen den Wärmehaushalt hingegen zu kennzeichnen (Abschn. 6.4). Aus Messungen in 40–50 cm Tiefe lassen sich witterungsunabhängige Werte ableiten (drei bis vier Messungen im Jahr reichen aus, vgl. STAHR et al. 2008).

3.6.2.5 Nährstoffhaushalt

Mit den Niederschlägen sowie gegebenenfalls dem Hang- oder Kapillarwasser werden einem Boden Nährstoffe zugeführt. Die atmosphärische Zufuhr ist von Belang bei B und Mg (bes. in Meeresnähe) sowie N, und bedeutsam bei S (bes. Industrie- und Meeresnähe) sowie in Sonderfällen (z. B. Ca in Nähe von Straßenabrieb und Zementwerken), die Zufuhr mit Zuschusswasser abhängig von den Böden der Umgebung. Ökologisch entscheidend aber sind die im Wurzelraum vorhandenen Mengen an verfügbaren und mobilisierbaren Nährstoffen.

Die Höhe der Nährstoffreserven hängt von der Zusammensetzung des Mineral- und Humuskörpers ab. Kalkhaltige Horizonte enthalten viel (leicht mobilisierbares) Ca und auch Mg. Viele Minerale

Tab. 3.6.11 Qualitative Charakterisierung der Nährstoffreserven von Böden nach Gesteinsarten und Entwicklungsgrad (Verwitterungsgrad) (Erläuterung der Boden-Symbole s. Tab. 3.6.2)

| | Chemischer und physikalischer Verwitterungsgrad | | | |
	stark	mittel	mäßig schwach	kaum unentwickelt
Landböden	PP	saure BB,	BB, TT, LL, RQ,	RN, RR, OL
		PP-BB, CF,	Q-R, Z, D,	
		sekundärer SS, SG	primärer SS	
Grundwasserböden	GG-PP	GH, MK	AB, GM, AT,	AO
Gesteinsart				
Sand, Sandstein,	sehr	gering (2)	gering (2)	sehr
Quarzit	gering (1)			gering (1)
Sandmergel, Wattsand, Schluffstein, Granit, Q-Porphyr	gering (2)	gering (2)	mittel (3)	gering (2)
Mergel, Löss,	gering (2)	mittel(3)	hoch (4)	mittel (3) Auenlehm, Schlick, Kalkstein
Ton, Tonmergel,	mittel (3)	hoch (4)	sehr hoch (5)	hoch (4)
Tonschiefer, Phyllit				
Gabbro, Basalt		extrem hoch (6)	extrem hoch (6)	sehr hoch (5)

Hochmoore haben sehr geringe (1), basenarme Niedermoore mit BS < 50 geringe (2) und Niedermoore mit BS > 50 mittlere (3) Nährstoffreserven.

der Feinschluff- und Tonfraktion sind reich an K, Mg, Fe, Mn, Cu und Co. Aus der Bodenart lässt sich der Versorgungsgrad mit diesen Elementen aber nur dann erschließen, wenn gleichzeitig die bisherigen Verluste durch Verwitterung und Auswaschung mit berücksichtigt werden. Die Vorräte haben bereits umso stärker abgenommen, je niedriger die Basensättigung (BS) ist. Über die Mobilisierbarkeit der Reserven vermag der pH-Wert Auskunft zu geben. So steigt die Verfügbarkeit von B, Fe, Mn, Cu, Co, Zn mit sinkendem, die von Mo hingegen mit steigendem pH.

Ein erster qualitativer Eindruck über die Vorräte an mobilisierbaren Nährstoffreserven (mit Ausnahme von N) vermögen Gesteinsart und Verwitterungsgrad des Bodens nach Tab. 3.6.11 zu liefern. Im Bezug auf K wären allerdings Basalt und Gabbro der Stufe 2, Granit und Quarzporphyr der Stufe 4 zuzuordnen. N ist praktisch nur und P zum guten Teil im Humuskörper angereichert. Die N- und mobilisierbaren P_m-Vorräte lassen sich daher grob aus Humusmenge (O-Lagen und Humushorizonte des Mineralbodens im We) und -form ermitteln.

Kationenaustauschkapazität (KAK)

Die Kationenaustauschkapazität (KAK) lässt sich für illitreiche Böden grob aus Bodenart (Abschn. 3.5.4.1) und Humusgehalt (Abschn. 3.5.6.3) abschätzen. Sie ist (in $cmol_c$ kg^{-1}) etwa bei:

G, gS	mS, fS	Su	Sl	St, Us	Uu	Ut, Ls	Lu	Lts	Ts	Lt	Tl	Tt
1	2	4	6	8	10	12	16	17	18	24	29	38

Bei smectitreichen Böden sind die Werte mit dem Faktor 2,5, bei kaolinitreichen mit 0,3 zu multiplizieren. Diese Werte erhöhen sich infolge der hohen **potenziellen KAK** (KAK_{pot} bei pH 8) des Humus bei der Stufe

	h1	h2	h3	h4	h5	h6	
um	0	3	7	15	25	50	$cmol_c\ kg^{-1}$

Die **effektive KAK** (KAK_{eff}) **des Humus** ergibt sich durch Multiplikation mit einem pH-abhängigen Faktor:

pH	7,5	6,5	5,5	4,5	3,5	2,5
	1	0,8	0,6	0,4	0,25	0,15

Die **effektive KAK der Bodenlage** ergibt sich durch Summierung der aus der Bodenart abgeleiteten KAK und der effektiven KAK des Humus.

Die KAK-Werte skeletthaltiger Lagen sind mit dem Faktor [100 – % (x, g, gr)]/100 zu multiplizieren.

Die **potenzielle KAK von Humusauflagen und Torfen** ergibt sich grob nach deren Humifizierungsgrad (gemäß Abschn. 3.5.6.5):

H1	H2	H3	H4	H5	H6	H7	H8	H9	H10	
20	40	60	80	100	120	140	160	180	200	$cmol_c\ kg^{-1}$

und die effektive KAK entsprechend der des Mineralbodenhumus.

Basensättigungsgrad (BS)

Der Basensättigungsgrad (BS) gibt den Prozentanteil der basischen Kationen (vor allem Ca^{2+}, Mg^{2+}, Na^+, K^+) an der potenziellen KAK an. Da sorbierte H- (und Al-) Ionen mit denen der Bodenlösung im Gleichgewicht stehen, lässt sich der BS grob aus dem $pH(CaCl_2)$-Wert in Abhängigkeit von der Humusgehaltsstufe n. Abschnitt 3.5.6 ableiten:

				pH	(CaCl$_2$)				
h0–3	>7,5	6,1	5,4	4,7	4,2	3,9	3,5	3,2	2,9
h4–5	>7,5	6,3	5,7	5,1	4,6	4,2	3,8	3,4	3,1
h6, H	>7,5	6,6	6,2	4,7	5,1	4,6	4,1	3,6	3,3
BS (%)	100	90	80	65	50	35	20	10	5
Stufe	sehr basenreich gesättigt		basenreich			mittel-basisch		basenarm	sehr basenarm
Symbol		BS5	BS4			BS3		BS2	BS1

S-Wert (in $cmol_c\ kg^{-1}$)

Der S-Wert bzw. die Summe der austauschbar gebundenen basischen Kationen einer Bodenlage ergibt sich nach der Gleichung

$$S\text{-Wert} = (KAK_{pot} \cdot BS)/100.$$

Die S-Werte skeletthaltiger Lagen sind mit dem Faktor [100 – % (x, g, gr)]/100 zu multiplizieren.

Einen allgemeinen Anhalt über das Angebot an **verfügbaren Nährstoffkationen** (vor allem Ca sowie Mg und K) vermag der **S-Wert** zu liefern. Hierzu ist zunächst durch Multiplikation der S-Werte (in $cmol_c\ kg^{-1}$) der einzelnen Lagen mit der Lagerungsdichte Volumenbezug herzustellen (und zwar ab 3 dm Tiefe nur mit 0,5 ρ_t, um der dort geringeren Durchwurzelung Rechnung zu tragen). Die Werte der Lagen sind dann mit deren Mächtigkeit in dm zu multiplizieren und bis zur Tiefe des Wurzelraumes (We bzw. Wp: Abschn. 3.6.2.1) als $mol\ m^{-2}$ zu summieren. Dann bedeuten

mol_c m^{-2} We	0 – 1	1 – 10	10 – 50	50 – 200	> 200
	sehr gering	gering	mittel	hoch	sehr hoch
	SWe1	SWe2	SWe3	SWe4	SWe5

N ist praktisch nur und P zum großen Teil im Humuskörper angereichert. Die **N- und mobilisier-**

baren P-Vorräte lassen sich daher grob aus Humusmenge (O-Lagen und Humushorizonte des Mineralbodens im We) und -form berechnen:

bei	Mull	Moder	Roh-humus
kg N ha^{-1} = t Humus ha^{-1} x	50	25	15
kg P$_m$ ha^{-1} = t Humus ha^{-1} x	10	1,5	0,8

Die Vorräte sind wie folgt zu bewerten:

	sehr gering	gering	mittel	erhöht	hoch	sehr hoch	
N	1000	2500	5000	10 000	20 000		kg ha^{-1}
P$_m$	100	600	1200	1800	2400		kg ha^{-1}

Tab. 3.6.12 Ackerschätzungsrahmen mit Bodentypen als Zustandsstufen (n. BodSchätzG 2007, ergänzt)

			Tschernosem	Parabraunerde Braunerde Pararendzina Vega	Fahlerde Regosol Terra fusca Mullgley	Pseudogley Ranker Rendzina Pelosol	Stagnogley Podsol Modergley
					entwässerte Böden		
			Tschernitza Mullgley Kalkmarsch	Borowina Niedermoor Kleimarsch	Paternia Hochmoor Modergley Knickmarsch		

Boden art[1]	Entstehung (mit Beispiel)[2]	Zustandsstufe 1	2	3	4	5	6	7
S D	(Sandersand)		41-34	33-27	26-21	20-16	15-12	11- 7
Al	(Dünensand)		44-37	36-30	29-24	23-19	18-14	13- 9
V	(Quarzit)		41-34	33-27	26-21	20-16	15-12	11- 7
SI D	(Geschiebesand)		51-43	42-35	34-28	27-22	21-17	16-11
Al	(Schotter)		53-46	45 38	37-31	30-24	23-19	18-13
V	(Fe-Sandstein)		49-43	42-36	35-29	28-23	22-18	17-12
IS D	(tert. Sandmergel)	68-60	59 51	50 44	43-37	36-30	29-23	22-16
Lö	(Flottsand)	71-63	62-54	53-46	45-39	38-32	31-25	24 18
Al	(fluv. Sand)	71-63	62-54	53-46	45-39	38-32	31-25	24-18
V	(Granit)		57-51	50-44	43-37	36-30	29-24	23-17
Vg	(Granit)			47-41	40-34	33-27	26-20	19-12
SL D	(Geschiebemergel)	75-68	67-60	59-52	51-45	44-38	37-31	30-23

Tab. 3.6.12 (Fortsetzung)

Boden art[1]		Entstehung (mit Beispiel)[2]	Zustandsstufe						
			1	2	3	4	5	6	7
	Lö	(Löss)	81-73	72-64	63-55	54-47	46-40	39-33	32-25
	Al	(Auenlehm)	80-72	71-63	62-55	54-47	46-40	39-33	32-25
	V	(Tonsandstein)	75-68	67-60	59-52	51-44	43-37	36-30	29-22
	Vg	(Dolomit)			55-48	47-40	39-32	31 24	23 16
sL	D	(Geschiebemergel)	84-76	75-68	67-60	59-53	52-46	45-39	38 30
	Lö	(Löss)	92-83	82-74	73-65	64-56	55-48	47-41	40 32
	Al	(Auenlehm)	90 81	80-72	71-64	63-56	55 48	47 41	40-32
	V	(Mergelgestein)	85-77	76-68	67-59	58-51	50-44	43-36	35-27
	Vg	(Gneis)			64-55	54-45	44 36	35 27	26 18
L	D	(Geschiebemergel)	90-82	81-74	73-66	65-58	57-50	49-43	42-34
	Lö	(Staublehm)	100-92	91-83	82-74	73-65	64-56	55 46	45-36
	Al	(Schlick)	100-90	89-80	79-71	70-62	61-54	53-45	44-35
	V	(Gabbro)	91-83	82-74	73-65	64-56	55-47	46-39	38 30
	Vg	(Basalt)			70-61	60-51	50-41	40-30	29-19
LT	D	(Beckenton)	87-79	78-70	69-62	61-54	53-46	45-38	37-28
	Al	(Schlick)	91-83	82-74	73-65	64-57	56-49	48-40	39-29
	V	(Kalkstein)	87-79	78-70	69-61	60-52	51-43	42-34	33-24
	Vg	(Kalkstein)			67-58	57-48	47-38	37-28	27-17
T	D	(Beckenton)		71-64	63-56	55-48	47-40	39-30	29 18
	Al	(Beckenton)		74-66	65-58	57-50	49-41	40-31	30-18
	V	(Schieferton)		71-63	62-54	53-45	44-36	35-26	25-14
	Vg	(Tonschiefer)			59-51	50-42	41-33	32-24	23-14
Moor				54-46	45-37	36-29	28-22	21-16	15-10

[1] Durchschnittswert des Wurzelraumes, d. h. maximal bis 1 m Tiefe nach Tabelle 3.5.8
[2] Al: holozäne Lockersedimente. Lö Löss, D: sonstige Lockersedimente. V: verfestigte Gesteine. Vg: hoch anstehende, verfestigte Gesteine und/oder steinreich.

3.6.2.6 Bodenbewertung

Bei land- und forstwirtschaftlich, garten- und weinbaulich genutzten Böden lässt sich die zu erwartende Ertragsleistung aus den Standorteigenschaften ableiten. Man kann die Bodenfruchtbarkeit dann in Form einer Zensur ausdrücken, wie es bei der Bodenschätzung geschieht. Bei Ackerstandorten wird aus Bodenart, Entstehung (= Gestein) und Zustandsstufe (ergibt sich letztlich aus dem Bodentyp) nach dem Ackerschätzungsrahmen (s. Tabelle 3.6.12) die Bodenzahl ermittelt und daraus unter Berücksichtigung von Klima und Geländegestalt die Ackerzahl (BodSchätzG 2007).

Beispiel: Lehmige Pseudogley-Parabraunerde aus Löss in mäßiger Hanglange mit 600 mm Jahresniederschlag bei ausgeprägter Wechselfeuchte = L4Lö 70/62

Bei Grünland wird nach Tab. 3.6.13 aus Bodenart, Bodenstufe, Jahresmitteltemperatur sowie Wasser- und Luftverhältnissen die Grünlandgrundzahl abgeleitet. Durch Zu- oder Abschläge für örtliche Besonderheiten wie Vegetationsdauer, Pflanzenbestand, mittlere Luftfeuchte und Relief ergibt sich dann die Grünlandzahl BodSchätzG 2007).

Tab. 3.6.13 Grünlandschätzungsrahmen (n. BodSchätzG 2007)

Boden-Art	Stufe	Klima[2]	Wasserverhältnisse[3] 1	2	3	4	5
	I	a	60-51	50-43	42-35	34-28	27-20
	(2)[1]	b	52-44	43-36	35-29	28-23	22-16
		c	45-38	37-30	29-24	23-19	18-13
S	II	a	50-43	42-36	35-29	28-23	22-16
Sand	(3 - 4)	b	43-37	36-30	29-24	23-19	18-13
		c	37-32	31-26	25-21	20-16	15-10
	III	a	41-34	33-28	27-23	22-18	17-12
	(5 - 7)	b	36-30	29-24	23-19	18-15	14 -10
		c	31-26	25-21	20-16	15-12	11-7
	I	a	73-64	63-54	53-45	44-37	36-28
	(1 - 2)	b	65-56	55-47	46-39	38-31	30-23
lS		c	57-49	48-41	40-34	33-27	26-19
lehmiger	II	a	62-54	53-45	44-37	36-30	29-22
Sand	(3 - 4)	b	55-47	46-39	38-32	31-26	25-19
		c	48-41	40-34	33-28	27-23	22-16
	III	a	52-45	44-37	36-30	29-24	23-17
	(5 - 7)	b	46-39	38-32	31-26	25-21	20-14
		c	40-34	33-28	27-23	22-18	17-11
	I	a	88-77	76-66	65-55	54-44	43-33
	(1 - 2)	b	80-70	69-59	58-49	48-40	39-30
		c	70-61	60-52	51-43	42-35	34-26
L	II	a	75-65	64-55	54-46	45-38	37-28
Lehm	(3 - 4)	b	68-59	58-50	49-41	40-33	32-24
		c	60-52	51-44	43-36	35-29	28-20
	III	a	64-55	54-46	45-38	37-30	29-22
	(5 - 7)	b	58-50	49-42	41-34	33-27	26-18
		c	51-44	43-37	36-30	29-23	22-14
T	I	a	88-77	76-66	65-55	54-44	43-33
Ton	(1 - 2)	b	80-70	69-59	58-48	47-39	38-28
		c	70-61	60-52	51-43	42-34	33-23

Tab. 3.6.13 (Fortsetzung)

Boden-			Wasserverhältnisse[3]				
Art	Stufe	Klima[2]	1	2	3	4	5
T	II	a	74-64	63-54	53-45	44-36	35-26
Ton	(3 - 4)	b	66-57	56-48	47-39	38-30	29-21
		c	57-49	48-41	40-33	32-25	24-17
	III	a	61-52	51-43	42-35	34-28	27-20
	(5 - 7)	b	54-46	45-48	37-31	30-24	23-16
		c	46-39	38-32	31-25	24-19	18-12
	I	a	60-51	50-42	41-34	33-27	26-19
	(3)	b	57-49	48-40	39-32	31-25	24-17
Mo		c	54-46	45-38	37-30	29-23	22-15
	II	a	53-45	44-37	36-30	29-23	22-16
Moor	(4 - 5)	b	50-43	42-35	34-28	27-21	20- 14
		c	47-40	39-33	32-26	25-19	18-12
	III	a	45-38	37-31	30-25	24-19	18-13
	(6 - 7)	b	41-35	34-28	27-22	21-16	15-10
		c	37-31	30-25	24-19	18-13	12-7

[1] Zustandsstufen des Ackerschätzungsrahmens (Tab. 3.6.12)
[2] Stufe a = > 8 °C, b = 7,9–7,0 °C, c = < 6,9 °C Jahresmitteltemperatur
[3] Wasserverhältnisse nach 5 Wertstufen (1 = sehr günstig; 4 und 5 = zu trocken oder zu nass)

3.6.2.7 Ableitung von Meliorations- und Nutzungsmaßnahmen

Vertiefen des Wurzelraumes: Durch festes Gestein bedingte Flachgründigkeit muss meist hingenommen werden; ob dichte Lagen durch Tiefkultur zu lockern sind, hängt von ihrer Tiefe, Mächtigkeit und Festigkeit sowie dem Güteverhältnis von Ober- zu Unterboden ab (DVWK 1986). Andererseits ist kritisch zu prüfen, inwieweit derartige Maßnahmen den Bedürfnissen des Bodenschutzes zuwider laufen.

Verbessern des Wasser- und Lufthaushalts: Überschuss von Grund- und Stauwasser (bei Profilaufnahme in Trockenzeit Beurteilung nach Tiefe, Mächtigkeit und Ausprägung von Go bzw. S, sofern nicht reliktisch!) ist durch biologisches oder technisches Entwässern zu beheben. Für die Dränung (zu bevorzugen, sofern Gefälle > 0,15 % und mögliche Tiefe > 0,65 m) können die in Tab. 3.6.14 aufgeführten Faustzahlen gelten. Andererseits ist kritisch zu prüfen, inwieweit derartige Maßnahmen den Bedürfnissen des Bodenschutzes zuwider laufen.

Den Wert für das ganze Profil errechnet man mittels Division der summierten Produkte aus obigen I-Werten für die einzelnen Lagen und deren Mächtigkeit h durch die summierten Mächtigkeiten. Die Werte gelten für 1,0 m Dräntiefe, Acker, 600 mm Niederschlag und > 2 % Gefälle. Sie sind bei höheren Niederschlägen und Muldenlage entsprechend dem Wasserzuzug zu verengen. Bezüglich weiterer Einzelheiten (z. B. Dräntiefe, Rohrweite usw.) sei auf DIN 1185 verwiesen.

Bessere Schätzverfahren berücksichtigen die nach Tab. 3.6.9 geschätzten Wasserleitfähigkeiten oberhalb und unterhalb der Dräntiefe, um in Abhängigkeit von der Tiefenlage einer wenig durchlässigen Schicht und von der beabsichtigten Drän-

Tab. 3.6.14 Faustzahlen zur Bestimmung des Dränabstandes in m

	G gS	Ss, Sl St	Su, Us Ls4	Uu, Ls3 Ut	Lt, Ts Lu	Tl	Tt		Hoch- moor	Nieder- moor
opt. Grundwasserst. cm	60	100	160	200	150	100	85			
Dränabstand 1, Norm m	25	20	15	12	9	7				
Boden dicht	17	14	11	10	8	6		H1	17	25
Boden locker	28	22	18	15	13	11		H4	15	22
Boden humos	22	18	15	13	10	8		H6	12	18
Boden Fe(II)reich	24	19	14	11	8	6		H9	10	16

tiefe die erforderlichen Dränabstände abzuleiten (DVWK 1986). Ist Grabenentwässerung erforderlich (abhängig bes. von Gefälle und Wasseranfall), so können als Faustzahlen für die nötigen Grabenabstände die 1,5-fachen Dränabstände gelten (1–1,3 m Tiefe). Kann man Maulwurfsdränung durchführen (bindige, bis 0,8 m von Steinen, Wurzelstöcken, Sandadern und extremen Verdichtungen freie Mineral- oder stark humifizierte Moorböden bei 0,3–9 % Gefälle), so sollten die Abstände auf ein Viertel der angegebenen Werte verringert werden (bei 0,5–0,7 m Tiefe).

Kapazitätserhöhende oder verbrauchsmindernde Maßnahmen sind umso mehr zu ergreifen, je geringer die nutzbare Speicherleistung und je ungünstiger Niederschlagsmenge und -verteilung. Wann eine ggf. nötige Bewässerung einsetzen muss, kann mit Tensiometern (s. Abschn. 6.2.3.5) gemessen werden. Eine Entwässerung zur Verbesserung des Lufthaushalts und Vertiefung des Wurzelraumes macht oft eine Bewässerung in Trockenperioden erforderlich. Deshalb muss heute zur Unterlassung oder schonenden Entwässerung geraten werden, zumal eine Erhöhung der Produktion auf Grenzstandorten in Mitteleuropa nicht mehr sinnvoll ist.

Verbesserung des Nährstoffhaushalts: Meliorationscharakter hat besonders die Kalkung. Aus KAK_{pot} und BS (s. Abschn. 3.6.2.5) lässt sich der Kalkbedarf grob nach folgender Formel berechnen:
dt CaO ha^{-1} = (80 – BS) · (KAK 100^{-1}) · 4 · dm

Horizontmächtigkeit: Summierung dieser Werte für den aufzukalkenden Raum ergibt den Kalkbedarf des Bodens (bei A-Horizonten statt mit 4 mit 3,5 multiplizieren). In der Forstwirtschaft werden ca. 5–10 t dolomitischer Kalk je ha empfohlen. Genauere Angaben, insbesondere über den Düngebedarf für eine optimale Nährstoffversorgung der Pflanzen, können jedoch nur mithilfe von Labormethoden gemacht werden.

3.6.2.8 Maßnahmen zum Bodenschutz

Nach § 17 BBodSchG (1999) gehört zur **guten fachlichen Praxis in der Landwirtschaft** u. a., dass **Bodenverdichtungen** und **Bodenabträge** soweit wie möglich vermieden werden und dass die **biologische Aktivität** des Bodens erhalten oder gefördert wird.

Verdichtungsverhütende Maßnahmen: Zu vermeiden ist vor allem eine Unterbodenverdichtung, da sie kaum rückgängig gemacht werden kann. Die mechanische Belastbarkeit eines Bodens lässt sich nach DIN 19 688 aus der **Vorbelastung** ableiten, die sich grob aus Bodenart, Gefügeform, Humusgehalt und Lagerungsdichte ergibt. ATV-DVWK 901 (2002) sind Möglichkeiten zur Vermeidung einer Unterbodenverdichtung zu entnehmen.

Erosionsverhütende Maßnahmen: Das Ausmaß der **Wassererosion** hängt bei einem gegebenen Klima (bes. Niederschlagshöhe und -verteilung) von Relief, Pflanzenbestand und Erodierbarkeit des Bodens ab. Die **Erodierbarkeit des Bodens** kann aus Bodenart, Humusgehalt, Aggregatstabilität und Permeabilität nach Abb. 3.6.2 eingeschätzt werden. Die **Erodierbarkeit** wird nur für den obersten Mineralbodenhorizont ermittelt (s. auch DIN 19 708). Die Erodierbarkeit lässt sich u. a. durch org. Düngung, Oberbodenlockerung und Fruchtfolgen, die im Jahreslauf lange Perioden der Pflanzenbedeckung gewährleisten, vermindern.

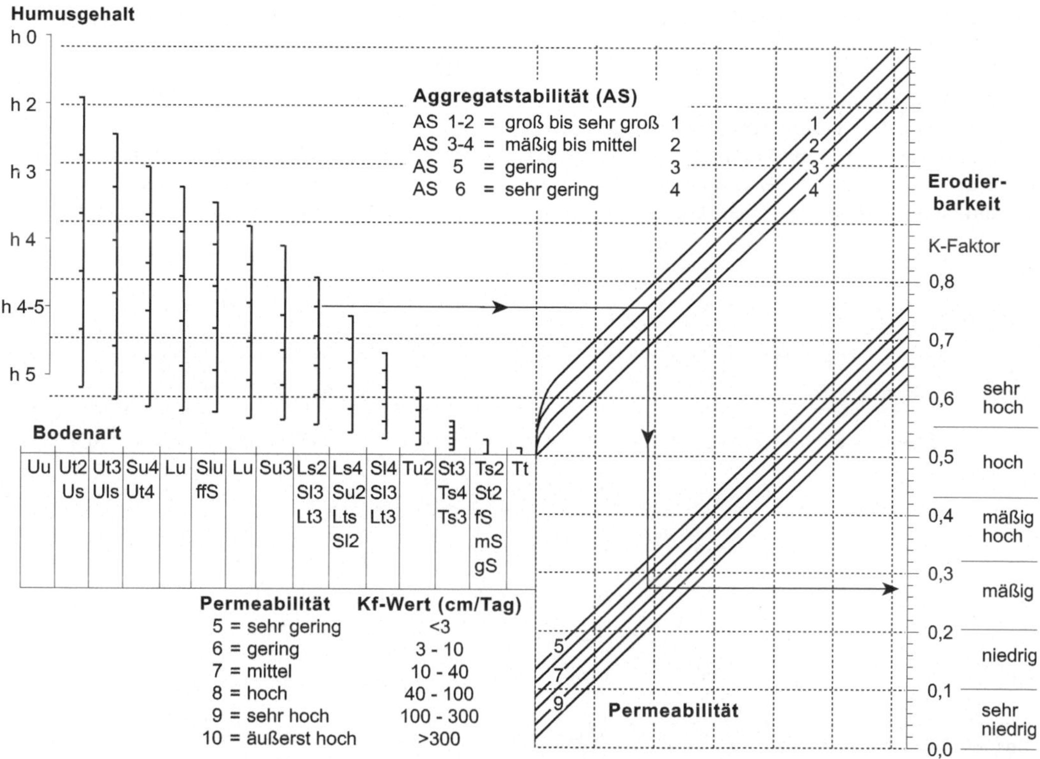

Abb. 3.6.2 Beurteilung der Erodierbarkeit eines Bodens nach Bodenart (Tab. 3.5.8), Humusgehalt (Tab. 3.5.14), Aggregatstabilität (Tab. 3.5.3) und Wasserleitfähigkeit (Tab. 3.5.9) (Wischmeier 1971, verändert nach Jahn)

Tab. 3.6.15 Ableitung des mikrobiellen Kohlenstoffs (C_{mik}) aus Humusform (n. Tab. 3.6.3) und Humusgehalt (n. Tab. 3.5.14) von Ackerböden (nach MACHULLA et al., 2001)

Humusform	% Humus 0–30 cm Tiefe	C_{mik}-Menge kg ha^{-1}	Bewertung	Stufe
Wurmmull	2–4	800–1600	mittel	4
	4–15	1600–3200	hoch	5
Kryptomull	< 1	< 200	sehr gering	1
	1–2	200–400	gering	2
Sandmull	2–4	400–800	mäßig	3
	4–15	800–1600	mittel	4
Ackermoder und	2–4	200–400	gering	2
Bleichmoder	4–15	400–800	mäßig	3

Eine Gefährdung durch **Winderosion** lässt sich nach DIN 19 706 aus mittlerer Windgeschwindigkeit, Dauer der Vegetationsbedeckung, Bodenart und Humusgehalt ableiten.

Förderung der biologischen Aktivität: Aus Ackerhumusform (n. Tab. 3.6.3) und geschätztem Humusgehalt (n. Tab. 3.5.14) lässt sich die Menge **mikrobiellen Kohlenstoffs** nach Tab. 3.6.15 grob ableiten.

3.7 Dokumentation des Bodens

Es ist zweckmäßig, die Profilbeschreibung (Abb. 3.7.1) durch eine Skizze, ein Foto oder besser durch ein Lackabzug bzw. einen Profilmonolithen zu ergänzen.

Titeldaten

Nr.	Ort	Kartierer	Datum	m NN	Hoch -	Rechtswert	Sonstiges
	3.1			3.1		3.1	mittl. Klima
1	Siggen	Blume	03.10.1986	12,3	6017.630	4439.800	570 mm 8,4°C

Aufnahmesituation

	Relief		Hang -	Klima-	Witter-	Nut-	Boden-	Melio-	Erosions-
Form	Position	neig.	richtung	raum	rung	zung	schätzung	ration	erschein.
3.1	3.1	3.1	3.1	3.2	3.2	3.3	3.6.2.6	3.3.2	3.3.2
KR	KV	N 1	SO	Cfb	WT2	Forst	–	–	keine

Beschreibung der Horizonte

Tiefe (cm)	Grund - Zusatz - Farbe		Bodengefüge			Feuch-te	Bodenart, Stein-gehalt, Torfart	Kalk-stufe	Mineral-körper
			Form	Größe (cm)	Beson-derheiten	pF			
3.5.1	3.5.2	3.5.2	3.5.3.1	3.5.3.1	3.5.3.1	3.5.3.5	3.5.4.1	3.5.5.2	3.5.5.7
+ 3,5-2,5	10YR6/3	7.5YR5/4	-	-	-	4	-	-	-
+ 2,5-1,5	7.5YR3/2	10YR8/6	-	-	-	4-3	-	c 0	-
+ 1,5-0	10YR2/1	5YR3/2	kru	< 0,5	-	3	-	c 0	-
0 – 14	10YR4/2	-	kru	< 0,5	-	3	xg2 Sl4	c 0	Sq – Ss
- 47	10YR4/3	-	sub	0,5-5	-	3	xg2 Ls3	c 0	L
- 91	10YR5/5	-	sub-pri	0,5-10	Ton-Häu	3	xg2 Lts	c 0	L
- 117	10YR5/5	-	pri	20	Ton-Häu	3	xg2 Lts	c 3	Lm
- 135	10YR5/4	-	koh-pri	20	Kalk-My	3	xg2 Ls3	c 4	Lm
- 182	10YR6/3	-	koh	-	-	2	xg2 Ls3	c 4	Lm
- 200	2.5Y7/4	-	ein	-	-	2	g3 mSgs	c 2	Sq

Abb. 3.7.1 Profilbeschreibung des Bodens Siggen

Fortsetzung Profilbeschreibung

Beschreibung der und Messung in Horizonten

Tiefe (cm)	ϱt - Stufe	pH - Stufe	Eh (mV)	rH- Stufe	$EC_{2,5}$ (mS/cm)	Salz (%)	Wurzel- stufe	Humus- stufe	Hori- zont
3.5.1	3.5.3.3	3.5.4.2	3.5.4.3		3.5.5.5		3.5.6.2	3.5.6.3	3.6.1.1
+ 3,5-2,5	0	s4	-	-	-	-	W0	H	L
+ 2,5-1,5	0	s4	-	-	-	-	W4	H	Of
+ 1,5-0	0	s5	-	6	-	-	W4	H	Oh
0 – 14	0 – 1	s5	-	6	-	-	W4	h4	Ah
- 47	3	s5	-	6	-	-	W3	h1	Al-Bv
- 91	4	s4	-	6	-	-	W2	h0-1	Bvt
- 117	4	s0	-	6	-	-	W1	h0	Bt-C
- 135	4	a1	-	6	-	-	W1	h0	Ccv
- 182	4	a1	-	6	-	-	W0-1	h0	Cv
- 200	4	a1	-	6	-	-	W0	-	IICv

Abgeleitete Horizontgrößen

Tiefe (cm)	nFK (Vol.%)	FK (Vol.%)	nFK l/m^2	kf- stufe	KAK ($cmol_c/$ kg)	S-Wert ($cmol_c/$ kg)	BS (%)	S-Wert (mol_c/m^2)
3.5.1	3.6.2.2	3.6.2.2	3.6.2.2	3.6.2.2	3.6.2.5	3.6.2.5	3.6.2.5	3.6.2.5
+ 3,5-2,5	-	-	-	-	-	-	-	-
+ 2,5-1,5	-	-	-	-	-	-	-	-
+ 1,5-0	-	-	-	-	-	-	-	-
0 – 14	25.9	35.4	36	äuß. hoch	17.2	2.2	13	3.5
- 47	13.6	31.1	45	äuß. hoch	14.9	2.6	18	10.7
- 91	12.6	31.0	55	gering	15.8	10.0	63	37.0
- 117	12.6	32.5	33	gering	16.6	16.3	98	72.4
- 135	10.9	30.1	20	gering	14.8	14.8	100	46.3
- 182	10.9	30.1	51	gering	12.6	12.6	100	103.0
- 200	4.7	7.3	9	äuß. hoch	-	-	100	-

Profilkennzeichnung

Boden- typ	Gestein	Humus- form	We (dm)	nFK_{We} (L/m^2)	Luft	Grundw. (dm)	KWBV- stufe	SF- stufe	S_{we}- stufe
3.6.1.2	3.4	3.6.1.4	3.6.2.1	3.6.2.2	3.6.2.3	3.5.3.5	3.6.2.2	3.6.2.2	3.6.2.5
LL	Mf/Ss	F-Mull	13	183	hoch	20	+50/-50	hoch	4

3.7.1 Bodenskizze

Die Bodenskizze lässt sich entweder möglichst naturgetreu unter besonderer Berücksichtigung von Farbe und Gefügeform anfertigen, oder aber als Strichzeichnung unter Verwendung verschiedener Zeichensymbole, für die mehrere Vorschläge bestehen (FIEDLER 1964). Bei schematischer Darstellung ist darauf zu achten, dass die verwendeten Symbole die Vorstellung erleichtern (z. B. Staukörper eng waagerecht schraffiert, Geröll ovale Form etc.).

3.7.2 Farbfoto

Das Farbfoto wird von der sauber präparierten und gleichmäßig ausgeleuchteten (möglichst diffuses Sonnenlicht, *Filmleuchte* oder Blitz, die aber die Farbe verfälschen können) Profilwand erstellt, wobei ein Zentimetermaß zum Erkennen der Horizontmächtigkeiten angebracht wird. Zur Kontrolle sollte eine *Norm-Farbskala* mit aufgenommen werden.

3.7.3 Lackabzug

Der Lackabzug (sogenanntes Lackprofil) lässt sich mittels *Celluloid* nach VOIGT (1936) gewinnen. Hierzu wird an der glatten und trockenen (ggf. Nachtrocknen mit Lötlampe) Profilwand ein Ausschnitt (z. B. 2 · 10 dm) mit Band und an den Ecken eingeschlagenen Nägeln eingerahmt. Mit einem *Lackzerstäuber* wird dünnflüssiges *Celluloid-Aceton*[1] (wenige Celluloidspäne in Aceton lösen) unten beginnend so dünn aufgetragen, dass sich noch kein geschlossener Film bildet (sonst Hemmung der Acetonverdunstung). Nach dem Trocknen wird mit einem *Pinsel* mehrfach zunehmend dickflüssigeres Celluloid-Aceton ebenfalls von unten nach oben (sonst Streifenbildung) aufgetragen, zuletzt werden sich überlappende *Gazestreifen* (z. B. Mullbinden) aufgeklebt. Der trockene Lackfilm wird unten angehoben, mithilfe eines (seitlich angesetzten) *Spatens* von der Profilwand gelöst (Wurzeln mit *Schere* abschneiden) und für den

---

[1] *Zaponlack-Aceton-* oder *Polyester-Xylol-Gemische* können auch verwendet werden.

Transport flach ausgebreitet. Im Labor wird der Film ausgebreitet, etwa zwei Wochen schwach gepresst und in einem *Holzrahmen* befestigt. Das Profil kann dann nachpräpariert werden (Gefügeformen herausarbeiten, Fehlstellen ausbessern). Eignet sich am besten für steinfreie sandige und schluffige Substrate. Statt Celluloid-Aceton können auch wasserlösliche Klarlacke verwendet werden. Wichtig ist, dass der Lack nach dem Austrocknen klar und nicht milchig ist.

3.7.4 Profilmonolith

Der Profilmonolith unterscheidet sich vom Lackabzug dadurch, dass statt eines 1–10 cm dicken Filmes eine 5–20 cm dicke Scheibe gewonnen wird (VOGEL & KOHL 1952). Die Entnahme eines Monolithen ist daher bei tonigen Böden mit grobprismatischem Gefüge oder bei steinreichen Böden vorzuziehen; weiterhin lassen sich auch feuchte Monolithe (z. B. von semiterrestrischen Böden) nehmen, von denen dann im Labor Lackprofile abgezogen werden können. Bei der Entnahme eines Monolithen wird aus der geglätteten Profilwand (bei lockerem Gefüge Wand ähnlich Abschn. 3.7.3 mit *Celluloid-Aceton* festigen) eine senkrechte, etwa 20 cm breite Bodensäule heraus präpariert, indem die benachbarten Wandpartien mit *Spaten* oder *Meißel* (bei verfestigtem Gestein) 5–20 cm tief abgetragen werden. (Wurzeln abschneiden, weit herausstehende Steine vorsichtig entfernen und dabei entstehende Löcher mit Gesteinsbruchstücken ausfüllen.) Dann wird ein passender *Kastenrahmen* (Holz, Blech) über die Säule gezogen, die Rückseite des Monolithen mit einem Spaten aus dem Boden herausgelöst und der Kasten mit einem Deckel verschlossen. Im Labor wird das Gefüge an der Oberseite des Monolithen sorgfältig heraus präpariert und gegebenenfalls durch Besprühen mit stark verdünntem (sonst Bildung glänzender Überzüge) *Zaponlack* (1 Teil Lack + 6 Teile Aceton) fixiert. Aus Profilmonolithen können im Labor nach schonender Trocknung auch ein bis zwei Lackabzüge gewonnen werden, wobei durch Präparation von der Vorderseite der Aggregatverband besser erhalten bleibt als beim im Feld gewonnenen Lackabzug. Profilmonolithe können heute in vielen bodenkundlichen Instituten, insbesondere im ISRIC (International Soil Reference and Information Center) in Wageningen besichtigt werden. Dort gibt es auch eine praktische Anleitung zur Herstellung solcher Monolithe.

4 Bodenkartierung

4.1 Böden in der Landschaft

Bodenkarten dienen dazu, das Vorkommen bestimmter Böden, ihre Verbreitung und deren Vergesellschaftung abzubilden. Bodenkarten sind ein Bild der Natur – nicht die Natur. Häufig sollen daraus Aussagen für die Bodennutzung und den Bodenschutz abgeleitet werden. Böden sind vierdimensionale Ausschnitte aus der Erdkruste, d. h. sie verändern sich in Raum und Zeit (STAHR 1985). Die Abbildung von Böden auf Karten bedeutet einen Verlust von zwei Dimensionen. Um trotzdem eine Abbildung der Natur zu erreichen, muss man für die Bodenkartierung Merkmale heranziehen, die weder stark variieren noch sich innerhalb einer angemessenen Periode (solange die Bodenkarte gelten soll) vollständig verändern. Außerdem müssen die Veränderungen mit der Tiefe typisiert (Bodentyp, Feuchtestufe) oder nur einzelne Eigenschaften (z. B. des Pflughorizonts) dargestellt werden. Die eingeschränkten Möglichkeiten der Darstellung von Böden auf Karten verlangen in der Regel, die Einheiten einer Karte getrennt in einer Legende oder einem Erläuterungsbund genauer zu beschreiben. (Die Nachteile der zweidimensionalen Kartendarstellung lassen sich durch Speicherung auf Datenträgern teilweise überwinden. Dabei geht aber die Anschaulichkeit verloren.) Auf Bodenkarten werden aus Gründen der Übersichtlichkeit und Eindeutigkeit Grenzen eingezeichnet. Die natürliche Bodendecke hat aber nur ausnahmsweise scharfe Grenzen aufzuweisen. Regelmäßig lässt sich feststellen, dass es zwischen angrenzenden Böden Übergänge gibt. Auch dann, wenn man sich entschließt, solche Übergänge getrennt in Karten darzustellen (z. B. zwischen Pseudogley und Parabraunerde: Pseudogley-Parabraunerde), wird es zwischen den neuen Einheiten wieder Übergangsbereiche geben. Um eine gute Abbildung der natürlichen Verhältnisse geben zu können, muss man Grenzen immer dort einzeichnen, wo die differenzierenden Eigenschaften zwischen zwei angrenzenden Bodeneinheiten sich am stärksten ändern. Dies bedeutet in der Regel, dass der Übergang zwischen reinen Bodeneinheiten durch die Grenze teilweise der einen und teilweise der anderen Bodeneinheit zugeschlagen werden kann, unter Umständen aber auch gänzlich einer Einheit zufällt. Letzteres tritt vor allem dann auf, wenn an Übergängen einzelne Merkmale durch Vorhandensein oder Nichtvorbandensein differenzieren, z. B. Konkretionen ja oder nein, Kalkgehalt ja oder nein. Um Böden auf einer Karte darstellen zu können, muss das Ausmaß der abzubildenden Bodenkörper festliegen. Die kleinsten Einheiten der Böden, das Aggregat und der Bodenhorizont, werden schon deshalb in Bodenkarten nicht zu verzeichnen sein, weil man mit ihnen nicht die Gesamtheit der Eigenschaften der Bodendecke erfasst. Die kleinste Einheit der Bodendecke, das *Pedon*, ist vertikal von der Geländeoberfläche bis zum unverwitterten Gestein begrenzt. Ein Pedon muss alle den Boden charakterisierenden Merkmale mindestens einmal enthalten; diese sollen sich aber nicht gerichtet horizontal *ändern*. Näheres zur Kartiertechnik s. auch KRAHMER & SCHRAPS (1997).

Regelmäßige Merkmalsmuster gehören definitionsgemäß in das Pedon (Konkretion und Matrix, Bleichzone und Rostfleck, Schrumpfriss und Aggregat). Ein solches Pedon hat eine Größe von mindestens 1 m². Dort, wo sich die Voraussetzungen für die Bodenentwicklung wenig ändern, z. B. in weiten Ebenen oder an gleichmäßig geformten Hängen in Mittelgebirgen, können solche Peda auch Größen von mehreren Hektar erreichen. Da Peda in der Regel zu klein sind, um auf Bodenkarten allein dargestellt zu werden, bildet man komplexe Einheiten. Ändern sich die Bodeneigenschaften von einem Pedon zum nächsten nur unwesentlich, so lassen sich größere Einheiten mit ähnlichen oder gar übereinstimmenden diagnostischen Merkmalen als Polypedon zusammenfassen. Auf der *Bodenkarte* wird dann immer noch eine Einheit ein und derselben bodensystematischen Kategorie zuzuordnen sein (monotypische Karten). Häufig wechseln die Peda auf engem Raum, wobei verschiedene Peda vollständig unterschiedliche Eigenschaften aufweisen können (z. B. Pelosol, Pararendzina und humoser Kolluvisol in einem Gipsdolinengebiet). Solche engräumigen Verzahnungen, die sich auf Karten nicht mehr darstellen lassen, die häufig auch bei der Kartierung nicht im Einzelnen erfasst werden können (vgl. Abschn. 4.2), werden als Pedokomplexe dargestellt. Hier und auch besonders, wenn kleinmaßstäbliche Karten erstellt werden sollen, lässt sich erkennen, dass Böden einer kleinen Landschaft regelmäßig angeordnet sind und häufig stoffliche Beziehungen aufweisen, ohne dass es möglich oder sinnvoll wäre, sie einzeln abzubilden (z. B. Parabraunerde auf Hochfläche, Pararendzina am Hang, Kolluvisol und Gley in der Senke einer Geschiebemergel-Grundmoränen-Landschaft; vgl. SOMMER 1992). Eine solche regelmäßige Anordnung von Böden wird gemeinsam als Bodengesellschaft (einheitliches Gestein, einheitliche Landschaftsform und einheitliches Wassereinzugsgebiet) dargestellt und durch eine typische Bodencatena (einfacher Landschaftsschnitt mit Gestein, Relief und Böden) charakterisiert (BLUME 1984). Mithilfe von Bodengesellschaftskarten gelingt es auch bei kleinen Maßstäben, die Regelhaftigkeit der Bodendecke sehr differenziert darzustellen. Bei globaler Betrachtung ist eine weitere Aggregierung in Bodenregion, Bodenprovinz und Bodenzone möglich (SCHEFFER/ SCHACHTSCHABEL 2010, Kap. 8). Auch hier ist eine Erfassung der inneren Struktur der Bodendecke nach dem Catena-Prinzip sinnvoll.

4.2 Fragestellung und Kartenmaßstab

4.2.1 Fragestellung von Bodenkartierungen

Jede bodenkundliche Untersuchung und jedes bodenkundliche Ergebnis muss für einen Ausschnitt aus der Pedosphäre gültig sein. Deshalb muss man in jedem Fall in Kenntnis zumindest des Ortes des untersuchten Phänomens arbeiten. Manche bodenkundlichen Fragen, insbesondere wenn es um Vorratsmengen oder Stoffflüsse geht, erfordern eine genaue Geländekenntnis. Für andere qualitative Beobachtungen genügt dagegen häufig die Kenntnis des

Ortes. Da die Aufgaben der Bodenkartierung vielfältig sind, soll hier ein kurzer Überblick der möglichen Fragestellung gegeben werden. Bodenkartierung kann deskriptiv oder funktional sein:

a) Eine einfache Bodenkarte dient dazu, den Ort und die Verbreitung bestimmter Böden darzustellen. Sie lässt die Formen der Flächen und die Breite der Übergänge erkennen und gibt Auskunft über regionale Besonderheiten der Bodendecke und einzelner Bodentypen. Solche Bodenkarten sind wie die Darstellungen von Landschaften in topographischen oder geologischen Karten in erster Linie Selbstzweck und versuchen. die Kenntnis von den Böden als Naturobjekten zu vermehren.

b) Um Fragen der Bodenentwicklung beantworten zu können, bedarf es meist detaillierter Feldbeobachtungen und Kartierungen. Dabei spielt häufig die Beziehung zwischen dem Auftreten eines Bodentyps und den bei der Entwicklung wirksamen Faktoren Gestein, Relief, Kleinklima, Vegetation und Nutzung eine große Rolle, z. B. Abhängigkeit der Tonverlagerung von Grund- und Stauwassereinfluss und Ausgangsmaterial. Wie auch bei anderen Bodenkartierungen sind hier häufig die im Feld beobachteten Merkmale durch Laboruntersuchungen zu bestätigen, zu eichen oder zu quantifizieren (Auftreten von Tonbelägen in sandigen Substraten durch Dünnschliffe).

c) Bodenkundliche Kartierungen dienen oft standortkundlichen Zwecken, d. h. der agrarischen oder forstlichen Landnutzung. Hierbei gilt es, Standorteigenschaften (vgl. Abschn. 3.6.2 und 7.3) zu erfassen. Die Standortkartierung erfasst zwar, ähnlich wie die Bodenkartierung, nahezu alle wichtigen Merkmale von Böden, deutet sie aber in ihrer Beziehung zur Eignung des Standorts für einen bestimmten Nutzungstyp bzw. für eine bestimmte Pflanze. Sie bezieht auch das Klima ein. Die bei bodenkundlichen Standortkartierungen ausgewiesenen Flächen (Standorteinheiten) sind deshalb nicht ausschließlich aufgrund von Bodeneigenschaften, sondern auch durch Ansprüche der Nutzung beeinflusst (Nutzungseinheit, Schlaggröße).

d) Da bei Vorhaben zur Verbesserung der Bodenfruchtbarkeit die Erfassung des Ist-Zustands als Grundlage zur Feststellung des Handlungsbedarfs dient, sind für Meliorationsvorhaben wie Tiefpflügen, Tiefkalkung, Be- und Entwässerung sehr detaillierte Kenntnisse über die räumliche Verteilung der zu verbessernden Bodeneigenschaften notwendig. Dies führt in der

Regel dazu, dass wenige Bodenmerkmale mit großer räumlicher Auflösung erfasst werden müssen.

e) Für Bauvorhaben im Landschaftsbau wie Anlage von Feldwegen, von Wasserrückhaltebecken, von Friedhöfen etc. sind ebenfalls genaue Kenntnisse über bodenphysikalische und bodenchemische Eigenschaften notwendig sowie über deren Verbreitung.

f) Bei Eingriffen in den Landschaftshaushalt, z. B. großflächige Grundwasserabsenkungen oder -aufhöhungen, Inbetriebnahme von Wasserwerken oder Einleitung von Abwässern oder Abwärme sowie bei großen Bauvorhaben, die den Landschaftshaushalt verändern können, sind bodenkundliche Kartierungen zur Beweissicherung (Darstellung des Bodenzustands) vor Beginn der Veränderung und auch zur Ableitung einer Prognose der Beeinflussung des Landschaftshaushalts durch eine solche Maßnahme (Umweltverträglichkeitsprüfung – UVP) unbedingt erforderlich.

g) Für alle Zwecke von Planungen, die Eingriffe in die Landschaft oder Bewahrung von Landschaftsteilen zum Ziel haben, ist die Kenntnis der Ausbildung der Bodendecke erforderlich: Naturschutzplanung, Landschaftsplanung, Regionalplanung.

Für alle diese Zwecke wäre es sinnvoll, wenn bei der Bodenkartierung alle erfassbaren Merkmale aufgenommen und dokumentiert würden, um dann in einem zweiten Schritt, dem Zweck der Kartierung entsprechend, Aussagen abzuleiten und entsprechende Karten unter Verwendung der jeweils notwendigen Merkmale anzulegen. Ein solches Vorgehen würde eine Bodenkartierung für verschiedene Zwecke verwendbar machen. Leider werden häufig nur dem augenblicklichen Zweck entsprechende Karten erstellt und die Basisdaten nicht dauerhaft dokumentiert, was zu späterem Mehraufwand bei anderen Fragestellungen auf der gleichen Fläche führen muss. Die Dokumentation der erhobenen Daten ist insbesondere deshalb wichtig, weil für die eigentliche Karte nur die diagnostischen bzw. differenzierenden Merkmale zur Darstellung verwendet werden. Andere wichtige charakteristische Merkmale bleiben dagegen regelmäßig unberücksichtigt. Bei allen angewandten Kartierungen (e–g) ist es unbedingt erforderlich, die Ansprüche der künftigen Nutzung zu kennen, um daraus die notwendige Genauigkeit und die zu erfassenden Bodenmerkmale abzuleiten.

4.2.2 Kartenmaßstab und Kartiergenauigkeit

Die Wahl des Kartenmaßstabs muss sich hauptsächlich nach der gewünschten Genauigkeit der Karte richten. Beschränkung auf die Angabe von Bodeneinheiten auf Typenniveau gestattet meist einen kleineren Maßstab als Angaben auf Subtypen- oder gar Varietätenniveau. Manchmal wird die Genauigkeit auch von der verfügbaren Kartenunterlage bestimmt. Weicht diese allerdings sehr vom für die Kartieraufgabe sinnvollen Maßstab ab, so kann es erforderlich sein, für die Bodenkarte eine gesonderte topographische Unterlage herzustellen. Die maximal erreichbare Genauigkeit einer Bodenkarte ist von der Zeichengenauigkeit abhängig. Punkte, die auf der Karte verschieden dargestellt werden sollen, müssen dort mindestens 1 mm voneinander entfernt sein. Flächen sollten nicht kleiner als 4 mm² ausfallen. Das bedeutet, dass bei einer Karte im Maßstab 1 : 10 000 Bohrpunkte, die enger als 10 m gesetzt wurden, sich auf die Kartendarstellung nicht mehr auswirken werden. Flächen, die kleiner sind als 40 m², können ebenfalls in diesem Maßstab nicht mehr dargestellt werden. Andererseits wird sich die Kartiergenauigkeit an die Variabilität der Böden im Gelände angleichen müssen. Bei gewähltem Maßstab sollten die Beobachtungspunkte in der Natur nicht weiter als 1 cm auf der Karte entfernt liegen, da sonst auf der Karte eine Genauigkeit der Beobachtung vorgespiegelt wird, die nicht der Erhebung entspricht. Bei sehr großmaßstäblichen Karten wird in der Regel diese Grenze erreicht, da ein Beobachtungsabstand bei Bohrungen von weniger als 5 m die Kenntnis über die Böden nur noch dann verbessert, wenn man z. B. in einem Schlitzgraben fortlaufend beobachten kann. Jede auf der Karte eingezeichnete Fläche soll mindestens durch zwei Beobachtungspunkte belegt sein. Werden die Grenzen der Einheiten durch Feldkartierung ermittelt, so müssen in jeder eingezeichneten Fläche mindestens drei Bohrpunkte liegen, da sonst keine Aussage über die Homogenität der Fläche und über den Grenzverlauf möglich wird. In vielen Fällen lässt sich bei Maßstäben um 1 : 10 000 die Bodendecke noch so darstellen, dass einzelne Polypeda und Pedokomplexe eingezeichnet werden. Der Bezug zwischen Bodeneinheiten der Karte und Flächen in der Natur ist noch gut erkennbar, und trotzdem sind bereits relativ große Flächen übersichtlich darstellbar (400 ha auf einer DIN-A4-Seite). Deshalb eignet sich dieser Maßstab meist gut für bodenkundliche Kartierpraktika. Die übliche konventionelle Bo-

Tab 4.2.1 Genauigkeit und Aufwand der Bodenkartierung für einen geübten Bodenkartierer (in Abhängigkeit vom Maßstab der zu erstellenden Karte für ein Gebiet von 1000 ha)

Maßstab	Bohrpunkt-abstand (m)	Bohrpunkten pro 1000 ha	Weglänge m pro 1000 ha	Feldarbeit Manntage pro 1000 ha	Kartengröße cm² pro 1000 ha	Mögliches Kartierziel
>1 : 500	5	400 000	2 000 000	7000	400 000	Drainage Tiefenlockerung
1 : 1000	10	100 000	1 000 000	2500	100 000	Landschaftsbau UVP Bodengenese
1 : 10 000	50	4000	200 000	170	1000	Standortskartierung Bodengenese
1 : 25 000	100	1000	100 000	65	160	Landesaufn. Bodengesellschaften
1 : 100 000	400	65	26 000	9	10	Regionalplanung
<1 : 1 000 000	4000	0,6	2400	0,2	0,1	Länderkarten

denkartierung zu Fuß mit Feldkarte und Bohrgerät ist nur bei Maßstäben bis etwa 1:50 000 noch sinnvoll. Bei kleineren Maßstäben sollte man mit einem Fahrzeug arbeiten und auf jeden Fall ein Luft- oder Satellitenbild als zusätzliche Orientierungshilfe verwenden (Tab. 4.2.1).

4.3 Kartiervorbereitung

4.3.1 Stand der Kenntnis

Für jede Bodenkartierung ist es zweckmäßig, den Stand der Kenntnis über die Böden des Arbeitsgebiets vor Beginn aufzuarbeiten. Dabei ist es sinnvoll, Informationen aus kleiner- und größermaßstäblichen Karten, auch wenn sie nur von Teilgebieten oder von angrenzenden Flächen vorliegen, zu sichten, sowie Daten über Einzelprofile, soweit sie auf dem Kartenblatt liegen oder in vergleichbaren Geoeinheiten der Umgebung beschrieben sind. Hieraus lassen sich die zu erwartenden Böden eingrenzen, und es lässt sich erkennen, worauf bei der Kartierung besonders zu achten ist (z. B. wenn zwischen verschiedenen Quellen Unterschiede bestehen). Dazu gehört auch die Erfassung der bodenbildenden Faktoren bzw. von deren Veränderun-

gen, ungeachtet der Tatsache, ob sie kartenmäßig oder anders dargestellt sind. Es sollten geologische und petrographische Karten und Untersuchungen, geomorphologische Bearbeitungen, das Wissen zur Landschaftsgeschichte und insbesondere zur Geschichte der Landnutzung (z. B. aus historischen Karten und Plänen) sowie Eingriffe in die Landschaft durch Abbau und Aufschüttung, Aufstau und Entwässerung ergründet werden. Daten zum Regionalklima werden dazu herangezogen, das Ausmaß der Durchfeuchtung zu schätzen. Sie können außerdem dazu dienen, eine möglichst günstige Kartierperiode (feuchte Böden und wenig Niederschlag) herauszusuchen bzw. sich auf die zu erwartende Witterung einzustellen. Die Kenntnis der bodenbildenden Faktoren erlaubt zwar, Vorhersagen über zu erwartende Böden zu treffen, sie kann aber unter Umständen auch dazu führen, dass nur das Erwartete gefunden wird und nicht alle möglichen Informationen gewonnen werden. Deshalb sind die Vorinformationen stets kritisch zu prüfen.

4.3.2 Geländeerkundung (vgl. auch Abschn. 2.3)

Vor Beginn der eigentlichen Kartierung ist es wichtig, dass man das Gelände kennenlernt. Dabei kommt es darauf an, sich das Straßen- und Wegenetz, den Verlauf der Gewässer einzuprägen, die wichtigsten geomorphen Einheiten abzugrenzen, Kartiererschwernisse wie besonders dichte Vegetation, unzugängliches und unübersichtliches Gelände einzuprägen und für die Kartierung eine Strategie zu entwickeln. Die topographische Karte muss mit der Geländerealität verglichen werden, damit man später bei der eigentlichen Kartierung keine Orientierungsprobleme bekommt. Die Geländeerkundung dient dazu, sich einen ersten Überblick über die vorhandenen Böden zu verschaffen und insbesondere die Orte für die wichtigsten Leitprofile festzulegen. Hierzu verwendet man zunächst vorhandene Aufschlüsse, die einen Einblick in die Bodendecke ermöglichen, wie z. B. Weg- und Straßenböschungen, Eisenbahneinschnitte, Baugruben, Torfstiche, Kiesgruben, Steinbrüche und von Flüssen oder Bächen unterschnittene Uferböschungen. Hat man diese Punkte beobachtet und grob beschrieben, so stellt man häufig fest, dass für bestimmte geomorphe oder lithologische Einheiten keine solchen Aufschlüsse vorliegen. Vor Beginn der weiteren Kartierung sollten auch in diesen Einheiten bohrend oder grabend erste Eindrücke über die vorkommenden Böden gewonnen werden. Aus der Geländeerkundung lässt sich der Plan für die Anlage der Leitprofile (Abschn. 4.5) und für das Vorgehen bei der Kartierung (Abschn. 4.7) erstellen. Es ist zweckmäßig, alle Vorinformationen und die Erfahrungen bei der Geländeerkundung in einer Konzeptkarte zu vereinen (AK STADTBÖDEN 1997 und Abschn. 4.11).

4.4 Kartierhilfsmittel

Jede Kartierung wird wesentlich erleichtert, wenn man vor Beginn der eigentlichen Feldarbeit alle Kartierhilfsmittel zusammengetragen und sich von ihrem einwandfreien Zustand überzeugt hat.

4.4.1 Grundlagen, Karte und Zeichenmaterial

Für die eigentliche Feldarbeit benötigt man Ausschnitte der topographischen Karte in einer Größe von etwa DIN A4. Diese Kartenkopien sollen gegenüber der Originalkarte maßhaltig sein, damit Eintragungen nachher fehlerfrei übertragen werden können. Für die Kartierung ist ein zweites Blatt, welches das gesamte Kartiergebiet auf einer einheitlichen Karte darstellt, mitzuführen, damit darauf die Feldreinkarte erstellt werden kann. Zusätzlich benötigt man zum Einzeichnen in die Karte weiche Bleistifte, Radiergummi, Bleistiftspitzer, Lineal mit Millimetereinteilung, ein rechtwinkliges Zeichendreieck und einen Winkelmesser und/oder ein Geodreieck. Als Unterlage bei der Feldkartierung sollte ein Kartierbrett zur Verfügung stehen, in das die DIN-A4-große Feldkarte und die Kartierkladde eingespannt werden können. Ersatzweise kann man ein ca. 25 · 32 cm großes Sperrholzbrett mit Kartenklemme verwenden (vgl. auch Abschn. 4.11).

4.4.2 Geodätische Kartierhilfsmittel

Liegen gute topographische Karten vor und soll die Bodenkarte in mittlerem Maßstab 1 : 10 000 bis 1:50 000 erstellt werden, so genügen in der Regel ein Kompass (am besten ein Geologenkompass, der gleichzeitig als Neigungsmesser dienen kann), ein Maßband von mindestens 25 m Länge zur Eichung des Schrittmaßes sowie mindestens drei Fluchtstäbe, um Kartierlinien einrichten zu können. Bei Detailkartierungen, z. B. für Anlage von Dränagen, für Terrassierungen, bei Anlage von Deponien etc., ist es sinnvoll, zusätzlich ein Nivelliergerät und eine Tachimeterlatte mitzuführen (zu deren Gebrauch vgl. geodätische Literatur. z. B. KAHMEN 2005). Auch bei relativ genau aufgenommenen topographischen Karten ist es sinnvoll, bei Detailkartierungen die Abstände, Höhenunterschiede und Neigungen zwischen verschiedenen Profilen genau zu erfassen. Die später durchzuführenden Maßnahmen können nicht genauer sein als die zuvor durchgeführte Erfassung des Geländes. Andererseits ist es für kleinmaßstäbliche Übersichtsaufnahmen (Reconnaissance Survey) sinnvoll, einen barometrischen Höhenmesser und einen Neigungsmesser mitzuführen. Dadurch lassen sich die Lage und die geomorphe Position der beobachteten Profilpunkte besser in die Karte eintragen. Solche Messgeräte sind insbesondere sinnvoll, wenn die Orientierung nicht an einer konventionellen topographischen Karte, sondern an einem Luftbild oder Satellitenbild erfolgen muss.

4.4.3 Grab- und Bohrgeräte

Die Grab- und Bohrgeräte sind so vorzubereiten, dass jeder Kartiertrupp eine vollständige Ausrüstung besitzt. Zur Anlage der Leitprofile sind auf jeden

Fall *Spaten* und *Schaufel* notwendig Bei der späteren Kartierarbeit bewährt sich zur Ansprache des Humusprofils oder der Gefügeform im Oberboden ein *Klappspaten*. Bei kiesigen, steinigen oder grusigen Profilen bewährt sich eine *Hacke* oder *Kreuzhaue* (insbesondere im Mittel- und Hochgebirge). Die Beobachtung der meisten Punkte geschieht durch einen Spatenausstich zur Bestimmung der Humusform und des Gefüges im Oberboden sowie durch Erbohren des Bodenprofils bis zur Entwicklungstiefe bzw. Gründigkeit. Als *Bohrgeräte* eignen sich bei lehmigen und sandigen sowie stark aggregierten tonigen Bodenarten *Peilstangen* (1–2 m langer Stahlstab mit Schlagkopf von 15 mm, der auf 1 m Länge eine 10 mm tiefe Nut zur Aufnahme von Bohrgut hat) und *Bohrer* nach dem Prinzip PÜRCKHAUER (1 m langes Stahlrohr, halbiert mit Schlagkopf und 25 mm Innendurchmesser und angeschliffener Spitze, kann über Gewinde mit Stahlstäben auf bis zu 6 m verlängert werden). Bei stark humosen, torfigen und wenig aggregierten lehmig/tonigen Böden sind auch *Schneckenbohrer* oder *Kammerbohrer* (Bohrkörper 40 mm, 250–500 mm lang, über dünne Stahlstange und Handgriff oder Schlagkopf verlängert) bzw. der *Marschenlöffel* gut geeignet. Bei völlig unbekanntem Gelände ist es sinnvoll, für die Kartierung möglichst zwei verschiedene Bohrgeräte mitzuführen, die eine Erkundung bis mindestens 2 m Bodentiefe erlauben (z. B. Pürckhauer-Bohrer nach Dr. Rudolf Pürckhauer, Freising 1931, und Schneckenbohrer). Zum Eintreiben von *Schlagbohrern* dienen *Spezialhämmer* aus Kunststoff (Vorsicht bei Frost, dann spröd) oder *Holz* (Buche, Kopf durch Eisenringe verstärkt) mit einem ca. 80 cm langen Holzstiel. Für kleinmaßstäbliche Kartierungen und Übersichtsaufnahmen eignen sich auch zerlegbare *hydraulische Bohrgeräte*, die man z. B. an LKWs, Kleinlastwagen oder Bagger anschließen kann. Solche Bohrgeräte eignen sich insbesondere für Aufschlussbohrungen in größeren Tiefen oder bei sehr hohem Bohrwiderstand. Sie erfordern in der Regel mehr Bedienungspersonal. Hiermit sind in Lockermaterialien Bohrungen von 4–20 m möglich (s. auch DIN 19671).

4.4.4 Hilfsmittel zur Merkmalerfassung

Zur Merkmalerfassung der Böden sind in der Regel folgende Hilfsmittel erforderlich:
1. *Zollstock, Messer, Spachtel* und *Schere*.
2. Munsell-*Farbtafel* – zur Farbansprache (MUNSELL 1975).
3. *Tafeln zur Flächenschätzung* von Steingehalten, Rostflecken und anderen Gefügebesonderheiten (s. Abb. 3.5.1).
4. *Spritzflasche* mit H_2O zum Befeuchten beim Schätzen der Bodenart (Abschn. 3.2.5) und des Humusgehalts (Abschn. 3.5.6.3).
5. *Lupe* zur Erleichterung der Ansprache von Gefügebesonderheiten (Abschn. 3.5.3.1). Mineralarten (Abschn. 3.5.5.1) und Humusmorphologie (Abschn. 3.5.6.4).
6. *Spritzflasche* mit *10 % HCl* zwecks Ansprache und Schätzung des Carbonatgehalts (Abschn. 3.5.5.2).
7. *Potenziometer mit Elektrode*, fünf *graduierte (Boden:Lösung 1:2,5) Plastikgefäße* und *0,01 M $CaCl_2$-Lösung* zur pH-Messung (s. Abschn. 3.5.4.2).
8. *Flasche* mit *destilliertem Wasser* und weitere *Plastikgefäße* sowie *Leitfähigkeitsmessgeräte* (vgl. Abschn. 3.5.5.5). Auch hierzu wird bei trockenen und frischen Böden ein Boden- zu Lösungsverhältnis von 1:2,5 hergestellt. In der überstehenden Suspension wird dann die elektrische Leitfähigkeit in mS cm^{-1} gemessen. Zur Ermittlung der Salzkonzentration ist es sinnvoll, eine Verdünnungsreihe von mindestens drei Punkten herzustellen (vgl. RUCK 1989).
9. Außerdem können Kornfraktionen zum Schätzen des Fein-, Mittel- und Grobsandanteils von Sanden (s. Abschn. 3.5.1.1) sowie unterschiedlich lange *Pt-Elektroden* für Redoxmessungen (s. Abschn. 3.5.4.6) zweckmäßig sein, desgleichen $K_3Fe^{III}(CN)_6$ bzw. *2/2-Dipyridyl* zum Fe^{2+}-Nachweis (s. Abschn. 3.5.4.5) und H_2O_2 zum Mn-Nachweis.

Allgemein ist zu prüfen, welche der in Kap. 3 beschriebenen Feldmethoden für die Kartierung verwendet werden sollen.

4.4.5 Luftbild und Satellitenbild

Zur besseren Ausgliederung von Bodeneinheiten ist es sinnvoll, möglichst viele bereits vorhandene Materialien zur physischen Beschaffenheit der Bodenoberfläche zu beschaffen. Dazu dienen *Luftbilder,* insbesondere dann, wenn ihr Maßstab gleich oder wenig größer ist als der des angestrebten Kartenmaßstabs. Auch *farbige Satellitenbilder* gestatten, Informationen über die Geländebeschaffenheit zu ermitteln. Da Hilfsmaterialien aus der Fernerkundung in der Regel nur Informationen über die Bodenoberfläche, aber nicht über das Bodenprofil liefern können, ist es häufig möglich, mit solchen Informationen recht genaue Grenzziehungen durchzuführen, während der Inhalt der einzelnen Einheiten der Kartierung und/oder Beschreibung von Leitprofilen überlassen bleiben muss.

4.5 Leitprofile

Aufgrund der Geländeerkundung werden vor Beginn der Kartierung eine begrenzte Anzahl von Leitprofilen gegraben und ausführlich beschrieben. Die Anzahl der Leitprofile soll so gewählt werden, dass alle Grundeinheiten der Karte durch ein Leitprofil belegt sind (Übergangseinheiten können dabei entfallen). Die Leitprofile sollen so angelegt sein, dass alle wichtigen geomorphen Einheiten, Gesteine und Nutzungsformen damit dokumentiert sind. Die Leitprofile sind so groß anzulegen, dass eine einwandfreie Beschreibung der Horizonte und des Gefüges bis zum Ausgangsgestein bzw. zum C-Horizont erfolgen kann. Die Beschreibung der Leitprofile dient auch dem Kennenlernen der Besonderheiten der zu kartierenden Böden. Deshalb ist es wichtig, an den Leitprofilen möglichst alle beschreibbaren Merkmale zu erfassen, auch solche, die später bei der Routinekartierung, da nicht differenzierend, nicht mehr beachtet werden müssen. Die besondere Sorgfalt bei der Beschreibung der Leitprofile ist notwendig, da aufgrund ihrer Beschreibung eine Reihe von Eigenschaften für die Kartiereinheiten festgelegt werden müssen, die man z. B. bei der Bohrstockaufnahme nicht mehr erfassen kann. Die zu Beginn der Kartierung beschriebenen Leitprofile dienen zur Erarbeitung des Kartierschlüssels; deshalb muss ihre Zahl so groß sein, dass sich alle Untergliederungen aus ihnen ableiten lassen. Über die endgültige Zahl der Leitprofile, die in die Kartenerläuterung aufgenommen werden sollen, wird aber erst bei Ende der Kartierung entschieden, d. h. die zu Beginn angelegten Leitprofile werden während der Kartierung infrage gestellt, wenn dabei Flächen mit deutlicherer morphologischer Ausprägung der verschiedenen Böden gefunden werden. Die Zahl der Leitprofile ist dann zu vermehren, wenn später zusätzliche Böden beobachtet werden. Bereits bei Beschreibung der Leitprofile soll die Relevanz der Unterschiede zwischen den Böden für den gesamten Kartierauftrag diskutiert werden. Dadurch lassen sich die für die Routinekartierung auszuwählenden Merkmale besser eingrenzen (Beispiele einer Bohrstockbeschreibung s. Tab. 4.5.1).

4.6 Kartierschlüssel

Vor Beginn der eigentlichen Kartierung wird der Kartierschlüssel erstellt. Hierbei handelt es sich um eine Tabelle, die die Benennung aller zu kartierenden Bodeneinheiten sowie deren Horizontabfolgen und in den diagnostischen Horizonten auch diagnostische und differenzierende, zum Teil auch charakteristische Merkmale enthalten. Der vor Beginn der Kartierung erarbeitete Kartierschlüssel, der auf den Erfahrungen der Geländeerkundung und der Leitprofilbeschreibung fußen soll, wird während der Kartierung ebenfalls wie die Leitprofilauswahl laufend infrage gestellt. Die Form des Kartierschlüssels, welche sich zu Ende der Kartierung entwickelt hat, bildet das Gerüst für die Kartenlegende (vgl. Abschn. 4.9.1). Charakteristische Merkmale sind Merkmale, die zur Beschreibung der Eigenschaften einer Bodeneinheit wesentlich sind, die aber nicht hinreichend zur Erkennung dieser Bodeneinheit und besonders nicht zur Abgrenzung geeignet sind. So ist für Parabraunerde aus Geschiebemergel in der Regel die Humusform Mull und ein humoser, krümeliger bis subpolyedrischer Oberboden charakteristisch. Diese Eigenschaften lassen aber keinerlei Abgrenzung von anderen Bodeneinheiten zu. Diagnostische Merkmale sind solche, die unbedingt auftreten müssen, damit man einen bestimmten Boden erkennen kann. Hierzu gehören z. B. bei der Parabraunerde die Tonbeläge auf fast allen subpolyedrischen bis polyedrischen Aggregaten des Unterbodens. Treten diese Merkmale nicht auf, so ist der auf Tonverlagerung gegründete Bodentyp der Parabraunerde nicht vorhanden (Ausnahme: Bänderparabraunerde). Differenzierend sind dagegen Merkmale, die eine eindeutige Abgrenzung verschiedener Bodentypen bzw. Bodeneinheiten ermöglichen. So lässt sich eine Parabraunerde von einer Pararendzina durch das Fehlen des Kalkgehalts im Unterboden und von einem Pseudogley durch das Fehlen der Marmorierung, von einer Braunerde durch das Tongehaltsmaximum im Unterboden abtrennen. Während charakteristische und diagnostische Merkmale solche sind, die bei den entsprechenden Bodeneinheiten wirklich vorhanden sein müssen, kann man zur Differenzierung auch das Fehlen eines Merkmals heranziehen.

Tab. 4.5.1 Beispiel eines Formulars für die Bohrstock-Aufnahmen (Leitprofile der Karte von Abb. 4.9.1)

Termin	Nr.	R.. H..	m NN	Relief	Nutzung
30.10.86	1	4439800 6017630	12,5	KR	Buche Eiche

Horizont	O	Ah	Alv	Bvt	BtC	Ccr
Tiefe cm	2,5-0	0-14	-47	-91	-117	-135
Farbe	ddg	dgb	b	geb	geb	geb
Zus.far						
Bodenart		xSl4	Ls3	Lts	Lts	Ls3
ϱt	1	2	4	4	4	4
Feuchte	4	3	3	2	2	2
Humus	H	h3	h1	-	-	-
pH	3,7	3,7	3,8	4,3	7,3	7,4
Kalk	c0	c0	c0	c0	c3	c4
nFK		22	16	15	14	16
KAK	50	13	12	17	17	12
S-Wert	7	4	4	9	17	12
BS %	15	30	30	55	98	98

Bodentyp	Gestein	Humusform	Grundw. dm
dL	Mg	Modemull	50
We dm	SF Stufe	Luft	S We-Stufe
13	3	1a	hoch

Nr.	R.. H..	m NN	Relief	Nutzung
2	4439830 6017520	11,5	HOR	Acker

	Ap	Bvt1	Bvt2	BtC	Ccr	IIC
Tiefe cm	0-24	-46	-70	-86	-140	-200
Farbe	ddg	dgeb	dgeb	dgeb	dgeb	dgeb
Zus.far						hgeb
Bodenart	xLs3	Lts	Lts	Lts	Lts	Sl
ϱt	4	4	4	4-5	4-5	4
Feuchte	3	3	2	2	2	2
Humus	h2	h1	h0	-	-	-
pH	7,0	6,4	6,2	7,6	7,6	7,6
Kalk	c1	c0	c0	c3	c4	c4
nFK	17	14	14	13	13	8
KAK	15	17	17	17	17	2
S-Wert	15	16	15	17	17	2
BS %	98	95	90	100	100	100

Bodentyp	Gestein	Humusform	Grundw. dm
ele	Mg	Wurmmull	40
We dm	SF-Stufe	Luft	S We-Stufe
9	3	1a	hoch

Termin	Nr.	R.. H..	m NN	Relief	Nutzung
30.10.86	3	4439148 6017520	8,5	HMM	Esche Eiche

Horizont	Ah	SwAh	AlSw	BtSd	BtSkd	CcSd
Tiefe cm	0-4	-12	-20	-48	-66	-100
Farbe	ddb	ddgb	olg	hbg	hbg	hgeb
Zus.far			rge	rge	rge	rge
Bodenart	xSlu	Slu	Slu	Lts	Lts	Lts
ϱt	1	2	3	4	5	4
Feuchte	3	3	3	2	2	1
Humus	h4	h3	h2	h1	-	-
pH	3,8	3,6	3,5	3,5	6,3	7,3
Kalk	c0	c0	c0	c0	c1	c4
nFK	27	22	18	14	12	14
KAK	21	13	9	17	17	17
S-Wert	4	3	2	3	16	17
BS %	20	25	20	20	92	100

Bodentyp	Gestein	Humusform	Grundw. dm
nS	Mg	Feuchtmull	20
We dm	SF-Stufe	Luft	S We-Stufe
10	5	5	hoch

Nr.	R.. H..	m NN	Relief	Nutzung
4	4439100 6017700	9,5	HMM	Acker gedränt

	MAp	MSkw	Sw	Sd	CSd1	CSd2
Tiefe cm	0-28	-45	-62	-86	-107	-200
Farbe	ddgb	ddgb	ol	olg	ol	olg
Zus.far			geb	geb	geb	geb
Bodenart	Sl2	Lt2	Lt3	Lt3	Lt3	Lt2
ϱt	2	3	3	3-4	4	4
Feuchte	3	2	2	2	2	1
Humus	h3	h2	h1	h0	-	-
pH	6,8	6,9	7,1	7,0	7,0	7,7
Kalk	c1	c0	c0	c0	c2	c4
nFK	22	16	15	14	19	19
KAK	13	27	24	24	24	24
S-Wert	12	26	24	23	23	24
BS %	95	95	98	96	96	100

Bodentyp	Gestein	Humusform	Grundw. dm
ekS	Mg	Wurmmull	40
We dm	SF-Stufe	Luft	S We-Stufe
7	5	4	hoch

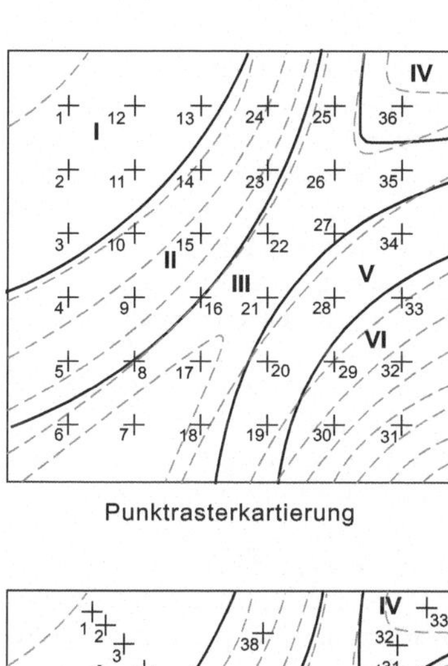

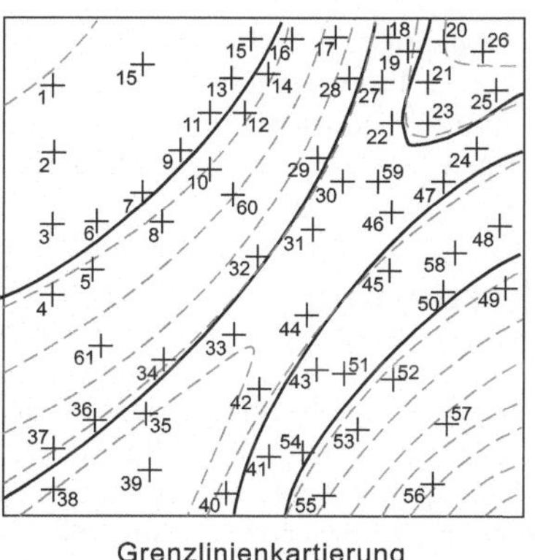

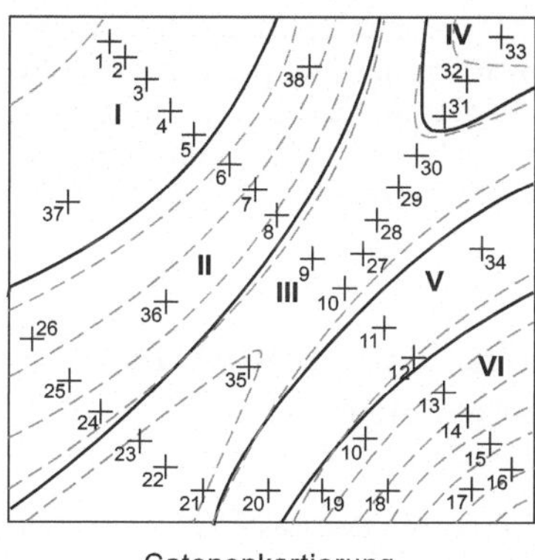

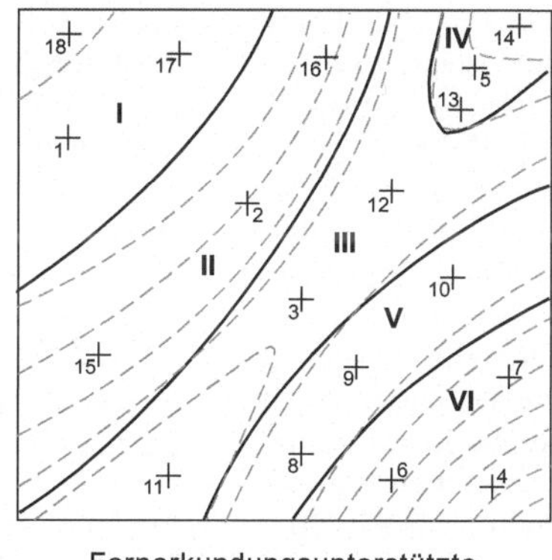

Abb. 4.7.1 Lage der Beobachtungspunkte und Grenzzihung bei einer Bodenkartierung nach verschiedenen Kartierverfahren

4.7 Kartierverfahren

Bei Beginn einer Bodenkartierung ist es sinnvoll, das Vorgehen bei der Wahl der Beobachtungs- bzw. Bohrpunkte festzulegen. In der Tradition der Bodenkartierung haben sich dabei verschiedene Verfahrensweisen herausgestellt, die jeweils unterschiedliche Vor- und Nachteile haben. In Abb. 4.7.1 wurde versucht darzustellen, wie Beobachtungspunkte bei verschiedenen Verfahren gelegt werden unter der Voraussetzung, dass das Kartierergebnis eine annähernd gleiche Zuverlässigkeit erreicht.

4.7.1 Rasterkartierung

Die Vorgehensweise nach einem Punktraster ist das einfachste Verfahren. Der Abstand der Rasterpunkte ergibt sich aus dem Kartenmaßstab und der angestrebten Auflösungsgenauigkeit der Karte nach Abschn. 4.2.

Von einem Eckpunkt der Karte ausgehend wird der erste Rasterpunkt festgelegt und von dort in regelmäßigen Abständen die Fläche des *Kartenblattes* abgebohrt. Dieses Verfahren kann vor allem von wenig geübten Kartierern und dann, wenn noch wenig Vorkenntnisse über die Verteilung unterschiedlicher Böden vorliegen, angewandt werden. Es eignet sich auch am besten zur Übertragung der Bohrergebnisse in eine Datei, da die Festlegung der Bohrpunkte schematisch erfolgt. Das Festhalten an einem Punktraster kann in der Kulturlandschaft dazu führen, dass ein relativ großer Anteil der Punkte an untypischen Stellen gesetzt wird, z. B. in bebauten oder Verkehrsflächen, am Rand von Gräben oder in kleinen Aufschüttungen. Kleine, stark abweichende Flächen, z. B. Quellnischen, werden unter Umständen gar nicht erkannt. Größere, recht einheitliche Flächen sind dagegen bei diesem

Verfahren in der Regel gut dokumentiert. Schwierigkeiten ergeben sich dagegen bei der Interpolation der Grenzen, da Rasterpunkte unterschiedlich weit von solchen Grenzen entfernt liegen.

4.7.2 Grenzlinienkartierung

Bei der Grenzlinienkartierung (OSTENDORFF 1945) werden zunächst nur der erste Bohrpunkt und die davon ausgehende Richtung des Kartierfortschritts festgelegt. Trifft man auf eine Grenze, so wird der Verlauf dieser Grenze durch abwechselnd auf beiden Seiten zu legende Bohrungen verfolgt. Hierdurch wird der Grenzverlauf bereits bei der Feldkartierung gut festgelegt, und eine spätere Interpolation ist nicht mehr notwendig. Nicht nur wegen der Nähe der Bohrpunkte zur Grenze, sondern auch weil diese Grenzen vom Kartierer verfolgt und deshalb wahrgenommen werden, erhält man bei dieser Art der Kartierung gute Angaben über die Ursachen der Veränderung von Bodeneinheiten. Nachteile dieses Verfahrens sind die aufwendigere Orientierung im Gelände sowie die Beschreibung hauptsächlich von Böden, die an der Grenze zwischen verschiedenen Einheiten liegen, weshalb zum Abschluss der Kartierung noch einige Bohrungen in das Zentrum der Flächen gelegt werden müssen, um auch den Durchschnitt zu dokumentieren. Der notwendige Aufwand an Beobachtungspunkten ist bei gleicher Kartenauflösung in der Regel deutlich größer, da man sich ja entlang einer Grenzlinie vortasten muss. Der Aufwand zur Profilbeschreibung dagegen ist meist geringer, da über weite Strecken sehr ähnliche Böden beschrieben werden. Einschlüsse von Kartiereinheiten, die an keine anderen Grenzen stoßen, werden dabei leicht übersehen (Dolinen).

4.7.3 Catenenkartierung

Bei der Kartierung von Bodencatenen wird aufgrund der Geländeerkundung zunächst ein Schnitt durch das Kartenblatt gelegt, auf dem möglichst alle geomorphen Einheiten, Gesteine und Nutzungsformen vorkommen. Entlang diesem Schnitt wird dann die Abfolge der Böden möglichst genau aufgenommen. Hat man die Gesetzmäßigkeit der Bodenverteilung so erkannt, lässt sich eine erste *Skizze* der Bodenkarte anfertigen. Aufgrund dieser Skizze

werden dann weitere Hilfstransekte durch die Fläche gelegt. Solche Hilfstransekte können dann mit gröberem Punktabstand bearbeitet werden, solange sich die erkannte Gesetzmäßigkeit bestätigt. Das Verfahren hat den Vorteil, dass die Orientierung ähnlich problemlos wie bei der Punktrasterkartierung ist, die einzelnen Beobachtungspunkte aber nicht zufällig, sondern gezielt ausgewählt werden können. Um der Bodengesellschaft gerecht zu werden, kann im Rahmen der Genauigkeit auch der Punktabstand in der Linie des Transekts variabel gehalten werden. Ein solches Vorgehen ist nur dann sinnvoll, wenn das Gelände dem Kartierer schon gut bekannt ist und er damit auch bereits Abhängigkeiten vermutet, die es zu überprüfen gilt. Die Zahl der Beobachtungspunkte ist geringer als bei der Grenzlinienkartierung und gleich oder geringer als bei der Punktrasterkartierung. Die Gefahr, dass kleine eingeschlossene Bodeneinheiten nicht erkannt werden, ist ähnlich groß wie bei der Grenzlinienkartierung.

4.7.4 Luftbildunterstützte Punktkartierung

Auch bei dem Verfahren der Raster-, Grenzlinien oder Catenenkartierung kann mithilfe eines *Luftbildes* und bei kleinmaßstäblichen Karten auch mithilfe eines *Satellitenbildes* die Genauigkeit der Karte deutlich verbessert werden (BURINGH 1960). Bei der bildunterstützten Punktkartierung beginnt man jedoch mit der Luftbildauswertung und legt dabei bereits mehr oder weniger einheitliche Flächen fest, ohne deren Inhalt zu kennen. Nachdem diese Flächen in einer ersten *Skizze* begrenzt wurden, beginnt man, einzelne Beobachtungspunkte in diese Flächen zu legen. Dabei ist darauf *zu achten*, dass diese Punkte tatsächlich charakteristisch für die Fläche sind und nicht durch punktuelle Veränderungen gestört. Bei diesem Kartierverfahren muss jeder Bohrpunkt getrennt eingemessen werden, d. h. der Zeitaufwand für Orientierung und Beobachtung *pro* Bohrung ist in der Regel deutlich größer als bei den anderen Verfahren. Mit den ersten Beobachtungen kann man den Flächen einen bodenkundlichen Inhalt zuweisen. Gleichzeitig müssen mit diesem ersten Wissen aus der Felderkundung die *Grenzen* anhand der Luftbilder noch einmal überprüft werden; u. U. werden Flächen unterteilt oder zusammengelegt. Danach erfolgt eine zweite Geländephase, bei der man darauf achten muss, dass in allen ausgewiesenen Flächen Beobachtungspunkte liegen, sodass die Eigenschaften der Flächen ausreichend genau beschrieben werden können. Außerdem werden jetzt im Gelände die eingezeichneten Grenzen aufgesucht und durch Sondierungsbohrungen überprüft. Durch den Einsatz der Fernerkundung lässt sich der Geländeaufwand wesentlich reduzieren, und die Grenzlinien lassen sich ähnlich gut wie bei der Grenzlinienkartierung festlegen. Kleine Flächen mit stark abweichendem Bodeninventar erkennt man bei sorgfältiger Bearbeitung des Luftbildes (BURINGH 1960).

4.8 Feldarbeit

Vor der Feldarbeit sind die Kartierhilfsmittel (Abschn. 4.4) bereitzulegen. Sie müssen während der Kartierung immer in Reichweite des Bearbeiters sein, damit nicht unnötig Zeit mit ihrer Beschaffung verbraucht wird. Die Güte der Bodenkarte hängt von der Genauigkeit der Beobachtung ab und davon, ob der Kartierer in der Lage ist, sich von der Verbreitung der Böden und insbesondere ihren Gesetzmäßigkeiten ein Bild zu machen. Um das Ergebnis nachvollziehbar zu machen, müssen deshalb alle Merkmale (auch qualitative) so genau wie möglich erfasst und gewissenhaft dokumentiert werden. Später nach Erinnerung angefertigte Aufzeichnungen sind immer ungenau oder fehlerhaft. Je besser die Feldarbeit dokumentiert ist, umso leichter und vor allem umso besser kann die Auswertung durchgeführt werden.

4.8.1 Feldkarte

Jeder Beobachtungspunkt ist sofort mit Bleistift in die Feldkarte einzutragen und die Eintragung mit der Nummer des Bohrprotokolls zu versehen. Beobachtungspunkte, deren Lage zum Zeitpunkt der Beobachtung nicht bekannt ist und die deshalb auch nicht in die Karte eingezeichnet werden können, sind in der Regel sinnlos. In die *Feldkarte* sollen auch Beobachtungen eingezeichnet werden, die nicht direkt mit Bohrpunkten zusammenhängen, aber zum Erstellen der Karte dienen (z. B. bereits im Gelände interpolierter Grenzverlauf, Vorkommen von Felsaufragungen, terrassiertes Gelände, Hügelgräber, Trümmerschuttablagerungen, Deponien, Steinbrüche und Kiesgruben).

4.8.2 Bohrprotokoll

Von jedem kartierten Punkt ist ein Bohrprotokoll anzufertigen. Dieses Protokoll muss zur Kennung die Nummer des Bohrpunktes und eine kurze Ortsbeschreibung bzw. Rechts- und Hochwert enthalten. Dazu sind alle erfassten Merkmale aufzuschreiben (auch die selbstverständlichen!). Bei der Beschreibung ist es zweckmäßig (für spätere Eingaben in Datenbanken erforderlich), die in Kap. 3 angegebenen Kürzel bzw. Symbole zu verwenden. Wer mit den vielen Abkürzungen Probleme hat, sollte besser ohne Abkürzungen arbeiten. Das Bohrprotokoll muss keine abgeleiteten Größen enthalten und auch nicht Interpretationen, die später aufgrund des Protokolls eindeutig durchgeführt werden können. Interpretationen, die besser oder nur im Gelände durchgeführt werden können, sollten allerdings bereits vermerkt werden (z. B. Zuordnung zu einer Kartiereinheit, Aufschüttung, Abtrag, Verdichtung usw.). Statt auf einem *Formblatt* (z. B. Tab. 4.5.1) kann das Bohrprotokoll auch in einen tragbaren *PC* (Datalogger oder Laptop) eingetippt werden. Beim handgeschriebenen Protokoll wie bei bereits auf Datenträger eingetragenen Beobachtungen ist es notwendig, das Protokoll vor Abschluss eines Punktes noch einmal auf Richtigkeit zu überprüfen; spätere Korrekturen von nicht plausiblen Eintragungen erfordern meist erhöhten Aufwand bzw. bergen die Gefahr von Fehlschlüssen in sich. Bohrprotokolle kann man in der Regel so aufnehmen, dass auf eine DIN-A4-Seite sechs bis acht Protokolle passen. Dies erleichtert die spätere Bearbeitung. Auch wenn man den Eindruck hat, dass folgende Bohrpunkte nahezu gleich sind, ist es wichtig, die Merkmale direkt zu erfassen und zu notieren. Die genaue Beschreibung kann später die Homogenität dokumentieren. Eine Bemerkung im Protokoll „wie oben" bedeutet meist, dass das entsprechende Bohrprofil nicht gewissenhaft beobachtet wurde. Treten mehrere sehr ähnliche Bohrpunkte nacheinander auf, so kann man den Bohrabstand etwas vergrößern, ohne an Kartiergenauigkeit zu verlieren.

4.8.3 Feldreinkarte

Neben der *Feldkarte* und dem *Bohrprotokoll* sollte eine Feldreinkarte geführt werden. Diese *Feldreinkarte* bleibt im Quartier oder Stützpunkt, an den man nach jedem Feldtag zurückkehrt. Man wird dann die erzielten Ergebnisse Punkt für Punkt übertragen, wobei jetzt bereits den Kartiereinheiten entsprechende Farben für die Punkte gegeben werden können. Diejenigen Grenzen, die bereits festliegen, werden in die Karte eingezeichnet, und bereits abschließend bearbeitete Flächen können koloriert werden. Die Feldreinkarte soll noch alle Bohrpunkte dokumentieren, insbesondere auch solche, die abweichende Eigenschaften innerhalb einer Fläche aufweisen, andererseits soll hier das spätere Kartenbild entstehen. Durch das Umzeichnen der Felderbnisse in die Feldreinkarte erkennt man problematische Bereiche, die man dann am folgenden Arbeitstag leicht wieder erreichen und besser bearbeiten kann. Das Führen der Feldreinkarte und damit einhergehend die tägliche Überprüfung der Kartierlegende und der Liste der Leitprofile garantiert, dass am Ende der Feldarbeit ein abschließendes Ergebnis sichergestellt wird. Spätere Nacharbeiten lassen sich dadurch vermeiden.

Für die Erstellung der Feldreinkarte sollten *Farbstifte* zur Kolorierung zur Verfügung stehen. Die meisten Karten haben 20 bis 25 verschiedene Kartiereinheiten, sodass mindestens 24 verschiedene Farben, die sich deutlich voneinander unterscheiden, mitgeführt werden sollten.

Die Grenzen der Bodeneinheiten müssen zwischen den Beobachtungspunkten interpoliert werden. Dabei ist die bei der Geländearbeit erworbene Kenntnis zur Verbreitung der Böden zu nutzen. Generelle Richtlinien zur Interpolation kann es nicht geben, da die Ursachen für die Grenzziehung sehr verschieden sind. Bei der Grenzziehung sind hauptsächlich Geländebeobachtungen – Reliefformen, Gesteins-, Vegetations- und Nutzungsgrenzen – mit zu verwenden. Wenn bereits im Gelände vorläufige Grenzen gezogen wurden, ist dies hilfreich, da hier Informationen verarbeitet werden können, die die topographische Karte nicht enthält. Die Grenzziehung muss so durchgeführt werden, dass die Darstellung anschaulich bleibt. Vermieden werden müssen Flickenteppiche, wie sie durch übertriebene Aufnahme von Abweichungen und Einschlüssen sowie unregelmäßige Grenzziehung entstehen.

Soll/muss die Karte als Bodengesellschaftskarte dargestellt werden, so sind die Einheiten komplexer (regelmäßige Verbreitungsmuster der Bodendecke). Dies ist bei allen Schritten der Bearbeitung zu bedenken. Natürliche Grenzen von Bodenmustern ergeben sich häufig aus Wassereinzugsgebieten und Gesteins- bzw. Reliefeinheiten. Deshalb sind solche Grenzen auch als Grenzen einer Bodengesellschaftskarte zu verwenden, selbst wenn dann z. B. an der Wasserscheide eine monotypische Bodeneinheit zerschnitten wird (z. B. Parabraunerde aus Löss

gehört auf der einen Seite zur Parabraunerde-Parendzina-Kolluvisol-Lössriedel-Gesellschaft und auf der anderen Seite zur Parabraunerde-Pseudogley-Gley-Löss/Gipskeuperflächen-Gesellschaft).

4.9 Bodenkarte

Ziel jeder Bodenkartierung ist, das Beobachtete auf einer Karte (wahlweise zusätzlich auch auf einem Datenträger) darzustellen, die ein möglichst naturgetreues Bild der vorhandenen Bodendecke zeichnet (s. z. B. Abb. 4.9.1). Gleichzeitig ist bei der Darstellung auch der Zweck der Kartierung (vgl. Abschn. 4.2.1) zu berücksichtigen. Eine Bodenkartierung muss mindestens in einer Karte und einer dazugehörigen Legende dokumentiert werden. In vielen Fällen ist es sinnvoll, zusätzlich ein Heft zur Kartenerläuterung anzufertigen.

4.9.1 Legende

Die Legende wird aus dem Kartierschlüssel (Abschn. 4.6) heraus entwickelt. Für jede auf der Karte verwendete Farbe oder Signatur ist in der Legende eine Erläuterung zu geben. In der ersten Spalte der Legende werden alle auf der Karte verwendeten Farben und Signaturen nacheinander in der Originaltönung bzw. Originalgröße in einem Beispielkästchen aufgeführt. Dahinter folgt der gewählte Name der Bodeneinheit. Häufig empfiehlt es sich, in einer zusätzlichen Spalte Informationen zu den bodenbildenden Faktoren, z. B. Relief, Gestein, Vegetation und Nutzung, evtl. Temperatur, Niederschlag und Grundwasserstände, zu geben. Soll die Bodenkarte bereits alle Informationen erhalten, die von der Kartierung erwartet wurden, so muss die Legende durch weitere Spalten erweitert werden, die dem Kartierziel entsprechende Informationen enthalten, z. B. Gründigkeit, Wasserhaushaltsstufen, Erodierbarkeit, Eignung für bestimmte Nutzungsformen (vgl. Abschn. 4.10). Auch eine erweiterte Legende sollte übersichtlich bleiben und die verwendeten Begriffe, Abkürzungen müssen für den Benutzer gut verständlich und definiert sein.

4.9.2 Reinkarte

Die Reinkarte wird aus der *Feldreinkarte* abgeleitet. Bevor diese Karte übertragen wird, ist zu prüfen,

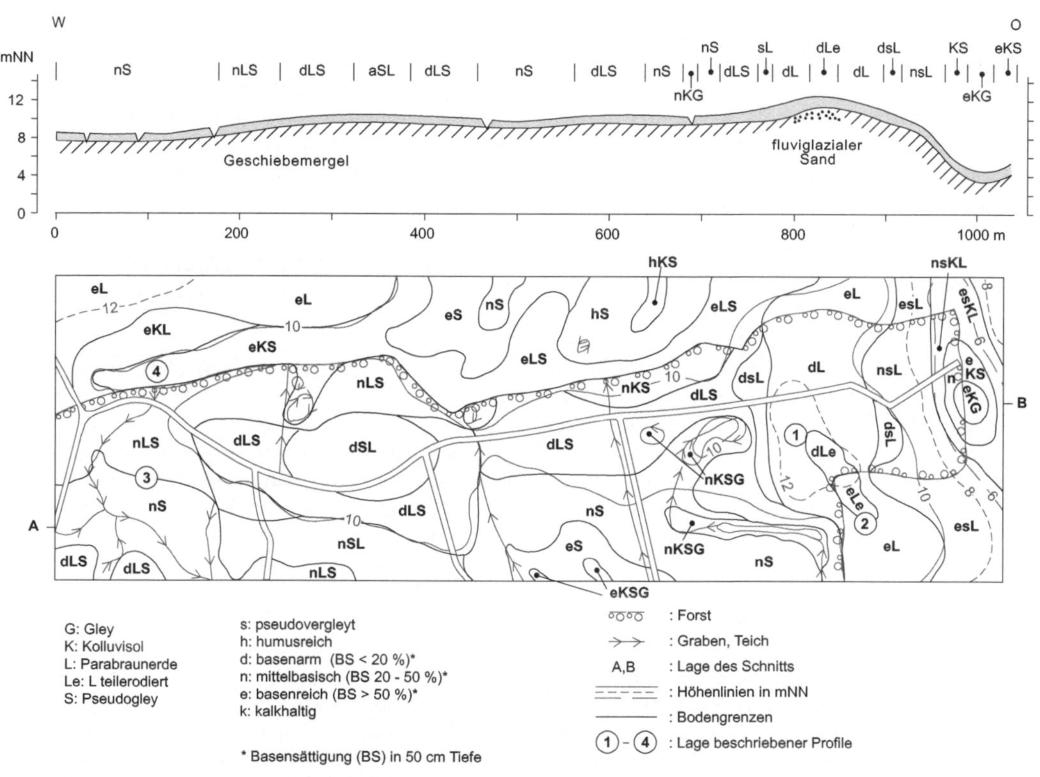

Abb. 4.9.1 Schnitt und Bodenkarte einer Jungmoränenlandschaft; Siggen, Ostholstein (Zum Erreichen einer besseren Übersichtlichkeit sollte der Leser die Karte kolorieren: s. Abschn. 4.9.2)

ob alle Grenzverläufe sinnvoll sind. Zum Zweck der Übersichtlichkeit empfiehlt es sich häufig, bei der Übertragung die Grenzen zu überprüfen. Die Schnittpunkte von Grenzen müssen daraufhin überprüft werden, ob die Vergesellschaftung der entsprechenden Böden eine solche Lage der Grenzen überhaupt ermöglicht oder ob der Übergang anders dargestellt werden muss. An sämtlichen Grenzen ist noch einmal zu fragen, ob die entsprechenden Böden tatsächlich aneinander grenzen können (z. B. an einem Hang, an dem man Rendzinen aus Kalksteinschutt findet, sind kaum Inseln von Pseudogleyen zu erwarten). Es ist außerdem zu entscheiden, ob auskartierte Flächen ohne wesentlichen Informationsverlust generalisierend zusammengelegt werden können, oder ob man Einheiten, die sehr intensiv ineinander greifen und deren Grenzen somit unsicher sind, in einer Komplexeinheit zusammenfassen muss. Ist die Feldreinkarte auf diese Weise nochmals überprüft, so werden die Grenzen auf die *Reinkarte* übertragen. Grenzen zwischen Bodeneinheiten sollen auf der Bodenkarte deutlich sichtbar sein; auch wenn in der Natur Übergänge vorkommen, so sind Bodenkarten, in denen keine Grenzen auftreten und die Schraffuren aneinandergrenzen oder ineinander übergehen, schwer zu lesen und auszuwerten. Karten, in denen gar zwischen den verschiedenen Einheiten eine Art Niemandsland freigelassen wird, lassen erkennen, dass die Karte gezeichnet wurde, bevor der Kenntnisstand dafür ausreichend war. Eine Bodenkarte sollte 20 bis 25 Einheiten umfassen. Treten weniger als zehn Einheiten auf. so ist in der Regel der Kartenmaßstab zu groß gewählt. Treten wesentlich mehr Einheiten auf, so leidet die Lesbarkeit der Karte stark.

Die Signaturen bzw. die Farben sollte man so auswählen, dass sich die Einheiten deutlich voneinander unterscheiden. Die Abstufung der Farben muss es auch möglich machen, isolierte Flächen der gleichen Bodeneinheit auf den ersten Blick als zusammengehörig zu erkennen. Zur Vereinfachung der Erkennung kann man zur Signatur oder zur Farbe in jede Fläche noch das Symbol der Bodeneinheit eintragen. Dies erleichtert insbesondere dann die Arbeit, wenn von einer *Mutterpause* Kopien gemacht werden, die einzeln koloriert werden müssen. Für die Farbgebung hat sich in Deutschland eine Konvention entwickelt, an die man sich nach Möglichkeit halten sollte, von der man aber bei Bedarf auch abweichen kann (z. B. wenn fünf verschiedene Übergänge eines Typs auftreten und dann die gesamte Bodenkarte nur in einem einzigen Farbton erscheinen würde, wäre das Erkennen der verschiedenen Bodeneinheiten stark erschwert). Üblich sind für kalkhaltige AC-Böden (Rendzina, Pararendzina, Tschernosem) *violett*; für kalkfreie AC-Böden (Ranker, Regosol, Syrosem) *rosa*; für Braunerden *braun* bis *gelbbraun*; für Parabraunerden *rotbraun* bzw. *orange*; Podsole *gelb*; Pelosole und Terrae fuscae *rot*; Pseudogleye und Stagnogley *grau*; Auenböden *hellblau*; Gleye *blau*; Moore *grün*. In der Reinkarte werden grundsätzlich die Bohrpunkte nicht mehr eingetragen. Es ist aber sinnvoll, die Lage der Leitprofile einzutragen, insbesondere dann, wenn die Profilbeschreibungen in der Kartenerläuterung zu finden sind. Auch dann, wenn nicht überall Leitprofile ausgewiesen wurden, ist es sinnvoll, Punkte einzutragen, an denen die Bodeneinheit typisch ausgebildet ist. Das verbessert die Überprüfbarkeit der Karte für den Nutzer ganz wesentlich.

4.9.3 Erläuterung

Die Kartenerläuterung soll in der Regel zunächst die bei der Kartierung bearbeiteten Fragen behandeln (aus Abschn. 4.2). Dann soll sie den Naturraum und das sich daraus ergebende Bodeninventar darstellen (aus Abschn. 4.3). Der wichtigste und essenzielle Teil einer Erläuterung ist aber die ausführliche Beschreibung aller gewählten Bodeneinheiten. An diese kann sich noch eine Darstellung der Karteninterpretation bzw. ein Abschnitt anschließen, der die bei den bearbeiteten Fragestellungen erzielten Ergebnisse zusammenfasst (vgl. Abschn. 4.10). Die Kartenerläuterung soll für jede Bodeneinheit eine ausführliche Beschreibung, in diesem Falle einschließlich der Interpretation der Bodenentwicklung und Standorteigenschaften, enthalten (s. Kap. 7). Soweit Analysedaten zu den Profilen vorliegen, sind diese tabellarisch darzustellen und zu werten. Zusätzlich zur Beschreibung eines Leitprofils sollen die durchschnittlichen Eigenschaften der Kartiereinheit als Mittelwert oder als häufigste Werte sowie die auftretende Schwankungsbreite erläutert

werden. Häufig ist es sinnvoll, außerdem Aussagen zur Flächenform, zur Ausbildung der Übergänge und zu Nachbarschaftsbeziehungen zu machen. Ergänzen kann man diese Erläuterung noch durch statistische Angaben über die Zahl, Größe und den Flächenanteil der Einheit.

4.10 Interpretation

4.10.1 Diskussion der Frage

Ist die Kartierung abgeschlossen, so wird erwartet, dass sich mit dem gesammelten Material die Fragestellung beantworten lässt. Hierzu ist es notwendig, die in *Karte, Legende* und *Erläuterung* niedergelegten Informationen auf ihren Aussagewert im Hinblick auf die Fragestellung zu überprüfen. Häufig ist es notwendig, aus den gewonnenen Primärdaten abgeleitete Größen zu entwickeln. So kann man z. B. aus Bodenart, Humusgehalt, Lagerungsdichte und Profiltiefe Aussagen über die Filtereigenschaften eines Bodens ableiten (s. Kap. 3 und 7). Aus der Feldkapazität und einer fortgeschriebenen Wasserbilanz lassen sich Aussagen über mögliche Grundwasserneubildungen, aus Bodenart, Humusgehalt, Aggregatstabilität, pH-Wert und Kalkgehalt Aussagen über die Erodierbarkeit einer Oberfläche gewinnen. Sind die Daten leicht bearbeitbar gespeichert, so empfiehlt sich, die Auswertung für die Interpretation aller erfassten Geländepunkte durchzuführen. Dies fördert die Aussagegenauigkeit auch dann, wenn nur wenige Klassen gebildet wurden. Die Abgrenzung der Klassengrenzen für die Aussage muss nicht im Raum identisch mit der Abgrenzung der Einheiten der Bodenkarte sein. Da aus Bodenkarten gewonnene Aussagen immer einen Flächenbezug haben müssen, ist es wichtig, bei Interpretationen einen engen Bezug zwischen gewonnener Aussage und zugehöriger Fläche zu setzen. Sind die Daten für eine detaillierte Auswertung nicht geeignet oder waren die Grenzen der Bodenkarte bereits im Hinblick auf die Fragestellung gewählt worden, so kann man auch für die Eigenschaften der in einer Fläche liegenden Profile Mittelwert und Streuung berechnen und aus diesen die Aussage ableiten. Bei sehr starker Generalisierung werden die Anwendungen über die Interpretation der Leitprofile gewonnen. Bei einer solchen Vorgehensweise geht allerdings der Flächenbezug weitgehend verloren, da ja jetzt ein zunächst zufällig gewählter Punkt für eine bei seiner Auswahl nicht bekannte Fläche repräsentativ werden muss. Die Interpretation dient auch dazu, Fragestellungen für folgende Labor- oder Geländemessungen klarer zu formulieren und Kriterien zu entwickeln, an welchen Punkten Proben für die Laboruntersuchung entnommen werden sollen (vgl. Kap. 5 und 6). Sollen später aus der Laboruntersuchung Aussagen für größere Flächen gemacht werden, so empfiehlt es sich, mithilfe der Karte repräsentative Probenahmestandorte festzulegen und mit geostatischen Methoden die Anzahl für eine bestimmte Aussagegenauigkeit zu entnehmender Proben festzulegen.

4.10.2 Abgeleitete Karten

Zunächst sollte bei jeder Bodenkartierung eine *Bodenkarte* oder *Bodengesellschaftskarte* erstellt werden, die den erreichten Kenntnisstand wiedergibt. Dient die Kartierung einer Anwendung, so müssen oft entsprechend dem Ziel *abgeleitete Karten* erstellt werden (z. B. für wasserwirtschaftliche Zwecke Karten der mittleren Grundwasserneubildungsrate oder für landwirtschaftliche Produktion Karten der Eignung zum Spargel- oder Weinanbau bzw. für Bodenschutzzwecke Karten der Auswaschungsgefährdung von Nitrat oder der Emissionsgefährdung durch Wasser oder Wind). Solche Karten sollen nach Möglichkeit auch für Anwender lesbar sein, die keinen bodenkundlichen Sachverstand haben. Deshalb ist es sinnvoll, stark vereinfachte Darstellungen zu wählen, die lediglich die gewünschte Aussage (z. B. „sehr gut", „gut", „mäßig" und „nicht" zum Anbau von XY geeignet) enthalten. Diese *Ableitungskarten* kann man dann direkt für die Planung verwenden; der Anwender kann aber u. U. den Grund für die unterschiedliche Einstufung nicht erkennen und handelt deshalb möglicherweise falsch. Solche Anwenderkarten verlieren bei Kenntnisfortschritt der Wissenschaft und Praxis ihren Wert, wogegen die ermittelten primären Daten der Bodenkartierung meist langfristig gültig sind und für verschiedenste Auswertungen herangezogen werden können. Deshalb sollte nie nur eine Ableitungskarte erstellt, sondern zumindest beim Bearbeiter eine Bodenkarte bzw. eine Datei der im Gelände ermittelten Daten erstellt und aufbewahrt werden.

Für die Ableitung eignet sich eine Erweiterung der Kartenlegende besonders dann, wenn Bodeneinheiten direkt in Einheiten für die fragliche Anwendung umgesetzt werden können, was selten zutrifft.

Bei der Erstellung der *Anwendungskarten* können die mittleren Eigenschaften der Bodeneinheiten für die Bewertung herangezogen werden (dann sind die Grenzen in der abgeleiteten Karte identisch mit der Bodenkarte; je nach Klassifizierung können aber Grenzen entfallen). Besser genutzt wird das Datenmaterial, wenn die Ableitung ebenfalls für jeden Bohrpunkt erfolgt. Dann ergeben sich neue Grenzen, da neu interpoliert werden muss und relevante Grenzen durch Bodeneinheiten hindurchgehen können (z. B. wenn mittelgründige und tiefgründige Braunerden als Bodeneinheit zusammengefasst wurden).

4.11 Die digitale Bodenkartierung

Durch die Nutzung der modernen Nachrichtentechnik verändert sich die angewandte und auch die hoheitliche Bodenkartierung, zunehmend in Richtung auf eine digitale Kartierung. Die zuvor geschilderten Prinzipien gelten aber nach wie vor. Insbesondere ist zu beachten, dass auch die modernste Datentechnik es nicht erlaubt, gute Bodenkarten zu erzeugen, ohne eine solide Datenbasis. Im Extremfall kann man mit Prognosen und Hypothesen genauso wie von Hand, auch im Computer eine virtuelle Bodenkarte erzeugen. Die Richtigkeit dieser Karte hängt aber ganz stark von der Richtigkeit des Datensatzes, der zur Eichung und Validierung der Ergebnisse dient, ab. Herzstück der digitalen Bodenkartierung bleibt also nach wie vor die Erfassung von Bodeneigenschaften im Gelände (Hartemink et al., 2008).

Es gibt im Wesentlichen vier Bereiche, in denen sich die Bodenkartierung durch die Neuerungen der digitalen Bodenkartierung verändern wird.

1. Die **digitalen topographischen Karten**
   In den Industrienationen gibt es fast überall digitale topographische Karten, bzw. digitale Höhenmodelle, in einem Maßstab 1:25.000. Weltweit liegen solche Daten im Maßstab 1:200.000 vor. Diese Karten können in der Regel verkleinert oder vergrößert werden. Dabei ist darauf zu achten, dass die Erfassungsgenauigkeit eine Vergrößerung, z. B. um den Faktor zehn, in der Regel nicht zulässt. Deshalb sind z. B. Karten für Anlage für Drainagen und Terrassierungen mit solchen käuflichen digitalen Kartenwerken nicht realisierbar. Sie müssen gesondert beschafft oder erstellt werden.
2. GPS (**Global Positioning System**)
   Das Auffinden von Punkten im Gelände lässt sich in der Regel mit qualitativ guten Global-Positioning-Systemen wesentlich erleichtern.

Konventionelle Navigatoren, wie sie Fahrzeugen verwendet werden, eignen sich für die Bodenkartierung im Gelände nicht. Beim Einsatz des GPS, sind folgende Dinge zu beachten: Das GPS muss dasselbe geometrische Projektionssystem wie die topographische Karte verwenden, also z. B. Gauss-Krüger-Koordinaten oder UTM. Ansonsten ergeben sich Verschiebungen, die sich in Fehlinterpretationen niederschlagen. Es ist deshalb vor Einsatz des GPS zu prüfen, ob die topographische Karte und das GPS bestimmte identische Werte aufzeigen. Die Genauigkeit des GPS mit 5 bis 10 m reicht generell für die Bodenkartierung aus. Auf jeden Fall können Beobachtungspunkte mit dem GPS meist wieder aufgefunden werden. Bei parzellenscharfer Kartierung, aber ist darauf zu achten, dass der Bohrpunkt auf der richtigen Seite der Grenze liegt. Dies gilt auch bei Bachläufen oder an Wegkreuzungen. Dort kann es oft passieren, dass der im GPS angezeigte Wert nicht auf der richtigen Seite der linearen Struktur liegt. Auf der Karte sollte immer eingezeichnet werden, wo sich der Beobachtungspunkt wirklich befindet.

Der Einsatz von GPS ist in manchen Gebieten sehr begrenzt, da die Daten von den Satelliten nicht empfangen werden können. Das gilt z. B. in dichten Wäldern, in sehr steilem Gelände, wo die Horizontabschirmung sehr groß ist, in der Nähe militärischer Anlagen, wo das GPS gestört wird, oder auch bei starken terrestrischen Sendern und schließlich in Gebieten, in denen nur wenige Satelliten empfangen werden können. Deshalb ist oberstes Gebot, dass der aktuelle Beobachtungs- und Bohrpunkt, sowohl im GPS als auch mit der Karte überprüft wird.

Ein Problem bei der Nutzung von GPS stellt die geringe Höhenauflösung dar. Die absolute Höhe wird in der Regel auch nur plus/minus 10 m genau erfasst. Dies genügt im Gebirge, aber nicht im Flachland. Dort ist häufig die absolute und relative Höhe mit anderen Hilfsmitteln nachzubessern. Ein wesentlicher Vorteil von GPS ist, dass die Beobachtungspunkte in der Regel gespeichert werden können und dann nach Ausnutzung des Speichers in die digitalen Karten online, oder durch Übertragung eingebracht werden können. Auch die direkt an den Bohrpunkten oder Profilbeobachtungspunkten erhobenen Daten können mit einem Datalogger oder mit einem Labtop im Felde gleich digital erfasst werden. Dies insbesondere dann, wenn in dem Aufnahmegerät eine Software installiert ist, die die einzelnen Bodenparameter, also Horizontmächtigkeit, Farbe, Bodenart, pH-Wert usw. systematisch abfragt, um dann einen vollständigen Datensatz auch zur Verfügung zu haben. Achtung! Labtops und Datalogger haben bei extremen Wetterlagen und wegen begrenzter Akkukapazität oft Probleme im Geländeeinsatz.

3. Die Entwicklung von **Software zur Auswertung und Bearbeitung der Bodendaten** hat sich im letzten Jahrzehnt ganz rasant entwickelt. Dabei handelt es sich hauptsächlich um Anwendungen geostatistischer Methoden, mit denen Bodenparameter interpoliert und graphisch dargestellt werden können (Scholich, 2005; Behrens & Scholten, 2006). Die meisten Verfahren sind dabei besser dazu geeignet, Karten von Bodenparametern zu erzeugen als direkte komplexe Bodenkarten. Dies hängt mit dem Problem zusammen, dass sich an Bodengrenzen in der Regel mehrere Parameter gleichzeitig, aber nicht gleich gerichtet ändern. Auch hier gibt es aber Lösungsansätze, wie z. B. mit der Methode der neuronalen Netze (Behrens et al., 2005) und der Maximum-Likelihood-Methode (Schuler, 2008).

4. Eine weitere Möglichkeit, die Bodenkartierung zu automatisieren, ist die Entwicklung **zerstörungsfreier Messungen von Bodenparametern**. Dabei ist der älteste Versuch, Daten aus spektralen Luftbildaufnahmen oder Satellitenbildern, in Bodeneigenschaften zu interpretieren. Dies gelingt insbesondere gut in vegetationsarmen Gebieten (Graef, 1999 oder Mounkaila, 2006). Aber auch in Regionen mit üppiger Vegetation und in Regenwaldgebieten gelingt es, mit radiometrischen Methoden Bodeneigenschaften wie die Bodenfeuchte, den Humusgehalt oder den Kaliumgehalt, einzuschätzen. Diese Entwicklungen werden in den nächsten Jahrzehnten die Bodenkartierung revolutionieren.

Von den vorhandenen Ansätzen zur digitalen Bodenkartierung (Hartemink et al., 2008) sind einige, wie der Einsatz von GPS und von digitalen topographischen Karten, bereits praxisreif. Andere Methoden müssen noch ihre Praxisreife beweisen. Ziel der Kartierung muss aber bleiben, die Kenntnis über die Böden und hier insbesondere über die Bodenverbreitung zu vermehren. Um die wissenschaftliche Wahrheit zu sichern, ist es deshalb nach wie vor wichtig, direkt oder indirekt Geländebeobachtungen für die Erstellung von Bodenkarten zu verwenden.

5 Laboruntersuchungen

Viele Bodenmerkmale kann man am Bodenprofil im Gelände nicht mit ausreichender Genauigkeit analysieren. In solchen Fällen werden ergänzende Laboruntersuchungen notwendig. Andererseits gibt es Eigenschaften, die sich nur (oder aber einfacher) im Feld selbst untersuchen lassen (z. B. Bodentemperatur, Redoxpotenzial oder Wasserleitfähigkeit im Grundwasserbereich; vgl. hierzu Kap. 6). Ausgangspunkt einer Laboruntersuchung ist aber immer der Geländebefund.

5.1 Probenahme im Gelände und Vorbereitung der Analyse

Die durch Laboruntersuchungen ermittelten Daten muss man stets wieder auf das Bodenprofil beziehen. Grundsätzlich sind die Proben daher so zu nehmen, dass die Laboruntersuchungen die Verhältnisse im Bodenprofil zu rekonstruieren erlauben. Das bedeutet einmal, dass man für die Bestimmung von gefügeabhängigen Merkmalen (z. B. Porenverteilung) Proben in natürlicher Lagerung (sogenannte Volumenproben) nehmen muss. Für andere Untersuchungen genügt häufig die Entnahme von Mischproben (sogenannte Masseproben). Ferner heißt das, dass der Probenahmeraum in der Vertikalen stets den ganzen Horizont (bzw. die ganze Schicht) und nicht nur eine „charakteristische" Zone aus ihm erfassen sollte. Zwar ließen sich bei der Untersuchung solcher Zonen unter Umständen Initialstadien einer Entwicklung besser erkennen, dem könnte man aber dadurch Rechnung tragen, dass man an zusätzlich ausgeschiedenen Übergangshorizonten getrennte Proben entnimmt. Da Böden auch in der Horizontalen inhomogene Gebilde sind (Pedosphäre selbst ist ein Kontinuum), muss der Probenahmeraum in dieser Richtung umso ausgedehnter sein, je größer die Variabilität der zu unter-

suchenden Merkmale ist. Dabei ist es richtiger, die Zahl der Einzelproben zu erhöhen als ihr Volumen, da man dann auch Aussagen über den Grad der Variabilität machen kann (Begrenzung dieser Forderung durch erhöhten Arbeitsaufwand).

Ist ein Bodenhorizont heterogen (z. B. Sd-Horizont in Bleich- und Rostzonen gegliedert), kann es sinnvoll sein, Sektionsproben zu entnehmen. Auch hier sollten nicht Proben aus charakteristischen Zonen entnommen werden. Vielmehr sollte ein den ganzen Horizont erfassender Monolith entsprechend zerlegt werden. Da eine saubere Trennung häufig präparativ nicht möglich ist, sollte der Monolith in Proben von mindestens drei Zonen zerlegt werden, und zwar zwei scharf voneinander abgesetzte und eine Übergangszone.

Für viele Untersuchungen ist, sofern es sich nicht überhaupt um Terminuntersuchungen handelt, der Zeitpunkt der Probenahme wichtig. Für Gefügeuntersuchungen (insbesondere bei tonreichen = quellenden Böden sowie zur Kennzeichnung von Wasserbindung und -leitfähigkeit) sind die Proben im Zustand der Feldkapazität (meist im Frühjahr zu erwarten) zu entnehmen. Streuauflagen in Wäldern untersucht man am besten kurz nach dem Streufall. Die Probenahme für Nährelementuntersuchungen an Ackerböden hat im Herbst nach der Ernte zu erfolgen, diejenige für verfügbaren Stickstoff allerdings vor der Düngung im Frühjahr. Auch die mikrobielle Biomasse erfasst man am besten im Frühjahr. Die Verteilung wasserlöslicher Salze im Profil ist wie die der Feuchte selbst besonders witterungsabhängig. Proben für die Bestimmung der wasserlöslichen Salze sollte man daher in Trockenperioden, für die des Salzgehalts der Bodenlösung hingegen in Feuchtperioden gewinnen.

Große Vorsicht bei der Probenahme ist geboten, wenn Verdacht auf starke Belastung mit gesundheitsschädlichen Stoffen besteht. Das ist insbesondere bei Böden städtisch-industrieller Verdichtungsräume der Fall, vor allem beim Vorliegen von Altlasten. Transport und Lagerung haben so zu erfolgen, dass dabei die zu untersuchenden Eigenschaften nicht verändert werden. Eine detaillierte Darstellung der Probenahme ist DIN ISO 10 381 zu entnehmen. Die Proben werden vor der Lagerung gesiebt (< und > 2 mm), getrocknet und auf ihren danach verbleibenden Wassergehalt analysiert.

Die Analysen selbst sind dann so zu gestalten, dass Richtigkeit und Reproduzierbarkeit der Ergebnisse gewährleistet sind.

5.1.1 Entnahme von Volumenproben

Die Art der Probenahme richtet sich nach den zu ermittelnden Eigenschaften. So sind für die Bestimmung von Porenvolumen und Porengrößenverteilung Stechzylinderproben und für mikromorphologische Untersuchungen Kapselproben zweckmäßig. Bei steinigen Böden wird das Volumen des durch Probenahme entstehenden Hohlraumes durch Verfüllen mit Sand (nach DIN ISO 11 272) oder durch Vermessen ermittelt.

Stechzylinderproben: Stechzylinderproben werden mithilfe möglichst dünnwandiger, aber stabiler, mit von außen geschärfter Unterkante versehener, nummerierter *Edelstahlzylinder* bekannten Volumens entnommen (DIN 19 672-1). Zur Minimierung von Gefügeänderungen durch Wandreibungseffekte sollten die Zylinder möglichst flach (höchstens 4 cm) und breit (mindestens 6 cm $\varnothing$) sein. An der Bodenoberfläche beginnend treibt man die Stechzylinder unter Benutzung eines Aufsatzeisens mit kurzen, nicht zu kräftigen Hammerschlägen (Holz- oder Gummihammer) von oben senkrecht (gegen Verkantungen Führungsring nach HARTGE zweckmäßig!) so tief in den Boden ein, dass sich die Zylinderoberkante etwas unter der jeweiligen Bodenoberfläche befindet. Sodann werden die Stechzylinder mit einem *Messer* mit Wellenschliff vorsichtig freigelegt, und der überstehende Boden wird an beiden Seiten möglichst glatt (aber ohne Verschmieren!) abgeschnitten, Wurzeln werden mit einer Schere abgetrennt, herausragende Steine sorgfältig herausgenommen (sofern die Probenahme nicht wiederholt werden kann), anschließend wird der Hohlraum dann mit kleineren Steinen und Feinboden gleicher Lagerung verfüllt, es werden gut verschließende *Deckel* aufgesetzt und die Zylinder in einen luftdichten Transportkasten gepackt (Nummern in der Profilbeschreibung notieren). Dieses Verfahren ist bis zum C-Horizont (bzw. bis zur Grenze des effektiven Wurzelraumes; Abschn. 3.6.2.1) fortzusetzen, wobei die Zylinder auf-

einanderfolgender Tiefenlagen etwas gegeneinander zu versetzen sind (sonst Pressung!). Von Horizonten mit vertikal verlaufenden Leitbahnen (Wurmröhren, Spalten) sind für Wasserleitfähigkeitsmessungen auch Proben horizontal zu entnehmen (d. h. die Zylinder in die senkrechte Profilwand zu drücken). Es sind mindestens zwei Zylinder in gleicher Tiefenlage und mindestens zehn Zylinder je Horizont zu entnehmen.

Zur Entnahme von Proben aus sehr gering mächtigen Horizonten sind Zylinder von 1, 2 oder 3 cm Höhe zu verwenden; im Allgemeinen sind solche von 4 cm Höhe und 100 cm³ Inhalt geeignet (DIN ISO 11 272; in grobkörnigen, grobporigen oder wurzelreichen Horizonten sind größere vorzuziehen).

Kapselproben: Kapselproben zur Erstellung von Dünnschliffen werden etwa 2,5 · 2,5 · 4 cm große Bodenmonolithe mit einem *Messer* aus der Profilwand herauspräpariert und in eine Leichtmetallkapsel (z. B. 40-cm³-Flaschenkapsel aus Stanniol) gesetzt. Diese stellt man dann in einen *Transportbehälter* mit passenden Fächern.

Entnahme mit Volumenbestimmung: Bei steinigen Böden wird die Horizontoberfläche nach DIN ISO 11 272 sorgfältig eingeebnet (mit aufgelegtem *Blech* prüfen), im Zentrum dann Bodenmaterial entnommen, sodass eine Grube (mindestens 8 dm³, bei 30 % Steinen z. B. 20 dm³) mit möglichst glatten Wänden und Sohle entsteht. Der Bodenaushub wird (z. B. zwecks Bestimmung von Dichte und Wassergehalt) luftdicht verpackt. Die Grube wird mit *dünner, elastischer Folie* ausgelegt und mit trockenem *Sand* (500–700 µm $\varnothing$) aus einem *Messzylinder* (nach Notieren des Sandvolumens) bei 5 cm Fallhöhe verfüllt. Die Oberfläche wird sorgfältig (nicht verdichten!) mit dem Blech geebnet (überschüssigen Sand in den Zylinder zurückführen). Das Volumen des eingefüllten Sandes entspricht dann dem Volumen der entnommenen Bodenprobe (BV in cm³). Dasselbe lässt sich auch mit *Wasser* durchführen: Man benötigt eine flexible, wasserdichte und ausreichend große *Plastiktüte* (bei großen Proben ist über Temperaturmessung die Dichte des Wassers zu berücksichtigen).

Hüllenproben: Zwecks Bestimmung der Lagerungsdichte größerer Aggregate nach DIN ISO 11 272 werden diese freigelegt und durch Eintauchen in ein *Schweröl* (z. B. *Caramba*) ummantelt, wodurch sie luftdicht verschlossen sind und (vorsichtig!) transportiert werden können. Größere Aggregatverbände kann man auch im Gelände mit *Kunstharz* fixieren und dann in einem mit *Schaumstoff gedämpften Behälter* transportieren.

5.1.2 Entnahme von Massenproben

Den Mineralhorizonten eines Profils werden Massenproben mittels Spaten und Messer entnommen, den Humushorizonten durch Auslesen von Hand. Wiederholte Entnahme kleiner Probemengen bzw. die flächenrepräsentative Probenahme auf einem Acker für Nährelementuntersuchungen kann (in Abhängigkeit von Konsistenz, Körnung und Humusgehalt) auch mit *Bohrstock* (Rillen- bzw. Pürckhauer-Bohrer), *Flügelbohrer, Marschenlöffel* oder *Bohrschappe* erfolgen (DIN 19 671, Teile 1 und 2).

Massenproben von Mineralhorizonten: Jeweils an der Unterkante eines Horizonts wird ein kleiner *Spaten* parallel zur Oberfläche eingetrieben, eine Bodensäule von etwa 1 kg mit einem *Messer* aus der Profilwand herausgeschnitten (auf gleichmäßige Beteiligung aller Tiefenstufen an der Gesamtprobe achten!) und sauber in einen wasserdichten *Beutel* gefüllt (Nummer in der Profilbeschreibung notieren!). Dieses Verfahren wird bis zum C-Horizont (bzw. bis zur Grenze des effektiven Wurzelraumes) wiederholt. Bei mächtigeren Horizonten (> 3 dm) empfiehlt es sich, diese selbst dann zu unterteilen, wenn sie morphologisch einheitlich erscheinen. Gleiches gilt auch für andere Horizonte, wenn noch nicht sichtbare, aber analytisch bereits fassbare Initialstadien einer neuen Entwicklung aufgrund der Kenntnis benachbarter, weiter entwickelter Böden zu erwarten sind. Bei Sedimentgesteinen sind dem C-Horizont aus mehreren Tiefen Proben zu entnehmen. Die je Horizont entnommene Menge muss erhöht werden, wenn der Boden sehr steinig oder sonst offenkundig inhomogen ist. In solchen Fällen ist es zweckmäßig, den Steingehalt mittels *Feldwaage* zu bestimmen und dann dem gemischten Bodenrest ein Aliquot für die Laboruntersuchung zu entnehmen. Für genauere Untersuchungen werden weitere Probensäulenprofile in etwa 0,5 m Abstand in entsprechender Weise entnommen (Parallelproben zur Ermittlung der Variabilität bzw. des Probenahmefehlers).

Bei sehr gering mächtigen Horizonten (in alpinen und polaren Gebieten oft < 1 cm!) ist entsprechend der Beprobung von Humushorizonten zu verfahren (wobei die Probe sorgfältig mit einem *Spachtel* abgetragen wird).

Massenproben von Humushorizonten: Die Probenahmefläche wird zwecks verlustfreier Entnahme mit einer *Plastikfolie* (etwa 1 m²) bedeckt, aus deren Mitte ein 0,1–0,3 m² großes Rechteck herausgeschnitten wurde. Entlang der Rechteckskante werden dann die O-(bzw. H-)Horizonte mit einem scharfen *Messer* zerschnitten und die sich in ihrem Humuszustand unterscheidenden Lagen (s. Abschn. 3.5.6.4) nacheinander mit den Händen abgehoben und in luftdichte Beutel gefüllt. Proben aus mächtigen Mooren werden am besten mit einem *Kammerbohrer* entnommen (DIN 19 672-2).

Bohrstockproben: Der *Pürckhauer-Bohrer* wird mit einem *Holz-* oder *Plastikhammer* zunächst bis zur Unterkante des obersten Horizonts senkrecht in den Boden getrieben, unter Drehen herausgezogen und die Probe in einen luftdichten *Beutel* (oder eine *Dose*) gestreift. In gleicher Weise werden mit dem jeweils gereinigten Bohrer in den folgenden Horizonten nacheinander Proben entnommen. Es ist dabei sorgfältig darauf zu achten, dass die Proben nicht durch mitgerissenes Material oberer Horizonte verunreinigt sind. Sollen spezielle Eigenschaften einer Kleinlandschaft (z. B. Nährelementgehalte einer Kulturfläche) gekennzeichnet werden, müssen die Bohrstockeinschläge gleichmäßig verteilt werden (20–30 je ha), wobei untypische Besonderheiten wie Feldraine, Vorgewende oder Mietenplätze zu meiden sind. Die Proben gleicher Tiefenlage werden dann jeweils zu einer Mischprobe vereinigt. Dabei sollten aber (selbst in kleinen Schlägen) nur Proben gleicher Bodenform vereinigt werden (auch niemals solche von Ober-, Mittel- und Unterhangböden).

5.1.3 Probentransport

Volumenproben sind möglichst erschütterungsfrei zu transportieren, um Gefügeveränderungen zu vermeiden (ggf. die Stabilität lockerer, trockener Sandböden durch Anfeuchten erhöhen, sofern die Wassergehalte nicht ermittelt werden sollen).

Bodenbiologische Umsetzungen dauern während Transport und Lagerung feldfrischer Proben an, und zwar verstärkt, wenn die Lebensbedingungen der Mikroorganismen verbessert wurden (z. B. höhere Temperatur, mehr Sauerstoff). Das kann zu Veränderungen labiler Bodeneigenschaften in nicht vertretbarem Ausmaß führen. Hierzu gehören z. B. die Gehalte an gelösten und austauschbaren NH_4^+-, NO_3^--, Fe^{2+}- und Mn^{2+}-Ionen, die mikrobielle Biomasse von Gr-, Y- und F- sowie nassen Sd- und H-Horizonten; auch die pH-Werte und die Gehalte an weiteren austauschbaren Schwermetallen. In solchen Fällen wird der *Probenbeutel* so verschlossen, dass ein möglichst kleiner Luftraum verbleibt (ggfs. die Luft durch *Stickstoff* einer Gasflasche verdrängen), und die Probe dann in einer *Kühlbox* bei 2 °C transportiert und entsprechend in einem Kühlschrank bis zur (möglichst raschen) Analyse gelagert.

Bei Horizonten mit aktuellen rH-Werten unter 19 (z. B. Gr-Horizonte von Gleyen) reicht das u. U. nicht aus, sondern weitere Umsetzungen sind unmittelbar nach Probenahme zu unterbinden, was durch Schockgefrieren der Beutelprobe durch Eintauchen in flüssigen *Stickstoff* geschehen kann (dabei einschlägige Vorsichtsmaßnahmen beachten). Der Redoxzustand eines Bodens reagiert derart empfindlich auf jede Milieuveränderung, dass er nicht im Labor, sondern nur direkt im Boden gemessen werden sollte (Abschn. 6.3.5).

5.1.4 Probenlagerung

Die ins Labor transportierten Massen- und Volumenproben besitzen denselben Wassergehalt wie die entsprechende Bodenlage zur Zeit der Probenahme. Untersuchungen, die diesen Wassergehalt oder eine von ihm abhängige Größe kennzeichnen sollen, muss man natürlich an solchen feldfrischen Proben vornehmen (z. B. Porenfüllung). Entsprechende Analysen werden umgehend durchgeführt, oder die Proben werden kühl (2–4 °C), ggfs. auch tiefgefroren gelagert. Dabei sollten die Proben ihre Behälter möglichst vollständig ausfüllen, keinen Luftraum freilassen. Um einerseits die in den Proben nach Entnahme noch ablaufenden Reaktionen möglichst schnell zu stoppen, jedoch andererseits durch starke Temperaturerhöhung nicht neue Prozesse auszulösen, die im Profil nicht ablaufen würden, muss man die Proben schnell, aber schonend trocknen. Das geschieht durch Ausbreiten, häufiges Umrühren und Zerdrücken von großen Aggregaten. Organismenreste, wie Wurzeln oder Bodentiere, sind auszulesen; deren Anteil ist jedoch zu ermitteln. Da die sehr groben Mineralpartikel zu manchen Messwerten praktisch nichts beitragen (z. B. pH) und die Mengen einer als repräsentativ anzusehenden Teilprobe oft über Gebühr erhöhen würden, kann man sie für manche Analysen entfernen. Andere Analysen müssen dagegen für Gesamtproben bestimmt werden (z. B. Kalkbestimmung für Bilanzen). Die Proben werden daher mit einem *2-mm-Sieb* (möglichst aus Edelstahl!) in Feinerde und Skelett getrennt (tonreiche Proben siebt man besser, bevor sie gänzlich lufttrocken geworden sind, da ihre Aggregate zunehmend verhärten). Das folgende Trocknen wird in einem *Umlauftrockenschrank* beschleunigt, sollte aber bei höchstens 40 °C durchgeführt werden (DIN ISO 11 464).

5.1.5 Vorbereitung der Proben für die Analyse

Zunächst müssen die ins Labor transportierten Bodenproben für die Analyse vorbereitet werden. Weiterhin sind alle für eine Untersuchung nötigen Geräte, Chemikalien, Vergleichspräparate usw. zusammenzutragen, Lösungen anzusetzen und Eichkurven zu erstellen. Lufttrockene Bodenproben entmischen sich leicht in ihren Behältern: Leichte Humuspartikel und gröbere Körner lagern sich oben an. Jede Einwaage setzt daher ein intensives Mischen der Proben voraus. Für besonders genaue Analysen ist ein *Probenteiler* einzusetzen (DIN EN 932-1).

Für manche chemischen Analysen ist es zweckmäßig (teilweise sogar nötig), die Proben staubfein zu mahlen (z. B. in einer *Kugel-* oder *Scheibenschwingmühle*: Wegen Abriebgefahr darf die Mühle nicht aus Stoffen bestehen, die analysiert werden sollen). Dadurch lassen sich die Einwaage (auf unter l g) vermindern (bereits kleine Teilprobe repräsentativ) und der Angriff durch *Extraktionsmittel* verbessern (und damit beschleunigen). Das ist aber nur statthaft, wenn die Gesamtgehalte an einem Element bzw. einer Stoffgruppe ermittelt werden sollen (also z. B. bei der Humus-, Kalk- oder Gesamt-Fe-Bestimmung, hingegen nicht bei der Austausch-K-Bestimmung). Alle Proben sind in *geschlossenen Gefäßen* sauber aufzubewahren. Welche Probenart später benutzt werden soll, ist bei den entsprechenden Analysenverfahren jeweils angegeben.

5.1.6 Grundsätzliche Regeln der Analyse

5.1.6.1 Vorbereitung nötiger Reagenzien

Die jeweils nötigen Geräte und Reagenzien sind bei den einzelnen Analyseverfahren selbst vermerkt (und zwar kursiv gedruckt). Alle Lösungen sind, sofern nicht anders vermerkt, mit destilliertem (dest.) oder demineralisiertem (demin.) Wasser (H_2O) anzusetzen und aufzufüllen. Bei Spurenelementanalysen ist mit mehrfach gereinigtem H_2O zu arbeiten (elektr. Leitfähigkeit < 0,1 µS cm^{-1}). Demineralisiertes H_2O kann Keime und Spuren von Si enthalten; für Untersuchungen der mikrobiellen Biomasse und für Si-Bestimmungen ist daher nur destilliertes H_2O zu verwenden. Bei Untersuchungen der Bodenlösung ist zudem H_2O mit neutraler (n) Reaktion (pH 7) zu verwenden (zur Entfernung von Kohlensäure kurz aufkochen und dann CO_2-frei halten). *Eichlösungen* und *pH-Indikatoren* sind über den Chemikalienhandel als p.A.-Chemikalien zu beschaffen. (Informiert man sich vorher über den notwendigen Reinheitsgrad, lässt sich Geld sparen). Von den Eichlösungen werden Verdünnungsreihen erstellt, diesen Reagenzien in gleicher Konzentration zugesetzt, wie sie auch für die Untersuchung der Bodenproben benötigt werden, und dann die Messwerte als Eichkurve auf *Millimeterpapier* dargestellt oder in den *Computer* des *Messgeräts* eingegeben. Für titrimetrische oder gravimetrische Bestimmungen sind naturgemäß keine Eichlösungen erforderlich.

Es ist zweckmäßig, stets auch Proben mit zu untersuchen, deren entsprechende Eigenschaft bekannt ist. Für die Elementanalyse von Bodenlösungen sowie für Mineralanalysen kann man entsprechende *internationale Standards* über den Chemikalienhandel beziehen. Ansonsten kann mit einer eigenen, vielseitig untersuchten Probe als internem Standard gearbeitet werden, von der eine größere homogenisierte Menge (10–20 kg) vorgehalten werden sollte.

5.1.6.2 Grundsätzliche Regeln der Analyse

Die nötige Zahl der Parallelen ist abhängig von den Fehlerquellen bei Probenahme und Analyse, was sich wiederum aus der Streuung der Messwerte abschätzen lässt. Die erforderlichen Bodeneinwaagen sind bei den entsprechenden Methoden im Einzelnen angegeben, und zwar teilweise als Einwaageintervalle. In solchen Fällen richtet sich die Einwaage im Allgemeinen bei Mineralkörperanalysen nach der Bodenart (s. Abschn. 3.5.4.1), bei Analysen der OBS nach dem geschätzten Humusgehalt (s. Abschn. 3.5.6.3) sowie bei Austauschbestimmungen nach beiden. Es ist dabei umso weniger einzuwägen, je ton- oder/und humusreicher die Proben sind.

5.1.6.3 Trockenmassebezug

Die Resultate sind – soweit es sich um Gehaltsbestimmungen handelt – auf die Trockenmasse (atro) der zur Analyse benutzten Probe zu beziehen, d. h. mit dem **Wasserfaktor** $Wgf = 1000/(1000-H_2O$

$[mg\ g^{-1}])$ zu multiplizieren (z. B. bei 50 mg H_2O je g lufttrockene Feinerde mit 1,053). Es muss also der Wassergehalt der feldfrischen oder lufttrockenen Proben durch Trocknung bei 105 °C gleichzeitig ermittelt werden (5 g Feuchtprobe in einem *Wägegläschen* im *Trockenschrank* bis zur Gewichtskonstanz trocknen, im *Exsikkator* über einem *Trockenmittel* abkühlen lassen und wägen).

5.1.6.4 Richtigkeit und Reproduzierbarkeit der Ergebnisse

Es ist zweckmäßig, die Ergebnisse in einer Dimension anzugeben, die möglichst wenige Nullen erfordert (innerhalb eines Profils für eine Analyseart aber gleiche Dimension); $g\ l^{-1}$, $mg\ l^{-1}$, $g\ kg^{-1}$ und $mg\ kg^{-1}$ sind besser geeignet als % und ‰, da Volumen- oder Massenbezug eindeutig nachvollziehbar sind. In der Regel ist es unnötig und täuscht nur eine nicht erreichte Genauigkeit vor, die Ergebnisse auf mehr als *drei* Stellen anzugeben; dabei sollten die Angaben innerhalb eines Profils wiederum in gleicher Weise erfolgen (z. B. 0,03; 0,32; 3,21; 32,1 und 321 $mg\ kg^{-1}$).

Die ermittelten Daten müssen für die jeweils untersuchte Probe repräsentativ sein; es sind daher wenigstens zwei Parallelproben zu analysieren, um Ausreißer zu ermitteln, oder drei bis vier Parallelen, um ein Maß für die Analysefehler zu erhalten. Schließlich sind die Ergebnisse, soweit das nicht bereits durch den Analysegang selbst gewährleistet ist, auf das zu beziehen, was sie näher kennzeichnen sollen (z. B. sind die den Mineralkörper betreffenden Mengenangaben auf die absolut trockenen, humusfreien Proben zu beziehen). Allgemeine Angaben zum bodenkundlichen Arbeiten im Labor können auch SPARKS (1996) oder RUMP & KRIST (1992) entnommen werden.

Der Wert eines Analyseergebnisses wird durch seine Richtigkeit und seine Reproduzierbarkeit bestimmt.

Unter **Richtigkeit** versteht man die Abweichung vom wahren Wert. Ein Ergebnis kann u. a. falsch sein, weil eine Methode a) nicht richtig gehandhabt wurde (z. B. Undichtigkeit einer Destillationsapparatur), b) nicht ausreichend spezifisch ist (d. h. andere Stoffe reagieren ähnlich) oder c) nicht ausreichend universell ist (z. B. bei Texturanalyse Dispergierung bei Gegenwart von Gips nicht möglich). Punkt a) lässt sich durch Wiederholung prüfen; b) lässt sich generell durch Anwendung einer weiteren Methode mit möglichst abweichendem Messprinzip, bei Elementanalysen auch durch Zusatz einer bekannten Elementmenge im Parallelansatz (= Additionsverfahren, ermöglicht oft erst richtige Ergebnisse), bei Gesamtanalysen durch Prüfung mit Standards bekannter Zusammensetzung (Boden-, Gesteins-, Pflanzen- und Wasserproben beim National Bureau for Standards, Washington DC 20234, USA erhältlich) prüfen; c) lässt sich oft nur durch Änderung der Methode (z. B. Eliminierung bzw. Maskierung des Störstoffs) überwinden.

In jedem Fall ist es zweckmäßig, Material einer bereits umfassend untersuchten (in größeren Mengen vorrätig gehaltenen) Probe als eigenen Standard mit zu analysieren.

Die **Reproduzierbarkeit** spiegelt den Zufallsfehler wider, der durch heterogene Bodeneigenschaften wie die Porung (= Objektstreuung) oder wechselnde Messbedingungen wie der Flammendurchmesser bei der Flammenphotometrie (= Methodenstreuung) bedingt ist und der durch Erhöhung der Zahl der Parallelen vermindert werden kann. Als Endergebnis sind jeweils die Durchschnittswerte der Parallelen und eine Maßzahl für den Fehler der Bestimmungen anzugeben. Die Differenz zwischen Höchst- und Tiefstwert (die sogen. Variationsbreite) der Messung als Maß für den Fehler anzugeben, wäre ein sehr unvollkommener Weg, da dieser Wert sehr zufällig ist und z. B. durch einen einzelnen „Ausreißer" bei sonst enger Streuung stark beeinflusst werden kann. Die größte Aussagekraft unter den möglichen Maßzahlen hat ein von GAUSS eingeführtes Streuungsmaß, und zwar die Standardabweichung s oder die Varianz s^2. Die Varianz ergibt sich nach der Formel

$$s^2 = [\ \Sigma\ (x-\bar{x})^2]/(n-1),$$

wobei x die Einzelwerte, $\bar{x}$ der Mittelwert und n die Zahl der Einzelwerte bedeuten (Begründung und Ableitung obiger Formel ist einschlägigen Werken der mathematischen Statistik zu entnehmen, z. B. LOZAN & KAUSCH (2007). Die Varianz lässt uns genau erkennen, wie sich die Daten der Einzelmessung um den Mittelwert anordnen; sie ist eine Maßzahl für die Streuung der Messungen. Bei quantitativen Stoffbestimmungen nimmt die Methodenstreuung mit abnehmendem Stoffgehalt zu. Die Nachweisgrenze einer Methode beschreibt den Wert, der mit einer Sicherheit von 99,7 % noch einen Nachweis in der Probe ermöglicht. Sie wird als die Summe von Mittelwert und dreifacher Standardabweichung der 20-mal wiederholten Messung von Blindproben errechnet und sollte höchstens ein Drittel des tiefsten zu erwartenden Elementgehalts einer Probe betragen.

5.2 Dispersität des Bodens

Die Dispersität ist das Größenspektrum aller Primärpartikel, das der Minerale ebenso wie das organischer Partikel. Sie kann als Gefügezustand bei völliger Zerteilung angesehen werden und vereinigt in sich die Körnung (auch Textur genannt) der einzelnen Mineral- und Humusgruppen. Im Folgenden wird nur die Bestimmung der Gesamtdispersität behandelt; diejenige des Mineralkörpers erfolgt in Abschn. 5.5.2, diejenige des Humuskörpers in Abschn. 5.6.5.2. Ob die Gesamtdispersität oder nur diejenige bestimmter Stoffgruppen zu bestimmen ist, hängt von der Fragestellung ab. Bei genetischen und klassifikatorischen Fragestellungen interessiert meistens die Körnung Si-haltiger Minerale, sodass vor der Analyse die organische Substanz, die Carbonate, Salze und Sesquioxide entfernt werden. Bei ökologischen Fragestellungen und solchen, die sich auf Eigenschaften des Bodengefüges beziehen, hat hingegen die Entfernung der vorgenannten Stoffgruppen zu unterbleiben.

Die Bodenpartikel liegen häufig nicht in Einzelkörnung vor, sondern als Aggregate mit recht unterschiedlicher Stabilität. Die Grenze zwischen Einzelkorn und Aggregat ist dabei nicht immer eindeutig zu ziehen. Minerale können nämlich durch die gleichen Bindemittel zu Gesteinsbruchstücken vereint sein, die auch Bodenaggregate festigen. So wird das Bruchstück eines Fe-Sandsteines als lithogenes Einzelkorn, eine Fe-Konkretion mit eingeschlossenen Quarzkörnern hingegen als pedogenes Aggregat aufgefasst, ohne dass diesem Unterschied bei der Bestimmung der Dispersität (der Granulometrie) in jedem Fall Rechnung getragen werden könnte.

5.2.1 Messtechnische Grundlagen

Das Korngrößenspektrum eines Bodens kann vom 0,005 µm (= 5 Nanometer)-Tonteilchen bis zum 10-m-Geschiebe reichen. Bereits aus diesem Grund ist eine vollständige Analyse nur durch eine Kombination mehrerer Methoden möglich. Die Körner können recht unterschiedlich geformt sein und demnach mehrere Durchmesser besitzen. Diese können nur durch eine direkte Messung (ggf. unter Zuhilfenahme eines *Licht-* oder *Elektronenmikroskops* bestimmt werden (s. hierzu MÜLLER 1964).

Da dieser Weg sehr umständlich wäre, begnügt man sich meist mit indirekten Methoden (Absieben oder Abschlämmen), bei denen nur Korngrößenintervalle ermittelt werden. Das erfordert zunächst, dass Kittsubstanzen gelöst und die Bodenaggregate dispergiert, d. h. in Primärpartikel zerlegt werden (auch bei direktem Messen kann hierauf allenfalls dann verzichtet werden, wenn nicht Streupräparate, sondern Dünnschliffe mikroskopisch untersucht werden).

Lösen der Bindemittel (z. B. Kochsalz, Gips, Kalk, Kieselsäure, Sesquioxide, org. Stoffe) bedeutet streng genommen bereits Verzicht auf die Bestimmung der Gesamtdispersität. Tonhaltige Proben müssen überdies mit wenig haftenden Kationen (z. B. Li^+, Na^+) belegt werden, um Flockungskräfte zu überwinden. Eine schonende Dispergierung mit gleichzeitig teilweiser Lösung vieler Kittsubstanzen lässt sich z. B. durch Schütteln mit $(NaPO_3)_6$ oder $Na_4P_2O_7$ erreichen. Bei Verzicht auf ein Dispergierungsmittel werden auch stabile Feinaggregate als Partikel erfasst. Wenn man die Körnung durch Absieben oder Abschlämmen bestimmt, geht außer der Größe die Form der Partikel, bei den Schlämmverfahren überdies ihre Dichte, in das Messergebnis ein (man unterstellt Kugelform und rechnet mit einem Äquivalentdurchmesser).

Partikel > 63 μm werden durch Siebe verschiedener Maschenweite fraktioniert und ausgewogen. Durch Schlämmen kann getrennt werden, weil nach Stokes der Fall kleiner Teilchen in einer Flüssigkeit gleichförmig (Reibung hebt nach kurzer Zeit die Beschleunigung auf, für Wasser gilt 0,06 mm Korndurchmesser als obere Grenze) und ihre Geschwindigkeit eine Funktion der Masse, bei gegebener Dichte also der Größe ist:

$$v = 2/9 \cdot [(\rho_p - \rho_w)\, g \cdot r^2]/\eta = \text{Konstante} \cdot r^2$$

Es bedeuten: v = Fallgeschwindigkeit [cm s^{-1}], r = Teilchenradius [cm], ρ_p = Teilchendichte [g cm^{-3}], ρ_w = Wasserdichte [g cm^{-3}], g = Erdbeschleunigung [cm s^{-2}], η = Wasserviskosität [g cm^{-1} s^{-1}]; Dichte und Viskosität sind dabei temperaturabhängige Größen.

Für Wasser als Suspendierungsmittel, 20 °C und ρ_p = 2,65 gilt: v = 36 000 r^2. Partikel mit einem Äquivalentdurchmesser von 0,002 mm (= 2 μm bzw. 2 Mikrometer) brauchen also für eine Fallstrecke von

$$10\ \text{cm } x = 10/(36\ 000 \cdot 0{,}0001^2) \cdot s,$$

d. h. etwa 27800 s bzw. 7 h 43 min. Umgekehrt lässt sich errechnen, dass z. B. Partikel, die nach 3 h 5 min eine geringere Strecke als 4 cm zurückgelegt haben, einen Radius kleiner als

$$y = \sqrt{ 4/(11\ 100 \cdot 36\ 000)}\ \text{cm,}$$

also etwa 0,0001 cm und damit einen Durchmesser < 2 μm haben.

Man kann die Partikel sich in ruhendem Wasser absetzen lassen (**Sedimentierverfahren**) oder umgekehrt die Sedimentation bestimmter Korngrößen durch einen aufsteigenden Wasserstrom bestimmter Geschwindigkeiten gerade verhindern, sie also mit dem Wasserstrom entfernen (**Spülverfahren**). Definierte Wassergeschwindigkeiten werden dabei in untereinander verbundenen Glaszylindern bei konstantem Wasserdruck durch Variation des Zylinderquerschnitts erzielt (Spülmethode nach KOPECKY 1914). Bei den Sedimentierverfahren lässt sich durch mehrfaches Abhebern der stets wieder aufgeschlämmten (= homogenisierten) Suspension nach bestimmten Zeiten bis zu bestimmten Tiefen (dadurch Grenzdurchmesser fixiert) in mehrere Kornfraktionen zerlegen, die einzeln getrocknet und ausgewogen werden (**Schlämmethode** nach ATTERBERG 1912). Will man die einzelnen Kornfraktionen nicht für weitere Untersuchungen gewinnen, braucht man nur einmalig nach bestimmten Zeiten aus bestimmten Tiefen für jede Fraktion ein Aliquot zu entnehmen und dessen Konzentration durch Wägen des Trocknungsrückstands zu ermitteln (**Pipettmethode** nach KÖHN 1928).

Die Konzentration lässt sich dabei auch aus der gespindelten Dichte der Suspension errechnen (Aräometermethode nach CASAGRANDE 1934). Diese Methode lässt sich vereinfachen, wenn das *Kettenaräometer* nach de LEENHEER (1955) verwendet wird. Hierbei wird eine konstante Eintauchtiefe dadurch eingehalten, dass die Spindel je nach Dichte der Bodensuspension unterschiedlich stark mit Gewichten belastet wird. Unter konstanten Versuchsbedingungen (insbesondere Temperatur und Einwaage) stellt die Aräometerbelastung (Grobbelastung mit Einzelgewichten, Feinbelastung mit einer in ihrer wirksamen Länge verstellbaren Kette) ein direktes Maß für den Anteil einer Fraktion an der Gesamtkörnung dar. Schließlich lässt sich auch die Partikelkonzentration in der Feinkornsuspension direkt photoelektrisch messen

Viele der genannten Methoden sind DIN ISO 11 277 zu entnehmen.

Bei den Sedimentierverfahren lassen sich lange Sedimentationszeiten durch den Einsatz einer Zentrifuge wirksam verringern. Dadurch wird die Granulometrie im Kolloidbereich möglich, weil sich unterhalb 2 μm die Brown'sche Bewegung zunehmend bemerkbar macht und bei Teilchen < 0,1 μm eine Trennung behindert.

5.2.2 Bestimmung des Kies- und Steingehalts

Der Siebrückstand bei der Aufbereitung der Feinerde (vgl. Abschn. 5.1.5) wird von Wurzeln befreit, gewogen und das Ergebnis in Prozent der Gesamtprobe ausgedrückt. Bei einer genauen Bestimmung wird der Siebrückstand mit *0,1 % NaPO₃* geschüttelt (um anhaftende Feinerdepartikel zu dispergieren), erneut über ein 2-mm-Sieb gegeben, mit *H₂O* gewaschen, getrocknet und gewogen.

5.2.3 Bestimmung der Dispersität mit einem kombinierten Sieb- und Sedimentationsverfahren

Nasssiebung der Fraktionen 0,063–2 mm, Pipettanalyse der Fraktionen < 0,063 mm in Anlehnung an DIN ISO 11 277.

Dispergierung: 10 (Tone) bis 50 (Sande)Gramm lutro Feinerde werden mit 25 ml *Dispergiermittel* (33 g NaPO₃+ 7 g NaCO₃, in 1 l H₂O) über Nacht in einer *0,5-l-Flasche* eingeweicht und dann nach Zusatz von etwa 200 ml H₂O für 2 h maschinell geschüttelt.

Siebanalyse: Die Suspension wird über ein *63-µm-Sieb* gegeben, das mittels eines großen *Trichters* auf einen *1000-ml-Zylinder* gesetzt wurde. Mit *H₂O* (insgesamt höchstens 750 ml!) wird der Siebrückstand nachgewaschen, bis alle feineren Teilchen das Sieb passiert haben. Der Siebinhalt wird mit *Wasser* in eine *Porzellanschale* gespült, das Wasser dekantiert und der Sand bei l05 °C in einem *Trockenschrank* getrocknet. Der trockene Sand wird dann auf einen *Siebsatz* (Maschenweiten 0,63; 0,2; 0,125 und 0,063 mm) gegeben und dieser mit Deckel und Boden für 3 min gerüttelt (*Rüttelmaschine* zweckmäßig). Die Fraktionen (auch < 63 µm, die zur Fraktion 0,63–0,2 µm gehört) werden gewogen.

Pipettanalyse: Die in den 1000-ml-Zylinder übergeführte Suspension wird bis zur Marke aufgefüllt und nach Verschließen durch zunächst kräftiges, später ruhigeres Umkippen homogenisiert; der Zylinder wird dann abgesetzt und der Beginn der Sedimentationszeit notiert. Zur Bestimmung der Fraktion < 63 µm wird dann früher als 28 s aus mindestens 10 cm Tiefe ein 10-ml-Aliquot mit dem *Pipettapparat* entnommen und in ein *Wäge-*

gläschen überführt (hierzu Pipettenspitze sofort nach Sedimentationsbeginn innerhalb von 20 s 10–20 cm tiefer kurbeln und die Probe in 3–5 s ansaugen; vorher trainieren!); in gleicher Weise werden für die Fraktion < 20 µm genau 9 min 19 s nach Sedimentationsbeginn aus exakt 20 cm Tiefe, < 6,3 µm nach 51 min 38 s aus 10 cm und für die Fraktion < 2 µm nach 3 h 6 min aus 4 cm Tiefe ein Aliquot entnommen (die Zeiten gelten für 20 °C; bei niedrigeren Temperaturen der Bodensuspension ist die Entnahmezeit um etwa 5 % je 2 °C zu verlängern, bei höheren um den gleichen Prozentsatz zu verkürzen). Die Proben werden bei 105 °C im *Trockenschrank* getrocknet, im *Exsikkator* über einem *Trockenmittel* abgekühlt und (auf 0,001 g genau) gewogen. Die ausgewogene Menge in g (vermindert um 0,010 g für das Dispergiermittel) wird durch Multiplikation mit 100 auf die Gesamtprobe bezogen.

Auswertung: Die in mg ermittelten Mengen der Sandfraktionen (und *<63 µm Sieb*) und das 100-fache (10 ml von 1 Liter) des Aliquots der Fraktion < 63 µm werden addiert (= Auswaage). Die Differenz zwischen Auswaage und (Einwaage · Wf) ist der Gesamtfehler der Analyse. Er wird in Prozent der Einwaage angegeben:

$$\text{Fehler-\%} = [\text{Auswaage} - (\text{Einwaage} \cdot \text{Wf}) \cdot 100]/(\text{Einwaage} \cdot \text{Wf}).$$

Der Fehler soll kleiner als 3 % sein. Ist er größer, ist die Fraktion < 63 µm zu überprüfen; sonst ist die Analyse zu wiederholen. Weiterhin ist zu prüfen, ob die Schlämmfraktionen abnehmende Auswaagen zeigen: wenn nein, ist die Schlämmanalyse zu wiederholen.

Die Sandfraktionen werden dann direkt in Prozent der Auswaage angegeben. Die Schlämmfraktionen werden nach der Formel

$$\% \text{ Fraktion} < 63\,µm = [(\text{TG} < 63 - 0,01) \cdot 100 \cdot 100]/\text{Auswaage}$$

usw. bestimmt.

Die Tonfraktion ergibt sich aus

$$\% \text{ Ton} = [(\text{TG} < 2\,µm - 0,01) \cdot 100 \cdot 100]/\text{Auswaage}.$$

Die Menge der < 63 µm Siebfraktion (s.o.) wird durch 100 dividiert und dann zum Anteil der Fraktion 63–20 µm addiert. Die Summe aller Kornfraktionen beträgt dann über 100 %. Daher müssen die Anteile aller Kornfraktionen auf Anteile von 100 % umgerechnet werden. Ein Verfahren, das Seriensiebanalysen von gleichzeitig 10 bis 20 Proben ermöglicht, wird in Kap. 5.5 behandelt.

Methodische Fehlerquellen: Die angegebenen Sedimentationszeiten bzw. -tiefen gelten für Kugelform und $\rho_p = 2{,}65$ g cm^{-3} bei den Teilchen aller Fraktionen. Plättchen (z. B. Glimmer) werden bei der Siebanalyse in eine größere Kornfraktion gelangen als ihrem durchschnittlichen Durchmesser entspricht; bei der Sedimentation werden sie hingegen in feineren Fraktionen erscheinen, weil sie sich breitseitig bewegen und dann die Reibung unverhältnismäßig groß ist. Weichen alle Teilchen in ihrer Dichte von 2,65 um denselben Betrag ab, so kann man die nötige Korrektur der Sedimentationszeit (Zu- oder Abschlag von 3 % je 0,05 g cm^{-3} Unter- oder Überschreiten) aus der Dichtebestimmung (vgl. Abschn. 5.3.1.2) herleiten. Sind dagegen die Dichten der verschiedenen Kornfraktionen verschieden (z. B. Carbonate und Schwerminerale in der Sand-, Tonminerale und Humusstoffe in der Tonfraktion), so hilft ein solcher durchschnittlicher Korrekturwert nicht weiter. Temperaturschwankungen stören durch das Auftreten von Konvektionsströmen die gleichförmige Sedimentation. Daher sollte möglichst ein *Wasserbad* verwendet oder in einem *thermokonstanten* Raum gearbeitet werden.

Carbonat-, gips- oder salzhaltige Proben lassen sich nicht optimal dispergieren, da eine erhöhte Elektrolytkonzentration eine Flockung der Tonteilchen (und damit zu niedrige Tongehalte) bewirkt. Derartige Proben sind vor Zusatz des Dispergiermittels in einem 250-ml-Zentrifugenglas einzuwägen, mit 200 ml H$_2$O mittels Glasstab zu verrühren, 5 min bei 500 U min^{-1} zu zentrifugieren und die elektrische Leitfähigkeit im Überstand mit einem *Leitfähigkeitsmessgerät* zu messen. Die Wäsche mit H$_2$O ist zu wiederholen, bis eine Leitfähigkeit von 0,75 µS cm^{-1} unterschritten sind (dann kann nach Zusatz des Dispergiermittels und Verschluss des *Zentrifugenglases* mit *Gummistopfen* geschüttelt werden; s. oben).

5.2.4 Darstellung der Ergebnisse

Die mit der Sieb- und Pipettmethode ermittelten Werte werden auf *semilogarithmischem Papier* aufgetragen, und zwar auf der Ordinate numerisch der Prozentanteil der Teilchen, die jeweils kleiner sind als auf der Abszisse logarithmisch aufgetragen. Verbindung dieser Punkte ergibt die *Kornverteilungssummenkurve* (KSK) der Feinerde (Abb. 5.2.1).

Aus der KSK lässt sich der Anteil jeder beliebigen Fraktion ermitteln (wenn z. B. 75 % < 0,063 mm und 27 % < 0,02 mm, dann sind 48 % 0,063–0,02 mm). Üblich ist folgende Einteilung der Korngrößenklassen: > 200 mm = Blöcke, 200–63 mm = Steine, 63–2 mm = Kies (bzw. Grus), 2–0,063 mm = Sand (2–0,63 mm = Grobsand; 0,63–0,2 mm = Mittelsand; 0,2–0,063 mm = Feinsand), 63–2 µm = Schluff (bzw. Silt; 63–20 µm = Grobschluff; 20–6,3 µm = Mittelschluff; 6,3–2 µm = Feinschluff) und < 2 µm = Ton (2–0,63 µm = Grobton; 0,63–0,2 µm = Mittelton; < 0,2 µm = Feinton). Die KSK vermittelt eine bessere Vorstellung vom gesamten Dispersitätsgrad der Probe, da die angegebenen Fraktionen immerhin Korngrößenintervalle von je einer halben Zehnerpotenz umfassen. Ein quantitativer Vergleich verschiedener Proben ist aber nur möglich, wenn man die von den Kurven eingeschlossenen Flächen ermittelt (umso größer, je feiner die Körnung). Die *Kornverteilungssummenkurve* kann auch in einzelne Kornfraktionen zerlegt und in Form von *Blockdiagrammen* gezeichnet werden. Eine Vielzahl solcher Blöcke lässt sich zu einer *Kornverteilungskurve* verbinden (Abb. 5.2.2).

5.3 Gefüge des Bodens

Das Bodengefüge ist charakterisiert durch die räumliche Anordnung der Bodenpartikel und der wasser- oder lufterfüllten Hohlräume in den einzelnen Horizonten.

Diese Anordnung bestimmt einmal den Anteil, den die genannten Komponenten am gesamten Bodenvolumen als Substanzvolumen (und hierin getrennt nach einzelnen Aggregatgruppen) sowie als Porenvolumen (getrennt nach Wasser- und Luftvolumen) einnehmen. Zum anderen ergeben sich daraus Form, Größe und innerer Bau der Aggregate, sowie Größe und Form der Hohlräume. Von Letzteren hängen wiederum Wasser- und Luftleitfähigkeit ab. Es ist also das Bodengefüge nach seinen Kriterien zu kennzeichnen. Das gilt zunächst für das aktuelle Gefüge, d. h. den Zustand zur Zeit der Probenahme. Da das Gefüge aber – verglichen mit den stofflichen Eigenschaften des Mineral- und Humuskörpers – allgemein ein recht labiles Bodenmerkmal ist, kann dieser Zustand sehr kurzlebig sein. So ändert sich die Porenfüllung bereits mit jedem Regen. Die Porengrößenverteilung und damit die Anordnung der Bodenpartikel im Raum folgt in quellfähigen Böden bald nach. Als relativ stabil können allenfalls Subs-

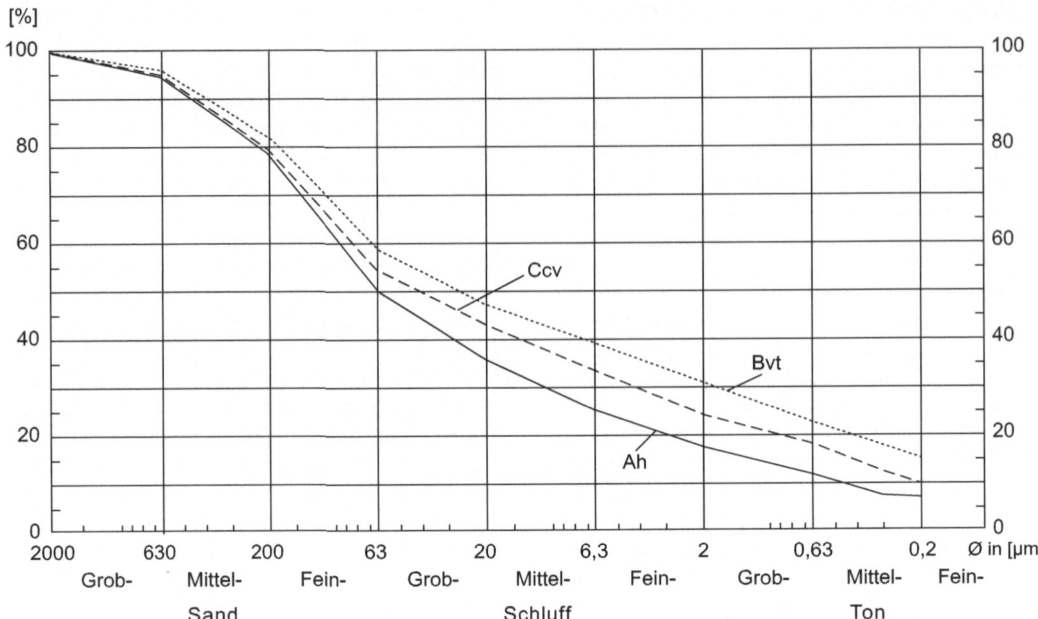

Abb. 5.2.1 Kornverteilungssummenkurve (Parabraunerde Siggen)

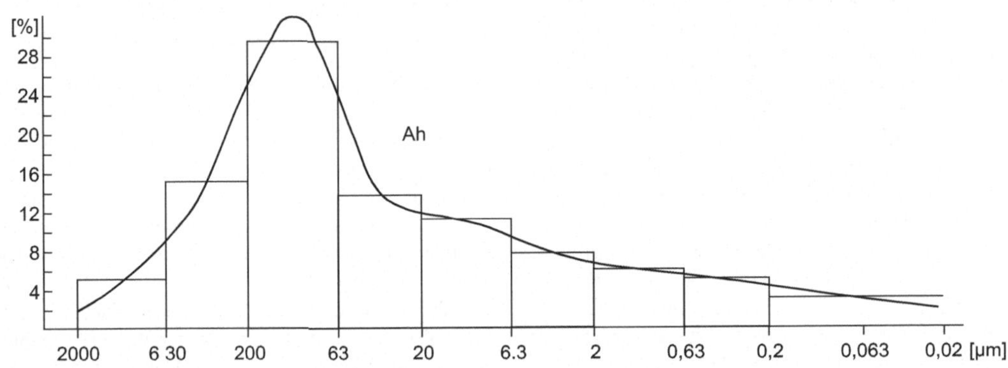

Abb. 5.2.2 Korngrößen-Blockdiagramm und Kornverteilungskurve (Parabraunerde Siggen)

tanz- und Porenvolumen insgesamt und damit die Lagerungsdichte angesehen werden (man beachte aber Raumgewichtsänderungen durch Schrumpfen und Quellen nahe der Oberfläche oder durch Bodenbearbeitung). Außer dem aktuellen Gefüge sollte also der Schwankungsbereich der festgestellten Charakteristika bei standorttypischem Wechsel der Bedingungen, d. h. die Gefügeamplitude (bzw. -spanne), ermittelt werden.

5.3.1 Kennzeichnung von Substanzvolumen, Porenraum und Porenfüllung

Bei der summarischen Bestimmung des von Festkörpern und des von Wasser oder Luft erfüllten Hohlraumes ist von Belang, wieweit man Organismenreste (z. B. Wurzeln) zum Bodenvolumen rechnet, wieweit man in Mineralen, Streu- oder Huminstoffen eingeschlossenes Wasser sowie an diesen fest sorbierte Flüssigkeiten und Gase zum Substanz- oder zum Porenvolumen rechnet, und wieweit man im Wasser gelöste Partikel (z. B. Salze) zum Wasser- und mithin zum Porenvolumen sowie im Wasser gelöste Gase zum Wasservolumen rechnen will. Üblicherweise werden das bei Erhitzen bis 105 °C flüchtige Wasser und alle Gase zum Porenvolumen, Reste von Organismen, die bei Probenahme abgestorben waren, sowie gelöste Partikel zum Substanzvolumen und die gelösten Gase zum Wasservolumen gerechnet; größere Organismen(reste) müssen hingegen ausgelesen bzw. ihre Anteile vom Messergebnis abgezogen werden.

5.3.1.1 Messtechnische Grundlagen

Die Porosität und alle damit zusammenhängenden Bodeneigenschaften können nur an Volumenproben untersucht werden. Porenvolumen, Substanzvolumen, Wasservolumen und Luftvolumen werden als PV, SV, WV und LV üblicherweise in Prozent des Gesamtvolumens (BV) ausgedrückt. Messung und Berechnung vereinfachen sich daher sehr, wenn Bodenmonolithe mit einem konstanten Volumen von 100 cm³ (also Stechzylinderproben) untersucht werden. Das PV ergibt sich entweder aus der Differenz von BV und SV oder als Summe von WV und LV.

Im ersten Fall errechnet sich das SV aus dem Quotienten der Masse der festen Partikel und der durchschnittlichen (Kornroh-)Dichte (ρ_p). Das Gewicht der festen Partikel pro Volumen entspricht dabei der Lagerungsdichte (= Kornrohdichte) ρ_t in g cm^{-3} der Probe. Im zweiten Fall sind LV und WV zu bestimmen, womit gleichzeitig die Porenfüllung ermittelt wird. Das WV ergibt sich aus dem Gewichtsverlust bei Trocknung auf 105 °C (g H$_2$O = ml H$_2$O, wenn ρ = 1). Das LV lässt sich mit einem Druckluftpyknometer ermitteln (LOEBELL 1953), bei dem ein Luftreservoir mit definiertem Überdruck mit der Probe verbunden wird. Der eintretende Druckabfall ist dann vom LV der Probe abhängig, da nur Gase komprimierbar sind. Natürlich könnte man das PV theoretisch auch aus dem WV bei Wassersättigung (z. B. mittels Bürette auf LV = 0) oder aus dem LV bei Luftsättigung (Trocknen auf WV = 0) bestimmen, aber beide Verfahren sind ungenauer als die Summierung der Komponenten.

Bei steinigen Horizonten und bei Bodenaggregaten ist nur der Weg über Substanzgewicht und Dichte gangbar. Bei Ersteren wurde das BV im Gelände ermittelt; bei Letzteren wird das BV durch Wägung einer im Gelände ummantelten Probe (Abschn. 5.1.1) mit einer *hydrostatischen Waage* in Luft und Wasser ermittelt, das Bodengewicht nach Trocknung, die Dichte der Feinerde mit einem *Pyknometer* und die der Steine mit einer *hydrostatischen Waage*.

5.3.1.2 Bestimmung von Porenvolumen und Porenfüllung steinarmer Horizonte

Bestimmung des WV gravimetrisch durch Trocknung bei 105 °C nach DIN ISO 11 461, der ρ_p mit Pyknometer nach DIN ISO 11 508.

Bestimmung des Wasservolumens (WV): Der Stechzylinder wird mit einem Deckel gewogen (Frischgewicht in g = FG), bei 105 °C bis zur Gewichtskonstanz im *Trockenschrank* getrocknet und nach dem Erkalten mit demselben Deckel wieder gewogen (Trockengewicht in g = TG). Die Differenz beider Wägungen ergibt das WV in Vol.-% und das TG nach Abzug vom Stechzylinder- und Deckelleergewicht (TARA) das Substanzgewicht (SG). (Soll neben dem Porenvolumen auch die Porengrößenverteilung bestimmt werden, sind entsprechende Messungen vor dem Trocknen des Zylinders durchzuführen; s. Abschn. 5.3.3).

Dichtebestimmung: 25 g lutro Feinerde werden in einem vorher gewogenen *Pyknometer* (bzw. geeichtem 50-ml-Messkolben) bei 105 °C getrocknet, nach Abkühlen im *Exsikkator* gewogen und die Trockeneinwaage errechnet. Aus einer (bei gleicher Temperatur geeichten) *Bürette* wird das *Pyknometer* zunächst zu drei Vierteln mit *Xylol* versetzt, unter Schwenken der Boden von anhaftender Luft befreit, mindestens einmal im *Exsikkator* evakuiert und dann bis zur Marke aufgefüllt.

Dann ist

$$\rho \ [\text{g cm}^{-3}] = \text{Trockeneinwaage}/(50 \text{ ml Xylolzusatz})$$

Da die Dichte des Mineralkörpers vieler Böden etwa der des Quarzes (2,65) entspricht – und die des Humuskörpers etwa 1,3 –, reicht (bei Kenntnis des Humusgehalts) als Näherung die Kalkulation von ρ_p über die genannten Dichten und die Mengenanteile beider Komponenten aus.

Auswertung der Ergebnisse: ρ_t = SG/100 [g cm^{-3}]; SV = SG/ρ_p [Vol.-%]; PV = 100 – SV.

5

Methodische Fehlerquellen: In wurzelreichen Horizonten kann die Erfassung der Wurzeltrockenmasse als SV zu Fehlschlüssen führen. Beim Evakuieren des Pyknometerinhalts gelingt es häufig nicht vollständig, die eingeschlossene Luft zu verdrängen. Dann werden die ρ_p systematisch zu niedrig und das PV zu klein bestimmt.

5.3.1.3 Bestimmung des Porenvolumens und der Porenfüllung steinreicher Horizonte

Bestimmung des Bodenvolumens durch Austausch mit Sand, des Substanzgewichts durch Trocknung, der Dichte des Groben (ρ_x) mit einer *hydrostatischen Waage* und des Feinen (ρ_t) mit einem *Pyknometer* (DIN ISO 11 272).

Bestimmung des Bodenvolumens (BV): s. Abschn. 5.1.1.

Bestimmung des Substanzgewichts (SG): Das Feuchtgewicht wurde bereits bei Probenahme im Gelände ermittelt (Abschn. 5.1.1), und zwar getrennt vom Groben (FG$_x$ > 2 cm $\varnothing$) und Feinen (FG$_f$). Von beiden Fraktionen (bzw. deren Aliquoten) werden die Wasseranteile durch Trocknen bis zur Gewichtskonstanz bei 105 °C und Wägen ermittelt (WG$_x$ und WG$_f$ [g bzw. cm³]). Die Summe beider Trockengewichte ergibt dann das SG [g]. Es empfiehlt sich, nach dem Trocknen das Feine in Feinskelett (2–20 mm $\varnothing$) und Feinerde (< 2 mm $\varnothing$) zu sieben.

Bestimmung der Dichte des Groben (ρxp): Trockene Steine und Grobkies werden mit einer *hydrostatischen Waage*[1] normal (= TG$_x$ [g]) und unter Wasser (= TG$_{H_2O}$ [g]) gewogen. Dann sind TG$_x$ – TG$_{H_2O}$ das Volumen des Groben (= SV$_x$ [cm³]) und TG$_x$/SV$_x$ dessen Dichte (= ρ_{xp} [g cm^{-3}]).

Bestimmung der Dichte von Feinskelett und Feinerde (ρtp): s. Abschn. 5.3.1.2.

Auswertung der Ergebnisse:
$\rho_t = (TG_x + TG_f)/BV$ [g cm^{-1}];
$\rho_p = [(SG_x \cdot \rho_{xb}) + (SG_f \cdot \rho_{fp})]/SG$ [g cm^{-3}];
$WV = [(WG_x + WG_f) \cdot 100]/BV$ [Vol.-%];
$SV = (\rho_t \cdot S\rho_p$ [Vol.-%]; $PV = 100 - SV$;
$LV = PV - WV$.

5.3.2 Kennzeichnung von Aggregatform und -aufbau

Die einen Boden aufbauenden Partikel liegen entweder als Einzelkörner oder als Aggregate vor. Die Aggregate sind charakterisiert durch äußere Form und Größe sowie inneren Aufbau. Im Innern der Aggregate sind einzelne Stoffgruppen meist nicht gleichförmig oder regellos angeordnet, sondern bestimmte in jeweils charakteristischer Weise konzentriert (z. B. Fe-Oxide in Rostzonen oder Konkretionen). Daher müssen zwei Wege der Untersuchung beschritten werden, denen bereits bei der Feldaufnahme entsprochen wurde: Ansprache der Aggregatform an präparierter, des Aggregataufbaus an glatter Profilwand (Näheres siehe Abschn. 3.5.3; Stoffgruppen, die – wie z. B. Tonbeläge – an Aggregatoberflächen konzentriert sind, werden naturgemäß besser an „rauer" Wand studiert). Die Makroaggregate stellen häufig Komplexe dar, die sich aus vielen kleinen Aggregaten zusammensetzen; ebenso entspricht ihrem inneren Aufbau ein Feinbau in kleineren Dimensionen. Daher ist die Geländeaufnahme durch Untersuchungen bei stärkerer Vergrößerung zu ergänzen, und zwar für die Aggregatform durch räumliche Betrachtung präparativ zerlegter Volumenproben sowie für den inneren Aufbau durch das Studium von Aggregatschnitten.

Bodenaggregate sind unterschiedlich stabil, und zwar sowohl gegenüber Druck als auch gegenüber Wasser. Von der Druckempfindlichkeit der Aggregate hängt die mechanische Belastbarkeit eines Bodens ab, z. B. beim Befahren. Aber auch die Durchwurzelbarkeit hängt entscheidend von der Stabilität der Aggregate ab. Von der Stabilität der Aggregate gegenüber Wasser hängt die Verschlämmungsneigung der Bodenoberfläche ab und damit auch die Erosionsgefährdung des Bodens. Im Boden selbst mindert ein Zerfall der Aggregate die Wasserdurchlässigkeit.

Mit dem Studium von Aggregatschnitten beschäftigt sich die **Mikromorphologie**. Dabei werden die verschiedenen Komponenten beschrieben, die unter dem Mikroskop zu erkennen sind (z. B. Minerale, Reste von pflanzlichen Geweben, Wurmlosung usw.) und deren Anteil abgeschätzt. Zudem wird die Anordnung der Komponenten beschrieben. Dies beinhaltet das Mikrogefüge sowie die Anteile von Grob- und Feinmaterial, ausgedrückt als Grob/Fein-Verhältnis. Außerdem wird beschrieben, wie Grob- und Feinmaterial angeordnet sind (z. B. grobe Partikel in eine Masse aus Feinmaterial eingebettet = porphyrisch; Feinmaterial nur die

---

[1] Als hydrostatische Waage kann eine normale *Balkenwaage* dienen, wobei eine der beiden Waagschalen in ein Gefäß mit gleichbleibendem Wasserinhalt getaucht und austariert wird.

groben Körner umhüllend = chitonisch; Feinmaterial Brücken zwischen den Körnern bildend = gefurisch). Dies bezeichnet man als Grob/Fein-Relativverteilung. Besonders wichtig ist die Beschreibung von Merkmalen, die auf bodenbildende Prozesse hinweisen, z. B. Tonhäutchen, Eisenkonkretionen, Calcitkonkretionen, gebleichte Bereiche etc.

Die Beschreibung der Mikromorphologie der Böden erfordert räumliches Vorstellungsvermögen, denn der Dünnschliff erscheint zweidimensional. Tatsächlich hat auch der Dünnschliff eine gewisse Dicke (20–30 µm), die für das Bild eine Rolle spielen kann. Dreidimensionale Strukturen sind in unterschiedlicher Weise durch die Dünnschlifffläche angeschnitten. Ein Gang wird meist nicht genau in der Ebene des Dünnschliffes verlaufen. Es kann sein, dass er sich aus der Ebene des Dünnschliffes hinaus windet und anderswo wieder in die Schliffebene eintritt. Diese Möglichkeit ist zu bedenken, wenn im Schliff mehrere ovale Hohlräume entlang einer Linie auftreten. Die Komponenten sind in den seltensten Fällen durch ihren Mittelpunkt angeschnitten. Sie erscheinen daher kleiner und weiter voneinander entfernt, selbst wenn sie unmittelbar aneinanderstoßen. Hierdurch wird die Bodenart im Dünnschliff generell zu fein eingeschätzt.

5.3.2.1 Messtechnische Grundlagen

Die Feldansprache der Gefügeform lässt sich durch das Studium zerlegter Volumenproben unter dem Stereomikroskop im Auflicht ergänzen. Dabei kann auch die Größe durch Ausmessen oder einfacher durch Sieben bestimmt werden. Allerdings zerfallen die Aggregate dann leicht in Bruchstücke; außerdem kann wegen der Gefahr des Verschmierens der Siebe nur mit trockenen Proben gearbeitet werden. Schonender ist es, in einer nicht dispergierend und quellend wirkenden Flüssigkeit (z. B. nach KOEPF 1961 in Alkohol) zu sieben. Mikroaggregate lassen sich dann ebenfalls in Alkohol im Sedimentierverfahren analog der Dispersitätsanalyse (s. Abschn. 5.2.3) bestimmen.

Verfestigungen in Form harter Bänke (Ortstein, Raseneisenstein, Calcrete, Silcrete, Gypscrete) oder Konkretionen widerstehen einer intensiven Dispergierung mit Wasser, sondern zerfallen erst nach Lösung des Bindemittels (bzw. der Bindemittel) mit sehr viel Wasser (Gips), Säure (Kalk), Reduktionsmittel (Fe- und Mn-Oxide) bzw. Lauge (Al-Oxide und/oder $SiO_2 \cdot H_2O$).

Präparationstechnik und Auflösungsvermögen des Stereomikroskops setzen der Größe noch beschreibbarer Mikroaggregate eine untere Grenze. Die Form kleinerer Aggregate lässt sich dann aus dem zweidimensionalen Bild eines Dünnschliffes (s. u.) erschließen, sofern Schnitte in verschiedenen Richtungen des Raumes gefertigt werden.

Der innere Bau der Aggregate lässt sich bei 5- bis 20-facher Vergrößerung an Anschliffen gehärteter (s. u.) Handstücke im Auflicht unter dem Stereomikroskop studieren. Stärkere Vergrößerungen und Durchlichtuntersuchungen erfordern hingegen Dünnschnitte (für H- und O-Horizonte) bzw. Dünnschliffe (für Mineralhorizonte). Hierzu werden organische Volumenproben mit Cremolan bzw. mineralische mit einem Harz gehärtet, von denen dann 10 µm dicke Scheiben mit einem Mikrotom bzw. 20–40 µm dicke mit Diamantsäge und Schleifpapieren gewonnen werden können. Proben des Mineralkörpers lassen sich nur trocken tränken, da es bisher keine mit Wasser mischbaren Harze ausreichender Scherfestigkeit gibt und Cremolan das Gefüge für einen Schliff nicht genügend festigen würde. Bei Proben, die beim Trocknen stark schrumpfen, ist das Wasser durch Aceton zu ersetzen. Die Schnitte bzw. Schliffe werden dann am besten mit einem Polarisationsmikroskop untersucht. Bestandteile des Gefügeskeletts (hierzu gehören alle bei 100- bis 200-facher Vergrößerung noch einzeln erkennbaren Mineralkörner und Streureste) lassen sich dabei mit optischen Methoden der Mineralanalyse (Näheres siehe Abschn. 5.5.6) bzw. der Gewebeanalyse (Näheres siehe in Praktikumsanleitungen der Botanik, z. B. von BRAUNE et al. 1999) bestimmen. Auch das Gefügeplasma, bestehend aus nicht einzeln sichtbaren Mineralen und Humusstoffen, lässt sich bei polarisiertem Licht kennzeichnen. So zeigen eine Vielzahl eingeregelter (in einer Richtung lagernder) Tonminerale unter gekreuzten Polarisatoren Doppelbrechung ähnlich einem einzigen, größeren anisotropen Mineral, während ungeregelt lagernde Minerale isotrop erscheinen (FITZPATRICK 1984, 1993).

Die Beschreibung der Mikromorphologie der Böden erfordert räumliches Vorstellungsvermögen, denn der Dünnschliff erscheint zweidimensional. Tatsächlich hat auch der Dünnschliff eine gewisse Dicke (20–30 µm), die für das Bild eine Rolle spielen kann. Dreidimensionale Strukturen sind in unterschiedlicher Weise durch die Dünnschlifffläche angeschnitten. Ein Gang wird meist nicht genau in der Ebene des Dünnschliffes verlaufen. Es kann sein, dass er sich aus der Ebene des Dünnschliffes hinaus windet und anderswo wieder in die Schliffebene eintritt. Diese Möglichkeit ist zu bedenken, wenn im Schliff mehrere ovale Hohlräume entlang einer Linie auftreten. Die Kompo-

5

nenten sind in den seltensten Fällen durch ihren Mittelpunkt angeschnitten. Sie erscheinen daher kleiner und weiter voneinander entfernt, selbst wenn sie unmittelbar aneinanderstoßen. Hierdurch wird die Bodenart im Dünnschliff generell zu fein eingeschätzt.

Die Druckstabilität von Bodenaggregaten wird ermittelt, indem einzelne Aggregate einem zunehmenden mechanischen Druck ausgesetzt werden, bis sie zerfallen. Ihre Stabilität gegenüber Wasser lässt sich durch ihre Bewegung in Wasser oder auch durch Beregnung einzelner Aggregate ermitteln.

5.3.2.2 Bestimmung der Gefügeform

Präzisierung des Geländebefunds an Volumenproben mit einem Stereomikroskop.

Ausführung: Eine Blockprobe (feldfrische 1-dm³-Volumenprobe) wird mit einem *Präparierbesteck* in seine Aggregate zerlegt; diese werden nach den in Abschn. 3.5.3.1 aufgeführten Kriterien unter einem *Stereomikroskop* bei 5- bis 20-facher Vergrößerung angesprochen. Dabei ist insbesondere auch auf Gefügebesonderheiten wie Krusten, Cutane[1] oder Pseudomycelien zu achten; diese sind nach Abschn. 3.5.3 stofflich zu identifizieren. Die Größe der Aggregate ist auszumessen.

5.3.2.3 Bestimmung der Aggregatgrößenverteilung

Trockensiebung einer Volumenprobe.

Ausführung: Eine Stechzylindervolumenprobe oder Blockprobe bekannten Volumens wird bei Raumtemperatur und 80 % Luftfeuchte getrocknet, auf *Glanzpapier* ausgebreitet, mit einer *Walze,* die 8 mm Bodenabstand hat, vorsichtig zerdrückt und unter leichtem Schütteln über einen *Siebsatz* mit 5, 3, 2 und 1 mm Maschenweite gegeben. Die einzelnen Siebfraktionen (einschl. < 1 mm ∅) werden in *Porzellanschalen* übergeführt, bei 105 °C im *Trockenschrank* getrocknet und gewogen. Hierzu ist die Lagerungsdichte der verschiedenen Aggregatgrößenklassen zu bestimmen (s. Abschn. 5.3.1.4), sofern Unterschiede zu erwarten sind.

Darstellung der Ergebnisse: Die Ergebnisse werden in Masse-% der Gesamtprobe angegeben und als Summenkurve analog einer Kornverteilungssummenkurve grafisch dargestellt (s. Abb. 5.4.1 in Abschn. 5.4.1.4). Für manche Zwecke ist es sinnvoll, die Ergebnisse in Vol.-% anzugeben.

Methodische Fehlerquellen: Auch ein schonendes Zerdrücken der Volumenprobe kann bereits zu Aggregatbruchstücken führen, in jedem Fall dann, wenn die Aggregatgröße mehr als 8 mm beträgt, was insbesondere für ein Prismen- oder Säulengefüge gilt. Liegt ein Polyeder-, Prismen- oder Säulengefüge vor, wird man infolge Schrumpfung umso weniger die aktuelle Aggregatgrößenverteilung bestimmen, je feuchter die Probe war. Die aktuelle Verteilung lässt sich dann besser durch Sortieren feldfrischer Proben von Hand und Wiegen der Größen > 8, 8–5, 5–2 und < 2 mm ∅ ermitteln.

5.3.2.4 Bestimmung der Konkretionen

Isolierung nach intensiver Dispergierung in Wasser, Lösung der Kittsubstanzen mit Dithionit/Citrat (Sesquioxide, Kalk) und Lauge (Al- und Si-Oxide); bei Si-Bestimmung nur dest. H_2O (nicht demineral.) verwenden.

Dispergierung: 10 g lutro Feinerde (bzw. 25 g Kies) werden in einer *500-ml-Schüttelflasche* mit 250 ml H_2O eingeweicht und 2 h geschüttelt.

Siebung: Durch Siebung mit einem *63-μm-Sieb* und Nachspülen mit H_2O (ggfs. noch vorhandene Aggregate zerdrücken) wird die Fraktion abgetrennt, die Sand und Konkretionen enthält; in ein *Wägegläschen* überführt, bei 105 °C *getrocknet* und *gewogen.*

Lösung der Kittsubstanzen: Die Konkretionen (bei über 4 g und Dominanz braunroter bis schwarzer Partikel nur ein Aliquot) wird in einer hitzebeständigen *250-ml-Plastikflasche* mit 120 ml *Dithionit/Citrat* (170 g Na-Citrat · 2 H_2O in 0,8 l H_2O + 16,6 g $Na_2S_2O_4$ + H_2O = zu 1 l; ein Tag beständig) versetzt und 16 h *geschüttelt.* Vom Überstand werden 50 ml (zur Elementbestimmung) in einen *Zentrifugenbecher* pipettiert, mit drei Tropfen *Superfloc* (0,2 g Cyanamid Superloc N-100 in 100 ml H_2O) gemischt, 5 min mit 30 000 U min^{-1} *zentrifugiert* und die klare Lösung in eine *Plastikflasche* dekantiert (Extrakt 1). Der Rückstand wird nach Dekantieren des Überstands zweimal mit H_2O gewaschen, bei 105 °C getrocknet und mit 120 ml *0,5 M NaOH* 4 h im siedenden *Wasserbad* erhitzt

---

[1] Cutane sind Beläge aus Mineralen und/oder Humusstoffen mit glatten Oberflächen, die durch Einregelung bei Ablagerung oder bei Quell/Schrumpfung entstehen.

(Plastikbecher locker auflegen, da Si). 50 ml des Überstands werden nach dem Abkühlen (zur Elementbestimmung) in einen *Zentrifugenbecher* pipettiert, mit drei Tropfen Superfloc gemischt, 5 min mit 3000 U min^{-1} zentrifugiert und mit 25 ml des klaren Überstands in eine *Plastikflasche* pipettiert (Extrakt 2). Der Rückstand der Schüttelflasche wird über ein 63-µm- (bzw. 2-mm-) Sieb gegeben, mit H$_2$O gespült, in ein *Wägeglas* überführt, 12 h bei 105 °C ge*trocknet* und gewogen.

Elementbestimmung: Zunächst werden je 25 ml der Extrakte 1 und 2 vereinigt (Extrakt 3). Die Bestimmungen erfolgen mit der *AAS* entsprechend Abschn. 5.4.2.6, und zwar Fe und Mn in Extrakt 1 nach 5-facher Verdünnung mit H$_2$O bei 248,3 bzw. 279,5 nm in der *Luft/Acetylen-Flamme*, Ca in Extrakt 3 nach 10-facher, Al und Si in Extrakt 3 nach 5-facher Verdünnung mit H$_2$O bei 309,3 bzw. 251,6 nm in der *Lachgas/Acetylen-Flamme*. Multiplikation der Messwerte in µg ml^{-1} mit 0,15 (Fe, Mn), 0,3 (Al, Si) bzw. 0,6 (Ca) ergibt mg g^{-1} Feinerde; Multiplikation mit 0,06 (Fe, Mn), 0,12 (Al, Si) bzw. 0,24 (Ca) ergibt mg g^{-1} Kies.

Auswertung: Die Differenzen der Siebrückstände vor und nach Lösung der Kittsubstanz ergeben nach Multiplikation mit 10 den Konkretionsanteil in Prozent der lutro Feinerde (bzw. des Kieses). Es ist sinnvoll, die Gehalte an Fe und Mn in Prozent Fe$_d$ und Mn$_d$ (Bestimmung s. Abschn. 5.5.5.3), die Gehalte an Al und Si in Prozent von Al$_l$ und Si$_l$ (Bestimmung s. Abschn. 5.5.5.4) und Ca (sofern Proben kalkhaltig) nach Multiplikation mit 2,5 in Prozent des Kalkes (Bestimmung s. Abschn. 5.5.4), d. h. als deren konkretionäre Anteile, anzugeben.

Methodische Fehlerquellen: Es werden höchstens 200 mg Fe bzw. 3 g CaCO$_3$ extrahiert; bei deren Überschreiten ist das Verhältnis von Einwaage:Dithionit/Citrat-Menge bei der Extraktion zu erweitern. Neben den sekundären Carbonaten geht auch ein Teil grobkörniger Calcit- und Dolomitkristalle in Lösung. Die Laugeextraktion löst auch einen Teil der in Konkretionen eingeschlossenen Tonminerale, während Silcrete nicht in jedem Fall vollständig gelöst wird.

5.3.2.5 Mikrogefügeuntersuchungen an Dünnschliffen

Tränkung kleiner Bodenmonolithe (Kapselproben nach Abschn. 5.1.1 oder 8×6×4-cm-Blockproben mit Kubiena-Rahmen) mit Kunstharz; Zerlegen in dünne Scheiben mit einer Diamantsäge, Erstellen dünner Schliffe; Auswertung der Schliffe nach BREWER (1964), FITZPATRICK (1993) oder STOOPS (2003).

Herstellung eines Dünnschliffes: Tränken: Porenwasser wird durch Lufttrocknung oder *Acetonaustausch* entfernt, bevor die Proben mit *Kunstharz* Palatal P 80-02 (BÜFA Reaktionsharze, Rastede) getränkt werden. Um eine vollständige Tränkung zu gewährleisten, wird dem Kunstharz bei sehr feinkörnigen Proben zur Erniedrigung der Viskosität *Styrol* zugesetzt. Zur Vermeidung von Spannungen im Harz werden Härter und Beschleuniger so dosiert, dass die Aushärtungszeit etwa sechs Wochen beträgt, z. B.: 2000 ml *Palatal* + 300 ml *Styrol* (bei Bedarf) + 2 ml *Härte*r (BUTANOX M-50 (Methylethylketonperoxid, gelöst in Dimethylphtalat)) + 1 ml Oldopal-Co-Beschleuniger (1 %ig). Nach Lufttrocknung erfolgt die Tränkung im *Exsikkator* bei 100–200 hPa. Nach Acetonaustausch ist kein Unterdruck erforderlich; die Proben werden in ein Gefäß gestellt, das nach und nach (über 8 h verteilt) mit Harz befüllt wird, sodass das Harz von unten nach oben in die Poren der Proben eindringt.

Trennen: Aus dem zentralen Teil der ausgehärteten Proben wird mit einer *Diamantsäge* (100 µm Körnung) unter Kühlung mit *Leichtöl* (Shell-Öl S 4919) eine ca. 5 mm dicke Scheibe herausgesägt. Aus der Scheibe (i. d. R. 6 × 8 cm) wird ein Stück mit den vorgesehenen Maßen (meist 2,5 × 4 cm) ausgesägt. Eine Seite davon wird erst maschinell, dann mit Siliciumcarbid-Nass*schleifpapier* (K 1200) unter Verwendung von Leichtöl geschliffen und zuletzt mit 15-µm-*Diamantpaste* (+ Leichtöl) auf einer mit *Perlontuch* bespannten *Plexiglasscheibe* poliert.

Aufkitten: Zum Aufkitten der polierten Seite auf einen *Objektträger* wird das gleiche Harz wie für die Tränkung verwendet. Aufgrund der geringen benötigten Mengen hat es sich bewährt, eine Aufkittvorratsmischung (AVM) im *Kühlschrank* aufzubewahren: 200 ml Oldopal + 50 ml Styrol + 0,4 ml Beschleuniger. Zum Aufkitten wird eine *Stanniolkapsel* 2 cm hoch mit AVM gefüllt. Es werden etwa acht Tropfen Härter und, zur Verbesserung der Haftung, einige Tropfen 3-Methacryloxypropyltrimethoxysilan zupipettiert.

Dünnschleifen: Das aufgekittete Klötzchen wird mittels Diamanttrennscheibe (Leichtöl-gekühlt) auf eine Dicke von 500–700 µm gebracht und schrittweise maschinell heruntergeschliffen, bis Quarz unter dem *Mikroskop* bei gekreuzten Polarisatoren himmelblau erscheint (74 µm). Dann wird manuell mit Siliciumcarbid-Nassschleifpapieren unterschiedlicher Körnung weiter geschliffen (K 600 bis Quarz braungelb = 48 µm, K 1200 bis Quarz hellgelb = 32 μm) und mit 15-μm-Diamantpaste poliert, bis Quarz weiß erscheint (25 μm).

Auswertung: im Folgenden in Anlehnung an STOOPS (2003) und STOOPS et al. (2009).

Mikrogefüge (Objektiv 2,5 ×): Bezeichnung (z. B.: Polyeder-, Einzelkorn-, Ganggefüge etc.); Grad der Aggregatbildung (stark/mäßig/schwach); Anteil der Aggregate am Bodenkörper [%]; Aggregatgröße (für jede vorkommende Aggregatform) [μm]; Passgenauigkeit der Aggregate (geschlossen/halboffen/offen).

Hohlräume (Objektiv 2,5 ×): a) Anteil der Hohlräume an der Gesamtprobe [%]; b) Anteil der verschiedenen Hohlraumtypen an der gesamten Hohlraumfläche und weitere Charakterisierung, z. B. in Form einer Tabelle:

Bezeichnung	Anteil Hohl-raumfläche [%]	Größe [μm] (von bis)	Rauigkeit Hohlraum-wände (bei Objektiv 10×) rau/glatt	Verteilung (irgendwo gehäuft?) Orientierung (z. B. bevorzugt vertikal/horizontal)
Einzelkornzwischen-räume				
Aggregat- oder Packungs-zwischenräume				
kombinierte Zwischen-räume (zw. Körnern u. Aggregaten)				
Gänge				
Kammern, Kavernen				
Planarrisse				

Verhältnis und Beziehung zwischen Grob- und Feinkomponenten (Objektiv 10×): c/f- (Grob/Fein-) Grenze (es ist eine für den Schliff sinnvolle Grenze festzulegen, meist 10 μm); c/f-Verhältnis; c/f-Relativverteilung (monisch/enaulisch/chitonisch/gefurisch/porphyrisch).

Identifizierung und Beschreibung des Grobmaterials (Objektive 10–40×), z. B. in einer Tabelle:

Bezeich-nung	Größe [μm] (von bis)	Anteil am gesamten Grobmate-rial [%]	Verwitterungs-bzw. Verwe-sungsgrad, -muster?
Quarz			
Feldspat			
Glimmer			
Opake			
Wurzel			
Blatt			
Zweig			
Tier			

Methodische Fehlerquellen: Besonders beim Schleifen feinkörniger Proben ist darauf zu achten, dass keine Sandpartikel herausbrechen, da diese Fehlstellen leicht als Hohlräume angesehen werden. Ein Schliff gibt einen winzigen Ausschnitt eines Bodenhorizonts wieder. Daher ist sehr auf eine repräsentative Probenahme zu achten; ggf. sind mehrere Schliffe anzufertigen. Bei der Beobachtung mit gekreuzten Polarisatoren erscheinen nicht nur isotrope und opake Stoffe schwarz, sondern auch nicht eingeregelte anisotrope Minerale sowie Minerale, deren Doppelbrechung infolge Beimengung amorpher Stoffe (z. B. Humus) nicht sichtbar ist. Bei Grobkomponenten kann teilweise von der Form auf den Inhalt geschlossen werden (Mineral- oder Streuart), bei der Feinmasse ist dies nicht möglich. Hier können chemische Reaktionen am nicht eingedeckten Schliff oder gezielte Untersuchungen mittels RBA oder EDX helfen. Das Gefüge von tonigen Proben kann sich durch Trocknung verändert haben.

5.3.3 Kennzeichnung der Porengrößenverteilung und Wasserbindung

Ein Hohlraumsystem ist charakterisiert durch Menge und Größe der Poren (also die Porengrößenverteilung oder Porenfrequenz) sowie deren Form. Die Gestaltung des Porenraumes wird zwar wesentlich von Größe, Form und innerem Bau der Bodenaggregate bestimmt; sie ist aber auch von Größe und Form der Primärpartikel abhängig, so dass die Daten nicht auseinander erschließbar, mithin gesondert zu ermitteln sind. Größe und Form der Poren lassen sich nur durch Ausmessen (unter dem Mikroskop) nebeneinander bestimmen (s. hierzu Abschn. 5.3.2.3). Da das sehr aufwendig ist, werden sie bei den üblichen Messmethoden zum Äquivalentdurchmesser zusammengezogen. Man unterscheidet als Porenklassen Feinporen = < 0,2 μm, Mittelporen = 0,2–10 μm, Grobporen = 10–1000 μm und Gröbstporen = > 1000 μm $\varnothing$ (10–50 μm große Poren werden als feine Grobporen bzw. langsam dränende Poren, > 50 μm große als schnell dränende Poren bezeichnet).

Eng mit der Porenfrequenz hängt die Wasserbindung zusammen, da Wasser besonders durch Kapillarkräfte (in Hohlräumen), daneben allerdings auch durch Hydratations- (an Partikeloberflächen) und osmotische Kräfte (durch Salze der Bodenlösung) gebunden wird. Die Bindungsintensität ist gekennzeichnet durch die Saugspannung, die z. B. bei Entwässerung überwunden werden muss. Diese wird in hPa bzw. mbar oder in cm Wassersäule bzw. deren Logarithmus (= pF-Wert) angegeben. Die in einem Boden auftretenden Saugspannungen reichen dabei von 0–10^7 cm Wassersäule (bzw. von pF – ∞ bis + 7).

5.3.3.1 Messtechnische Grundlagen

Da die Größe der Poren der Intensität ihrer Wasserbindung proportional ist (log $\varnothing$ [μm] = 0,5 – log p [MPa] oder, da 3 + log p [MPa] = pF, log $\varnothing$ [μm] = 3,5 – pF bzw. vereinfacht μm = 3 MPa^{-1}) und Wasser die Dichte 1 hat, kann man aus der Wassermenge, die eine Probe unter definierten Saugspannungen enthält, auf das Volumen der Poren schließen, deren Grenzdurchmesser durch die angelegten Saugspannungen definiert sind. Dabei wird Kreisform der Poren unterstellt (Äquivalentdurchmesser, vgl. Dispersitätsanalyse), und ebenso wie bei der Korngrößenverteilung kann nicht das genaue Volumen der verschiedenen Poren, sondern nur ein Raum angegeben werden, der durch einen oberen und unteren Grenzdurchmesser ausgezeichnet ist.

Das Problem besteht im Wesentlichen darin, definierte Saugspannungen so an eine Bodenprobe anzulegen, dass sie im ganzen Raum wirken; die jeweils gebundene Wassermenge ist dagegen einfach zu bestimmen. Geringere Saugspannungen (pF = 0–3) kann man leicht durch Auspressen mit Überdruck oder Absaugen mit Unterdruck (z. B. auf porösen Platten), höhere (pF 3–6) nur durch Überdruck (z. B. auf feinporigen Membranen) oder durch Lösungen bestimmter osmotischer Drucke (da pF = 6,5 log [2 – log H], wobei H = relative Dampfspannung in % des Dampfdruckes reinen Wassers) herstellen. Methoden, die mit variierten Drucken arbeiten, brauchen nur Kapillar- und Hydratationskräfte zu überwinden (Fortfuhr der Elektrolyte bei Entwässerung), Lösungen bestimmter Dampfspannung darüber hinaus auch osmotische Kräfte (Entwässerung in Dampfform). Unterschiedliche Messergebnisse treten allerdings praktisch nur in Salzböden auf. Zu beachten ist, dass bei derselben Saugspannung der Wassergehalt einer Probe davon abhängig ist, ob sie befeuchtet oder ausgetrocknet wurde (Hysteresis: geringere Werte bei Befeuchtung wegen irreversibler Schrumpfung und eingeschlossener Luft); allgemein wird der Wassergehalt bei Entwässern bestimmt (Desorptionskurve).

Die Bestimmung erfolgt unterhalb pF 3 meist an 100-cm³-Stechzylinderproben, damit auch die Grobporen repräsentativ erfasst werden, oberhalb pF 3 zwecks rascherer Gleichgewichtseinstellung hingegen an dünnen (< 0,5 cm) Scheiben der Zylinderproben. Oberhalb pF 4 kann bei tonärmeren Proben auf Volumenproben verzichtet werden. Eigentlich hängt das Ergebnis auch von der Höhe der Stechzylinder ab, da auch eine in der Probe selbst befindliche Wassersäule entwässernd wirkt und demnach mit einer Zylinderhöhe 0 gearbeitet werden müsste. Praktisch von Belang ist dieser Einfluss aber nur bei pF < 1,5.

5.3.3.2 Bestimmung der Poren < 50 und < 0,2 μm $\varnothing$

Ermittlung der Wasserkapazität durch Entwässerung mit Unterdruck nach DIN ISO 11 274 und der Hygroskopizität mittels Dampfspannungsausgleich nach MITSCHERLICH (1954) mit Na$_2$SO$_4$-Lösung.

Wassersättigung: Sechs bis acht (starke Streuung) Volumenproben in Stechzylindern (s. Abschn. 5.3.1.2) werden unten mit gehärteten *Papierfiltern* bedeckt und so auf ein *Drahtnetz* in einem *Wasserbad* gestellt, dass der Wasserspiegel sich zunächst einige mm unterhalb, später etwas oberhalb der Zylinderoberkante befindet. Die Wassersättigung ist je nach ursprünglichem Sättigungsgrad und Wasserleitfähigkeit nach 1 h bis mehreren Tagen erreicht.

Wasserkapazität (WK): Die gesättigten Proben werden oben mit *Deckeln* bedeckt (Verdunstungsschutz), mit den Papierfiltern auf eine *Unterdruckapparatur* (z. B. nach DIN ISO 11 274) gesetzt und ein Unterdruck von 60 hPa angelegt (Wasserstrahl- oder elektrische Vakuumpumpe, mittels Magnetventil und Manometer gesteuert). Tritt kein Wasser mehr aus (mindestens 2 d), werden die Stechzylinder (ohne Filter) gewogen (WKG), im Trockenschrank bis zur Gewichtskonstanz getrocknet, während des Abkühlens auch oben mit Deckeln versehen (sonst Wasserdampfaufnahme) und (sofort) gewogen (TG); WKG – TG = WK [Vol.-%] Die Zylinder werden dann entleert und gewogen (Tara); (TG – Tara)/100 = ρ_b [g cm^{-3}]. Die Ergebnisse der Parallelproben werden gemittelt.

Hygroskopizität (Hy): 20 g lutro Feinerde werden in einem *Wägeglas* in einem evakuierbaren *Exsikkator* auf einem *Dreifuß* über gesättigter *Na_2SO_4-Lösung* (> 65 g Na_2SO_4 . 10 H_2O pro 100 ml) platziert; der Exsikkator wird mit einer *Wasserstrahlpumpe* evakuiert und im Dunkeln bis zur Gewichtskonstanz belassen (Kontrollwägung nach 3 d, dann täglich) und gewogen (= HyG [g]). Die Probe wird dann bei 105 °C bis zur Gewichtskonstanz getrocknet und erneut gewogen (= TG). (HyG – TG) · 100/TG = Hy in Masse-% der trockenen Feinerde; Multiplikation mit (100 – % Kies)/100 ergibt Hy in Masse-% des Gesamtbodens, weitere Multiplikation mit der Lagerungsdichte [Vol.-%] des Gesamtbodens (damit ist Hy dimensionsgleich mit WK). Multiplikation mit 1,5 ergibt annähernd den Porenraum bei pF 4,2.

Auswertung und Darstellung der Ergebnisse: 1,5 Hy bzw. pF 4,2 entspricht einem Grenzdurchmesser von 0,2 µm, die Differenz WK (bzw. pF 1,8) – 1,5 Hy umfasst die Poren 0,2–50 µm, mithin die nutzbare Wasserkapazität (nWK), und die Differenz PV – WK die Poren > 50 µm, d. h. die Luftkapazität (LK). Eine kontinuierliche Darstellung aller pF-Werte eines Horizonts und damit aller Porengrößen ist nur möglich, wenn die Wassergehalte bei vielen verschiedenen Saugspannungen bestimmt worden sind (vgl. hierzu Abschn. 5.3.3.3).

Methodische Fehlerquellen: Bei den Methoden wird unterstellt, dass nur die Porenfüllung, nicht aber die Porenverteilung durch Wasserzufuhr und -entzug verändert wurde. Das trifft bei quellenden/schrumpfenden, also kolloidreicheren Proben nicht zu. Hier misst man die Porenverteilung im Zustand der Wassersättigung (streng genommen gilt auch das nur für den unteren pF-Bereich, weil durch Schrumpfung während der Entwässerung die Porenverteilung verändert werden kann). Da zudem die Wasserkapazität einer quellenden Stechzylinderprobe das gemessene Porenvolumen überschreiten kann, sollte man die Proben nur im Zustand der Feldkapazität nehmen. Aber selbst dann ist bisweilen ein Quellen nicht auszuschließen, sofern das nämlich am Standort die Auflast darüberliegender Horizonte verhinderte. Dem könnte durch Aufsetzen eines Gewichts bei der Wassersättigung nur unvollkommen entgegengewirkt werden, da hiermit die Porenverteilung verschoben würde. Dann kann nur noch mit benetzenden, aber nicht quellenden Flüssigkeiten wie Tetrachlorethan oder Xylol (anstelle von Wasser) gemessen werden (QUIRK & PANNABOKKE 1962). Weiter wird unterstellt, dass nur Kapillarkräfte Wasser banden. Da es Bodenproben ohne Hydratationsspannung faktisch nicht gibt, wird der Anteil der Feinporen immer etwas überbestimmt. Stärker wirkt sich eine Fehlbestimmung erst in salzhaltigen Proben aus (der osmotische Druck geht in die Hy-Bestimmung ein).

5.3.3.3 Bestimmung der Porengrößenverteilung

Untersuchung im unteren pF-Bereich mit einer Unterdruckapparatur nach DIN ISO 11 274, im mittleren pF-Bereich mit einer Hochdruckapparatur nach RICHARDS (1949) und im hohen pF-Bereich durch Dampfspannungsausgleich mit verschiedenen Salzlösungen; mit allen Geräten 10–20 Proben gleichzeitig untersuchbar. Pro Horizont werden in der Regel sechs, bei sehr homogenen, wenig strukturierten Horizonten vier, sonst bis zu zwölf Parallelen untersucht.

Eine *Unterdruckapparatur* besteht aus einer unten abgedichteten keramischen Platte in Gewebebettung mit Absaugstutzen, einem Manometer und einer Unterdruckpumpe. Die *Hochdruckapparatur* besteht aus einem Druckgefäß mit drei nach unten abgedichteten keramischen Platten mit Wasserauslaufstutzen, einem Manometer und einer Druckpumpe (ähnlicher Aufbau wie Hochdrucktopf).

Wassersättigung: s. Abschn. 5.3.3.2

Messung im pF-Bereich unter 1: Die gesättigten Stechzylinderproben werden mit dem *Papierfilter* auf ein *Sandbett* (bei 4 cm mS, bei 10 cm fS) gestellt und mit *Folie* abgedeckt (Verdunstungsschutz). Das Sandbett ist so weit wassergefüllt zu halten, dass der Abstand zwischen Wasserspiegel und Stechzylindermitte in cm der angestrebten Wasserspannung in cm Wassersäule (= hPa) entspricht. Nach Gleichgewichtseinstellung (mindestens 1 d) erfolgt eine Wägung (ohne Filter).

Messung im pF-Bereich 1–2,8: Die keramische Platte der *Unterdruckapparatur* wird ca. 1 mm mit Wasser überstaut, die wassergesättigten Stechzylinderproben (V) bzw. die bei pF 0,6 oder pF 1 gewogenen werden mit den Papierfiltern aufgesetzt, der *Verdunstungsschutz* wird übergestülpt, der gewünschte Unterdruck angelegt (z. B. 60 hPa für pF 1,8, 330 hPa für pF 2,5), bis zur Gleichgewichtseinstellung (mindestens 3 d) entwässert und gewogen. Anschließend wird der Vorgang beim nächsttieferen Unterdruck wiederholt.

Die Gewichtsdifferenzen zwischen den Wägungen und dem Trockengewicht (s. u.) ergeben die Wassergehalte in g.

Bestimmung im pF-Bereich 3–4,2: Die im Drucktopf entwässerten Stechzylinderproben werden auf *Flachzylinder* gleichen Durchmessers von 4–6 mm Höhe gesetzt, mit einem *Stempel* vorsichtig nach unten gedrückt, dann wird jeweils eine 4–6 mm dicke Scheibe abgeschnitten. (Verschmieren der Schnittfläche vermeiden!) Von Volumenproben mit heterogener Porenverteilung mehrere Scheiben gewinnen. Die Flachzylinderproben werden im *Hochdruckapparat* auf die angefeuchteten *keramischen Platten* gesetzt, leicht angedrückt und mit *H2O übersättigt* (und damit der Kontakt zwischen Probe und Platte gesichert). Die Apparatur wird verschlossen und nach etwa 1 h ein bestimmter Überdruck (z. B. 2,7 bzw. 15 MPa für pF 3,3, 3,8 bzw. 4,2) so lange angelegt, bis kein Wasser mehr den Auslauf verlässt (7–14 d). Ton- und humusreiche Proben verlieren während der Entwässerung durch Schrumpfung leicht den Plattenkontakt und sollten daher etwas angepresst werden (z. B. mit aufgelegter *Schaumgummischeibe).* Die Flachzylinderproben werden mit einem *Messer* von der Platte abgehoben, unter Verdunstungsschutz zur *Waage* transportiert und gewogen. Anschließend lassen sich die Scheiben bei nächsthöherem Druck entwässern (Probenverluste beim Umsetzen vermeiden).

Bestimmung im pF-Bereich 4,2–7: Die entwässerten Flachzylinderproben werden zerkleinert, auf *Petrischalen* ausgebreitet und sofort (sonst Wiederbefeuchtung nötig) in einem *Exsikkator* mit über-

sättigten Salzlösungen bestimmter Dampfspannung (z. B.[1] $Na_2SO_4 \cdot 10\ H_2O$ für pF 4,7; $(NH_4)_2SO_4$ für pF 5,5; $K_2CO_3 \cdot 2\ H_2O$ für pF 6,0; CH_3COOK für pF 6,3) analog der Hygroskopizitätsmessung (s. Abschn. 5.3.3.2) ins Gleichgewicht gebracht. Bei stufenweisem Entwässern stellt sich ein Gleichgewicht bereits nach sieben Tagen ein. Nach Abschluss aller Messungen und Wägungen werden die Flachzylinderproben getrocknet und gewogen und davon wird das Gewicht der Petrischalen abgezogen (= TG_a). In gleicher Weise wird mit den Resten der Stechzylinderproben verfahren (= TG_b), anschließend werden die Ergebnisse summiert ($TG = TG_a + TG_b$).

Auswertung und Darstellung der Ergebnisse: Von den Feuchtwägungen wird jeweils die Tara (Gewicht der Petrischalen, Flach- bzw. Stechzylinder) abgezogen. Im pF-Bereich unter 3 ergeben dann die Wägungen in g nach Abzug von TG direkt das jeweils noch gebundene Wasser in Vol.-% ($WG_{1-3} = FG_{1-3} - TG$). Oberhalb pF 3 muss hingegen zunächst das Volumen der Flachzylinderproben (GV_a) aus TG_a und TG errechnet werden:

$$Gv_a = (TG \cdot 100)/TG_a;$$

aus diesem, den Feuchtwägungen und TG_a lässt sich dann das Wasservolumen errechnen:

$$WG_{3-7} = [(FG_{3-7} - TG_a) \cdot 100]/GV_a.$$

Die ermittelten Werte werden in Form einer pF-WG-Kurve zusammengestellt, die gleichzeitig eine Porenfrequenz-Summenkurve darstellt (siehe Abb. 5.3.1).

Dieses Messen der Porenverteilung nimmt sechs bis acht Wochen in Anspruch; durch gleichzeitige Untersuchung im unteren, mittleren und hohen pF-Bereich an Parallelproben ließe sich zwar die Zeit verkürzen, was aber mit ungleich höherer Zahl an Parallelen zur Charakterisierung eines Bodenhorizonts erkauft werden müsste.

Methodische Fehlerquellen: s. Abschn. 5.3.3.2. Ferner hängt die Kapillarspannung nicht nur vom Abstand, sondern auch von der stofflichen Natur der Porenwände ab. Proben mit Sekundärgefüge und/oder Tier- bzw. Wurzelgängen erfordern unter pF 3 wegen starker Streuung sechs bis zehn Parallelen, sonst vier; oberhalb pF 3 sind zwei bis drei Parallelen ausreichend. Bei Proben von Salzböden prüfen, ob das aus der Hochdruckapparatur gepresste Wasser noch salzhaltig ist (elektrische Leitfähig-

---

[1] Statt hygroskopischer Salze lässt sich auch H_2SO_4 unterschiedlicher Konzentration (s. Abb. 5.3.1) verwenden; die H_2SO_4-Vorlage muss aber während einer Entwässerung mehrfach gewechselt werden, weil sich bei Wasseraufnahme die Dampfspannung ändert.

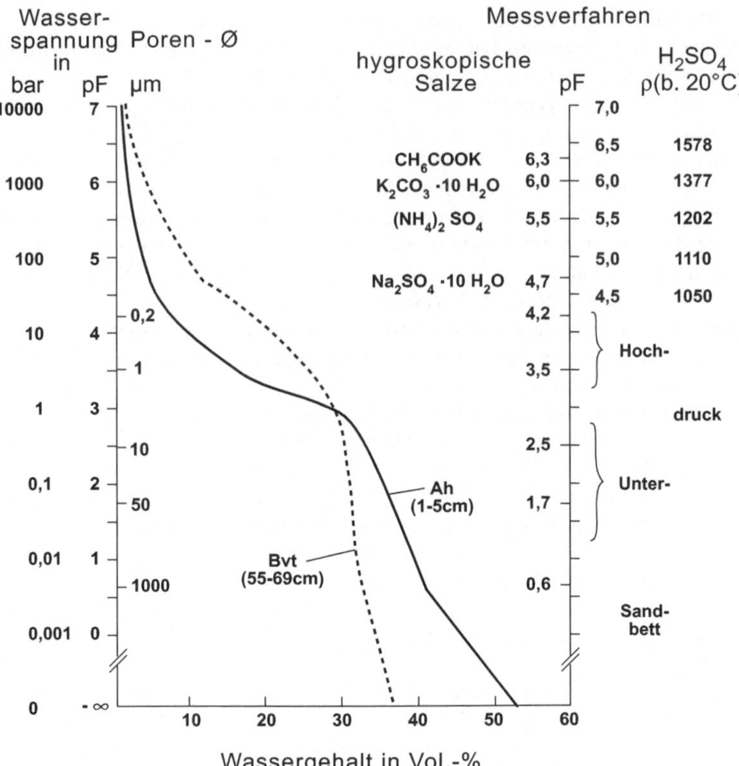

Abb. 5.3.1 pF-WG- und Porengrößenverteilungskurven (Parabraunerde Siggen) (1 bar = 0,1 MPa)

keit > 1 mS cm⁻¹; s. Abschn. 3.5.5.5); sonst Wasser bis zur Salzfreiheit durchsaugen. Gesamtpotenziale (incl. osmotisches Potenzial) von Salzböden lassen sich an Gewichtsproben bestimmen, die nicht vorentwässert wurden, allerdings nur mittels hygroskopischer Salze bzw. H_2SO_4 und damit hinreichend genau nur ab pF 4,5–4,7.

5.3.4 Kennzeichnung der Wasserleitfähigkeit

Wasser- und Luftleitfähigkeit (bzw. -durchlässigkeit) können nicht einfach aus Porenraum, Porengrößenverteilung und Porenfüllung erschlossen werden, da sie auch von Form und Kontinuität der Poren abhängen; sie sind daher gesondert zu ermitteln.

5.3.4.1 Messtechnische Grundlagen

Ein Maß für die Wasserleitfähigkeit stellt der Permeabilitätskoeffizient (k) dar. Er ergibt sich für langsa-

me (laminare) und stationäre (konstantes Gefälle) Strömung nach DARCY aus

$$k = (V \cdot l)/(F \cdot t \cdot h) \ [cm \ d^{-1}].$$

Dabei ist V das Wasservolumen [cm³], das in der Zeit t [d] die Länge des Bodenkörpers l [cm] mit dem Fließquerschnitt F [cm²] bei einem hydraulischen Gradienten h [cm] perkoliert (Abb. 5.3.2). Soll ein gegebenes Wasservolumen aus einer Kapillare mit der Querschnittsfläche F_k bei sinkendem Gefälle (h_0 am Anfang, h_1 am Ende) perkolieren, mithin als instationärer Fluss, gilt

$$k = [(FK \cdot l)/(F \cdot t)] \cdot \ln(h_0/h_1).$$

Leitfähigkeitsänderungen (k_u-Werte) bei steigenden Wasserspannungen, mithin sinkenden Wassergehalten bzw. Fließquerschnitten, lassen sich messen, indem in einer zunächst nassen Volumenprobe ein hydraulischer Gradient durch einseitigen Wasserentzug erzeugt wird, die dabei auftretenden Wasserspannungen und hydraulischen Gradienten mit im oberen und unteren Probenbereich installierten Mikrotensiometern (Messprinzip s. Abschn. 6.2.3.5) gemessen werden und Wassergehaltsänderungen (als Maß für die je Zeiteinheit geflossene Wassermenge) einer (zuvor für den gleichen Bodenhorizont nach Abschn. 5.3.3.3 ermittelten) pF-WG-Kurve (Abb. 5.3.1) entnommen werden.

Im Freiland lässt sich kf im Grund- oder Stauwasserbereich nach HOOGHOUDT-ERNST (1937) in einem Bohrloch durch Messung des Wasseranstiegs nach Abpumpen ermitteln, während oberhalb des Grund- bzw. Stauwasserspiegels durch Wasserzufuhr mittels Doppelrohr zunächst Sättigung erreicht werden muss. Bei k_u-Messungen werden das Druckgefälle mit Tensiometern (Abschn. 6.2.3.5) und Wassergehaltsänderungen mit Neutronensonde oder TDR-Gerät (Abschn. 6.2.3.3 und 6.2.3.4) gemessen. Ableiten von kf-Werten aus Bodenart und Lagerungsdichte sowie Bewertung s. Abschn. 3.5.3.7.

5.3.4.2 Bestimmung der gesättigten Wasserleitfähigkeit (kf)

Messung bei sinkenden hydraulischen Gradienten mit Haubenpermeameter nach DE BOODT (1967). Das Messgerät besteht aus einer Metallhaube mit Dichtungsring und einer Kapillare mit Messskala sowie angeschlossenem Wasservorratsbehälter.

Ausführung: Die feldfrische Stechzylinderprobe (Höhe l = 4 cm, Querschnittsfläche F = 25 cm) wird oben und unten mit einem feinmaschigen *Drahtsieb* bedeckt und in das *Perkolationsgefäß* (Abb. 5.3.2) gesetzt. Zum Entlüften der Probe wird p langsam (5–10 mm je h) mit abgestandenem Leitungswasser gefüllt, der *Aufsatz (a)* dann über eine *Gummimanschette* mit dem Zylinder verbunden und über ein *Niveaugefäß* aus einem *Vorratsbehälter* ständig mit Wasser versorgt. Die perkolierte Wassermenge wird in einem *Messzylinder (m)* aufgefangen. Die Durchflussmenge wird in bestimmten Zeitintervallen (t) wiederholt gemessen, bis eine konstante Sickergeschwindigkeit erreicht ist (meist nach einigen Stunden). Aus der zuletzt ermittelten Durchflussmenge (V) ergibt sich dann der kf-Wert nach der Darcy-Gleichung (s. Abschn. 5.3.4.1) in cm s^{-1}, Multiplikation mit 81 400 ergibt kf in cm d^{-1}. Je Horizont sind acht bis zwölf Parallelen nötig, die gemittelt werden.

Methodische Fehlerquellen: Bereits leicht verschmierte Schnittflächen der Zylinderprobe vermindern die Durchlässigkeit stark: Verschmierte Poren lassen sich u. U. mit einem Nadelkorken öffnen. Auch bei sorgfältiger Probenahme können entlang der Zylinderwandung Hohlräume verbleiben; deren Wirkung lässt sich durch Eindrücken von Verdich-

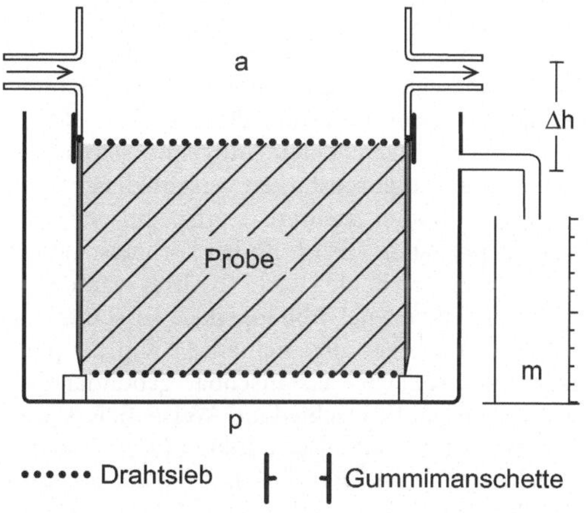

Abb. 5.3.2 Apparatur zur Messung der Wasserleitfähigkeit

tungsringen mit 2 mm Wandstärke weitgehend vermeiden (dabei Verringerung der Querschnittsfläche F!). Bei quellfähigen Bodenhorizonten ist kf oft höher als im Freiland, weil dort die Auflast darüber liegender Horizonte eine Quellung mindert; dem kann durch Auflegen einer *perforierten Bleiplatte* entgegengewirkt werden. Stark erhöhte kf-Werte ergeben sich durch große Vertikalporen, die im Boden selbst weiter unten, z. T. bereits im gleichen Horizont blind enden. Deren Einfluss auf das Gesamtergebnis lässt sich mildern, wenn bei der Auswertung Ausreißer eliminiert oder geometrische Mittel gebildet werden. Außerdem wäre in solchen Fällen eine ergänzende horizontale Probenahme zu empfehlen. Bei mehr als acht Parallelen empfiehlt sich, eine Häufigkeitsverteilung zu erstellen (HARTGE & HORN 2008).

5.4 Stoffaustausch des Bodens

5.4.1 Einführung

Die Fähigkeit des Bodens, ionar vorliegende Stoffe auszutauschen, basiert auf der spezifischen Oberfläche und deren Ladungsdichte. Gleichzeitig vorliegende positive und negative Ladungen bedingen die Fähigkeit zu Bindung und Austausch von Anionen und Kationen. Diese Fähigkeit (= Kapazität) bezeichnet man als Anionenaustauschkapazität (AAK) bzw. Kationenaustauschkapazität (KAK). Die Ladungseigenschaften sind z. T. pH-abhängig; deshalb sind potenzielle und aktuelle Austauschkapazitäten zu unterscheiden. Aufgrund sehr unterschiedlicher Eintauschstärken verschiedener Stoffe besitzt ein Boden mehrere stoffspezifische Austauschkapazitäten. Die im Boden vorherrschenden Anionen unterscheiden sich in ihrer Eintauschstärke und deren pH-Abhängigkeit so stark, dass die Erfassung einer allgemeinen AAK nicht praktikabel ist. Zunächst austauschbar gebundene Ionen können auf verschiedene Weise fixiert werden, nämlich in Fällungsprodukten (z. B. Reaktion zwischen PO_4- und Fe-Ionen), als Hydroxo- oder metallorganischer Komplex (v. a. Schwermetalle), durch kovalente Bindung (organische Verbindungen an Huminstoffe) und im Innern von Mineralen (z. B. K-Ionen in Zwischenschichten aufweitbarer Tonminerale). Das Bindungsvermögen eines Bodens für die verschiedenen Kationen und Anionen ist allerdings keine feste Größe; es wechselt in Abhängigkeit von den Standortbedingungen und ist im trockenen Boden allgemein höher als im feuchten.

Im Gleichgewicht mit den Konzentrationen der an Austauschern gebundenen Ionen stehen die Ionenkonzentrationen in der Bodenlösung. Aufgrund von wechselnden Bodenfeuchten, Aufnahme durch Pflanzen, Zufuhr von ionaren Stoffen und Austauschvorgängen sind die Ionenkonzentrationen in der Bodenlösung außerordentlich variabel. Da das gesamte Austauschsystem darüber hinaus auch ein Redoxsystem ist, welches z. B. durch den O_2-Gehalt der Bodenluft stark beeinflusst wird, ergeben sich besondere Anforderungen an die Gewinnung und den veränderungsfreien Transport der Bodenlösung (s. Abschn. 5.4.5).

5.4.2 Analyse des Kationenaustauschs und der austauschbaren Kationen

Die Summe aller Austauschkationen wird als Kationenaustauschkapazität (KAK) bezeichnet und in $cmol_c$ kg^{-1} angegeben. Dabei werden die KAK bei pH 7–8 (je nach angewendetem Verfahren) als potenzielle Austauschkapazität (KAK_{pot}) und die beim jeweiligen pH des Bodens als effektive Austauschkapazität (KAK_{eff}) bezeichnet. Die Austauschkationen werden in saure (H-Wert) und basische (S-Wert) unterteilt. Zum H-Wert tragen neben den H_3O^+-

Ionen auch Ionen bei, die in der Bodenlösung eine Hydrolyse hervorrufen und damit H_3O^+-Ionen freisetzen, wie vor allem Al^{3+}. Am S-Wert sind vor allem Ca^{2+}, K^+, Mg^{2+} und Na^+ sowie in mit N gedüngten Böden auch NH_4^+ beteiligt. Die Metallkationen der Elemente Mn, Cu, Fe, Zn, Pb und Cd sind quantitativ untergeordnet vorhanden, sind jedoch ökologisch als Spurennährstoffe bzw. als Schadstoffe bedeutsam. Die Konzentrationen der Austauschkationen werden gleichfalls in $cmol_c$ kg^{-1} angegeben; Multiplikation mit dem Quotienten aus 10 × relative Atommasse und Wertigkeit ergibt die Konzentration in mg kg^{-1} und damit direkte Vergleichbarkeit mit Ergebnissen von Nährstoffbestimmungen (z. B. Konzentrationen an DL-extrahierbarem K und Mg). Den Anteil der basisch wirksamen Kationen an der gesamten KAK bezeichnet man als Basensättigungsgrad (BS [%]).

5.4.2.1 Messtechnische Grundlagen und Methodenauswahl

Die sorbierbare bzw. sorbierte Ionenmenge lässt sich dadurch bestimmen, dass zu einer Bodensuspension bzw. einer Bodensäule Ionen im Überschuss zugegeben werden, die im Boden praktisch nicht vorkommen, und dann entweder (1) die Sorption photometrisch erfasst, (2) die Summe aller dadurch ausgetauschten Ionen bestimmt (Gleichgewichtsverfahren) oder (3) das zugegebene und eingetauschte Ion durch ein anderes wieder verdrängt, dann bestimmt und daraus die KAK errechnet wird. Es gibt eine Vielzahl von beschriebenen Methoden zur Bestimmung der KAK, sodass man zunächst das Problem der Methodenauswahl lösen muss. Auswahlkriterien sind (1) Zeitaufwand und Bedarf an Präzision (Schnellmethode oder Bestimmung der KAK durch Austausch, ggf. mit Bestimmung der austauschbaren Kationen), (2) Beschaffenheit des Probenmaterials (Extraktions- oder Perkolationsmethoden) und (3) erwünschte Vergleichbarkeit der Ergebnisse (regional, national oder international) (Tab. 5.4.1).

Die Austauschmethoden kann man klassifizieren nach Eintauschstärke der Ionen (gering: Na^+-, NH_4^+-Verbindungen; mittel: Ba^{2+}-, Mg^{2+}-, Sr^{2+}-Verbindungen; hoch: AgTU (Silberthioharnstoff), in ungepufferte (Cl^--Verbindungen) und bei bestimmtem pH-Wert gepufferte (Acetat, Triethanolamin) Austauschreaktionen sowie in Extraktions- und Perkolationsverfahren. Einen vollständigen Austausch erreicht man mit Extraktionsverfahren nur bei mehrfacher Wiederholung (AgTU: zwei, Li: fünf),

Tab. 5.4.1 Entscheidungshilfe für die Anwendung von Methoden zur Bestimmung der KAK und der austauschbarer Kationen von Böden

Kriterium	Methoden	
Bedarf an Präzision und akzeptabler Zeitaufwand	gering: Schnellverfahren auf Basis Photometrie mit Methylenblau nach PETER & MARKERT (1960)	größer: diverse Extraktions- und Perkolationsmethoden mit Kombination der Bestimmung von KAK und austauschbaren Kationen
Beschaffenheit des Probenmaterials	gestörte Proben: Extraktions- und Perkolationsmethoden	ungestörte Proben: Perkolationsmethoden
Vergleichbarkeit der Ergebnisse (Beispiele)	Austausch mittels NH_4^+ beim Boden-pH im Perkolationsverfahren nach MEIWES et al. (1984), entsprechend bei pH 8,1 nach MEHLICH 1942; Extraktionsverfahren beim Boden-pH mit $BaCl_2$ nach DIN ISO 11 260, bei pH 8,1 mit $BaCl_2$ nach DIN ISO 13 536.	

während die beschriebenen Perkolationsverfahren als quantitativ angesehen werden können. Aus der Vielzahl der Austauschmethoden (SPARKS 1996) werden nachfolgend nur wenige weit verbreitete bzw. international genormte Methoden mit Anwendung für gestörte Bodenproben beschrieben. Bei ungestörten Bodenproben in natürlicher Lagerung mit ausgeprägtem präferenziellem Fließverhalten werden mittels Perkolation niedrigere KAK-Werte erfasst als mittels Extraktion an gestörten Proben (BARTON & KARATHANASIS 1997).

5.4.2.2 Schnellbestimmung der potenziellen Kationenaustauschkapazität

Methylenblau (MB) ist ein organischer Farbstoff, der sich wie stark eintauschende Kationen verhält. Proben werden mit gepufferter 0,25 %iger MB-Lösung geschüttelt, und die Entfärbung der Lösung wird spektrophotometrisch gemessen. Die Entfärbung ist umso stärker, je höher die KAK des Bodens ist. Da dies eine Gleichgewichtsreaktion ist, muss die KAK mithilfe eines empirischen Faktors errechnet werden, der mit zunehmender KAK ansteigt. Schätzung im Gelände s. Abschn. 3.6.2.5.

Herstellung der Lösung: MB-Stammlösung wird aus 1 l H_2O (Erwärmung verbessert die Löslichkeit), 2,5 g *MB* ($C_{16}H_{18}ClN_3S$) und 2,5 g *Natriumacetat* ($CH_3COONa \cdot 3H_2O$; als Puffer) hergestellt. Einen Tag stehen lassen. Zur Qualitätskontrolle eine Probe mit H_2O im Verhältnis 1 : 200 verdünnen und in 1-cm-Küvette bei 640 nm Wellenlänge mit *Spektrophotometer* messen. Bei einer Extinktion von 1,38 ist die MB-Lösung gebrauchsfertig; bei gerin-

gerer Extinktion durch Zugabe von konzentrierterer MB-Lösung auf 1,38 einstellen. Zur Herstellung der Eichkurve jeweils 10, 20, 30 … 100 ml MB-Lösung in *100-ml-Messkolben* mit H_2O zu 100 ml auffüllen, davon jeweils 5 ml in *500-ml-Messkolben* auf das 100-fache verdünnen. Die Extinktionswerte dieser Lösungen (y) werden mit den dazugehörenden MB-Sorptionswerten (x = 8,8; 7,8; 6,8; 5,9; 4,9; 3,9; 2,9; 2,0; 1,0 und 0 $cmol_{(MB)}$ kg^{-1} korreliert (Tabellenkalkulation oder photometerinterne Datenspeicherung) und daraus wird mit einfach-linearer Regression die Eichkurve errechnet. Kurve gilt für 8 g Boden; bei geringerer Einwaage MB-Sorptionswert mit (8/Einwaage) multiplizieren.

Eintauschreaktion: 8 g (humusarm), 4 g (humos) bzw. 1 g (organische Proben) lutro Feinboden in *250-ml-PP-Flaschen* mit 100 ml 0,25 %iger MB-Lösung 2 h *rotierend schütteln. Zentrifugation* zum Absetzen der Feststoffe (z. B. 15 min, 3000 U min^{-1}). Vom klaren Überstand 5 ml in *500-ml-Messkolben* pipettieren, mit H_2O auffüllen, homogenisieren, ein Aliquot in eine *0,5-cm-Küvette* überführen und die Extinktion spektrophotometrisch bei 640 nm gegen H_2O messen. Die Extinktionen werden durch Einsetzen in die aufgestellte Eichkurve in MB-Sorption [$cmol_{(MB)}$ kg^{-1}] umgerechnet. Bei Extinktionswerten < 0,1 ist die Analyse mit verringerter Einwaage zu wiederholen. KAK des Bodens durch Multiplikation mit einem empirischen Faktor nach Tab. 5.4.2 errechnen.

Fehlerquellen: Die MB-Lösung soll jeweils nur für eine Probenserie hergestellt und bei Lagerung vor direkter Lichteinstrahlung geschützt werden. Je nach vorhandener Zentrifuge bzw. Notwendigkeit eines größeren Durchsatzes kann man mit verringerten Einwaagen bei gleichem Boden:Lösungs-Verhältnis arbeiten.

5

Tab. 5.4.2 Empirische Faktoren zur Umrechnung der Methylenblau (MB)-Sorption auf die KAK (nach PETER & MARKERT 1961)

MB-Sorption	0,5	1,0	1,5	2,0	2,5	3,0	3,5	4,0
Faktor	1,20	1,25	1,33	1,37	1,40	1,43	1,46	1,49
MB-Sorption	4,5	5,0	5,5	6,0	6,5	7,0	7,5	8,0
Faktor	1,51	1,52	1,54	1,55	1,57	1,59	1,60	1,62

5.4.2.3 Bestimmung der potenziellen KAK im Perkolationsverfahren

Austausch der adsorbierten Kationen mit Ba^{2+}-Lösung bei pH 8,1 im Perkolationsverfahren, Rücktausch des Ba^{2+} mit Mg^{2+} und flammenphotometrische Bestimmung der aus- und rückgetauschten Kationen nach MEIWES et al. (1984).

Extraktion: 5 g (Ton, Torf) bis 10 g lutro Feinboden (Ton mit Quarzsand vermischt) werden in einem *Filterröhrchen* (Abb. 5.4.1) über ca. 750 mg *Filterwatte* und *Quarzsand* geschichtet, mit Quarzsand und *Rundfilter* bedeckt und mit 50 ml *Austauschlösung* (45 ml $C_6H_{15}NO_2$ + 500 ml *CO2-freies H_2O* mit 1 *M* HCl auf pH 8,1 einstellen und zu 1 l verdünnen + 1 l 5 %iges $BaCl_2$ 2 H_2O; vor CO_2-Einwirkung schützen!) in fünf Portionen ca. 2,5 h unter Verdunstungsschutz perkoliert. Anschließend wird entsprechend mit 50 ml 0,1 *M* $BaCl_2$ perkoliert. Die Perkolate werden für die Bestimmung der Austauschkationen in einem *250-ml-Messkolben* gesammelt (Perkolat 1). Die Probe wird in 5-ml-Portionen mit *Methanol* bis zur Cl-Freiheit (ein Tropfen Durchlauf mit einem Tropfen $AgNO_3$ ohne Niederschlag) nachgewaschen. Anschließend mit 200 ml 0,2 *N* $MgCl_2$-Lösung in zehn Portionen perkolieren (Austausch des Ba^{2+}) und Perkolat in 250-ml-Kolben auffangen.

Bestimmungen: Austauschkationen im Perkolat 1 nach Abschn 5.4.2.3. Das rückgetauschte Ba^{2+} im Perkolat 2 wird flammenphotometrisch bei 873 nm mit Wasserstoff/Sauerstoff-Flamme bestimmt. Blind- und Eichlösungen (0–10 mmol Ba l^{-1}) sind mit 0,1 *M* HCl anzusetzen.

Auswertung für 10 g Einwaage:
austauschbare Kationen:

einwertige Kationen Na^+ und K^+: c_{aust}
$[cmol_c\, kg^{-1}] = c_1\, [mg\, l^{-1}] \cdot 2,5$

zweiwertige Kationen Ca^{2+} und Mg^{2+}: c_{aust}
$[cmol_c\, kg^{-1}] = c_1\, [mg\, l^{-1}] \cdot 2,5 \cdot 2$

c_{aust} = Stoffmenge an austauschbaren Kationen

c_1 = Konzentration des jeweiligen Kations im Perkolat

KAK $[cmol_c\, kg^{-1}] = (c_{Ba} \cdot 2 \cdot 0,25 \cdot 100)/($Einwaage $[g] \cdot 137,33)$

c_{Ba} = Ba-Konzentration im Perkolat 2 $[mg\, l^{-1}]$;
2 = Wertigkeit von Ba^{2+} ; 0,25 = Volumen des Messkolbens [l]

137,33 g mol^{-1} = relative Atommasse von Ba

Anmerkungen: Bei Verfügbarkeit eines ICP-Geräts gleichzeitige Bestimmung von Na, K, Ca und Mg, s. Abschn. 5.4.2.6, des durch Mg^{2+} ausgetauschten Ba^{2+} bei 413,066 nm. Das Ergebnis ist nach Berücksichtigung des Wassergehalts der lutro Probe in $cmol_c\, kg^{-1}$ atro Feinboden auszudrücken.

5.4.2.4 Schnellbestimmung des H-Wertes

Austausch mit Ca-Acetat im Gleichgewichtsverfahren und Bestimmung über pH-Messung nach SCHACHTSCHABEL (1951).

Die schnellere pH-Messung kann anstelle der arbeitsaufwendigeren Titration eingesetzt werden, wenn die Abhängigkeit des pH einer Acetat-Essigsäure-Pufferlösung vom Essigsäuregehalt bekannt ist. **Austausch:** 10 g lutro Feinboden werden in einem *Erlenmeyer-Kolben* mit 25 ml *Ca-Acetatlösung* (85 g l^{-1}, ggf. auf pH 7,2 einstellen und einige Tropfen Chloroform zugeben) versetzt und nach l, 2 und etwa 4 h gründlich geschüttelt.

Bestimmung: Der pH-Wert der Suspension wird *elektrometrisch* (auf zwei Dezimalstellen genau) mit einer *Glaselektrode* gemessen (vgl. hierzu

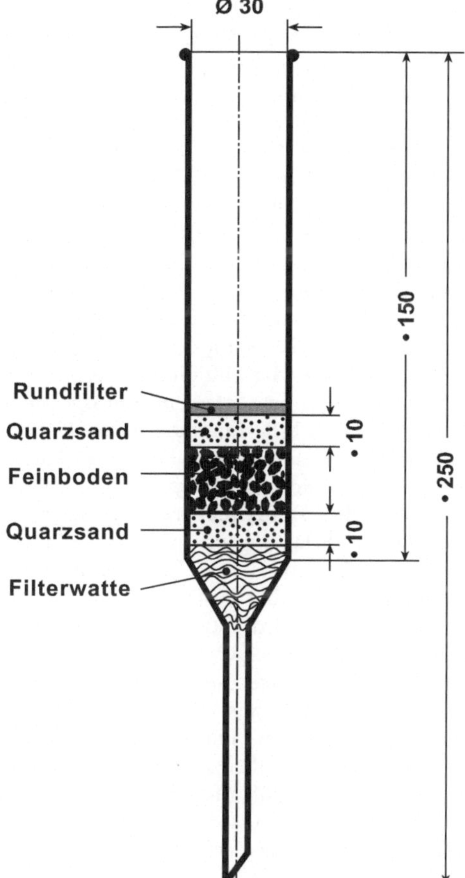

Abb. 5.4.1 Perkolationsröhrchen zur Bestimmung der KAKpot nach MEIWES et al. (1984)

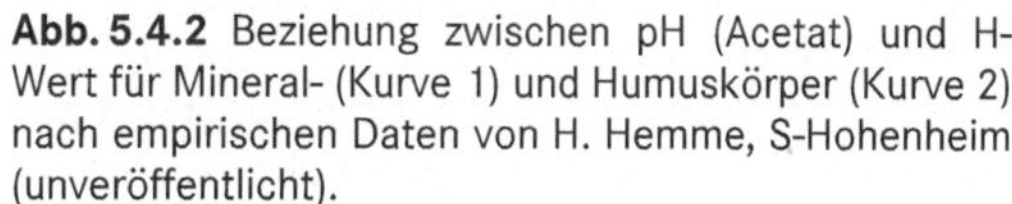

Abb. 5.4.2 Beziehung zwischen pH (Acetat) und H-Wert für Mineral- (Kurve 1) und Humuskörper (Kurve 2) nach empirischen Daten von H. Hemme, S-Hohenheim (unveröffentlicht).

Abschn. 5.4.5.1) und der entsprechende H-Wert aus Kurve 1 in Abb. 5.4.2 abgelesen. Bei Proben mit relativ starker pH-abhängiger Ladung wie Humusauflagen, Torfe und humosen Sande ist Kurve 2 zu benutzen. Ist der pH-Wert kleiner als 5,8, wird die Suspension mit weiteren 25 ml (bzw. 50 usw.) Ca-Acetatlösung versetzt, mehrfach geschüttelt und nach 2–3 h erneut gemessen. Die aus der Kurve abgeleiteten Werte sind dann mit 2 (bzw. 3 usw.) zu multiplizieren.

Die Kurven werden in dem Wertebereich von pH 5,8 bis pH 7,2 durch folgende Gleichungen hinreichend genau beschrieben:

Kurve 1: $H = 1{,}12428 + e^{[22{,}6751 - 3{,}3976 \cdot pH]}$

Kurve 2: $H = -0{,}18143 + e^{[17{,}5402 - 2{,}5553 \cdot pH]}$

Darstellung der Ergebnisse: Es ist der H-Wert nach Umrechnung auf atro Feinboden (s. Abschn. 5.2.3) in $cmol_c\ kg^{-1}$ oder in Prozent der KAK anzugeben, bzw. es werden Prozent BS aus KAK und H-Wert errechnet.

Methodische Fehlerquellen: Da die Acetatlösung auf pH 7,2 eingestellt wurde, werden nur die bis pH 7,2 austauschbaren H-Ionen erfasst. Die weitere Minderung des H-Austauschs durch den pH-Abfall bei der Reaktion wurde beim Aufstellen Kurven 1 und 2 in Abb. 5.4.2 durch einen Vergleich mit Ergebnissen anderer Methoden berücksichtigt. Die eintretende Minderung ist zwar bei verschiedenen Bodenhorizonten unterschiedlich; größere Abweichungen ergaben sich aber nur bei humusreichen Proben (s. Abb. 5.4.2). Es werden auch die H^+-Ionen der Bodenlösung erfasst; eine Korrektur über die Bestimmung des pH (H_2O) ist aber meist nicht nötig. Die hohe Ca-Konzentration der Verdrängungslösung blockiert leicht die Oberfläche der Glaselektrode; diese ist daher nach jeder Messung gründlich zu waschen und ggf. nachzueichen.

5.4.2.5 Bestimmung der austausch- und leicht mobilisierbaren Ca-, Mg-, K- und NH₄-Ionen

Extraktion mit Ammoniumlactatessigsäure bei pH 3 im Gleichgewichtsverfahren nach EGNÉR-RIEHM (1960).

Nährstoffextraktionen zur Ermittlung des Düngebedarfs sollen Mobilisierungsmechanismen der Pflanzenwurzel wie z. B. die Abscheidung organischer Säuren simulieren. Dabei geht der Trend hin zur Extraktion mehrerer Nährstoffe in einem Arbeitsgang. Deshalb werden in der Routineuntersuchung der landwirtschaftlichen Düngeberatung vielfach Kationen und Anionen in einem Extrakt gelöst und bestimmt. Beispiele dafür sind NH_4^+ und NO_3^- im Rahmen der N_{min}-Methode sowie die Extraktion von pflanzenverfügbarem Ca^{2+}, K^+, Mg^{2+} und PO_4^{3-} mit Lactat. Deshalb werden hier die N_{min}-Extraktion mit $CaCl_2$ im Gleichgewichtsverfahren (VDLUFA 2002) und nachfolgende NH_4^+-Bestimmung sowie von den verschiedenen Lactatmethoden (VDLUFA 2002) die Extraktion mit Doppellactat (DL) und Bestimmung von Ca^{2+}, K^+ und Mg^{2+} beschrieben (Bestimmungen der genannten Anionen unter Abschn. 5.4.3).

N_{min}**-Extraktion:** 50 g feldfeuchter, manuell homogenisierter und gesiebter Feinboden werden in einer *250-ml-Plastikflasche* mit 200 ml *0,0125 M $CaCl_2 \cdot 2\,H_2O$* 1 h rotierend *geschüttelt* und sofort durch ein Faltenfilter in eine *Plastikflasche* filtriert, wobei die ersten Milliliter verworfen werden.

Bestimmung von NH_4^+ nach DIN 38 406-5: 5–20 ml der Lösung (pH 5–8, sonst mit NaOH bzw. HCl einstellen) in einem *50-ml-Messkolben* mit 4 ml *Salicylat-Citrat* (je 130 g Natriumsalicylat, $C_7H_5NaO_3$, und Trinatriumcitrat-Dihydrat, $C_6H_2O_7 \cdot Na_3 \cdot 2\,H_2O$, in 800 ml H_2O lösen, mit 0,97 g Dinatriumpentacyanonitrosyferrat, $Na_2Fe(CN)_5NO \cdot 2\,H_2O$, schütteln und mit H_2O zu 1 l ergänzen) und unter Schütteln mit 4 ml *Reagenzlösung* (3,2 g NaOH + 0,2 g Natriumdicloroisocyanurat, $C_3N_3Cl_2O_3Na$, in 100 ml H_2O) versetzen, zu 1 l mit H_2O ergänzen, homogenisieren und nach 1–3 h bei 655 nm *spektrophotometrisch* messen.

Anmerkungen und Fehlerquellen: NH_4^+-Bestimmung wird im Rahmen der N_{min}-Untersuchung lediglich bei vorheriger Düngung mit NH_4^+-reichen organischen (Jauche, Gülle, Stallmist) oder Mineraldüngern nach Vorprobe empfohlen. Erhöhte NH_4^+-Gehalte sind ebenfalls bei nitrifikationshemmenden Bedingungen (z. B. bei Sättigung im Winter, in Böden der Tundra) zu erwarten.

DL-Extraktion nach RIEHM **(1948),** modifiziert nach VDLUFA (2002): *DL-Gebrauchslösung* aus 500 ml der *DL-Vorratslösung* (120 g Calciumlactat, $C_6H_{10}CaO_6$ 5 H_2O mit ca. 0,8 l kochendem H_2O übergießen, umrühren bis zur vollständigen Lösung, 40 ml 10 mol l⁻¹ HCl zugeben und nach Erkalten auf 1 l auffüllen) durch Verdünnung zu 10 l täglich frisch herstellen und pH-Kontrolle (3,6). 4 g lutro Feinboden in *250-ml-PP-Flaschen* einwägen und 200 ml DL-Gebrauchslösung zugeben. Die fest verschlossenen Flaschen 1 h *rotierend schütteln* und durch Ca-, K-, Mg- und P-freie *Faltenfilter* filtrieren. Die ersten 20–30 ml des Filtrats verwerfen und nach Abschluss der Filtration in *Vorratsgefäße* für *photometrische* bzw. *atomemissionsspektrometrische* (ICP-OES) P-Bestimmung füllen. Eichstandardlösungen für die jeweiligen Elemente werden in der DL-Gebrauchslösung angesetzt.

Methodische Fehlerquellen: Die Extraktion wurde für die Erfassung der pflanzenverfügbaren Anteile der Nährstoffe entwickelt und löst daher nicht immer selektiv die Austauschionen. Bei niedrigen Tongehalten wird z. B. etwas mehr, bei höheren Tongehalten weniger K als bei mehrfachem Austausch mit NH_4-Acetat erfasst. Bei kalkhaltigen Proben bewirkt das saure Extraktionsmittel eine starke Lösung von Ca- und Mg-Carbonaten; bei Böden mit hohen Gehalten an leicht verwitterbaren Silicaten (wie Olivin, Illit, Mg-Chlorit) werden nicht nur die austauschbaren, sondern auch Anteile der nachlieferbaren Kationen erfasst.

5.4.2.6 Austauschbare und mobilisierbare Schwermetallkationen

Gehalte an austauschbaren (la) bzw. mobilisierbaren (e) Schwermetallen sind von ökologischer Bedeutung für die Aufnahme durch Pflanzen und die Verlagerung mit dem Sickerwasser. Der Austausch wird durch Extraktion mit NH_4NO_3 nach DIN ISO 19 730 simuliert und die Mobilisierung durch Extraktion mit dem Komplexbildner Ethylendiamintetraessigsäure (EDTA) simuliert. Die Elementkonzentrationen in den Extrakten werden mit Graphitrohr- bzw. Flammen-AAS oder mit ICP-OES gemessen.

Austausch: 20 g lutro Feinboden werden in einem verschließbaren *100-ml-Zentrifugenglas* mit 50 ml *M NH_4NO_3* 2 h *geschüttelt*, 5 min bei 3000 U min⁻¹ *zentrifugiert*; der klare Überstand wird in einen *50-ml-Messkolben* filtriert und mit 0,5 ml *65 %iger HNO_3* und H_2O (dest.) auf 50 ml ergänzt. Sollen redoxsensitive Elemente wie Fe und Mn reduzierter Bodenproben bestimmt werden, ist O_2

aus dem Überstand der 50 ml M NH$_4$NO$_3$-Lösung im Zentrifugenbecher durch N$_2$-Begasung auszutreiben. Dann werden 20 g der feldfrischen, kühl und unter O$_2$-Abschluss transportierten und gelagerten Probe eingefüllt, die N$_2$-Einleitung weitere 20 s fortgesetzt, der Zentrifugenbecher verschlossen, 10 min maschinell geschüttelt, sofort 5 min bei 3000 U min^{-1} zentrifugiert, der Überstand in einen *50-ml-Messkolben* filtriert und mit 0,5 ml 65 %iger HNO$_3$ und H$_2$O (dest.) auf 50 ml aufgefüllt

Extraktion mit EDTA: 5 g lutro Feinboden werden in einer *100-ml-Plastikflasche* mit 50 ml 0,1 M *Na-EDTA* (pH 4,5) versetzt, 90 min *geschüttelt* und in eine *100-ml-Plastikflasche* filtriert (ersten Durchlauf verwerfen).

Bestimmung: Die Metallkonzentrationen werden mit *AAS* oder *ICP* gemessen. Dabei beachten, dass Unterschiede in den Nachweis- und Bestimmbarkeitsgrenzen sowohl zwischen den Methoden (Tab. 5.4.3) als auch zwischen den Fabrikaten bestehen. Eichkurven werden mit hochreinen Einzel- bzw. Multielementstandards (ICP) über den linearen Bereich der Korrelation zwischen Signalintensität und Elementkonzentration aufgenommen.

Dies ist meist bereits in die Software der Gerätesteuerung integriert.

Methodische Fehlerquellen: Fehlerhafte Analysen können durch Kontaminationen aus bzw. Stoffsorption an Gefäßen, Verfälschungen durch Extraktionsmittel oder Referenzstandards entstehen. Deshalb sind für alle Arbeitsgänge Materialien mit glatten inerten Oberflächen wie Polyethylen, Polypropylen, Teflon und Quarz (kein Glas oder Metalle) sowie ultrareine Chemikalien und H$_2$O-$_{bidest}$ zu verwenden. Bei der Analytik sind spektrale (Überlappung von Atomlinien verschiedener Elemente) und nichtspektrale Interferenzen (Transport-, Verdampfungs- und Gasphaseninterferenzen) zu vermeiden.

Auswertung: Die gemessenen Konzentrationen der Metalle in mg l^{-1} werden auf Gehalte in mg kg^{-1} lutro Boden umgerechnet (NH$_4$NO$_3$-Extraktion: Faktor 2,5; EDTA-Extraktion: Faktor 10) bzw. weiter durch Multiplikation mit dem Wassergehaltsfaktor auf atro Feinboden umgerechnet. Die Löslichkeit der Elemente kann durch Bezug der gelösten Anteile auf die Gesamtgehalte (nach Abschn. 5.5.1.4) dargestellt werden.

Tab. 5.4.3 Diagnostische Wellenlängen für ICP und Grenzen der Bestimmbarkeit für die wichtigsten Elemente mit den verschiedenen spektroskopischen Verfahren

Element	Flammen- AAS [mg l^{-1}]	Graphitrohr-AAS [mg l^{-1}]	Wellenlängen ICP [nm]	ICP [mg l^{-1}]
Al	0,04	0,01	237,312	0,02
As	0,05 (0,4)	0,015	228,812	0,05
Ca	0,002		393,366	0,00003
Cd	0,002 (0,02)	0,00035	214,438	0,004
Co	0,02	0,006	238,892	0,006
Cr	0,003 (0,05)	0,003	205,552	0,005
Cu	0,004 (0,03)	0,004	324,754	0,003
Fe	0,03	0,005	238,204	0,003
K	0,006	0,0008	766,490	0,003
Mg	0,0002	0,0003	279,553	0,0007
Mn	0,003	0,002	257,610	0,001
Na	0,003	0,001	588,996	0,01
Ni	0,01 (0,04)	0,013	221,647	0,0005
P		4,2	214,914	0,05
Pb	0,02 (0,19)	0,01	220,353	0,001
S			181,978	0,05
Si	0,1	0,04	251,611	0,002
Zn	0,003 (0,01)	0,0004	213,856	0,002

5.4.3 Bestimmung von extrahierbaren Anionen

Die Extraktion austauschbarer und leicht mobilisierbarer Anionen (NO_3^-, $B(OH)_4^-$, Mo_4^{2-} und SO_4^{2-}) aus Bodenproben und ihre nachfolgende Bestimmung mit verschiedenen Analyseverfahren hat vor allem Bedeutung für die Erfassung des Nährstatus von Böden. Deshalb werden hier vor allem die in der landwirtschaftlichen Bodenuntersuchung verwendeten Verfahren beschrieben. Da der P-Status von Böden für die Deutung der Bodenentwicklung und -klassifikation, und zunehmend auch im Hinblick auf die Gewässereutrophierung von Interesse ist, wurden neben den traditionellen, agronomisch wichtigen Extraktionsverfahren (Wasser, Lactatmethoden) auch die Extraktion mit Citrat (Anthric Horizont in der WRB), die Bestimmung von PO_4^{3-}-Retention, P-Sorptionskapazität und P-Sättigungsgrad sowie die sequenzielle Extraktion von P-Formen beschrieben. Außer den genannten Anionen können in Salzböden Cl^-, in stark alkalischen Mineralböden SiO_3^{2-} und $Al(OH)_4^-$ sowie in stark sauren Böden SiO_3^{2-} eine Rolle spielen.

5.4.3.1 Messtechnische Grundlagen

Die in den verschiedenen Extrakten anionisch vorliegenden Stoffe können praktisch mittels Spektrophotometrie (NO_3^-, $B(OH)_4^-$, Mo_4^{2-}, PO_4^{3-}), iodometrisch (SO_4^{2-}), in Elementform mit Atomemissionsspektrometrie mit induktiv gekoppeltem Plasma (ICP-OES) (B, Mo, S, P) sowie mit Ionenchromatographie (alle Anionen) bestimmt werden.

5.4.3.2 Bestimmung des mobilen Nitrats

Im Folgenden wird die Bestimmung im Rahmen der N_{min}-Bestimmung dargestellt. Extraktion mit $CaCl_2$ im Gleichgewichtsverfahren (DIN ISO 14 255); Nitratbestimmung im Extrakt photometrisch im UV direkt und nach Reduktion des Nitrats mit naszierendem Wasserstoff.

Extraktion: Wie unter Abschn. 5.4.2.6 beschrieben.
Bestimmung: In je zwei *Reagenzgläser* Aliquote von 10 ml einmessen, 1 ml *H_2SO_4* (5,5 ml *H_2SO_4*, $\varrho = 1{,}84\ g\ ml^{-1}$) unter Umschwenken in 50 ml *H_2O* einlaufen lassen und nach Abkühlen zu 100 ml verdünnen, zugeben und mischen. In eines der Reagenzgläser drei verkupferte Zinkgranalien geben

und zur Reduktion des Nitrats mit locker aufgesetztem Stopfen über Nacht stehen lassen. Herstellung der verkupferten Zinkgranalien: (25 g Zink, in Becherglas mit 150 ml H_2O und 1,5 ml H_2SO_4 versetzen und rühren, bis die Zinkoberfläche völlig sauer ist. Flüssigkeit abgießen, dreimal mit 15-ml-Portionen H_2O waschen, 15 ml H_2O zugeben und tropfenweise $CuSO_4$-Lösung zugeben, bis die Zinkgranalien vollständig mit einer schwarzen Schicht von Kupfer überdeckt sind. Flüssigkeit abgießen, mit H_2O nachwaschen, Granalien an der Luft trocknen und in verschlossenem Glasgefäß aufbewahren. Herstellen einer Eichreihe in CaCl-Lösung über den linearen Bereich von 0–160 µg NO_3-N (100 ml)$^{-1}$ und Messung bei 210 nm in *10-mm-Quarzküvetten* gegen Chemikalienblindwert (10 ml der Extraktionslösung und 1 ml H_2SO_4) messen und Kalibrationskurve aufstellen. Die Eichkurve wird für den linearen Bereich von 0–1,6 mg NO_3-N l^{-1} aufgestellt. Die Extinktionen der jeweils nicht reduzierten und reduzierten Messlösungen werden zeitgleich in 10-mm-Quarzküvetten bei 210 nm gegen den Chemikalienblindwert gemessen. Aus den Differenzen der beiden Extinktionswerte für jede Probe werden mithilfe der Kalibrationskurve die NO_3^--N-Gehalte berechnet.

Auswertung: NO_3^--Bodengehalt ergibt sich nach $c_{(NO_3-N)}$ [mg kg^{-1}] = $c_1 \cdot 4 \cdot c_1$ = NO_3^--N-Konzentration im Aliquot [mg l^{-1}].

Methodische Fehlerquellen: Zur Vermeidung von Veränderungen durch mikrobielle Umsetzungen bei Probentransport und -lagerung s. Abschn. 5.1.3. und 5.1.4. Vorhandensein von weiteren reduzierbaren Verbindungen im Extrakt kann zur Vortäuschung höherer NO_3^--Gehalte führen. Große Sorgfalt ist bei der Verkupferung der Zinkgranalien erforderlich, denn eine unvollständige Reduktionswirkung würde die Ergebnisse verfälschen.

5.4.3.3 Bestimmung des mobilen Borats, Molybdats und Sulfats

Borat und Molybdat werden nach BERGER & TRUOG (1944) mit siedendem Wasser extrahiert und mittels ICP-OES, spektrophotometrisch bzw. mit AAS (nur Mo) bestimmt (LUFA-Verbandsmethoden). Sulfat wird mit NaCl + $CaCl_2$ im Gleichgewichtsverfahren nach SAALBACH & AIGNER (1987) ermittelt.

Extraktion von Borat und Molybdat: 100 g lutro Feinboden werden nach Zugabe von *200 ml H_2O* in einem *B-armen Glasgefäß* mit *Rückflusskühler* für 20 min ab Siedebeginn *gekocht*. Die Messung störende Kolloide sind durch Zugabe von 2 ml

2,5 mol l^{-1} CaCl$_2$ zu fällen (nicht bei ICP-Messung). Nach Erkalten durch B- und Mo-freies, trockenes *Faltenfilter* filtrieren.

Bestimmung: Vorteilhaft ist die Bestimmung beider Elemente in einem Extrakt mit ICP-OES bei 249,678 nm (B) bzw. 202,03 nm (Mo). Die Standards werden aus Merck-Stammlösungen mit 1000 mg l^{-1} in 0,5 *M* H$_2$SO$_4$ hergestellt (z. B. 0–3 mg l^{-1}). Bei Messung mit ICP-OES kann mit geringerer Einwaage (z. B. 25 g) gearbeitet werden. Bei Fehlen eines ICP-Geräts, bzw. wenn die ICP-OES-Messung nicht empfindlich genug ist, um z. B. Mo-Mangel im Boden zu erkennen, sind spektrophotometrische Verfahren (Borat in einem grün bis blau gefärbten Chinonkomplex bzw. Molybdat in einem grün gefärbten Dithiolkomplex) anzuwenden.

Photometrische Boratbestimmung: Störende Huminstoffe werden durch Ammoniumperoxodisulfat entfernt (500 mg in *Steilbrustflasche* geben, 2,5 ml Filtrat einmessen, 12,5 ml H$_2$SO$_4$, $\varrho = 1{,}84$ g ml^{-1}, frei in die Flasche fließen lassen, diese verschließen und 1 h im Trockenschrank bei 110 °C reagieren lassen). Ggf. die Zugabe von 500 mg Ammoniumperoxodisulfat wiederholen, bis die Lösung farblos ist. Dazu 150 mg Hydraziniumsulfat geben, vorsichtig schwenken, und erneut 1 h im Trockenschrank bei 110 °C reagieren lassen. Nach Erkalten der Lösung 5 ml Dianthrimidreagenz (5 g 1,1'-Dianthrimid mit H$_2$SO$_4$, $\varrho = 1{,}84$ g ml^{-1}, zu 1 l lösen) zugeben, vorsichtig umschwenken und 6 h bei 70 ± 2 °C im Trockenschrank erhitzen, anschließend abkühlen lassen. Je 2,5 ml der Lösung zur Bestimmung des Reagenzienblindwertes und der Kalibrierlösungen (20 ml wässrige Bor-Standardlösung (5 g B l^{-1}) mit H$_2$SO$_4$ zu 1 l auffüllen ($c_{(B)} = 100$ mg l^{-1}), davon 1 ml und 2,5 ml in 250-ml-Messkolben einmessen und nach Zugabe von 2,5 ml 0,25 mol l^{-1} CaCl$_2$-Lösung mit H$_2$SO$_4$ zu 10 ml auffüllen; Kalibrierstandards $c_{(B)} = 1{,}0$ ml l^{-1} und 2,5 mg l^{-1} ebenso behandeln. Nullwertlösung (H$_2$SO$_4$), Reagenzienblindwerte und Kalibrierlösungen in 20-mm-Küvette bei 615 nm spektrophotometrisch messen und Kalibriergerade aufstellen. Messlösungen von Bodenproben gegen Nullwertlösung messen; dabei Extinktion des Reagenzienblindwertes von Extinktion der Messlösungen subtrahieren und B-Konzentrationen der Messlösungen aus Kalibrierfunktion berechnen.

Berechnung: $c_{(B)}$ [mg kg^{-1}] = $c_1 \cdot 0{,}8$;
c_1 = B-Konzentration im Aliquot [mg l^{-1}].

Methodische Fehlerquellen: B-Abgabe an den Bodenextrakt aus B-haltigen Gläsern wird durch fünfmaliges Auskochen mit entionisiertem Wasser vor dem ersten Gebrauch minimiert. Torfe, Kompost und Proben mit ähnlich hohen Gehalten an organischen Substanzen sollten zur vollständigen Benetzung und Durchfeuchtung eine Nacht vor dem Kochen angesetzt werden.

Mo-Bestimmung, photometrisch: 100 ml Extrakt werden in einer *Teflonschale* auf dem Sandbad bis nahe und nach Zugabe von 5 ml HClO$_4$ ($\varrho = 1{,}53$ g ml^{-1}) und 5 ml HNO$_3$ ($\varrho = 1{,}40$ g ml^{-1}) bis zur Trockne eingedampft. Zum Trockenrückstand 3 ml HClO$_4$ und 3 ml HF ($\varrho = 1{,}13$ g ml^{-1}) zugeben und bis zur Trockne abrauchen. Die Teflonschale abkühlen lassen, den Abrauchrückstand in 5 ml 25 %ige HCl (675 ml HCl zu 220 ml H$_2$O geben), mit 30–40 ml H$_2$O in einen Jodzahlkolben überspülen und 10 ml Natriumcitratlösung zugeben. Mit NaOH auf pH 3,1 einstellen (mit Methylorange-Indikator oder pH-Messgerät). 1 g Ascorbinsäure zugeben, ca. 5 min stehen lassen, bis zur Lösung der Ascorbinsäure schwenken, 1,5 g Thioharnstoff zugeben und wiederum bis zur völligen Lösung schwenken. Mit 20 ml 25 %iger HCl ansäuern, 5 ml Farbreagenz zugeben (eine Ampulle mit 1 g Toluol-3,4-dithiol in 200 ml Methanol lösen, 5 ml 5 mol NaOH und 2 ml 80 %ige Thioglykolsäure zugeben und auf 500 ml auffüllen; nach Herstellung und nach jedem Öffnen Luft über der Flüssigkeitsoberfläche mit N$_2$ verdrängen; im Kühlschrank bei 0 °C lagern), und die Analysenlösung mind. 2 h bei < 5 °C im Kühlschrank stehen lassen. 20 ml Toluol ($\varrho = 0{,}87$ g ml^{-1}) in *Jodzahlkolben* pipettieren, und den Molybdän-Toluol-3,4-dithiol-Komplex durch kurzes Schütteln von Hand weitestgehend in die Toluolphase extrahieren. Dann die emulgierte Analysenlösung sofort in einen Scheidetrichter überführen, mit Wasser nachspülen und 5 min horizontal schütteln. Die wässrige Phase nach Phasentrennung ablassen und verwerfen. Die so hergestellte Messlösung entspricht einem Ansatz.

Zur Herstellung der Standardkalibrierreihe zu 100 ml H$_2$O 5 ml HClO$_4$, 5 ml HNO$_3$, 3 ml HClO$_4$ und 3 ml HF (wie oben) zugeben und bis zur Trockne abrauchen. Den Rückstand mit HCl aufnehmen und mit H$_2$O in einen Jodzahlkolben überspülen. In die vier Kolben 0, 1, 3 und 5 ml Standardgebrauchslösung (100 ml wässrige Mo-Lösung mit 1,000 g l^{-1} mit H$_2$O zu 1 l verdünnen) zugeben, 10 ml Natriumcitratlösung zugeben und weiter verfahren, wie oben beschrieben. Extinktionen der grün gefärbten organischen Phasen der Kalibrierreihe werden in einer 30-mm-Küvette bei 660 nm gegen Toluol gemessen. Die Kalibrierpunkte enthalten 0, 1, 3 und 5 µg Mo in 20 ml Toluol (= 0, 0,02, 0,06 und 0,1 mg Mo pro kg Boden); die Kalibriergerade soll bis 10 µg Mo in

20 ml Toluol linear sein. Die Extrakte der Bodenproben werden in gleicher Weise gemessen.

Methodische Fehlerquellen: Dithiolreagenz ist nicht mehr zu gebrauchen, wenn der Nullwert der Kalibrierkurve > 0,1 µg je 20 ml Toluol (Ansatz) enthält (neu ansetzen!).

Sulfatextraktion: 50 g lutro Feinboden mit 250 ml 1 *N NaCl* 1 h *maschinell* schütteln, mit ca. 3 g *Aktivkohle* versetzen, erneut 2 min schütteln und *filtrieren*.

Sulfatbestimmung: Nach Fällung mit $BaCl_2$ als $BaSO_4$ und Fällung des überschüssigen Ba mit K_2CrO_4 indirekt durch iodometrische Bestimmung des überschüssigen CrO_4: 100 ml des Filtrats werden in einem *Erlenmeyer-Kolben* mit 0,1 *M* HCl gegen 0,1 ml pH 4,1-Indikator auf pH 4,1 eingestellt. Nach Zusatz weiterer 1 ml 0,1 *M* HCl, 25 ml $BaCl_2$ (1,3 g l^{-1}) und Siedeperlen sowie Bedecken des Kolbens mit einem Glassturz wird bis zum Sieden erhitzt und rasch abgekühlt. Nach 30 min werden 25 ml K_2CrO_4 (1,3 g l^{-1}), ein Tropfen 10 %iges $AlCl_3$ und 1,6 ml 0,1 *M* KOH zugesetzt; 1 h später wird filtriert, und 100 ml des Filtrats werden in einem *Jodzahlkolben* mit 10 ml frischem 10 %igem KJ und 5 ml 25 %iger HCl versetzt. Nach 10 min wird mit Natriumthiosulfut (7,7520 g $Na_2S_2O_3$ + 1 ml 20 % NaOH je l) bei Gegenwart von Stärke als Indikator titriert. 1 ml $Na_2S_2O_3$ entspricht 1 mg SO_4 in der Extraktionslösung bzw. 5 mg SO_4 je kg Bodenprobe.

Anmerkungen: Die Methode wurde vorgeschlagen, um mit einem Extrakt N_{min} und S_{min} zu bestimmen (SAALBACH & AIGNER 1987). Inzwischen ist die N_{min}-Methode verändert worden (vgl. Abschn. 5.4.2.6), ohne allerdings analog auch eine veränderte S_{min}-Methode vorzuschlagen. Einfacher als die iodometrische Analyse ist die S-Bestimmung mit ICP-OES bei 181,978 nm (Nachweisgrenze 0,05 mg l^{-1}) wobei die Optik des Geräts eine Nacht vorher und während der Messung mit N_2 gespült werden muss.

5.4.3.4 Bestimmung extrahierbaren Phosphats (Wasser, Lactat, Citrat, Oxalat)

Messtechnische Grundlagen: Extraktion des Phosphats mit H_2O, Ammoniumlactatessigsäure (AL), Calciumammoniumlactat (CAL) bzw. Doppellactat (DL) (RIEHM 1948; VDLUFA 2005), Zitronensäure (nach REEUWIJK 1993: Abschn. 14-3) oder saurer Oxalatlösung und Bestimmung des extrahierten Phosphats entweder spektrophotometrisch als Molybdat-Phosphat-Komplex oder des gesamten extrahierten P mit Atomemissionsspektroskopie mit induktiv gekoppeltem Plasma (ICP-OES). Die Anwendung der ICP-OES hat den Vorteil, dass im selben Extrakt auch andere Element (z. B. K und Mg im DL-Extrakt oder Al, Fe und Mo im Oxalatextrakt) bestimmt werden können.

Extraktion mit entionisiertem H_2O: 8 g lutro Feinboden werden mit 200 ml H_2O in 250-ml-Schüttelflaschen aus PP versetzt und für 22 h stehen gelassen; dann 1 h rotierend schütteln. Filtration durch P-freie Faltenfilter in 250-ml-Erlenmeyer-Kolben und Abfüllung in 100-ml-Messkolben für spektrophotometrische Messung bzw. 20-ml-Flaschen (passen in Autosampler) für Messung am ICP.

Extraktion mit Ca–NH_4-Lactat (CAL): 5 g lutro Feinboden in 250-ml-Schüttelflaschen einwiegen, mit 100 ml CAL-Gebrauchslösung versetzen (10 l CAL-Vorratslösung aus 770 g Calciumlactat Pentahydrat, $C_6H_{10}CaO_6 \cdot 5\ H_2O$ und 395 g Calciumacetat, $Ca(CH_3COO)_2 \cdot x\ H_2O$, in je 3 l heißem H_2O lösen und beide Lösungen vereinigen, nach Abkühlen 895 ml Essigsäure (ϱ = 1,06 g ml^{-1}) zugeben und mit H_2O zu 10 l auffüllen; daraus Gebrauchslösung durch Verdünnung im Verhältnis 1 : 5 herstellen), einige Male schwenken und 90 min maschinell schütteln, filtrieren und die ersten 5–10 ml des Filtrats verwerfen.

Extraktion mit Doppellactat: s. Abschn. 5.4.2.6.

Extraktion mit Citronensäure: 5 g lutro Feinboden werden in einer Schüttelflasche mit 50 ml 1 %iger Citronensäure (10,0 g Citronensäure-1-hydrat in 1 l H_2O lösen, täglich ansetzen) versetzt (bei > 0,3 % Kalk der Probe je 0,1 % vorher 2,7 mg feste Citronensäure zusetzen) und (nach Abklingen der Kalklösung!) 2 h geschüttelt, 20 h stehen gelassen, erneut 1 h geschüttelt und sofort durch ein gehärtetes Filter in eine Plastikflasche filtriert (erste 5 ml verwerfen; wenn Filtrat trübe, erneut filtrieren).

Extraktion mit NH_4-Oxalat: s. Abschn. 5.5.5.2; 2 g lutro Feinboden werden mit 100 ml Oxalatlösung (17,56 g $[COOH]_2$ 2 H_2O + 28,4 g $[COONH_4]_2$ H_2O in 1 l H_2O lösen) in 250-ml-PP-Schüttelflaschen eingewogen und 1 h in einem abgedunkeltem Raum geschüttelt. Filtration über P-freies Faltenfilter, erste 10 ml des Filtrats verwerfen und Überführung in Vorratsflaschen (20 ml) für Bestimmung von Al, Fe und P am ICP.

Bestimmung spektrophotometrisch: 1 ml des jeweiligen Filtrats werden in einen 100-ml-Messkolben mit 10 ml Färbereagenz (12 g NH_4-Molybdat in 300 ml H_2O mit 450 ml 5 *M* H_2SO_4 versetzen, 100 ml 0,5 % KSb-Tartrat und H_2O zu 1 l ergänzen; 15 g Ascorbinsäure zugeben) versetzt und mit H_2O

aufgefüllt. Nach frühestens 2 h wird die Extinktion der blau gefärbten Lösung bei 720 oder 882 nm photometrisch gegen die Blindlösung gemessen (Eichlösungen mit 0–100 mg P l^{-1}). Diese spektrophotometrische Bestimmung kann man grundsätzlich bei allen hier vorgestellten Extraktionsverfahren anwenden. Bei sehr niedrigen Gehalten (< 0,1 mg P l^{-1}), wenn Molybdatmethode und ICP-Messung nicht empfindlich genug sind, hat sich der spektrophotometrische Nachweis mit Malachitgrün nach ALTMANN et al. (1971) als vorteilhaft herausgestellt.

Bestimmung am ICP-OES: Im Konzentrationsbereich zwischen 0,5 und 20 mg P pro Liter wird die Messung im Gauss-Modus mit fünf ausgewerteten von neun Messpunkten (5/9) und 0,5 s Messzeit empfohlen. Bei 0,1–0,5 mg P pro Liter wird der *on-peak*-Modus (3/5) mit 0,5 s und bei < 0,1 mg P pro Liter der *on-peak*-Modus (3/5) mit 1 s empfohlen. Erfahrungsgemäß günstige Wellenlängen sind 214,914 nm und 213,618 nm, bei beiden liegt die Nachweisgrenze bei 0,76 mg P pro Liter.

Fehlerquellen: Für wasserlöslichen P gibt es derzeit in Deutschland keinen einheitlichen Auswerterahmen, wie für die Lactatmethoden. Von diesen wird CAL für carbonathaltige Böden und DL für kalkfreie bis kalkarme Böden empfohlen (VDLUFA 2002).

5.4.3.5 Sequenzielle Phosphorfraktionierung

Eine sequenzielle Fraktionierung dient dazu, die Bindungsformen des Phosphats im Boden zu klären. Dabei erfolgt die Extraktion mit abnehmender Löslichkeit der Phosphate (HEDLEY et al. 1982). Der Beginn mit einem Anionenaustauscher und die zunehmende Extraktionsstärke der Lösungen bzw. spezifische Lösung von Bindungspartnern des Phosphats ermöglichen die Zuordnung der Fraktionen zu Bindungsformen des P mit unterschiedlicher Reaktivität und Umsetzbarkeit. Dies sind desorbierbares Orthophosphat (Dowex-P), labile und leicht nachlieferbare anorganische und organisch sowie mikrobiell gebundene (NaHCO$_3$-P), stabilere, an Al-, Fe-Oxide und Fulvo-/Huminsäuren gebundene (NaOH-P), stabile Ca- (H$_2$SO$_4$-P) sowie okkludierte, sehr stabile und in Mineralen eingeschlossene (HF/HClO$_4$-P) Phosphate. Photometrische Phosphat- und Gesamt-P-Bestimmung in den Extrakten mit ICP bzw. photometrische Bestimmung vor und nach vollständigem Aufschluss ermöglichen die Erfassung von anorganischem P (P$_i$) und organisch gebundenem P (P$_o$, als Differenz aus P$_{ges}$ und P$_i$).

Sequenzielle Extraktion: Einwaage von 0,5 g gemörsertem (< 0,125 mm) Feinboden (bei Torfen und anderen überwiegend organischen Proben 0,5 g Trockenäquivalent) in 50-ml-Zentrifugenröhrchen. Zugabe von ca. 0,4 g *Anionenaustauscherharz* (Dowex 1 × 8, mesh 50, Bicarbonatform) und 30 ml H$_2$O$_{dest.}$ Schütteln für 18 h und Trennung von Bodensuspension und Harz durch Siebung, wobei die Suspension für den nächsten Extraktionsschritt wiederum in ein 50-ml-Zentrifugenröhrchen überführt wird. Rücktausch des vom Harz sorbierten Phosphats mit 50 ml 1,25 *M* Natriumhydrogencarbonatlösung (NaHCO$_3$) und P-Bestimmung in diesem Extrakt mit ICP. Zentrifugation der Bodensuspension 20 min bei 6000 · g. Der Überstand enthält meist sehr wenig P (< 0,1 mg l^{-1} bzw < 0,1 % von Gesamt-P bei Dowex-P und NaHCO$_3$-P bzw. < 1 % P$_t$ bei NaOH-P und H$_2$SO$_4$-P) und kann entweder verworfen bzw. im Rahmen von Forschungsaufgaben separat bestimmt werden. Zugabe von 30 ml 0,5 *M* NaHCO$_3$-Lösung, eingestellt auf pH 8,5. Anschließend Schütteln für 18 h und Zentrifugation. Nachwaschen mit 30 ml 0,5 *M* NaHCO$_3$-Lösung, Schütteln von Hand, Zentrifugation und Vereinigung der Extrakte in 100-ml-Messkolben, Auffüllen bis zur Eichmarke. Nachfolgend Extraktion des Rückstands mit 0,1 *M* NaOH, Schüttelung, Separation und Nachbehandlung wie bereits beschrieben. Extraktion des Rückstands mit 1 *M* H$_2$SO$_4$; Schüttelung, Separation und Nachbehandlung wie beschrieben. Der Anteil des nicht extrahierbaren P (Residual-P) wird direkt mit Druckaufschluss mit HF/HClO$_4$ (Abschn. 5.5.1.2) bestimmt. Alternativ wird Residual-P vielfach aus der Differenz des Gesamtphosphors (Boden-P$_t$) und der Summe aller extrahierbaren Fraktionen (Harz-P + NaHCO$_3$-P + NaOH-P + H$_2$SO$_4$-P) geschätzt. Ergebnisdarstellung nach Bezug auf atro Feinboden in mg kg^{-1} bzw. als Prozent des P$_t$.

Bemerkungen: Bei organischen Böden hat die Vorbehandlung (Gefrier- oder Ofentrocknung) einen signifikanten Einfluss auf die P-Extrahierbarkeit; deshalb sollen Torfe feldfeucht eingewogen und fraktioniert werden (SCHLICHTING & LEINWEBER 2002). Die P-Konzentrationen in den Extrakten können direkt mit ICP-OES im Gauss- oder *on-peak*-Modus gemessen werden. Lediglich im NaHCO$_3$-Extrakt wird eine 1 : 1-Verdünnung durch Zugabe von 1 ml konz. HCl zu 10 ml Probenlösung und Auffüllen mit 9 ml H$_2$O durchgeführt, um Verstopfungen am Zerstäuber durch Auskristallisation zu verhindern. P$_i$ kann auch photometrisch nach der Molybdatmethode bestimmt werden.

5.4.4 Sorptionsisothermen für Kationen und Anionen

Die Sorptionsfähigkeit von Böden gegenüber Kat- und Anionen sowie organischen Verbindungen lässt sich durch stoffspezifische Adsorptionsisothermen näher charakterisieren.

5.4.4.1 Messtechnische Grundlagen

Bodenproben werden mit Angebotslösungen mit jeweils steigenden Konzentrationen der zu untersuchenden Kationen bzw. Anionen versetzt, bis zur Einstellung des Gleichgewichts zwischen absorbierten und gelösten Anteilen geschüttelt, und es werden die gelösten Anteile nach Zentrifugation direkt bestimmt. Die absorbierten Anteile werden durch Bezug der Konzentrationsdifferenzen zwischen Angebots- und Gleichgewichtslösung auf die Masse der Bodenprobe berechnet. Die adsorbierten Massen werden als Funktion der Konzentration in der Gleichgewichtslösung dargestellt. Die mathematische Beschreibung dieses Zusammenhangs ergibt die Adsorptionsisotherme. Neben der häufig angewendeten Freundlich-Isotherme werden z. B. für die Beschreibung der Phosphatadsorption auch weitere Modelle, wie die nach LANGMUIR und TEMKIN, angewendet. Problematisch ist oft die Anpassung der Daten an die Modelle im Bereich niedriger Konzentrationen, die jedoch oft relevanter als die sehr hohen Konzentrationsbereiche sind. Zeigt die Isotherme in der doppelt-logarithmischen Darstellung keinen geradlinigen Verlauf, hat neben Adsorption auch Fällung (durch Reaktion mit Bestandteilen der Bodenlösung) stattgefunden.

5.4.4.2 Ermittlung der Phosphatadsorption

Durchführung und Darstellung nach GRAETZ & NAIR (2000).

Durchführung: 0,5 (sorptionsstark) bis 1,0 g (sorptionsschwach) lutro Feinboden (< 2 mm) werden in 50-ml-Zentrifugenröhrchen eingewogen. Zu den Proben werden 25 ml 0,01 M $CaCl_2$-Lösung (2,94 g Calciumchlorid-Dihydrat, $CaCl_2 \cdot 2\,H_2O$ p. a., in einem 2-l-Messkolben in Reinstwasser geben und den Kolben nach vollständiger Auflösung des Salzes bis zum Eichmaß auffüllen; ungepuffert) mit acht verschiedenen P-Konzentrationen von 0–10 mg l^{-1} (Verhältnis von Boden zu Lösung beträgt 1 : 25) zugeben. Herstellung der P-Konzentrationsreihe aus der P-Stammlösung (c = 100 mg l^{-1}: 0,4394 g Kaliumdihydrogenphosphat, KH_2PO_4 in einem 1-l-Messkolben zusammen mit 1,47 g $CaCl_2 \cdot 2\,H_2O$ in Reinstwasser gelöst). Der Messkolben wird mit Reinstwasser bis auf Eichmaß aufgefüllt). Bei Böden mit sehr hoher Sorptionskapazität ist der Konzentrationsbereich bis auf 100 mg l^{-1} zu erhöhen Die Angebotslösungen werden durch Verdünnung der P-Stammlösung durch Auffüllen von 250-ml-Messkolben mit 0,01 M $CaCl_2$-Elektrolytlösung bis auf Eichmaß hergestellt (Tab. 5.4.4).

Von den Angebotslösungen werden ca. 50 ml für die abschließende P-Analyse aufbewahrt. Die Proben mit der P-Lösung in den Zentrifugenröhrchen werden 24 h bei 25 ± 1 °C rotierend geschüttelt, 1 h zur Sedimentation abgestellt und anschließend der Überstand durch den Membranfilter (0,45 µm) gegeben. Die P-Konzentrationen der Filtrate werden am Spektralphotometer (für P-Konzentrationen von 0,0–5,0 mg l^{-1}) bzw. mit ICP (für P-Konzentrationen von 5–100 mg l^{-1}) analysiert.

Tab. 5.4.4 Anleitung zur Herstellung der Angebotslösungen für P-Adsorptionsisothermen durch Verdünnung der Stammlösung (Zwischenstufen für mindestens sieben Datenpaare analog)

Nr.	durchschnittliches Sorptionsvermögen		hohes Sorptionsvermögen	
	P1 [mg l^{-1}]	P2 [ml]	P1 [mg l^{-1}]	P2 [ml]
1	0,0	0,0	0,0	0,0
3	0,6	1,5	2,0	5,0
5	2,0	5,0	10,0	25,0
7	7,0	17,5	50,0	125,0

P1-Konzentration P2-Zugabe P-Stammlösung

Berechnungen (für 1 g Einwaage):

$$m_{ads1...8} \, [\text{mg kg}^{-1}] = c_{Ang1...8} - c_{Gl\,1...8} \, [\text{mg l}^{-1}) \cdot 250$$

$m_{ads1...8}$ = Masse des adsorbierten Stoffes für Angebotslösungen 1 bis 8 [mg-l^{-1}]

$c_{Ang1...8}$ = Konzentration der Angebotslösungen 1 bis 8 [mg l^{-1}]

$c_{Gl1...8}$ = Konzentration der Gleichgewichtslösungen 1 bis 8 [mg l^{-1}]

Auswertung: Adsorptionsisotherme nach Freundlich: $w = k \cdot c^{1/n}$

w = Masseanteil des adsorbierten Stoffes, wird berechnet aus Anfangsgehalt (w_{Anf}); Bestimmung durch Gesamt-P oder Gesamtgehalt an Metallen im Königswasseraufschluss der Ausgangsprobe. $w \, [\text{mg kg}^{-1}] = w_{Anf} + m_{ads1...8}$

c = Konzentration der Gleichgewichtslösung, in diesem Beispiel die experimentell bestimmte $c_{Gl\,1...8}$ [mg l^{-1}]

k und n = Koeffizienten.

Die Koeffizienten „k" und „n" werden nach Linearisierung der Gleichung entsprechend $\ln w = \ln k + (1/n) \cdot \ln c$ berechnet. Grafisch ergibt sich auf einer doppelt-logarithmischen Darstellung eine Gerade mit der Steigung „1/n" und dem Ordinatenabschnitt „ln k"; k ist diejenige Stoffmenge, die bei einer Stoffkonzentration von 1 mg je Liter Schüttellösung adsorbiert wird.

Methodische Fehlerquellen: Das Ergebnis hängt von der Temperatur (Isotherme = bei konstanter Temperatur) sowie stark vom gewählten Verhältnis Boden:Lösung und den Konzentrationen an konkurrierenden Ionen ab. Bei den niedrigsten Konzentrationen der Angebotslösungen kann eine Nettodesorption des zu untersuchenden Ions auftreten. Beim P ist daran oft auch organisch gebundener P beteiligt, was durch Konzentrationsbestimmung mit Spektrophotometrie (Nachweis von PO_4^{3-} spektrophotometrisch und des Gesamt-P mit ICP nach Abschn. 5.4.3.4).

5.4.5 Kennzeichnung der Bodenlösung

Die Bodenlösung enthält praktisch alle Ionen, die auch an den Austauschern sorbiert sind, da sich zwischen gebundenen und gelösten Ionen ständig ein Gleichgewichtszustand einstellt. Weiterhin enthält die Bodenlösung im Bodenwasser gelöste Gase der Bodenluft wie O_2, N_2, CO_2 und NH_3, die zum Teil in wässriger Lösung dissoziieren (wie $CO_2 + H_2O \rightarrow H^+ + HCO_3$ und $NH_3 + H_2O \rightarrow NH_4^+ + OH^-$). Neben den Konzentrationen der ad- und desorbierbaren Kationen und Anionen (s. Abschn. 5.4.2 bis 5.4.4) sind wie in allen wässrigen Lösungen die H^+- und OH^--Aktivität von Interesse. Da bei bestimmter Temperatur das Ionenprodukt aus H^+ und OH^- konstant ist, braucht nur die H^+-Aktivität gemessen zu werden, um die Reaktion (Acidität/Alkalinität) der Bodenlösung zu kennzeichnen. Die H^+-Aktivität wird üblicherweise als pH-Wert ausgedrückt. Die Bodenacidität wird bestimmt durch freie H^+-Ionen dissoziierter anorganischer und organischer Säuren, die in der Bodenlösung als Hydroniumionen (H_3O^+) vorliegen. Weiterhin tragen hydrolysierte Al- und (untergeordnet) Fe-Salze (z. B. $Al^{3+} + 3\,Cl^- + 3\,H_2O \rightarrow Al(OH)_3 + 3\,H^+ + 3\,Cl^-$) zur Acidität bei. Grundgröße zur Kennzeichnung der Bodenreaktion ist der pH-Wert (lat. *pondus hydrogenii*). Der pH-Wert ist definiert als negativer dekadischer Logarithmus der in mmol l^{-1} ausgedrückten H^+-Ionenkonzentration.

Reaktionszustand und Zusammensetzung der Bodenlösung sind hochdynamisch, da (1) die täglich und jahreszeitlich variierende biologische Aktivität und der Gasaustausch die Konzentrationen von C- und N-haltigen Ionen in der Bodenlösung beeinflussen, (2) jede Wassergehaltsänderung die Konzentrationsgleichgewichte zwischen Bodenlösung und Austauschern verändert und (3) alle Zufuhren von Wasser (z. B. durch Niederschläge) oder Ionen (z. B. aus Mineralisierung und Düngung) und Austräge (z. B. durch Pflanzenaufnahme oder Auswaschung) Stoffbestand und Konzentrationen der Bodenlösung beeinflussen. Daraus folgt, dass einmalige Untersuchungen der Bodenlösung lediglich eine Momentaufnahme sind und demnach für viele Fragestellungen Zeitreihen der Eigenschaften erforderlich sind.

5.4.5.1 Kennzeichnung der Bodenreaktion

Messtechnische Grundlagen: Ein grundsätzliches Problem besteht darin, dass man die Kennzeichnung der Bodenreaktion praktisch nicht am ungestörten Boden durchführen kann und die Gewinnung der Bodenlösung für die Routineanalysen oftmals sehr aufwendig ist. Dies trifft besonders für Bodenhorizonte mit niedrigen oder negativen Redoxpotenzialen (z. B. Gr) zu, bei denen eine aussagefähige Messung der Bodenreaktion nur in der unter O_2-Abschluss gewonnenen Bodenlösung möglich ist. Von Proben aus durchlüfteten Bodenhorizonten werden Suspensionen mit H_2O (dest.), 0,01 M $CaCl_2$ oder 1 M KCl hergestellt, deren Bedingungen das Ergebnis beeinflussen. Ziel der Messung ist es, eine Vorstellung über die Reaktion der Bodenlösung zu bekommen. Da diese durch Wasserzusatz verfälscht wird, sind Messungen in Salzlösungen vorteilhafter, weil durch die Desorption eines kleinen Teils der H^+-Ionen der Verdünnungseffekt teilweise kompensiert wird. Die Messung in verdünnter $CaCl_2$-Suspension ist einer Messung in KCl-Suspension vorzuziehen: In illitreichen Proben wird Al^{3+} durch K^+ besonders stark ausgetauscht, und zum anderen ist $(H^+):(Ca^{2+})$ im Gegensatz zum pH in einem weiteren Konzentrationsbereich konstant und damit unabhängig vom Boden:Wasser-Verhältnis. In der Suspension werden elektrometrisch Potenziale gemessen, die der H^+-Aktivität proportional sind und die sich zwischen den Ionen der Lösung und einer eintauchenden Elektrode ausbilden. Meist wird zur pH-Messung die Glaselektrode eingesetzt, bei der durch Anwesenheit von H^+-Ionen in der Glasmembran ein Potenzial zwischen der Bezugslösung im Inneren der Glaselektrode und der unbekannten Messlösung (Suspension aus Boden und Dispersionsmittel) ausbildet. Dieses Potenzial wird als Differenz gegen eine Bezugselektrode mit bekanntem und konstantem Potenzial (meist Kalomelelektrode mit Potenzialbildung durch $Hg = Hg^+ + e^-$) gemessen, die mit einem Messsystem über eine Salzbrücke (gesättigte KCl-Lösung) verbunden ist. Im Gelände kann man die Farbmessung mit imprägnierten Papierstreifen (Lackmustest) durchführen.

Bestimmung des pH ($CaCl_2$): Elektrometrische Messung einer 0,01 M $CaCl_2$-Suspension mit Glaselektrode nach DIN ISO 10 390.

Durchführung: 10 g lutro Feinboden werden mit 25 ml *0,01 M CaCl₂* in einem *Becherglas* gut umgeschüttelt und unter Verdunstungsschutz sowie gelegentlichem Schwenken mindestens 30 min stehen gelassen. Nach Eichung des pH-Meters mit Pufferlösungen der wird der pH mit der kombinierten Glas/Kalomel-Elektrode und Temperaturmessfühler gemessen. Nach jeder Messung ist die Messelektrode mit 0,01 M $CaCl_2$ abzuspülen.

Auswertung der Ergebnisse: Der pH-Wert wird auf eine Dezimale genau angegeben. Es kann von Interesse sein, die Menge aktiver H^+-Ionen in $cmol_c$ kg^{-1} zu errechnen; das geschieht nach der Formel $cmol_c$ $kg^{-1} = 250 \cdot 10^{pH}$.

Methodische Fehlerquellen: Natürlich ist die auf diese Weise gewonnene H-Aktivität eine konventionelle Größe, da sie für jeden Boden nur bei einem bestimmten Wassergehalt gilt. Weiter entsprechen die Messwerte nicht immer dem pH der Bodenlösung, da der pH stark von der Ca^{2+}-Aktivität und dem CO_2-Partialdruck pCO_2, also der Zusammensetzung der Umgebungsluft abhängt.

5.4.5.2 Kennzeichnung des Elektrolytgehalts

Messtechnische Grundlagen: Die Bodenlösung kann direkt am Standort mit Saugkerzen oder Lysimeterplatten gewonnen werden (s. Abschn. 6.5.3.4). Im Labor lässt sie sich aus feldfrisch entnommenen, unter Verdunstungsschutz und Vermeidung jeglicher mikrobieller Aktivität transportierten und gelagerten Bodenproben (s. Abschn. 5.1.3) durch Absaugen, Zentrifugieren oder durch Verdrängen mit einer überschichteten Flüssigkeit gewinnen. Dabei ist zwischen Gewinnung aus gestörten und ungestörten Bodenproben zu unterscheiden. Das Gewinnungsverfahren bestimmt in gewissem Umfang die Zusammensetzung der Bodenlösung, da die in verschiedenen Porengrößen befindliche Lösung oft unterschiedlich zusammengesetzt ist. Die Labormethoden entwässern in der Regel auch die Mittelporen.

An diesen Lösungen wird zunächst die elektrische Leitfähigkeit (als Summenparameter der Elektrolytgehalte) bestimmt durch Messung des Spannungsabfalls eines angelegten elektrischen Stromes zwischen zwei 10 mm voneinander entfernt in die Lösung eintauchenden und 1 cm^2 großen Gold- oder Platinelektroden. Weiterhin kann der Stoffbestand, d. h. die Konzentrationen der Anionen und Kationen, detailliert erfasst werden.

Gewinnung der Bodenlösung durch Zentrifugieren: Benutzt werden *500-ml-Zentrifugenbecher aus Plaste* mit zwei Kammern, deren oberer Boden mit *Glaswolle* abgedeckt ist. Etwa 1 kg feldfrischer Boden (ggf. vorher Steine und Grobkies entfernen, feinen Quarzsand zumischen) werden in Portionen von jeweils ca. 100 g (Gewichte der Becher genau austarieren!) in die Becher gefüllt und in einer Kühlzentrifuge bei möglichst niedriger Temperatur (um mikrobielle Umsetzungen zu vermeiden) und 6000–9000 Umdrehungen min^{-1} für 1 h zentrifugiert. Die Zentrifugate werden gesammelt, nochmals kurz in einem kleineren Zentrifugenröhrchen zentrifugiert, und die dann klare Lösung wird bis zur Analyse bei −18 °C im Gefrierschrank aufbewahrt.

Gewinnung der Gleichgewichtsbodenlösung (GBL): nach Wassersättigung bis zur Fließgrenze nach HFA (2005ff): Abschn. 3.2.2.2.

Die Einwaage ist von der benötigten Lösungsmenge und Bodenart abhängig. Für 1 ml Lösung sind bei Sanden ca. 50, bei Lehmen 10, bei Tonen 4 und bei Torfen 2 g Einwaage erforderlich. 100–800 g feldfrischer und gewogener Boden (Grobkies und Steine entfernen und wägen, an Aliquot Wassergehalt nach Abschn. 5.1.6.3 bestimmen) werden in einem Plastikbecher und ständigem Rühren mit einem Spatel langsam bis zur Fließgrenze mit H_2O (< 1 µS cm^{-1}, pH 7, ggf. CO_2 durch Aufkochen entfernen) versetzt. Die Fließgrenze ist erreicht, wenn die Oberfläche zu glänzen und eine mit dem Spatel gezogene Kerbe zu zerfließen beginnt. Bei diesem Wassergehalt wird die Probe mit einem stabilen Elektromixer verrührt und zur Gleichgewichtseinstellung unter gelegentlichem Rühren 24 h in einem Kühlschrank bei 2–4 °C gehalten und erneut gewogen. Die Paste wird dann in einem *Büchner-Trichter* mit H_2O-gespültem Schwarzbandfilter mit Unterdruck in eine Saugflasche filtriert. Das Filtrat wird bis zur Analyse im Gefrierschrank bei −18 °C bewahrt.

Bestimmung der elektrischen Leitfähigkeit: Die elektrische Leitfähigkeit (EC), ausgedrückt in mS cm^{-1} bei 25 °C, wird mit einem temperaturkompensierenden Leitfähigkeitsmessgerät ermittelt, und zwar von einem Aliquot der Bodenlösung oder der Gleichgewichtsbodenlösung (zur Bestimmung am Standort s. Abschn. 3.5.5.5, zur Ermittlung des Salzgehalts s. Abschn. 5.5.3.2).

Auswertung und Anmerkungen: Der Messwert wird direkt in mS cm^{-1} angegeben. Der Elektrolytgehalt der Bodenlösung ist eine äußerst variable Größe, abhängig vor allem vom Wassergehalt des Bodens. Eine Wasserzufuhr wirkt in der Regel nicht nur verdünnend, sondern auch lösend und führt somit zu einem Anstieg der Elektrolytmenge, und die Salze unterscheiden sich in ihrer Löslichkeit.

5.4.5.3 Kennzeichnung des Stoffbestands der Bodenlösung

Messtechnische Grundlagen: Ein Großteil der Elemente kann mit ICP bestimmt werden. Sind die Konzentrationen zu gering, müssen Graphitrohr-AAS oder ICP-MS angewendet werden. C- und N-haltige Ionen sowie Cl$^-$ und SO_4^{2-} werden photo-metrisch bestimmt. ICP- und AAS-Geräte arbeiten meist mit Autosamplern; bei der Photometrie sind höhere Probendurchsätze mit Fließinjektionssystemen zu erreichen. Es wird beispielhaft jeweils eine Einzelanalyse kurz beschrieben bzw. genannt.

Bestimmung von H: 20 ml Bodenlösung werden in einem Messgefäß mit einem Tropfen konz. KCl versetzt, durch Schütteln homogenisiert und der pH-Wert mit einer Glaselektrode gemessen und über 10^{-pH} in mmol l^{-1} umgerechnet. Der Neutralsalzzusatz dient der Potenzialstabilisierung.

Bestimmung von K und Na: s. Abschn. 5.4.2.6; Eichlösungen mit H_2O ansetzen.

Bestimmung von Ca und Mg: s. Abschn. 5.4.2.6; Eichlösungen mit H_2O ansetzen.

Bestimmung von Al: s. Abschn. 5.4.2.6; Eichlösungen mit H_2O ansetzen; die Al-Konzentrationen sind z. T. so gering, dass man sie nur mit der Graphitrohr-AAS bestimmen kann.

Bestimmung von Fe und Mn: s. Abschn. 5.4.2.6; Eichlösungen mit H_2O ansetzen.

Bestimmung von Cd, Co, Cu, Ni, Pb und Zn: s. Abschn. 5.4.2.6; Blind- und Eichlösungen mit H_2O ansetzen.

Bestimmung von CO_3 und HCO_3: 50 ml (EC < 1 mS) bis 10 ml (EC > 10 mS) werden in einem Becherglas mit 0,1 ml pH-8,3-Indikator versetzt und bei Violettfärbung unter Rühren (Magnetrührer) tropfenweise mit 0,05 M H_2SO_4 bis zum Gelbumschlag titriert; H_2SO_4-Verbrauch in ml: 10 = cmol$_c$ CO_3 je 50 (bis 10) ml. Anschließend wird pH-4,1-Indikator zugesetzt und bis zum Farbumschlag von grün nach violett titriert. Zusätzlicher SO_4-Verbrauch in ml: 20 = cmol$_c$ HCO_3 je 50 (bis 10) ml. Die Lösungsmenge lässt sich bei Benutzung eines Titrierautomaten (dann bis 8,4 und 4,4 titrieren) auf 10–2 ml reduzieren.

Bestimmung von NH_4 (nach DIN 38 406-5): 5–20 ml der Lösung (pH 5-8, sonst mit NaOH bzw. HCl einstellen) werden in einem 50-ml-Messkolben mit 4 ml Salicylat-Citrat (je 130 g $C_7H_5O_3Na$ und $C_6H_2O_7Na_3$ 2 H_2O in 800 ml H_2O lösen, mit 0,97 g $Na_2Fe(CN)_5NO$ 2 H_2O schütteln und mit H_2O zu 1 l ergänzen) und dann unter Schütteln mit 4 ml Reagenzlösung (3,2 g NaOH + 0,2 g $C_3N_3C_{12}O_3Na$ in 100 ml H_2O) versetzt, mit H_2O zu 1 l ergänzt, homogenisiert und nach 1–3 h bei 655 nm photometriert.

Bestimmung von NO_3 (nach DIN 38 405-9): 5 ml der Lösung werden in einem 50-ml-Erlenmeyer-Kolben mit 40 ml Säuregemisch (96 %ige H_2SO_4 + 85 %ige H_3PO_4, 1 : 1) und 5 ml Dimethylphenol (1,2 g 2,6 – -$C_8H_{10}O$ in 1 l Eisessig) homogenisiert und nach 10–60 min bei 324 nm photometriert.

Bestimmung von C^{-1} (nach DIN 38 405-1): 50 ml Lösung werden in einem 250-ml-Erlenmeyer-Kolben mit HNO_3 bzw. NaOH auf pH 6,5–7,0 eingestellt (pH-Elektrode mit KNO_3-Füllung!), mit H_2O zu ca. 100 ml ergänzt, mit 1 ml 10 %igem K_2CrO_4 versetzt und unter Rühren mit 0,02 M Ag-NO_3 bis zum Farbumschlag von grüngelb nach rotbraun titriert (V_{Ag} [ml]). Entsprechend wird H_2O als Blindprobe titriert (V_{Blind} in ml). Dann ergibt sich die Cl-Konzentration in mg l^{-1} durch Multiplikation der Differenz von V_{Ag} und V_{Blind} mit 14,18.

Bestimmung von SO$_4^{2-}$ (REEUWIJK 1993: Abschn. 13-6): 5 ml der Lösung werden in einen 50-ml-Becher pipettiert, mit 10 ml H_2O und dann unter Rühren (Magnetrührer) mit 10 ml Glycerin (1:1 mit H_2O verdünnt) versetzt, im Kühlschrank auf ca. 15 °C abgekühlt und unter Rühren mit 2,0 ml Ba-Cl_2-Reagenz (25 g $BaCl_2$ 2 H_2O in 200 ml H_2O mit 12,5 ml konz. HCl versetzen, mit H_2O zu 250 ml ergänzen) versetzt. Nach 30 min wird die durch $BaSO_4$ verursachte Trübung bei 600 nm photometriert.

5.5 Mineralkörper des Bodens

Der Mineralkörper eines Bodens ist gekennzeichnet durch Art und Größe seiner Minerale. Die Minerale bestehen aus Atomen oder Ionen, die in einem Kristallgitter angeordnet sind; sie besitzen also eine bestimmte Struktur und chemische Zusammensetzung. Daraus ergeben sich weitere (diagnostisch nutzbare) Eigenschaften (wie Löslichkeit, Dichte, Magnetismus, optisches und thermisches Verhalten). Die Minerale lassen sich aufgrund ihrer Eigenschaften in verschiedener Weise ordnen; bodenkundlich werden am besten folgende Gruppen unterschieden: wasserlösliche Salze (+ Sulfate), Carbonate (+ Phosphate), Oxide und Silicate. Die beiden letzten Gruppen werden dann weiter in pedogene (bodenbürtige) und pyrogene (aus einer Schmelze entstandene) Minerale gegliedert. Die pedogenen Silicate (Tonminerale) und Oxide treten vornehmlich in der Tonfraktion auf, die pyrogenen dagegen in den Schluff- und Sandfraktionen. Die bodenbürtigen Minerale sind in der Regel sehr viel schlechter geordnet und zeigen daher alle Übergänge zwischen kristallinen und amorphen Formen. Die Oxide unter ihnen bilden zudem bevorzugt Überzüge auf anderen Mineralen und liegen daher nur selten als Einzelkörner vor.

Pyrogen ist nicht gleichbedeutend mit lithogen (= aus dem Gestein stammend), da ein Gestein auch bodenbürtige Minerale früherer Entwicklungsphasen enthalten kann.

5.5.1 Allgemeine chemische Charakterisierung

Bei der Anwendung chemischer Analysen zur Kennzeichnung des Mineralbestands sind drei Möglichkeiten zu unterscheiden: die Totalanalyse (sog. Bauschanalyse) und die Bestimmung von Leitelementen (bzw. -gruppen) in der Probe oder in Extrakten aus ihr. Die **Bauschanalyse** soll den gesamten Mineralbestand charakterisieren; sie liefert aber recht unspezifische Ergebnisse; ihre Interpretation kann rechnerisch erfolgen, wenn die Minerale sich in einem Gleichgewichtszustand befinden. Als **Leitelemente** oder -gruppen kann man solche bezeichnen, die nur in bestimmten Mineralen oder eng umschriebenen Mineralgruppen vorkommen; so ist es statthaft, aus dem gesamten Zr-Gehalt auf den Zirkongehalt zu schließen. Eine Einengung der infrage kommenden Minerale kann man durch fraktionierende Extraktion erzielen. Näheres hierzu wird bei der Bestimmung der wasserlöslichen Salze (Abschn. 5.5.3), Carbonate (Abschn. 5.5.4) und pedogenen Oxide (Abschn. 5.5.5) ausgeführt.

Alle chemischen Verfahren setzen annähernd humusfreie Proben voraus oder gestatten Schlüsse auf den Mineralbestand nur dann, wenn das nachgewiesene Element nur in untergeordneten Mengen aus dem Humus stammen kann. Dieses darf bei der Bauschanalyse am wenigsten, bei der Bestimmung von Leitelementen in Extrakten umso mehr angenommen werden, je selektiver das Extraktionsmittel ist.

5.5.1.1 Messtechnische Grundlagen

Bei der **Bauschanalyse** müssen Reagenzien eingesetzt werden, die die Minerale in ihrer Gesamtheit aufzulösen vermögen und dabei weder zu bestimmende Elemente enthalten noch mit diesen flüchtige Verbindungen bilden. Da es ein solches Universalreagenz nicht gibt, schließt man sowohl durch Lösen mit Flusssäure (geeignet für viele bodenkundlich bedeutsame Elemente, aber nicht für Si) als auch durch Schmelzen mit Alkalicarbonaten, -oxiden oder -boraten (geeignet für viele Elemente, natürlich nicht für die benutzten Alkalien) auf.

Flusssäure löst, indem sie nach der Gleichung

$$SiO_2 + 4\,HF = SiF_4 \uparrow + 2\,H_2O$$

mit Si flüchtiges Siliciumtetrafluorid bildet. Mit Alkalisalzschmelzen werden die Kationen als leicht lösliche Carbonate, Hydroxide und Borate, die Anionen als lösliche Alkalisalze vorliegen.

Insbesondere bei der Ermittlung von Bodenbelastungen wird auch **Königswasser** (HCl-HNO$_3$-Gemisch) verwendet (s. z. B. Klärschlammverordnung). Diese Reagenzien erfassen zwar den kontaminierten Anteil meist vollständig, jedoch nicht den natürlichen Anteil (z. B. nur 50–80 % des Cr). Viele Elemente lassen sich auch ohne Aufschluss *röntgenfluoreszenzanalytisch* quantitativ erfassen (s. Abschn. 5.5.1.3).

Bodenkundlich bedeutsamer kann es sein, die verwitterbaren Minerale näher zu charakterisieren, und zwar besonders die nährstoffhaltigen unter ihnen. Zwar ist der Begriff „verwitterbar" relativ, da in unendlicher Zeit alle Minerale verwittern können. Hier soll darunter eine Abbaubarkeit im Laufe bodenkundlich noch gut überschaubarer Zeiten (100 bis 1000 Jahre) verstanden werden. Es genügt nun nicht, die verwitterbaren Minerale durch Mineralanalysen zu bestimmen (vgl. hierzu Abschn. 5.5.3 bis 5.5.7), da die Verwitterbarkeit auch von der Mineralgröße und -form (d. h. von der wirksamen Oberfläche) abhängt und außerdem in der angegebenen Zeit mitunter nur Teile eines Minerals betroffen sind. Man muss die Verwitterung vielmehr experimentell nachzuahmen versuchen. Dann kann man über eine erneute Analyse der hierbei resistenten Minerale Menge und Art der verwitterbaren ermitteln.

In kurzer Zeit mobilisierbare Ionen lassen sich mit verdünnten Mineralsäuren extrahieren, diese Nährstoffe werden nach Abzug des austauschbar gebundenen Anteils als nachlieferbare Fraktion bezeichnet (Abschn. 5.5.1.6).

5.5.1.2 Die Bauschanalyse

Säureaufschluss für Gesamt-Al, -Ca, -Fe, -K, -Mg, -Mn, -Na, -P und Spurenelemente durch Abrauchen mit HF und HClO$_4$ (zerstört Humus und gewährleistet vollständiges SiF$_4$-Entweichen) weitgehend nach DIN ISO 14 869-1); Alkaliaufschluss für Gesamt-Si durch Schmelzen mit Li-Boraten nach DIN ISO 14 869-02; Bestimmung der Metalle mit AAS; P-Bestimmung kolorimetrisch mit Molybdat-Vanadat; Si-Bestimmung kolorimetrisch mit Molybdat nach Abtrennen aller Störelemente durch Dehydrie-

ren des SiO$_2$ mit HClO$_4$; H$_2$O- Humus- und CO$_3^{2-}$-Bestimmung durch fraktioniertes Erhitzen bei 200, 600 und 1000 °C.

Flusssäureaufschluss: 0,5 g lutro (mit der *Kugelmühle*) gemahlene Feinerde werden in einem *30-ml-Pt-Tiegel* (oder *Quarzglas*) mit etwas *H$_2$O* befeuchtet (humusreiche Proben vorher kurz bis zur leichten Rotglut des Tiegels über einer nicht leuchtenden *Bunsenbrenner*flamme erhitzen) und mit 5 ml *65 %iger HNO$_3$* sowie 10 ml *40 %iger HF* versetzt (Vorsicht: stark ätzend, Lebensgefahr; nur im HF-Abzug anwenden). Der Tiegel wird zu 9/10 mit einem Pt-Deckel bedeckt und auf einem *Sandbad* bei 200 °C abgeraucht (längeres Erhitzen des Trockenrückstands wegen der Gefahr von K-, B- und P-Verlusten vermeiden). Der Rückstand wird mit 5 ml *65 %iger HNO$_3$*, 1 ml *70 %iger HClO$_4$* und 10 ml *40 %iger HF* wiederum bis zur Trockne abgeraucht. Dann werden 3 ml HNO$_3$ zugesetzt und bei offenem Tiegel bis fast zur Trockne abgeraucht. Beim Abrauchen von HClO$_4$ besteht Explosionsgefahr; daher nur unter einem *Perchlorsäureabzug* arbeiten! Nach dem Abkühlen werden 10 ml *5 M HCl* und etwa 5 ml H$_2$O zugesetzt und bei geschlossenem Tiegel 10 min auf dem Sandbad erhitzt. Die Lösung wird über ein *feinporiges Filter* in einen *100 ml Messkolben* filtriert und abgefüllt. Ein ggf. verbliebener Filterrückstand wird nach Veraschen des Filters in einem *Pt-Tiegel* einem **Schmelzaufschluss** unterzogen und dann getrennt analysiert. Hierzu werden 2 g *Li$_2$B$_4$O$_7$* zugesetzt, in einem *Muffelofen* geschmolzen und 1 h weiter erhitzt. Der Tiegel wird mit einer *Pt-Zange* dem Muffelofen entnommen, die Schmelze durch vorsichtiges Schwenken in dünner Schicht auf der Tiegelwandung verteilt und nach dem Abkühlen in ein *Becherglas* gelegt, das 5 ml *6 M H$_2$SO$_4$* und so viel H$_2$O enthält, dass der Tiegel gerade bedeckt ist. Das Becherglas wird bis zum vollständigen Lösen der Schmelze erwärmt. Die Lösung wird in einen *100-ml-Messkolben* überführt und mit H$_2$O aufgefüllt.

Schmelzaufschluss: 0,2 g lutro gemahlene Feinerde werden in einem *Ni*- oder *Pt- Tiegel* in einem *Muffelofen* 3 h auf 450 °C erhitzt, auf Raumtemperatur abgekühlt, mit 0,2 g *Di-Lithiumtetraborat* und 0,8 g *Lithiummetaborat* versetzt, sorgfältig mit einem *Plastikspatel* gemischt und im Muffelofen bei 1000–1100 °C bis zur vollständigen Schmelze (10–30 min nach Erreichen der Zieltemperatur) erhitzt (ggfs. zum Prüfen den heißen Tiegel mit einer *Platinzange, Schutzhandschuh* und *Augen/Gesichtsschutz* herausnehmen und die Schmelze umschwenken); die Schmelze dann herausnehmen, vor dem Erstarren quantitativ mit 200 ml *0,5 M HNO$_3$* in ein *500-ml-Becherglas* überführen und mit einem *magnetischen Rührgerät* nebst (mit Polytetrafluorethylen überzogenem) *Rührstäbchen* ca. 20 min bis zur vollständigen Lösung der Schmelze rühren; den Becherglasinhalt dann quantitativ unter Nachspülen mit 0,5 M HNO$_3$ in einen *500-ml-Messkolben* überführen und mit 0,5 M HNO$_3$ auffüllen.

K- und Na-Bestimmung: *flammenspektralphotometrisch* im Aliquot des HF-Aufschlusses nach Zusatz eines *Al-Cs-Puffers* entsprechend Abschn. 5.4.2.6; Eichlösungen in *0,25 M HCl.*

Ca- und Mg-Bestimmung: mit *Flammen-AAS* in Aliquot des HF- Aufschlusses nach *La-Zusatz* entsprechend Abschn. 5.4.2.6; Eichlösungen in *0,05 M HCl.*

Fe- und Mn-Bestimmung: mit *AAS im HF-Aufschluss bei* 248,3 nm (Fe) bzw. 279,5 nm (Mn) in der Luft/Acetylen-Flamme; Eichlösungen in *0,5 M HCl.*

Al- und Ti-Bestimmung: mit *Flammen-AAS* im HF-Aufschluss bei 309,3 nm (Al) bzw. 365,4 nm (Ti); weiterhin lassen sich auch Be, Cd, Cu, Co, Ni, Pb und Zn mit Flammen-AAS oder flammenloser AAS bestimmen (Tab. 5.4.3).

P-Bestimmung: 50 ml des salzsauren HF-Aufschlusses werden zweimal mit 2 ml *konz. HNO$_3$* auf einem *Sandbad* abgeraucht und dann analog Abschn. 5.5.1.5 auf ihren P-Gehalt untersucht.

Si-Bestimmung: 2–10 ml des Li-Borat-Aufschlusses werden in ein *25-ml-Kolorimeterröhrchen* pipettiert; darin ist der Si-Gehalt analog Abschn. 5.5.5.4 zu bestimmen.

Bestimmung des freien (H$_2$O$^-$) und gebundenen (H$_2$O$^+$) Wassers, des CO$_3$ und des Humus: 3 g lutro gemahlene Feinerde werden in einem geglühten *Pt-Tiegel* im *Trockenschrank* bis zur Massekonstanz getrocknet und gewogen; die Differenz ergibt den Wassergehalt. Danach Probe 2 h im *Muffelofen* bei 1000 °C glühen, im *Exsikkator* abkühlen und wägen: Die Differenz ergibt den Glühverlust und daraus nach Abzug des CO$_3^{2-}$- (Bestimmung s. Abschn. 5.5.4.2) und Humus- (Bestimmung s. Abschn. 5.6.1.4) Gehalts das gebundene Wasser (Kristallwasser). Erhitzen in Stufen differenziert zwischen H$_2$O (bei 200 °C), C$_{org}$ (bei 500 °C im *O2-Strom*) und C$_{anorg}$ (bei 1000 °C).

Darstellung der Ergebnisse: Die Ergebnisse werden auf atro Feinerde bezogen (Abschn. 5.2.3) und in Oxidform angegeben (Fe als Fe$_2$O$_3$, CO$_3^{2-}$ als CO$_2$). Ihre Summe muss dann 98–100 % ergeben, da die übrigen normalerweise weniger als 1 % der Probe ausmachen. Aus ihr kann der Mineralbestand grob geschätzt werden. Unter bestimmten Voraussetzungen ist es nach HOLMES (1930) sogar möglich,

Art und Anteil verschiedener Mineralgruppen aus dem Ergebnis der Bauschanalyse zu errechnen. Ob diese Voraussetzungen aber gegeben sind, ist bei Böden meist schwer zu beurteilen. Da es für bodenkundliche Fragen sinnvoller ist, nur die diagnostischen Minerale und diese direkt zu bestimmen (s. Abschn. 5.5.3 bis 5.5.7), wird der Rechengang hier nicht dargestellt.

5.5.1.3 Bauschanalyse durch Röntgenfluoreszenzanalyse einer Boratschmelze

Bestimmung des Wassers, der Carbonate und des Humus durch stufenweises Erhitzen, Erstellen einer Tablette aus zugesetztem Borat und der bei 1000 °C geschmolzenen Mineralpartikel und Bestimmung der Elemente mittels Röntgenfluoreszenz (SPARKS 1996).

Bestimmung des freien (H$_2$O$^-$) und gebundenen (H$_2$O$^+$) Wassers sowie des CO^3 und des Humus: 1 g lutro gemahlene Feinerde werden entsprechend Abschn. 5.5.1.2 auf 105 und 1000 °C erhitzt und die Gewichtsdifferenzen bestimmt.

Erstellung einer Boratschmelze: 600 mg der geglühten Probe (ggfs. in *Achatschale* mörsern und nochmals bei 105 °C trocknen) werden mit 2,4 g *Li2B4O7* in einem *Pt-Spezialtiegel* bei 1000 °C im *Muffelofen* geschmolzen und die Schmelze sofort in eine *Form* gegossen.

Bestimmung: Der erkaltete Schmelzkuchen wird in das *Röntgenfluoreszenzgerät* gesetzt und damit die Elemente Al, Ca, Cu, Fe, K, Mg, Mn, Na, P, Si, Ti und ggf. Cr, Ni und Zr bestimmt.

Auswertung: s. Abschn. 5.5.1.2.

Methodische Fehlerquellen: Die Bestimmung eines Elements wird von anderen Elementen durch Interferenzen und Massenschwächung beeinflusst. Die Genauigkeit hängt daher davon ab, inwieweit die für die Eichung benutzten Standards der Zusammensetzung der Probe gleichen oder die benutzten Korrekturprogramme den Proben angepasst sind.

5.5.1.4 Aufschluss mit Königswasser

Extraktion mit siedendem HCl/HNO$_3$-Gemisch nach DIN ISO 11466 (vereinfacht); Bestimmung analog Abschn. 5.5.1.2.

Aufschluss: 1 g lutro (mit der *Kugelmühle*) gemahlene Feinerde in einem *Porzellantiegel* 30 min in einen *Muffelofen* bei 550 °C glühen; nach dem

Abkühlen in einen *50-ml-Messkolben* überführen, mit 6 ml *38 %iger HCl* und 2 ml *65 %iger HNO$_3$* versetzen, einen *Glastropfen* aufsetzen und auf einem *Sandbad* 2 h bei 115 °C erhitzen; nach dem Abkühlen mit *2 M HNO$_3$* zu 50 ml ergänzen, mit einem *Glasstab* rühren und über ein feinporiges *Filter* in eine *Plastikflasche filtrieren* (erste 5 ml verwerfen).

Bestimmung: Die einzelnen Elemente werden entsprechend Abschn. 5.5.1.2 mit *Flammen-AAS* bestimmt; Blind- und Eichlösung sind entsprechend der mit *2 M HNO$_3$* verdünnten Aufschlusslösung anzusetzen.

Auswertung: Entsprechend der Klärschlammverordnung (AbfKlärV 1992) sind die Gehalte in mg kg^{-1} lutro Feinerde anzugeben. Korrekter ist es jedoch, sie auf atro Feinerde (s. Abschn. 5.1.6.3) zu beziehen.

5.5.1.5 Charakterisierung der verwitterbaren P-, K-, Ca- und Mg-Minerale

Extraktion mit kochender HCl nach Zerstören der organischen Substanz durch Glühen; P-Bestimmung kolorimetrisch mit Molybdat-Vanadat nach Entfernen des störenden Cl (= Gelbfärbung mit Fe) durch Abrauchen mit HNO$_3$; K-, Ca- und Mg-Bestimmung mit Flammen-AAS.

HCl-Extraktion: 10 g lutro Feinerde werden in einem *Porzellanbecher* bei *500 °C* im *Muffelofen* 1 h geglüht, dann nach Zugabe von *50 ml 30 % iger HCl* (bei carbonathaltigen Proben je *5 %* Carbonat 1 ml mehr) und Abdecken mit einem *Uhrglas* 1 h *auf* dem *Sandbad* gekocht. Nach Abkühlen wird in einen *100-ml-Messkolben* filtriert, mit *H$_2$O* nachgewaschen und bis zur Marke aufgefüllt. 10 ml des Filtrats werden in einer *Porzellanschale* zweimal nach Zusatz von jeweils 2 ml *konz. HNO$_3$ auf dem* Sandbad eingedampft. Der Rückstand wird mit *0,5 M HNO$_3$* aufgenommen (ggf. leicht erwärmen), in einen *50-ml-Messkolben* überführt und mit *0,5 M HNO$_3$* bis zur Marke aufgefüllt.

P-Bestimmung: 10 ml der salpetersauren Lösung werden in einem *50-ml-Messkolben* mit 10 ml *Molybdat-Vanadat* (0,25 % iges NH$_4$VO$_3$ und 5 %iges [NH$_4$]$_2$MoO$_4$ im Verhältnis 1:1 gemischt) und 10 ml *0,5 M HNO$_3$* versetzt, mit *H$_2$O* bis zur Marke aufgefüllt und umgeschüttelt. Nach (frühestens) 10 min wird die Extinktion des gelben Phosphat-Molybdat-Komplexes bei 430–440 nm in *10-mm-Küvetten* gegen den Blindwert photometriert (s. Abschn. 5.4.3.4) und die entsprechende

P-Konzentration in µg pro 50 ml einer Eichkurve (s. Abschn. 5.1.6) entnommen. Multiplikation mit 0,005 ergibt dann mg P g^{-1}.

K-Bestimmung: 2 ml der HNO$_3$-Lösung (und entsprechende Blind- und Eichlösungen) werden mit 2 ml *Al-Cs-Puffer* (s. Abschn. 5.4.2.4) versetzt und K mit Flammenspektralphotometer (s. Abschn. 5.4.3.4) gemessen. Multiplikation der K-Konzentration in µg ml^{-1} mit 0,1 ergibt mg g^{-1} K.

Ca- und Mg-Bestimmung: 1 ml der HNO$_3$-Lösung (und entsprechende Blind-und Eichlösungen) werden mit 9 ml *La-Lösung* (s. Abschn. 5.4.2.5) versetzt und Ca bei 422,7 nm, Mg bei 285,2 nm mit *Flammen-AAS* (s. Abschn. 5.4.3.4) bestimmt. Multiplikation der Konzentrationen in µg ml^{-1} mit 0,5 ergibt dann mg g^{-1} Ca und Mg.

Darstellung der Ergebnisse: Aus den ermittelten P-, K-, Mg- und Ca-Gehalten den Gehalt der Probe an den entsprechenden Mineralen zu errechnen, ist nicht sehr sinnvoll, da deren Art und Zusammensetzung sehr verschieden ist (z. B. K aus Feldspäten, Glimmern und Tonmineralen, K-Gehalt von Illiten zwischen 4 und 6 %). Für manche Zwecke ist es dagegen angebracht, sie in cmol$_c$ kg^{-1} umzurechnen, was durch Multiplikation der mg g^{-1}-Werte mit 9,7 (PO$_4$), 2,5 (K), 8,2 (Mg) bzw. 5,0 (Ca) geschieht.

Methodische Fehlerquellen: Das angewandte Extraktionsverfahren ist nicht selektiv, da die in der organischen Substanz eingeschlossenen Mengen (bes. P) mit erfasst werden (sie würden auch ohne Glühen in ± großen Mengen extrahiert; um alle Proben gleichmäßig zu behandeln, werden die organischen Stoffe grundsätzlich durch Glühen zerstört). Ferner werden die an Ionenaustauschern gebundenen PO$_4$-, K-, Ca- und Mg-Ionen mit erfasst. Diesen letzten Fehler muss man berücksichtigen.

5.5.2 Kennzeichnung der Mineralgröße

Zwischen Mineralbestand und -größe besteht zwar teilweise ein enger (z. B. Tonminerale meist < 2 µm Ø) aber keineswegs ein zwingender Zusammenhang. Daher müsste man die Kornverteilungskurven (s. Abschn. 5.2.4) der einzelnen Minerale (bzw. Mineralgruppen) messen.

5.5.2.1 Messtechnische Grundlagen

Einzelkornverteilungskurven sind auf verschiedene Weise zu ermitteln:

1. ist direktes Messen der einzelnen Minerale an Dünnschliffen oder Körnerpräparaten möglich, aber aufwendig (vgl. hierzu Abschn. 5.2.1).
2. kann ein Mineralgemisch mit körnungsschonenden Methoden präparativ aufgetrennt werden (z. B. mit schweren Lösungen nach der Dichte) und dann eine Analyse der einzelnen Mineralgruppen erfolgen. Dabei gelingt es aber selten sowohl ausreichend als auch spezifisch zu trennen.
3. lassen sich bestimmte Mineralgruppen selektiv lösen (z. B. Carbonate mit verdünnter HCl, pedogene Fe-Oxide mit $Na_2S_2O_3$) und die Körnung der verbleibenden, unveränderten Gruppe untersuchen. Wird dabei zwischen den einzelnen Selektionen die Körnung des jeweils Unlöslichen ermittelt, lässt sich auch die der extrahierten Gruppen errechnen, sofern diese wirklich als Einzelkörner vorlagen. Allgemein sind die Abtrennungsmethoden ebenfalls nicht sehr spezifisch und überdies – wenn sie schonend sind – nicht sehr weitreichend (z. B. ist selektive Abtrennung der verschiedenen Silicate kaum möglich).
4. kann das Mineralgemisch präparativ in Kornfraktionen zerlegt (z. B. durch Sieben oder Abschlämmen), dann der Mineralbestand jeder Fraktion bestimmt und aus beiden die Körnung der einzelnen Mineralgruppen erreicht werden. Die Bestimmung der Körnung selbst ist dann in jedem Fall mit Methoden möglich, die unter Abschn. 5.2 beschrieben sind. In den Fällen 2. bis 4. muss allerdings, sofern wasserlösliche Salze erfasst werden sollen, in Benzol statt in Wasser aufgeschlämmt werden.

Im Allgemeinen begnügt man sich damit, die Körnung der Silicate und pyrogenen Oxide zu bestimmen, da diese mengenmäßig meist die Hauptrolle spielen und die übrigen Mineralgruppen zudem häufig Mineralhäutchen bilden oder Erstere miteinander verkleben. Hierzu können Humusstoffe mit Oxidationsmitteln (z. B. H_2O_2), Salze mit H_2O, Carbonate und ein Teil der pedogenen Oxide mit verdünnten Säuren sowie die restlichen Fe-, Mn- und Al-Oxide mit Reduktionsmitteln und/oder Komplexbildnern gelöst werden. Die Extraktionsmittel dürfen die Silicate natürlich nicht angreifen. Pedogene Kieselsäure kann daher nicht entfernt werden, weil es kein schonendes Lösungsmittel gibt. Besonders hohe Anforderungen an die Selektivität der Extraktionsmittel sind dann zu stellen, wenn sich eine Mineralanalyse anschließen soll. Die Art der Vorbehandlung muss sich in diesem Fall ganz nach dem Mineralbestand richten.

5.5.2.2 Bestimmung der Körnung der Silicat- und pyrogenen Oxidminerale

Vorbehandlung mit H_2O und 0,2 M HCl, Dispergierung mit $NaPO_3$ + $NaCO_3$, Nasssiebung der Fraktion 0,063–2 mm, Pipettanalyse der Fraktion < 0,063 mm nach DIN ISO 11 277 incl. DIN ISO 11 464, vereinfacht.

Vorbehandlung: 10 (Tone) bis 40 (Sande) g Feinerde (s. Abschn. 5.2) werden in einem *500-ml-Becherglas* mit 150 ml H_2O versetzt und dann auf einem heizbaren Magnetrührer mit *2 M HCl* auf pH 3,8 angesäuert; der HCl-Zusatz wird unter ständiger *pH-Kontrolle* (Glaselektrode) fortgesetzt, bis keine CO_2-Entwicklung mehr erfolgt und der pH nicht mehr steigt (bei gröberkörnigen Dolomiten ist eine vollständige Lösung nur durch Erwärmung auf max. 80 °C erreichbar). Nach dem Absetzen des Tones wird der dann klare Überstand mit einer *Kapillare* und *Unterdruck* abgesaugt. Der Rückstand wird in 100-ml-Portionen mit *10 %igem H_2O_2* versetzt, bis die Suspension selbst bei schwachem Erwärmen nicht mehr braust (stärkeres Schäumen durch Zusatz einiger ml *Octan-2-ol* unterbinden). Nach kurzem Aufkochen (um überschüssiges CO_2 zu entfernen) und Absetzen des Tones wird der dann klare Überstand abgesaugt. Der Rückstand wird mit H_2O in einen *250-ml-Zentrifugenbecher* überführt und 15 min bei 2000 U min^{-1} *zentrifugiert*. Der dann klare Überstand (sonst dem Überstand einige ml 2 M NaCl zumischen und weiter zentrifugieren) wird verworfen und die feuchte Probe weiter behandelt.

Soll die schwierige Pipettanalyse bei < 63 μm vermieden werden, ist das Gewicht der Probe nach Trocknung zu bestimmen, um den Vorbehandlungsverlust zu verfahren, und zwar ohne Beeinträchtigung der Dispergierfähigkeit. Das ermöglicht eine Gefriertrocknung oder eine Trocknung bei 50 °C nach zweimaliger Acetonwäsche (oder Verlust an Parallelproben bestimmen). So ist auch zu verfahren, wenn weitere Untersuchungen an der silicatischen Feinerde geplant sind wie die KAK_{min} oder der K_{sil}-Gehalt.

Dispergierung und Korngrößenbestimmung: s. Abschn. 5.2.3.

Auswertung: Die Gewichte der Sandfraktionen und der Fraktion < 63 μm werden summiert und die Ergebnisse dann in Prozent dieser Summe angegeben (nicht der Einwaage, da Verluste durch Vorbehandlung).

Darstellung: s. Abschn. 5.2.4.

Methodische Fehlerquellen: Die Vorbehandlung wird in manchen Fällen einerseits den Mineralbestand verändern und andererseits Carbonate sowie pedogene Oxide nicht vollständig entfernen, ohne dass sich beides aber nennenswert auf das Ergebnis der Korngrößenbestimmung auszuwirken braucht. Bei salz-(v. a. gips-)reicheren Böden reicht die Vorbehandlung nicht aus, um flockend wirkende Ionenkonzentrationen zu verhindern. Entsprechende Proben sind vor der H_2O_2-Behandlung mittels H_2O und Zentrifuge salzfrei zu waschen (elektr. Leitf. $< 10\ \mu S\ cm^{-1}$).

Die Gewinnung der $< 63\ \mu m$-Fraktion ist wegen der kurzen Sedimentationszeit nicht einfach. Alternativ kann die Fraktion 63–20 μm auch aus der Differenz der übrigen Fraktion abgeleitet werden; dann summieren sich allerdings alle Analysenfehler in dieser Fraktion.

5.5.2.3 Fraktionierende Korngrößenbestimmung der Silicat- und pyrogenen Oxidminerale

Prinzip: Vorbehandlung in Abhängigkeit von der Probenart nach TRIBUTH & LAGALY (1986) sowie ISO/CD 11 277. Fraktionierung des Sandes durch Sieben (Abschn. 5.4.1.3), des Schluffes durch Abschlämmen nach Atterberg, des Tones durch Zentrifugieren.

Bei der Fliehkraftsedimentation in der Zentrifuge ist nach dem Stokes'schen Gesetz der Teilchenradius

$$r = \frac{3}{\omega} \cdot \frac{\eta \cdot \ln \cdot \frac{s_1}{s_2}}{2(\rho_\rho - \rho_\omega)t}, \ \omega = \text{Winkelgeschwindigkeit}$$

$$\left[\frac{2\pi \cdot U}{s}\right], \ t = \text{Sedimentationszeit}$$

s_1 = Entfernung Rotationsachse – Flüssigkeitsoberfläche [cm], $s_2 = s_1$ + Falltiefe [cm]. Für die Fraktion $< 0,2\ \mu m$ beträgt (bei 20 °C; d = 2,65; 2000 U min^{-1}) dann die Sedimentationszeit

$$t = 14\,080 \log \frac{s_2}{s_1}, \ \text{für} < 0,6\ \mu m \text{ entsprechend}$$

$$t = 1635 \log \frac{s_2}{s_1}\ s.$$

Vorbehandlung: Jede Vorbehandlung kann empfindliche Minerale verändern. Sie sollte daher so intensiv wie nötig, aber so schonend wie möglich sein. Sie ist differenziert vorzunehmen, abhängig vom Ziel der Untersuchung und vom Stoffbestand der Probe. Der Tonmineralbestand von Ferralsolen (Oxisolen) lässt sich z. B. nur nach Entfernung der pedogenen Fe-Oxide quantifizieren. Bei anderen Böden ist das oft nicht erforderlich und nicht möglich, wenn der Bestand an Fe-Oxiden ermittelt werden soll. Im Folgenden werden daher Vorbehandlungen genannt, die bei Bedarf nacheinander anzuwenden sind (der Vergleichbarkeit wegen kann es sinnvoll sein, die Proben der Horizonte eines Profils auch dann gleich zu behandeln, wenn z. B. nur ein Teil Humus, ein Teil Kalk enthält). Sofern nicht anders angegeben, werden 20 (bei Tonen) bis 60 (bei Sanden) g Feinerde in einem *Zentrifugenbecher* zur Entfernung der genannten Stoffe mit dem Behandlungsmittel geschüttelt und dieses dann durch *Zentrifugieren* (mindestens 15 min bei 2000 U min^{-1}: Lösung muss klar sein, sonst dem Überstand 1 ml 2 *M* NaCl zurühren und weiter zentrifugieren) entfernt.

Lösliche Salze: Extraktion mit *50 %igem Ethanol* bis elektr. Leitfähigkeit $< 10\ \mu S\ cm^{-1}$.

Gips: Extraktion mit (viel) H_2O, bis kein SO_4^{2-} mehr nachweisbar bzw. elektr. Leitfähigkeit $< 10\ \mu S\ cm^{-1}$.

Erdalkalicarbonate: mit 100 ml H_2O und 50 ml *Acetatpuffer* (164 g Na-Acetat + 120 g Eisessig zu 1 l mit $H_2O \rightarrow$ pH 4,8) unter leichtem Erwärmen rühren (manche Tonminerale bereits oberhalb 40 °C verändert, grobkörniger Dolomit erfordert u. U. 80 °C, bis CO_2-Freisetzung abgeschlossen, ggf. Acetatzusatz wiederholen, bis pH-Konstanz erreicht; kein HCl verwenden, da Veränderung Fehaltiger Tonminerale).

Humus: in 100-ml-Portionen mit *10 %igem H_2O_2* versetzen, bis die Suspension selbst bei schwachem Erwärmen nicht mehr braust (stärkeres Schäumen durch einige ml Octan-2-ol unterbinden) dann kurz *aufkochen*.

Pedogene Fe-Oxide: über Nacht mit 100 ml *4 %igem* Na-Dithionit in 0,3 *M* Na-Acetat (m. Essigsäure auf pH 3,8) schütteln; ggf. Extraktion wiederholen, bis Färbung durch Oxide aufgehoben (zur Prüfung Aggregate mit Spatel an Becherwandung verschmieren); mit 100 ml 2 *M* NaCl nachwaschen. Nach Abschluss der Vorbehandlung wird die Probe dreimal mit 100 ml 2 *M* NaCl gewaschen.

Dispergierung: Die vorbehandelte und mit Na belegte Probe erfordert vor einer mit hohem H_2O-Einsatz verbundenen Fraktionierung kein Dispergierungsmittel. Für Siebung und Schlämmung ist H_2O mit einem pH von 7 zu verwenden (*deionisiertes H_2O* durch Aufkochen von gelösten CO_2 befreien).

Siebung: Die Probe wird mit H_2O über ein 63-μm-Sieb in einen *Atterberg-Zylinder* (s. u.) gespült. Der Siebrückstand wird bei 105 °C *getrocknet*, gewogen, auf einen *Siebsatz* (Maschenweiten 630, 200, 125 und 63 µm) gegeben und dieser mit Deckel und Boden 3 min gerüttelt (*Siebmaschine* zweckmäßig) Die einzelnen Fraktionen werden gewogen und für weitere Untersuchungen in *Schnappdeckelgläsern* aufbewahrt.

Fraktionierende Schlämmung: Die gesiebte Suspension wird im *Atterberg-Zylinder* (35 cm hoher, 5 cm breiter Glaszylinder mit Stopfen, seitlich 3 cm über dem Boden angesetztem Siphon und oberhalb des Siphons beginnender cm-Einteilung) mit H_2O auf einen Stand von 25 cm gebracht, durch Schütteln homogenisiert (der mit Schlauchklemme verschlossene Siphon muss dabei suspensionsfrei bleiben) und bei 20 °C (*thermokonstanter Raum*) aufgestellt. Zur Gewinnung der Fraktion < 2 µm wird nach 19 h 20 min der Stopfen entfernt und die überstehende Suspension aus dem Siphon in ein 10-l-Gefäß abgelassen. Aufschlämmung mit H_2O und Sedimentation werden wiederholt, bis die überstehende Lösung nach Absetzen des Schluffes klar ist, was nach acht bis 15 Schlämmungen erreicht ist.

Danach folgt in analoger Weise die Gewinnung der Fraktion 2–6 µm nach einer Fallzeit von jeweils 1 h 56 min (fünf bis acht Einzelschlämmungen) und zuletzt der Fraktion 6–20 µm nach jeweils 11 min 39 s (fünf bis acht Einzelschlämmungen). Zurück bleibt dann die Fraktion 20–63 µm. Die isolierten Schlufffraktionen lässt man absitzen, verwirft die überstehenden Dispergierungslösungen, überführt die Proben in Wägegläschen, trocknet und wägt. Die Tonsuspension wird bis zur Koagulation der Teilchen mit konz. NaCl versetzt, der Ton dann nach Verwerfen der überstehenden (klaren!) Lösung mit H_2O in *500-ml-Zentrifugengläser* übergeführt.
Die Gewinnung der Schlufffraktionen und der Tonfraktionen kann auch mit normalen *Standzylindern* erfolgen, aus denen die überstehenden Suspensionen nach Ablauf der Sedimentationszeiten mit einer *Kapillare* (nach oben gebogene Spitze) mit *Unterdruck* in eine *Saugflasche* abgehebert werden.

Fraktionierende Fliehkraftschlämmung: Die Tonfraktion wird im Zentrifugenbecher mit *H₂O* (dest.) aufgefüllt (gegen weitere Becher austariert) und mit *Rührstab* homogenisiert. Die Suspension wird für eine bestimmte Zeit, die sich nach den Maßen der *Zentrifuge* richtet (s. o.), bei 2000 U min^{-1} zentrifugiert. Dann hebert man die nicht sedimentierten Teilchen ab. Die Schlämmungen werden bis zur vollständigen Gewinnung zunächst der Fraktion < 0,2 µm, dann der Fraktion 0,2–0,6 µm wiederholt. Die drei Tonfraktionen werden darauf nach Ausflocken mit konz. $MgCl_2$ an der Zentrifuge nacheinander jeweils zweimal mit H_2O

und Aceton gewaschen, bei 50 °C getrocknet, im Exsikkator mit Trockenmittel abgekühlt, gewogen, pulverisiert (Achatmörser) und für Mineralanalysen aufbewahrt.

Darstellung der Ergebnisse: s. Abschn. 5.2.4.

5.5.3 Kennzeichnung der H_2O-löslichen Salze und des Gipses

Die in Böden vor allem zu erwartenden Salze sind Tabelle 5.5.1 zu entnehmen.

Im Unterschied zu anderen Mineralen ändert sich der Gehalt einzelner Horizonte eines Bodens in Abhängigkeit von der Durchfeuchtung bereits im Jahreslauf oft stark. Die Salze wechseln also leicht aus dem Mineralkörper in die Bodenlösung und verändern dabei gleichzeitig ihre Lage im Profil. Daher müssen sie mehrfach im Jahreslauf bestimmt werden. Ersatzweise kann man sich mit der Bestimmung der mittleren Gehalte des gesamten Solums bzw. effektiven Wurzelraumes begnügen.

5.5.3.1 Messtechnische Grundlagen

Die durch Wasserextraktion aus einer Bodenprobe herauslösbare Salzmenge hängt in dem Maße von der angewandten Wassermenge ab, wie schwer lösliche Salze zugegen sind. Leicht lösliche Salze erfasst man bereits in der Gleichgewichtsbodenlösung (Abschn. 5.4.5.3), Gips hingegen erst bei sehr viel weiterem Boden:Flüssigkeits-Verhältnis. Da andererseits auch bei fortgesetzter Extraktion theoretisch nie ein Endpunkt erreicht wird und zudem die Gehalte an sehr schwer löslichen Salzen von geringem Interesse sind, begnügt man sich meist mit der Extraktion in einem Wasser:Probe-Verhältnis, bei dem die leichter löslichen Salze noch keine gesättigte Lösung bilden. Im Extrakt können die Salze aus der Summe der einzelnen Kat- und Anionen oder als Gesamtmenge

Tab. 5.5.1 Löslichkeit von Salzen in Wasser bei 20 °C [g kg^{-1}] bzw. [g l^{-1}]

$CaSO_4 \cdot$ $2\,H_2O$	2,6	KNO_3	315	$MgCl_2$	543
$NaHCO_3$	96	$MgSO_4$	356	$CaCl_2$	745
Na_2SO_4	191	KCl	344	$NaNO_3$	880
Na_2CO_3	216	$NaCl$	359	$Ca(NO_3)_2$	1270

bestimmt werden (in letzterem Fall bleibt natürlich die Art der Salze unbekannt). Die Gesamtmenge kann wiederum gravimetrisch oder aus einer der Salzkonzentration proportionalen Größe ermittelt werden. Als solche eignet sich die elektrische Leitfähigkeit (s. hierzu Abschn. 5.4.5.4). Eigentlich müssten von den ermittelten Mengen diejenigen Ionen abgezogen werden, die in der feldfrischen Probe in gelöster Form vorliegen. Da aber auch sie potenziell Salze darstellen, kann man darauf verzichten.

5.5.3.2 Bestimmung des Gehalts an wasserlöslichen Salzen

Exraktion der Salze bei einem Boden/Wasser-Verhältnis von 1 : 2,5 (analog pH-Messung); Bestimmung gravimetrisch nach Zerstören der organischen Stoffe mit H_2O_2.

Extraktion: 40 g lutro Feinerde werden mit 100 ml H_2O 1 h *maschinell* geschüttelt und über ein *feinporiges* (!) *Filter* gegeben.

Bestimmung: 50 ml des Filtrats werden in ein gewogenes *Becherglas* pipettiert, mit 5 ml *30 %igem* H_2O_2 versetzt und auf einem *Sandbad* bei 105 °C eingedampft. Multiplikation der Gewichtszunahme in mg mit 0,05 ergibt mg g^{-1}.

Methodische Fehlerquellen: Wie erwähnt, liefert die Methode dann nur sehr willkürlich durch das Probe:Wasser-Verhältnis definierte Werte, wenn schwerer lösliche Salze (z. B. Gips: s. Tab. 5.5.1) in größeren Mengen vorkommen. Ionen in organischer Bindung wurden gleichfalls als Salze angesehen. Will man das nicht, so ist beim Schütteln *Aktivkohle* zuzusetzen, an die H_2O-lösliche organische Stoffe angelagert und somit entfernt werden können. Besteht Unsicherheit, ob mit dem Extrakt alle Salze entfernt wurden, wird zur Probe ein 1 : 5-Extrakt angesetzt. Bei völliger Lösung der Salze verhalten sich die EC-Werte des 1 : 2,5-Extrakts zu denen des 1 : 5-Extrakts wie 2 : 1. Ist das Verhältnis kleiner, ist so lange zu verdünnen, bis Linearität erreicht ist (RUCK 1989).

5.5.3.3 Bestimmung der Zusammensetzung wasserlöslicher Salze

Extraktion bei einem Boden:Wasser-Verhältnis von 1:2,5; Bestimmung von Ca, K, Mg, Na, H, Cl$^-$, SO$_4^{2-}$, NO$_3^-$, OH$^-$, CO$_3^{2-}$, HCO$_3^-$, H_3BO_3.

Extraktion: 100 g lutro Feinerde werden mit 250 ml H_2O (< 1 µS cm^{-1}, pH 7, ggf. CO$_2$ durch Aufkochen entfernen) 1 h maschinell geschüttelt und filtriert (bei durch Huminstoffe gefärbten Lösungen ist die Extraktion unter *Aktivkohlezusatz* zu wiederholen).

Bestimmungen: H_3BO_3 s. Abschn. 5.4.3.3, übrige s. Abschn. 5.4.5.3.

Darstellung der Ergebnisse: Die Ergebnisse werden in mmol$_c$ kg^{-1} atro Feinerde angegeben. Die Summe der Kationen müsste dann der der Anionen (ohne H_3BO_3) entsprechen. Die Gehalte an verschiedenen Salzen lassen sich grundsätzlich aus deren Löslichkeit (s. Tab. 5.5.1) ableiten, wenn unterstellt wird, dass sich diese nacheinander gebildet haben (s. hierzu SMETTAN & BLUME 1987). Die in der Regel heterogene Zusammensetzung und Durchfeuchtung eines Bodenhorizonts ermöglicht allerdings auch davon abweichende Salzarten und -gehalte.

Methodische Fehlerquellen: BO$_3^{3-}$ PO$_4^{3-}$ und SiO$_4^{4-}$ werden mit OH$^-$, HCO$_3^-$ bzw. CO$_3^{2-}$ erfasst: In Bezug auf BO$_3^{3-}$ ist eine Korrektur möglich. PO$_4^{3-}$ und SiO$_4^{4-}$ müssten zusätzlich bestimmt werden, liegen meist aber nur in vernachlässigbar geringer Konzentration vor. Liegt der pH-Wert des Extrakts deutlich unter 7, kommen weitere Ionen in Betracht (vor allem Al-Spezies).

5.5.3.4 Bestimmung des Gipsgehalts

Lösung mit H_2O, Fällung mit Aceton und flammenphotometrische Bestimmung des Ca (n. P. R. HESSE aus REEUWIJK 1993: Abschn. 8).

Extraktion: 10 g lutro Feinerde werden in einer *Schüttelflasche* mit 100 ml mit H_2O versetzt und 30 min *geschüttelt*.

Prüfung auf SO$_4^{2-}$: Ca. 3 ml des Extrakts werden in einem *Testgefäß* mit zehn Tropfen *M HCl* und ca. 2 ml *M BaCl$_2$* versetzt: Trübung bedeutet Anwesenheit von Gips; nur dann

Gipsfällung: 20 ml des Extrakts werden in einem *Zentrifugenbecher* mit 20 ml *Aceton* gemischt; nach 10 min wird 5 min bei 3000 U min^{-1} *zentrifugiert* und der klare Überstand (sonst Zentrifugieren fortsetzen) dekantiert. Der Rückstand wird mit 10 ml *Aceton* redispergiert (aus *Pipette* an die Becherwand blasen), erneut zentrifugiert, der Überstand dekantiert und der Rückstand bei 50 °C getrocknet (*Trockenschrank*tür unter Abzug angelehnt lassen). Dann wird mit 40 ml H_2O geschüttelt, bis sich das Präzipitat gelöst hat.

Ca-Bestimmung: mit *Flammen-AAS* n. Abschn. 5.4.3.5; Blind- und Eichlösungen mit H_2O ansetzen; µg ml^{-1} Ca entsprechen nach Multiplikation mit 3,4 µg $CaSO_4 \cdot 2\,H_2O$ ml^{-1} und werden in Prozent der Trockeneinwaage umgerechnet.

Methodische Fehlerquellen: Die Methode ist für einen Gipsgehalt von höchstens 1,5 % ausgelegt. Bei höheren Gehalten ist mit geringerer Einwaage oder mehr H_2O zu extrahieren.

5.5.4 Kennzeichnung der Carbonate

Carbonate treten gesteinsbildend vor allem als Calcit und (seltener) Dolomit auf, enthalten aber oft auch 1–2 % Siderit. In Salzböden können auch Na_2CO_3 und $NaHCO_3$ von größerer Bedeutung sein (s. Abschn. 5.5.3).

5.5.4.1 Messtechnische Grundlagen

Die in einer Probe vorhandenen Carbonate lassen sich durch eine Säure nach der Gleichung $MeCO_3 + 2\,HR \rightarrow MeR_2 + H_2O + CO_2 \uparrow$ zerstören. Das freigesetzte CO_2 kann dann volumetrisch, gravimetrisch, titrimetrisch oder konduktometrisch bestimmt werden. Man erfasst also alle Carbonate, rechnet sie aber wegen des Überwiegens von $CaCO_3$ (Kalk) ausschließlich auf diese Verbindung um; die Bezeichnung Carbonatgehalt ist aber eigentlich richtiger. Da feinkörniges $CaCO_3$ bereits durch schwache Säuren gut gelöst wird, Dolomit hingegen nennenswert (80 %) erst durch starke Säuren, lässt sich zwischen beiden grob differenzieren.

5.5.4.2 Schnellbestimmung des Carbonatgehalts

Zerstörung mit HCl; gasvolumetrische Bestimmung des entwickelten CO_2 unter Berücksichtigung des Temperatur- und Druckeinflusses nach SCHEIBLER (DIN ISO 10693).

Ausführung: 2–10 g (je nach Ausgang der HCl-Vorprobe) gemahlene lutro Feinerde (bzw. gemahlener lutro Kies) werden im Gasentwicklungsgefäß der *Scheibler-Apparatur* (s. Abb. 5.5.1) eingewogen, mit 10 ml *H_2O* versetzt, sein Einsatz mit 20 ml *10 %iger HCl* gefüllt und das *Entwicklungsgefäß* an die Messapparatur angeschlossen. An der Stellschraube wird Druckausgleich hergestellt. Nachdem das graduierte U-Rohr der Apparatur mit *1 %igem KCl* gefüllt wurde, wird durch Neigen des Entwicklungsgefäßes das HCl zum Ausfließen gebracht. Das

Gefäß wird kreisend bewegt (nicht durch die Hände erwärmen!) oder gerührt (*Magnetrührer*) und gleichzeitig in dem Maße aus dem einen Rohrende Flüssigkeit abgelassen, wie ihr Niveau im anderen Rohrende infolge des CO_2-Druckes sinkt. Nach Abschluss der CO_2-Entwicklung (10–40 min) wird die Menge freigesetzten Gases abgelesen. Aus a (CO_2 in cm^3), t (Raumtemperatur in °C), p (Luftdruck in mm Hg) und E (Bodeneinwaage in g) ergibt sich % CO_3 = [a $\cdot$ p $\cdot$ 0,1204]/[(273 + t) $\cdot$ E].

Darstellung der Ergebnisse: Der CO_3-Gehalt wird durch Multiplikation mit 1,66 in $CaCO_3$ umgerechnet (ggf. vorher Dolomitanteil nach Abschn. 5.5.4.5 berücksichtigen). Aus dem Carbonatgehalt des Kieses und der Feinerde lässt sich der Gehalt der Gesamtprobe folgendermaßen errechnen: [(% Kies $\cdot$ % Kies-Kalk) + (% Feinerde $\cdot$ % Feinerde-Kalk)]/100 = % Gesamt-Kalk. Dieser Wert ist dann durch Multiplikation mit dem Wassergehaltsfaktor (s. Abschn. 5.2.3) auf die trockene Probe zu beziehen. Zur Einstufung der Kalkgehalte vgl. Abschn. 3.5.5.2.

Methodische Fehlerquellen: Bei der Methode wurde unterstellt, dass die entwickelte CO_2-Menge nur aus $CaCO_3$ stammt. Das kann nicht nur zu qualitativen Fehlschlüssen, sondern auch zu quantitativ falschen Angaben führen, wenn reichliche Mg-

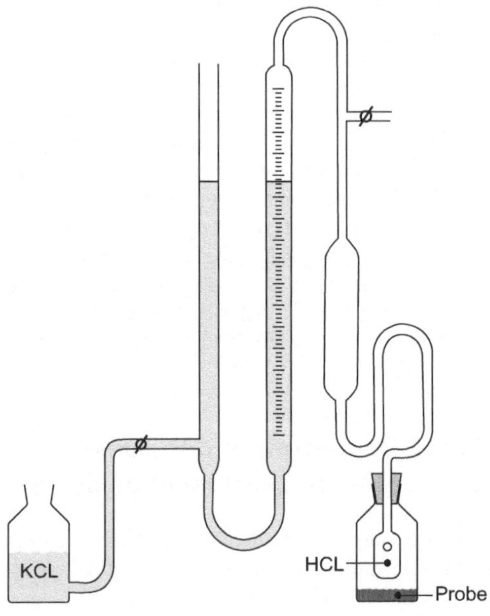

Abb. 5.5.1 Apparatur zur Schnellbestimmung des Kalkgehalts (n. SCHEIBLER)

CO_3- und $FeCO_3$-Mengen zugegen sind ($CaCO_3$/ $MgCO_3$/$FeCO_3$ = 1/0,84/1,16). Um die Alkalicarbonate auszuschließen, genügt vorheriges Auswaschen mit Wasser. Einige Carbonate (z. B. Dolomit) setzen sich nur schwer in der Kälte um (dann nach Abschn. 5.5.4.3 oder besser 5.5.4.4. vorgehen). Ferner stören Sulfide, da freigesetztes H_2S den Gasdruck erhöht.

5.5.4.3 Bestimmung des Carbonatgehalts

Zerstörung mit H_3PO_4 (begünstigt Reaktion durch Entstehen von schwer löslichem Ca-Phosphat) in der Wärme. Bindung des freigesetzten CO_2 durch $Ba(OH)_2$ und titrimetrische Bestimmung der unverbrauchten Lauge mit HCl nach ISERMEYER (1952).

Ausführung: 5–10 g lutro Feinerde (bzw. gemahlener Kies) werden in eine *Glasschale* gegeben, darauf ein *Porzellantiegel* mit 12 ml *H_3PO_4 (1:1)* gestellt (vorsichtig, sodass keine Säure die Probe berührt). Dann füllt man 25–100 ml *0,1 M $Ba(OH)_2$* und drei Tropfen *Phenolphtalein* in ein *1-l-Rillenweckglas*, befestigt das Gefäß mit Probe und Säure im *Weckglas* auf einem Drahtgestell und verschließt das Glas nach Auflegen eines Gummiringes mit einer Klammer. In entsprechender Weise wird ein Blindversuch ohne H_3PO_4 angesetzt. Nach 1 h Erhitzen auf 100 °C im *Trockenschrank* und gewissem Abkühlen (Erzeugung eines Vakuums) wird die Säure durch leichtes Schütteln zum Überfließen gebracht. Während des Abkühlens wird mehrmals leicht geschüttelt, um eine die CO_2-Absorption störende Carbonathaut zu zerstören. Nach dem Abkühlen titriert man mit 0,1 M HCl bis zum Farbumschlag nach farblos.

Die Differenz zwischen HCl-Verbrauch im Messversuch und im Blindversuch ist der entwickelten CO_2-Menge und damit der eingewogenen Carbonatmenge äquivalent (ml 0,1 M HCl · 5 = mg $CaCO_3$), Bezug auf 1 g Einwaage ergibt den Carbonatgehalt in mg g^{-1} Kalk.

Methodische Fehlerquellen: s. Abschn. 5.5.4.2; auch hier störende Sulfide, da freigesetztes H_2S einen Teil des $Ba(OH)_2$ neutralisiert.

5.5.4.4 Coulometrische Carbonatbestimmung

Lösung mit H_3PO_4 bei 80 °C; Einleiten des freigesetzten CO_2 in $Ba(OH)_2$ und coulometrische Messung mit Gasanalysegerät (z. B. der Firma Ströh-

lein). Grundsätzlich wären auch Apparaturen mit anderen Verfahren der CO_2-Messung wie Titrimetrie, Gravimetrie, Konduktometrie, Gaschromatographie oder Infrarotdetektion (s. Abschn. 5.6.1.3) für entsprechende Messungen geeignet, was bisher unseres Wissens nicht erprobt wurde.

Durch das CO_2 (bzw. H_2CO_3) wird OH$^-$ der Lauge neutralisiert und anschließend elektrochemisch regeneriert. Die dafür erforderliche Ladungsmenge in C (Coulomb) ist aufgrund der FARADEY'schen Gesetze der Molmenge nach der Beziehung 1 M H_2CO_3 bzw. 2 M OH$^-$ = 2 · 96 487 C äquivalent und dient als Maß für den CO_2-Gehalt.

Ausführung: Nach Einwaage von 0,5–5 g lutro gemahlener Feinerde (bzw. Kies) in einen *100-ml-Kjeldahl-Kolben* wird dieser an das *Gasentwicklungsgerät* angeschlossen, kurz mit *CO_2-freier Luft* durchspült, mit 20 ml *H_3PO_4 (1 : 1)* versetzt und mit einem *Wärmepilz* auf 80 °C erhitzt. Das freigesetzte CO_2 wird zusammen mit CO_2-freier Luft durch eine *H_2SO_4-Vorlage* (Trocknung) und *Perhydrit*-Vorlage (H_2S-Bindung) in die Messapparatur gesaugt und gemessen (Einzelheiten siehe Angaben des Herstellers). Der ermittelte C-Gehalt ist auf $CaCO_3$ umzurechnen.

Darstellung der Ergebnisse: s. Abschn. 5.5.4.2.

Methodische Fehlerquellen: s. Abschn. 5.5.4.2; Störeinflüsse durch Sulfide treten hier bei rechtzeitigem Wechsel der verbrauchten Perhydrit-Vorlage nicht auf.

5.5.4.5 Bestimmung des Dolomitgehalts

Lösen des $CaCO_3$ mit Na-EDTA bei pH 4,4 nach G. BRÜMMER und Bestimmung der Restcarbonate.

Vorbehandlung: 5–20 g gemahlene Feinerde (bzw. Kies) werden in einem *250-ml-Becherglas* mit 200 ml *EDTA* (0,2 M EDTA mit NaOH auf pH 4,4) versetzt und 20 min gerührt (*Magnetrührer*). Die Suspension wird dann in einen *Zentrifugenbecher* überführt, 5 min bei 3000 U min^{-1} *zentrifuguiert,* der Überstand dekantiert und der behandelte Boden dann quantitativ mit *Gummilöffel* und wenig H_2O in das *Reaktionsgefäß* der Carbonatbestimmung überführt.

Carbonatbestimmung: entsprechend Abschnitt 5.5.4.2, 5.5.4.3 oder 5.5.4.4.

Auswertung: Der ermittelte CO_3-Gehalt ergibt nach Multiplikation mit 1,25 den Dolomit-CO_3-Gehalt (entsprechend berücksichtigt, dass EDTA auch ca. 20 % des Dolomits entfernt hatte). Dieser wird durch Multiplikation mit 1,54 in Prozent

$CaMg(CO_3)_2$ umgerechnet. Wurde auch Gesamt-CO_3 ermittelt, ergibt sich durch Substraktion des Dolomit-CO_3 das Calcit (Aragonit) – CO_3, das dann durch Multiplikation mit 1,66 in $CaCO_2$ umgerechnet werden kann.

Methodische Fehlerquellen: Da EDTA ca. 20 % des Dolomits löst, wird dieser nur näherungsweise erfasst. Eine alternativ mögliche Mg- und Ca-Bestimmung in EDTA- oder Säureauszug bessert das Ergebnis stark, wenn auch Austauschkationen berücksichtigt werden. Tonreiche Proben eignen sich weniger, da dann auch silicatisches Mg (z. B. aus Chloriten und Vermiculiten) extrahiert wird.

5.5.5 Kennzeichnung der pedogenen Oxide

Unter pedogenen (bzw. mobilen) Oxiden sollen hier Fe-, Mn-, Al-, und Si-Oxide (bzw. Hydroxide und Oxidhydrate) verstanden werden, die nur in Böden und aus diesen abzuleitenden Sedimentgesteinen, nicht aber in Magmatiten oder hochmetamorphen Gesteinen auftreten. Dazu gehören z. B. Goethit (α-FeOOH) – nicht aber Magnetit (Fe_3O_4)-, Boehmit (γ-AlOOH) – nicht aber Korund (α-Al_2O_3) – und amorphe Kieselsäure – nicht aber Quarz.

5.5.5.1 Messtechnische Grundlagen

Art und Menge der Oxide lassen sich mit mineralogischen und chemischen Methoden (selektive Extraktion) bestimmen. Von den Extraktionsmitteln ist zu fordern, dass sie pyrogene Oxide und Silicate nicht angreifen. Fe- und Mn-Oxide werden daher bei allenfalls mäßig saurer Reaktion vornehmlich durch Komplexbildung oder Reduktion gelöst. Will man nur den schlecht kristallisierten Ferrihydrit ($Fe_2O_3 \cdot 9\ H_2O$) ermitteln, so dürfen auch die besser kristallisierten nicht angegriffen werden, sodass Reduktionsmittel zur Extraktion meist nicht geeignet sind. Bewährt hat sich die Extraktion durch Komplexbildung mit Oxalat bei Dunkelheit (bei Lichtzutritt durch Reduktionswirkung der Oxalsäure auch Lösen der besser kristallisierten Oxide). Neben dem Ferrihydrit erfasst Oxalat auch organisch gebundenes Fe sowie in reduzierten Böden FeII/FeIII-Mischoxide (blaugrüner Rost), $FeCO_3$ und FeS. Da diese Formen leicht mobilisiert werden können, bezeichnet man sie auch als aktive Fe-Oxide.

Sollen darüber hinaus die besser kristallisierten Fe-Oxide erfasst werden, muss man Reduktionsmittel verwenden. Bewährt hat sich Dithionit, mit dem sich auch die Mn-Oxide reduzieren lassen (Oxalatlösung bei UV-Licht oder Hitze angewandt würde zum gleichen Ergebnis führen). Amorphe Kieselsäure sowie Al-Oxide sind laugelöslich, allerdings auch manche feinkörnige Silicate. Ein Teil dieser Si- und Al-Verbindungen sowie die Mn-Oxide sind oxalatlöslich, können demnach zusammen mit dem Oxalat-Fe bestimmt werden.

5.5.5.2 Bestimmung aktiver Oxide

Extraktion mit oxalsaurem NH_4-Oxalat nach TAMM (1922), modifiziert nach SCHWERTMANN (1964), bei pH 3,0, Raumtemperatur und Dunkelheit; kolorimetrische Bestimmung des Fe mit Sulfosalicylsäure und/oder Bestimmung von Fe, Al, Mn und Si mit Flammen-AAS.

Extraktion: 2 g (gilt für 0,1–5 mg g^{-1} Fe, sonst Einwaage entsprechend verändern) lutro Feinerde werden mit 100 ml *Oxalatlösung* mit pH 3,0 (ca. 17,56 g $[COOH_2] \cdot 2\ H_2O$ + 28,4 g $[COONH_4]_2 \cdot H_2O$ je 1 H_2O) in einer *Schüttelflasche* 1 h in einem *abgedunkelten Raum* (!) maschinell geschüttelt und sofort über ein trockenes Filter in einen *Erlenmeyer-Kolben* filtriert (5–10 ml des Vorlaufs verwerfen).

Fe-Bestimmung: 5 ml des Filtrats werden in einen *50-ml-Messkolben* pipettiert (humusreiche Extrakte vorher mit 1 ml *30 %igem H_2O_2* in einer *Porzellanschale* auf einem *Sandbad* zur Trockne bringen und mit 2 ml Oxalatlösung wieder aufnehmen), mit H_2O auf etwa 30 ml gebracht und mit 2 ml *25 %iger Sulfosalicylsäure* versetzt (wobei sich ein roter Fe^{3+}-Komplex bildet). Mit *konz. NH_3* wird bis zum Farbumschlag nach gelb titriert, nach Zusatz von weiteren 0,5 ml NH_3 mit H_2O bis zur Marke aufgefüllt und umgeschüttelt. Nach 30 min wird die Extinktion bei 436 nm gegen den Blindwert (mit sämtlichen Reagenzien) in 10–mm-Küvetten *photometriert* (s. Abschn. 5.4.3.4), die entsprechende Fe-Konzentration in μg pro 50 ml einer Eichkurve (s. Abschn. 5.2.2; mit 5 ml Oxalatlösung erstellen!) entnommen und daraus der Fe-Gehalt in mg g^{-1} errechnet.

Der Fe-Gehalt lässt sich auch mit *Flammen-AAS* (s. Abschn. 5.4.2.6) bei 248,3 nm in der *Luft/Acetylen-Flamme* bestimmen.

Al-, Mn- und Si-Bestimmung: mit der *Flammen-AAS* (s. Abschn. 5.4.2.6), und zwar Al bei 309,3 nm in der Lachgas/Acetylen-Flamme, Mn bei 279,5 nm in der Luft/Acetylen-Flamme und Si bei 251,6 nm in der Lachgas/Acetylen-Flamme.

Darstellung der Ergebnisse: Bezug auf atro Feinerde (s. Abschn. 5.1.6.3); eine Umwandlung der ermittelten Fe-Gehalte in den Gehalt an Ferrihydrit ist durch Multiplikation mit 3,45 möglich, aber wenig sinnvoll, da auch andere Fe-Bindungsformen erfasst wurden. Für einen Vergleich mit der Bauschanalyse kann durch Multiplikation mit 1,44 in Fe_2O_3 umgerechnet werden. Für die anderen Elemente gilt Ähnliches. Allophane werden vollständig gelöst. Daher sind die allophanreichen Andosole durch hohe Al_0- und Si_0-Gehalte charakterisiert. Zur Umrechnung auf Allophan wird deshalb meist Si_0 ($\cdot$ 8,3) verwendet, wenn Si/Al $\approx$ 2:1 (PARFITT & HENMI 1982).

5.5.5.3 Bestimmung der pedogenen Oxide

Extraktion mit Dithionit-Citrat (d) bei pH 7,3 nach MEHRA & JACKSON (1960) (Citrat puffert und hält die Metallionen als Komplexe in Lösung); Fe-Bestimmung kolorimetrisch mit Sulfosalicylsäure nach Oxidation des Dithionits und Citrats mit $HClO_4$ oder direkt mit AAS; soll auch Si bestimmt werden, ist nur dest. H_2O zu verwenden, kein deionisiertes.

Extraktion: 2 g lutro Feinerde werden mit 40 ml *0,3 M Na-Citrat* und 10 ml *M $NaHCO_3$* in einem *100-ml-Zentrifugenbecher* auf 75 bis < 80 °C (sonst S-Fällung) im *Wasserbad* erhitzt, unter starken Rühren (*Glasstab*) mit 1 g festem $Na_2S_2O_4$ versetzt und unter häufigem Rühren weitere 5 min erwärmt. Der Zusatz von 1 g *$Na_2S_2O_4$* unter entsprechendem Rühren und Erhitzen wird einmal wiederholt; jedes Mal wird 5 min bei 3000 U min^{-1} zentrifugiert und der klare Extrakt in einen 200-ml-*Messkolben* dekantiert; anschließend wird mit 20 ml *0,1 M $MgSO_4$* nachgewaschen und der vereinigte Extrakt dann mit *H_2O* zu 200 ml ergänzt.

Fe-Bestimmung mit Sulfosalicylsäure: 2 ml des Extrakts werden mit 5 ml *60 %iger $HClO_4$* in einem *100-ml-Becherglas* auf einem *Sandbad* fast zur Trockne gebracht und mit H_2O in einen *50-ml-Messkolben* überführt. Dann wird Fe mit *Sulfosalicylsäure* nach Abschn. 5.5.5.2 bestimmt.

Fe- und Mn-Bestimmng mit AAS: Direkt im Dithionit-/Citrat-Extrakt werden Fe bei 248,3 nm und Mn bei 279,5 nm mit einem AAS-Gerät in der Luft/Acetylen-Flamme bestimmt.

Al- und Si-Bestimmung: Im Dithionit-/Citrat-Extrakt werden Al bei 309,3 nm und Si bei 251,6 nm mit einem *AAS-Gerät* in der Lachgas/Acetylen-Flamme bestimmt.

Darstellung der Ergebnisse: s. Abschn. 5.5.5.2; die Differenz von Fe_d und Fe_0 kennzeichnet den Gehalt an gut kristallisierten Fe-Oxiden wie Goethit, Hämatit, Lepidokrokit; Al_d bzw. Mn_d liegen meist in ähnlicher Größenordnung vor wie Al_0 und Mn_0, sodass sich Bestimmungen dieser Elemente im Oxalat und Dithionit-/Citrat-Extrakt kaum lohnen (außer bei Allophan).

Methodische Fehlerquellen: Die Extraktion kann unvollständig sein, wenn die Oxide konkretionär vorliegen; ggf. ist die Probe kurz im Achatmörser zu zerkleinern. Es werden auch hier die Austauschionen und organisch gebundenen Ionen mit erfasst (der Anteil Ersterer ist allerdings gering).

5.5.5.4 Bestimmung des laugelöslichen (l) Al und Si

Extraktion mit NaOH unter Erwärmen nach FORSTER (1953); Bestimmungen flammenphotometrisch mit AAS; nur H_2O dest. (kein deionisiert.) verwenden; nur Kunststoffgefäße verwenden.

Extraktion: 1 g lutro Feinerde wird 4 h in einem *100-ml-Plastik(!)-Zentrifugenbecher* mit 50 ml auf dem siedenden *Wasserbad* erhitzt (*Uhrglas* auflegen), die Suspension zentrifugiert und der klare Überstand in eine Plastikflasche überführt.

Bestimmungen: Mit einem *AAS-Gerät* (s. Abschn. 5.4.2.6) werden Al bei 309,3nm und Si bei 251,6 nm in der Lachgas/Acetylen-Flamme bestimmt; ggf. ist vorher stärker zu verdünnen. Die Eichlösungen sind in 0,5 *M* NaOH mit 0–100 µg ml^{-1} anzusetzen und die Ergebnisse in mg g^{-1} atro (s. Abschn. 5.1.6.3) Feinerde anzugeben. Kolorimetrische Bestimmungen s. SPARKS (1996).

Darstellung der Ergebnisse: Die ermittelten Al_l und Si_l-Gehalte in Oxide umzurechnen, ist wegen deren wechselnder Zusammensetzung problematisch. Dennoch kann die Summe aus Al_l und Si_l sowie Fe_d, sofern sie auf die Tonfraktion bezogen wird, vielfach als Maß für den schlecht kristallisierten, silicatischen sowie den nicht-silicatischen Anteil der Tonfraktion angesehen werden.

Methodische Fehlerquellen: Die Methode ist nicht sehr selektiv; neben wasserreichen, amorphen und kristallinen, pedogenen Al_l und Si_l-Oxiden sowie Allophanen werden auch Bestandteile angewitterter Minerale sowie Quarz und Kaolinit der Tonfraktion mitgelöst.

5.5.6 Kennzeichnung der pyrogenen Silicate und Oxide

Gesteinsbildend und bodenbildend treten vor allem Quarz (SiO_2), Rutil (TiO_2) und Magnetit (Fe_3O_4) bei den Oxiden, Feldspäte (Orthoklas: K [$AlSi_3O_8$], die Plagioklase Albit: Na [$AlSi_3O_8$], bis Anorthit: Ca [$Al_2Si_2O_8$], und Glimmer (Muskovit: K Al_2 [$(OH)_2$/$AlSi_3O_{10}$], Biotit: K (Mg, Fe, Mn)$_3$ [$(OH, F)_2AlSi_3O_{10}$)], Amphibole (gemeine Hornblende): (Na, K)$_{0,5-2}$-$Ca_{3-4}Mg_{3-8}Fe_{2-4}(Al, Fe^{3+})_2$ [$(OH)_4(Al_2Si_{14-12}O_{44}$] und Pyroxene (bas. Augit): $Ca_6Na_1Fe_1{}^{2+}Mg_6$ (Al, Fe^{3+}, Ti)$_2$ [$Al_2Si_{14}O_{48}$], in manchen Fällen auch Granate (z. B. Mg_3Al_2 [Si_3O_{12}] und Epidot (Ca_2 (Al, Fe^{3+})$_3$ [OH/Si_3O_{12}]) bei den Silicaten auf. Darüber hinaus sind Rutil (TiO_2), Turmaline (z. B. Na, $Fe_3{}^{2+}$, Al_6 [$(OH)_{1+3}$/$(BO_3)_3$/Si_6O_{18}] und Zirkon ($Zr[SiO_4]$) zwar meist nur in geringem Maße vertreten; ihre hohe Verwitterungsresistenz macht sie aber diagnostisch wertvoll.

5.5.6.1 Messtechnische Grundlagen

Durch Vorbehandlung mit chemischen Methoden (vgl. Abschn. 5.5.2.1) können die Silicate und pyrogenen Oxide von den übrigen Bodenbestandteilen isoliert werden; über eine Körnungsfraktionierung lassen sich darüber hinaus auch die Tonminerale abtrennen. Die Bestimmung der einzelnen Minerale wird dann durch Aufteilung in Gruppen von Mineralen mit ähnlichen Eigenschaften erleichtert, oft erst ermöglicht. Es ist üblich, mittels schwerer Flüssigkeiten nach der Dichte zu trennen. Die Grenzdichte kann dem zu untersuchenden Mineralgemisch angepasst werden; in den meisten Fällen ist ρ_ρ = 2,8 geeignet (leichter: Quarz und Feldspäte; schwerer: die übrigen oben genannten Minerale). Identifiziert wird dann nach optischen oder chemischen Eigenschaften. Die Minerale der Grobschluff- und Sandfraktionen können dabei durch Auszählen eines Körnerpräparats unter dem Mikroskop bestimmt werden. Feinere Kornfraktionen sind auf diese Weise nur mit Spezialeinrichtungen (z. B. Phasenkontrast) fassbar; sie lassen sich aber auch röntgenographisch untersuchen (s. hierzu Abschn. 5.5.7.1). Es ist problematisch, den zahlenmäßigen Anteil eines Minerals in den (meist gefragten) Gewichtsanteil umzurechnen, weil die Minerale in ihrer Dichte differieren und unterschiedlich stark in den einzelnen Kornfraktionen vertreten sein können. Daher ist die Untersuchung eng begrenzter Kornfraktionen nicht nur nötig für Körnungskurven der Einzelminerale, sondern bereits für eine genaue Bestimmung ihres Gewichtsanteils.

In verschiedenen Mineralen vermag sich das Licht unterschiedlich schnell fortzupflanzen; sie besitzen also eine charakteristische Lichtbrechung. Im Strahleneingang eines Mikroskops werden sich daher die Umrisse eines Minerals, das in ein Medium mit höherem Brechungsindex eingebettet ist, beim Heben des Tubus verbreitern, im umgekehrten Fall hingegen verengen. Die Ränder angewitterter (d. h. auch von Säuren angeätzter) Minerale zeigen zudem häufig eine geringere Lichtbrechung als diejenigen unveränderter. Unter den Leichtmineralen lässt sich nun der Quarz vom Orthoklas und Mikrolin durch einen höheren Brechungsindex (1,55 gegenüber 1,52) unterscheiden, wenn die Minerale in ein Medium mittlerer Lichtbrechung (z. B. n = 1,54) eingebettet werden. Die Brechungsindizes der Plagioklase liegen dagegen teils über, teils gleich und teils unter denen des Quarzes. Durch eine schonende HF-Behandlung bilden sich bei den labileren Plagioklasen aber Verwitterungskrusten, deren Lichtbrechung unter der des Quarzes liegt. Diese selbst verändert sich dabei noch nicht (BRADBURY et al. 1989).

Die Feldspäte lassen sich untereinander mithilfe einer Oberflächenfärbung unterscheiden, die bestimmte, mineralspezifische Ionen bei Zusatz verschiedener Reagenzien hervorrufen. So werden Orthoklas und Mikroklin (K, Na-Feldspat) durch Na-Hexacobaltinitrit gelb gefärbt, sofern ihre K-Ionen oberflächlich durch HF-Ätzung freigelgt wurden. Plagioklase lassen sich nach Austausch der beim Ätzen freigelegten Ca^{2+}-Ionen mittel K-Rhodanit rot färben.

Zur Unterscheidung der Schwerminerale muss man neben der Lichtbrechung weitere, mithilfe eines Polarisationsmikroskops erkennbare Eigenschaften heranziehen. Die Mehrzahl ist durchsichtig: einige Oxide – wie Magnetit – hingegen praktisch undurchsichtig (opak). Viele Minerale sind anisotrop; in ihnen breitet sich nämlich Licht in verschiedenen Richtungen unterschiedlich rasch aus, wodurch sie in polarisiertem Licht je nach Lage ihre Farbe zu wechseln vermögen (Pleochroismus). Außerdem wird in sie eintretendes, in allen Richtung schwingendes Licht in zwei senkrecht zueinander schwingende Wellen zerlegt (Doppelbrechung), wodurch sie auch zwischen gekreuzten Polarisatoren (Filter, die nur Licht einer Schwingungsrichtung passieren lassen) teilweise sichtbar bleiben und während einer Drehung um 360° nur viermal völlig dunkel werden. Diese viermalige Auslöschung kann nun entweder dann eintreten, wenn strukturbedingte Kanten oder

Spalten des Minerals in der Schwingungsrichtung des eintretenden Lichtes liegen, oder dann, wenn Erstere mit Letzterem einen bestimmten Winkel bilden. Isotrope Minerale, die also nicht doppelbrechend wirken, bleiben zwischen gekreuzten Polarisatoren in jedem Fall unsichtbar. Als weitere, oft allerdings wenig spezifische Unterscheidungsmerkmale können die äußere Form, die Spaltbarkeit und die Farbe der Minerale herangezogen werden (weitere Verfahren s. Standardwerke d. Mineralogie; z. B. TRÖGER (1982), RINNE & BEREK (1973), FITZPATRICK (1993).

5.5.6.2 Bestimmung der Schwerminerale, des Quarzes und der Feldspäte in Sandfraktionen

Trennung der Schwer- und Leichtminerale mit Bromoform-Benzol oder Na-Wolframat bei $\rho r = 2{,}8$; Auszählen des Quarzes und der Summe der Feldspäte mikroskopisch über Unterschiede der Lichtbrechung nach HF-Ätzung nach KUNDLER (1956), der K-Feldspäte nach Anfärben mit Hexacobaltinitrit nach BAILEY & STEVENS (1960).

Trennung der Leicht- und Schwerminerale: 1–2 g der Siebfraktion 0,1–0,2 (bzw. –0,06) mm (s. Abschn. 5.5.2.2) werden in einem *50-ml-Scheidetrichter* mit 30 ml *Bromoform-Benzol* (19:1 Dichte = 2,80; Mundschutz; Abzug, da gesundheitsschädlich) kurz geschüttelt und 5 min stehen gelassen, dann die Fraktionen durch Ablassen getrennt gewonnen, mit *Aceton* gewaschen, *getrocknet* und ausgewogen.

Identifizierung der Leichtminerale: Die Leichtminerale werden in einem *HF- Abzug* (da HF stark ätzend – Lebensgefahr – und Gläser korrodierend) in einem *Plastikbecher* mit 3 ml *24 %iger HF* versetzt und 0,5–1 min stehen gelassen; unmittelbar darauf wird mit H_2O verdünnt, die überstehende Lösung mit einer ausgezogene Kapillare abgesaugt (*Wasserstrahlpumpe*), einmal H_2O zugegeben, ohne dass sich dabei die Mineralkörner merklich bewegen, und sofort wieder abgesaugt. Dann lässt man 3 ml *5 %ige BaCl₂-Lösung* 5 min einwirken, saugt die Lösung ab und spült zweimal mit H_2O, lässt 3 ml *0,25 %ige K-Rhodanitlösung* 20 s einwirken (Gelbfärbung der K-Feldspäte) spült zweimal mit H_2O und trocknet die Probe bei 40 °C. Die trockenen Körner werden über eine Lochplatte auf einen Objektträger gestreut. Unter einem Mikroskop werden dann mindestens $2 \cdot 300$ Körner ausgezählt, differenziert nach Farbe bzw. Mineralart (Quarz farblos). Der Gehalt an Quarz, K-Feldspäten und

Ca-Na-Feldspäten ist in Prozent der Leichtmineralfraktion anzugeben.

Charakterisierung der Schwerminerale: Als Maß für den Anteil an Magnetit und anderen Erzmineralen wird unter dem Mikroskop im Durchlicht die Zahl der opaken (lichtundurchlässigen) Minerale in der Schwermineralfraktion abgeschätzt (< 25, 50, > 75 %). Die übrigen Schwerminerale lassen sich optisch identifizieren (Abschn. 5.5.6.3) Erzminerale lassen sich zuvor mit einem *Magneten* abtrennen (Achtung: Magnetrührer).

Darstellung der Ergebnisse: Die Ergebnisse können als Verhältniswerte (z. B. Quarz : Feldspäte) oder in Gewichtsanteilen der Fraktion 0,1–0,2 (bzw. –0,063) mm angegeben werden. Da für alle bestimmten Leichtminerale näherungsweise die Dichte des Quarzes ($\rho_p = 2{,}65$) gilt, sind Kornzahl- und Masseprozent hier identisch.

Methodische Fehlerquellen: Eine eindeutige Bestimmung setzt voraus, dass Beläge (z. B. Humus, Fe-Oxide) durch die Vorbehandlung vollständig entfernt wurden. Ansonsten ist die Fraktion nochmals mit H_2O und Dithionit zu behandeln. Bei Abtrennung nach der Dichte wurde unterstellt, dass nur frische Minerale vorliegen. Stark angewitterte Schwerminerale sind beträchtlich leichter. Blättchenförmige Minerale sedimentieren oft sehr langsam (ggf. zentrifugieren). Die HF-Behandlung kann zu völliger Lösung stark angewitterter Ca-Feldspäte führen. Treten daher stark „zerfressene" Minerale auf, ist die Ätzzeit mit HF zu verkürzen. Quarz und Plagioklase können durch Eigenfärbung oder nicht extrahierte Fe-Gele gelb aussehen (ggf. Parallelbestimmung an nicht angefärbten Präparaten).

5.5.6.3 Einzelbestimmung der Schwerminerale in Sandfraktionen

Gewinnung der Schwerminerale mit Bromoform-Benzol oder Na-Wolframat, Identifizierung nach mehreren optischen Merkmalen.

Trennung der Leicht- und Schwerminerale: s. Abschn. 5.5.6.2.

Identifizierung und Auszählen der Schwerminerale: Die Schwerminerale werden auf einem *Objektträger* in *α-Monobromnaphthalin* (n = 1,658) eingebettet; unter dem *Polarisationsmikroskop* wird dann die Zahl der opaken Körper (vornehmlich Magnetit) bestimmt und der Rest nach den in Tabelle 5.5.2 aufgeführten Merkmalen unter Zuhilfenahme von Präparaten bekannter Vergleichsminerale identifiziert. Es werden je Präparat mindestens 300 Körner ausgezählt. Die Ergebnisse werden in

Kornprozent der Schwermineralfraktion angegeben (vgl. TRÖGER 1982).

Darstellung der Ergebnisse: Die Ergebnisse können unter Berücksichtigung der Dichte (s. Tab. 5.5.2, Magnetit 5,1) in Masseprozent nur dann umgerechnet werden, wenn die Minerale etwa gleich groß sind.

Methodische Fehlerquellen: Abgerollte und angewitterte Minerale sind oft nur schwer zu identifizieren (ggf. in härtendem Harz einbetten und Anschliff herstellen: s. Abschn. 5.3.2). Auch bei frischen Mineralen reichen bisweilen die geschilderten Identifizierungsmöglichkeiten nicht aus (ggf. mit verschiedenen Immersionsflüssigkeiten operieren oder Verhalten im Konoskop mit heranzuziehen, s. hierzu Lehrbücher der spez. Mineralogie und Kristalloptik, z. B. STRUNTZ, 1982). Es sollte angestrebt werden, den nicht zu identifizierenden Teil auf < 5 % zu drücken.

5.5.7 Kennzeichnung der Tonminerale

Die wichtigsten in Böden vorkommenden Tonminerale sind Kaolinite (bzw. Kaolingruppe), Smectit (bzw. Smectitgruppe), Illite, Vermiculite und Chlorite (bzw. Chloritgruppe). Daneben existiert eine Fülle von Wechsellagerungen zwischen den genannten Mineralen. Durch K-Verlust können z. B. die Zwischenschichten von Illiten quellfähig werden; solche aufweitbaren Illite können ebenfalls (bei unvollständiger Aufweitbarkeit) als Wechsellagerungsminerale aufgefasst werden. In Böden arider Klimate treten zudem Palygorskite und Sepiolote häufig auf, in Andosolen Allophane und Imogolite.

Tab. 5.5.2 Bestimmung durchsichtiger Schwerminerale an Streupräparaten am Polarisationsmikroskop (weitere Minerale s. FITZPATRICK 1993)

Mineral	optisch. Verhalten (Tropie)	Licht-brechung	Doppel-brechung	Auslö-schung	Form	häufige Farbe	sichtbare Spalt-risse	Besonder-heiten	Dichte meist
Granat	isotrop	1,77–, 1,8	keine	ständig dunkel	isometr. -körnig	farblos, rosa	keine		3,4–4,6
Zirkon	anisotrop	1,99	hoch	gerade	gestreckt od. isometr.	gelbbraun – farblos	keine	intensive Interferenzfarben	4,7
Rutil	anisotrop	2,90	hoch	gerade	stängelig od. isometr.	rotbraun – fast opak	keine	oft Zwillingsbildung	4,2–4,5
Turmalin	anisotrop	~ 1,64	mittel-hoch	gerade	gestreckt od. isometr	grün, rosa braun	keine	deutl. Pleochroismus	3,0–3,2
Hornblende	anisotrop	1,66	mittel	schief (5–20 °)	gestreckt	grün, braun	sehr deutlich	deutl. Pleochroismus	3,1–3,6
Augit	anisotrop	1,65–1,73	hoch	schief (30–45 °)	kurzsäulig	grün, braun	deutlich	an Enden Ätzdreiecke	3,2–3,6
Epidot	anisotrop	1,73–1,78	niedrig – hoch	schief oft < 10 °	isometr.-körnig	gelb-grün	deutlich	schwacher Pleockroismus	3,4
Biotit	anisotrop	1,6–1,65	niedrig	keine sichtbare	tafelig, blättrig	braun, d. grün	keine	dünne Plättchen	2,95
Muskovit	anisotrop	1,56	niedrig	keine sichtbare	tafelig, blättrig	farblos	keine	dünne Plättchen	2,85

5.5.7.1 Messtechnische Grundlagen

Ein Maß für den Gehalt von Tonmineralen bildet näherungsweise der Tongehalt der vorbehandelten Feinerde (s. Abschn. 5.5.2.2), da Quarz und andere pyrogene Minerale sowie durch die Vorbehandlung nicht entfernte röntgenamorphe Stoffe (vor allem SiO_2) häufig mengenmäßig nur eine untergeordnete Rolle spielen. Erste Aussagen über die Zusammensetzung der Tonfraktion ermöglicht einmal deren Austauschkapazität (es genügt meist, die KAK der silicatischen Feinerde, d. h. der Silicate und pyrogenen Oxide, zu bestimmen, da sie fast nur auf Tonmineralen beruht). Der Illit unterscheidet sich von praktisch allen anderen Tonmineralen durch einen hohen Gehalt an nicht austauschbarem Zwischenschicht-K (4–6 %). Diese Zwischenschicht-K wird zum Teil bei einer Extraktion mit heißer, 30 % HCl erfasst (s. Abschn. 5.5.1.5). Ein hoher Allophangehalt ist an einem hohen Si_0- und Al_0-Gehalt erkennbar (DIXON & WEED 1989). Weiterhin lassen sich die Tonminerale mit bestimmten organischen Stoffen (z. B. Benzidin, Aminophenol) charakteristisch färben. Das beruht auf Redox- oder Säure-Basen-Vorgängen (z. B. wird Benzidin durch Fe^{3+} oxidiert), braucht also nicht mineralspezifisch zu sein. Die Ergebnisse werden daher auch von der Art sorbierter Kationen und von Sesquioxidfilmen beeinflusst. Die Reaktionen laufen weiterhin an der Oberfläche der Tonminerale ab; sie sind demnach besonders bei quellfähigen und feinkörnigen Mineralen ausgeprägt, was immer bzw. meist für Smectite zutrifft.

Genau aufzuklären ist der Tonmineralbestand hingegen nur mit größerem apparativem Aufwand. Die Struktur der Tonminerale lässt sich mit Röntgenstrahlen untersuchen, da diese Wellenlängen besitzen, die den Abständen der Mineralbausteine entsprechen. Treffen Röntgenstrahlen auf Minerale, so werden sie von den Kristallgitterebenen gebeugt und ergeben dann auf einem Röntgenfilm charakteristische Interferenzlinien. Sie können auch mit einem Zählrohr aufgefangen und dann grafisch registriert werden. Zur Beugung der Röntgenstrahlung kommt es aber nur dann, wenn die BRAGG'sche Reflektionsbedingung erfüllt ist. Daher können umgekehrt Interferenzstrahlen mit bestimmtem Einfallswinkel bestimmten Gitterabständen zugeordnet werden, die wiederum als in nm gemessene d-Werte charakteristisch für bestimmte Minerale sind. Die Intensität der Reflexe ist dabei ein Maß für die Menge der Mineralart, auf die der Reflex zurückzuführen ist. Bei Tonmineralen sind es insbesondere die Basisabstände der Schichtpakete, die charakte-

ristische Interferenzen hervorrufen. Allerdings sind bestimmten Basisreflexen solche höherer Ordnung zugeordnet, sodass beispielsweise der d-Wert zweiter Ordnung (002) der Chlorite mit demjenigen erster Ordnung (001) der Kaolinite zusammenfällt. Die Intensität der Basisreflexe wird beträchtlich erhöht, wenn die Schichtsilicate im Präparat nicht regellos, sondern parallel zur Oberfläche orientiert vorliegen. Werden quellfähige Tonminerale befeuchtet, so vergrößern sich die Basisabstände durch Flüssigkeitseinlagerung in den Zwischenschichten, sodass sich nach der Bragg'schen Gleichung die Einfallswinkel reflektierbarer Röntgenstrahlen verkleinern. Der neue Basisabstand hängt dabei gleichzeitig von der Art sorbierter (hydratisierter!) Kationen ab. Der durch Quellung entstehende Abstand lässt sich mittels organischer Moleküle fixieren. Die Quellfähigkeit der Minerale kann durch K^+- oder NH_4^+-Einlagerung aufgehoben werden (wobei letztlich z. B. aus Smectit oder Vermiculit ein „Illit" entsteht). Schließlich sind die Tonminerale unterschiedlich temperaturbeständig. So bricht das Kristallgitter der (pedogenen) Bodenchlorite bereits bei 300–400 °C zusammen, während sich sog. Lagerstättenchlorite selbst bei 560 °C noch nicht verändern. Der Basisreflex der Kaolinite verschwindet bei etwa 500 °C.

Durch getrennte Untersuchung des Grob-, Mittel- und Feintones wird das Identifizieren erleichtert und ein Abschätzen der Mengenverhältnisse ermöglicht, weil sich die einzelnen Tonminerale häufig in ihrer Größe unterscheiden (z. B. Smectit meist < 0,2 µm, Bodenchlorit häufig 0,2–0,63 µm, Vermiculit meist > 0,63 µm).

Quantitative Aussagen über den Tonmineralbestand sind problematisch, da sich schon bei gleicher Mineralart die Intensitäten gerade der Basisreflexe beträchtlich unterscheiden können.

Eine Röntgenapparatur für Feinstrukturuntersuchungen besteht im Prinzip aus einer Röntgenröhre mit angeschlossenem Hochspannungstransformator, in der Röntgenstrahlung bestimmter Wellenlänge (0,02-0,3 nm) erzeugt wird, und einem drehbaren Präparateträger. Der Präparateträger ist entweder von einer Kammer mit kreisförmig eingelegtem Film umgeben oder mit einem Zählrohr zur Aufnahme reflektierter Strahlungen versehen, die dann als elektrische Impulse auf einen Schreib- oder Zählgerät übertragen werden. Das zu untersuchende Tonpräparat wird dabei durch eine Drehung um seine eigene Achse nacheinander Strahlen verschiedener Einfallswinkel ausgesetzt.

Die Feinstrukturuntersuchung der Tonminerale lässt sich durch elektronenoptische Aufnahmen, Differentialthermoanalyse oder Ultrarotspektroskopie ergänzen. Hierbei werden die äußere Form, das thermische Verhalten bzw. die Absorption ultraroter Strahlung verschiedener Wellenlänge (2-20 µm) zur Diagnose herangezogen (DIXON & WEED 1989, JASMUND & LAGALY 1993).

5.5.7.2 Bestimmung der Tonminerale nach einfachen Merkmalen

Bestimmung der KAK und des HCl-löslichen K der silicatischen Feinerde, des Oxalat-Fe und -Al, Anfärbetests an der silicatischen Tonfraktion mit Benzidin nach Hendricks und p-Aminophenol nach Hambleton und Todd (s. hierzu MIELENZ et al. 1950).

Bestimmung der KAK der Silicate (und pyrogenen Oxide): 10–20 g H_2O_2-*HCl-vorbehandelte Feinerde* (s. Abschn. 5.5.2.2) werden gemäß Abschn. 5.4.2.2 untersucht. Die ermittelte KAK in $cmol_c\ kg^{-1}$ wird auf die Tonfraktion bezogen $KAK_{Ton} = 100 \cdot KAK_{sil}/\ \%$ Ton.

Bestimmung des HCl-löslichen K: s. Abschn. 5.5.1.5; der ermittelte K-Gehalt in $mg\ g^{-1}$ wird auf die Tonfraktion bezogen $K_{TON} = 100\ K_{HCl}/\%$ Ton.

Bestimmung von Fe_0, Si_0 und Al_0 der Feinerde: s. Abschn. 5.5.5.2; vgl. JAHN (1988).

Anfärbetest: 10–20 g der H_2O_2-HCl-vorbehandelten Feinerde werden in einer *1-l-Steilbrustflasche* mit 25 ml *0,4 M NaPO₃* und so viel H_2O versetzt, dass das Gefäß 12 cm hoch gefüllt ist, und dann 2 h *maschinell geschüttelt* (stattdessen kann auch die $NaPO_3$-Suspension von Abschn. 5.5.2.2 nach der Körnungsanalyse verwandt werden). Dann lässt man die groben Teilchen sedimentieren, hebert die oberen 10 cm der Bodensuspension nach 7 h 42 min an der *Wasserstrahlpumpe* ab und wiederholt dieses Verfahren nach erneuter H_2O-Zugabe und kurzem Schütteln einmal. Jeweils 250 ml der vereinigten Tonsuspensionen werden in zwei *Zentrifugenbecher* überführt, unter Rühren (*Glasstab*) mit 10 ml *konz. HCl* bzw. $CaCl_2$ versetzt und danach zentrifugiert. Nach Verwerfen der überstehenden, klaren Lösung wird zweimal H_2O nachgewaschen und dann jeweils eine *Spatelspitze* des Tones auf einen Objektträger gestrichen. Den H-Ton versetzt man mit einigen Tropfen *p-Aminophenol* (konz. wässr. Lösung) und beobachtet die Färbung, die sich nach 1-3 h entwickelt hat. In entsprechender Weise wird der Ca-Ton mit *konz. Benzidinlösung* versetzt und die entstehende Farbe nach 10–30 min beobachtet.

Auswertung der Ergebnisse: Der Tonmineralbestand wird wie nachfolgend identifiziert. Das Beispielgemisch besteht aus etwa gleichen Gemengeteilen Illit und Smectit.

Methodische Fehlerquellen: KAK und Farbtiefe beim Anfärbetest sind von der aktiven Oberfläche und damit auch von der Größe eines Minerals abhängig. Daher kann ein hoher Gehalt an ausnahmsweise grobem Smectit zu niedrig eingeschätzt werden. Da auch Minerale der Feinschlufffraktion noch nennenswert sorbieren können, ist es bei schluffreichen Proben besser, die KAK auf Ton + Feinschluff (= < 6 µm) zu beziehen. Ähnliches gilt für HCl-K, da es insbesondere auch Glimmern der Fraktion < 26 µm entstammen kann. Fe-arme Smectite reagieren u. U. kaum beim Anfärbetest, die Benzidinoxidation kann zudem durch Mn verhindert werden. Sie tritt aber in jedem Fall dann ein, wenn

Tab. 5.5.3 Charakterisierung des Tonmineralbestands nach einfachen Merkmalen

	KAK_{Ton} [$cmol_c\ kg^{-1}$]	$HCl\text{-}K_{Ton}$ [$mg\ g^{-1}$]	Al_o + 1/2 Fe_o[1) mg/g	Farbreaktion mit	
				Benzidin	p-Aminophenol
Smectite +					
Vermiculite	70–150	< 2	< 20	tiefblau	purpurblau (violett)
Illit	20–50	> 10	<< 20	Eigenfarbe	olivgrün od. braun
Kaolinite	3–15	< 0,5	<< 20	Eigenfarbe	gelb bis rosa
Allophane	10–50	< 2	> 20		
Beispiel	70	6	10	blau	braun m. viol. Hof

[1)] Allophane werden von Oxalatlösung (Abschn. 5.5.5.2) vollständig aufgelöst; dabei treten auch hohe Si_o-Werte auf.

dem Ton etwas $FeCl_3$-Lösung zugesetzt wird (während Illit und Kaolinit auch darauf nicht reagieren). Podsol-B-Horizonte können auch > 20 mg g^{-1} Al$_0$ + ½ Fe$_0$ aufweisen (org. geb. Al und Ferrihydrit).

5.5.7.3 Röntgenographische Bestimmung des Tonmineralbestands

Untersuchung lufttrockener, glyceringetränkter, K-behandelter und erhitzter Texturpräparate.

Herstellung von Texturpräparaten nach DÜMMLER & SCHROEDER (1965): Jeweils 100 mg silicatischer, Mg-belegter Ton (Gewinnung s. Abschn. 5.5.2.3; vor der Einwaage 30 min bei 50 °C

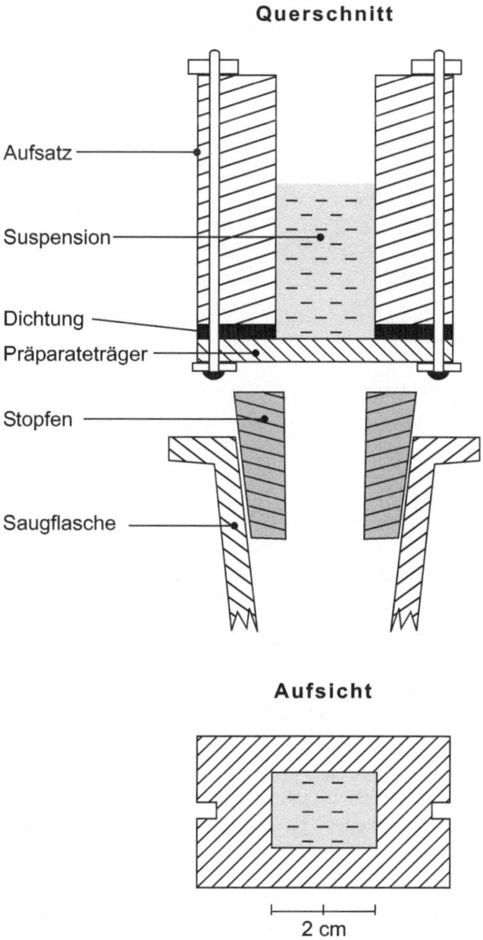

Querschnitt

Aufsatz

Suspension

Dichtung

Präparateträger

Stopfen

Saugflasche

Aufsicht

2 cm

Abb. 5.5.2 Vorrichtung zur Herstellung von Texturpräparaten (aus DÜMMLER & SCHROEDER 1965)

trocknen) werden in 100 ml H_2O dispergiert (Schüttelmaschine, Ultraschall), davon 10 ml in die *Präpariervorrichtung* (s. Abb. 5.5.2) pipettiert und mit Unterdruck abgesaugt. Auf diese Weise werden zwei Parallelpräparate (**a** und **b**) hergestellt. Präparat **a** wird einmal mit 5 ml M $MgCl_2$ und dreimal mit H_2O perkoliert. Präparat **b** wird je dreimal mit M KCl und H_2O perkoliert. Die Suspension kann auch geteilt und bereits mit Mg bzw. K geflockt werden. Die Präparate werden dem Träger entnommen, bei Zimmertemperatur getrocknet und Präparat **b** anschließend 2 h bei 50 °C.

Sollte sich das Präparat beim Trocknen aufwölben, ist die Präparation zu wiederholen und mit seitlich angelegtem Papierstreifen und übergelegtem Objektträger im Trockenschrank bei 50 °C zu trocknen (Objektträger darf Präparat dabei nicht berühren). Es empfiehlt sich, vor Beginn des Trennungsvorgangs eine Übersichtsaufnahme an der unbehandelten Probe durchzuführen.

Röntgenographische Untersuchung: Das trockene (Mg-belegte) Texturpräparat (**a**) wird in die Halterung der Röntgenapparatur gespannt und mit Fe k$_\alpha$-, Cu k$_\alpha$- oder Co k$_\alpha$- Strahlung untersucht (Näheres entnehme man der Bedienungsanleitung der betreffenden Apparatur). Die aufgetretenen Basisreflexe werden auf dem Registerstreifen des Zählrohres identifiziert und ausgemessen.

Weiterbehandlung: Präparat **a** wird mit vier bis fünf Tropfen Glycerin/Ethanol (1:1) befeuchtet und in einer abgedeckten Petrischale über Nacht bei 60–70 °C getrocknet. Präparat **b** wird 1 h in einem Muffelofen bei 250 °C (ggf. auch bei 400 und 600 °C) erhitzt. Anschließend werden beide Präparate weiter röntgenographisch untersucht.

Auswertung der Ergebnisse: Der Tonmineralbestand wird nach den in Tabelle 5.5.4 angegebenen Eigenschaften identifiziert (s. auch TRIBUTH & LAGALY 1991).

Methodische Fehlerquellen: Wechsellagerungen zwischen den genannten Mineralen können zum Auftreten weiterer Basisreflexe führen (bei regelmäßiger Wechsellagerung addieren). Meist liegt zudem eine unregelmäßige Wechsellagerung vor, was z. B. für teilweise aufweitbaren Illit zutrifft, bei dem dann Reflexe zwischen 1,0 und 1,8 nm nebeneinander auftreten (die aber alle nach der K-Behandlung auf 1,0 nm zurückgehen). Bei schlechter Kristallisation gehen die Intensitäten stark zurück, werden breit und unregelmäßig. Fehlen Reflexe mit d-Werten von 0,7–1,8 nm, können aber auch hohe Anteile an Quarz (z. B. d$_{100}$ = 0,4 nm, Korndurchmesser meist > 0,6 μm) oder röntgenamorphen Stoffen wie Allophanen (Aluminiumsilicate ∅ < 0,2 μm) oder

Tab. 5.5.4 Basisreflexe der Tonminerale nach verschiedener Behandlung (d-Werte in nm · 10, entspricht Å)

Behandlung: Mineral	Mg-belegt lutro	Glycerin	K-belegt 50°	K 250°	400°	600°
Kaolinit	7,1	7,1	7,1	7,1	7	–
Halloysit	10,8	10,8	10	7,6	7	–
Serpentin Serpentin	7,3	7	7	7	7	7
Glimmer	10	10	10	10	10	10
Illit	10,1	10,1	10,1	10,1	9,9	9,9
Pyrophyllit	9,2	9,2	9,2	9,2	9,2	9,2
Talk	9,4	9,4	9,4	9,4	9,4	9,4
Smectit	14–15	18	12–14	11–13	10	10
Vermiculit	14–15	14	10–12	10	10	10
prim. Chlorit	14,1–14,3	14	14	14	14	14+
sek. Chlorit	14,2	14	14	14	10	10
Palygorskit	10,5	10,5	10	10	9,2	9,2
Sepiolith	12,2	12	12	10–12	10,4	
Imogolit	(12–20)	(12–20)	18	17,7	(17,7)	–
Allophan	(3,3)	(3,3)	(3,3)	–	–	–

+ = Intensitätszunahme; () = breite Bande
Chlorit d(002) = 0,7 nm bei K 600 °C stark geschwächt, d(001) = verstärkt

polymerer Kieselsäure vorliegen. Der Gehalt an röntgenamorphen Stoffen (und z. T. auch Quarz der Tonfraktion) wird durch auf die Tonfraktion bezogenes NaOH-lösliches SiO_2 und Al_2O_3 (allerdings teilweise durch Vorbehandlung entfernt) charakterisiert (vgl. hierzu Abschn. 5.5.5.4). Unzerstörte Humusstoffe können offenbar blockierend wirken und dann eine Reaktion der Minerale auf die genannten Behandlungen verhindern.

5.6 Organische Substanzen des Bodens

Die organischen Bodensubstanzen (OBS) umfassen alle organischen Kohlenstoff (C_{org}) enthaltenden Substanzen im Boden. Aufgrund der Spezifik eines Teiles dieser Substanzen für den Naturkörper Boden (z. B. mineralisch gebundene Huminstoffe) sowie aufgrund ihrer vielfältigen ökologischen, chemischen und physikalischen Wirkungen sind die OBS ein wichtiger Gegenstand jeglicher Beschreibung und Erforschung von Böden. Die OBS können eingeteilt werden in Streustoffe abgestorbener Pflanzen und Tiere sowie daraus entstandene Huminstoffe. Lebende Organismen gehören eigentlich nicht dazu; vor allem die mikrobielle Biomasse wird aus analytischen Gründen aber in der Regel mit erfasst. Aus diesem Grund ist ein multimethodischer Untersuchungsansatz notwendig, der die Vielfalt der morphologischen Humusformen im Feld sowie die biologischen (Bodenlebewesen, ihre Aktivitäten und Rückstände), chemischen (Moleküle und Stoffgruppen) und pedologischen (Huminstoffe, organisch-mineralische Verbindungen und Partikel) Erscheinungsweisen zumindest teilweise beschreibt.

Grundparameter für jede weitergehende OBS-Charakterisierung ist der OBS-Gehalt, bezogen auf die Bodenmasse (g kg^{-1}) bzw. auf das Bodenvolumen (z. B. t ha^{-1}, mit Berücksichtigung der Lagerungsdichte und ggf. der Horizontmächtigkeiten). Die lebende Biomasse ist in ihrer Gesamtheit z. B. durch Mikroskopieren und Auszählen kaum zu erfassen; deshalb werden vornehmlich Summenparameter wie die mikrobiell gebundenen Anteile der wichtigen organisch gebundenen Nährelemente C, N und P und die enzymatischen Aktivitäten der Bodenorganismen (einschließlich teilweise Enzymaktivitäten der Pflanzenwurzeln) beschrieben. Zusammen mit einer groben Erfassung und Beschreibung von Vertretern der Mesofauna sind so Aussagen über den belebten Teil der OBS möglich.

Die Erscheinungsweise der abgestorbenen Anteile der OBS ist entweder gelöst in der Bodenlösung (DOM = *dissolved organic matter*) oder partikular als Rückstände der Pflanzen und Tiere („leichte Fraktion"), oder in Form organisch-mineralischer Verbindungen und Partikel (oftmals „Ton-Humus-Komplexe" oder „organo-mineralische Komplexe"). Diese Erscheinungsweisen werden durch die beschriebenen Methoden abgebildet: gelöste und leicht lösliche Verbindungen im Heißwasserextrakt und analytisch-chemischer Nachweis durch C- und N-Bestimmungen in flüssigen Proben (gilt generell auch für Bodenlösungen); Relation von partikulären, überwiegend organischen („frei", „ungebunden") und organisch-mineralischen, d. h. mineralisch-gebundenen Anteilen der abgestorbenen OBS durch physikalische Fraktionierungen nach Partikelgröße und -dichte.

Schon wegen des grundsätzlich nicht vollständigen Ab- und Umbaus der Vegetations- und Edaphonrückstände und des Vorhandenseins von Biosphäre im Boden kommen chemisch exakt definierte Moleküle und Stoffgruppen (z. B. Zucker, Peptide, Lipide, Ligninbausteine) permanent im Boden vor. Eine möglichst umfassende Stoffgruppencharakteristik und Quantifizierung dieser Anteile bis herunter auf die Ebene molekularer Untereinheiten ist deshalb essenziell für eine umfassende OBS-Charakterisierung. Die Matrix, in der diese definierten Biomoleküle und Stoffgruppen vorkommen, sind die Bodenlösung, Zellen und Gewebe, bodenspezifische Makromoleküle mit komplexen Strukturen (Huminstoffe) sowie Bodenminerale (z. B. an äußeren und inneren Oberflächen und in Mikroporen). Die Huminstoffe sind aufgrund ihrer Molekülstrukturen einerseits in der Lage, kleinere Biomoleküle wie Zucker, Aminosäuren, Peptide, Fettsäuren usw. einzuschließen, was sich oft mikroskopisch erkennen lässt (s. Abschn. 5.3.2.5), und sie sind andererseits selbst

großenteils an die Minerale gebunden. Diese Bindungen werden mit den beschriebenen Extraktionsverfahren teilweise zerstört, sodass die extrahierten Huminstoffe dann der weiteren nasschemischen und spektroskopischen Untersuchung zugänglich sind.

5.6.1 Bestimmungen des Gehaltes an organischen Substanzen

5.6.1.1 Messtechnische Grundlagen

Der Gehalt des Bodens an OBS ist direkt praktisch nicht bestimmbar. Indirekt lassen sich die organischen Substanzen durch Oxidation erfassen, woraus sich im Wesentlichen drei Möglichkeiten zur Schätzung der OBS-Gehalte ergeben: (1) Massedifferenz durch Wägung (Glühverlust), (2) Schätzung durch Farbmessung mit einem Chromameter und (3) Erfassung des Kohlenstoff (C)-Gehalts und Rückschluss auf die OBS bei Annahme eines bestimmten C-Gehalts der OBS. Dieser liegt für Huminstoffe über 50 % (z. B. Mittelwert für Huminsäuren von 58 % C) und variiert für die nicht humifizierten Pflanzenrückstände in einem weiten Bereich (z. B. Lignin 60–65 %, Cellulose 44 %). Da die Umrechnung von Prozent C_{org} auf Prozent OBS ohnehin nicht exakt ist, wird ein mittlerer C-Gehalt der OBS von 50 % unterstellt, woraus der Umrechnungsfaktor 2 resultiert. Gehalte an organisch gebundenem C (C_{org}) lassen sich nasschemisch durch Oxidation mit Dichromat (z. B. WALKLEY & BLACK 1934) sowie durch Verbrennung im Sauerstoffstrom und Erfassung des CO_2 bestimmen. Die Verbrennung erfasst auch Carbonat-C, das deswegen separat bestimmt und subtrahiert werden muss. Dies ist in humusarmen, kalkreichen Horizonten besonders problematisch und mit großen Fehlern behaftet.

Aufgrund des geringeren Arbeitsaufwands, Vermeidung des Umgangs mit gefährlichen Chemikalien und Möglichkeit zur Automatisierung von Arbeitsschritten hat sich die C-Bestimmung durch Verbrennung und CO_2-Detektion durchgesetzt. Die nasschemische Oxidation mit Dichromat und die Verbrennung im O_2-Strom führen bei mineralischen, belüfteten Oberböden (Ah- und Ap-Horizonte) zu übereinstimmenden Ergebnissen (BLAKE et al. 2000). Von den verschiedenen apparativen Lösungen zur CO_2-Detektion (gravimetrisch nach Fällung in NaOH, gasvolumetrisch mit Ströhlein-Apparatur, elektrochemisch mit Wösthoff-Apparatur und IR-spektrometrisch) haben sich die spektrometrischen Verfahren mit modernen CNS-Analysatoren durchgesetzt und werden deshalb detaillierter beschrieben

5.6.1.2 Bestimmung des Glühverlusts und des Glührückstands

Bestimmung durch Glühen im Muffelofen weitgehend nach DIN 19 684-3 (Glühverlust).

Ausführung: Etwa 5 g (humusreiche feuchte Probe) bis 20 g (humusarme lutro Feinerde) Boden (m_e) werden in einen geglühten, *gewogenen Porzellantiegel* (m_a) gefüllt und bei 105 °C im *Trockenschrank* (über Nacht) bis zur Gewichtskonstanz getrocknet (Kontrollwägungen jeweils nach 1 h Trocknung und Abkühlen im *Exsikkator* über einem *Trockenmittel*) und gewogen (m_b). Dann wird die Probe im *Muffelofen* bei 550 ± 25 °C für 2–4 h geglüht (Dauer je nach erwartetem Gehalt an OBS). Die Veraschung ist komplett, wenn der Glührückstand eine hellgraue bis schwach rötliche Farbe hat. Nach Abkühlen im Muffelofen bzw. unter dem Abzug bis auf ca. 100 °C wird die Probe in den Exsikkator überführt und nach weiterer Abkühlung auf Raumtemperatur zurückgewogen (m_c).

Berechnungen:

Wassergehalt in Masseprozent:
$$w_W = (m_E - m_b)/(m_E \cdot 100);$$

Glühverlust in Masseprozent:
$$w_V = (m_b - m_c)/(m_b \cdot 100);$$

Glührückstand in Masseprozent:
$$w_R = m_c/(m_b \cdot 100).$$

Darstellung der Ergebnisse: Es werden die Glühverluste oder ihre Komplementärwerte, die Aschegehalte, dargestellt; Letzteres ist sinnvoll, wenn die Probe überwiegend aus OBS besteht. Zur Einstufung der Gehalte vgl. Abschn. 3.5.6.3. Bei aschereichen Torfen empfiehlt es sich, den Silicatanteil gesondert zu ermitteln. Das ist näherungsweise durch Bestimmung der HCl-unlöslichen Anteile der Asche möglich (Kombination mit Abschn. 5.5.1.3).

Methodische Fehlerquellen: Die Interpretation des Glühverlusts als Maß für den Gehalt an organischen Bodensubstanzen unterstellt, dass Erhitzung und Oxidation nur zum Masseverlust durch organische Substanzen führen. Gips, Ton und Sesquioxide geben aber in diesem Temperaturbereich Kristallwasser ab, wodurch die OBS-Angabe fehlerhaft wird. Dieser Fehler kann durch Subtraktion von 0,1 Masseprozent je Prozent Ton und von 0,26 Massepro-zent je Prozent $CaSO_4$ annähernd korrigiert werden. Bei tonreichen, aber humusarmen Proben ist dieses Verfahren jedoch zu grob, und das Glühen einer Parallelprobe bei Einleitung von Stickstoffgas in den Muffelofen nebst Differenzbildung oder eine C_{org}-Bestimmung zur Erfassung der OBS sind erforderlich.

5.6.1.3 Bestimmung der Gehalte an C, N und S

Verbrennung bei über 900 °C im CO_2-freien Gasstrom und Bestimmung des freigesetzten CO_2 mittels Titrimetrie, Gravimetrie, Konduktometrie, Gaschromatographie oder Infrarotdetektion nach DIN ISO 10 694. Bei modernen Geräten erfolgen Verbrennung und CO_2-Bestimmung simultan. Mit manchen Geräten lassen sich auch N und S bestimmen.

Ausführung: Die Höhe der Einwaage ist vom *Geräte*hersteller vorgegeben. Bei humusarmen Proben gilt dann die zehnfache Einwaage im Vergleich zu organischen Proben. Mineralische Proben unter 2 g und organische Proben unter 1 g sind grundsätzlich staubfein gemahlen zu verwenden (s. Abschn. 5.1.5). Außerdem sind brauchbare Ergebnisse nur bei strikter Einhaltung der Vorgaben des Geräteherstellers zu erzielen.

Darstellung der Ergebnisse: Die ermittelten Werte werden als C_{org}-Gehalte oder nach Multiplikation mit 2 als Humusgehalte angegeben. Bei gleichzeitiger N-Bestimmung lässt sich zusätzlich das C/N-Verhältnis ableiten.

Methodische Fehlerquellen: Bei der Verbrennung wird auch Carbonat-C erfasst, der nach Abschn. 5.5.4.3 separat zu bestimmen und in Abzug zu bringen ist. Eine Bestimmung nach Scheibler (Abschn. 5.5.4.2) ist dafür ungeeignet, da nicht quantitativ.

5.6.2 Kennzeichnung lebender Biomasse

Die lebende Biomasse eines Bodens besteht aus den Bodenorganismen (= Edaphon) und den lebenden Pflanzenwurzeln. Zum Edaphon gehören die Mikroflora und die Bodenfauna. Zur Mikroflora zählen die Bakterien, Archaeen, Pilze und Algen. Die Fauna wird nach der Größe der Organismen in Mikrofauna (Einzeller), Mesofauna (vornehmlich Rädertiere, Bärtierchen, Fadenwürmer, Milben, Strudelwürmer und Springschwänze), Makrofauna (vornehmlich Asseln, Enchyträiden, Vielfüßer, Insekten bzw. deren Larven und Regenwürmer) sowie die Megafauna (Wirbeltiere) untergliedert.

Die nachfolgend beschriebenen Bestimmungen beschränken sich auf Analysen an der Feinbodenmasse. Ein Bezug auf den Lebensraum erfolgt in Abschn. 7.1, auf den Gesamtboden in Abschn. 7.1. Für die exemplarisch beschriebene Untersuchung der Mesofaua werden nicht abgesiebte Proben benutzt. Als weiterführende Spezialliteratur sind für quantitative Bestimmungen der Wurzelmasse WARD et al. (1978) und für spezielle Fangmethoden der Fauna SCHINNER et al. (1993) zu empfehlen.

5.6.2.1 Messtechnische Grundlagen

Ein Teil der lebenden Biomasse, nämlich die nach Absiebung auf < 2 mm in den Proben verbleibenden Teile der Mesofauna sowie Mikroorganismen und Feinwurzeln, werden bei den OBS-Analysen nach Abschn. 5.6.1.2 und 5.6.1.3 mit erfasst. Ihre analytische Unterscheidung von der toten OBS ist schwierig und bedarf der Anwendung mehrerer komplementärer Methoden. Grundsätzlich kann man zwischen summarischen, indirekten Bestimmungen (z. B. in Mikroorganismen gebundene Anteile der Elemente C, N und P oder substratinduzierte Atmung, Enzymaktivitäten) zur Kennzeichnung der mikrobiellen Biomasse und direkten Bestimmungen (z. B. mikroskopische Untersuchungen einzelner Organismengruppen wie Meso- und Makrofauna) unterscheiden. Da der Organismenbesatz im Jahreslauf stark schwanken kann, sind mehrfache Probennahmen zur Ableitung gesicherter Aussagen erforderlich. Für einmalige Beprobung wird das zeitige Frühjahr (März bis April) empfohlen, weil die Vergleichbarkeit zwischen Böden bei Frühjahrsfeuchte und -temperatur am ehesten gegeben ist. Mit den vorgesehenen indirekten Methoden wird nicht nur die mikrobielle Biomasse, sondern zumindest teilweise auch die Biomasse der Mikro- und Mesofauna und der Pflanzenwurzeln mit erfasst. Das ist von Vorteil, wenn die lebende Biomasse einer Bodenprobe insgesamt bestimmt werden soll. Zu Fehlern und Kritik der Messung von mikrobieller Biomasse bzw. Bodenatmung s. SCHINNER et al. (1993).

Beispielhaft werden die Bestimmung der mikrobiellen Biomasse nach Fumigation (Abtötung mit Chloroform) und Extraktion (der Zellinhalte), leicht umsetzbarer C- und N-Anteile im Heißwasserextrakt sowie verschiedener Enzymaktivitäten (Dehydrogenase, β-Glucosidase, Urease, Phosphatase) beschrieben. Aktive und nicht aktive Mikroorganismen zusammmen können durch die substratinduzier-

te Atmung nach ANDERSON & DOMSCH (1978) und DIN ISO 14240-2 erfasst werden, indem der Bodenprobe eine leicht abbaubare Substanz wie Glucose zugesetzt und die CO_2-Freigabe unter optimierten Inkubationsbedingungen gemessen wird (DIN ISO 14240-1). Auch der ATP-Gehalt ist ein Maß für die mikrobielle Biomasse, da ATP in jeder Zelle vorkommt. ATP kann nach Ultraschallbehandlung mit Trichloressigsäure extrahiert und mithilfe einer Luciferin-Luciferase-Reaktion bestimmt werden (TATE & JENKINSON 1982).

5.6.2.2 Mikrobielle Biomasse

Bestimmung des mikrobiellen Kohlenstoffs (C_{mic}), Stickstoffs (N_{mic}) und Phosphors (P_{mic}) als Differenz der leicht extrahierbaren Anteile dieser Elemente vor und nach Abtötung der Mikroorganismen mit Chloroform (Fumigation) nach DIN ISO 14 240-2.

Fumigation: 50 g feldfrischer Feinboden werden in einem *100-ml-Becherglas* in einen *Exsikkator* gestellt, der feuchte *Papiertücher* und 25 ml *Chloroform* (alkoholfrei) in einem *100-ml-Becherglas* enthält. Exsikkatorhahn öffnen, mit *Vakuumpumpe* evakuieren bis Chloroform siedet, dann den Hahn schließen und 24 h im *Dunkeln* bei 25 °C inkubieren. Anschließend wird das Chloroform entfernt. An der Bodenprobe haftendes Chloroform wird durch mehrfaches Evakuieren des Exsikkators entfernt (Geruchsprobe).

Extraktion: Die Probe wird in eine *250-ml-Plastikflasche* überführt, mit 200 ml *0,5 M K_2SO_4* 30 min *geschüttelt* und dann wird die Extraktionslösung über ein *Faltenfilter* in einen Erlenmeyer-Kolben filtriert. Eine Parallelprobe wird (ohne vorherige Fumigation) entsprechend extrahiert.

C- und N-Messung: Mit *Dimatoc 100* in Lösungen: Methodenprizip ist die thermisch-katalytische Oxidation (Verbrennung) von C- und N-haltigen Verbindungen zu CO_2. Der Katalysator wird dabei im Reaktor auf 850 °C aufgeheizt. Nach dem Einspritzen der flüssigen Probe verdampft das Wasser schlagartig, und die organischen Verbindungen verbrennen unter Einwirkung zugeführten Luftsauerstoffs. Das entstehende CO_2 wird mittels *Infrarotspektrometrie* erfasst.

P-Messung: mit ICP-OES oder spektrophotometrisch nach Abschn. 5.4.3.4.

Auswertung: Es werden die Differenzen der C- bzw. N-Gehalte aus der Probe mit und ohne Fumigation errechnet. Diese Werte werden mit Faktor (k_{EC}) 0,45 (JOERGENSEN 1996) für C, (k_{EN}) 0,57 für N bzw. (k_{EP}) 0,4 für P (BROOKES et al. 1982) multipliziert, womit die unvollständigen Extraktion des Biomasse-C, -N und -P berücksichtigt wird. Das Ergebnis wird nach Abschn. 5.1.6.3 auf atro Feinboden bezogen. Es ist zweckmäßig, die Werte außerdem in Prozent des C_{org}, N bzw. P_t der Probe anzugeben.

Methodische Fehlerquellen: Durch das Schütteln der Blindprobe können auch Bakterienzellen platzen und deren Elementgehalte unberücksichtigt bleiben. An Kolloidoberflächen adsorbierte Mikroben-Zellinhaltsstoffe werden unvollständig erfasst.

5.6.3 Kennzeichnung der Enzymaktivitäten

Enzyme sind spezialisierte Proteine, die die biochemische Umsetzung von spezifischen Substraten katalysieren. Im Boden sind sie essenziell für die Energieumsetzung und Stoffkreisläufe. Man unterscheidet intra- und extrazelluläre Enzyme. Zu den intrazellulären Enzymen zählen die Dehydrogenasen. Sie gehören zu den Oxidoreduktasen und katalysieren die Oxidation organischer Verbindungen durch Abspaltung von zwei Wasserstoffatomen. Viele spezifische Dehydrogenasen übertragen den abgespaltenen Wasserstoff auf die Coenzyme Nicotinamidadenindinucleotid (NAD) oder Nicotinamidadenindinucleotidphosphat (NADP). Die beiden Coenzyme transportieren den Wasserstoff auf die Vorstufe von Gärendprodukten, schleusen ihn in die Atmungskette ein und beteiligen sich an reduktiven Vorgängen der Biosynthese. Dehydrogenasen sind also ein wesentlicher Bestandteil des Enzymsystems sämtlicher Mikroorganismen, und ihre Aktivität ist damit ein Maß für die Intensität mikrobieller Stoffumsetzungen im Boden. Sie sind jedoch ebenso ein Bestandteil des Enzymsystems von Pflanzen und Tieren, was in der Probenvorbereitung und Datenauswertung zu berücksichtigen ist.

Enzyme, die sowohl intrazellulär als auch extrazellulär im Boden wirksam sind, bezeichnet man als Bodenenzyme (z. B. β-Glucosidasen, Phosphatasen und Arylsulfatasen). Sie umfassen ein breites Spektrum an Hydrolasen, Oxidoreduktasen, Transferasen und Lyasen. Sie sind an der Transformation von verschiedenen Substraten im Boden beteiligt und kommen in der Bodenlösung oder immobilisiert an organisch-mineralischen Bodenpartikeln (KANDELER et al. 1999) vor. Prinzipiell basieren viele Enzymaktivitätsbestimmungen auf Zugabe einer bodenfremden, spektrophotometrisch gut bestimmbaren Modellsubstanz, die unter dem für das untersuchte Enzym optimalen Bedingungen (optimale Subst-

ratkonzentration, Temperatur und pH-Wert) abgebaut wird. Durch Extraktion und photometrische Bestimmung nach festgelegten Inkubationsperioden werden die Enzymaktivitäten indirekt aus der Menge des bei der Umsetzung der Modellsubstanz entstandenen Produkts pro Zeiteinheit abgeleitet. Dieses Vorgehen ermöglicht die Erfassung des enzymatischen Potenzials des Bodens, nicht jedoch bindend auch die aktuelle enzymatische Aktivität des Bodens.

5.6.3.1 Messtechnische Grundlagen

Die nachfolgenden Methodenbeschreibungen für die Messung der Aktivitäten von Dehydrogenasen und wichtigen Bodenenzymen, die an den C-, N-, S- und P-Kreisläufen beteiligt sind, zeigen nur einen kleinen Teil der möglichen bodenmikrobiologischen Bestimmungen (SCHINNER et al. 1993), würden zusammen aber wichtige Hinweise auf den bodenmikrobiologischen Zustand, z. B. in Abhängigkeit von Bewirtschaftungsmaßnahmen, Vegetationstypen oder Kontaminationen usw., ergeben. Die wichtigsten Geräte und Materialien für alle Bestimmungen der Enzymaktivitäten sind *Spektrophotometer, pH-Meter, Erlenmeyer-Kolben, Bechergläser, Wasserbad* bzw. *Brutschrank, Schüttler* und *Pipetten.* Für β-Glucosidase, Phosphatase und Arylsulfatase gilt: Die Ergebnisse werden als μM p-Nitrophenol angegeben, welches in 1 h Inkubation aus 1 g TS Boden entlassen wird (μM p-Nitrophenol pro g^{-1} TS und h^{-1}).

5.6.3.2 Bestimmung der Dehydrogenaseaktivität

Dehydrogenase ist ein Enzym des interzellulären Stoffwechsels. Die Messung der Dehydrogenaseaktivität erfolgt nach DIN ISO 23 753-1 mit Triphenyltetrazoliumchlorid (TTC) Zusatz als Wasserstoffakzeptor. TTC wird nach 16-stündiger Bebrütung bei 25 °C teilweise in reduziertes, rot gefärbtes Triphenyltetrazoliumformazan (TPF) umgeformt. TPF wird mit Aceton extrahiert und bei 485 nm photometrisch gemessen.

Durchführung: Je 5 g naturfeuchten Boden in zwei *Reagenzgläser* einwägen, ein Glas mit 5 ml *TTC-Lösung* [*Trispuffer* (12,11 g Tris(hydroximethyl) aminomethan in 600 ml H_2O lösen und mit *HCl* auf pH 7,8 bei Boden-pH < 6 bzw. 7,6 bei Boden-pH 6–7 bzw. 7,4 bei Boden-pH > 7 einstellen) mit 0,1-%igem (humusarme Sande) bis 2-%igem (Tone und organische Proben) *2,3,5-Triphenyltetrazoliumchlo-*

rid) versetzen; im Dunkeln eine Woche haltbar] versetzen, das zweite Glas als Blindprobe nur mit Trispuffer; die Gläser mit Gummistopfen verschließen, den Inhalt mischen und 16 h bei 25 °C im Dunkeln stehen lassen. Zur Extraktion des gebildeten Triphenylformazan jeweils mit 25 ml *Aceton* versetzen, schütteln und verschlossen 2 h im Dunkeln (dabei nach 1 h schütteln) stehen lassen. Danach im Dunkeln über *Faltenfilter* in neues Becherglas filtrieren. Die Adsorption beider Filtrate innerhalb 1 h bei 485 nm *photometrisch* gegen den Nullwert der Kalibrierkurve messen (0,01 g Triphenylformazan in 100 ml Aceton lösen, 0, 1, 2, 5 und 10 ml in fünf Reagenzgläser pipettieren, jeweils mit 30 ml Aceton versetzen, mischen, bei 485 nm photometrieren und Kurve zeichnen).

Auswertung: Mithilfe der Eichkurve wird aus den Skalenteilen des Photometers die TPF-Konzentration in $\mu g\ l^{-1}$ im Ansatz ermittelt. Die Konzentration in der Blindprobe wird von der Konzentration im Vollansatz subtrahiert. Dann wird die DHA wie folgt berechnet:

DHA $[\mu g\ TPF\ g^{-1}\ TS\ 16\ h^{-1}]$ = (TPF-Konzentration $[\mu g\ ml^{-1}]$ · Extraktvolumen [ml]) / (Bodeneinwaage [g] · Trockensubstanzgehalt [g (g Frischmasse Boden)$^{-1}$])

Methodische Fehlerquellen: Nur 2–3 % des durch Dehydrogenasen freigesetzten Wasserstoffs werden durch TTC erfasst; dadurch führen bereits geringe Abweichungen von einer standardisierten Durchführung der Methode zu erheblichen Messwertschwankungen (z. B. Reagenzglasgröße). Proben reduzierter Böden erhöhen die Werte. Höhere Kohle- und Aschengehalte der Böden können zu einer Adsorption des TPF führen, woraus zu niedrige Messwerte resultieren. Genauer ist die Methode bei Verwendung von 2(p-Iodophenyl)-3(p-nitrophenyl)-5-phenyltetrazoliumchlorid (INT), auf das ca. 10 % des Wasserstoffs übertragen werden.

5.6.3.3 Bestimmung der ß-Glucosidaseaktivität

Glucosidasen sind Enzyme des C-Kreislaufs, die die hydrolytische Spaltung verschiedener Glucoside katalysieren. Sie werden nach EIVAZI & TABATABAI (1988) bestimmt durch photometrische Messung des aus vorgelegter p-Nitrophenylglucosid-Lösung freigesetzten p-Nitrophenols nach Inkubation bei 37 °C für 1 h

Durchführung: Vorbereitung von *Stammlösung* des modifizierten Universalpuffers (MUP): 12,1 g Tris, 11,6 g Maleinsäure, 14 g Zitronensäure, 6,3 g Borsäure (H_3BO_3) werden in 488 ml *NaOH-Lösung* (1 *N*) gelöst. Das Volumen wird mit dest. Wasser auf 1000 ml aufgefüllt und bei 4 °C aufbewahrt. MUP: 200 ml MUP-Stammlösung werden mit 0,1 *N* HCl auf pH 6,0 eingestellt und mit dest. Wasser auf 1000 ml aufgefüllt. Tris-Lösung (0,1 *M*, pH 12 und pH 10): 12,1 g Tris werden in 800 ml dest. Wasser gelöst. Der pH-Wert wird mit 0,5 *M* NaOH auf 12 eingestellt, und mit dest. Wasser wird auf 1000 ml aufgefüllt. Ohne Zusatz hat die Tris-Lösung einen pH-Wert von ca. 10. $CaCl_2$ (0,5 *M*): 73,5 g $CaCl_2 \cdot 2\ H_2O$ in 1 l dest. Wasser lösen. Standard p-Nitrophenollösung: 1,0 g p-Nitrophenol in etwa 50 ml dest. Wasser lösen und mit dest. Wasser auf 1000 ml auffüllen (Aufbewahrung bei 4 °C im *Kühlschrank*). p-Nitrophenyl-β-D-Glucosid-Lösung (PNG; 25 mM): 0,377 g p-Nitrophenyl-β-D-Glucosid werden in ca. 40 ml Puffer (MUP, pH 6) gelöst, mit MUP auf 50 ml aufgefüllt und bei 4 °C gelagert.

Dann Einwaage von 1 g feldfeuchtem Boden (< 2 mm) in einen *50 ml-Erlenmeyer-Kolben* und Zugabe von 4 ml MUP und 1 ml PNG-Lösung. Der Erlenmeyer-Kolben wird mit *Gummistopfen* verschlossen und bei 37 °C 1 h auf einem *Schüttler* inkubiert. Anschließend wird 1 ml $CaCl_2$ (0,5 *M*) und 4 ml Tris (pH 12) zugesetzt, kurz geschüttelt und sofort filtriert. Die Extinktion des Filtrats (gelb) wird bei 430 nm *phototometriert*. Für den Blindwert wird PNG-Lösung am Ende der Inkubation zugesetzt und sofort filtriert. Bei Extinktionen über den Bereich der Eichkurve wird das Filtrat mit Tris-Lösung (pH 10) verdünnt.

Die Eichkurve wird mit p-Nitrophenolkonzentrationen zwischen 0 und 5 $\mu g\ ml^{-1}$ erstellt: 1 ml Standardlösung (5) wird zu 100 ml mit MUP-Puffer verdünnt. Davon werden 0, 1, 2, 3, 4 und 5 ml in Reagenzgläser pipettiert und mit dest. Wasser auf 5 ml aufgefüllt. Weitere Schritte erfolgen wie beim Vollansatz, und die Extinktion wird bei 430 nm gemessen.

Auswertung: Die Extinktion des Blindwertes wird von der Extinktion der Vollprobe abgezogen. Aus der Eichkurve wird die Konzentration an p-Nitrophenol im Vollansatz $[\mu g\ ml^{-1}]$ abgelesen.

β-Glucosidaseaktivität $[\mu g$ p-Nitrophenol g^{-1} TS^{-1} $h^{-1}]$ = (p-Nitrophenol-Konzentration Probe $[\mu g\ ml^{-1}]$· Extraktvolumen [ml]) / (B · t · TS)

V = Gesamtvolumen des Filtrate (ml), B = Bodeneinwaage (g), t = Inkubationszeit (h), TS = Trockenmasse von 1 g feldfeuchtem Boden.

Methodische Fehlerquellen: Die Proben müssen frei von Pflanzenmaterial sein, da β-Glucosidasen auch in pflanzlichen Geweben vorhanden sind.

5.6.3.4 Bestimmung der Ureaseaktivität

Die Urease ist ein Enzym des N-Kreislaufs, das die hydrolytische Spaltung von Harnstoff zu CO_2 und NH_3 katalysiert. Die Bestimmung nach SCHINNER et al. (1993) erfolgt durch Messung des freigesetzten NH_3 aus vorgelegter Harnstofflösung nach einer Inkubation über 2 h bei 37 °C.

Durchführung: Vorbereitung von *Harnstofflösung* (2,4 g Harnstoff in 500 ml H_2O_{dest} lösen, täglich frisch herstellen), *KCl-Lösung* (74,6 g KCl in H_2O_{dest} lösen, 10 ml 1 N HCl zugeben und mit H_2O_{dest} auf 1000 ml auffüllen; Lösung ist mehrere Wochen haltbar), 0,3 N NaOH (12 g NaOH in H_2O_{dest} lösen und auf 1000 ml auffüllen), *Na-Salicylat-Lösung* (17 g Na-Salicylat und 120 mg Nitroprussid-Natrium in 100 ml H_2O_{dest} lösen; täglich frisch herstellen), Na-Salicylat/NaOH-Lösung (gleiche Volumenanteile der Na-Salicylat-Lösung, 0,3 N NaOH und H_2O_{dest} vermischen; Lösung kurz vor Gebrauch herstellen), *Oxidationsmittel* (0,1 g Dichlorisocyanursäure Natriumsalz-Dihydrat in 100 ml H_2O_{dest} lösen; täglich frisch herstellen), *Ammonium-Eichlösung* (Vorratslösung: 3,82 g Ammoniumchlorid in 1000 ml H_2O_{dest} lösen; 1 ml dieser Lösung entspricht 1000 µg NH_4-N; Lösung bei 4 °C einige Wochen haltbar; Gebrauchslösungen 1,0; 1,5; 2,0; 2,5 ml der Vorratslösung werden jeweils in einem 100-ml-Messkolben bis zur Marke mit KCl-Lösung aufgefüllt). Die N-Standards entsprechen Konzentrationen von 10, 15, 20, 25 µg NH_4-N pro ml.

Je 5 g feldfeuchter Boden werden in je drei 100-ml-Erlenmeyer-Kolben mit 2,5 ml Harnstofflösung befeuchtet, mit Stopfen verschlossen und 2 h bei 37 °C im *Brutschrank* inkubiert. Blindwerte bekommen anstelle von Harnstoff 2,5 ml dest. Wasser und werden anschließend wie die Vollansätze behandelt. Nach der Inkubation werden alle Proben mit 50 ml KCl-Lösung versetzt (die Blindwerte werden zusätzlich mit jeweils 2,5 ml Harnstofflösung versetzt und 30 min auf einem Horizontalschüttler geschüttelt). Anschließend werden alle Suspensionen filtriert (N-freie Filter!). Vom klaren Filtrat werden 1 ml in ein Reagenzglas übertragen und Zusatz von 9 ml H_2O_{dest}, 5 ml Na-Salicylat/NaOH-Lösung und 2 ml Oxidationsmittel. 30 min nach der Anfärbung werden die Lösungen bei 690 nm gegen den Nullwert der Eichkurve *photometrisch* gemessen (Farbkomplex ist bis zu 8 h stabil). Zur Aufstellung der Eichkurve je 1 ml der Gebrauchslösung in Reagenzgläser pipettieren und mit 9 ml dest. Wasser verdünnen. Die Ammoniumbestimmung erfolgt wie oben angegeben. Die einzelnen Eichpunkte entsprechen folgenden Konzentrationen 1; 1,5; 2; 2,5 µg NH_4-N pro ml (Eichkurve ist bis 3,5 µg ml^{-1} linear).

Auswertung: Extinktion des Blindwertes von der Extinktion des Vollansatzes abziehen; aus der Eichkurve wird die NH_4-N-Konzentration [µg ml^{-1}] ablesen.

Ureaseaktivität [µg NH_4-N (g TS 2 h)$^{-1}$] = NH_4-N-Konzentration der Probe [µg ml^{-1}]· · Extraktvolumen [ml]) / (Bodeneinwaage [g] · Trockensubstanzgehalt [g (g Frischmasse Boden)$^{-1}$])
TS = Trockengewicht von 1 g feldfeuchtem Boden.

Methodische Fehlerquellen: Die Proben müssen weitestgehend frei von Pflanzenmaterial sein, da Urease auch in pflanzlichen Geweben vorhanden ist (Aussammeln der erkennbaren Wurzeln unter dem Binokular).

5.6.3.5 Bestimmung der Phosphataseaktivität

Phosphatasen katalysieren die hydrolytische Spaltung von Phosphatestern. Die Phosphomonoesteraseaktivität wird nach TABATABAI & BREMNER (1969) (DIN ISO-Norm in Vorbereitung) durch photometrische Messung des aus vorgesetzter p-Nitrophenylphosphat-Lösung nach einstündiger Inkubation bei 37 °C freigesetzten p-Nitrophenols bestimmt

Durchführung: Folgende Lösungen müssen vorbereitet werden: Modifizierte *Universalpuffer* (MUP)-Stammlösung: 12,1 g Tris, 11,6 g Maleinsäure, 14 g Zitronensäure, 6,3 g Borsäure (H_3BO_3) werden in 488 ml *NaOH-Lösung* (1 N) gelöst. Das Volumen wird mit H_2O_{dest} auf 1000 ml aufgefüllt und bei 4 °C aufbewahrt. *MUP* (pH 6,5): 200 ml MUP-Stammlösung werden in einen *Glasbecher* (1 l) gegeben, der pH-Wert wird mit HCl (0,1 N) auf pH 6,5 eingestellt und mit H_2O_{dest} auf 1000 ml aufgefüllt. MUP (pH 11): 200 ml MUP-Stammlösung werden in einen Glasbecher (1 L) gegeben, der pH-Wert wird mit NaOH (0,1 N) auf pH 11 eingestellt und mit H_2O_{dest} auf 1000 ml aufgefüllt. p-Nitrophenylphosphat-Lösung (25 *mM*): 0,42 g p-Nitrophenylphosphat in 50 ml MUP-Puffer (pH 6,5 oder pH 11) lösen und bei 4 °C aufbewahren. $CaCl_2$-Lösung (0,5 *M*): 73,5 g $CaCl_2$ 2 H_2O in 1000 ml H_2O_{dest} lösen. *THAM-Puffer* (pH 10): 6,1 g Tris in 800 ml H_2O lösen, mit 0,1 *M* H_2SO_4 auf pH 10 einstellen und auf 1000 ml auffüllen. p-Nitrophenol-Standardlösung (1 mg ml^{-1}): 1 g p-Nitrophenol in 1000 ml H_2O_{dest} lösen und bei 4 °C aufbewahren.

1 g feldfeuchten Boden in *50-ml-Erlenmeyer-Kolben* einwägen, mit 4 ml MUP-Puffer (pH 6,5

für saure bzw. pH 11 für alkalische Phosphatase) und 1 ml p-Nitrophenylphosphat versetzen, gut schütteln und 1 h bei 37 °C inkubieren. Anschließend werden jeweils 1 ml CaCl$_2$-Lösung sowie 4 ml THAM-Puffer zugegeben, geschüttelt und sofort filtriert. Die Intensität der gelben Farbe von p-Nitrophenol soll innerhalb von 24 h bei 400 nm *photometrisch* gemessen werden. Dem Blindwert wird 1 ml p-Nitrophenylphosphat erst nach der Inkubation direkt nach der Zugabe der CaCl$_2$-Lösung und des THAM-Puffers zugegeben. Die Filtration erfolgt sofort im Anschluss. Jede Probe wird mit drei Wiederholungen und einem Blindwert gemessen. Die Eichkurve wird mit p-Nitrophenol-Konzentrationen zwischen 0 und 5 µg ml^{-1} erstellt: 1 ml p-Nitrophenol-Standardlösung wird zu 100 ml mit MUP-Puffer verdünnt. Davon werden 0, 1, 2, 3, 4 und 5 ml in Reagenzgläser pipettiert und mit H$_2$O$_{dest}$ auf 5 ml aufgefüllt. Weitere Schritte erfolgen wie beim Vollansatz, und die Extinktion wird bei 400 nm gemessen.

Auswertung: Die Extinktion des Blindwertes wird von der Extinktion des Vollansatzes abgezogen. Aus der Eichkurve wird die p-Nitrophenol-Konzentration in µg ml^{-1} abgelesen.

Phosphomonoesteraseaktivität [µg p-Nitrophenol g^{-1} TS h^{-1}] = (p-Nitrophenol-Konzentration Probe [µg ml^{-1}) · Extraktvolumen [ml]) / (B · t · TS)

B = Bodeneinwaage [g], t = Inkubationszeit [h], TS = Trockenmasse [g] von 1 g feldfeuchtem Boden.

Methodische Fehlerquellen: Die Proben müssen frei von Pflanzenmaterial sein, da saure Phosphatasen auch in pflanzlichen Geweben vorhanden sind.

5.6.3.6 Bestimmung der Arylsulfataseaktivität

Prinzip: Arylsulfatase ist ein Enzym des S-Kreislaufs, das die hydrolytische Spaltung von Arylsulfat katalysiert. Die Bestimmung nach TABATABAI & BREMNER (1970) (DIN ISO-Norm in Vorbereitung) erfolgt über die photometrische Messung des freigesetzten p-Nitrophenols nach 1 h Inkubation der Bodenprobe mit p-Nitrophenylsulfat bei 37 °C.

Durchführung: Folgende Lösungen müssen vorbereitet werden: *Acetatpuffer* (0,5 M, pH 5,8: 68 g Na-Acetat 3 H$_2$O werden in 700 ml H$_2$O$_{dest}$ gelöst, mit 1,7 ml Essigsäure (99 %) vermischt und auf 1000 ml mit H$_2$O$_{dest}$ aufgefüllt. Der pH-Wert wird mit Essigsäure auf 5,8 eingestellt), *25 mM p-Nitrophenylsulfat-Lösung* (0,312 g Kalium p-Nitrophenylsulfat werden in etwa 40 ml Acetatpuffer gelöst und mit Acetatpuffer auf 50 ml aufgefüllt,

Aufbewahrung bei 4 °C), *0,5 M CaCl$_2$* (73,5 g CaCl$_2$ · 2 H$_2$O in 1000 ml H$_2$O$_{dest}$ lösen), 0,5 *M* NaOH (20 g NaOH in 1000 ml H$_2$O$_{dest}$ lösen), p-Nitrophenol-Standardlösung (1,0 g p-Nitrophenol in etwa 50 ml H$_2$O$_{dest}$ lösen und auf 1000 ml auffüllen, Aufbewahrung bei 4 °C).

Je Probe wird 1 g feldfeuchter Boden in einen *50-ml-Erlenmeyer-Kolben* eingewogen und mit 4 ml Acetatpuffer und 1 ml p-Nitrophenylsulfat-Lösung versetzt. Die Kolben werden kurz geschüttelt und 1 h bei 37 °C im *Trockenschrank* inkubiert. Nach der Inkubation werden 1 ml CaCl$_2$ (0,5 *M*) und 4 ml NaOH (0,5 *M*) zugegeben, das Ganze kurz geschüttelt und die Suspension sofort abfiltriert. Die Extinktion des Filtrats (gelb) wird bei 430 nm gemessen. Beim Kontrollansatz wird die Bodenprobe nach der Zugabe von CaCl$_2$ und NaOH mit p-Nitrophenylsulfat versetzt, geschüttelt und sofort filtriert.

Die Eichkurve wird mit p-Nitrophenolkonzentrationen zwischen 0 und 5 µg ml^{-1} erstellt: 1 ml Standardlösung (5) wird zu 100 ml mit Acetatpuffer verdünnt. Davon werden 0, 1, 2, 3, 4 und 5 ml in Reagenzgläser pipettiert und mit dest. Wasser auf 5 ml aufgefüllt. Weitere Schritte erfolgen wie beim Vollansatz, und die Extinktion wird bei 430 nm gemessen.

Auswertung: Die Extinktion des Blindwertes wird von der Extinktion des Vollansatzes abgezogen. Aus der Eichkurve werden die µg p-Nitrophenol ml^{-1} abgelesen.

Arylsulfataseaktivität [µg p-Nitrophenol g^{-1} TS h^{-1}] = (p-Nitrophenol-Konzentration Probe [µg ml^{-1}) · Extraktvolumen [ml])/(B · t · TS)

B = Bodeneinwaage [g], t = Inkubationszeit [h], TS = Trockenmasse [g] von 1 g feldfeuchtem Boden.

Methodische Fehlerquellen: Lufttrocknung führt zu einer deutlichen Erhöhung der Arylsulfataseaktivität.

5.6.4 Summarische Erfassung der Mesofauna

Unter Einwirkung von Austrocknung, Erwärmung, Lichteinfluss oder chemischen Substanzen werden die Tiere aufgrund ihres gerichteten, phobischen und/oder geotaktischen Verhaltens aus dem Boden ausgetrieben. Dieses Prinzip wird zur Erfassung von Vertretern der Mesofauna wie Enchyträiden, Nematoden, Milben und Collembolen genutzt (SCHINNER et al. 1993).

Durchführung: Bohrkerne bzw. Stechzylinderproben (Abschn. 5.1.1) werden in die *Macfadyen-Apparatur* gegeben. Die Extraktion dauert 12–24 h bei halber Lichtintensität, um die Probe vollständig auszutrocknen. Anschließend wird die Lichteinstrahlung für weitere vier bis fünf Tage fortgesetzt. Am Ende der Extraktion sollte ein Temperaturgradient von 20 K bei einer Oberflächentemperatur von 40 °C entstanden sein. Die feuchte Austreibung von Enchyträiden kann mittels Nasstrichtern nach dem Prinzip von BAERMANN (1917) erfolgen.

Auswertung: Die ausgetriebenen Tiere werden in einer *Fangflüssigkeit* (Pikrinsäure (1:10 verdünnte Lösung einer gesättigten Lösung; Vorsicht – trockene Pikrinsäure ist explosiv!) determiniert (Abb. 5.6.1), sortiert, ausgezählt und in Ethanol (75 % v/v) konserviert. Die Anzahl der Individuen (Abundanz) der einzelnen Gruppen sowie die Biomasse der Tiere werden als Auswertungsparameter genutzt.

Methodische Fehlerquellen: Die Effektivität der Methoden ist abhängig von der Aktivität der einzelnen Arten und damit nicht einheitlich.

5.6.5 Charakterisierung partikulärer OBS und organischmineralischer Partikel

5.6.5.1 Messtechnische Grundlagen

Partikuläre sowie mit Mineralen unterschiedlicher Größenklassen verbundene OBS wird nach physikalischer Disaggregierung hinsichtlich Partikelgrößen- und/oder Dichten getrennt, wobei durch Ultraschallbehandlung chemische Veränderungen vermieden werden, damit man die gewonnenen Fraktionen detailliert chemisch charakterisieren kann. Die Partikelgrößenfraktionierung erfolgt in Anlehnung an die traditionelle Körnungsanalyse durch Nasssiebung und Sedimentation/Dekantation. Zur Dichtefraktionierung werden schwere Trennflüssigkeiten eingesetzt, in denen die Dichtefraktionen durch Zentrifugation/Dekantation getrennt werden. Dichtefraktionierungen können am Fein-

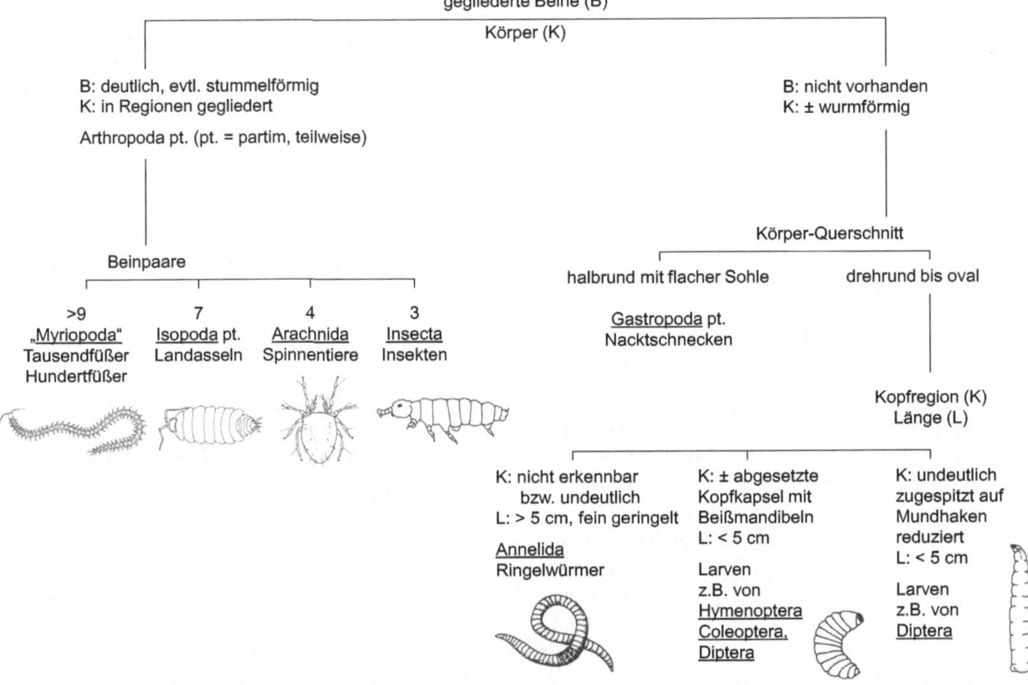

Abb. 5.6.1 Beispielhafter und vereinfachter, nicht maßstabsgerechter Bestimmungsschlüssel zu einigen typischen Vertretern der Bodenfauna (pt = partim, teilweise) (z. T. nach BÄHRMANN, 2008).

boden, an Partikelgrößenfraktionen (SCHULTEN & LEINWEBER 1999) oder an unterschiedlich vorbehandelten Aggregatfraktionen durchgeführt werden.

5.6.5.2 Partikelgrößenfraktionierung

Durchführung: Das Verfahren besteht aus den Schritten (1) Herstellung der Boden:Wasser-Suspension, (2) Disaggregierung der Makroaggregate, (3) Nasssiebung zur Abtrennung der Mineralpartikel von Sandgröße und freier sowie (in Makroaggregaten) eingeschlossener spezifisch leichter organischer Partikel (schwimmen bei Nasssiebung auf), (4) Disaggregierung der Meso- und Mikroaggregate und (5) Sedimentationstrennung der Schluff- und Tonfraktionen.

(1) Einwaage von 100 g Feinboden (< 2 mm) in ein vorgewogenes *1000-ml-Becherglas.* Dazu 500 ml ultrareines H_2O geben (wichtig ist das Masseverhältnis Boden:Wasser von 1 : 5; dementsprechend kann auch mit 30 g Boden in 400-ml-Bechergläsern und Zugabe von 150 ml H_2O gearbeitet werden).

(2): Disaggregierung durch *Ultraschall*behandlung in zwei Stufen: (a) Zerstörung der Makroaggregate und Abtrennung des Sandes und (b) Dispergierung der Meso- und Mikroaggregate. Je nach Verfügbarkeit sind unterschiedliche Ultraschallgeräte und Energieeinträge praktikabel. Aufgrund der Diskrepanzen zwischen Angaben der Gerätehersteller und der tatsächlichen Leistung ist eine kalorimetrische Messung der in die Suspension abgegebenen Energie unerlässlich. Das nachfolgende Beispiel beschreibt die Eichung der Energieabgabe mit einem Vibracell 600W.

Zur Bestimmung der zugeführten Wärme ist die Regressionsgleichung zwischen der Erwärmung ΔT [K] und der Behandlungszeit t [s] zu ermitteln. Im obigen Beispiel gilt für t = 1 s, ΔT = 0,0881 K. Daraus ergibt sich die durch das Gerät zugeführte Energie Q [J] mit m_w = Masse des Wassers [g], c_w = spezifische Wärmekapazität von Wasser = 4,18 J K^{-1} g^{-1}, H = Energieverluste durch Konduk-

tion [J s^{-1}] für Dewargefäß $\approx$ 0, bzw. die abgegebene Leistung P [W] nach Gleichung:

$$Q = m_w \cdot c_w \cdot \Delta T + H;$$

$$Q = 150 \text{ g} \cdot 4{,}18 \text{ J K}^{-1} \text{g}^{-1} \cdot 0{,}0881 \text{ K} = 55{,}264 \text{ J},$$

bzw. für die abgegebene Leistung P [W] nach

$$P = Q/t$$

$$P = 55{,}264 \text{ J}/1 \text{ s} = 55{,}264 \text{ J s}^{-1} = 55{,}264 \text{ W}.$$

Die Energieabgabe in das gewünschte Volumen E [J ml^{-1}] wird berechnet nach E = Q/V = (P · t)/V. Dabei wurde für die Proben mit organischer Substanz eine Dichte von 2,50 g ml^{-1} angenommen. 100 g Boden entsprachen damit 40 ml. Bei einem Boden:Wasser-Verhältnis von 1 : 5 (w/w) wurden 500 ml H_2O zugegeben, sodass sich ein Gesamtvolumen von 540 ml ergab. Um diese mit der gewünschten Energieabgabe von 60 J ml^{-1} zur Abtrennung der Grobfraktion zu behandeln, ist folgende Behandlungszeit bei der ermittelten Leistungsabgabe notwendig: 586,3 s = 9 min 46 s.[1]

(3) Abtrennung der Sandfraktion(en): Die nach Beschallung mit 60 J ml^{-1} Suspension^{-1} „frei" vorliegenden bzw. aus Makroaggregaten freigesetzten Sand- und spezifisch leichten organischen Partikel werden durch Nasssiebung (63 µm, ggf. mehrere Teilfraktionen) mittels *Spritzflasche* von Mikroaggregaten und organisch-mineralischen Schluff- und Tonteilchen getrennt. Trocknung der Sandfraktion auf vorgewogenem *Sieb* bei 40 °C und Massebestimmung.

---

[1] Weitergehende Beschreibungen der Erfahrungen entsprechender Kalibrierungsuntersuchungen mit verschiedenen Geräten sind in SCHMIDT et al. (1999) enthalten. Demnach ist mit geräteabhängigen Diskrepanzen zwischen nominaler und tatsächlicher Energieabgabe zu rechnen. Wichtig ist neben der kalorimetrischen Messung des Energieeintrags die Kühlung durch Wasserumlauf zur Vermeidung von unkontrollierten Erwärmungen der Suspension. Beachtet werden muss die Verringerung der Leistungsabgabe infolge Kavitation der Sonotrode.

Tab. 5.6.1 Temperaturänderung in 150 ml H_2O im Dewargefäß bei Beschallung mit einem *Vibracell* 600W, Eintauchtiefe der 13-mm-Sonotrode = 5 cm, Amplitude = 100 %

Zeit [min]	0:00	0:10	0:20	0:30	0:40	0:50	1:00	1:10	1 :20	1:30	1:40	1:50	2:00
Temperatur [°C]	30,4	31,2	32,2	33,2	34,2	35,2	36,2	37,2	38,2	39,1	40,1	41,0	42,0
Δ T [K]		0,8	1,8	2,81	3,8	3,8	5,8	6,8	7,8	8,7	9,7	10,6	11,6

(4) Dispergierung der Meso- und Mikroaggregate: Die Meso- und Mikroaggregate im Siebdurchgang „Sandfraktion" werden mit 440 J pro ml Suspension Ultraschallenergie disaggregiert. Im Beispiel mit 100 g Boden zu Beginn bedeutet dies:

440 J ml^{-1} in 700 ml Suspension = Applikation von 308 · 103 J.

Unerwünschte Erwärmung der Suspension wird durch Kühlung (Wasserbad mit Umlauf oder Eisbad) verhindert.

(5) Sedimentationstrennung: Grundsätzlich erfolgt die Trennung der Ton- und Schlufffraktionen „rückwärts", d. h. die Fraktionen mit jeweils kleinerem sphärischen Äquivalentdurchmesser werden zuerst erschöpfend abgetrennt, und die jeweils gröberkörnigen verbleiben im Trennungsgang. Trennprinzip ist die Sedimentation unter dem Einfluss entweder der Gravitation oder der Zentrifugalkraft. Der Siebdurchgang der Nasssiebung wird direkt in einen 30-cm-*Atterberg-Zylinder* gespült. Dieser wird mit einem *Stopfen* verschlossen, 1 min kräftig geschüttelt und zur Sedimentation abgestellt (Stopfen ankippen). Bei hohen Einwaagen, z. B. 100 g, und ton- und schluffreicheren Bodenarten, z. B. Lehme und Schluffe, ist die Suspension auf mindestens drei Sedimentationszylinder zu verteilen, um einen möglichen verfälschenden Einfluss durch Cosedimentation gröberer Teilchen mit dem Ton zu vermeiden. Nach Abtrennen der Hauptmenge an Ton wird empfohlen, die Suspension aus diesen Sedimentationszylindern wieder zu vereinigen.

Grundlage der Sedimentationstrennung ist die Stokes'sche Formel für die Fallgeschwindigkeit kleiner Teilchen in Wasser:

$$v = (g\, d^2\, (D_P - D_W))/(18\, n);$$

v = Fallgeschwindigkeit [cm s^{-1}],

g = Fallbeschleunigung an der Erdoberfläche [cm s^{-2}],

d = Durchmesser der Partikel [cm],

D_P = Dichte der Partikel [g cm^{-3}],

D_W = Dichte des Wassers [g cm^{-3}],

n = Viskosität des Wassers [0,1 Pa s].

Die Sedimentationszeit des Tones bei r = 2,5 g cm^{-3}, 19 °C und 10 cm Fallstrecke beträgt 8 h 46 min 45 s. Aufschütteln, Sedimentation und Abhebern werden wiederholt, bis der Überstand klar ist. Dies kann je nach Bodenart bis zu 29 Mal sein (LEINWEBER 1995). Analog werden dann die Fein- und Mittelschlufffraktionen gewonnen. Zusammenlegung von Fraktionen (z. B. Fein- und Mittelschluff) im Interesse größerer Probenmengen ist möglich, jedoch sollten die festgelegten Fraktionsgrenzen gewahrt werden. Der Ton wird durch Zentrifugation der Suspension konzentriert, die Schlufffraktionen durch Zentrifugation oder längere Sedimentation. Gefriertrocknung der festen Fraktionen und separate Trockensubstanzbestimmung zur Berechnung der Masseanteile.

Auswertung: Es werden Masseanteile der Ton-, Schluff- und Sandfraktionen berechnet, die in etwa mit der Körnungsanalyse übereinstimmen. Nach C/N/S-Bestimmung entsprechend Abschn. 5.6.1.3 werden die Konzentrationen dieser Elemente in den Fraktionen sowie die Verteilung des Boden-C (bzw. -N und -S) auf diese berechnet.

Anmerkungen und methodische Fehlerquellen: Die Einwaage kann modifiziert werden, wenn das Wasser:Boden-Verhältnis konstant bleibt und die Dispersionszeiten dementsprechend verändert werden. Bei zu hoher Einwaage führen hohe Festphasenkonzentrationen zur Cosedimentation gröberer Partikel mit der Tonfraktion und somit zur Verfälschung der Ergebnisse. Zweck der von AMELUNG & ZECH (1999) vorgeschlagenen Disaggregierung in zwei Schritten ist es, die in Aggregaten gebundenen organischen Partikel separat zu erfassen und ihre Disaggregierung und Verteilung auf die „kleineren" Fraktionen zu vermeiden. Erfahrungsgemäß (AMELUNG, pers. Mitteilung) ist mit deutlichen Fehlern der kalorimetrischen Kalibrierung zu rechnen, wenn die Druckanzeige der Ultraschallmessung auf unter 4 g pro Fläche eines *400-ml-Duran-Becherglases* (breit, mit 300 ml Wasser gefüllt) sinkt. Aufgrund des großen Zeitaufwands für die Gewinnung der Tonfraktionen durch Sedimentation wurde die Sedimentation im Zentrifugalfeld vorgeschlagen (Analog zur Beschreibung in 5.5.2.3). Nach Abschluss der Sedimentationstrennung kann die Gewinnung der Fraktionsproben durch Ausfällen mit Mg^{2+} beschleunigt werden; allerdings treten erhebliche Verluste an organischer Substanz auf, wenn überschüssige Mg^{2+}-Ionen mit H$_2$O ausgewaschen werden.

5.6.5.3 Dichtefraktionierung

Bei Dichtefraktionierungen werden die Bodenteilchen in schweren Flüssigkeiten entsprechend ihrer Dichten getrennt. Als Trennflüssigkeit wird meist

Na-Polywolframat (ρ = 2,9 g cm^{-3}) eingesetzt. Meist werden eine spezifisch leichte (ρ < 1,6, 1,8 oder 2,0 g cm^{-3}) und eine oder mehrere schwere Fraktionen separiert; die organischen Substanzen in Letzteren werden als mineralisch gebunden aufgefasst.

Durchführung: *Natriumpolywolframat* (Na$_6$O$_{39}$ W$_{12}$, ρ = 2,82 g cm^{-3}) wird mit H_2O so verdünnt, dass eine schwere Trennflüssigkeit der gewünschten Dichte entsteht. Die Bodensuspension (5 g auf 30 ml Na$_6$O$_{39}$W$_{12}$-Lösung in *50-ml-Zentrifugenbecher*) wird mit *Ultraschall* disaggregiert (z. B. 3 min bei 100 W). Ziel ist die Zerstörung der Aggregate und Freisetzung von spezifisch leichten Partikeln aus dem Innenaggregatraum ohne Zerstörung Ersterer. Deshalb muss die Ultraschallbehandlung schonend erfolgen. Wie bei anderen Ultraschallbehandlungen ist übermäßige Erwärmung durch ein Gefäß mit gekühltem Mantel (z. B. Eiswasser) zu verhindern. Dann wird die Suspension 15 min bei 1560 · g zentrifugiert. Dabei setzen sich die spezifisch leichten Teilchen an der Oberfläche der Suspension ab. Trennung von spezifisch leichten Bodenbestandteilen und schwerer Trennflüssigkeit über eine *Filternutsche* (mit eingelegtem Filterpapier). Nachwaschen des Sediments im Zentrifugenbecher mit H$_2$O. Dadurch wird die Dichte der Trennflüssigkeit verringert und muss für erneuten Gebrauch wieder eingestellt werden (Spindeln). Masse und organische Substanz der leichten Fraktion werden durch Auswägen (große Fehler infolge sehr geringer Massen möglich) und nachfolgende C/N/S-Bestimmung an der gesamten isolierten leichten Fraktion bzw. eines Aliquots (je nach maximaler Einwaage für das benutzte Gerät) bestimmt. So kann nacheinander die feste Bodensubstanz in Fraktionen mit zunehmender Dichte aufgetrennt werden.

Auswertung: Berechnung der C- (bzw. N- und S-) Verteilung des Bodens auf Fraktionen mit unterschiedlicher Dichte ermöglicht Aussagen zum Grad der Umwandlung der Pflanzenstreu in mineralischen Bodenhorizonten.

Methodische Fehlerquellen: Zu geringe Ultraschallbehandlung kann unvollständige Freisetzung der partikulären OBS aus dem Innenaggregatraum bewirken; zu starke zur Zerstörung auch der spezifisch leichten Partikel führen. Die vorgeschlagene Intensität hat sich z. B. zur Trennung von inkubiertem Stroh aus Sand bis sandigem Lehm bewährt. Grundsätzlich sind Bodenproben auch ein Kontinuum von Dichtefraktionen; die Trennschärfe ist daher besser bei Sand- als bei tonreicheren Böden (Leuschner 1983).

5.6.5.4 Bewertung der Ergebnisse

Im Folgenden wird eine Bewertung der Ergebnisse partikulärer OBS vorgeschlagen (Tab. 5.6.2). Die Unterteilung in Bodenarten berücksichtigt, dass mit zunehmenden Ton- (Schluff-) Anteilen die Anteile der leichten Fraktion (C$_{IF}$ in % C$_{org}$) regelhaft abnehmen und die in der Tonfraktion gebundenen Anteile zunehmen. Weiter wird bei ansonsten vergleichbaren Bedingungen C$_{IF}$ in % C$_{org}$ mit zunehmendem C$_{org}$-Gehalt fast immer größer und C$_{Ton}$ in % C$_{org}$ kleiner. Die relative Anreicherung von C in der Tonfraktion in Situationen mit Verringerung der OBS-Gehalte („Humuszehrung") ist auf die Stabilisierung von OBS in Tonfraktionen

Tab. 5.6.2 Bewertungsrahmen für die C-Anteile in der spezifisch leichten Fraktion (C$_{IF}$) (anwendbar nur für A-Horizonte von Mineralböden unter Acker oder Grünland, abgeleitet aus Kögel-Knabner et al. 2008; Schulten & Leinweber 2000), die in der Tonfraktion gebundenen C-Anteile (C$_{Ton}$ in % C$_{org}$; anwendbar nur für Ackerböden, abgeleitet aus Schulten & Leinweber 2000) sowie für die Gehalte an heißwasserlöslichem C (Chwl, modifiziert nach Körschens & Schulz 1998) und N (Nhwl, abgeleitet aus Bronner 1985).

Eigenschaft	Bodenarten	niedrig	mittel	hoch
C$_{IF}$ in % C$_{org}$	S	10–35	35–60	60–75
	L, U	5–25	25–55	55–70
	T	5–20	20–50	51–65
C$_{Ton}$ in % C$_{org}$	S	20–30	30–40	> 40
	L, U	30–40	40–50	> 50
	T	< 50	50–60	> 60
C$_{hwl}$ (mg kg^{-1})	Grundwasserfern S, L	< 250 [1]	250–300	> 300[1]
N$_{hwl}$ (mg kg^{-1})	Lessivés, Pseudogleye	< 30	30–40	> 50

[1] Körschens & Schulz (1985) unterteilen Werte (in mg C$_{hwl}$ kg^{-1}) < 250 noch in „sehr gering" (< 200 = unterversorgt) und „gering" (200–250) sowie Werte > 300 mg in „hoch" (300–400) und „sehr hoch" (> 400 = überversorgt).

5

und die demgegenüber leichtere Mineralisierbarkeit insbesondere der spezifisch leichten, partikulär vorliegenden OBS zurückzuführen. Für Bodenprofile konnten bislang vier unterschiedliche Grundmuster der Verteilung des C_{org} auf organisch-mineralische Fraktionen gezeigt werden: (1) C_{Ton} = 20–30 % des C_{org} im gesamten Profil ohne horizontbedingte Anreicherungen (Braunerden); (2) gradueller Anstieg des C_{Ton} von 40 % des C_{org} (0–20 cm) auf 70 % des C_{org} (> 130 cm) bei entsprechender Verringerung des $C_{Schluff}$ und C_{Sand} (Tschernoseme), (3) horizontgebundene Anreicherungen des C_{Ton} von ca. 30–40 % des C_{org} im Ap/Ah auf 50–70 % des C_{org} im Bt (Lessivés) und (4) C_{Ton} = durchweg 70–90 % des C_{org} im gesamten Profil (Vertisole). Diese Verteilungen sind plausibel durch Input und Verlagerungsvorgänge zu erklären. Wurden nur Ap-Horizonte untersucht, so können die maximal zu erwartenden bewirtschaftungsbedingten Differenzen von C_{IF} in % C_{org} bei Sanden bis 20 % und bei Lehmen bis 10 % betragen. Bei den Anteilen des C_{Ton} können bewirtschaftungsbedingte Veränderungen 5–20 % betragen, sodass meist, jedoch nicht in jedem Falle, die Bewirtschaftung durch die Zuordnung zu einer der drei Stufen in Tab. 5.6.2 reflektiert wird.

5.6.6 Stoffgruppen der organischen Bodensubstanzen

Die nachfolgend beschriebenen Stoffgruppenanalysen umfassen Quantifizierungen spezifischer, chemisch definierter Stoffgruppen wie Neutralzucker und Zuckersäuren, N-Verbindungen, Lipide, Ligninbausteine und hocharomatischer C-Verbindungen (*„black carbon"*). Diese Reihenfolge entspricht in etwa abnehmender mikrobieller Umsetzbarkeit und zunehmender Komplexität und Stabilität im Boden. Diese Stoffgruppenanalysen haben in neuerer Zeit die klassischen Huminstofffraktionierungen weitgehend abgelöst. Sie sind zwar analytisch-technisch aufwendiger, jedoch ergeben sie detailliertere und besser zu interpretierende Aussagen als die Huminstofffraktionierungen. Diese Stoffgruppen wurden jedoch auch in den klassischen Huminstoffextrakten nachgewiesen, sodass sie mit den makromolekularen Huminstoffen assoziiert sind bzw. einen Teil dieser ausmachen bzw. die Trennschärfe der Methode unzureichend ist..

Mikromorphologische Untersuchungen an Bodendünnschliffen (Beschreibung der anzuwendenden Technik unter Abschn. 5.3.2.3, Interpretation u. a. bei FITZPATRICK 1993) und in neuerer Zeit

die Kombination von Elektronenmikroskopie und räumlich aufgelöster organischer Stoffgruppenanalytik mithilfe von Synchrotronstrahlung sind sinnvolle Ergänzungen der Analytik an gestörten Bodenproben.

5.6.6.1 Messtechnische Grundlagen

Die Methoden bestehen aus einer Kombination von stoffgruppenspezifischer Extraktion und nachfolgender spektroskopischer, nasschemischer oder chromatographischer Charakterisierung bzw. Quantifizierung der Stoffgruppe im Extrakt.

5.6.6.2 Identifizierung und Quantifizierung der Neutralzucker und Zuckersäuren

Neutralzucker und Zuckersäuren sind leicht umsetzbare Substanzen pflanzlichen und mikrobiellen Ursprungs, binden an Minerale und sind daher wichtige Indikatoren für die Umsetzung der Pflanzenstreu bzw. Stabilisierungsmechanismen der OBS.

Prinzip: Entsprechend der Methodenbeschreibung von AMELUNG (1997) erfolgen Extraktion und Bestimmung in 4 Schritten: (1) Hydrolyse, um so viele Zucker wie möglich aus der Bodenprobe zu extrahieren, (2) Aufreinigung der Hydrolysate zur Entfernung störender Verbindungen wie Proteine, (3) Derivatisierung zur Erhöhung der Flüchtigkeit der Zucker für die Bestimmung mit Gaschromatographie (GC) (modifiziert nach ANDREWS 1989), (4) Quantifizierung der derivatisierten Zucker mit GC.

Durchführung: (1) Hydrolyse: Es werden jeweils 50 (humusreich) bis 500 (humusarm) mg Boden mit 10 ml *Trifluoressigsäure* (TFA = engl. *trifluoroacetic acid*) in geschlossenen *25-ml-Hydrolyseflaschen* hydrolysiert. Die Hydrolyse erfolgt mit 4 **M** TFA bei 105 °C für 4 h (GUGGENBERGER et al. 1994). Als interner Standard wird den Proben vor der Hydrolyse 50 µg myo-Inosit (engl. *myo-inositol*) zugesetzt. Nach der Hydrolyse werden die Proben durch *Glasfaserfilter* (GF 6, SCHLEICHER & SCHÜLL) filtriert, die TFA am *Rotationsverdampfer* entfernt und die Zucker in 3 ml destilliertem Wasser rückgelöst.

(2) Aufreinigung der Hydrolysate zur Entfernung störender Proteine und Huminstoffe über ein *XAD-7-Adsorberharz* (konditioniert und gereinigt mit 0,5 *M* HCl, Wasser, Methanol, Wasser, 0,1 *M* NaOH, Wasser, Methanol, erneut Wasser; gelagert in 0,1 *M* HCl; vor Gebrauch wurde XAD-7 inten-

siv mit destilliertem Wasser gespült, bis sich ein pH-Wert von ca. 6 einstellt) bzw. über ein *XAD-4-Adsorberharz* (gelagert in *n*-Hexan, konditioniert und gereinigt wie XAD-7, s. o.). Zur Entfernung kationischer Komponenten wie Eisenionen und Aminozucker perkolieren die gelösten Zucker durch eine *Glassäule* (1 · 20 cm), welche mit 3 g *Kationenaustauscher* (Dowex 50 WX8, 200–400 *mesh)* gefüllt ist. Die Säule wird mit ca. 100 ml H_2O gespült. Die vereinigten, gereinigten Extrakte werden *gefriergetrocknet*, in 4 · 500 µl H_2O gelöst, in ein 3-ml-*Vial* überführt und erneut gefriergetrocknet. Der Kationentauscher wird mit 2 *M* HCl konditioniert und mit Wasser gespült bis das Waschwasser pH 6 hat. Gereinigt wird der Kationentauscher, indem zunächst 10 ml 2 *M* NaOH und anschließend 2 · 10 ml 2 *M* HCl durch die Säule perkoliert werden. Beide Reinigungsschritte lassen sich simultan durchführen, wenn die Kationentauscher- und XAD-7-Säulen kombiniert werden.

(3) Derivatisierung durch Lösung der gefriergetrockneten Proben in 200 µl N-Methyl-Pyrrolidon, welches 50 %ige 3-O-Methylglucose als zweiten, internen (Wiederfindungs-) Standard enthält. Anschließende Oximierung mit 200 µl O-Methylhydrolxylamin-hydrochlorid (200 mg gelöst in 10 ml Pyridin) in einer 30-minütigen *Heiz*phase bei 75 °C und Derivatisierung der raumtemperierten Oximlösungen mittels 400 µl Bis-(trimethylsilyl)-trifluoroacetamid bei 75 °C in 5 min.

(4) Quantitative Bestimmung der Zucker mit *GC* der mit *Flammenionisationsdetektor (FID)* ausgestattet ist. Für die GC-Auftrennung wird eine HP-5 *fused-silica*-Säule (25 m Länge, 0,2 mm Innendurchmesser, 0,33 µm Filmdicke) verwendet; N_2 ist Träger- und Make-up-Gas. Weitere GC-Parameter: 250 °C Injektortemperatur, 300 °C Detektortemperatur, Temperaturprogramm startet mit 160 °C Ofentemperatur für 4 min und Erhöhung auf 185 °C mit 8 °C min^{-1}. Nach weiteren 1,5 min wird der Ofen mit 4 °C min^{-1} auf 250 °C aufgeheizt, gefolgt von einer kurzen Ausheizphase (5 min bei 250 °C), bevor der Ofen auf die Anfangstemperatur heruntergekühlt. Splitverhältnis am GC von 1:40. Ein entsprechender GC mit Massenspektrometer dient dazu, die einzelnen Zuckerpeaks in Bodenhydrolysaten zu verifizieren.

Auswertung: Anhand der GC-Chromatogramme lassen sich die verschiedenen Zucker der Bodenhydrolysate identifizieren und mithilfe der internen Standards auch quantifizieren. Die Ergebnisse werden in mg kg^{-1} Feinboden bzw. g kg^{-1} C_{org} angegeben.

Methodische Fehlerquellen: Filtration nach der Evaporation kann zu Verlusten von bis zu ca. 70 %

an Zuckern führen. Ebenfalls wichtig ist es, Glassäulen für die Aufreinigung der Hydrolysate zu verwenden, da Polyethylensäulen ebenfalls zu immensen Verlusten an Zuckern führen können.

5.6.6.3 Bestimmung der N-Fraktionen

Organischer Stickstoff im Boden kommt vor in Form von freien Aminosäuren, Aminozuckern, Peptiden, N-Heterozyklen, Nitrilen und anderen Verbindungen vor. Ein erster nasschemischer Ansatz zur Quantifizierung dieser Gruppen ist die Trennung in einen 6 *M*-HCl-hydrolysierbaren und einen nicht hydrolysierbaren Anteil sowie die α-Amino-N-Bestimmung im Hydrolysat.

Prinzip: Im 6-*M*-HCl-Extrakt wird α-Amino-N durch Neutralisation und kolorimetrische Bestimmung des bei der Ninhydrinreaktion entstehenden blauen Farbkomplexes nach STEVENSON & CHENG (1970) bestimmt bzw. es können die einzelnen Aminosäuren mit *Hochleistungs-Flüssigkeitschromatographie (HPLC)* quantifiziert werden.

Hydrolyse: Die fein gemörserte Probe (ca. 10 mg N entsprechend) wird in einem *Hydrolyseglas* mit 5 ml *6 M HCl/HCOOH* (10:1) (bei kalkhaltigen Proben entsprechend mehr HCl) versetzt, kurz mit N_2 begast, bei 110 °C im *Trockenschrank* 12 h hydrolysiert, nach Abkühlen in einen *50-ml-Rundkolben* filtriert (*Blauband 589*). Auswaschung des Rückstandes mit wenig heißer 7 *M* HCl und dann mit H_2O.

Bestimmung des hydrolysierbaren N: Destillation nach KJELDAHL analog Abschn. 5.6.7.1.

Zur Bestimmung von α-Amino-N wird ein Aliquot des Filtrats mit Waschlösung in einem *Rotationsverdampfer* bei 40 °C eingedampft und (zum HCl-Austrieb) zweimal mit etwas H_2O eingedampft. Zur Neutralisation und NH_3-Entgasung wird der Kolbeninhalt mit 5 ml H_2O im *Ultraschallbad* gelöst, mit zwei Tropfen *pH-9-Indikator* versetzt und mit *5 M NaOH* neutralisiert (Beginn der Violettfärbung), für 45 min im *Trockenschrank* auf 110 °C erhitzt (Entweichen von NH_3, Zerstören von Aminozuckern), nochmals am Rotationsverdampfer bei 40 °C eingeengt und wie oben mit 10 ml H_2O (NH_3-frei) aufgenommen.

Messung: 0,5 ml des neutralisierten Hydrolysats werden in einem *Reagenzglas* mit 0,5 ml *0,3 M Na-Citrat* (117,6 g $C_6H_5Na_3O_7$ · 2 H_2O + 1 ml Toluol in 1 l H_2O zur Maskierung anorganischer Kationen) und 2 ml Ninhydrin/ZnCl/Puffer-Gemisch [16 ml Na-Acetat-Puffer pH 5 (500 g CH_3COONa · 3 H_2O

+ 100 ml Eisessig mit H_2O zu 1 l) + 50 ml Ninhydrinreagenz (1 l 4 % Ninhydrin mit Methyl-Cellosolve (Kodak) in dunkler Flasche mit 199 g Dowex-50-Austauschharz H-Form unter N_2-Atmosphäre) + 25 ml H_2O + 80 mg $SnCl_2 \cdot 2\, H_2O$] versetzt und nach Anbringen einer *Al-Kappe* in einem kochenden Wasserbad 30 min erhitzt, dann im Wasserstrahl gekühlt, mit 5 ml 50 % Ethylalkohol versetzt und geschüttelt. Die Extinktion des entstehenden Farbkomplexes wird bei 570 nm gegen den Blindwert *spektrophotometrisch* gemessen. Der Gehalt an α-Amino-N wird aus einer Eichkurve abgeleitet, die mit einem Leucin-Standard erstellt wurde, und in g kg^{-1} angegeben.

Darstellung der Ergebnisse: Die gemessenen α-Amino-N-Konzentrationen kann man auf die Einwaage, die organische Bodensubstanz oder den Gehalt an organisch gebundenem N beziehen.

Methodische Fehlerquellen: Die Hydrolyse ist meist nicht vollständig, da hydrophobe Peptidbindungen der Proteine sowie in pedogenen Oxiden eingeschlossene Proteine dem Säureangriff widerstehen. Ein geringer Anteil der Aminosäuren kann bei der Säurehydrolyse zerstört werden (v. a. bei Untersuchung von MnO_2- und tonreichen Proben). Farbreaktionen anderer Bodenkomponenten können bei geringen α-Amino-N-Gehalten Fehler bewirken.

5.6.6.4 Bestimmung der Lipide

Die Methode erfasst die extrahierbaren Anteile der Lipide. Die Extrahierbarkeit der insgesamt vorhandenen Lipide hängt u. a. ab von Bodentyp und Aggregierung (JANDL et al. 2004).

Messtechnische Grundlagen: Die Lipide werden mit organischem Lösungsmittel in einer *Soxhlet-Apparatur* extrahiert und mit *GC bzw. GC/MS* identifiziert, durch Peakflächenintegration in den Chromatogrammen grob quantitativ bestimmt oder durch externe Kalibrierung exakt quantifiziert. Nachfolgend wird die Quantifizierung der *n*-Alkylfettsäuren beschrieben.

Probenvorbereitung: 30–40 g lutro Boden (< 2 mm) werden mit 200 ml *Dichlormethan/Aceton* (9:1 *v/v*) 24 h bei ca. 70 °C in der *Soxhlet-Apparatur* extrahiert. Danach wird der lipidangereicherte Extrakt mit einem *Rotationsverdampfer* auf ca. 2 ml eingeengt. Dieser Extrakt sowie das zum Spülen des *Rundkolbens* verwendete Dichlormethan/Aceton werden in ein 4-ml-*Probengläschen* überführt. Zur Herabsetzung der Polarität der Carboxylgruppe der *n*-Alkylfettsäuren wird der Extrakt mit 50 μl einer 25 % (*w/w*) Tetramethylammoniumhydroxid/Methanol-Lösung (TMAH/MeOH) derivatisiert (Achtung: TMAH ist giftig!). Zur Vervollständigung dieser Überführung der Fettsäuren in ihre Methylester wird der Extrakt mit dem Derivatisierungsmittel (TMAH) 15 min bei 50 °C in einem *Ultraschallbad* behandelt. Abschließend wird das Lösungsmittel im N_2-Strom vollständig aus dem Extrakt entfernt und der Rückstand definiert mit 500 μl *Methanol* aufgenommen.

Gaschromatographie-Massenspektrometrie (GC/MS): 1–2 μl des derivatisierten Extrakts werden mit einer *Mikroliterspritze* (10 μl) in den *Split/Splitless-Injektor* (300 °C) des GC injiziert. Der Split des Injektors ist zu Beginn der Analyse geschlossen. Von 45 s bis 90 s der Analysenzeit schaltet der Split auf das Verhältnis 1:100 und danach auf 1:5. Das Trägergas Helium 5.0 fließt mit 2 ml min^{-1} durch die Kapillarsäule. Durch die Wechselwirkungen der Substanzen des Lipidgemischs mit der stationären Phase der *Trennsäule* (BPX 5; Länge: 25 m, Innendurchmesser: 0,32 mm; Schichtdicke der stationären Phase: 0,25 μm) werden die Methylester der Fettsäuren entlang der Säule trennt. Diese Trennung durch das Temperaturprogramm des *GC-Ofens* unterstützt. Nach der isothermen Phase (1 min) der Starttemperatur von 150 °C wird mit 5 °C min^{-1} auf 280 °C geheizt.

An den GC ist ein *Massenspektrometer* mit einer Electron-Impact- (EI-) Ionenquelle (70 eV) gekoppelt, mit der die aufgetrennten Substanzen detektiert werden. Geräteparameter: 3 kV Beschleunigungsspannung, 1,1 s pro Massendekade Scan-Geschwindigkeit (*m/z* 48–450) und 2,2 kV Spannung des Sekundärelektronenvervielfachers (SEV). Die korrespondierenden Massenspektren zu den Peaks der aufgenommenen Gaschromatogramme werden durch Vergleich mit Bibliotheksmassenspektren (WILEY ed. 6.0) identifiziert.

Quantifizierung der *n*-Alkylfettsäuren: Eine externe Kalibrierung mit fünf Konzentrationsniveaus dient zur Quantifizierung der *n*-Alkylfettsäuren. Dazu wird ein Standardmix von *n*-Alkylfettsäuremethylestern (n-$C_{10:0}$ bis n-$C_{34:0}$) mit Konzentrationen von 0,01 mg ml^{-1} bis 1,0 mg ml^{-1} verwendet. Die Kalibrierung der Standardsubstanzen und die Quantifizierung der *n*-Alkylfettsäuremethylester basiert auf der Bestimmung der korrespondierenden Peakflächen der jeweiligen Substanzen. Die bestimmten Konzentrationen der *n*-Alkylfettsäuremethylester werden auf die eingesetzte Probenmasse umgerechnet und in μg g^{-1} angegeben.

Methodische Fehlerquellen: Zur Begrenzung von Substanzverlusten durch Adsorption an Gefäßwänden wird bei allen Überführungen des Extrakts in andere Gefäße mehrfach mit kleinen Volumina der Lösungsmittel nachgewaschen. Der Extrakt sollte ohne längere Lagerungszeiten gleich nach der Derivatisierung analysiert werden, um chemische Veränderungen und damit Fehlbefunde zu vermeiden. Mehrfachbestimmungen müssen zur statistischen Absicherung der Analysenergebnisse durchgeführt werden.

5.6.6.5 Bestimmung der Ligninbausteine

Lignin als einer der wichtigen, schwer zersetzbaren Ausgangsstoffe der OBS-Bildung kann direkt nicht bestimmt werden. Ein klassisches Verfahren schätzt Lignin aus den durch eine Iodierungsreaktion und Redoxtitration bestimmten Methoxylgruppen ($-OCH_3 \cdot 4{,}4$ = Lignin-C bzw. $\cdot 7$ = Lignin; Beschreibung bei SCHLICHTING et al. 1995). Neuere Verfahren bestimmen die ligninbürtigen Phenole nach CuO-Oxidation direkt und ermöglichen Aussagen über noch intakte Ligninstrukturen bzw. zunehmenden oxidativen Abbau der Seitenketten und somit stärkere Humifizierung. Dies trägt u. a. auch dem Sachverhalt Rechnung, dass monomere und dimere Ligninbausteine als wichtige Strukturen von Huminstoffen nachgewiesen wurden (SCHULTEN et al. 1998).

Messtechnische Grundlagen: Ligninbürtige Phenole (p-OH-Benzaldehyd, p-OH-Benzoesäure, Vanillin, Vanillinsäure, Syringylaldehyd, Syringasäure, p-Cumarsäure und Ferulasäure) werden mit alkalischer CuO-Oxidation aufgeschlossen, derivatisiert und mit GC bestimmt (KÖGEL & BOCHTER 1985).

Aufschluss, Aufreinigung und Derivatisierung: zweistündige alkalische CuO-Oxidation bei 170 °C, Aufreinigung der phenolischen Oxidationsprodukte mit Festphasenextraktion an C-18-Kartuschen (BAKER), Lösung der getrockneten Phenolderivate mit 100 µl Pyridin als Lösungsvermittler und Silylierung mit 100 µl N,O-bis-(trimethylsilyl)-trifluoracetamid (Fluka).

Quantifizierung der Phenolderivate: Sie werden im GC getrennt und mit Flammenionisationsdetektor (FID) detektiert. Ethylvanillin wird als interner Standard den Proben vor der alkalischen Oxidation zugesetzt. Um die Wiederfindung des Ethylvanillins und damit Aufarbeitungsverluste zu bestimmen, wird vor der Derivatisierung Phenylessigsäure als zweiter interner Standard zugesetzt.

Methodische Fehlerquellen: In Proben mit sehr niedrigen C-Gehalten können Aufarbeitungsverluste von > 90 % auftreten. Eine überarbeitete CuO-Methode für Mineralboden mit Zugabe von Ethylvanillin als zweiten internen Standard, manometerkontrollierter Festphasenextraktion und mit Zugabe von Glucose führt zu einer relativen Wiederfindung der Standardsubstanzen von 90 % (AMELUNG 1997).

5.6.6.6 Bestimmung hocharomatischer C-Verbindungen („black carbon")

Viele Böden enthalten zwei weitere Fraktionen organischen Kohlenstoffs, die nicht direkt aus Rückständen der Streu oder von Bodenorganismen und deren Umsetzung im Boden stammen. Dies ist einerseits der sog. *„black carbon"* (BC), der C-haltige Produkte natürlicher und anthropogener Verbrennungsprozesse von Biomasse und fossilen Brennstoffen (auch „Ruß") umfasst, und andererseits lithogener Kohlenstoff aus Kohle, der in Böden auf Kippen, Halden usw. vorkommt. Die Ad-hoc-AG BODEN (2005) unterscheidet nicht zwischen diesen beiden Fraktionen, und auch chemisch-analytisch ist eine Differenzierung schwierig, zumal die BC-Analytik kohlebürtige C-Verbindungen als Störgröße ausweist (SCHMIDT et. al. 2003). Die beschriebene Methode wurde für die Quantifizierung von BC aus Verbrennungsprozessen entwickelt.

Messtechnische Grundlagen: Da *„black carbon"* (BC) wie andere Stoffgruppen der OBS auch praktisch nicht in seiner Gesamtheit quantifizierbar ist, werden nach BRODOWSKI et al. (2005) extrahierbare Benzolpolycarbonsäuren als Indikator für BC genutzt. Das Verfahren beinhaltet die Hydrolyse mit Trifluoressigsäure (TFA), Oxidation mit HNO_3, Aufreinigung, Derivatisierung und Bestimmung mit GC mit Flammenionisationsdetektor (FID).

Entfernung der polyvalenten Kationen: In Abhängigkeit vom zu erwartenden BC (z. B. urbane Böden, Tschernoseme hoch) werden jeweils 50–500 mg Boden mit 10 ml $4\,M$ (TFA = engl. *trifluoroacetic acid*) bei 105 °C für 4 h in geschlossenen *25-ml-Hydrolyseflaschen* zur Entfernung von polyvalenten Kationen hydrolysiert. Der Bodensatz und das Hydrolysat werden auf einen *Glasfaserfilter* (GF 6) pipettiert und gut mit deionisiertem H_2O gespült und das Filtrat verworfen. Den Filter mit Rückstand auf ein Uhrglas legen und bei 35 °C im Trockenschrank mindestens 2 h trocknen lassen.

Oxidation: Der Filterrückstand wird danach quantitativ in ein Aufschlussglas überführt und nach Zugabe von 2 ml *65 %iger* HNO_3 bei 170 °C für 8 h in der *Aufschlussapparatur* aufgeschlossen.

Die Lösung wird quantitativ über einen Cellulosefilter (S & S 589) in einen 10-ml-Messkolben überführt und auf 10 ml aufgefüllt.

Vorbereitung der Säulen: Die Aufreinigung der Aufschlusslösung erfolgt über *Glassäulen*. Die Glassäulen werden mit dem stark sauren *Kationenaustauscher* (Dowex 50WX8, 200–400 *mesh*) ca. 5 cm hoch befüllt, mit H_2O_{dest} gereinigt und konditioniert mit $2\,M$ NaOH, H_2O_{dest}, $0,1\,M$ HCl und erneut mit H_2O_{dest} gespült bis das Eluat pH um 7 erreicht.

Probenaufreinigung: Ein 2-ml-Aliquot der Aufschlusslösung wird mit 4 ml H_2O_{dest} verdünnt und anschließend mit 100 µl 1 mg ml^{-1} *Citronensäure* als internem Standard versetzt. Diese Probenlösungen werden auf die konditionierten Säulen gegeben. Die Säule fünfmal mit 10 ml H_2O_{dest} eluieren und das aufgefangene Eluat im *Spitzkolben* im *Ethanolbad* einfrieren und *gefriertrocknen*.

Derivatisierung: Die Probe viermal mit 1 ml *Methanol* in ein 5 ml Reactivial überführen. Danach werden 100 µl *Wiederfindungsstandard* 1 mg ml^{-1} Biphenylen-2,2-dicarbonsäure in Methanol zugeben und unter Druckluft bis zur vollständigen Trockene eingedampft. Je 100 oder 125 µl trockenes Pyridin p. A. und N,O-bis(trimethylsilyl)-trifluoracetamid dazu pipettieren (je nach erwartetem BC-Gehalt) und 2 h bei 80 °C derivatisieren. Nach dem Abkühlen in GC-Vials überführen und dicht verschließen.

Externe Standards: Als *externe Standards* werden Hemimellitsäure, Trimesinsäure, Pyromellitsäure, Mellitsäure, Trimellitsäure und Benzolpentacarbonsäure eingesetzt. Danach werden Standardreihen mit bis zu fünf Konzentrationen (5–150 µg pro Vial) für jede Substanz hergestellt, eingedampft und zeitgleich mit den anderen Proben derivatisiert (Abb. 5.6.2).

Analyse: 2 µl des Extrakts werden in einen *GC* (Kapillarsäule: HP-5, 30 m Länge, 0,32 mm Innendurchmesser, 25 µm Filmdicke) injiziert und die aufgetrennten Substanzen mit FID detektiert. Das Trägergas hat eine Flussrate von 79,3 ml min^{-1}. Injektionseingangs- und Detektortemperatur sind auf 300 °C eingestellt. Das Temperaturprogramm startet mit einer Ofentemperatur von 100 °C für 2 min. Die Temperatur wird mit 20 K min^{-1} auf 240 °C erhöht und für 7 min konstant gehalten. Anschließend wird die Ofentemperatur mit 30 K min^{-1} auf 300 °C erhöht und für 5 min gehalten. Das Splitverhältnis beträgt 1:50. Eine GC-Kopplung mit entsprechendem Massenspektrometer als Detektor kann ebenfalls verwendet werden.

Auswertung: Da nicht der gesamte BC in Form von Benzolpolycarbonsäuren (BPCS) wiedergefunden wird, wurde von GLASER et al. (1998) ein Umrechnungsfaktor (2,27) eingeführt, um die BC-Gehalte im Boden abzuschätzen.

Methodische Fehlerquellen: Obwohl die Bildung BPCS durch Verbrennungsprozesse nachgewiesen wurde, ist eine *in situ*-Bildung ohne Einwirkung von Feuer auch nicht ausgeschlossen. Jüngst wurde von bis zu 25 % extrahierter BPCS in Böden aus nicht-pyrogenen Quellen berichtet (GLASER & KNOLL 2008).

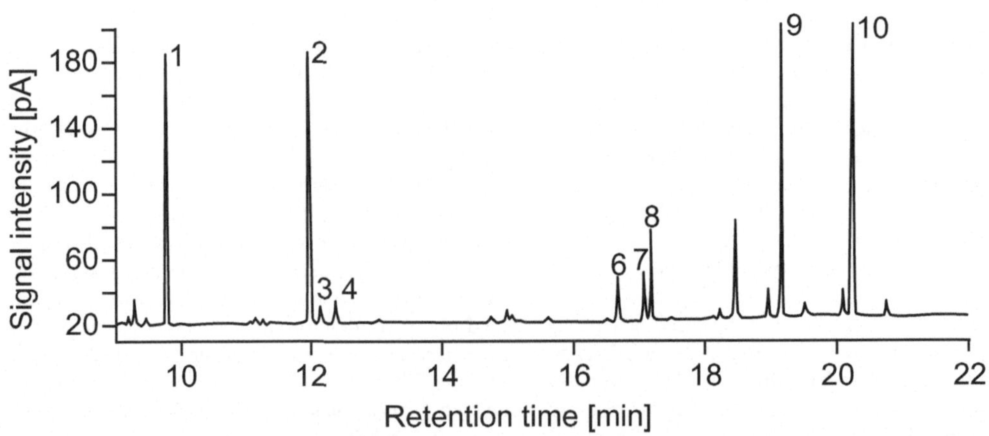

Abb. 5.6.2 Chromatogramm der Benzolpolycarbonsäuren nach Aufarbeitung eines Tschernosems gemessen an einem GC/FID. (1) Citronensäure (interner Standard 1); (2) Biphenyl-2,2-dicarbonsäure (interner Standard 2); (3) Hemimellitsäure; (4) Trimellitsäure; (5) Trimesinsäure; (6) Pyromellitsäure; (7) Mellophansäure; (8) Prehnitsäure; (9) Benzolpentacarbonsäure; (10) Mellitsäure.

5.6.6.7 Bestimmung der Huminstoffe

Prinzip: Huminstoffe werden traditionell sowie nach dem Vorschlag der International Humic Substances Society (IHSS) durch alkalische Extraktion unter Sauerstoffausschluss in Humin (Extraktionsrückstand), Huminsäuren (HS, Fällung mit HCl) und Fulvosäuren (FS, löslich in HCl) getrennt. Für nachfolgende spektroskopische Untersuchungen werden die extrahierten Huminstoffe mitunter „gereinigt", indem die Aschegehalte durch einen Silicataufschluss mit HF verringert werden.

Durchführung: 10 g Probe werden in *250-ml-Zentrifugenbechern* mit 200 ml *0,1 M NaOH* versetzt. Aus den Zentrifugenbechern wird O_2 durch Ausblasen mit N_2 entfernt, und sie werden luftdicht verschlossen über Nacht geschüttelt und anschließend bei $1560 \cdot g$ für 15 min *zentrifugiert*. Dekantation des Überstands trennt Humin (Zentrifugat) und HS + FS. Für eine erschöpfende Extraktion können NaOH-Zugabe, Schüttelung und Extraktion bis zu fünfmal wiederholt werden. Die vereinigten Extrakte werden mit *HCl* auf pH 1 angesäuert und für mehrere Stunden stehen gelassen. Durch Abzentrifugation wird der Huminstoffextrakt in FS (Überstand) und HS (Zentrifugat) getrennt. Dies ist bis zu dreimal zu wiederholen. Für nachfolgende spektroskopische Bestimmungen in Lösung kann die HS erneut in 0,1 *M* NaOH aufgenommen werden.

Auswertung: Nach C/N/S-Bestimmung entsprechend Abschn. 5.6.1.3 werden die Konzentrationen dieser Elemente in den einzelnen Huminstofffraktionen sowie die Verteilung des Boden-C (bzw. -N und -S) auf diese berechnet.

Anmerkungen und methodische Fehlerquellen: Der mitunter zur Erhöhung der Extraktausbeute empfohlene Zusatz von $Na_4P_2O_7$ macht eine nachfolgende Bestimmung der P-Gehalte der Huminstoffe unmöglich und wurde deshalb hier nicht empfohlen. Zur Isolierung der FS wird teilweise auch Adsorption an XAD-8-Austauscherharz angewendet. Bei Interpretation der oft anschließenden spektroskopischen Untersuchungen ist zu beachten, dass das Extraktions- und Trennungsverfahren sehr wahrscheinlich Zusammensetzung und Struktur der Huminstoffe verändert. Bei der Extraktion wird oft Cellulose mit erfasst, was sich mikromorphologisch klären und ggfs. in Abzug bringen lässt.

5.6.6.8 Bestimmung der beweglichen Huminstoffe

Prinzip: Die beweglichen Huminstoffe liegen wasserlöslich vor oder werden durch Metallkomplexbildner (z. B. Oxalat) in Lösung gebracht. Sie erlauben Aussagen über Transport von OBS im Profil, z. B. bei Podsolierung. Extraktion mit Oxalatlösung entsprechend SCHWERTMANN (1964) nach MATTSON & KOUTLER-ANDERSSON (1942) bzw. Abschn. 5.5.5.2; kolorimetrische Bestimmung bei 472 nm.

Extraktion: Wie amorphe pedogene Oxide, s. Abschn. 5.5.5.2.

Bestimmung: Die Extinktion des filtrierten Oxalatextrakts wird bei 472 nm und 10 mm Schichtdicke *photometrisch* bestimmt. Die Extinktion wird direkt als ODOE- (*optical density oxalate-extract-*) Wert angesehen.

Auswertung: Eine Extinktion von 270 entspricht näherungsweise derjenigen von 100 mg C_{org} ml^{-1} einer FS, die aus Podsol-Bh in Norddeutschland isoliert wurde.

5.6.6.9 Bewertungen

Im Folgenden soll eine Bewertung der ermittelten Daten erfolgen. Absolute und relative Anreicherungen an Neutralzuckern und Zuckersäuren, α-Amino-N und C_{hwl} und N_{hwl} deuten auf Anreicherungen mit leicht abbaubaren organischen Stoffen hin und sollten mit Anreicherungen an Bodentieren, mikrobieller Biomasse und Enzymaktivitäten einhergehen. Aus den Pentose : Hexose-Verhältnissen (Fucose + Rhamnose) : (Arabinose + Xylose) bzw. (Galactose + Mannose) : (Arabinose + Xylose) können Rückschlüsse auf die Herkunft abgeleitet werden: < 0,5 für Pflanzenrückstände; > 2 für Mikroben (OADES 1984). Für Böden bzw. Bodenfraktionen werden meist Werte zwischen diesen Extremen ermittelt; jedoch ermöglicht der Vergleich Aussagen über den relativen Beitrag von Pflanzenrückständen und Biomasse zur OBS in dem jeweiligen Boden bzw. in der Bodenfraktion. Beispielsweise nehmen die Pentose:Hexose-Verhältnisse bei organisch-mineralischen Partikelgrößenfraktionen vom Ton zum Sand hin ab (GUGGENBERGER et al. 1994). Bei den Ergebnissen der Lipidextraktion haben organische Auflagen und besser mit OBS versorgte mineralische Oberböden höhere Lipidgehalte als schlechter versorgte (Tab. 5.6.3). Weiter können kurzkettige Fettsäuren aus pflanzlicher und mikrobieller Biomasse stammen, während die langkettigen (Maxima bei n-$C_{26 \dots 28}$) nur aus den

Tab. 5.6.3 Vorläufige Konzentrationsbereiche gesättigter n-Alkylfettsäuren in O- und A- Horizonten in mg kg^{-1}, abgeleitet aus Daten von BLUMSCHEIN (2008)

Probenherkunft und Kettenlängen	sehr niedrig	niedrig	mittel	hoch	sehr hoch	
organische Auflagen						
kurzkettige: $C_{10:0}$ bis $C_{20:0}$	<	1	10	50	250	>
langkettige: $C_{21:0}$ bis $C_{34:0}$	<	1	10	50	250	>
mineralische Oberböden						
kurzkettige: $C_{10:0}$ bis $C_{20:0}$	<	0,1	3	5	7	>
langkettige: $C_{21:0}$ bis $C_{34:0}$	<	0,1	3	7	10	>

Pflanzenwachsen nicht jedoch aus mikrobieller Biomasse stammen können.

Relative Anreicherungen an langkettigen Lipiden, nicht hydrolysierbarem N und *„black carbon"* würden auf eher schwer umsetzbare OBS hindeuten. Aus den Anteilen der mit CuO-Oxidation aufgeschlossenen Ligninbausteine werden vier Kennwerte berechnet: V + S + C = Summe der Vanillyl-, Syringyl- und Cinnamyleinheiten; (Ac:Al)V = Verhältnis Säure:Aldehyd der Vanillyleinheit; (Ac:Al) S = Verhältnis Säure:Aldehyd der Syringyleinheit; S:V = Verhältnis Syringyl-:Vanillyleinheit. Dabei repräsentiert V+S+C den Anteil unkondensierter Lignineinheiten mit vollständigem Substitutionsmuster und ist ein Indikator für intakte Ligninstrukturen. Die Säure:Aldehyd-Verhältnisse steigen mit oxidativen Abbau der Ligninseitenketten. Relative Anreicherung der Vanillyl- gegenüber der Syringyleinheit deutet ebenfalls auf einen zunehmenden Ligninabbau hin. Die Gehalte an hocharomatischen C-Verbindungen können um 3 (Lessivé, ländlicher Raum) bis 13 % des C_{org} (Tschernosem, Ballungsgebiet) betragen.

5.6.7 Umsetzbarzeit organischer Stoffe

Die Umsetzbarkeit der OBS oder zugeführter Streu, organischer Dünger oder auch organischer Schadstoffe kann aufgrund chemischer Eigenschaften abgeleitet (z. B. Extrahierbarkeit nach milder Hydrolyse in siedendem Wasser) oder durch Messung der CO_2-Freisetzung im Inkubationsversuch, ggf. mit Isotopenmarkierung, direkt bestimmt werden.

5.6.7.1 Leicht Umsetzbares: Heißwasserextrakt

Die Methode erfasst v. a. Kohlenhydrate und Peptide als Metabolite der Biomasse im Boden, die leicht umsetzbar sind und zur kurzfristigen bodenbiologisch gesteuerten Nachlieferung organisch gebundener Nährstoffe beitragen.

Prinzip: Extraktion von leicht umsetzbaren organischen C- und N-Verbindungen mit siedendem Wasser; Bestimmung der Elementgehalte im Extrakt entsprechend Abschn. 5.6.2.2.

Extraktion: 25 g lutro Feinboden in einen *250-ml-Erlenmeyer-Kolben* einwiegen, 50 ml H_2O zupipettieren, *Rückflusskühler* (30 mm Mantellänge) aufsetzen und die Suspension mit einer *Heizquelle* (Heizplatte, Bunsenbrenner etc.) und ab Siedebeginn exakt 60 min kräftig kochen, sodass Boden und Wasser intensiv durchwirbelt werden. Danach die Probe schnell abkühlen, drei Tropfen 2,5 mol l^{-1} *CaCl$_2$-Lösung* (37 g $CaCl_2$ in 100 ml H_2O lösen) als Filtrierhilfe zugeben und über Faltenfilter in 100-ml-Filtriergefäße filtrieren.

C-Bestimmung in den Filtraten: Bestimmung von C in flüssigen Proben entsprechend Abschn. 5.6.2.2.

N-Bestimmung in den Filtraten: Entweder mit *Dimatoc* (s. Abschn. 5.6.2.2) oder durch Kjeldahl-Aufschluss und Destillation (in Anlehnung an LUFA-Verbandsvorschrift A 6.1.7.1, VDLUFA 2002/ 2005): 20 ml Filtrat in ein *Aufschlussgefäß* (aus kommerzieller Kjeldahl-Apparatur oder Aufschlusskolben bei Nutzung einer anderen Heizquelle) pipettieren, mit dem *Dosiergerät* 2 ml H_2SO_4 (ϱ = 1,84 g ml^{-1}), dann 100 mg *Selenreaktionsgemisch* als Katalysator und einige Siedesteinchen zugeben. Das Aufschlussgefäß an die *Aufschlussapparatur* (bzw. an Rückflusskühler) anschließen, zunächst unter geringer *Wärmezufuhr* so lange erhitzen, bis die Aufschlusslösung nicht mehr schäumt, und dann bis zum Klarwerden bei voller Wärmezufuhr (Temperatur muss über 360 °C und unter 400 °C sein, um vollen Aufschluss zu erreichen, aber N-Verluste zu vermeiden) aufschließen (Dauer ca. 1 h). Reagenzienblindwert mit H_2O anstelle Bodenextrakt herstellen, aufschließen, destillieren und titrieren.

Destillation und Titration: Abgekühlten Aufschluss unter Schwenken mit 20 ml H_2O mischen und den Inhalt des Aufschlussgefäßes nach erneutem Abkühlen quantitativ in das Destillationsgefäß der Destillationsapparatur (kommerzielle halbautomatische KJELDAHL-Apparatur oder alternativ KJELDAHL-Kolben mit Destillationsapparatur) überspülen (Vollständigkeit der Überspülung mit pH-Indikatorpapier überprüfen). Dann 20 ml Borsäurelösung (20 g l⁻¹) und 0,5 ml Mischindikatorlösung für Ammoniaktitrationen (käuflich) in das Vorlagegefäß geben und dieses unter den Vorstoß der Destillationsapparatur stellen. Die Aufschlusslösung im Destillationskolben wird mit 10 ml *Natronlauge* unterschichtet. Nach Eintauchen des Vorstoßes der Destillationsapparatur in die Vorlage beginnt die Destillation entsprechend Gerätevorschrift. Die Vorlage nach 5 min herunterziehen, kurz weiterdestillieren und dann den Vorstoß mit Wasser in die Vorlage abspülen. Die in der Vorlage aufgefangene NH_4^+-Menge mit der Maßlösung (c (HCl) = 0,02 mol l⁻¹) entweder manuell mit Bürette (0,01-ml-Unterteilung) oder Titrierautomaten bis zum Umschlag des Indikators titrieren. Den Verbrauch an Maßlösung in ml für den Aufschluss (A) und für den Reagenzienblindwert (B) auf zwei Stellen genau ablesen.

Berechnung: N_{hwl} = [(A – B) · (50 ml/20 ml) · (100/25 g) · f_N · 10] [mg kg⁻¹];
A, B = verbrauchte Maßlösung für Aufschluss bzw. Reagenzienblindwert in ml; f_N = Stickstoffäquivalent der Maßlösung (0,28 mg N ml⁻¹ für 0,02 mol l⁻¹ HCl) . Unter Standardbedingungen ergibt das Produkt aus den Brüchen und dem Stickstoffäquivalent der Maßlösung den konstanten Faktor 2,8 und die Berechnung wird vereinfacht zu:
N_{hwl} = [(A – B) · 2,8 · 10] [mg kg⁻¹]

Anmerkungen: Die N_{hwl}-Methode wurde von BRONNER (1976) speziell zur Abschätzung der N-Nachlieferung im Zuckerrübenanbau entwickelt und wird für diese Kultur auch in der Beratung eingesetzt. Quantitativ entspricht N_{hwl} weitgehend dem durch Bebrütung aus dem Boden freisetzbaren N.

Bei Bestimmung von C_{hwl} und N_{hwl} aus einer Probe sollten bei Mineralböden C/N-Verhältnisse < 9 (Acker) bzw. 11–15 (Grünland) errechnet werden (Plausibilitätstest). C_{hwl} macht ca. 2–5 % des C_{org} des Bodens aus, variiert deutlich im Jahresverlauf, ist aber generell zur Beurteilung des Versorgungszustands des Bodens mit umsetzbarer organischer Substanz geeignet (s. Tab. 5.6.2). Detaillierte spektrometrische Untersuchungen zeigten, dass heißwasserlösliche organische Substanzen vor allem aus Kohlenhydraten und Peptiden bestehen, was die leichte Umsetzbarkeit plausibel erklärt (LEINWEBER et al. 1997).

5.6.7.2 Mineralisierbarkeit organischer Stoffe (C_{min})

Bestimmung der CO_2-Entwicklung aus einer Bodenprobe im Brutversuch bei 60 %iger Wassersättigung und 25 °C nach ISERMAYER (1952).

Durchführung: Von der auf 70 % WK eingestellten Bodenprobe werden 10 (> 10 % C_{org}) - 70 g (< 1 % C) in ein Wägegläschen platziert und in fest verschließbares *Glasgefäß* (z.B. 1 L Weckglas mit Deckel , Gummiring und Verschluss) gestellt. Auf dem Gefäßboden befindet sich ein kleines *Glasgefäß* mit 25 ml *0,1 N Ba(OH)₂* (für 24 h) (100 ml für 7 d) und drei Tropfen *pH-9-Indikator*. Ein Blindversuch wird ohne Probe angesetzt. Der Ansatz wird bei 25 °C unter gelegentlichem Schütteln inkubiert. Das unverbrauchte $Ba(OH)_2$ wird mit *0,1 M HCl* zurück *titriert*. Differenz zwischen diesem Titrationswert und dem des Blindversuchs in ml multipliziert mit 2,2 ergibt das entwichene CO_2 in mg. Bezug auf 1000 g Einwaage ergibt mg CO_2 kg⁻¹; weitere Multiplikation mit 0,273 ergibt mg C kg⁻¹.

Darstellung der Ergebnisse: C_{min} (mg C kg⁻¹) bezogen auf den Gehalt an C_{org} in g kg⁻¹ (s. Abschn. 5.6.1.3) ergibt die Mineralisierbarkeit in mg C_{min} pro g C_{org}.

Methodische Fehlerquellen: Die Annahme einer vollständigen Mineralisierung der Umsetzungsprodukte zu CO_2 und dessen Freisetzung aus der Probe müssen nicht uneingeschränkt zutreffen. Unterschiede zu vergleichender Proben im Nährstoffgehalt, pH, Überleben der Mikroorganismen bei Trocknung, Einbau potenziell abbaubarer OBS in Aggregate usw. beeinflussen das Ergebnis. Bei sehr intensiver Umsetzung oder längerer Versuchsdauer muss eine ausreichende O_2-Zufuhr gesichert werden.

5

5.6.7.3 Abbau organischer Stoffe mit C- und N-Isotopensignaturen

C- und N-Isotope sind geeignet, Abbau und Persistenz natürlicher und anthropogener C- und N-haltiger organischer Substanzen im Boden zu erforschen.

Messtechnische Grundlagen: In der Natur gibt es drei C-Isotope, die mit unterschiedlicher Abundanz vorkommen: 98,9 % ^{12}C, 1,1 % ^{13}C und 10^{-10} % ^{14}C. Dabei sind ^{12}C und ^{13}C stabile Isotope, ^{14}C ist ein radioaktives Isotop mit β-Zerfall und einer Halbwertzeit von 5730 Jahren. Wenn die natürliche Abundanz eines der drei Isotope in der zu untersuchenden Substanz verschoben ist, dann ist diese Substanz „markiert", und das ermöglicht eine einfache Verfolgung des C aus dieser Substanz bei Umsetzungen im Boden. Das Methodenprinzip wird an einem einfachen Versuch zur Schätzung der Abbaugeschwindigkeit und der mittleren Verweilzeit von Glucose im Boden demonstriert.

Inkubation: Eine in allen Molekülpositionen markierte *^{13}C-U-Glucose* oder ^{14}C-U-Glucose (z. B. Firma Amersham Biosciences Europe GmbH, D-79111 Freiburg) wird in H_2O zu 100 *μM* l^{-1} gelöst, zu 50 g Boden gegeben und mehrere Tage inkubiert (Versuchsanordnung Abb. 5.6.3). Standardbedingungen sind Feuchte bei 70 % WK$_{max}$ und 20 °C Bodentemperatur. In das *Inkubationsgefäß* wird ein kleineres Gefäß mit 5 ml *1 M NaOH* (oder KOH) gestellt, das zum Auffangen des aus dem Glucose-angereicherten Boden freigesetzten CO_2 dient. Die NaOH wird regelmäßig gewechselt, je nach der erwarteten Abbaugeschwindigkeit der Substanz von wenigen Stunden am Anfang der Inkubation für schnell abbaubare Substanzen (z. B. Glucose) bis mehrere Wochen am Ende der Inkubation für schwerer abbaubare Substanzen (wie Xenobiotika, Ölprodukte etc.).

Messungen: Nach Abschluss des Versuchs wird die NaOH folgendermaßen analysiert:

1. Bestimmung des Gesamtkohlenstoffs durch Titration mit *HCl* (ZIBILSKE 1994), wobei *BaCl2* zugegeben werden soll, damit BaCO$_3$ ausfällt und CO_3^{2-} bei der Titration die Ergebnisse nicht beeinflusst.
2. Bestimmung der ^{14}C-Aktivität der NaOH- + Na$_2$CO$_3$-Lösung am *Scintillationszähler* (COLEMAN & FRY 1991). Wurde mit ^{13}C markiert, ist die nachfolgende Analyse eines Feststoffes notwendig. Dazu wird das Carbonat mit BaCl$_2$ zu BaCO$_3$ ausgefällt, mehrmals mit destilliertem Wasser nachgewaschen und am Isotopenmassenspektrometer (BOUTTON & YAMASAKI 1996) gemessen.

Danach wird der Boden bei 80 °C getrocknet, und ^{14}C-Aktivität bzw. ^{13}C-Abundanz werden bestimmt. Für die Bestimmung der ^{14}C-Aktivität wird der Boden bei 900 °C im O_2-Strom verbrannt und das entstehende CO_2 in Ethanolamin gebunden und anschließend am Scintillationszähler analysiert. Die ^{13}C-Abundanz kann direkt aus der festen Bodenprobe am Isotopenmassenspektrometer bestimmt werden.

Auswertung: Anhand der ^{14}C-Aktivität (bzw. ^{13}C-Abundanz) in der NaOH wird der Anteil der bis zu CO_2 abgebauten Glucose bestimmt (Abb. 5.6.3) und auf die Rate des CO_2-Effluxes aus Glucose umgerechnet (geteilt durch die Zeit zwischen Versuchsbeginn und Entnahme der NaOH für die Aktivitätsbestimmung). Anhand der Rate des CO_2-Effluxes aus der Glucose kann ihre Abbaugeschwindigkeit im Boden durch die Anpassung der Abbaukonstante (k) an folgende Formel berechnet werden:

$$CO_2(t) = (A_0 - B) \cdot (1 - e^{(-k \cdot t)}) \text{ mit}$$

$CO_2(t) = CO_2$-Efflux aus der Glucose,

A_0 = am Anfang der Inkubation zum Boden zugegebene ^{14}C-Aktivität (bzw. ^{13}C-Abundanz);

B = Menge schwer abbaubarer Zwischenprodukten oder absorbierte Menge;

t = Zeit.

Die Summe aus der ^{14}C-Aktivität im CO_2, das in NaOH gebunden wurde, und der ^{14}C-Aktivität, die im Boden verblieben ist, muss der insgesamt eingesetzten ^{14}C-Aktivität entsprechen (gleiches gilt für ^{13}C) (Abb. 5.6.3). Mit diesem Verfahren kann der Anteil der fest absorbierten Ausgangssubstanz bzw. ihrer Zwischenabbauprodukte (B) relativ einfach bestimmt werden. Die gleichen Parameter können anhand des Verbleibs von ^{14}C bzw. ^{13}C im Boden bestimmt werden:

$$A(t) = (A_0 - B) \cdot (e^{(-k \cdot t)})$$

Methodische Fehlerquellen und Ausblick: Methodische Fehler können durch unvollständiges Auffangen von CO_2, Undichtigkeiten im System, komplette Sättigung der NaOH bei sehr großen CO_2-Freisetzungen, ungleichmäßige Glucosezugabe, manuelle Verschmutzungen etc. entstehen. Besondere Sicherheitsbestimmungen gibt es bei kleineren Laborversuchen nicht, da unter der Freigrenze gearbeitet werden kann. Trotzdem sollten die allgemeinen Sicherheitsbestimmungen im Labor exakt eingehalten werden, wie Tragen von Handschuhen beim Umgang mit Chemikali-

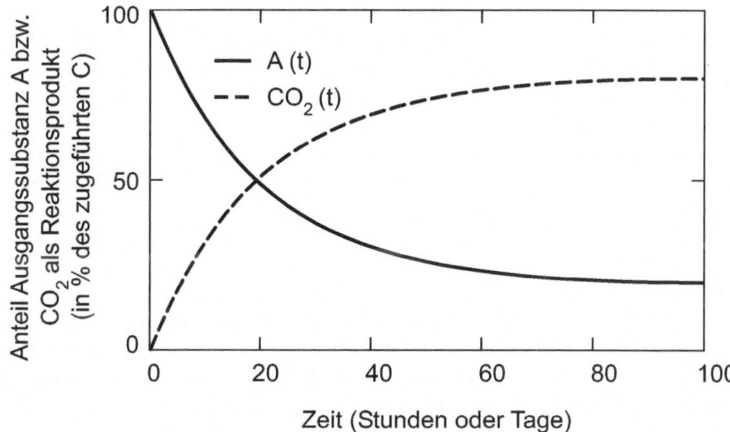

Abb. 5.6.3 Abbau der Ausgangssubstanz A bei ihrer Inkubation im Boden und Bildung des Reaktionsprodukts ($CO_2(t)$).

en bei ^{14}C-Glucose, Nutzung von Dispensern zur Lösungsentnahmen etc. Analoge Experimente können mit verschiedenen markierten Substanzen wie Pestizide, Ölprodukte, organische Dünger usw. durchgeführt werden. Beim Vergleich des CO_2-Effluxes aus der organischen Bodensubstanz mit und ohne Substratzugabe kann der Effekt zugegebener Substrate auf den Abbau der organischen Bodensubstanz bestimmt werden (KUZYAKOV et al. 2000).

5.6.8 Mineralstoffgehalte organischer Horizonte

Die unzersetzten oder wenig zersetzten Anteile der OBS (Streu bzw. partikuläre organische, spezifisch leichte Fraktion der OBS in Mineralböden) und Humusauflagen enthalten neben den Elementen C, N, S, O und H auch Mineralstoffe, die aus den Böden als Haupt- oder Spurennährstoffe durch die Vegetation aufgenommen und in Form der Vegetationsrückstände (Streu) wieder in den Böden gelangen. Da aufgrund des mikrobiellen C-Verbrauchs und inniger Durchmischung und Bindung an Minerale die Mineralstoffgehalte der Streu mit zunehmendem Ab- und Umbau tendenziell zunehmen, ist ihre analytische Erfassung ein wichtiger Hinweis auf den Grad der Streuzersetzung. Des Weiteren können atmosphärische Einträge von Mineralstoffen, v. a. in der Nähe von Emittenten, in der Streu angereichert werden und somit wichtige Hinweise auf Bodenkontaminationen geben.

5.6.8.1 Messtechnische Grundlagen

Die Mineralstoffe der Streu werden nach trockener oder nasser Veraschung bestimmt. Bei trockener Veraschung muss die Temperatur hoch genug für die vollständige Verbrennung aller organischen Substanzen, aber unterhalb der Verflüchtigung einzelner Elemente (z. B. P, K) sein. Dies kann man durch stufenweise Veraschung erreichen. Nasse Veraschung erfolgt üblicherweise durch Abrauchen mit einem Gemisch aus $HClO_4$, H_2SO_4 und HNO_3. Aufgrund der Gesundheitsgefahren und Umweltbeeinträchtigung wird das offene Arbeiten mit den konzentrierten Säuren zunehmend durch Aufschlüsse mit kleineren Proben- und Säuremengen in geschlossenen Mikrowellensystemen ersetzt. Dann werden die Gesamtgehalte an Haupt- und Spurenelementen mit ICP, AAS bzw. Flammenphotometrie bestimmt. Organisch gebundener P kann durch getrennte Extraktion des gesamten P und des mineralisch gebundenen erfasst werden. Organisch gebundene Anteile der Elemente Al und Fe werden mit Pyrophosphat extrahiert.

5.6.8.2 Analyse von Nährelementen und Schwermetallen

Stufenweise, trockene Veraschung; Bestimmungen analog Abschnitt 5.5.1.

Veraschung: Je nach Gehalt an holzigen (= mineralstoffarmen) Bestandteilen werden 2–10 g gemahlene, trockene (85 °C) Streu in einem *Porzellantiegel* 1 h im *Muffelofen* bei 430 °C verascht, mit 5 ml 5 *M* HNO_3 und 10 ml H_2O versetzt und 10 min auf einem *Sandbad* erwärmt; die Suspension wird über ein aschefreies *Filter* in einem *100-ml-Messkolben* filtriert und mit wenig H_2O nachgespült; Filterrückstand und Filter werden im Porzellantiegel getrocknet und anschließend 2 h bei 600 °C verascht; der weiße Ascherückstand wird wie oben unter Erwärmen mit *HNO_3* aufgenommen und gleichfalls in den Messkolben filtriert; dieser wird nach dem Erkalten bis zur Marke aufgefüllt und geschüttelt.

Elementbestimmungen: Analog Abschn. 5.5.1; Eichlösungen mit HNO_3 ansetzen. Zweckmäßig ist die Bestimmung aller relevanten Elemente mit ICP unter Nutzung eines kommerziellen Multielementstandards.

Darstellung der Ergebnisse: Die Werte werden in mg g^{-1} der Trockenmasse angegeben. Umformen der Element- in die Oxidgehalte und Bezug auf den Aschegehalt (s. Abschn. 5.6.1.2) ist zweckmäßig, wenn man deren Gehalt an *Ballaststoffen* abschätzen will (z. B. bei Torfen).

Methodische Fehlerquellen: Größere Mengen Kieselsäure können einzelne Bestimmungen (z. B. P spektrophotometrisch) stören; ggf. ist der Glührückstand mit 6 *M* HCl abzurauchen, wobei SiO_2 entwässert und damit unlöslich wird. Bei basenarmer Streu und damit saurem Glührückstand können beim Veraschen P-Verluste auftreten; ggf. ist eine Parallelprobe vor dem Glühen mit 5 ml 0,25 *M* $Mg(NO_3)_2$ zu versetzen und zu trocknen; dann wird P als Mg-Phosphat gebunden.

5.6.8.3 Bestimmung des organisch gebundenen P (P$_{org}$)

Aufschluss des P$_{org}$ durch trockenes Veraschen und nachfolgende Extraktion des aufgeschlossenen P$_{org}$ und des mineralisch gebundenen P mit H_2SO_4 (= Gesamt-P) sowie separate Extraktion des mineralisch gebundenen P nach SAUNDERS & WILLIAMS (1955); P-Bestimmungen kolorimetrisch mit Molybdat-Vanadat oder mit ICP (s. Abschn. 5.4.3.4).

Veraschung und Extraktion zur Bestimmung des Gesamt–P: 1 g lutro Feinboden wird in einem Porzellantiegel 1 h bei 500 °C im Muffelofen erhitzt, mit 50 ml 0,1 *M* H_2SO_4 (bei kalkhaltigen Proben je % $CaCO_2$ 1 ml mehr) in ein Zentrifugenglas übergeführt, 2 h maschinell geschüttelt und 30 min bei 3000 U min^{-1} zentrifugiert.

H_2SO_4-Extraktion zur Bestimmung des mineralisch gebundenen P: 1 g lutro Feinboden wird ohne vorherige Veraschung wie oben mit H_2SO_4 extrahiert und zentrifugiert.

P-Bestimmung: Je 20 ml der Zentrifugate werden in 50-ml-Messkolben mit 15 ml 0,5 *M* HNO_3

sowie 10 ml Molybdat-Vanadat versetzt, mit H_2O aufgefüllt, und die P-Gehalte werden spektrophotometrisch oder mit ICP bestimmt; Näheres s. Abschn. 5.4.3.4; die P-Eichkurve ist mit $H_2SO_4 + HNO_3$ zu erstellen.

Methodische Fehlerquellen: Es wird unterstellt, dass Glühen den organisch gebundenen P quantitativ freilegt, die Extrahierbarkeit des mineralisch gebundenen nicht beeinflusst und dass H_2SO_4 keinen organisch gebundenen P erfasst. Diese Bedingungen sind nur näherungsweise erfüllt. Allerdings erhält man beispielsweise für Torfe durch Kombination der summierten P$_{org}$-Anteile aus sequenziell extrahierten P-Fraktionen und des gesamten P$_{org}$ durchaus realistische Verteilungen von mineralisch gebundenem P und P$_{org}$ und plausible Veränderungen in Torfprofilen mit zunehmender Vererdung (SCHLICHTING et al. 2002).

Darstellung der Ergebnisse: Die mit und ohne Veraschen extrahierten P-Mengen werden jeweils in mg g^{-1} der Einwaage angegeben; ihre Differenz ist dann P$_{org}$.

5.6.8.4 Bestimmung des organisch gebundenen Al und Fe

Extraktion mit Na-Pyrophosphat nach MCKEAGUE et al. (1983), Bestimmung mit Flammen-AAS oder ICP (nach Abschn. 5.4.2.7).

Extraktion: 1 g lutro Feinboden werden in einer *Schüttelflasche* 16 h mit 100 ml *0,7 M $Na4P_2O_7$* (pH 10) *geschüttelt*. Etwa 35 ml der Suspension werden in ein *50-ml-Zentrifugenglas* dekantiert, gründlich mit drei bis vier Tropfen *Superfloc* (0,2 g Cyanamid Superfloc N–100 in 100 ml H_2O) gemischt und 20 min bei 10 000 U min^{-1} zentrifugiert.

Bestimmung: In Aliquoten des klaren Zentrifugats werden Al bei 309,3 nm in der Lachgas/Acetylen-Flamme und Fe bei 248,3 nm in der Luft/Acetylen-Flamme mit einem *AAS-Gerät* (s. Tab. 5.4.3) bestimmt. Alternativ ist die Bestimmung beider Elemente mit ICP möglich (Al bei 396,152 nm und Fe bei 259,940 nm).

Auswertung: Die Konzentrationen in μg ml^{-1} werden in mg g^{-1} atro (s. Abschn. 5.1.6.3) Feinboden umgerechnet.

Anmerkungen und methodische Fehlerquellen: Da Pyrophosphat auch Huminstoffe extrahiert, ist im Aliquot trotz Superfloc und Hochgeschwindigkeitszentrifugation mitunter kein klarer Extrakt zu gewinnen, was zu nur mäßig reproduzierbaren Ergebnissen führen kann. Mit H_2O_2 kann die organische Substanz vor der Messung zerstört werden

(Achtung! Lösungsmenge kontrollieren). In dem nicht für die Al- und Fe-Extraktion benötigten Extraktvolumen ist eine photometrische Bestimmung der Farbintensität, z. B. der Extinktionskoeffizienten bei 472 nm und 664 Nahrungsmittel, als qualitatives Merkmal der extrahierten Huminstoffe sinnvoll (detaillierte Beschreibung s. REUTER 1976).

5.6.9 Bestimmung organischer Schadstoffe

Organische Schadstoffe aus menschlichen Aktivitäten wie Industrie, Verkehr, Landwirtschaft, Abfallbehandlung usw. gelangen auf vielfältigen Pfaden in Böden. Dort können sie schädlich auf Bodenorganismen wirken, weiter in Grund- und Oberflächengewässer transportiert, teilweise abgebaut oder auch langfristig angereichert werden. Die Identifizierung und ggf. Quantifizierung organischer Schadstoffe in Böden sind daher zu einem wichtigen Aufgabenfeld der Bodenchemie geworden.

5.6.9.1 Messtechnische Grundlagen

Aufgrund der großen Vielfalt organischer Schadstoffe und ihrer Diversität in Grundstruktur und Substituenten (BLUME 2004, Abschnitte 2.7.5/6) gibt es eine Vielzahl spezifischer analytischer Verfahren. Für die meisten umweltrelevanten organischen Schadstoffe gibt es etablierte EPA-, EU- oder DIN-Methoden. Da es in der Bodenschutzgesetzgebung Richt- und Grenzwerte für polyzyklische aromatische Kohlenwasserstoffe (PAK) gibt, dient die Bestimmung der PAK als Beispiel für organische Schadstoffe.

Tab. 5.6.4 PAK nach US-EPA (1979) bzw. TVO (1991), deren Netto-Retentionszeiten (RT) bei flüssigchromatographischer Trennung, Wellenlängen zur Detektion mittel UV-Absorption (UV) sowie Extinktions- (Ex) und Emissionswellenlängen (Em) bei Fluoreszenzdetektion (FLD) (nach HLU [1998] und THIELE [1997] in Klammern).

PAK	TVO	RT (min)	UVD λ (nm)	FLD Ex λ (nm)	Em λ (nm)
Naphthalin		8,6	220	219 (275)	330 (350)
Acenaphthylen		9,7	220	-	-
Acenaphthen		12,2	220	236 (275)	313 (350)
Fluoren		12,9	220	236 (275)	313 (350)
Phenanthren		14,2	254	247 (275)	365 (350)
Anthracen		15,7	254	247 (375)	365 (425)
Fluoranthen	+	17,2	220	230 (335)	435 (440)
Pyren		18,3	270	230 (335)	435 (440)
Benzo[a]anthracen		23,1	270	270 (315)	390 (405)
Chrysen		24,5	270	270 (315)	390 (405)
Benzo[b]fluoranthen	+	28,4	254	231 (330)	450 (420)
Benzo[k]fluoranthen	+	30,7	300	290 (375)	430 (460)
Benzo[a]pyren	+	32,0	270	290 (375)	430 (460)
Dibenz[ah]anthracen		34,4	300	290 (345)	430 (420)
Benzo[ghi]perylen	+	34,9	300	290 (345)	430 (420)
Indeno[1,2,3-cd]pyren	+	36,4	254	250 (300)	500 (500)

5.6.9.2 Bestimmung polyzyklischer aromatischer Kohlenwasserstoffe

Beispielhaft wird eine Methode beschrieben, die bereits erfolgreich zur Bestimmung der PAK-Gesamtgehalte von Boden- und Pflanzenproben angewendet wurde und gegenüber anderen Extraktionsverfahren höhere Ausbeuten erzielte (THIELE & BRÜMMER 1998). Die PAK werden mittels Soxhlet-Heißextraktion mit einem Gemisch von Toluol und Aceton (3:2 v/v; verändert nach TEBAAY et al. 1993) extrahiert und mit HPLC bestimmt.

Extraktion: 1–5 g lutro Feinboden werden über der gleichen Menge Na_2SO_4 (gekörnt) in eine *Cellulose-Extraktionshülse* eingewogen und vermischt. In die Vorlage der *Soxhlet-Apparatur* werden 50 ml eines *Toluol/Aceton-Gemischs* (3:2 v/v) pipettiert. Die Probe wird am Soxhlet bei 135 °C des Lösungsmittelgemischs in der Vorlage unter Rückflusskühlung 7 h extrahiert. Die Extrakte werden quantitativ in *50-ml-Messkolben* überführt und bis zur Eichmarke mit Toluol/Aceton aufgefüllt.

Aufreinigung: Entsprechend der erwarteten PAK-Konzentrationen wird der Extrakt durch Einengen am *Rotationsverdampfer* aufkonzentriert. Zur Aufreinigung dienen Festphasenkartuschen mit 0,5 g *Kieselgel 60*. Das Kieselgel wird mit 3×3 ml Toluol/Aceton konditioniert, der aufkonzentrierte Extrakt oder das Aliquot (ca. 1–5 ml) aufgegeben, in *Spitzkolben* eluiert und die Säule abschließend mit 3×2 ml Toluol ebenfalls in den Spitzkolben eluiert. Das Eluat wird am Rotationsverdampfer bei 43 °C im Wasserbad eingeengt und der Rückstand durch 1 min Behandlung mit *Ultraschall* in 1–5 ml *Acetonitril* wieder aufgenommen. Ggf. ist die Lösung über *Glaswolle* oder ein 0,45 µm Spritzenvorsatz-Teflonfilter zu filtrieren. Die Probe wird in *Braunglas-Vials* abgefüllt und bis zur Messung bei +4 °C im Dunkeln aufbewahrt.

Bestimmung: Trennung der PAK mittels *HPLC* mit einer *RP C18 100-5 Säule* als stationäre Phase und *Wasser/Acetonitril*-Gradientenelution. Die Probenaufgabe mit 20 µl Injektionsvolumen erfolgt über *Autosampler* (Spark Holland SPH 125). Für HPLC-Trennung wird eine RP C18 100-5 Säule (Bakerbond PAH 16-Plus oder MZ-PAH 250×3 mm) als stationäre Phase eingesetzt. Ein Pumpensystem (Milton Roy consta Metric Doppelkolbenpumpen) ermöglicht das Durchströmen der mobilen Phase (Wasser/Acetonitril-Gemisch) mit 0,5 ml min^{-1} Flussrate. Eine optimale Trennung erfordert eine Gradientenelution, also die Änderung der prozentualen Zusammensetzung des eingesetzten Lösungsmittelgemischs während der Analyse, bei der Wasser als Phase A und Acetonitril als Phase B verwendet werden. Das Gradientenprogramm beginnt bis 5 min isokratisch (50:50, A:B). Darauf folgend bis 35 min wird das Verhältnis linear auf 0:100 (A:B) verändert, welches dann bis 44 min isokratisch bleibt. Nach einer weiteren linearen Änderung auf 50:50 (A:B) bis 44,5 min bleibt dieses Verhältnis bis zum Analysenende (48 min) isokratisch. Die PAK werden mit wellenlängenprogrammierbaren UV- sowie *Fluoreszenzdetektor* erfasst (Wellenlängen s. Tab. 5.6.4). Die Identifizierung und Quantifizierung erfolgt über externe Standards; zusätzlich kann man 6-Methyl-Chrysen als internen Standard verwenden.

Darstellung der Ergebnisse: Die Ergebnisse der Quantifikation werden üblicherweise in µg g^{-1} oder mg kg^{-1} angegeben, zusätzlich können die summierten Konzentrationen der PAK nach TVO bzw. EPA als Summenparameter angegeben werden.

Methodische Fehlerquellen: Die Soxhlet-Extraktion führt zu Verlusten der leicht flüchtigen PAK, sodass die Bestimmung von Naphthalin nicht befriedigend ist. Bei der Untersuchung von Altlastproben ist davon auszugehen, dass neben den PAK der EPA-Liste zahlreiche weitere (Stör-)Signale in den Chromatogrammen auftreten, die eine automatische, Software-gestützte Integration nicht erlauben. Stark gefärbte Lösungen können das Ergebnis der Quantifizierung verfälschen; hier ist ein interner Standard zu verwenden.

6 Messung der Bodendynamik im Gelände

Alle Messungen an Bodenproben sind nur eine einmalige (statische) Erfassung eines Bodenzustands. Viele Eigenschaften von Böden ändern sich jedoch im Laufe der Zeit stark.

Zu unterscheiden sind wiederkehrende, d. h. periodische bzw. reversible Änderungen, und bleibende, d. h. irreversible Änderungen. Erstere kennzeichnen die „regelmäßig" ablaufenden Prozesse der Bodendynamik, Letztere die gerichtet ablaufenden Änderungen der Bodengenetik. Viele Veränderungen der Böden laufen mit Schwankungen ab, die aber einen regelhaften Restbetrag der Änderung hinterlassen, d. h. sie tragen zur Charakterisierung von Bodendynamik und -genetik bei. In diesem Kapitel werden Methoden dargestellt, die in erster Linie der Beschreibung der Dynamik gelten.

Will man für bodengenetische oder standortkundliche Fragen solche Eigenschaften analysieren, so muss man versuchen, sie in ihrer Zeitabhängigkeit direkt im Gelände zu erfassen. Ob in einem Profil erkennbare bodenbildende Prozesse aktuell ablaufen oder reliktisch sind, lässt sich zweifelsfrei nur durch eine Messreihe nachweisen, die den Prozess verfolgt (z. B. Sickerwasseranalyse bei Entkalkung). Auch für bilanzierende Untersuchungen (z. B. Grundwasserneubildung) sind regelmäßige Beobachtungen notwendig, um die Summe von Einzeleffekten bzw. Flussraten bilden zu können.

Viele Eigenschaften von Böden sind nicht als Summen oder Mittelwerte relevant, sondern hauptsächlich wegen der auftretenden Spanne (z. B. Sauerstoffversorgung). Hier ist wegen des möglichen Überschreitens ökologisch wichtiger Grenzen die Feststellung von Ausmaß und Ausdauer solcher Zustände wichtig.

Jede Probenahme in Böden stört insbesondere Gefügeverband, Transportprozesse, Energiezustand und damit häufig Durchlüftung und mikrobielle Prozesse. Deshalb müssen selbst kurzzeitige Messungen, die diese Zustände erfassen sollen, *in situ* durchgeführt werden.

6.1 Allgemeine Gesichtspunkte

Da es wünschenswert ist, viele Messungen im Gelände durchzuführen, muss man versuchen, im Gelände Messbedingungen zu schaffen, die es erlauben, verlässliche, interpretierbare Daten zu produzieren. Grundsätzlich haben die Untersuchungen so zu erfolgen, dass sie keine Veränderungen in den Böden verursachen. Diese Forderung ist bei wiederholten Messungen noch wichtiger als bei einmaligen. Wird dies nicht erfüllt, so werden spätere Messungen beeinträchtigt, außerdem wird dadurch das Schutzgut Boden belastet. Prinzipiell sollten deshalb Methoden gefunden werden, die „zerstörungsfrei" arbeiten, indem z. B. schonend eingebrachte Sonden eine kontinuierliche Messung erlauben. Entnahme größerer Proben stört die Böden so, dass Messungen an gleicher Stelle nicht wiederholt werden können. Dann führt Bodenuntersuchung zu Bodenverbrauch.

Es sind prinzipiell zwei Wege zu unterscheiden: **Probenahmeverfahren,** d. h. Verfahren, die durch regelmäßige oder kontinuierliche Probenahme im Gelände den Jahresgang von Eigenschaften (z. B. Beschaffenheit des Sickerwassers) erfassen sollen. Die eigentliche Messung soll aber im Labor geschehen. **Messverfahren,** d. h. Verfahren, die bereits im Gelände die Messwerte erfassen, da durch Probenahmen Veränderungen auftreten können (z. B. Bodentemperatur, Redoxpotenzial, Wasserspannung).

In beiden Fällen muss beachtet werden; dass im Gelände starke Veränderungen von Temperatur und Luftfeuchte auftreten; dass in Böden häufig sehr hohe Luftfeuchte herrscht und Frost auftreten kann; dass Stäube zu unerwünschten Verunreinigungen führen; dass Ausscheidungen von Pflanzen aggressiv Oberflächen oder Klebstellen beeinträchtigen können; und dass Pflanzenwurzeln, Tiere und Gefügedynamik Messeinrichtungen mechanisch belasten können.

Während bei Probenahmeverfahren im Vordergrund steht, eine ungestörte Probenahme zu ermöglichen und diese unverändert und unkontaminiert ins Labor zu bringen, ist bei Messverfahren wichtig, dass man sie möglichst ohne Störungen durch Temperaturschwankungen, Feuchtigkeit und Strahlung durchführen kann.

Beide Verfahren stellen unterschiedliche Anforderungen an den Beobachtungsort:

Probenahmen können nur durchgeführt werden, wenn eine ausreichend große und gleichzeitig hinreichend homogene Fläche mit homogenem Pflanzenbestand zur Verfügung steht, die eine regelmäßige Probenahme (täglich bis monatlich) ermöglicht. Da es das eigentlich nicht gibt, sind Parallelmessungen erforderlich, um den Einfluss der Standortstreuung erfassen zu können. Weiterhin ist

zu berücksichtigen, dass durch die Probenahme der gestörte Bereich nicht wieder beprobt werden kann (z. B. für Wassergehalt, N_{min}). Durch diese Verfahren tritt also ein Bodenverbrauch ein, der über die geplante Messperiode vorher zu bestimmen ist.

Bei Messverfahren ist beim Einbau der Messgeräte darauf zu achten, dass der Boden möglichst wenig gestört wird, sodass anschließend tatsächlich die Feldbedingungen messend verfolgt werden können und nicht Einbauartefakte auftreten. Hierzu müssen die Messgeräte möglichst klein sein und mit dem Medium, das gemessen werden soll, einen guten Kontakt haben. Auch während der Messperiode ist darauf zu achten, dass keine unerwünschten Störungen durch Bodenbearbeitung, Tiere oder die Betreuer geschehen. Häufig betreten die messenden Personen den Messpunkt und verdichten damit – auf Dauer

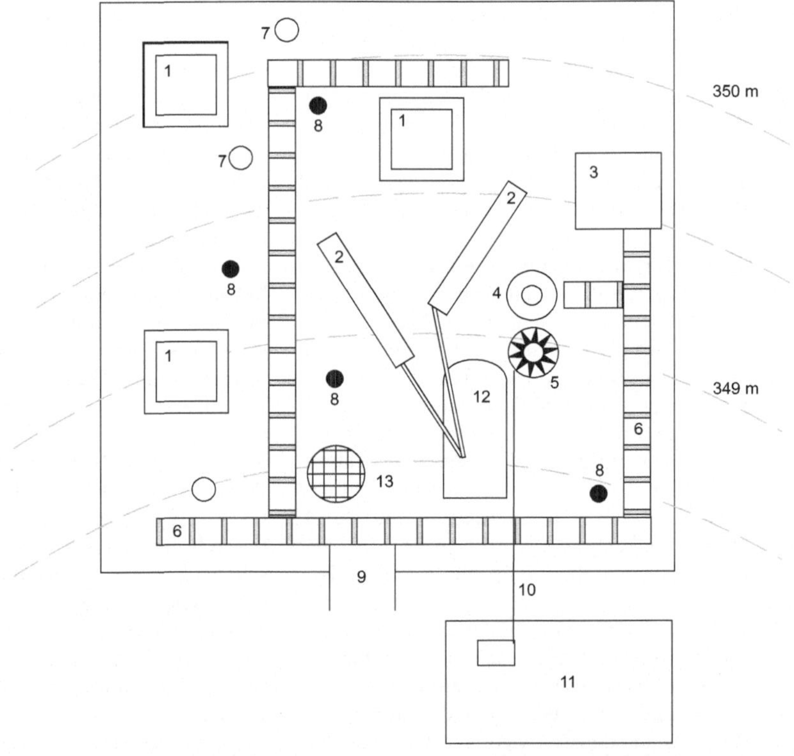

1	Streu- und Staubsammler	11	Messwagen oder Hütte
2	Bestandsniederschlag	12	Messchacht für
3	Klimastation		• Bodentemperatur
4	Niederschlag (Totalisator)		• Bodenfeuchte (Tensiometer)
5	Niederschlagsschreiber		• Wassergehalt (TDR)
6	Laufroste		• Redoxpotential (Elektroden)
7	Pegelrohr (Piezometer)		• Sauerstoffdiffusion (Elektroden)
8	TDR-Sonden evtl. Neutronensondenrohre		• Bodenlösung (Saugkerzen,
9	Zugang		Tensionslysimeterplatten)
10	Messkabel	13	Schacht für Brutexperimente

Abb. 6.1.1 Aufbau einer Feldmessstelle

verfälschend – den Oberboden (ist durch Auflegen von Lattenrosten (gemäß Abb. 6.1.1), die die Auflast verteilen, zu verringern) oder durch die Messgeräte bedingt wird der Pflanzenbestand verändert, und damit können sowohl physikalische als auch chemische Parameter gestört sein. Es empfiehlt sich deshalb, die Messfläche so abzuschirmen, dass nur autorisierte Personen (oder Tiere) Zutritt haben, genügend ungestörte Restfläche zur Verfügung steht und die Abgrenzung die Messungen nicht stört (z. B. kein verzinkter Drahtzaun, wenn Spurenstoffe gemessen werden sollen). Soll ein Messschacht angelegt werden bzw. ist der Zugang zur Messfläche einzurichten, so ist darauf zu achten, dass die Bodenwasserbewegung nicht gestört wird und deshalb Zugang und Messschacht immer im abströmenden (tiefsten) Bereich der Messparzelle anzulegen sind. Die Vegetation muss wie in der Umgebung behandelt werden (z. B. Mähen, Mulchen und Ernten). Abb. 6.1.1 und 6.1.2 zeigen Beispiele für die Einrichtung von Messstationen.

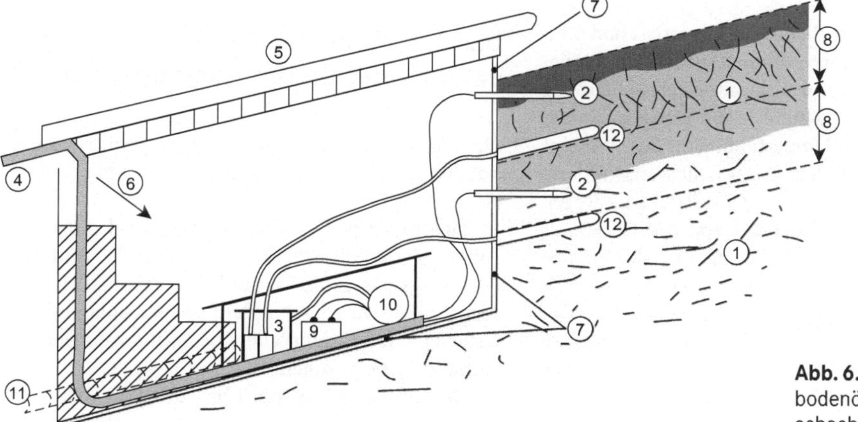

Abb. 6.1.2 Aufbau eines bodenökologischen Messschachtes

6.2 Erfassung des Bodenwasserhaushalts und seiner Dynamik

Der Wasservorrat in Böden ändert sich laufend, hauptsächlich durch Witterungsereignisse, Pflanzenentzug und Schwerkraft. Die Änderungen können nach folgender Bodenwasserhaushaltsgleichung beschrieben werden:

$$BW = BW_2 - BW_1 = N - I - E - T - S + K \pm O + Z - A$$

BW = Bodenwasservorrat
N = Niederschlag (einschl. Tau/Reif)
I = Interzeption
E = Evaporation
T = Transpiration
S = Sickerung
K = Kapillaraufstieg
O = Oberflächenwasser
Z = seitl. Zufluss i. Boden
A = seitl. Abfluss i. Boden

Um diese Gleichung lösen zu können, müssen sämtliche Teilprozesse bestimmt werden (ersatzweise einer aus der Differenz der anderen). Während die Bodenwasserhaushaltsgleichung die umgesetzten Mengen erscheinen lässt, sind aktuell der vorhandene Bodenwasservorrat (bzw. der nutzbare Anteil) sowie die aktuelle Bodenfeuchte (Tension) wichtiger als die langfristige Bilanz. Zum Erkennen der Abläufe ist die Richtung und Geschwindigkeit der Wasserbewegung (Tensionsgradient und Massenfluss) wiederum entscheidend.

6.2.1 Wassereinnahme

Wassereinnahmen geschehen in terrestrischen Einzugsgebieten (Ökochoren) hauptsächlich durch Niederschläge (flüssig, fest und kondensierter Dampf), während durch Oberflächenwasser, Hangzugwasser und Kapillaraufstieg Umverteilungen des Wassers innerhalb einer Landschaft dargestellt werden. Beim Niederschlag sind die nasse Deposition (als Regen oder Schnee) und die feuchte Deposition (z. B. als Nebel) zu unterscheiden. Bei Vegetationsbedingungen erfolgt die Wassereinnahme des Bodens teils als Tropfenniederschlag, teils als Sprossabfluss. Der Sprossabfluss bewirkt vor allem bei Waldböden eine sehr heterogene Wassereinnahme. Einnahme durch Bewässerung, Überflutung und Grundwasserschwankungen sind Sonderformen.

6.2.1.1 Messtechnische Grundlagen

Um Wassereinnahmen (Niederschläge) flächenunabhängig angeben zu können, ist es üblich, sie als Schichtdicke (in mm) zu messen. Sie werden dabei in einem Gefäß gesammelt, das eine horizontale Auffangfläche hat. Die Erfassung soll in der Regel für eine größere Fläche repräsentativ sein. Dies ist bei Einzelniederschlägen nur möglich, wenn mehrere Messpunkte über eine Fläche verteilt sind (Ausdehnung der Wolken). Zur Ermittlung von Niederschlagssummen oder des Niederschlags für eine kleine Fläche genügt dagegen ein Messpunkt: Schwierig ist die Messung, wenn die Auffangebene durch Bewuchs, Bebauung etc. inhomogen ist. Hier müssen prinzipiell größere Flächen gewählt werden oder mehrere Messpunkte die repräsentativ die Flächen erfassen.

Um nach dem Niederschlag Verdunstungsverlust aus dem Gefäß zu vermeiden, muss jeder Niederschlag einzeln sofort gemessen werden oder von der Auffangfläche in einen vor Verdunstung geschützten Sammelbehälter geführt werden. Ist die Fläche des Sammelbehälters von der Auffangfläche verschieden, so muss das Volumen bestimmt und auf die Auffangfläche umgerechnet werden, wobei gilt

$$1 \, dm^3 = 1000 \, cm^3 = 1 \, mm \cdot m^{-2} \text{ oder } x \, [mm] = 10 \cdot N \, [cm^3]/F \, [cm^2].$$

N = aufgefangene Niederschlagsmenge, F = Auffangfläche

Einzelniederschläge <1 mm können mit den gängigen Messgeräten nicht genau genug erfasst werden, da sie nur die Oberfläche benetzen, ohne in das Sammelgefäß zu gelangen. Dadurch werden Niederschläge und Evaporation (bzw. Interzeption) systematisch unterschätzt.

6.2.1.2 Messung des Freilandniederschlags mit einem Regenmesser

Der Niederschlag wird mit einem Regenmesser bzw. Totalisator nach DIN 58667 aufgefangen. Schnee erfordert spezielle Techniken.

Messprinzip: Der Niederschlag wird mit einem Auffanggerät mit 200 cm² Auffangfläche und Niederschlagsmessgefäß in 1 m Höhe erfasst. Das Wasservolumen wird nach jedem Niederschlag oder in festgelegten Zeitintervallen bestimmt und auf die Auffangfläche bezogen.

Geräte und Messung: Ein käuflicher *Regenmesser* nach DIN 58667 oder ein Auffangtrichter mit hochgezogenem Rand (Spritzschutz nach außen und innen) wird in mindestens 1m Höhe deutlich oberhalb der Höhe der Vegetation an einem starren Pfosten (endet unterhalb der Auffangfläche) befestigt (bei Strauch- oder Waldvegetation soll 1 m oberhalb der durchschnittlichen Bestandsoberfläche aufgefangen werden). Darunter wird ein Behälter angebracht, der an den Trichter anliegt. In den Behälter wird ein Auffanggefäß gestellt, das den zu erwartenden Niederschlag auf jeden Fall aufnehmen kann (ca. 50 mm). Je nach Bedarf kann man in das Auffanggefäß als zusätzlichen Verdunstungsschutz ein Tropfen Leichtöl geben oder einen Tischtennisball in den Trichter legen. Zur Messung wird der Inhalt des Auffangbehälters in einen Messzylinder überführt. Die Niederschlagshöhe N ergibt sich aus:

$$N \ [\text{mm} = 1 \ \text{m}^{-2}] = (\text{Wasservolumen} \ [\text{cm}^3] \cdot 10)/(\text{Auffangfläche} \ [\text{cm}^2]).$$

Die durchschnittliche Niederschlagsintensität I ergibt sich aus: $I \ [\text{mm h}^{-1}] = N \ [\text{mm}]/t \ [\text{h}]$

Messungen bei Schneefall erfordern ein Umfüllen in ein Wäge- oder Auftaugefäß. Zu besseren zeitlichen Auflösung können auch käufliche *Regenschreiber* (baugleiche Auffangeinrichtungen wie Hellmann-Totalisator) eingesetzt werden, die mit Kippschalen oder Schwimmeinrichtungen und Registriereinrichtung ausgestattet sind. Wegen größerer Anfälligkeit sollten registrierende Messgeräte nie ausschließlich verwendet werden.

Methodische Fehlerquellen: Bei starkem Schneefall sind die Messintervalle zu verkürzen. Die Messgenauigkeit ist durch die Interzeption des Auffangtrichters begrenzt und liegt bei ca. 0,3–0,5 mm, d. h. erst Niederschläge über 1 mm ($= 1 \ \text{m}^{-2}$) lassen sich sinnvoll messen. Eine verschmutze Auffangfläche erhöht die Interzeption. Unergiebige Niederschläge sind ungenauer zu bestimmen als starke. Niederschläge bei starkem Wind können je nach Anströmung des Behälters zu hoch oder zu niedrig ausfallen. Längerfristig wird der Niederschlag in 1 m Höhe systematisch um 5–10 % unterschätzt, dies kann durch Windschutzvorrichtungen verringert werden (JAEGER 1984). Starke Einstrahlung und geringe Luftfeuchte führen zu Verlusten, die durch Thermoisolation und häufige Messung gering gehalten werden können.

Höhere Hindernisse (Waldränder) in der Nähe können abschirmend wirken. Kann aus technischen Gründen der Totalisator nicht oberhalb solcher Hindernisse angebracht werden, so muss er mindestens in einer Entfernung, die der doppelten Höhe des Hindernisses entspricht, angebracht werden. Eine Messfläche von 200–500 cm² ist ausreichend.

6.2.1.3 Messung des Freilandniederschlags mit beheizbaren Totalisatoren

Der in den Auffangtrichter fallende Schnee wird geschmolzen und das Wasseräquivalent wie bei Regen auf die Auffangfläche bezogen.

Geräte und Messung: Ein käuflicher beheizbarer *Niederschlagsmesser* oder ein wie in Abschn. 6.2.1.1 aufgebauter *Totalisator* wird mit einer Heizmanschette umgeben, die nach außen thermoisoliert ist. Die Heizmanschette wird über Stromanschluss, Akku, Autobatterie oder Solarzellen mit Energie versorgt. Zur Energieersparnis, und um Verdunstung zu vermeiden, schaltet die Heizung über Thermofühler und Feuchtefühler gesteuert unterhalb + 2 °C ein und bei ca. + 5 °C wieder aus (zu hohe Temperaturen erhöhen Verdunstungsverluste).

Alternativ lässt sich Schnee auch in *Streubehältern* (s. Abb. 6.5.1) auffangen, dann in wasserdichte Polyethylenbeutel abfüllen und im Labor auftauen bzw. wägen. Während des Hochwinters können auch Neuschneedecken regelmäßig von Flächen (0,25–1,0 m²) mit einem Spachtel aufgenommen und wie oben gewogen oder aufgetaut werden.

In jedem Fall wird das Wasseräquivalent wie in Abschn. 6.2.1.1 auf die Auffangfläche bezogen und in mm angegeben.

Methodische Fehlerquellen: Schnee wird häufig unter natürlichen Bedingungen auch nach dem Niederschlagsereignis noch verweht. Ist die Auffangfläche dem Wind zugänglich, so kann auch bereits abgelagerter Schnee wieder ausgeblasen werden oder bei tiefliegenden Auffangflächen auch überproportional eingefangen werden. Achtung: In 1 m Höhe angebrachte Totalisatoren können im Winter plötzlich unterhalb der Schneedecke liegen. Weitere Angaben vgl. BRECHTEL (1971). Wegen der höheren räumlichen Variabilität gegenüber Regen und der größeren Messungenauigkeit sind Messflächen zwischen 2 500 cm² und 1 m² oder viele Parallelen anzustreben. Das Ziel, die Wassereinnahme des Bodens zu ermitteln, erreicht man nicht durch künstliches Schmelzen des Schnees, da die Aufnahme in den Böden verzögert geschieht. Trotzdem ist es sinnvoll, zunächst die gefallenen Schneemengen direkt zu bestimmen, da das Tauen auf natürlicher Oberfläche prinzipiell verschieden von den Auffangbehältern abläuft. Eine natürliche Schneedecke taut von unten durch den Bodenwärmestrom, von oben durch Einstrahlung oder andere Energiezufuhr und schwindet durch Sublimation des Schnees. Während der Andauer der Schneedecke kann mit der potenziellen Verdunstung (= reale Verdunstung) gerechnet werden. Die verbleibende Schneemenge kann entsprechend bei Tauperioden dem Bodenwasser zugerechnet werden.

6.2.1.4 Messung des Bestandsniederschlags (Kronentraufe) durch Auffangen einer repräsentativen Wassermenge über einem teilweise abgeschirmten Boden

Methodisch prinzipiell identisch zu Abschn. 6.2.1.2.

Geräte und Messung: Wird eine Bodenoberfläche durch einen Pflanzenbestand abgeschirmt, so benetzt immer ein Teil des Niederschlags die Pflanzenoberfläche und erreicht deshalb den Boden nicht.

Die Tatsache, dass dadurch der Niederschlag in der Fläche unregelmäßig verteilt ist, erfordert eine Erhöhung der Messpunkte oder eine Vergrößerung der Auffangfläche. Bewährt haben sich hierzu Regenrinnen $(0,2 \cdot 4\ \mathrm{m})$, die z. B. einen Querschnitt durch einen Bestand auffangen können. Die Rinnen müssen wie Totalisatoren eine genau definierte Auffangfläche haben und als Spritzschutz einen hochgezogenen Rand.

Auffangquerschnitt

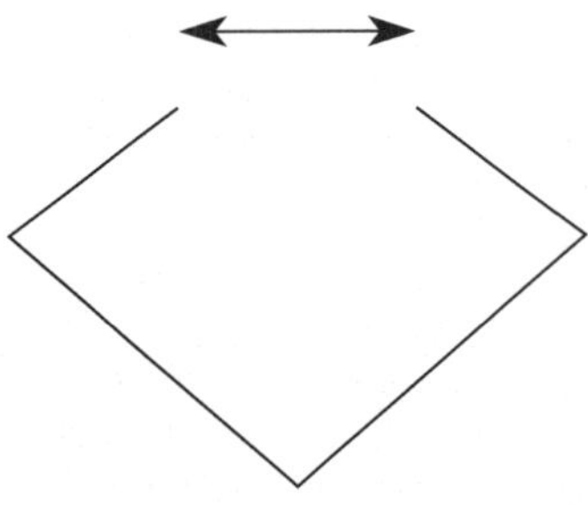

Querschnitt einer Regenrinne
zum Auffangen des Bestandsniederschlags

Die Rinne steht wie der Totalisator (Abschn. 6.2.1.1) in ca. 1 m Höhe, auf jeden Fall aber unterhalb der interzipierenden Vegetation. Durch geringe Neigung der Rinne wird das Traufwasser über einen Schlauch in einen im Boden stehenden Auffang

behälter geleitet und kann dort gemessen und auf die vorher bestimmte Auffangfläche bezogen werden [mm = 1 m^{-2}]. Auch hier haben sich zur besseren zeitlichen Auflösung registrierende Geräte wie Kippschalengeräte mit Schreibeinrichtung bewährt. Wie beim Freilandniederschlag sollte auch hier nicht auf die Bestimmung des Gesamtniederschlags verzichtet werden.

Methodische Fehlerquellen: Die Werte sind hauptsächlich verfälscht, wenn die Auffangflächen nicht repräsentativ sind. Vorversuche mit einer großen Zahl von Auffangbehältern können den Fehler verringern helfen. Die Rinne muss sauber gehalten werden, um ihre Eigeninterzeption zu verringern. Bei Starkregen kann die Rinne am unteren Ende überlaufen, falls Streureste den Ablauf teilweise verstopfen.

6.2.1.5 Messung des Stammablaufs (Sprossablauf) mit Manschetten

Je nach Ausbildung des Kronendaches der Äste, sowie der Astbildung und der Rinde läuft ein mehr oder weniger großer Teil des Niederschlags direkt am Stamm ab und infiltriert dort später in den Boden. Dieser Wasserabfluss kann mit den Messgeräten der Abschn. 6.2.1.2–4 nicht bestimmt werden. Seine Bestimmung ist nicht nur für die Erfassung des Wassereintrags von Bedeutung, sondern auch für den Stoffeintrag (vgl. Abschn. 6.5), da die Zusammensetzung des Sprossablaufs durch Abwaschen von trockener Deposition und Auslaugung (*leaching*) deutlich verschieden von der Kronentraufe (Abschn. 6.2.1.4) sein kann.

Geräte und Messung: Zum Auffangen des Stammablaufs dient eine spiralförmige Rinne, die wasserdicht an den Stamm anschließt und mindestens eineinhalbmal um den Stamm unterhalb der letzten Verzweigung herumgeführt wird. Die aufgefangene Wassermenge wird am unteren Ende über einen Silicon- oder PE-Schlauch in einen Auffangbehälter geführt, der in Frostperioden im Boden eingelassen sein sollte. Das Material der Rinne soll inert, witterungsbeständig und wasserdicht mit dem Stamm verbunden sein. Als Materialien haben sich Moosgummi (WEIHE 1976) und Polyurethan-Schaum-Manschetten (MEIWES et al. 1984a) bewährt (vgl. Abb. 6.2.1). Die Wassermenge wird im Auffanggefäß regelmäßig bestimmt. Dabei können Proben zu weiterer Analyse entnommen werden. Die Mengen können auch wie beim Niederschlag mit Schwimmer- oder Kippschalengeräten registrierend erfasst werden.

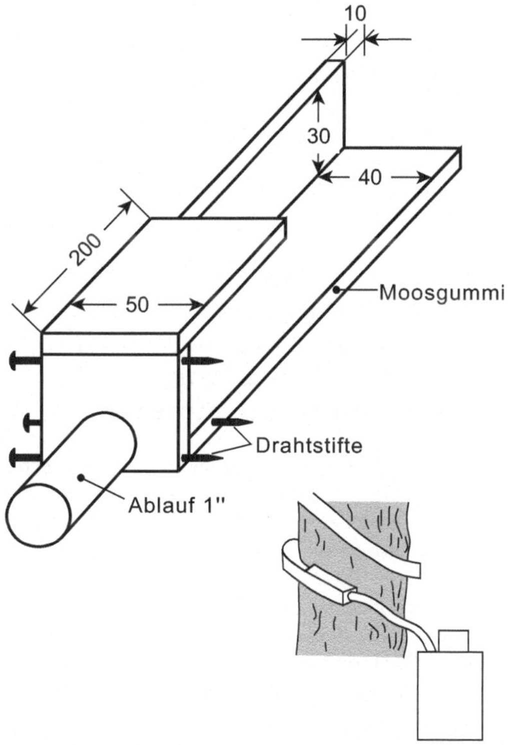

Abb. 6.2.1 Konstruktionsskizze einer Moosgummimanschette

Auswertung: Der Stammablauf wird wie alle anderen Größen des Wassereintrags in mm = $1 \cdot m^{-2}$ angegeben. Er lässt sich wie folgt berechnen:

$StA = (V \cdot G)/(g \cdot F)$.
StA = Stammabfluss [mm], V = Abflussmenge [dm^3], g = Grundfläche des Messbaumes [m^2], G = Grundfläche aller Bäume der Messfläche [m^2], F = Messfläche [m^2].

Methodische Fehlerquellen: Die Messbäume sollen repräsentativ sein (je nach Inhomogenität des Bestands sollen 15 bis 30 Bäume gemessen werden). Bei Bäumen, die ihren Wasserbedarf zum erheblichen Maß aus dem Stammabfluss decken, soll das Wasser dem Baum wieder zugeführt werden oder die Messung nur kurze Zeit (maximal eine Vegetationsperiode) durchgeführt werden, da sonst der Baum geschädigt und die Messung verfälscht wird. Die Rinne soll gleichmäßiges Gefälle haben und nicht verstopfen, da sonst ablaufendes Wasser nicht in den Sammelbehälter läuft. Der wasserdichte Kontakt mit dem Baum ist regelmäßig zu kontrollieren.

6.2.1.6 Messung des Bodenwassereintrags mit Regenmessern auf dem Boden

Da der meteorologische Niederschlag (1 m ü. GOF) sich bis zum Boden durch zusätzliche Verdunstung oder Kondensation oder Windwirkung noch verändert (in der Regel um 5–10 % zunimmt), ist für manche Fragestellungen die direkte Messung am Boden erforderlich.

Geräte und Messung: Der Bodenwassereintrag sollte in der Ebene der Geländeoberfläche (GOF) aufgefangen werden. Da dies wegen der Beeinflussung durch die Umgebung (Spritzwasser, Tiere) häufig aufwendig ist, werden in der Praxis Niederschlagsauffanggefäße entsprechend Totalisatoren direkt auf den Boden gestellt und damit der Bodenwassereintrag abgeschätzt.

Berechnung und methodische Fehlerquellen: wie Abschn. 6.2.1.2.

6.2.1.7 Darstellung der Ergebnisse

Alle Wassereinnahmen werden in Abhängigkeit von der Zeit dargestellt. Deshalb ist bei Grafiken die Abszisse die Zeitachse, welche linear unterteilt wird (s. Abb. 7.1.2). Die Höhe der Wassereinnahme wird in Gesamtmenge [mm] oder Intensität [$mm\ h^{-1}$] angegeben. Die Mengen können als Ereignis (Einzelniederschlag) oder für Messperioden der Bodendaten aufsummiert werden. Daraus lässt sich die Verteilung der Niederschläge gut ablesen. Soll eine Wasserbilanz gebildet werden, so kann die Wassermenge auch als Summe hierzu dargestellt werden und dann z. B. der Transpiration oder Sickerung gegenübergestellt werden. Beachte: Einzelmengen unter 0,1 mm sind nicht messbar. Mengen deshalb nicht genauer als 0,5 mm angeben.

6.2.2 Messungen an der Bodenoberfläche

6.2.2.1 Bestimmung des Versickerungsintensität mittels Doppelringinfiltrometer

Bestimmung mithilfe von zwei konzentrischen Stahlringen(zylindern), wobei die Infiltration im inneren Ring mit bekannter Querschnittsfläche gemessen wird (DIN 19682, Teil 7).

Versuchsaufbau: Ein innerer *Stahlring* von 25–100 cm^2 Querschnitt wird in den Boden gedrückt, sodass er ca. 4–5 cm übersteht. Ein äußerer *Stahlring* mit wesentlich größerem Durchmesser von 30–50 cm wird ebenfalls in den Boden gedrückt und steht mindestens soweit über wie der innere. Der innere Zylinder wird bis zu einer festgelegten Marke mit Wasser gefüllt, wobei die Wassermenge genau registriert wird. Der äußere Ring wird laufend auf dem gleichen Wasserniveau gehalten wie der innere; damit erreicht man, dass im inneren Ring nur die vertikale Wasserbewegung gemessen wird (keine Randeffekte, hydraulisches Gleichgewicht). Der Wasserstand in beiden Zylindern muss während der Messung dauernd gleich gehalten werden. Dies geschieht am einfachsten durch je eine *Mariott'sche Flasche*, die auf die gleiche Höhe eingestellt sind. Neigt der Boden zur Verschlämmung, so würde dadurch die Infiltration erheblich beeinflusst. Die Verschlämmung kann durch Aufbringen einer ca. 10 mm dicken Schicht aus Grobsand verhindert werden.

Messung: Die aus dem inneren Ring infiltrierte Wassermenge wird in Abhängigkeit von der Zeit registriert. Je nach Verlauf der Infiltration sind die Zeitintervalle und Wassermengen so zu verändern, dass beide verlässlich gemessen werden können. Die Messung wird so lange fortgesetzt, bis sich die Infiltration (Menge/Zeit) nicht mehr ändert, Dieser Zeitpunkt ist je nach Boden und Vorsättigung nach ca. 10–60 min erreicht.

Darstellung der Ergebnisse: Die Ergebnisse können als Wassersäule (Volumen/Fläche) gegen die Zeit aufgetragen werden. Die Steigung der Kurve ergibt dann die Infiltration [cm d^{-1}]. Es kann auch die Infiltrationsrate gegen die Zeit aufgetragen werden. Im letzteren Fall nähert sich die Kurve asymptotisch der Endinfiltration. Die zur Erstbefüllung verwendete Wassermenge – Überstau – gibt das Gröbstporenvolumen des Oberbodens an. Die anfängliche Phase mit abnehmender Wasseraufnahme umfasst die Aufsättigung des Oberbodens. Am Ende werden dann quasi stationäre Infiltrationsbedingungen erreicht.

Methodische Fehlerquellen: Die Inhomogenität der Oberflächenstruktur von Böden verlangt eine Wiederholung der Messung (mindenstens drei bis fünf), die dazu dient, die natürliche Streuung der Messwerte zu erfahren. Die Messwerte hängen stark von der Vorgeschichte (Witterungsverlauf) des Messpunktes ab. Stark strukturierte

und quellende Böden erreichen einen Gleichgewichtszustand erst nach sehr langer Zeit. Bei sehr dichten verschlämmten Böden mit sehr geringer Infiltration wird der Wert durch Verdunstung beeinflusst. Ist der Boden verschlämmt, so werden zu niedrige Messwerte bestimmt. Das Aufbringen der empfohlenen Sandschicht verzögert dagegen nur die Aufsättigung.

6.2.2.2 Oberflächenabfluss aus geneigten Messparzellen durch Auffangen und Messung der Wasser- und Sedimentmenge

Versuchsaufbau: Die zu beobachtende etwa rechteckige Messparzelle von 2–20 m^2 wird auf der Oberseite und den beiden im Gefälle angeordneten Seiten durch senkrecht ca. 10 cm in den Boden eingegrabene *Bleche* abgegrenzt. Die Parzelle ist so anzulegen, dass das Wasser nicht gegen diese Bleche strömt, sondern auf die vierte schmale, am tiefsten liegende Seite, die durch eine *Auffangrinne* bodengleich abgegrenzt wird. Die Rinne ist so einzubauen, dass sich das Wasser weder vor ihr staut noch in die Rinne stürzt und damit verstärkt erodiert. Dieser Zustand ist nach jedem Abflussereignis zu überprüfen und gegebenenfalls zu korrigieren. Der Oberflächenabfluss läuft über die Rinne in einen großen *Vorratsbehälter* (ca. 20 l pro m^2 Parzellengröße).

Messung: Der Abfluss wird auf die Grundfläche der Parzelle bezogen [mm] und in Prozent des Niederschlags (Abschn. 6.2.1.1) angegeben. Da der Abfluss sehr stark von dem Bodenzustand vor Beginn des Niederschlags und dem aktuellen Zustand des Bewuchses abhängt, sollte jedes Abflussereignis getrennt dokumentiert werden. Das Trockengewicht des Sediments gibt die Menge des erodierten Materials an. Es wird auf m^2 bezogen oder auf ha hochgerechnet. Zur Bestimmung wird der klare Überstand abgesaugt, der Bodensatz in einen *Zentrifugenbecher*, z. B. 1000 ml, übergeführt, nach Zugabe von etwas *festem MgCl$_2$* wird zentrifugiert, nochmals dekantiert und der Bodensatz im *Trockenschrank* bei 105 °C bis zur Trocknung eingedampft. Nach Abzug der vorher gewogenen Tara erhält man die Sedimentmenge.

Methodische Fehlerquellen: Die Wahl des Ausschnitts beeinflusst stark das Ergebnis. Natürliche Ereignisse laufen über einen gesamten Hang ab. Die Messparzellen erhalten aber keinen Zufluss. Randbedingungen ab Ober- und Unterende der Fläche können nicht natürlich gestaltet werden. Sie stören systematisch das Ergebnis. Der Bewuchs sollte repräsentativ sein. Dies ist bei kleinen Parzellen nicht möglich. Wird der Bewuchs vor der Messung entfernt, so erhält man nicht den realen Abfluss sondern den maximal möglichen.

6.2.2.3 Messung des Wassereintrags in den Mineralboden durch Auffangen des unterhalb der Streuschicht oder der gesamten Humusauflage versickernden Wassers

Da Streu bzw. Humusauflage nochmals z. T. erhebliche Interzeption ausüben können und außerdem chemische Wechselwirkungen (Auslaugen und Sorption) auftreten, ist es für viele Fragestellungen wichtig, Menge und Qualität des in den Mineralboden eindringenden Wassers zu bestimmen.

Geräte und Messung: Oberflächengleich werden mehrere Streu- bzw. *Humuslysimeter* (MARSCHNER 1990) eingebaut. Wie in Abschn. 6.2.1.3 ist auf die räumliche repräsentative Verteilung zu achten. Mit einem runden *PVC- oder Plexiglaszylinder* (ca. 300–400 cm^2) wird ein Streu- oder Humusauflagemonolith ausgestochen. Dieser wird in das Streulysimeter gleicher Oberfläche eingesetzt. Die Streu und der Humus werden von lebenden Pflanzen befreit, um Transpiration auszuschließen. Da durch die Humusauflage häufig bereits eine relativ hohe Wasserkapazität vorhanden ist und durch die Trennung vom Mineralboden die Kapillarität verloren geht, empfiehlt sich der Einbau einer *keramischen Platte*, an die ein Unterdruck von 0,4–0,6 MPa angelegt wird (z. B. *Sinterkorund* (Al$_2$O$_3$), Fa. *Haldenwanger*, Berlin). Bei Mull, wo nur Streu aufliegt, kann auch ein *2-mm-PE-Netz* eingeklebt werden. Die Bodenwassereinträge werden in einer *Glasflasche* gesammelt, die gleichzeitig als Unterdruckvorrat dient oder vor dem Kompressor geschaltet wird. Sie werden auf die Auffangfläche bezogen wie in Abschn. 6.2.1.2.

Methodische Fehlerquellen: Nicht flächenrepräsentative Auswahl der Auffangfläche. Es muss davon ausgegangen werden, dass Spritzwasser hinein und heraus ausgeglichen ist. Die Ausschaltung von lebender Vegetation und Pflanzenwurzeln verändert die Oberfläche und die Reaktionen im Humus. Veränderungen (z. B. Schrumpfung, Humusabbau) dieser Auflage erfordern im Abstand von einem bis zwei Jahren die neue Beschickung der Lysimeter.

6.2.3 Messungen zur Wassersättigung und -bewegung im Boden

6.2.3.1 Messtechnische Grundlagen

Die Bestimmung des Wassergehalts stellt im Prinzip keinerlei Schwierigkeit dar, da Wasser die Dichte 1 hat und nach Wägung der wasserhaltigen und wasserfreien Probe aus der Differenz in g der Wassergehalt in cm^3 bestimmt werden kann. Dies setzt voraus, dass sich zwischen Probenahme und erster Wägung der Wassergehalt nicht durch Auspressen, Abtropfen oder Verdunstung ändert. Außerdem darf nach der Trocknung bis zur Wägung nicht wieder Wasser aufgenommen werden. Gravimetrisch gemessene Wassergehalte können über das Raumgewicht auf Volumina umgerechnet werden. Andere Messverfahren verwenden physikochemische Eigenschaften des Wassers bzw. der Bodenlösung, um indirekt die Wassergehalte zu bestimmen (Neutronensonde, Gipselektrode, TDR).

Für die Wasserversorgung der Pflanzen ist zunächst die Wasserbindung wichtiger als die Wassermenge. Dies würde durch Messung der Wasserspannung mit dem Tensiometer (Druck, mit dem das Wasser im Boden gehalten wird) erreicht. Diese mit dem Tensiometer bestimmte Wasserspannung erlaubt auch, im Gleichgewicht die Lage der Grundwasseroberfläche zu bestimmen (0 cm WS). Die Pflanzenwasserversorgung ist umso besser, je größer die Wassermenge und je niedriger die Wasserspannung ist.

Als dritte Größe gibt die Wasserbewegung an, wohin welche Menge der Bodenlösung transportiert wurde. Die stärkste Wasserbewegung ist im gesättigten Bereich möglich, wenn die Gradienten ansteigen.

Die Menge des transportierten Wassers ergibt sich aus dem Wasserspannungsgradienten (im gesättigten Milieu aus dem Gefälle) und der Geschwindigkeit des Wasserbewegung (Wasserleitfähigkeit = 1/Fließwiderstand).Bei der Ermittlung der Wasserleitfähigkeit ergibt sich regelmäßig die Problematik, einen repräsentativen Wert zu erhalten, da wegen der Kontinuität der Poren und deren unregelmäßigem Verlaufs(Tortuosität) regelmäßig Streuungen im Bereich von Zehnerpotenzen auftreten. Bei repräsentativer Probenauswahl ist der arithmetische Mittelwert aus einer großen Probenzahl zu wählen. Sonst wird das geometrische Mittel empfohlen, das die Extremwerte dämpft (HARTGE & HORN 2008).

6.2.3.2 Gravimetrische Wassergehaltsbestimmung

Bohrstockprobenahme analog Abschn. 5.1.2, Trocknung und Wägung im Labor.

Probenahme: Mit einem *Bohrstock* (z. B. Pürckhauer-Bohrer) werden Bodenproben aus ungestörtem Boden in vorherbestimmten Tiefenstufen (je 10–20 cm oder horizontweise) entnommen. Bei der Probenahme ist darauf zu achten, dass keine Verschleppung von Bodenmaterial und auch keine Stauchung im Bohrstock auftritt. Deshalb muss bei der Probenahme aus z. B. 30–40 cm zunächst der Boden aus 0–30 cm entnommen werden und dann sofort im selben Bohrstock die Tiefe 30–40 cm. Es werden 50 ± 20 g entnommen und sofort in ein gas- und wasserdicht verschließbares *Gefäß* gefüllt.

Messung und Berechnung: Die Probebehälter werden im Labor äußerlich gereinigt. Die trockenen Behälter werden dann gewogen und danach geöffnet in einem Trockenschrank bei 105 °C bis zur Gewichtskonstanz getrocknet, anschließend gewogen, entleert und das Gefäß (Tara) gewogen. Der Wassergehalt in Masseprozent errechnet sich aus

X % = ((Feuchtgewicht – Trockengewicht)/ (Trockengewicht – Tara)) · 100

Die Umrechnung in Volumenprozent geschieht durch Multiplikation mit der Lagerungsdichte. Wird eine Probe von genau 100 cm^{-3} (z. B. mit einem Stechzylinder) entnommen, so lassen sich aus der Wägung allein Volumenprozent (1 g = 1 Vol.-%) und Masseprozent ermitteln.

Methodische Fehlerquellen: Inhomogene Verteilung des Wassers im Boden kann durch Mehrfachbeprobung erfasst werden. Steingehalte verändern die Werte, wenn in der entnommenen Bodenprobe nicht der durchschnittliche Steingehalt enthalten ist. Bei nicht wasserspeicherndem Skelett sollte der Steingehalt bestimmt werden, sodass auf den durchschnittlichen Steingehalt umgerechnet werden kann. Bei porösen (wasserhaltenden) Steinen ist eine Vergrößerung der Probemenge notwendig oder eine getrennte Wassergehaltsbestimmung in Steinen. Hohe Wassersättigung bei der Probenahme kann durch Abtropfen zu Wasserverlusten führen. Beim Einführen des Bohrstocks tritt eine Kompaktion der Probe auf, wodurch Wasser aus Grobporen ausgepresst wird. Eine Verringerung der Fehler kann durch schnelles Arbeiten und Verwendung von größeren Bohrdurchmessern erreicht werden. Bei hoher Wassersättigung ist die Messung der Wasserspannung (Abschn. 6.2.3.4) mit Tensiometer

und Umrechnung auf Wassergehalte genauer – vgl. Abschn. 6.1 und HARTGE & HORN (2008, Kap. 3).

6.2.3.3 Wassergehalt mit der Neutronensonde

Ein radioaktiver Strahler (meist ein ^{241}Am-Be-Präparat) sendet als Produkt einer Zerfallskette schnelle Neutronen aus. Die Wassergehaltsbestimmung beruht auf dem Prinzip, dass die schnellen Neutronen vorwiegend durch elastische Stöße an Wasserstoffkernen abgebremst werden. Deshalb ist die Dichte der abgebremsten (thermischen) Neutronen ein Maß für den Wassergehalt (Wasserstoffgehalt) im Testboden. Die rückgestrahlten thermischen Neutronen werden von einem hierfür empfindlichen Detektor (z. B. Li-Gasscintillationskristall) aufgefangen. Die erzeugten Lichtblitze werden in einem Photomultiplier in elektrische Impulse umgewandelt. Diese werden in einen Kondensator summierend gespeichert. Von diesem können die Impulsraten (proportional zur Zahl der Neutronen) mit einer vorgegebenen Zeitkonstante analog oder digital zur Anzeige kommen. Die Messung wird systematisch durch nicht in Wasser gebundene H-Kerne gestört. Die Lagerungsdichte ist ebenfalls eine Variable, da bei höherer Dichte mehr Neutronen absorbiert werden (ISO/DIS 10573).

Sicherheitsbestimmungen sind strikt einzuhalten. In Deutschland dürfen Neutronensonden nur durch dazu Berechtigte transportiert und eingesetzt werden.

Geräte und Messung: Zur Messung wird eine *Bohrung*, je nach Sondentyp, etwa 20 cm tiefer als die unterste gewünschte Messtiefe abgeteuft. In das offene Bohrloch wird ein unten verschlossenes *Sondenrohr* (Aluminium oder Edelstahl) eingebracht. Die *Sonde* wird in einem *Transportbehälter* (Strahlenschutz) auf das offene Sondenrohr gesetzt. Die Messung beginnt nach Überprüfung der Messspannung und des internen Standards. Danach wird die Sonde in das Messrohr bis zur Messtiefe abgesenkt. Die Lage des Empfindlichkeitszentrums der Sonde muss mit der Messtiefe übereinstimmen. Wenn nicht bekannt, muss das Empfindlichkeitszentrum bestimmt werden. Nach einer Integrationszeit (von 0,5–2 min) wird der Messwert (Impulsrate) abgelesen und die Sonde in die nächste Messtiefe gefahren. Als Eichverfahren hat sich die Eichung im Feld (mit Tensiometern und/oder gravimetrischer Wassergehaltsbestimmung) am besten bewährt. Zur Messung im Oberboden empfiehlt sich die Auflage einer Polyethylenplatte mit einem Durchmesser von

50 cm und einer Stärke von 5 cm. Dann kann ab ca. 10 cm Tiefe gemessen werden, sonst ab 20 cm.

Methodische Fehlerquellen: Durch Veränderung des Messvolumens mit dem Wassergehalt wirken sich Inhomogenität im Boden (Skelettverteilung und Aggregierung) auf das Messergebnis aus. Das Auflösungsvermögen der Sonde liegt nicht unter 15 cm Schichtdicke. Wassergehaltsänderungen werden deshalb bei der Sondenmessung geglättet. Messungen in 0–10 cm Tiefe sind nicht möglich, da dort das Messvolumen noch teilweise in der Luft liegt. Die Erstellung einer Eichkurve zerstört meist den Messplatz. Das anschließend versetzte Messrohr findet häufig bereits veränderte Bedingungen vor. Die Messung mit der Neutronensonde ist trotz vieler Fehlerquellen und aufwendiger Eichungen weit verbreitet, da sie zerstörungsfrei misst und die Relativwerte verlässlich sind.

6.2.3.4 Bestimmung des Wassergehalts mit TDR (Time Domain Reflectrometry)

Es wird die Laufzeit einer elektromagnetischen Welle entlang einer im Boden eingebauten Sonde gemessen. Die Laufzeit ist in erster Linie von der relativen Dielektrizitätskonstante ε_r des die Sonde umgebenden Mediums abhängig ($\varepsilon_r = 1$ für Luft, $\varepsilon_r = 1\text{–}3$ für Minerale und $\varepsilon_r = 80$ für Wasser). Für die Geschwindigkeit gilt $V = c\sqrt{\varepsilon_r + \mu}$, wobei V = Ausbreitungsgeschwindigkeit im gemessenen Medium, C = Lichtgeschwindigkeit im Vakuum, μ = magnetische Permeabilität bedeuten (DIN 19745).

Da ε_r hauptsächlich vom volumetrischen Wassergehalt abhängt und V aus Laufzeit und Sondenlänge ermittelt wird, kann eine TDR-Messung direkt den volumetrischen Wassergehalt bestimmen. Das Messvolumen liegt zwischen den beiden parallelen Sondendrähten und ist von deren Ausmaß abhängig.

Messgerät und Messung: In der zu messenden Tiefe werden *TDR-Sonden* aus korrosionsfreiem Federstahl horizontal von einer Profilwand in den Boden gedrückt. Wegen der geringen Dicke der Sondendrähte ist die Kompaktion unerheblich. Die beiden (drei) Sondendrähte sind in einem *Plexiglaskörper* auf einen bestimmten Abstand fixiert (Messvolumen). Die Sonde wird permanent oder nur zur Messung über ein *Koaxialkabel* mit dem eigentlichen *TDR-Gerät* (Impulsgenerator, Zeitmessung und Messanzeige) verbunden. Der Wassergehalt wird direkt in Volumenprozent abgelesen.

Methodische Fehlerquellen: Unterschiede in Dichte, Salzgehalt, Temperatur, Bodenart, pH-Wert und selbst die magnetische Permeabilität haben nur einen geringen Einfluss auf die Wassergehaltsmessung. Die Laufzeit der Welle entlang der Sonde ist ein Integral über die Wasservolumina, weshalb ein vertikaler Einbau meist ausscheidet. Große Wassergehaltsunterschiede (z. B. große Hohlräume, Befeuchtungsfronten) führen zum Auftreten zusätzlicher Reflektionsfronten und damit Impulse, die die Auswertung erschweren (TOPP et al. 1982). Ansonsten können alle bisher bekannten Mineralböden mit derselben Eichung gemessen werden. Lediglich humusreiche Bodenhorizonte und Moore müssen mit einer anderen Eichkurve gemessen werden. Magnetische Minerale können die Messung stören.

6.2.3.5 Messung der Wasserspannung mit Tensiometern

Neben der Bestimmung des Wassergehalts sind für Vorhersagen über die Wasserversorgung der Pflanzen sowie zur Bestimmung der Richtung der Wasserbewegung Angaben über die Feuchte (das Matrixpotenzial) in verschiedenen Tiefen eines Bodens im Verlauf der Zeit notwendig. Da eine direkte Umrechnung von Wassergehalt in Tension über eine im Labor bestimmte pF-WG-Kurve nur eine erste Näherung darstellt, hat sich in der Praxis durchgesetzt, auch im Feld Tension und Wassergehalt zu bestimmen (Gründe: Hysterese – Gleichgewichtseinstellung; Nachteil: Messung ist nur bis pF 2,8 möglich). Messungen erfolgen weitgehend nach DIN ISO 11276.

Messprinzip: Ein wassergefülltes Rohr ist am oberen Ende verschlossen, am unteren Ende ist eine poröse keramische Zelle eingeklebt. Die Zelle ist im Kontakt mit der Bodenmatrix, und durch die Poren der Keramik gibt es eine hydraulische Verbindung zwischen dem Bodenwasser und der Wassersäule im Tensiometer. Hierdurch wird das Matrixpotenzial im Boden über die Kapillaren der Keramik auf das Wasser im Tensiometer übertragen. Am anderen Ende des Tensiometers wird die Wasserspannung durch ein Manometer angezeigt. Der Messbereich der Tensiometer reicht von Matrixpotenzialen um −700 bis −800 hPa (= cm WS) bis zur Anzeige von Wasserdrücken im gesättigten Bereich. Bei höheren Wasserspannungen beginnt das Wasser im Tensiometer zu entgasen (zu sieden); damit wird die Übertragung der Spannung auf das Messgerät unterbrochen. Für praktische Zwecke sind Tensiometer wichtig, da für Pflanzenwasserversorgung,

Versickerung und Wasserhaushaltsregulierung der Tensiometerbereich der wichtigste ist.

Gerät und Einbau: Als *Tensiometerzelle* dienen keramische Materialien mit größten Poren von ca. 2 μm (z. B. P-80-Kerzen, CeramTec, Marktredwitz; KPM, Berlin). Die Keramikzellen werden mit einem wasserbeständigen *Zweikomponentenkleber* in ein *Plexiglasrohr* von 20 mm lichter Weite eingeklebt (Länge des Plexiglasrohres: Messtiefe + 10 cm; bei horizontalem/schrägem Einbau vgl. Abschn. 6.1, 30–50 cm). Das obere Ende ist mit einem Siliconstopfen oder einem *Schraubverschluss* zu versehen. Danach ist die *Manometereinrichtung* anzuschließen, die einen Messbereich von + 100 hPa bis – 900 hPa haben soll. Die Messgenauigkeit soll im Bereich von 1 hPa liegen. Als Manometer haben sich *Hg-Manometer* (Achtung! Gift, Gefahr der Bodenkontamination, Transportprobleme) mit *Plexiglas-U-Rohr*-Schenkellänge ca. 100 cm, Durchmesser innen ca. 3 mm außen ca. 5 mm bewährt. Die Verbindung zum Tensiometer geschieht über einen *PE-Schlauch*, der ca. 10 cm durch den Stopfen geführt und über den Anschluss des HG-Manometers gestülpt wird (Abb. 6.2.2).

Vor dem Einbau muss das Tensiometer mit entgastem (abgekochtem), destilliertem Wasser befüllt werden; die Keramikzelle und die Manometerkapillare müssen ebenfalls gesättigt werden.

Die Messung erfolgt heute häufig mit einem Druckaufnehmer.

Messung und Berechnung: Vor der Messung muss der Nullpunkt des Tensiometers bestimmt werden. Hierzu kann man das Tensiometer in einen Eimer mit Wasser tauchen, wobei der Wasserstand in der Tensiometerzelle liegen soll. Je nach Ansprechzeit (je nach Porosität der Zelle) wird nach Erreichen des Gleichgewichts der Nullpunkt festgestellt. Hierzu muss der vertikale Abstand (Länge der hängenden Wassersäule) zwischen Mitte Tensiometerzelle und Höhe des Messgeräts auf ± 0,5 cm gleich sein, wie bei späterem Einbau. Der Nullpunkt kann auch rechnerisch ermittelt werden, wenn der Höhenunterschied gemessen wurde. Bei Quecksilbermanometern empfiehlt sich die Verwendung einer Skala, die vom Nullpunkt an einen Manometerschenkel angebracht und geeicht wird.

Für Normalbedingungen gilt 10 mm Hg-Säule = 25,2 hPa oder 10 hPa = 3,97 mm Hg-Säule. Der so abgelesene Wert entspricht dem Matrixpotenzial. Muss für die Bestimmung der Potenzialgradienten das hydraulische Potenzial φ_H bekannt sein, so gilt:

$$\varphi_H = \varphi_z + \varphi_m.$$

Achtung: φ_m hat oberhalb des Grundwasserspiegels ein negatives Vorzeichen.

φ_z ist die Höhe in cm der Tensiometerzelle über dem Grundwasser. Falls die Grundwassertiefe nicht bekannt ist, kann für die Berechnung auch eine be-

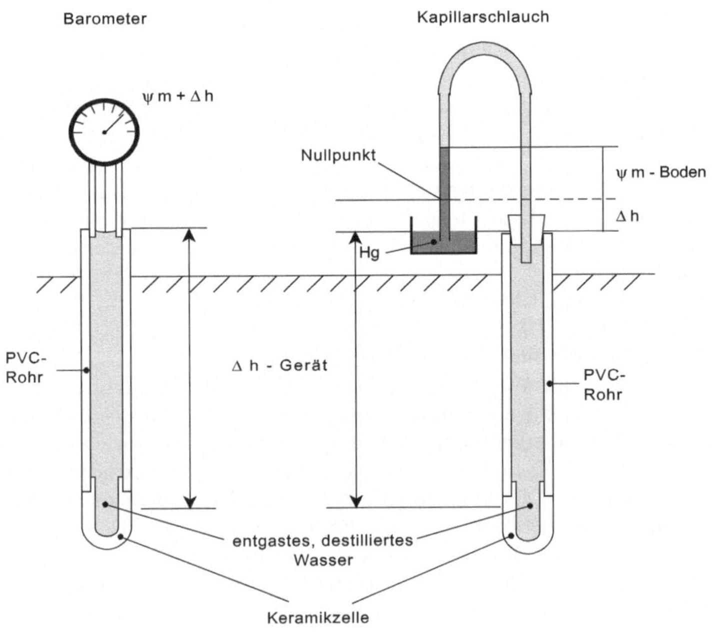

Abb. 6.2.2 Messprinzip und Aufbau von Tensiometern

liebige Bezugsebene gewählt werden. Wenn die Bezugsebene unterhalb des tief gelegenen Tensiometers liegt, sind alle φ_z positiv. Zum Einbau wird ein Bohrloch (vertikal oder horizontal) bis zur Tiefe des angestrebten Messpunktes vorgebohrt. Anschließend wird das Tensiometer bis zum Erreichen von Widerstand eingeführt. Um besseren hydraulischen Kontakt zwischen Tensiometerzelle und Bodenmatrix zu erreichen, empfiehlt sich das Einschlämmen mit einer Quarzschluffsuspension (ca. 100–200 g in dünnbreiiger Konsistenz; bei horizontalem Einbau zuvor einspritzen). Große Hohlräume zwischen Tensiometer und Boden werden entlang des Schaftes locker mit Bohrgut verfüllt. An der Oberfläche wird der Boden dann fest angedrückt und zusätzlich eine Gummimanschette mit einem Durchmesser von ca. 5 cm um das Tensiometer gelegt, damit kein Wasser entlang des Tensiometers eindringt (vgl. HARTGE & HORN 2008).

Darstellung der Ergebnisse: Die Ergebnisse werden in der Regel als pF-Werte dargestellt (d. h. logarithmiert). Die Abszisse dient als Zeitachse, die Ordinate ist entsprechend der auftretenden pF-Werte zu teilen. Es können Mittelwerte der Tiefenstufen gebildet werden. Interessiert die Wasserversorgung, so sind Matrixpotenziale zu wählen, interessiert die Wasserbewegung, so wird das hydraulische Potenzial gebildet.

Methodische Fehlerquellen: Es sind bei Tensiometern die natürliche Streuung (in durchwurzelten Böden bis zu 100 %) und systematische Fehler zu unterscheiden. Auch bei hoher natürlicher Streuung müssen die Veränderungen gleichgerichtet sein. Der wichtigste Fehler ist das Eindringen von Luft in das System. Deshalb müssen Tensiometer regelmäßig entlüftet werden. Dies kann durch einen Entlüftungsstutzen am höchsten Punkt geschehen. Die Messwerte der Tensiometer hängen zeitlich den Feuchteveränderungen nach; die Zeitunterschiede sind aber meist unerheblich. Wenn das Tensiometer weit aus dem Boden herausragt, treten wegen der täglichen Temperaturschwankungen in der Luft deutliche Tagesgänge der Messung auf, die die Ergebnisse verfälschen. Die Messung sollte deshalb immer zur gleichen Tageszeit (kurz nach Sonnenaufgang) stattfinden, oder die oberirdischen Teile werden mindestens beschattet. Wenn das Tensiometer fast bodengleich eingebaut wird und nur das geringe Volumen der Kapillare den stärkeren Temperaturschwankungen unterliegt, verringert sich der Fehler deutlich. Die Tensiometermessung ist in gefrorenem Zustand unmöglich. Deshalb sollten Tensiometer im Winter außer Betrieb genommen werden (Wasser entleeren). In der Übergangsjahreszeit hilft ein thermischer Schutz (Styropor) für die oberirdischen Teile oder ein Einbau der Tensiometer in eine Messgrube (vgl. Abschn. 6.1). Tritt im Boden selbst kein Frost auf (z. B. fast alle Waldböden mit Humusauflage), lässt sich durch Überschichten des Wassers in der Zelle und im unteren Teil des Tensiometers mit einer frostsicheren und nicht mit Wasser mischbaren Flüssigkeit, die sonst aber ähnliche Eigenschaften wie Wasser hat (Dichte, Temperaturausdehnung), wie z. B. Dekalin (Vorsicht gesundheitsschädlich! STREBEL 1970), ein ganzjähriger Betrieb gewährleisten. Der Einbau von Druckaufnehmertensiometern in einer thermoisolierten Messgrube (vgl. Abschn. 6.1) erreicht denselben Zweck.

6.2.3.6 Messung der Wasserspannung mit Gipselektroden

Die elektrische Leitfähigkeit eines Bodens ist (bei fester Elektrodenkonfiguration) nur abhängig von der Ionenaktivität (Konzentration) der Bodenlösung und dem leitenden Querschnitt (der Porenfüllung) zwischen den Elektroden. Die Aktivität der Bodenlösung kann konstant gehalten werden, wenn die Elektroden in einem Gipsblock (gesättigte Gipslösungen = ca. 2 mS cm^{-1}) eingebaut werden. Da Luft und Minerale eine äußerst geringe elektrische Leitfähigkeit haben, ist die gemessene Leitfähigkeit nur von der Wassersättigung bzw. Porenfüllung abhängig. Der Messbereich der Elektroden wird deshalb durch die Porenverteilung im Gipsblock festgelegt. Die größte Empfindlichkeit liegt dort, wo das Maximum der Poren liegt. Es gibt keine Begrenzung des Messbereichs wie beim Tensiometer.

Geräte und Eichung: Die *Gipselektrode* (z. B. Firma WTW) besteht aus einem Gipsblock, in dem zwei Silberelektroden fixiert und vollständig eingegossen sind. Aus den Elektroden ragt ein fixierter und schließlich freier Teil von zwei isolierten Klingeldrähten, die jeweils in einem Bananenstecker enden. Die elektrische Leitfähigkeit wird mit einem *batteriebetriebenen Leitfähigkeitsgerät* gemessen. Die Elektroden können auch selbst gebaut werden (vgl. HARTGE & HORN 2008).

Alle, auch käufliche, Elektroden müssen vor dem Einbau einzeln geeicht werden. Von Herstellern mitgelieferte Eichkurven bewähren sich nicht, da die Leitfähigkeits-Potenzialabhängigkeit von Elektrode zu Elektrode verschieden ist. Für die Eichung wird die Elektrode im Bereich der für die Messung infrage kommenden Wasserspannungen geeicht. Dabei wird im Bereich pF 3,0–4,5 in einer *Überdruckapparatur* (Abschn. 5.3.3) und im Bereich 4,5–6,5 mit hygroskopischen Salzlösungen in einem *Exsikkator* (Abschn. 5.3.3) entwässert. Bei der Überdruckapparatur ist darauf zu achten, dass die Elektroden einen guten Kontakt mit der Platte oder Membran haben. Hierzu eignet sich eine *Lehmpackung*. Die Elektroden werden sofort nach Öffnen des Apparats gemessen. Die Gleichgewichtseinstellung muss durch Mehrfachmessung oder durch Vorversuche sichergestellt werden (ca. eine Woche pro Stufe). Bei den höheren Stufen werden die Kabel seitlich aus Exsikkator geführt, sodass die Messung durchgeführt werden kann, ohne das System zu öffnen (Einstellzeit 10–14 d pro Stufe)

Einbau und Messung: Für den Einbau ist eine Bohrung horizontal oder vertikal bis zum Ort der Messung mit einem Gerät vorzutreiben, das mindestens einen 0,5 cm größeren Durchmesser hat als die Elektrode. Anschließend werden ca. 5–10 g lockerer Boden zurückgeworfen und leicht angedrückt. Die *Anschlusskabel* werden durch ein *PVC-Rohr*, das einen geringeren Durchmesser als die Elektrode hat, nach außen geführt. Die Kabel müssen mindestens doppelt so lang wie die Einbautiefe sein. Die Elektrode wird mit dem PVC-Rohr in das Bohrloch eingeführt und leicht angedrückt; danach wird das Rohr herausgezogen, die Stecker an einem kleinen *Stab* fixiert und das Bohrloch vorsichtig horizontweise verfüllt und eingeschlämmt, damit die Lagerung möglichst natürlich ist und keine bevorzugten Wasserwege entstehen. Die Stecker werden in der Messgrube (Abschn. 6.1) oder in einen luftdichten *Kunststoffbehälter* zwischen den Messungen trocken aufbewahrt. Die Messungen können in größerem zeitlichem Abstand stattfinden, ca. alle drei Tage, da bei hohen pF-Bereichen die Änderung der Wasserspannung i. d. R. langsam vor sich geht. Die Messwerte werden mit der Eichkurve in pF-Werte umgerechnet. Eine Umrechnung in Wassergehalte ist nur möglich, wenn auch die pF-WG-Beziehung (Vorsicht: Hysterese) für den gesamten Horizont vorliegt (Abschn. 5.3.3).

Darstellung der Ergebnisse: Die auf pF-Werte umgerechneten Ergebnisse lassen sich wie Tensiometermessungen als Zeitfunktion darstellen (Abschn. 6.2.3.5).

Methodische Fehlerquellen: Die Tatsache, dass gesättigte Gipslösung in der Elektrode vorliegt, führt zu einem dauernden Umfällen der Gipskristalle und somit zu einer Veränderung des Porensystems. Besonders in humiden Böden/Jahreszeiten werden die Elektroden auch von außen abgelöst. Deshalb ist es besser, größere Elektroden zu verwenden, die aber eine geringere Ansprechempfindlichkeit haben. Wegen der Veränderung des Porensystems müssen die Elektroden spätestens nach zwei Jahren ersetzt werden. Die absoluten Werte der Elektroden streuen mit zunehmender Wasserspannung wegen der nun schlechteren Wasserleitfähigkeit immer stärker. Die Fehler der pF-Werte sowie der Wassergehalte werden dagegen geringer (Logarithmen und geringere Wassergehaltsänderungen).

6.2.3.7 Messung des Grundwasser- bzw. Stauwasserstands mit Piezometerrohren

Messprinzip: In einem Messrohr bildet sich im gesättigten Bereich ein freier Wasserspiegel aus. Die Höhe des Wasserspiegels gibt das hydraulische Potenzial für den Bereich an, aus dem Wasser in das Rohr eintreten kann.

Geräte und Einbau: Der Wasserstand ist in einem *Rohr* von ca. 5 cm ⌀ zu bestimmen. Das Rohr soll in dem zu messenden Bereich (z. B. Schwankungsbereich des Grund- bzw. Stauwassers) perforiert bzw. geschlitzt sein. Die Tiefe, d. h. die Rohrlänge und der durchlässige Bereich, werden durch Sondierungen vorher festgelegt. Das *Piezometerrohr* darf auf keinen Fall den Wasserstauer des zu messenden Wasserkörpers durchstoßen. Beim Einbau wird mit einem *Bohrer*, der einen nur ca. 0,2 cm größeren Radius als das Messrohr hat, bis in die angestrebte Tiefe vorgebohrt. Anschließend wird das Piezometer in das Loch eingelassen, notfalls bis zur gewünschten Tiefe eingeschlagen. Bei Böden, die stark zur Verschlämmung neigen und deshalb das Rohr zusetzen, empfiehlt es sich, eine wesentlich größere Bohrung durchzuführen und das Rohr mit einem Kies-Sand-Mantel zu umgeben. Bereiche, die nicht gemessen werden sollen, werden mit einer *Bentonitpackung* abgedichtet. Der Boden wird in der Nähe der Oberfläche stark angedrückt und das Rohr mit einer *Verschlusskappe* versehen. Die Messung erfolgt mit einer Patsche (Abb. 6.2.3); oder bei Erreichen des Wasserspiegels leuchtet eine kleine Lampe auf.

Soll der Wasserstand kontinuierlich gemessen werden, so muss über einen Schwimmer der Wasserstand auf einen von einem Uhrwerk getriebenen Schreibstreifen aufgezeichnet werden. Käufliche Schwimmer haben häufig einen Durchmesser von mindestens 8–10 cm, sodass die Piezometerrohre 10–12 cm Durchmesser haben müssen. Eine einfache elektrometrische Methode beschreiben Scholich & Fiedler (1994).

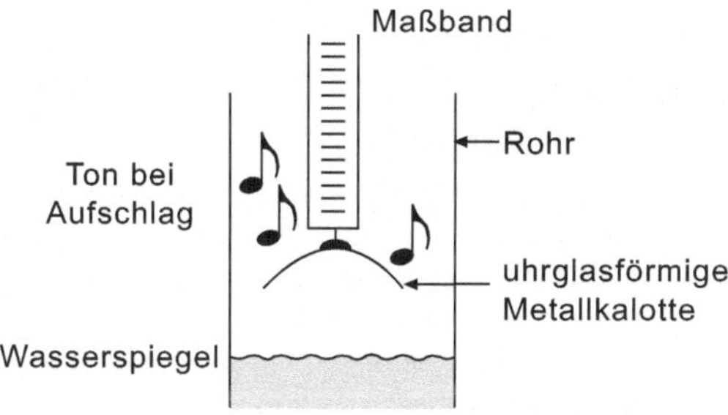

Abb. 6.2.3 Prinzip einer Patsche

Darstellung der Ergebnisse: Die Höhe des Wasserspiegels wir in cm unter GOF angegeben. Besteht ein Messfeld mit mehreren Piezometern, so sind Höhenunterschiede des Geländes zu nivellieren, damit die Wasserspiegel einheitlich auf ein Niveau bezogen werden können. Die Darstellung erfolgt in der Regel als Diagramm, in dem Tiefe gegen die Zeit aufgetragen wird.

Methodische Fehlerquellen: In das Piezometer tritt Wasser nur aus Grobporen ein; deshalb kann der Boden (fast) vollständig wassergesättigt sein, ohne dass in Piezometern freies Wasser auftritt (Haftwasser). Bei geringer Wasserleitfähigkeit hinkt die Anzeige stark den Veränderungen im Boden nach. Bei Messungen mit Schwimmern kann ebenfalls durch mechanische Reibung die Anzeige nachhinken. Wurde beim Einbau die falsche Tiefe perforiert, kann es zu Fehlmessungen kommen, da das Rohr als Drän wirkt oder zwei Wasserkörper auf die Anzeige einwirken.

6.2.3.8 Messung der Richtung und Menge des Flusses bei gesättigter Wasserbewegung

Messprinzip: Zur Bestimmung der Wasserbewegung im gesättigten Zustand genügt es, die Richtung des größten Gefälles und das Ausmaß des Gravitationspotenzials zu kennen. Die Menge des Wassers lässt sich aus der Schichtdicke, dem Gravitationspotenzial, dem Porenvolumen und der Wasserleitfähigkeit ermitteln. Ist die Wasserleitfähigkeit nicht bekannt, so kann mithilfe von Tracerexperimenten die höchste und mittlere Geschwindigkeit des Wasserbewegung bestimmt werden.

Geräte: Die Richtung der Wasserbewegung lässt sich nur eindeutig bestimmen, wenn mindestens drei *Piezometer* in einer Dreiecksanordnung eingebaut sind. Die Piezometer sind so einzubauen, dass sie denselben Wasserkörper bestimmen. Die Abstände sind so zu wählen, dass Abstände und Höhenunterschiede mit genügender Genauigkeit zu bestimmen sind. In ebenem Gelände werden dabei größere Abstände (ca. 100 m) in stark geneigtem Gelände geringere (ca. 10 m) benötigt.

Messung und Berechnung: Zur Bestimmung der Richtung der Wasserbewegung muss durch ein Nivellement die Höhe der Geländeoberfläche, insbesondere aber die Relativhöhe der Piezometerrohre bekannt sein. Wird jetzt in den Piezometern der Wasserstand gemessen, so lassen sich alle Wasserstände auf ein Bezugsniveau reduzieren. Die Höhe wird nun entlang der Seiten des Dreiecks so interpoliert, dass Grundwasser-/Stauwasserisohypsen konstruiert werden können. Die Richtung der Wasserbewegung (das größte Gefälle) läuft senkrecht zu den Isolinien. Die Messpunkte sollen so liegen, dass eine lineare Interpolation erlaubt ist (ebener oder gleichmäßig geneigter Verlauf der Grundwasseroberfläche).

Die Menge des Wassers, die durch 1 m² Grundfläche seitlich austritt, lässt sich mit der abgewandelten Darcy-Formel (vgl. STAHR et al. 1983) beschreiben.

Die wirkliche Geschwindigkeit der Wasserbewegung kann auch in einem Tracerversuch bestimmt werden. Dazu wird der Tracer, z. B. ein organischer Farbstoff (Uranin) oder NaBr, in den höchstgelegenen Brunnen (Piezometer) injiziert und anschließend regelmäßig mindestens ein möglichst genau im Gefälle liegendes tieferes Piezometer beprobt. Die Konzentration des Tracers wird bestimmt. Der Zeitpunkt der höchsten Konzentration des Tracers ergibt die mittlere Geschwindigkeit des Wassers. Für die Berechnung des Wassermenge ist dann das Porenvolumen des Wasserleiters getrennt zu bestimmen.

Methodische Fehlerquellen: Die Berechnung gilt nur für eindimensionales Fließen. Der Fließquerschnitt wie auch das Gefälle sind zeitlich variabel; die Berechnung gilt deshalb nur für Perioden, in denen stationäres Fließen angenommen werden darf. Nicht genau zu definieren ist die Untergrenze der Grund- oder Stauwasserkörper (die Wasserbewegung wird dort allmählich geringer). Es wird angenommen, dass die Oberfläche und die Basis des Grundwasserkörpers gerade sind.

6.3 Lufthaushalt und Redoxdynamik

Wegen des Sauerstoffbedarfs der meisten Pflanzenwurzeln und wegen der Redoxabhängigkeit der meisten biologisch-chemischen Prozesse in Böden ist die Kenntnis des Gasaustauschs eines Bodens oft von entscheidender Bedeutung. Das Luftvolumen jedes einzelnen Bodens ändert sich zwar mit seinem Wassergehalt, doch sind viele Prozesse im Lufthaushalt nicht direkt von Wassergehalt abhängig, sondern werden durch Energie, Chemie und Biologie des Standorts beeinflusst.

6.3.1 Messtechnische Grundlage

Wie bei allen Haushalten ist für die Bestimmung eine Vorratsgröße (= Luftvolumen), eine Gradientenbestimmung (= Partialdrücke) und eine Transportgröße (= Gasfluss), zu bestimmen.

Luftvolumina im Boden können bisher *in situ* gemessen werden. Dazu geeignete pyknometrische Methoden (Abschn. 5.3.3) sind nur in gasdicht abschließbaren Volumina durchführbar, weshalb im Gelände indirekte Bestimmungen über Lagerungsdichte und Wassergehalt genügen müssen. Bei der Gradientenerfassung empfiehlt sich die Entnahme von Gasproben aus bestimmten Bodentiefen. Das zur Analyse bestimmter Gase notwendige Volumen erfordert häufig die Gewinnung großer Volumina. Wo in Böden nur geringe Luftanteile vorhanden sind, kann die Probenentnahme den Lufthaushalt stark stören. Deshalb sollte möglichst drucklos gearbeitet werden, und die Volumina sollten so gering wie möglich gehalten werden. Flüsse werden bisher nur an der Bodenoberfläche bestimmt, wobei eine Messung des Flusses ohne Störung nicht möglich ist. Eine Näherung zur Bestimmung der Bodenatmung und anderer Gasflüsse ist das Verfahren der Lundegardh-Glocke. Hierbei werden die Konzentrationsgradienten und auch die Lebensbedingungen für Organismen in Oberflächennähe verändert, sodass nur Messungen für kurze Zeit sinnvoll sind. Neben der direkten Gasmessung können auch physikochemische Parameter gemessen werden, die zwar die Bodenlösung charakterisieren, aber in einer Beziehung zum Lufthaushalt stehen. Hierbei werden spezielle Elektrodenpotenziale verwendet, z. B. Redoxpotenzial, Sauerstoffdiffusionsrate.

6.3.2 Luftvolumen im Jahresgang mithilfe indirekter Bestimmung

Es existiert keine praktikable Methode zur direkten Bestimmung des Luftvolumens im Gelände.

Messprinzip: Generell gilt: *Luftvolumen = Porenvolumen – Wasservolumen*. Bei starren Porensystemen genügt es deshalb, das Porenvolumen einmalig im Labor nach Abschn. 5.3.3 zu bestimmen, das Wasservolumen kontinuierlich nach Abschn. 6.2.3 zu bestimmen und dann das Luftvolumen horizontweise durch Differenzbildung zu erfassen.

Bei dynamischen Porensystemen müssen auch die Änderungen des Porenvolumens und deshalb folgerichtig zwei Größen bestimmt werden. Dies gelingt über eine regelmäßige Dichtebestimmung, z. B. mit einer Gammasonde oder durch Messung der Lagerungsdichte, da gilt:

$$PV = 100 - SV = 100 - (SG/\rho_p)$$

(PV = Porenvolumen, SV = Substanzvolumen, SG = Substanzgewicht [g], ρ_p = Dichte der Festsubstanz [g cm^{-3}].

Die Formel kann für Stechzylinder von 100 cm^3 Volumen angewandt werden. Sonst muss auf die Volumeneinheit umgerechnet werden. Bei stark quellenden Böden (Pelosolen/Vertisolen) lässt sich die Änderung der PV auch angenähert durch Bestimmung der Höhenveränderung der Bodenoberfläche bestimmen.

Geräte und Messung: Das Wasservolumen wird nach Abschn. 6.2.3 bestimmt, das Porenvolumen einmalig nach Abschn. 5.3.1. Um die Veränderung der Bodenoberfläche zu bestimmen, kann ein *Stahlstift* in einer Bodentiefe eingebaut werden, die nicht mehr an der Quellung und Schrumpfung teilnimmt. Hierzu wird mit einem Bohrer bis in den C-Horizont (z. B. das schichtige Tongestein oder den vergrusten Basalt) vorgebohrt. Dann wird ein starrer Stahlstift so tief eingeschlagen, dass er fest im Untergrund sitzt und noch ca. 10–20 cm aus dem Boden ragt. Der Stab wird mit etwas *Zement* an der Basis zusätzlich fixiert. Über den Stahlstab wird nun ein *Rohr* gestülpt, sodass es den Stab nicht berührt und dieser deshalb vom Quellen und Schrumpfen des Bodens nicht beeinflusst wird. Der fixierte Stab wird neu gegenüber der Bodenoberfläche nivelliert (ca. zehn Punkte). Das *Nivellement* muss je nach Intensität der Veränderungen regelmäßig wiederholt werden. Da sich die Masse der Festsubstanz beim Quellen und Schrumpfen nicht ändert, sind die Höhenunterschiede direkt als Änderungen des Porenvolumens aufzufassen.

Um Zwischenmaße für die Veränderung des Volumens zu erhalten, können mit geringer Einbautiefe verschiedene Stäbe eingebaut werden. Die Messungen sind allerdings systematisch ungenauer, da durch diesen Einbau die Dynamik verändert wird und die Stäbe sich im Laufe der Zeit auch seitlich verlagern können.

Methodische Fehlerquellen: Die Bestimmungsgenauigkeit des Luftvolumens wird durch die des Porenvolumens und des Wasservolumens bestimmt, deshalb ist im Feld kaum ± 2 % zu unterschreiten, obwohl das relevant sein kann. Bei der Kontrolle der Bodenoberfläche über Nivellement muss sichergestellt werden, dass die eingebauten Fixpunkte nicht durch bevorzugte Versickerung im Laufe der Zeit selbst verändert werden. Die erreichbare Genauigkeit hängt hierbei hauptsächlich von der Rauigkeit der Bodenoberfläche ab, da bei einem einzelnen Nivellement der Fehler kleiner als 1 mm = 0,1 Vol.-% bis 1 m Tiefe ist.

6.3.3 Bodenatmung

Unter Bodenatmung versteht man die Kohlendioxid-Freisetzung aus dem Boden.

Prinzip: Die Messung beruht auf der Annahme, dass jederzeit äquivalente Mengen von CO_2 aus dem Boden heraus- und O_2 in den Boden hineindiffundieren. Flüsse anderer Gase sind demgegenüber gering. Die Freisetzung von CO_2 steht in direkter Beziehung zu mikrobiellen Aktivität im Boden.

Versuchsdurchführung: Über einer kleinen vergetationsfreien Fläche (sonst werden die oberirdischen Pflanzenteile abgeschnitten) wird mit einer LUNDEGARDH-*Glocke* oder einfacher mit einem *Metalleimer* (ca. 10 l) ein Luftvolumen abgeschlossen. Bei der Lundegardh-Glocke wird ein *Stahlring* in den Boden eingetrieben, auf dem ein *U-Profil* aufgeschweißt ist. Zur Messung wird das Profil mit *Wasser* gefüllt und eine *Glocke* aufgesetzt, die in das Wasser eintaucht und damit ein Volumen gasdicht abschließt. Andernfalls wird einfach ein tonnenförmiger Metalleimer ca. 2 cm in den Boden gedrückt und schließt damit die Bodenoberfläche ab. Der Durchmesser beider Geräte beträgt ca. 30 cm. Durch Diffusion von CO_2 aus dem Boden und O_2 in den Boden nähert sich die Gaskonzentration derjenigen der Bodenluft an, wodurch der Diffusionsgradient verloren ginge. Dies wird dadurch verhindert, dass in den Bodenraum ein *Gefäß* mit *Ba(OH)$_2$-Lauge* (nach Abschn. 5.6.3.7) eingebracht wird, welches das frei werdende CO_2 absorbiert. Statt Barytlauge kann auch Natronlauge oder Natronasbest (SCHUMM 2004) verwendet werden. Es empfiehlt sich den Versuch nur 0,5–1 h laufen zu lassen, da sonst die Störung gegenüber der Nachbarschaft zu groß ist.

Die gebundene CO_2 Menge wird wie in Abschn. 5.6.3.7 nach Titration mit *0,1 M Salzsäure* errechnet und dann auf die Fläche und die Zeit bezogen nach

$X' = (X \cdot 10^4 \cdot 60)/(F \cdot t)$ [mg m^{-2} h^{-1}],

wobei X' die Bodenatmung, X die bestimmte Menge CO_2 [mg], F die Auffangfläche [cm^2] und t die Messzeit [min] sind.

Die Bodenatmung ist stark von Tagesgang, Witterung und Jahreszeit abhängig und schwankt auch kleinflächig stark. Es ist deshalb sinnvoll, mehrere (vier bis acht) Parallelmessungen durchzuführen und zur Quantifizierung der Bodenatmung Tagesgänge (vier bis sechs Messungen á 1 h) zu ermitteln.

Methodische Fehlerquellen: Die so ermittelte Bodenatmung kann als Maß für die (mikro-)biologische Aktivität eines Bodens und als Maß für die CO_2-Versorgung höherer Pflanzen aus dem Boden verwendet werden. Da durch die Messung aber die natürlichen Fließgleichgewichte gestört werden, muss die Interpretation äußerst vorsichtig geschehen. Verändert wird durch die Messung der Temperaturgradient (Boden – Luft), deshalb muss die Messeinrichtung stets abgeschirmt werden. Wurde die oberirdische Vegetation vor der Messung entfernt, so wird der Wert dennoch von der andauernden Wurzelatmung beeinflusst. Außerdem wird die Luftbewegung durch die Messglocke unterbunden, wodurch die Diffusion/Konvektion behindert wird.

Unter erheblich größerem Aufwand lässt sich eine CO_2-Bilanz mit und ohne Vegetation durchführen, wenn die Messung in einer Kammer erfolgt, in der der Luftaustausch entsprechend der Windverhältnisse gesteuert werden kann und laufend Umgebungsluft bekannter CO_2-Konzentration zugeführt wird. Die Abluft muss dann ebenfalls kontinuierlich, z. B. mit einem Ultrarotabsorptionsspektrometer, gemessen werden. Aus der Differenz ergibt sich dann die Bodenatmung in ungestörtem Zustand (zur Bestimmung der mikrobiellen CO_2-Produktion *in situ* vgl. Abschn. 6.5.2.2).

6.3.4 Sauerstoffdiffusionsrate

Die Sauerstoffdiffusionsrate (ODR) charakterisiert die mögliche O_2-Aufnahme durch Pflanzenwurzeln.

Messprinzip: Durch Anlegen einer Spannung kann an einer Platinkathode in Wasser gelöster Sauerstoff nach der Formel $O_2 + 4e^- + 2\,H_2O \rightarrow 4\,OH^-$ reduziert werden. Da durch die Reduktion in der Umgebung der Elektrode – wie bei der Atmung in der Umgebung einer Pflanzenwurzel – der O_2-Partialdruck abgesenkt wird, entsteht ein Konzentrationsgefälle zur Elektrode hin. Die Sauerstoffdiffusionsrate stellt nach LEMON & ERICKSON (1952) den Wert dar, der bei Erreichen eines Diffusionsgleichgewichts gemessen wird.

Versuchsdurchführung: Eine *Platinelektrode* (ca. 10 mm lang, ca. 1 mm dick) von bekannter Oberfläche wird sorgfältig (vgl. Abschn. 6.1) seitlich oder – wie bei Gipselektroden beschrieben – von oben in den ungestörten Boden eingedrückt. Die vorgebohrte Höhlung wird sorgfältig verfüllt, wobei das abgeschirmte Kabel aus dem Bohrloch mindestens 30 cm herausreicht. Als Vergleichselektrode dient eine *Kalomelelektrode*, die in den feuchten (evtl. angefeuchteten) Oberboden gedrückt wird. Der Stromkreis wird über eine *Batterie* (Trocken- oder Autobatterie) geschlossen. Als Messgeräte dienen gekoppelt ein *Voltmeter (0,01–2,0V)* und ein *µ-Amperemeter.*

Als Messspannung werden allgemein 0,8 V = 800 mV angelegt. Als Messwert dient der nach Einstellung eines Gleichgewichts nach 1–4 min abgelesene Strom (µA). Die Messung kann wiederholt werden, dann stellt sich der Gleichgewichtszustand schneller (manchmal auch tiefer) ein. Berechnet wird aus Stromstärke (Y) und Elektrodenoberfläche (F) der an die Elektrode diffundierte Sauerstoff nach der Formel

$$X\,[\mu g\,O_2\,min^{-1}\,cm^{-2}] = 4{,}794\,[\mu g\,min^{-1}\,\mu A^{-1}] \cdot Y\,[\mu A]/F\,[cm^2].$$

Der Faktor (4,794) ergibt sich aus der pro Ladungseinheit in 1 min abgeschiedenen Sauerstoffmenge.

Die Vorteile der Methode liegen in einer einfachen Durchführung und der großen räumlichen Auflösung, ohne das Bodengefüge stark zu verändern. Außerdem wird der Sauerstoff in der wässrigen Phase des Bodens gemessen, woraus er auch von Pflanzenwurzeln entzogen wird. Eine Bewertung der Ergebnisse erfolgt nach Tab. 7.3.2 in Kapitel 7.

Methodische Fehlerquellen: Große Streuungen der Messwerte bei Parallelen gehen meist auf natürliche Variabilität zurück, sofern keine Einbaufehler vorliegen. Parallelelektroden reagieren immer synchron (d. h. nehmen gleichzeitig ab oder zu). Die Methode unterstellt, dass bei der gewählten Spannung nur (oder fast ausschließlich) O_2 an der Elektrode reduziert wird. Im Boden können aber auch Fe^{3+}, Mn^{4+}, Cu^{2+}, NO_3^- und SO_4^{2-} reduziert werden. Deshalb empfiehlt ARMSTRONG (1967), vor der

Messung eine Stromspannungskennlinie aufzunehmen, um sicher zu sein, dass die gewählte Spannung im Plateau des O_2 liegt. Leider verändern sich die Kennlinien durch die Feuchteänderungen. Wegen der häufig nicht vollständig bekannten Messbedingungen sind die Aussagen der Methode nur als halbquantitativ zu werten.

Nach der ODR-Messung darf nicht sofort das Redoxpotenzial mit der Pt- Elektrode gemessen werden, da durch die Messung die Redoxverhältnisse verändert werden.

6.3.5 Bestimmung des Redoxpotenzials

Messprinzip: Das Redoxpotenzial wird in Lösungen gemessen und gibt den Redoxzustand bzw. die Richtung einer Redoxveränderung in reinen Systemen an. Nach der Nernst-Formel ist das Redoxpotenzial

$$Eh = E^0 + (R \cdot T)/(n \cdot F) \cdot In\,(a_{Ox}/a_{Red})$$

abhängig vom Normalpotenzial einer Reaktion (E^0) von physiklisch-chemischen Größen (R, T, nF) und vom Aktivitätenverhältnis der beteiligten Ionen. Eine Verrechnung nach dieser Formel ist jedoch in Böden nicht möglich, da die auftretenden Potenziale stets Mischpotenziale verschiedener Redoxreaktionen darstellen und die Potenziale der Lösung durch die feste und gasförmige Phase des Bodens beeinflusst werden. Wesentlich für Böden sind eine Fülle von Redoxübergängen, wie z. B. O_2-Reduktion, Denitrifikation, Mn-, Fe-Reduktion, Desulfurikation und Methanbildung sowie jeweils deren Gegenreaktion. Die Messung des Redoxpotenzials kann deshalb in Böden lediglich den Stabilitätsbereich bestimmter Ionen angeben, ohne Redoxreaktionen zu quantifizieren. Die folgende Messung des Redoxpotenzials erfolgt nach DIN ISO 11271.

Versuchsdurchführung: Eine *Platinelektrode* (vgl. Abschn. 6.3.4) wird mit möglichst geringer Störung in ein Bodenprofil oder Bohrloch eingebaut und vollständig in den Bodenkörper eingedrückt. Das abgeschirmte Kabel wird aus dem Bohrloch herausgeführt. Letzteres anschließend sorgfältig mit Originalbodenmaterial verfüllt. Als Vergleichselektrode dient häufig eine *Kalomelelektrode* (Achtung! Potenzial wird um 250 mV gegenüber Normalwasserstoffelektrode zu tief angezeigt), die in den feuchten Oberboden gesteckt wird. Die Messung erfolgt mit einem Millivoltmeter. Der Messwert (bei Kalomelelektrode + 250 mV) gibt direkt das herrschende Redoxpotenzial an. Bei Kenntnis der wichtigsten beteiligten Ionen lassen sich die Werte Stabilitätsfeldern von Redoxzuständen zuordnen (s. Tab. 3.5.10, DIN ISO 11271). Die Messungen können kontinuierlich durchgeführt werden, da die Messung selbst den Zustand nicht ändert.

Darstellung der Ergebnisse: Die Ergebnisse lassen sich direkt als Eh-Werte in einer Zeitfunktion darstellen. Dabei können verschiedene Tiefen in einem Diagramm verglichen werden. Da die Redoxpotenziale auch vom pH-Wert abhängen, wird häufig auf einen Vergleichswert von pH 7 umgerechnet. Hierbei werden je pH-Stufe 59 mV bei pH-Werten unter 7 abgezogen, bei pH-Werten über 7 addiert. Der pH-Wert der Bodenlösung muss für die Umrechnung ebenfalls *in situ* bestimmt sein (auf keinen Fall an getrockneten Proben).

Das Reduktionsvermögen lässt sich auch durch den Wasserstoffionendruck ausdrücken:

$$rH = Eh/28{,}75 + 2\ pH.$$

Hierbei liegen die Werte zwischen = 0 (1 bar H_2) und 41 (1 bar O_2). Näheres und Bewertung der Ergebnisse s. Abschn. 3.5.4.3 und 7.3.3.

Methodische Fehlerquellen: Die Redoxpotenziale schwanken auf kürzeste Distanz im Boden stark. Deshalb sollte spätestens bei Ausbau der Elektrode der Ort im Gefüge genau erfasst werden. In einem Horizont können Unterschiede bis zu 400 mV auftreten. Einzelne Elektroden zeigen dagegen nur geringe Schwankungen, solange keine relevanten Änderungen im Redoxsystem des Messortes auftreten. Mittlere Potenziale sind auch bei großer Zahl der Einzelmessungen häufig nicht repräsentativ, da in einem Horizont (Go eines Gleys) z. B. Mn-Oxidation und Fe-Reduktion wenige mm voneinander entfernt auftreten können. Ist der Oberboden trocken, lässt sich das Redoxpotenzial des Unterbodens nicht korrekt messen. In diesem Fall ist über eine Salzbrücke (*perforiertes Plastikrohr mit Agarfixiertem, konzentriertem KCl*) der Kontakt zwischen Pt- und Bezugselektrode herzustellen. Diese Empfehlung gilt generell für ein sulfidisches Milieu, da sonst die Bezugselektrode kontaminiert wird. Die Messung kann durch andere Messungen gestört werden, wenn diese in den Redoxzustand des Bodens eingreifen. Fehlender Kontakt zum Boden (z. B. Lage in Grobporen) führt zu Fehlmessungen (zu hoch). Pt-Elektroden verändern sich bei ausschließlicher Redoxmessung meist jahrelang nicht. In sulfidischem Milieu können allerdings nach einiger Zeit Beläge zu Fehlmessungen führen. Dann muss die Pt-Oberfläche öfter mit sehr feinkörnigem Schleifpapier gereinigt werden.

6.4 Energiehaushalt

6.4.1 Messtechnische Grundlagen

Die wichtigsten Größen des Energiehaushalts von Böden sind die Temperatur zur Charakterisierung des Wärmezustands, die Wärmekapazität zur Charakterisierung der Wärmemenge und die Wärmeleitfähigkeit zur Beschreibung des Wärmetransports.

Wärmekapazität und Wärmeleitfähigkeit sind als Konstanten aufzufassen, die sich allerdings in Abhängigkeit vom Wassergehalt stark verändern. Da diese Größen zudem nur mit größerem Messaufwand direkt zu bestimmen sind, beschränken sich Beobachtungen zum Wärmehaushalt oft auf Zustandserfassungen (Temperaturmessungen). In Kenntnis der Anteile des Wassers, der Luft, der mineralischen und organischen Fraktion lassen sich daraus horizontweise Wärmemengen und Wärmeleitung abschätzen (HARTGE & HORN 2008).

Neben der aktuellen Temperatur sind Kenntnisse der mittleren Temperatur des Wurzelraumes während eines bestimmten Zeitraumes (z. B. Vegetationsperiode) bzw. der in diesem Zeitraum angebotenen Wärmemenge ökologisch bedeutsame Größen. Sie lassen sich einerseits aus Zeitreihen der Temperaturmessung ableiten, was sehr aufwendig ist. Eine einfachere Möglichkeit bietet die Invertzuckermethode nach PALLMANN et al. (1940). Dabei dient die in ihrer Intensität temperaturabhängige Hydrolyse von Rohrzucker zu Invertzucker (ein Gemisch aus [+]-Glucose und [−]-Fructuose)

$$C_{12}H_{22}O_{11} + H_2O \rightarrow C_6H_{12}O_6 + C_6H_{12}O_6$$

unter Säureeinfluss als Maß für die Mitteltemperatur. Die Umwandlung des optisch rechtsdrehenden (+)-Rohrzuckers in optisch linksdrehenden (−)-Invertzucker lässt sich mit einem Kreispolarimeter einfach messen (SCHMITZ & VOLKERT 1959). Man erhält dabei ein exponentielles Temperaturmittel (eT). Dieses ist ökologisch aussagekräftiger als ein arithmetisches Mittel, da die Intensität der Organismentätigkeit eher exponentiell denn linear mit der Temperatur steigt.

6.4.2 Bodentemperatur mit Thermometern

Mit speziellen Bodenthermometern lässt sich die Temperatur in einer gewünschten Bodentiefe bis

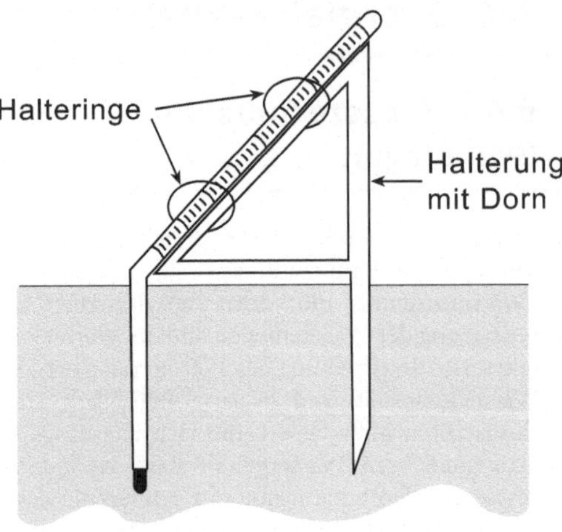

Abb. 6.4.1 Abgewinkeltes Thermometer

etwa 20 cm nach DIN 58655 und bis 100 cm nach DIN 58664 auf ± 0,1 °C genau bestimmen.

Einbau und Messung: Bodenthermometer sind Quecksilberthermometer, die zur Erleichterung der Ablesung eine um ca. 30° abgewinkelte Messskala haben (Abb. 6.4.1).

An der gewünschten Messstelle wird zunächst ein Stahldreieck als Halterung in den Boden gedrückt. Dann wird mit einem Peilstab, der den gleichen Durchmesser wie das Thermometer hat, ein Loch bis in die gewünschte Tiefe vorgedrückt. Anschließend wird das Thermometer vorsichtig bis zum Anschlag in das Loch eingeführt und an der Halterung mit einem flexiblen Band möglichst zweifach befestigt. Zur Beobachtung kurzfristiger Temperaturänderungen empfehlen sich Einbautiefen von 5, 10, 20 und 40–50 cm.

Auswertung und Darstellung der Messwerte: An der Bodenoberfläche ist an Strahlungstagen die Temperatur bei Sonnenaufgang am tiefsten und nachmittags am höchsten. Durchschnittliche Temperaturen ($T_\varnothing$) erhält man durch Mittelbildung, wobei

$$T_\varnothing = (T_{Min} + 2\,T_{Max})/3 \text{ üblich ist.}$$

Die Durchschnittstemperatur ist oft kurz nach Sonnenuntergang erreicht. Zur Ermittlung von Tagesgängen wird stündlich oder häufiger abgelesen. Im Boden verzögert sich der Tagesgang mit zunehmender Bodentiefe umso mehr, je geringer die Temperaturleitfähigkeit ist. Dadurch können in be-

stimmter Tiefe die Maxima nachts und die Minima tags einsetzen. Während Perioden mit bedecktem Himmel ohne Niederschlag, schwanken die Temperaturen wesentlich geringer. Die Eindringtiefe der täglichen Temperaturschwankungen ist abhängig von Wärmekapazität und Wärmeleitfähigkeit und beträgt selten mehr als 50 cm. Man kann deshalb bei Messungen ab 50 cm durch einmalige Messung bereits Mittelwerte des Tages oder längerer Perioden bestimmen. Die thermische Vegetationsperiode beginnt, wenn die Wurzelraumtemperatur über 5 °C erreicht, und endet, wenn diese Werte wieder unterschritten werden. Die Darstellung erfolgt in der Regel als Zeitfunktion.

Messtechnische Probleme: Die Messung mit konventionellen Bodenthermometern ist bis ca. 100 cm sinnvoll, wobei Stufen von 5–20 cm gewählt werden können. Die Ablesung bei geeichten Thermometern gestattet ± 0,1 °C. Obwohl die Skala und der Messfaden im Vakuum liegen, ist Abschirmung zur Minimierung der Strahlungsstörungen empfohlen. Die Messgeräte sind sehr empfindlich gegen mechanische Belastung bei Einbau und Betrieb. Eine Messung an der Bodenoberfläche ist praktisch unmöglich, da die Thermometerkörper dann auch von Strahlung abhängig werden. Beim Einbau ist darauf zu achten, dass die Thermometer im ungestörten Boden sitzen.

6.4.3 Bodentemperatur mit Thermofühlern

Thermofühler gestatten meist die Bestimmung weiter Temperaturspannen. Sie bestehen aus Materialien, deren elektrischer Widerstand sich mit der Temperatur ändert. Solche Temperaturfühler lassen sich an digitalen Messgeräten und auch zur kontinuierlichen Messung an automatische Klimastationen oder an deren Datenspeichereinrichtungen (Datalogger) anschließen. Geeignet gebaute Thermofühler mit geringer eigener Wärmekapazität kann man auch zur Bestimmung der Temperatur nahe oder an der Oberfläche verwenden.

Einbau und Messung: Zum Einbau der Thermometer muss man in der Regel von der Oberfläche oder seitlich von der Wand des Messschachtes einen Hohlraum vorbohren. Nach Einbau des Messfühlers ist jener so zu verfüllen, dass möglichst natürliche Lagerungsverhältnisse herrschen. Die Messkabel werden zu einem im Messschacht oder über dem Boden angebrachten Messgerät (und Datenspeicher) geführt.

Methodische Probleme: Die wichtigste Vorsichtsmaßnahme gegen Fehler ist der sachgemäße Einbau. Die Fühler sollen im Boden eingebaut werden, der einen ungestörten Wasser- und Lufthaushalt hat (z. B. nicht am Betonfuß eines Klimamastens). Bei Oberflächennähe ist darauf zu achten, dass nicht durch Erosion oder Sedimentation die Messtiefe verändert wird. Die Eichung der Messeinrichtung sollte regelmäßig überprüft werden.

6.5 Stoffhaushalt

6.5.1 Methodische Grundlagen

Böden sind Teile von Ökosystemen und daher auch über den Austausch von Stoffen mit anderen Kompartimenten und der unbelebten Umgebung vernetzt. Für Nähr- und Schadstoffe weisen die Böden innerhalb von terrestrischen Ökosystemen die größten Pools auf. Entscheidende Schnittstelle, an der die Bioverfügbarkeit der einzelnen Elemente gesteuert wird, sind die Grenzflächen zwischen der Feststoffphase eines Bodens und der Bodenlösung. Denn außer dem Kohlendioxid der Luft können maßgebliche Mengen der einzelnen Elemente nur durch die Aufnahme gelöster Bindungsformen durch Primärproduzenten in der Biomasse gebunden werden.

Photosynthese, Anreicherung von Kohlenstoffverbindungen (Biomasse) und ihr Abbau sind als Kaskaden einer Vielzahl komplexer Redoxprozesse zu verstehen. Redoxreaktionen sind durch den Austausch von Elektronen gekennzeichnet. Das 1. chemische Grundgesetz von der Erhaltung der Masse bedingt Elektroneutralität innerhalb des Systems. Bei der Beteiligung von Wasser ist der Austausch von Elektronen (negative Ladungen) in entgegengesetzter Richtung mit dem Fluss von Protonen (positive Ladungen) verknüpft. Ungleichgewichte zwischen der Biomasseproduktion, die auch die Bindung anorganischer Nährstoffe (positiv geladene Bindungsformen) umfasst, dem Abbau und der Mineralisierung, aber auch die atmosphärische Deposition säurewirksamer Luftschadstoffe führen daher zu einer Entkopplung der Protonen. Die atmosphärische Deposition ist ein wichtiger Faktor der Bodenversauerung. Durch Auswaschung von Nährstoffen aus dem Pflanzengewebe in ionaren Bindungsformen kann sie zunächst zum Teil neutralisiert werden (Kronenraumpufferung).

Die verstärkte Auswaschung mineralischer Elemente beschleunigt jedoch ökosysteminterne Kreisläufe. Entsprechend der Umlaufgeschwindigkeit und dem Zeitraum zwischen der Ladungsbildung im Kronenraum und der Nährstoffaufnahme im Wurzelraum, die ebenfalls mit der Bildung von äquivalenten Protonenmengen verknüpft ist, kommt es zu einer zeitlichen und räumlichen Entkopplung zwischen Ionen- und Protonenkreisläufen innerhalb des Ökosystems.

Ungleichgewichte im Stoffhaushalt von Ökosystemen können in Böden wirksam werden. Dem müssen Untersuchungen zum Stoffhaushalt gerecht werden.

Für den Stoffhaushalt von Ökosystemen sind die insgesamt deponierten Mengen der einzelnen Elementen entscheidend und nicht nur die Einträge auf die Bodenoberfläche, die mit Kronentraufen, Stammabflüssen und Streufall erfolgen. Denn neben den atmosphärisch deponierten Mengen umfassen diese Flüsse auch ökosysteminterne Anteile der Stoffkreisläufe. Direkt lässt sich die Gesamtdeposition jedoch nicht erfassen, da die Oberflächeneigenschaften der Pflanzenbestände nicht zu beschreiben sind.

Für die Quantifizierung der Gesamtdeposition gilt nach dem Stand der Kenntnis der Kronenraumbilanzansatz nach ULRICH (1983) als Standard.

Wechselnde Stoffeinträge, Feuchteänderungen, Temperaturschwankungen und Änderungen in der mikrobiellen Aktivität führen ebenso wie Nährstoffentzüge zu kurzzeitigen Änderungen der Zusammensetzung der Bodenlösung. Da diese Schwankungen auch Auswirkungen auf Bodenleben, Pflanzen und Umwelt haben, gilt es, sie zu erfassen.

6.5.2 Stoffeinträge in Böden und Ökosysteme

6.5.2.1 Einträge mit dem Niederschlag (nasse Deposition)

Gewinnung des Niederschlags: Der Niederschlag wird mit einem Auffanggerät mit 200 cm^2 Auffangfläche und Niederschlagsmessgefäß im 1 m Höhe nach DIN 58 667 erfasst. Dabei ist Sorge zu tragen, dass keine Kontamination durch das Auffanggefäß stattfindet. Für viele Fälle sind deshalb konventionelle, lackierte Metallgefäße ungeeignet und eher Polyethylengefäße zu verwenden. Die Auffanggefäße sind bei jeder Entnahme gegen gereinigte Gefäße auszutauschen, um Verschleppung von Kontamination auszuschließen. Gegenüber der Niederschlagsmessung (Abschn. 6.2.1.2) kann der Anspruch an den Mengenerfassung geringer sein (kein Verdunstungsschutz), insbesondere, wenn die Menge getrennt erfasst wird. Bei der Gewinnung ist zu beachten, dass die Auffangfläche ausreicht, um genügend Lösung zu liefern, und, welche Parameter bestimmt werden sollen.

Lagerung und Analysenvorbehandlung: Je nach Analysenziel ist die Lösung durch Ansäuern (mit $1\,M$ HCl oder HNO_3 1:10) für die meisten anorganischen Komponenten oder durch Einfrieren für organische Komponenten zu stabilisieren. Bei unterschiedlichen Ansprüchen an die Analytik sind Teilmengen zu entnehmen, z. B. zur pH-Bestimmung. (Nach Ansäuern mit HCl kann Cl, mit HNO_3 NO_3^- nicht mehr bestimmt werden.)

Analyse: Die Analysen erfolgen in der Regel mit Methoden, die bereits bei anderen Analysen beschrieben wurden – pH-Wert nach Abschn. 5.4.5.1.2 ohne $CaCl_2$-Zugabe; Elemente nach Abschn. 5.4.5.3.

Methodische Fehlerquellen: Ein schräg einfallender Regen wird nicht vollständig erfasst. Außer Bestimmungsfehlern der eigentlichen Messung stellt die wichtigste Fehlerquelle die Kontamination vor der Analyse dar. Dies, wie das Erkennen von Verunreinigungen bereits im Gelände (Vogelkot, Pollen, Insekten), lässt sich durch Mehrfachgewinnung der Lösung eingrenzen. Umsetzungen im Auffanggefäß beeinflussen besonders N-Formen (im Sommer deshalb Einzelniederschlag sammeln).

6.5.2.2 Einträge mit Stäuben

Durch Emissionen verursachte oder natürliche Stäube können erheblich in ihren Eigenschaften von den Böden abweichen, auf die sie treffen. Deshalb sind Menge und Elementbestand wichtige Größen zur Abschätzung von Staubwirkungen. Zur Gewinnung von Stäuben werden generell BERGERHOFF-Gefäße, d. h. ca. 1 l fassende Glasgefäße, verwendet. Diese erfassen nur sehr geringe Staubmengen, weshalb die Analytik sehr erschwert ist. Deshalb sind hier größere Auffangflächen zu empfehlen.

Gewinnung des Staubes: Um ausreichend Staub zu gewinnen, soll die Auffangfläche eines runden oder rechteckigen, ca. 30 cm hohen Gefäßes mindestens $0,25\,m^2$ betragen. Das Gefäß ist mit einer Halterung (z. B. Stahl oder Aluminiumwinkel) auf einer mindestens 2 m hohen Stange angebracht und mit Seilen und Heringen abgespannt. Das Auffanggefäß soll mit einem abnehmbaren Deckel versehen sein, der über der Auffangfläche aus einem Poly-

ethylen- oder Nylonnetz besteht. Das Netz dient der Windberuhigung im Behälter (Staubteilchen sollen nach dem Eintritt nicht wieder entweichen). Im Boden des Auffangbehälters ist erhöht (3–55 mm) ein Filter einzusetzen, damit Niederschlagswasser ablaufen kann. Wird dieses Wasser über einen Schlauch in einen Behälter geführt, der auf oder im Boden steht, kann gleichzeitig der Niederschlag aufgefangen werden. Die Auffangbehälter sind in der Regel monatlich, bei starkem Staubfall auch öfter zu wechseln. Der Behälter wird ins Labor gebracht und dort die Restfeuchte verdampft. Anschließend wird der Staub mit einem Gummiwischer, Backschaber oder Staubpinsel zusammengekratzt und in ein Glasröhrchen überführt.

Analyse: Die Staubmenge wird durch Wägung im trockenen Zustand bestimmt. Liegt genügend Material vor, so können Analysen des Stoffbestands, des Humusgehalts, der Dispersität und weiterer Parameter durchgeführt werden (Abschn. 5.2, 5.4 und 5.6). Die Staubmenge wird in $g\,m^{-2}\,a^{-1}$ oder $kg\,ha^{-1}\,a^{-1}$ angegeben.

Methodische Fehler: Beim Staubfang geht man davon aus, dass die gesamten eingetragenen Partikel auch festgehalten werden. Auf natürlichen Oberflächen, insbesondere bei trockenem Staubbefall, wird ein Teil des Staubes wieder abgelöst und weitergetragen. Ein Teil des Staubes kann durch das Sieb austreten, wenn dies nicht fein genug ist. Prinzipiell wird ein Teil des Staubes bei der Überführung aus dem Auffanggefäß verloren gehen.

6.5.2.3 Bodeneintrag mit Streu, Kronentraufe und Stammabfluss

Da die Streu wesentlich für die Stoffrückführung aus der Vegetation ist, wird in Baumbeständen häufig der Streueintrag zum Boden mitbestimmt. Zur Bestimmung des Stammabflusses vgl. Abschn. 6.2.1.5

Gewinnung der Streuproben: Ähnlich wie Staubsammler sollen Streufänge mindestens $0,25\,m^2$ groß sein. Wegen der hohen kleinflächigen Variabilität sollten mehrere Parallelen in unterschiedlicher Bestandssituation aufgestellt werden (je nach Bestand vier bis 16 Stück). Als *Streufänger* haben sich kombinierte Streu- und Kronentraufefänge bewährt (Abb. 6.5.1). Jeder Sammler besteht aus einem 50×50 cm großen und 14 cm hohen Polyethylenkasten mit schräg (≈ 13 cm) eingesetzter Bodenplatte, an deren tiefster Stelle seitlich eine Ausflussöffnung liegt. Daran angeschlossen ist ein Polyethylenschlauch $\varnothing$ 13 mm, der in eine unterirdisch stehende 10-l-Polyethylenflasche führt (Ka-

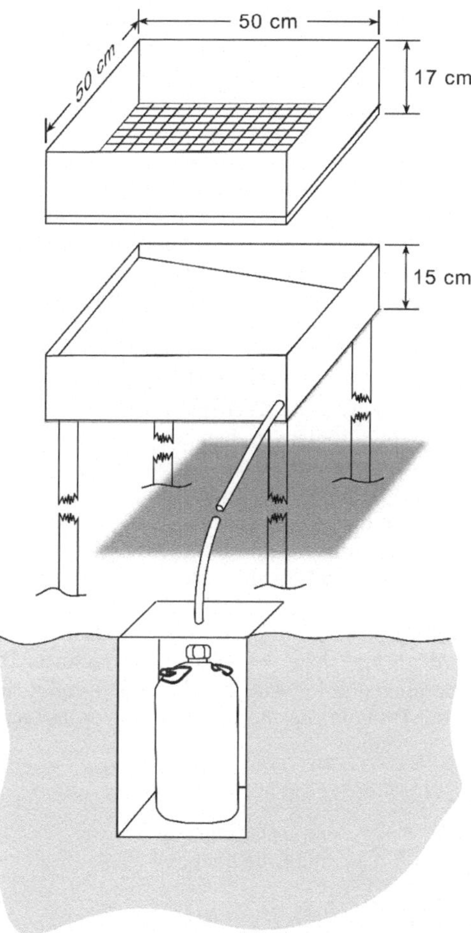

Abb. 6.5.1 Skizze eines Streu- und Niederschlags-sammlers (MARSCHNER 1990)

pazität 40 mm). Dem Kasten liegt ein 15 cm hoher abnehmbarer Rahmen mit einem Nylonnetz (Maschenweite 2 mm) auf, der als Streusammler dient. Jeder Kasten steht auf vier angeschraubten Holzbeinen, die ca. 20 cm tief im Boden stecken. Die Oberkante der Sammler befindet sich 1 m über der Bodenoberfläche.

Monatlich, während des Hauptstreufalles wöchentlich, werden die oberen Rahmen abgenommen und umgekehrt auf eine Polyethylenfolie entleert. Die Streu wird bei 40 °C getrocknet. Die Streumenge wird in g m^{-2} a^{-1} oder kg ha a^{-1} angegeben.

Analytik: An den Streuproben lassen sich Bestimmungen wie bei humusreichen Bodenproben durchführen. Diese sind in Abschn. 5.6 aufgeführt.

Methodische Fehler: Wichtigste Fehlerquelle ist die nicht flächenrepräsentative Aufstellung der Streufänge. Bei starkem Wind kann Streu auch aus dem Kasten geblasen werden. Bei starken Niederschlägen kann eine Auslaugung besonders von K$^+$ stattfinden.

6.5.3 Nährstoffhaushalte

Der Nährstoffhaushalt (insbesondere für N) der meisten Böden hängt eng mit dem Umsatz der organischen Substanz zusammen. Der Humusumsatz seinerseits ist eng an den Wasser-, Energie- und auch wieder den Nährstoffhaushalt gekoppelt. Deshalb zeigen die Umsatzprozesse eine starke Abhängigkeit von der Jahreszeit, sodass nur regelmäßige Messungen Aussagen über den Jahresumsatz erlauben.

6.5.3.1 Mineralstickstoffvorrat ($N_{min} = NH_4^+ + NO_3^-$)

Der Mineralstickstoff gibt den aktuellen pflanzenverfügbaren Anteil eines Bodens an, der gleichzeitig auch der auswaschungsgefährdete N-Anteil ist. Konventionell wird N_{min} in Tiefenstufen 0–30 cm, 30–60 cm und 60–90 cm bestimmt. Je nach Fragestellung und Bodentyp können auch andere Unterteilungen und größere Tiefen gewählt werden. Die Messung *in situ* lässt sich bisher nicht durchführen.

Probenahme: Mithilfe eines *Nmin-Bohrstocks* (oder eines anderen geeigneten Bohrgeräts) werden Bodenproben entsprechend Abschn 5.1.2 aus den gewünschten Tiefen gezogen (Verschleppung vermeiden). Die Proben müssen sofort nach der Gewinnung in eine Kühltasche und im Labor in eine Tiefkühltruhe gelegt werden, um weitere Mineralisation auszuschließen (s. hierzu auch Abschn. 5.1.3)

Analyse: Zur Extraktion von Nitrat und Ammonium werden 60 g feldfrischer Boden mit 500 ml *0,025 M CaCl$_2$* 1 h geschüttelt und dann abfiltriert. Da die *Filter* Ammonium enthalten können, ist zuvor mit ca. 100 ml CaCl$_2$-Lösung vorzuspülen. Eichlösungen sind mit *0,025 M CaCl$_2$* anzusetzen NO$_3^-$- und NH$_4^+$-Bestimmungen erfolgen nach Abschn. 5.4.2.5 und 5.4.3.2.

Methodische Fehlerquellen: Die Proben müssen nach Entnahme sofort extrahiert oder eingefroren werden, um Veränderungen des N_{min}-Anteils durch mikrobielle Umsetzungen (einschl. Denitrifikation) zu vermeiden.

6.5.3.2 Stickstoffmineralisationsrate nach Feldbebrütung

Da N häufig für den mikrobiellen Abbau organischer Substanz limitierend ist, werden mineralisierte N-Verbindungen oft wieder direkt als Nährstoffe von Mikroorganismen entzogen. Das erlaubt nicht die Bestimmung der gesamten N-Mineralisierung, sondern nur der Differenz „Netto-N-Mineralisierung" = „Brutto-N-Mineralisierung" – N-Verbrauch der Mikroorganismen.

Die Netto-N-Mineralisierung lässt sich im Gelände nur dann bestimmen, wenn Auswaschung und Pflanzenentzug ausgeschlossen sind (RUNGE 1970).

Einrichtung der Messstelle und Probenahme: Es hat sich bewährt, zur Bestimmung der N- und C-Mineralisation einen Brutschacht einzurichten. Hierzu wird ein 1 m langes PVC-Brunnenrohr (STAHR et al. 1992) möglichst ungestört in den Boden eingelassen. Am besten gelingt dies, wenn der Vortrieb dadurch erreicht wird, dass das Bodenmaterial innerhalb des Rohres entfernt und das Rohr jeweils nachgedrückt wird. Seitlich wurden zuvor in das Rohr Aussparungen für die Probenlagerung, z. B. in 15, 45 und 75 cm Tiefe, ausgesägt (Abb. 6.5.2)

Mit einem N_{min}-Bohrstock oder anderem geeigneten Bohrgerät werden jetzt aus der gewünschten Tiefe Bohrkerne entnommen und dabei je drei ungestört in eine Plastiktüte gefüllt und in die entsprechende Bodenkammer gelegt. Die anderen Proben werden zur Messung des Anfang-N_{min}-Wertes gekühlt ins Labor gebracht (Abschn. 6.5.3.1). Nachdem die Kammern mit Proben gefüllt sind, wird sofort ein zweites PVC Rohr eingeführt, das möglichst dicht am äußersten anliegt, und beide Rohre werden mit einem innen mit Styropor isolierten Deckel verschlossen. Dieser Deckel wird zur weiteren Thermoisolierung mit Oberbodenmaterial bzw. Gras- oder Humussoden bedeckt. Die Brutdauer beträgt drei bis sechs Wochen. Zur Hälfte der Brutdauer werden weitere Proben gewonnen und in die Kammern gelegt. In der Folge werden dann jeweils neue Proben gezogen und die am längsten bebrüteten gekühlt ins Labor gebracht.

Messung und Berechnung: Die Proben werden gemäß Abschn. 6.5.3.1 mit $CaCl_2$-Lösung extrahiert und wie dort NH_4^+ und NO_3^- kolorimetrisch bestimmt. Die bestimmten Konzentrationen werden auf mg N kg^{-1} bzw. kg N ha^{-1} umgerechnet. Die Nettomineralisationsrate (kg N ha^{-1} d^{-1}) ergibt sich aus der Differenz der Bestimmungen, vor und nach

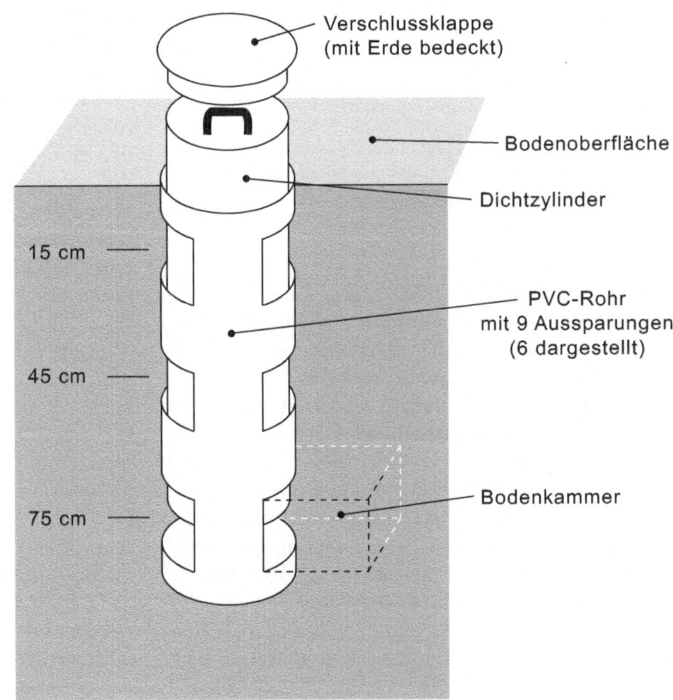

Abb. 6.5.2 Darstellung eines Schachtes zur In-situ-Bebrütung von Bodenproben (nach MADER)

der Bebrütung, dividiert durch die Anzahl der Tage einer Brutperiode. Negative Werte zeigen Netto-Immobilisierung (Festlegung in mikrobieller Biomasse) an. Durch die Überlappung der Messperioden lässt sich die Kurve besser absichern.

Methodische Fehlerquellen: Bei der Probenahme werden lebende Wurzeln abgeschnitten, die anschließend rasch mineralisiert werden, deshalb schlug RUNGE (1970) vor, die Wurzeln auszulesen und die Probe zu homogenisieren. Da Ersteres nie quantitativ gelingt und Letzteres die mikrobielle Aktivität anregt (wie eine Bodenbearbeitung), wird heute empfohlen (MAYER 1989), ungestörte Bohrkerne zu bebrüten. Zu Beginn der Bebrütung muss man trotzdem mit einer gegenüber dem Boden erhöhten, später allerdings wegen der fehlenden Wurzelausscheidungen eher mit einer etwas reduzierten Mineralisierung rechnen. Durch die Bebrütung in Plastiktüten werden nicht nur N-Pflanzenentzug und N-Auswaschung verhindert, sondern es wird auch der Wassergehalt zum Zeitpunkt der Probenahme konserviert. Dies muss bei langen Brutperioden zu Fehlern führen. Deshalb sollte mindestens zwei, höchstens sechs Wochen bebrütet werden.

6.5.3.3 Kohlenstoffmineralisationsrate

Die Gesamtmineralisation der organischen Substanz lässt sich durch die Freisetzung von CO_2 beschreiben, da dies als Endprodukt nicht wie NO_3^- wieder von Zersetzerorganismen aufgenommen wird. Die C-Mineralisierung ist also eine Bruttomineralisierung.

Einrichtung der Messstelle und Bebrütung: Die Bestimmung der potenziellen C-Mineralisation wird nach der Labormethode (ISERMEYER 1952) in Abschn. 5.6.7.2 durchgeführt.

Da die Mineralisation im Feld wesentlich langsamer als bei den optimierten Verfahren im Labor geschieht, ist eine längere Brutperiode zu wählen. Die Bodenproben (ca. 10 g) werden direkt nach der Entnahme aus der gewünschten Tiefe in Probenträger, *1 l-Weckgläser*, gefüllt. Das Glas wird verschlossen und in eine *Brutkammer* gestellt. Soll nur der Oberboden bebrütet werden, so genügen auch kleine PVC-Röhren, die nur ein Weckglas aufnehmen und von oben befüllt werden. Auch diese müssen mit Deckel und Oberbodenmaterial abgedeckt werden. Die Brutdauer kann ein bis vier Wochen betragen (Achtung! 100 mg CO_2 pro Weckglas sollen nicht überschritten werden) da sonst O_2-Mangel auftreten kann.

Messung und Berechnung: Die Gläser werden nach Abschluss der Brutperiode aus den Brutkammern entfernt. Die Bodenprobe wird sofort entnommen, anschließend ausgewogen und nach der Trocknung nochmals gewogen. Das CO_2 wird im Labor oder bereits im Feld zurücktitriert.

Methodische Fehlerquellen: Der Temperaturverlauf im Brutgefäß ist gegenüber dem Boden gedämpft. Dies kann zu Verfälschungen führen. Die Bebrütung in 0–5 cm, wo oft hohe Mineralisationsraten herrschen, ist mit dieser Methode nicht möglich. Die Probe wird bei der Entnahme gestört, was die Mineralisation zunächst anregt (Abschn. 6.5.3.2). Wie in Abschn. 6.5.3.2 wird auch hier der Wassergehalt konserviert.

6.5.3.4 Gewinnung der Bodenlösung mit Saugkerzen oder Lysimeterplatten

Da Transportvorgänge in Böden hauptsächlich in der flüssigen Phase stattfinden, muss für viele Fragestellungen der Bodenlösung gewonnen werden. Die Bodenlösung wird durch einen Unterdruck in die Saugkerzen überführt und kann von dort mit einer Absaug-(Heber-)Vorrichtung gewonnen werden.

Bau und Einbau der Saugkerzen: Eine *Saugkerze* besteht aus einer porösen Zelle (z. B. P80-Keramik), einem Sammelraum für die angesaugte Lösung, einem Unterdruckvorrat und Anschlüssen zum Absaugen der Lösung und zum Anlegen des Unterdrucks (Abb. 6.5.3).

Der Einbau der Saugkerzen erfolgt wie bei Tensiometern (Abschn. 6.2.3.4), jedoch wenn möglich ohne Einfüllen von Quarzsand. Da die Bodenlösung stark durch Kontaminationen verändert werden kann, ist darauf zu achten, dass entstandene Hohlräume mit Bodenmaterial desselben Horizonts verfüllt werden. An die Saugkerzen muss ein Unterdruck mit einem Kompressor oder einer handbetriebenen Vakuumpumpe angelegt werden, der so groß ist, dass Wasser in die Kerze eintritt, ohne die Wasserbewegung im Boden stark zu stören. Hierzu genügen meist 100 hPa mehr Unterdruck, als die Tensiometer anzeigen. Der Unterdruck bleibt in der Regel ca. eine Woche erhalten. Trocknet in dieser Zeit der Boden stark aus, so kann beim Typ A die Lösung wieder zurück in den Boden gesaugt werden. Bei Typ B bleibt die über das Retentionsvolumen hinaus erhaltene Lösung im Vorratsbehälter. Die Lösung wird wöchentlich oder zu anderen,

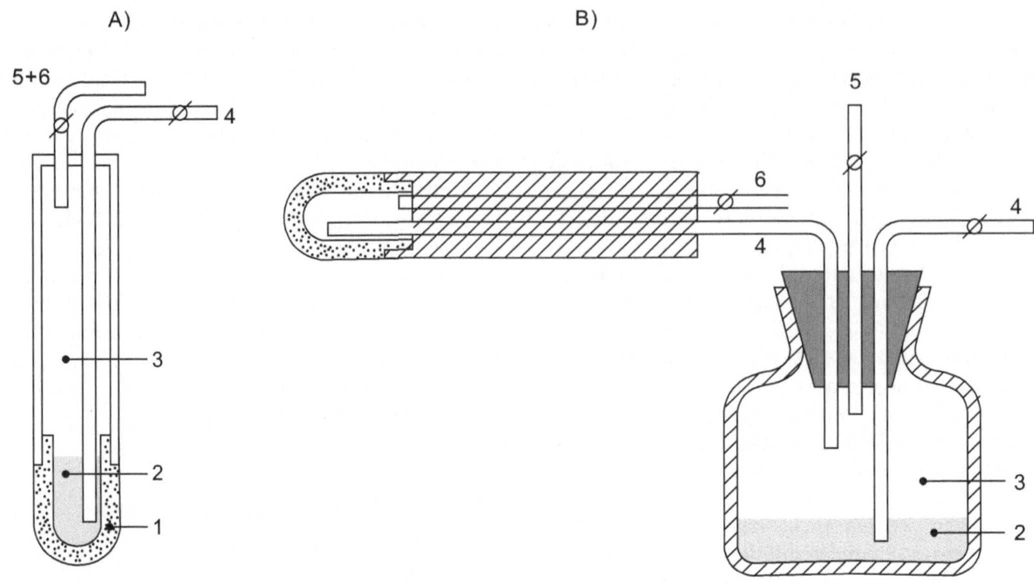

Einfache Saugkerzen für den vertikalen (A) und horizontalen (B) Einbau

1 keramische (poröse) Zelle	4 Saugrohr für Lösung
2 abgesaugte Bodenlösung	5 Rohr zur Unterdruckpumpe
3 Unterdruckvorrat	6 Druckausgleich

Abb. 6.5.3 Einfache Saugkerzen für den vertikalen (A) und horizontalen (B) Einbau

bestimmten Zeitpunkten in eine Transportflasche abgesaugt und Unterdruck erneut angelegt. Statt Saugkerzen lassen sich auch Unterdrucklysimeterplatten (MAYER 1989) verwenden.

Messung und Berechnung: Die Bodenlösung wird ins Labor gebracht und kann wie in Abschn. 5.4.5.2 analysiert werden. Die gemessene Konzentration (μg l^{-1}) lässt sich nur bei Kenntnis des Wassergehalts bzw. Wasservorrats auf Bodenmengen (mg m^{-2}) und nur bei Kenntnis der Wasserbewegung auf Flussraten (mg m^{-2} a^{-1}) umrechnen.

Methodische Fehlerquellen: Die gewonnene Bodenlösung entstammt den Grob- und Mittelporen. Sie entspricht damit dem leichter beweglichen Wasseranteil. Da aber die Feinporen andere Lösungskonzentrationen haben können, ist eine Umrechnung der Werte auf das gesamte Bodenwasser meist fehlerhaft. Da sich Pflanzenwurzeln in Mittel- bis Grobporen aufhalten, wird aber in der Regel das ökologisch wirksame gemessen. Will man die mittlere Konzentration der gesamten Bodenlösung erfassen, sind z. B. entsprechend Abschn. 6.5.3.1 wiederholt Bodenproben zu entnehmen und die Bodenlösung dann mittels Zentrifugation nach Abschn. 5.4.5.2 zu gewinnen und zu analysieren. Für viele Untersuchungen wird relativ viel Bodenlösung benötigt, dazu muss stark und lange gesaugt werden. Dadurch kann Wasser in die Zelle gezogen werden, das aus anderen Bodenhorizonten stammt und damit nicht die Konzentration der zu beprobenden Tiefen enthält. Wenn durch Undichtigkeiten der Unterdruck abfällt, so wird auch zu Zeiten, in denen die Wassersättigung hoch ist, keine Bodenlösung gewonnen. Auf keinen Fall kann man aus der gewonnenen Wassermenge auf Sickerraten schließen.

7 Auswertung der Untersuchungsbefunde

Die mit Methoden der vorherigen Kapitel ermittelten Bodeneigenschaften dienen dazu, den gegenwärtigen Zustand eines Bodens in objektiver Weise zu beschreiben, seine Entwicklung zu rekonstruieren, und seine Eigenschaften als Pflanzenstandort und als Filter vorherzusagen. Entwicklung und Standorteigenschaften sind gleichrangig; wir setzen die Entwicklung voran, weil sie der systematischen Einordnung zugrunde liegt und mithin dem Boden einen Namen gibt. Für unser Beispielprofil, eine Parabraunerde aus Geschiebemergel (s. Abb. 3.7.1) sind die zu interpretierenden Analysendaten in Tab. 7.1.1 zusammengestellt.

7.1 Darstellung des Bodens

Ebenso wie die Profilbeschreibung nicht eine Fläche, soll auch die Laboruntersuchung nicht eine Masse, sondern einen **Raum** charakterisieren. Das wurde z. T. schon bei Probenahme und Analyse berücksichtigt. Die an Masseproben (Horizontmischproben) ermittelten, vom Gefüge unabhängigen Daten, die durch den Steingehalt gestörten und daher an der Feinerde bestimmten, sowie die humus- und kalkunabhängigen Daten der silicatischen Feinerde muss man also rechnerisch schrittweise jeweils auf die nächstgrößere Einheit, letztlich auf die **Volumeneinheit** beziehen. Das geschieht folgendermaßen:

g (mg, µg) kg^{-1} sil. Feinerde · [100 – % (Kalk + Humus)]/ 100 = g (mg, µg) kg^{-1} Feinerde

g (mg, µg) kg^{-1} Feinerde · [100 – % (Steine + Kies)]/ 100 = g (mg, µg) kg^{-1} Boden

g (mg, µg) kg^{-1} Boden · Lagerungsdichte = g (mg, µg) l^{-1} Boden

Chemische Daten werden in der Regel von steinfreien Bodenproben **masse**bezogen ermittelt. Vor allem bei ökologischen Fragestellungen **müssen** sie auf den Wurzelraum der Pflanzen u. Lebensraum der Tiere, d. h. auf das **steinhaltige Bodenvolumen** bezogen werden. Die erste Gleichung: Umformung von **silikatischer** Feinerde auf Feinerde bezieht sich z. B. auf den Fall, dass eine Korngrößenfraktion (z. B. Ton) chemisch untersucht wurde (z.B. K-Gehalt), aber vor deren Gewinnung Organische Substanz (= Humus) und Carbonate entfernt wurden.

Auf diese Weise werden natürlich nur diejenigen Daten umgerechnet, die wirklich eine Masse repräsentieren und nicht nur Verhältniszahlen sind. Wie weit man dies auf mengenmäßig unbedeutende Bodenbestandteile ausdehnt, hängt von der erwünschten Genauigkeit der genetischen und ökologischen Interpretation ab (vgl. Abschn. 7.2 und 7.3). Für unser Beispielprofil ergeben sich die in Tab. 7.1.2 aufgeführten Werte.

Die Darstellung in Tabellenform erleichtert spätere Rechenoperationen; anschaulicher sind Grafiken. Dabei kann man die Daten in Blockdiagrammen oder in Kurven mit der Oberkante des Mineralkörpers als Nulllinie gegen die Tiefenlage auftragen (dreidimensional, wenn Messwerte für einen Horizont bereits in Kurven zusammengefasst werden, wie z. B. Körnung oder Porengrößen).

Da jeder Wert nur das Mittel für einen mehr oder weniger mächtigen Horizont darstellt, kann man keine Kurve ohne eine gewisse Willkür zeichnen. Sie spiegelt die wirklichen Verhältnisse im Boden jedoch umso besser wider, je mehr Lagen analysiert wurden. Blockdiagramme tun das nur, wenn die untersuchten Lagen in sich homogen und gegeneinander scharf abgesetzt sind (was aber selten zutrifft). Für unser Beispielprofil sind in Abb. 7.1.1 Kurven (oben und unten links) und Blockdiagramme (oben rechts) einander gegenübergestellt.

Das Blockdiagramm hat den Vorteil, dass die von den Linien jeweils umschriebenen Flächen ein Maß für die Masse bzw. das Volumen der fraglichen Stoffe

Tab. 7.1.1 Analysendaten eines Bodens aus Geschiebemergel (Profilbeschreibung s. Abb. 3.7.1)

Horizont	Mächtigkeit	ϱ_t	PV	ggP	mtfgP	mP	fP	G + X	gS	mS	fS	gU	mU	fU	T
	cm	kg dm^{-3}			Vol.-%			%	in ‰ der silicatischen Feinerde						
L/O	0,5	0,80													
Ah	14	1,40	46	8	4	27	7	2,2	51	151	296	140	114	78	170
AlBtv	33	1,63	37	4	2	21	10	3,0	44	132	261	121	110	85	253
Bvt	44	1,69	35	2	2	18	13	3,1	42	132	240	108	89	83	306
BtC	26	1,80	31	0	0	18	13	2,7	46	138	241	114	96	94	270
Ccv		1,84	30	0	0	20	10	2,6	54	145	256	111	102	95	237

Horizont	KAK[1]	H$^+$	Al$_a$	BS	K$_{la}$	Mg$_{la}$	P$_{la}$	pH KCl	EC	K$_t$	Mg$_t$	K$_v$	P$_v$	Kalk	ffS-Q
	mmol$_c$ kg^{-1}			%	mg kg^{-1}				µS/cm	mg g^{-1}				%	‰
Ah	145	94	10	50	130	90	21	4,0	149	18.3	3,8	1,9	0,34	0	99
AlBtv	148	51	11	68	92	235	6,8	4,0	80	20,7	4,8	2,9	0,20	0	80
Bvt	155	41	9	73	89	225	3,5	3,9	69	21,4	6,8	3,7	0,22	0	73
BtC	166	0	0	100	50	70	3,0	7,3	149	19,9	6,8	3,1	0,41	8,0	79
Ccv	148	0	0	100	42	60	3,0	7,5	129	18,1	6,2	2,4	0,35	17,2	77

Horizont	KAK$_{sil}$	KAK$_{org}$	Fe$_o$	Fe$_d$	Mn$_d$	Al$_l$	Fe o:d	TOC	N$_t$	C/N	CO$_2$	C$_z$	N$_z$	C$_o$	Q4/6
	mmol$_c$ kg^{-1}		mg g^{-1}					mg g^{-1}			mg kg^{-1}		mg g^{-1}		
L/O		430						174	6,8	26	343	94	3,4	0,90	7,00
Ah	66	79	2,9	6,2	0,60	3,6	0,47	21	1,9	11	226	62	5,5	0,53	5,46
AlBtv	122	26	2,3	9,0	0,33	4,6	0,25	5,6	0,62	9,0	38	10	1,1	0,08	5,41
Bvt			1,8	11	0,32	4,5	0,17	2,9	0,37	8,0					
BtC			1,0	8,6	0,33	3,3	0,12	2,0							
Ccv			0,8	5,6	0,26	2,6	0,14	1,6							

	[2] Metallgehalte in mg kg^{-1}				[3] Minerale in % der Frakt. < 0,5 µm					Min. in % der Frakt. 0,5–5 µm					
Hor.	Cd$_t$	Cu$_t$	Pb$_t$	Zn$_t$	Sm	Wm	Il	Ch	Ka	Gl	Il	Ve	Ka	Wm	Fe	Q
Ah	0,41	20	28	49	35	20	32	5	8	2	39	3	4	9	8	35
AlBtv	0,19	22	37	54	40	15	35	4	6	10	34	5	5	0	11	35
Bvt	0,24	30	42	58	53	6	33	4	4	9	35	8	8	0	7	32
Btl	0,26	23	32	52												
Lev	0,22	20	31	47	51	6	34	4	5	8	40	9	8	0	8	27

[1] potenzielle KAK [2] der silicatischen Feinerde, [2] Gesamtgehalte, [3] Sm Smectit, Wm Wechsellagerung, Il Illit, Ch Chlorit, Ka Kaolinit, Gl Glimmer, Ve Vermiculit, Q Quarz, Fe Feldspat

Tab. 7.1.2 Auf das Bodenvolumen bezogene Analysendaten des Bodens Siggen

Hor.	G + X	S + U	Ton	Kalk	FfS-Q	K_t	TOC	N_t	K_v	P_v
					g dm^{-3}					
L/O				0			138	5,40		
Ah	31	1087	223	0	130	25,1	28,8	2,60	2,61	0,46
AlBtv	49	1152	388	0	125	32,7	8,7	0,97	4,55	0,32
Bvt	52	1083	478	0	119	35,1	4,7	0,60	6,07	0,36
BtC	49	1151	427	140	128	34,8	3,5		5,33	0,72
Ccv	48	1130	350	308	114	32,2	2,9		4,28	0,62

Hor.	K_{la}	Mg_{la}	P_{la}	N_z	CO_2	Cd_t	Cu_t	Pb_t	Zn_t
					mg dm^{-3}				
L/O				2,71	273				
Ah	177	123	28	7,58	310	0,558	27,2	38,1	66,8
AlBtv	143	358	11	1,73	59	0,290	33,6	56,3	82,3
Bvt	145	366	6			0,392	48,9	68,3	94,7
BtC	87	122	5			0,452	40	55,8	90,3
Ccv	75	107	5			0,393	35,7	55,2	84,0

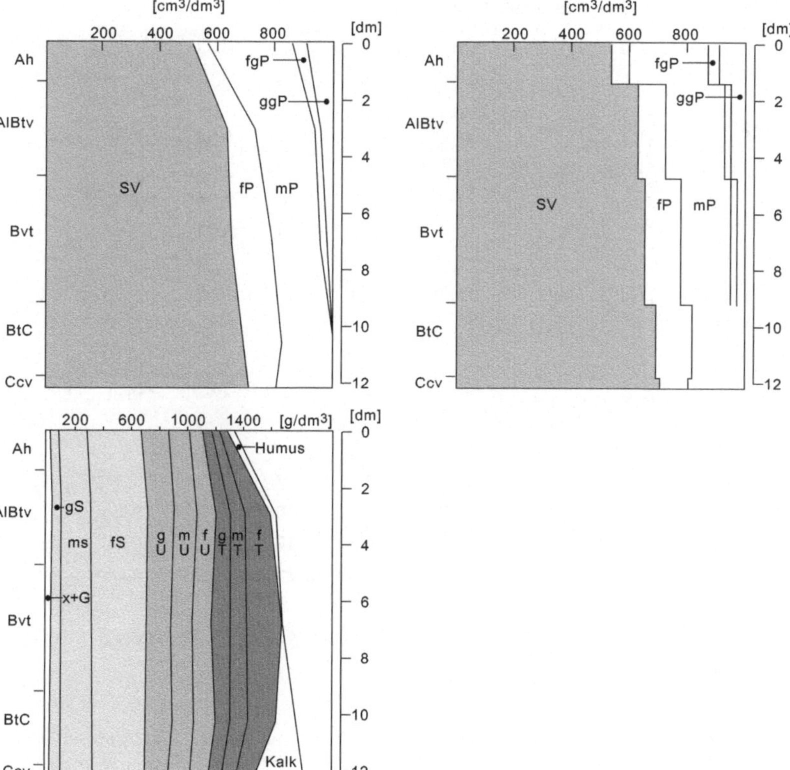

Abb. 7.1.1 Auf das Blockvolumen bezogene Analysendaten des Profils Siggen

in dem untersuchten Boden sind. Absolute Zahlen gewinnt man durch Summieren der Produkte aus den Horizontmächtigkeiten und den Konzentrationswerten der Tab. 7.1.2. Als Grundfläche der Bodensäule muss man die durch die Probenahme erfasste wählen (hier 1 m², ein Pedon; ggf. ein Feld, 1 ha usw.).

Dazu sind folgende Rechenoperationen nötig:

g (mg, µg; ml) l^{-1} Boden · mm Horizontmächtigkeit = g (mg, µg; ml) m^{-2} im Horizont;

Σ der Horizonte = g (mg, µg; ml) m^{-2} im Boden.

Für die Vegetation einschließlich der ausgelesenen Wurzeln gilt analog

g (mg, µg) kg^{-1} · kg Pflanzenmasse m^{-2} = g (mg, µg) m^{-2} in der Vegetation.

Tab. 7.1.3 enthält diese Summen für unser Beispielprofil. Diese Werte verwischen zwar die natürliche Differenzierung des Bodens in Horizonte; sie sind aber nützlich, wenn man einzelne Merkmale von verschiedenen Böden bzw. von einem Boden und seinem Gestein oder seiner Vegetation vergleichen will. In die genetische Bodenklassifikation haben solche Daten bislang kaum Eingang gefunden; für die ökologische Einstufung sind sie dagegen unentbehrlich (vgl. Abschn. 7.3). Durchschnittswerte von Kennzahlen, die eine in verschiedenen Horizonten in unterschiedlicher Menge vorhandene Komponente charakterisieren sollen, werden durch gewogene Mittelwerte zur Berücksichtigung der Horizontmächtigkeit erfasst, wie folgendes Beispiel zeigt:

	Mächtigkeit	Humus		C/N	Humus · C/N	mittleres C/N
	mm	g dm⁻³	kg m⁻²			
L/O	5	240	1,20	25,7	31	
Ah	140	50	6,95	11,0	<u>77</u>	
			8,15	*falsch* 18,3	*richtig* 108	: 8,15 = 13,2

Tab. 7.1.3 Mengen in Horizonten und im Solum des Bodens Siggen[1]

Horizont	SV	gP	mP	S + U	Ton	Kalk	Q	K_t	TOC	K_v
	l m⁻²					kg m⁻²				
L/O									0,69	
Ah	75,8	16,8	38,5	152,2	31,2	0	18,20	3,52	4,04	0,365
AlBt	208	19,8	69,2	380,2	128,0	0	41,25	10,79	2,87	1,497
Bvt	286	17,6	79,2	476,4	210,4	0	52,36	14,44	2,06	2,686
BtC	179	0	46,8	299,4	111,0	36,3	33,15	9,05	0,91	1,387
Ccv										
Σ Solum	748,8	54,2	233,7	1308,2	480,6	36,3	144,96	38,79	10,57	5,935
Σ 1 m	631,8	54,2	203,1						4,870	
Σ 30 cm									1,090	

Horizont	P_v	K_la	Mg_la	P_la	N_t	N_z	CO₂	Cd_t	Cu_t	Pb_t	Zn_t
						g m⁻²					
L/O					27	0,01	1,4				
Ah	64,7	24,8	17,2	3,92	364	1,06	43,3	0,078	3,71	5,34	9,36
AlBtv	105,4	47,0	118,0	3,63	320	0,57	19,5	0,096	11,07	18,53	27,05
Bvt	155,9	64,0	161,0	2,64	264	-	-	0,172	21,50	30,00	41,60
BtC	186,6	22,7	31,8	1,30	-	-	-	0,118	10,43	14,55	23,55
Ccv											
Σ Solum	512,6	158,5	328,0	11,49	975	1,64	64,2	0,464	46,71	68,42	101,56
Σ 1 m	490,4	143,7	307,0	10,74							
Σ 30 cm	115,7	47,6	74,5	5,68	546	1,35	54,1				

[1] Die Genauigkeit der Zahlen sind Rechengrößen (mehr als drei geltende Ziffern sind bei der angestrebten Analysengenauigkeit nie vorhanden).

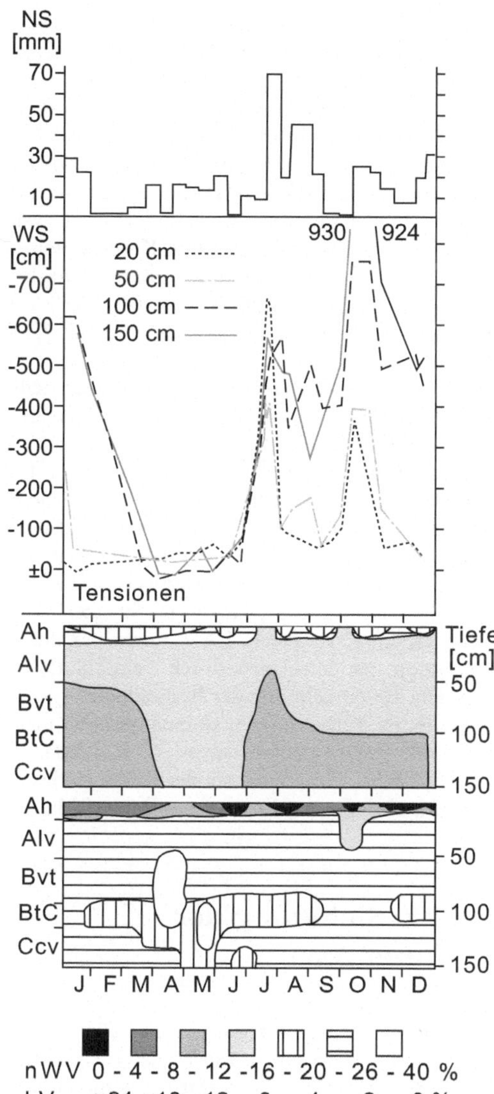

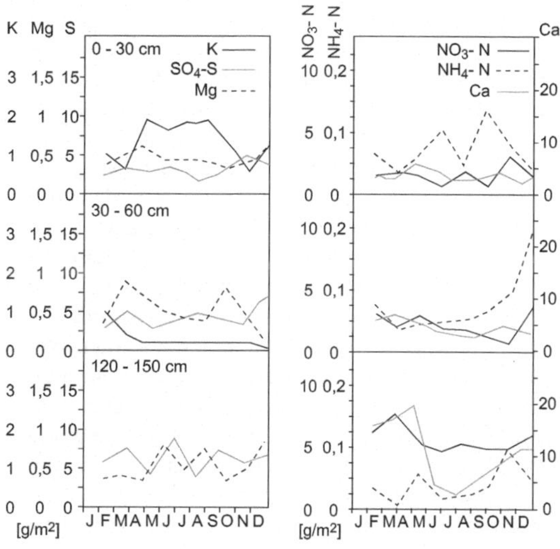

Abb. 7.1.3 Jahresgang der Nährstoffmengen der Bodenlösung (in g je m² und Mächtigkeit) in drei Tiefen des Bodens Siggen (für 1986: aus PETERS 1990)

Abb. 7.1.2 Jahresgang der Tropfniederschläge (N in mm je zwei Wochen), der Tensionen (in 20–150 cm Tiefe), der Nutzwassergehalte (nWV in Vol.-%) und der Luftvolumina (LV) des Bodens Siggen unter Laubwald (für 1986) (aus Peters 1990).

Gemessene jahreszeitliche Veränderungen der Wasser-, Luft-, Wärme- und Nährstoffverhältnisse stellt man am besten grafisch dar. Abb. 7.1.2 ist der Jahresgang des Niederschlags sowie der **Wasser- und Luftverhältnisse** verschiedener Bodentiefen zu entnehmen. Der Tropfniederschlag wurde zweiwöchentlich mit Totalisatoren erfasst (Ab-

schn. 6.2.1.4); die Wasserspannungen wurden in verschiedenen Tiefen mit Tensiometern gemessen (Abschn. 6.2.3.5). Aus den Tensionen lassen sich bei bekannter pF-WG-Beziehung (s. Abb. 5.3.3) die Wassergehalte ableiten: Differenzen zu den Wassergehalten bei pF 4,2 ergeben dann die Nutzwassergehalte (nWV), Differenzen zum Porenvolumen die Luftvolumina (LV). Zu Raum-Zeit-Isoplethen (z. B. der Nutzwassergehalte in Abb. 7.1.2) kommt man, indem man die Messwerte zunächst Gehaltsstufen zuordnet. Die Kennungen der Stufen trägt man dann in ein Raum-Zeit-Diagramm ein und trennt unterschiedliche Stufen durch Linien ab.

Aus gemessenen **Nährstoffkonzentrationen** in der Bodenlösung (Abschn. 6.5.3.4, 5.4.2.5) lässt sich das Nährstoffangebot für verschiedene Bereiche des Wurzelraumes ableiten, indem man die Konzentrationen mit den Wassergehalten (in Vol.-%) und der Mächtigkeit der Bodenlage multipliziert (Ergebnis s. Abb. 7.1.3).

7.2 Genetische Deutung des Bodens

Es ist die Frage zu beantworten, wie und wann die Bodenmerkmale geprägt wurden. Die Antwort auf das **Wie** kann sich auf die Entscheidung, ob pedogen oder lithogen (bzw. phyto-, anthropogen) beschränken oder auf die Angabe der wirksamen Prozesse und letztlich auf die steuernden Faktoren ausgedehnt werden. Das **Wann** betrifft zunächst die Abfolge der betreffenden Prozesse und dann erst ihre absolute Datierung. In allen Fällen ist damit zu beginnen, den heutigen Zustand des Bodens mit seinem Ausgangsmaterial (oft analog C bzw. L) zu vergleichen. Zu berücksichtigen ist jedoch, dass die Bodeneigenschaften stets durch das Zusammenspiel aller bodenbildenden Prozesse entstanden sind. Der Effekt des einen kann also von anderen – intensiver oder länger wirksamen – durch stärkere Volumen- oder Masseänderungen überprägt werden. Das muss man rechnerisch dadurch eliminieren, dass man die Daten wieder auf den nächstkleineren, von den konkurrierenden Prozessen unbeeinflussten Bodenanteil bezieht (Beispiel: Stärkere Humusakkumulation kann Entkalkung vortäuschen, dieser Eindruck verschwindet bei Bezug des Carbonatgehalts auf die mineralische Feinerde). Die Rechenoperationen ergeben sich aus den unter Abschn. 7.1 aufgeführten Gleichungen (Umkehrung, z. B. aus g kg^{-1} Feinerde auf silicatische Feinerde durch Multiplikation mit 100/(100 – % (Kalk + Humus))).

7.2.1 Umrechnung der Profildaten

Unterschiede in der *Gefügebildung* kann man den auf das Bodenvolumen bezogenen Daten (Lagerungsdichte, Poren- bzw. Substanzvolumen und Poren- bzw. Aggregatgrößen) ohne Weiteres entnehmen. Bei den anderen Daten verwendet man gleich die an Masseproben ermittelten und eliminiert damit den Einfluss der Gefügebildung durch Bezug auf die Masse 1.

Der Verlauf der *Streuumwandlung und Humifizierung* ist besser zu verfolgen, wenn man von der Gesteinsumwandlung abstrahiert, also die OBS-Merkmale (z. B. Huminsäure- und N-Gehalt, Humifizierungsrate) auf den OBS- (ggf. Glühverlust) bzw. C_{org}-Gehalt bezieht. Das geschah z. T. bereits in Kap. 5 unter „Darstellung der Ergebnisse".

Umgekehrt müssen die Daten für die Kennzeichnung der *Gesteinsumwandlung* auf humusfreies Material umgerechnet werden. Ob man die Steine als inertes Material ansehen darf, hängt von deren Art und dem Verwitterungsgrad des Gesteins ab. Das war aber schon vor der Analyse zu entscheiden, sodass ggf. mit den Feinerdedaten zu rechnen ist.

Auf die mineralische Feinerde sind die Analysen zu beziehen, mit denen Umwandlung und Umlagerung der *labileren Minerale* (lösliche Salze, Kalk) gekennzeichnet werden sollen, auf die silicatische Feinerde entsprechend die Daten für *stabilere* Minerale (z. B. Oxalat-Fe). Kenngrößen für die Silicate wurden ja bereits an dieser Fraktion bestimmt. Bei den sehr stabilen geht man noch einen Schritt weiter, indem man sie auf bestimmte Kornfraktionen bezieht, falls sie nicht schon so ermittelt wurden (z. B. Feldspat in der Sandfraktion). Die Werte für unser Beispielprofil sind in Tab. 7.2.3 und Tab. 7.2.4 aufgeführt.

Bei all diesen Rechengängen wird unterstellt, dass die betreffende Substanz (bzw. das Element) nur aus der Bezugsfraktion stammen kann. Dass das nicht immer der Fall ist, wurde schon bei den methodischen Fehlerquellen der einzelnen Untersuchungsverfahren geschildert, sodass hier nur kurz auf einige Sonderfälle verwiesen sei: N nicht nur im Humus, sondern auch als fixiertes NH_4 im Ton; Oxalat-Fe nicht nur aus Oxiden und Silicaten, sondern auch aus Carbonaten; KAK_{sil} nicht nur durch Tonfraktion, sondern auch durch Feinschluff bedingt. Für die Zurechnung der Bestandteile organo-mineralischer Verbindungen ist entsprechend nicht ihre Bindungsform entscheidend (z. B. Oxalat-Fe z. T. organisch gebunden), sondern ihre Herkunft (hier lithogen, also auf humusfreies Material beziehen).

7.2.2 Sicherung der Differenzen

Hat man die Daten auf diese Weise für die Interpretation vorbereitet, so muss man entscheiden, ob Differenzen zwischen den Daten aufeinanderfolgender Lagen wirklich signifikant sind. Zunächst ist zu prüfen, ob die Unterschiede außerhalb des Messfehlers (vgl. Abschn. 5.1.6.4) liegen. Danach muss geklärt werden, ob sie in dem untersuchten Pedon nur ungerichtet und mithin zufällig streuen. Das lässt sich exakt nur durch die Untersuchung von Horizontparallelen (s. Abschn. 5.1.2) klären. Sind die Unterschiede zwischen zwei Lagen geringer als auf vergleichbarer Strecke innerhalb einer Lage, so können sie nur unter bestimmten Voraussetzungen weiter interpretiert werden. Das ist einmal dann der Fall, wenn sich diese Unterschiede im Profil gerichtet fortsetzen und die Endpunkte der Tiefenfunktion wesentlich differieren. Zum anderen lassen sich geringe Unterschiede bei einem Merkmal durch größere bei einem ursächlich mit ihm verknüpften sichern (was natürlich die Kenntnis solcher ursächlicher Verknüpfungen erfordert). – Wurden keine Horizontparallelen aus einem Profil untersucht, so können die Messdaten einer großen Zahl anderer Profile aus derselben Bodeneinheit an ihre Stelle treten. Geprüft wird im einfachsten Fall die Differenz der Mittelwerte (gebildet aus den Horizontparallelen). Die dafür erforderliche Varianz (Streuung) dieser Differenz kann man auf indirektem Weg über die Einzelwerte (x) der zu vergleichenden Messreihen (Stichproben) errechnen. Bei gleicher Zahl der Einzelwerte in beiden Messreihen (n) ergibt sich die Varianz der Differenz zu

$$s^2_d = (s_1{}^2 + s_2{}^2)/n$$

$(s_1{}^2$ und $s_2{}^2$ = Varianzen der Einzelmessreihen)
(s. Abschn. 5.1.6.4).

Haben beide Messreihen verschiedenen Umfang, so muss die obige Formel abgeändert werden (vgl. Statistiklehrbücher, z. B. LOZAN et al. 2007). Durch Multiplikation des Wurzelwertes mit dem t-Wert (den t-Tabellen der Lehrbücher zu entnehmen, von n abhängiger Wert für die Normalabweichung) erhält man eine Grenzdifferenz für eine Aussage bestimmter Sicherheit. Ist sie größer als die Differenz der Mittelwerte, so nimmt man diese als *signifikant* an. Das Signifikanzniveau sollte bei den Merkmalen des Mineralkörpers höher sein als bei den stärker durch rezente Umwelteinflüsse geprägten Merkmalen der OBS und des Austauschsystems.

7.2.3 Rekonstruktion des ursprünglichen Zustands

Der Schluss, dass Unterschiede zwischen Solum und liegendem Gestein bzw. Streu durch bodenbildende Prozesse entstanden sein müssen, ist nur zwingend, wenn bei der Untersuchung die als C bzw. L angesprochenen Lagen wirklich dem Ausgangsmaterial für den vorliegenden Mineral- bzw. Humuskörper entsprechen. Ansonsten müssen zunächst die ursprünglichen Eigenschaften der einzelnen Lagen rekonstruiert werden.

7.2.3.1 Das Gestein

Es ist also zunächst zu prüfen, ob die C-Lage *in situ* unverwittert ist. Dieser Nachweis ist dann geführt, wenn sie in verschiedener Tiefe gleiches Gefüge, gleichen Mineralbestand und gleiche Körnung aufweist (wobei die beiden ersten Kriterien mehr für feste, die beiden letzten mehr für Lockergesteine gelten). Besonders geeignet sind hierfür labile Merkmale, wie die Festigkeit, der Kalk- und der Tongehalt. Sicherer wird die Aussage, wenn man nicht nur eine Komponente berücksichtigt, sondern z. B. das Verhältnis Kalk:aktives Eisen oder Schluff:Ton bildet. Im Idealfall müssen die Proben die gleiche Lage im Körnungsdiagramm (vgl. Abschn. 3.5.4.1) bzw. identische Körnungskurven besitzen. Auf diese Weise gewinnt man bei Sedimentgesteinen gleichzeitig einen Eindruck vom Ausmaß der Schichtung. Wenn der echte C nicht erfasst wurde, muss man die Interpretation auf die jeweils noch als unverändert nachgewiesenen stabileren Merkmale beschränkten. Beispielsweise kann eine Lage mit gestörtem Gefüge, aber homogener Kalkverteilung noch als Bezugsbasis für die Mineralumwandlung, eine entkalkte, aber gleichmäßig augithaltige als solche für die Silicatumwandlung dienen. Das lässt sich in immer stabilere Mineralgruppen bzw. Kornfraktionen einengen. Voraussetzung ist jedoch die ursprüngliche Homogenität des Gesteins.

Die nächste Frage ist also, ob Schichtgrenzen im Boden vorliegen. Sie ist dann zu verneinen, wenn das Solum in allen Lagen dieselben wenig veränderlichen *lithogenen* Merkmale aufweist wie der C. Für diesen Nachweis ist der Bestand an den gegen Verlagerung und Verwitterung stabilen Kornfraktionen bzw. Mineralen geeignet. Sind nur Körnungsinhomogenitäten zu erwarten (d. h. keine unterschiedlichen Mineralarten innerhalb einer Kornfraktion) wie z. B. bei Sedimentgesteinen gleicher Herkunft, genügt hierfür im einfacheren Fall der Feinsandgehalt der silicatischen Feinerde 6,3–200 μm, da diese eine ausreichend verwitterungs- und verlagerungsresistente Basis ist und Körnung und Mineralbestand in einem Sediment meist miteinander verknüpft sind.

Sicherer wird die Aussage über die Körnung durch Bilden des Verhältnisses zwischen zwei enger begrenzten, aber noch in ausreichender Menge vorhandenen Fraktionen (z. B. Fraktion 20–6,3 μm zu Fraktion 200–630 μm), da bereits eine geringe Zunahme der einen auf Kosten der anderen den Quotienten deutlich verändert. Sehr viele Quotienten sehr eng begrenzter Fraktionen bildet man, indem man Körnungskurven der silicatischen Feinerde > 6,3 μm zur Deckung bringt, was ggf. völlige Homogenität bedeutet. Bei stärker verwitterten Böden sind entsprechend Quotienten der Gehalte zweier (oder mehrerer) Kornfraktionen an einem verwitterungsstabilen Mineral (z. B. Quarz, in Ferralsolen allenfalls Turmalin oder Zirkon) zu prüfen.

Ist (auch) Inhomogenität im Mineralbestand zu erwarten, wie bei Gesteinen unterschiedlicher Herkunft (z. B. Fließerden aus Sedimenten und Magmatiten), sind Quotienten zwischen den Gehalten verschiedener Mineralarten einer Kornfraktion zu bilden, die ihrerseits verwitterungsstabil sind und/oder zumindest eine ähnliche Verwitterbarkeit aufweisen. Die Stabilität wichtiger Minerale gleicher Größe nimmt wie folgt ab: Zirkon > Turmalin > Rutil > Granat > Quarz > Epidot > Muskovit > Orthoklas > Mikroklin > Anorthit > Hornblende > Augit > Biotit > Olivin > Dolomit > Calcit. Für die Tonfraktion gilt Anatas > Gibbsit > Hämatit > Goethit > Kaolinit > Bodenchlorit > Smectit > Vermiculit > Illit > Halloysit > Palygorskit = Sepiolit > Imogolit > Allophan > Calcit > Gips.

Auch Unterschiede in der Körnung der Nichttonfraktionen können pedogen sein, da Cryo- und Peloturbation zu einer bevorzugten Auf (und Seit)-wärtsbewegung größerer Partikel führen, während Bioturbation das Gegenteil bewirken kann (z. B. Steinsohlenbildung durch Regenwürmer oder Termiten). Bei der Beurteilung anderer Prozesse (z. B. Verwitterung, Tonverlagerung) sind sie aber als primäre Komponenten zu behandeln, können also Schichtung bedeuten.

Ein homogenes Gestein liegt vor, wenn die geprüften Merkmale in den einzelnen Horizonten ideal statistisch verteilt sind, mithin eine zufällige, aber keine gerichtete Änderung auftritt (da völlige Gleichheit in der Natur kaum vorkommt). Welche Streuung tolerierbar ist, hängt (bei homogenem ebenso wie bei inhomogenem Gestein) von der Art der zu deutenden Eigenschaft ab und davon, ob nur qualitative oder auch quantitative Aussagen angestrebt werden. So können Parameter der OBS nahezu ohne Einschränkung selbst bei deutlich geschichtetem Gestein interpretiert werden, und bei Eigenschaften wie dem Ionenbelag (z. B. pH, Austausch-K) oder labilen Mineralstoffen (z. B. Kalk, Oxalat-Fe) ist eine große Streuung tolerierbar. Das wird noch sicherer, wenn man die Daten auf eine spezifische Größe bezieht (z. B. Oxalat-Fe statt auf die silicatische Feinerde auf Gesamt-Fe oder auf den Tongehalt, da dieser meist eng mit Gesamt-Fe korreliert). Andererseits darf die Streuung nur gering sein, wenn man quantitative Aussagen (s. Abschn. 7.2.5) anstrebt.

Streng genommen sind alle Böden Mitteleuropas geschichtet, weil ihrem Oberboden Saharastaub zugeführt (derzeit ca. 400 mg m^{-2} a^{-1}) und durch Pflugarbeit bzw. Bio- und Cryoturbation eingemischt wird, und weil vielen Böden einige g vulkanischer Tuffe durch den Laacher Ausbruch im Alleröd

zugeführt und eingemischt wurden. Das dürfte aber nur Böden aus reinem Sand nennenswert verändert haben.

Liegt Inhomogenität vor bzw. ist die Streuung nicht tolerierbar, ist der ursprüngliche Zustand derjenigen Lagen zu rekonstruieren, die von den Eigenschaften des C-Horizonts abweichen. Die zu wählende Methode richtet sich danach, ob 1) ein Fremdgesteinsauftrag, 2) eine Körnungsinhomogenität des Gesteins oder 3) eine Fremdsedimenteinmischung vorliegt. Die ursprünglichen Eigenschaften eines Fremdgesteinsauftrags (oft als Flugsand, Löss oder anthropogener Auftrag), der in der Regel bereits bei Beschreibung des Profils im Gelände erkannt wurde (s. Abschn. 3.5.5.7), sind der Literatur zu entnehmen oder durch die Untersuchung benachbarter Böden zu ermitteln, die ihn noch als C-Horizont enthalten (d. h. durch einen Profilvergleich: s. Abschn. 7.6.2). Bei Körnungsinhomogenitäten und zugleich nur mäßiger Verwitterung lässt sich der ursprüngliche Zustand einzelner Kornfraktionen im Hinblick auf die zu interpretierende Eigenschaft (z. B. Fe$_t$) über die getrennte Analyse der einzelnen Kornfraktionen des C-Horizonts rekonstruieren. Der ursprüngliche Tongehalt, der ja auch durch Tonverlagerung verändert worden sein kann, lässt sich dabei für Sedimentlagen, deren Körnung sich infolge wechselnder Transportgeschwindigkeit unterscheidet, aus der Gleichung

$$x \cdot T/U = fS/gS$$

ableiten, wobei sich x aus dem Quotienten

$$fS \cdot U/gS \cdot T$$

des C- Horizonts ergibt, weil sich bei unterschiedlicher Transportgeschwindigkeit nur eine Verschiebung der Kornverteilungskurve (s. Abb. 5.2.4) des C-Horizonts ergibt und keine Veränderung der Normalverteilung zu erwarten ist (s. z. B. Tab. 7.2.1). Bei stärker verwitterten Böden muss die Rekonstruktion der ursprünglichen Eigenschaften einzelner Kornfraktionen hingegen unter Bezug auf einen verwitterungsstabilen Index (z. B. Quarz. Zirkon bzw. Zr-Gehalt, da nur im Zirkon vorkommend) erfolgen. Bei einer Fremdsedimenteinmischung (in Norddeutschland oft als Geschiebedecksand durch Flugsandeinmischung, im Bergland als lösshaltige Fließerde) ist entsprechend Fremdgesteinsauftrag zu verfahren und zusätzlich der Mischungsanteil zu rekonstruieren. Das ist über den Bezug auf ein möglichst verwitterungs- und verlagerungsstabiles Mineral zu erreichen, das im zweiten Gestein gar nicht oder wenig (dann mindestens zwei Komponenten prüfen) vertreten ist. Bestehen deutliche Un-

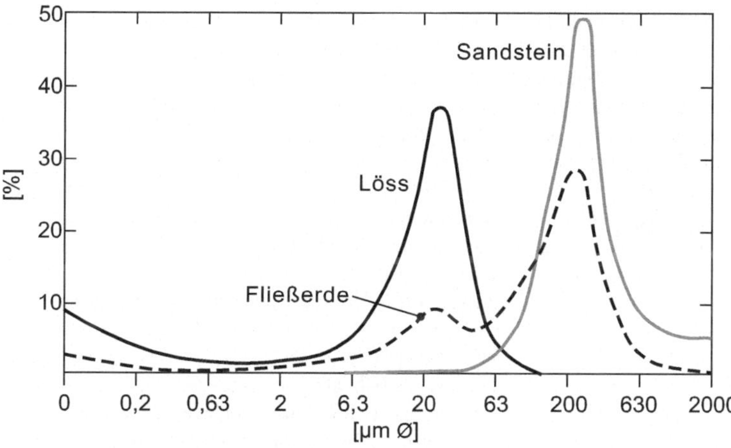

Abb. 7.2.1 Kornverteilungskurven des Feinbodens einer Fließerde und ihrer Mischungskomponenten Löss- und Sandsteinverwitterung

terschiede in der Korngrößenverteilung, reicht es für viele Fragestellungen aus, den Mischungsanteil des einen aus dem Vergleich der Kornverteilungskurve mit entsprechenden Kurven der reinen Mischungspartner abzuleiten (Abb. 7.2.1).

Auf die Möglichkeit, den jeweiligen Ausgangszustand mittels statistischer Korrelationen zwischen den erhaltenen stabilen und den unbekannten labilen Merkmalen in vergleichbaren Gesteinspartien zu erschließen oder bei starkem Schichtenfallen neben dem Boden in einiger Tiefe zu ermitteln, sei nur kurz verwiesen (ALAILY 1986).

Ob der Boden geköpft oder überdeckt wurde, lässt sich mithilfe der Homogenitätskriterien ermitteln, da diese Vorgänge die Bodenbestandteile nach ihrer Masse fraktionieren. Je heterogener Körnung und Mineralbestand, desto mehr reichern sich durch Erosion Steine und Grobsand und in diesen stabile Schwerminerale an der Oberfläche an und desto deutlicher hebt sich das Kolluvium durch Schluff und Feinsand und in diesem durch Leichtminerale ab. Bei homogenem Material wird dieser Nachweis infolge völligen Abtrags oder gleichartiger Überdeckung immer schwieriger.

Primäre Schichtungs- sicher von sekundären Umlagerungseinflüssen zu unterscheiden, ist überdies bei Böden aus Sedimentgesteinen ohne Berücksichtigung pedogener Merkmale (z. B. Unterbodenmerkmale wie Kalk oder Tonhäute im Ober-, Oberbodenmerkmale wie geringe BS-Werte oder Streureste im Unterboden) und der Geländesituation oft nicht möglich. Entsprechendes gilt für die Stoffzufuhr mit Hangzug- oder Kapillarwasser. Hier muss man also die vergleichende Profilanalyse hinzuziehen (s. Abschn. 7.5.2). Für unser Beispielprofil sind die erwähnten Daten in Tab. 7.2.1 wiedergegeben.

Tab. 7.2.1 Prüfung der litho- und pedogenen Differenzen im Profil Siggen; Q Quarz, F Feldspat, x =(fS · gU) / (mS · Ton)

	fS/< 6 µm	gU/ mS	Q/F.	x	% theoret.	Ton aktuell	Δ
Ah	0,39	0,93	3,0	1,61	33,2	17,0	−16,2
AlBtv	0,39	0,92	2,8	0,94	28,7	25,3	−3,4
Bvt	0,39	0,82	2,9	0,64	23,7	30,6	+6,9
BtC	0,38	0,83	2,7	0,74	24,3	27,0	+2,7
Ccv	0,38	0,77	2,3	0,83	23,7	23,7	±0

7.2.3.2 Die Streu

Die Streu der aktuellen Vegetation ist größtenteils makroskopisch erkennbar. Die unter Abschn. 5.6.6 beschriebenen Stoffgruppenanalysen (insbesondere Bestimmung der Zucker, N-Verbindungen, Lipide, und Ligninbausteine) geben Hinweise darauf, ob ein Streu- bzw. Vegetationswechsel vorliegt. Besonders gut kann dies bei mächtigen Rohhumuslagen mit geringem Humifizierungsgrad und Torfen, also Proben mit hohen Anteilen wenig zersetzter Pflanzenreste und geringer biogener Mischung erfasst werden.

Da aber die verschiedenen Streuarten sich in ihren Hauptbestandteilen viel weniger unterscheiden als die Gesteinsarten und da die Humuskörperanalyse bislang weit weniger spezifiziert ist als die Mineralkörperanalyse, können gleichwohl allgemeine

Aussagen über die Umwandlung des Humuskörpers getroffen werden. – Erosion und Sedimentation wirken als oberflächig ablaufende Vorgänge entsprechend stark auf den Humuskörper ein. Infolge der meist ähnlichen Größe und Dichte der organischen Bodenstoffe ist ein auf die O-Horizonte beschränkter Ab- oder Auftrag kaum nachzuweisen. Eine durch sehr starke Umlagerung völlig begrabene L-Lage wird sich dagegen durch gröbere Partikel und schlechtere Extrahierbarkeit (z. B. mit NaOH) auszeichnen.

7.2.4 Richtung der Bodenbildung

Für den (einfacheren) Fall, dass der untersuchte Boden einen echten C bzw. L besitzt und nicht geköpft oder überdeckt wurde, soll nun erläutert werden, wie man den Verlauf der Bodenbildung aus den Untersuchungsdaten erschließen kann. Man folgt dabei dem einfachen Prinzip, dass höhere Werte als im Ausgangsmaterial Bildung und/oder Zufuhr, geringere dagegen Abbau und/oder Fortfuhr bedeuten. Es ist aber stets zu bedenken, dass diese Zu- oder Fortfuhr nicht nur von oder zu einem anderen Ort, sondern auch von oder zu einer anderen Stoffgruppe erfolgen kann. Bei Kulturböden sind üblicherweise leicht veränderliche Größen (z. B. pH, BS-Wert) von der Interpretation auszunehmen. – Das wesentliche Problem liegt darin, dass Bodenmerkmale auf verschiedene Weise entstanden (polygen) sein können. Andererseits sind sie auch korrelativ. Wenn eine Reaktion eine andere (irreversible) voraussetzt, kann man am Effekt der Letzteren prüfen, ob Erstere abgelaufen sein kann. Umgekehrt lässt sich aus dem Fehlen von Merkmalen, die auf reversible Prozesse zurückgehen, grundsätzlich nicht ableiten, dass diese nicht abliefen.

7.2.4.1 Die Umwandlung des Mineralkörpers

Verwitterung und Mineralbildung verändern die Masse des Mineralkörpers, seine Körnung (bzw. das Gefüge des Gesteins) und seinen Mineralbestand. Sie sind mithin aus Körnungs- und Mineralbestandsanalysen (sowie den auf den Mineralkörper beziehbaren Ionenaustauschdaten) zu erschließen.

Fortschreitende Umformung ist kenntlich an sinkender durchschnittlicher Dichte des Mineralkörpers (Abbau schwerer Minerale und Bildung leichterer, oft Wassereinlagerung), besonders aber an fortschreitendem 1. Lösen einfacher Salze incl. Gips (und Oxidieren von Sulfiden), 2. Verwittern von Kalk, 3. Bildung von Fe-Oxiden und Tonmineralen auf Kosten vornehmlich der Schlufffraktion bzw. vieler Schwerminerale und dann auch der Feldspäte, und 4. schließlich wieder deren Abbau unter 5. Hinterlassen stabiler Minerale. Dem kann im Unterboden eine Bildung von 1. löslichen Salzen und Gips, 2. Kalk und 3. Fe-Oxiden (und Tonmineralen) entsprechen. Einher gehen damit sinkende pH- und BS-Werte. Bei den pyrogenen Si-Mineralen (silicatische Feinerde > 6,3 μm) sinkt im Allgemeinen der Anteil feinerer Fraktionen stetig ab (wenn nicht viel an verwitterbaren Mineralen reicher Sand vorhanden ist), während der Anteil der K-Feldspäte auf Kosten der anderen und das Quarz:Feldspat-Verhältnis entsprechend steigen. Auf intensivere Silicatverwitterung deuten auch sinkende Ca:K-Verhältnisse (leichtere Verwitterbarkeit Ca-reicher gegenüber K-reichen Mineralen) hin. – Mit fortschreitender Umwandlung der Tonfraktion werden die Illite immer mehr aufgeweitet und zerkleinert; der Kaolinit ist relativ stabil. Damit gehen anfänglicher Anstieg und späteres Absinken der auf die Tonfraktion bezogenen KAK-Werte und stetiges Absinken der K-Gehalte einher. – Der Gehalt an Übergangsbildungen (Ferrihydrit, Allophan) sinkt nicht nur durch Abbau, sondern auch durch Alterung (Kristallisation). – Auf diese Weise lassen sich der allgemeine Umwandlungsgrad des Mineralkörpers sowie die Lage des Verwitterungsmaximums kennzeichnen.

Diese Reihe kann man durch detailliertere Analysen noch ergänzen. An Dünnschliffen oder Körnerpräparaten ist der Verwitterungsgrad einzelner Minerale qualitativ zu charakterisieren (z. B. korrodierte Ränder, Bleichung). Bei den Salzen nimmt der Anteil schwerer löslicher zu (z. B. Gips), bei den Carbonaten derjenige des Dolomits gegenüber Calcit (Ca:Mg sinkt), bei den Feldspäten des K-Feldspats gegenüber Ca-Feldspat und bei den Schwermineralen der verwitterungsresistenten wie Magnetit, Ilmenit, Zirkon, Rutil. In allen Fällen, in denen nur der Gehalt einer bestimmten Kornfraktion ermittelt wurde, muss man aber bedenken, dass bereits Teilchenzerkleinerung einen Gewinn aus gröberen oder einen Verlust zu feineren Fraktionen zur Folge hat, sodass stets die Körnungskurve mit zu berücksichtigen ist. Dem Abbau von Olivin, Augiten und Hornblenden entspricht meist ein Aufbau von Smectit, dem Glimmerverlust ein Illitgewinn und dem Feldspatabbau oft ein Kaolinitaufbau. In der Tonfraktion sinkt zunächst der Anteil von Chlorit + Vermiculit gegenüber den Illiten, dann das Verhältnis Illit:aufweitbarer Illit (begleitet von einem sinkenden Quotienten Mg:K) und zuletzt aufweitbarer Illit:Bodenchlorit. Die pedogenen Oxide steigen auf Kosten zunächst der schweren Silicate und dann auch der leichteren (Feldspäte) an (und zwar Mn- früher als Fe- und Al-Oxide, was auch für das Absinken bei fortgeschrittener Verwitterung gilt).

Bei dieser Interpretation der Tiefenfunktionen der verschiedenen Bodenbestandteile wurde jedoch unterstellt, dass nur gelöste Stoffe und diese durch Sickerwasser transportiert wurden. Es können aber auch feste Teilchen umgelagert werden, sofern sie klein bzw. dispergierbar genug sind, was insbesondere für Tonteilchen (Tonminerale und pedogene Oxide) zutrifft. Diese Umlagerung setzt nicht starken Verwitterungsgrad (Kriterien s. o.), sondern geringe Gefügestabilität (geringe Gehalte an löslichen Salzen bzw. Kalk oder starke Na- + Mg-Belegung, geringe Lebendverbauung) und oft Wechselfeuchte (zur Bildung dränender Poren durch Schrumpfung) voraus. Sie verläuft weitgehend körnungsselektiv (Vergröberung der Tonfraktion im Verarmungs-, Verfeinerung im Anreicherungshorizont). Der Ort stärkster Tonbildung (= stärkster Verwitterung pyrogener Silicate) braucht also mit demjenigen höchsten Tongehalts nicht identisch zu sein.

Gegen den Sickerwasserstrom können gelöste Stoffe durch Pflanzenaufnahme bewegt werden. Was transportiert wird, hängt vom Angebot (also vom Verwitterungsgrad, s. o.) und vom Bedarf (allg. Pflanzennährstoffe, spez. pflanzenbedingt) ab. Wie viel davon im Oberboden erhalten bleibt, bestimmen Zersetzungsrate und Bindung in und an Humusstoffen (bes. P und S bzw. Ca und Fe). Die Folge ist ein Maximum der Gehalte der mineralischen Feinerde im obersten Horizont. Dieses tritt umso deutlicher in Erscheinung, je größer der Verwitterungseffekt bei dem betreffenden Merkmal (z. B. mehr beim BS-Wert als bei den Nährstoffreserven), je größer die biogene Akkumulation (z. B. akt. Fe gegenüber Al) und je fester die organische Bindung (z. B. Lactat-P gegenüber -K) sind. Düngung wirkt in ähnlicher Weise. Ihr Effekt ist oft an Nebenbestandteilen nachzuweisen, die im Verhältnis zum Hauptnährstoff in den Böden in geringerer Menge vorkommen oder weniger von Pflanzen aufgenommen werden (z. B. im Thomasphosphat außer P noch Ca, Fe, Mn und eine Reihe seltener Spurenelemente). – Eine detailliertere Analyse erlaubt natürlich auch hier weitere Schlüsse.

Dem Sickerwasserstrom entgegen gerichtet ist auch der Kapillarhub. Was hier transportiert wird, hängt vom Verlauf der Verwitterung im Einzugsgebiet ab, und wie hoch, von Fällungsart, Gefüge, Grundwasserstand und Klima. Es folgen zur Tiefe hin nacheinander die durch Verdunstung *eingedickten* löslichen Salze, der gefällte Kalk und die durch Oxidation gefällten Fe-Oxide, und zwar umso deutlicher differenziert, je grobporenärmer der Boden. Wie viel wiederum im Kapillarsaum erhalten bleibt, bestimmt die Verwitterungsintensität: Nacheinander verschwinden Salz-, Gips- und Kalkmaxima.

Die Salzanreicherung prägt sich am deutlichsten bei den leichter löslichen Salzen aus. Die Fe-Oxide sind stets mit Mn-Oxiden, nicht dagegen mit Al-Oxiden vergesellschaftet. Der Anteil der H_2O-haltigen Fe-Oxide kann durch Alterung beträchtlich sinken. – Die horizontale Stoffdifferenzierung durch Diffusion betrifft vornehmlich Fe- und Mn-Oxide (sowie $CaCO_3$); sie ist nur durch Entnahme von Sektionsproben zu fassen. Unregelmäßig ist auch der Effekt der zoogenen Bodendurchmischung.

7.2.4.2 Bildung und Umwandlung der OBS

Zersetzung und Humifizierung der Streu wie auch die ständig ablaufenden Umwandlungsprozesse der OBS verändern ihre Menge, Teilchengröße und den Stoffbestand. Sie sind mithin aus der Verteilung der OBS im Profil sowie aus den stofflichen Kennwerten zu erschließen.

Hohe Mengen an OBS können auf starke Streuproduktion, geringe Mineralisierung oder begünstigte Humifizierung zurückzuführen sein. Fortschreitende Umformung ist kenntlich an der Zunahme 1. der feinen Pflanzenreste auf Kosten der groben, 2. der extrahierbaren Huminstoffe auf Kosten der Pflanzenstoffe und oft 3. der mineralisch gebundenen OBS auf Kosten der „freien" organischen Primärsubstanzen (C_{IF} in Tab. 5.6.2). Im Zuge dieser Umwandlungen steigt der C-Gehalt der organischen Substanz durch Abbau C-ärmerer Pflanzeninhaltsstoffe und Decarboxylierung labiler Gruppen, steigt die KAK der OBS durch Oxidation von reaktiven Gruppen, sinkt das C/N-Verhältnis durch C-Verluste und N-Einbau, sinkt die Zersetzbarkeit durch Anreicherung stabiler Huminstoffe. Ist das Gestein humushaltig, so hängen diese Tiefenfunktionen natürlich auch von den Eigenschaften der organischen Gesteinsbestandteile ab. Oft prägt sich dann zwischen Streu und Gestein ein deutliches Minimum bzw. Maximum der genannten Daten aus. Hat z. B. die Streu bereits ein enges C/N- Verhältnis oder eine geringere Zersetzbarkeit, so muss man die anderen Kriterien stärker berücksichtigen. Zu beachten ist weiterhin, dass ein enges C/N-Verhältnis auch durch viel lebende Biomasse verursacht sein kann, da z. B. Bakterien ein C/N-Verhältnis von 5 und Pilze von 7 aufweisen und bei der TOC-Bestimmung mit erfasst werden.

Als diagnostische Merkmale für die wichtigsten Humusformen (Mittel der humosen Horizonte) können folgende Werte gelten:

dystropher Torf (Streu)	Rohhumus	Moder	Mull
C/N	40	20	10
KAK_{org}	100	200	300

Tief in den Mineralkörper eingreifende Humusgehalte können auf 1. biogene oder mechanische Durchmischung, 2. Transport mit Sickerwasser, 3. Bildung von Wurzelhumus oder 4. fortwährende Überlagerung der Bodenbildung durch Sedimentation zurückzuführen sein. Ziemlich sicher erschließen lassen sich nur der vierte (Verhältnis zwischen Pflanzen- und Huminstoffen ähnlich wie im Oberboden, Mineralkörper geschichtet, s. Abschn. 7.2.3.1) und der zweite Fall (vorwiegend Huminstoffe, bei sandiger Matrix sehr gut löslich, z. B. bereits in NH_4-Oxalat), in welchem oft auch ein deutliches Maximum im Unterboden auftritt. Infolgedessen hilft auch die detaillierte Untersuchung der Humusstoffe in diesen Fällen kaum weiter. – Ein Anstieg der Humusgehalte ist oft auch in Lagen mit permanentem Stau- oder Grundwasser zu verzeichnen.

7.2.4.3 Die Umwandlung des Gefüges

Zerteilung und Verbauung verändern Menge und Bau der Aggregate. Sie sind mithin aus Gefügeform, Porengrößenverteilung und Porenfüllung sowie Aggregatstabilität zu erschließen. Dabei ist zu bedenken, dass es einerseits sehr labile Gefügemerkmale wie die Porenfüllung gibt, die nur die Verhältnisse zur Zeit der Probenahme widerspiegeln, und andererseits recht stabile, die Einblicke in längere Phasen der Bodenbildung erlauben (z. B. innerer Aufbau der Aggregate). Die anderen stehen dazwischen.

Fortschreitende Umformung des Gesteins- bzw. Streugefüges ist kenntlich zunächst an kleineren, labileren Partikeln (bis Primärpartikel) und dann zunehmend an gröberen, oft stabileren Aggregaten. Mit einfachen Labormethoden kann man das meist nur feststellen und damit die Feldbeobachtungen objektivieren. Zu deuten sind die Messwerte bislang oft nur durch Vergleich mit anderen Daten, und zwar insbesondere bei stärkerem Abweichen von der genannten Regel (z. B. grobe, wasserlabile Aggregate bei hohem Schluff- und Austausch-Na-Gehalt, feine, wasserstabile bei hohem Ton- und Humusgehalt und mittlere, auch mechanisch sehr stabile bei hohem Fe_o- oder/und Fe_d- Gehalt). Durch Stoffwandlungsprozesse müssten sich auch die Porenverhältnisse ändern (z. B. Minimum des Porenvolumens und des Grobporenanteils im Solum durch Bildung von Stoffen starken Quellvermögens oder durch Zufuhr gewanderter Substanzen); aber das ist selten spezifisch (z. B. auch durch Zusammenpressen labiler Aggregate unter der Auflast) und überdies oft vorübergehend. Selbst wenn die Tiefenfunktion der Gefügeamplituden (Aggregat- und Porengrößen) gemessen wäre, gäbe sie oft weniger eine genetische Abfolge als vielmehr die Stärke des Umwelteinflusses und damit die Bedingungen für die rezente Bodenbildung wieder. Das ist für die ökologische Interpretation natürlich ein Vorzug (vgl. Abschn. 7.3.1 und 7.3.2).

Mikromorphologische Analysen mit einem Polarisationsmikroskop (Abschn. 5.3.2.5) ermöglichen präzisere Aussagen: Aggregatformen (Tab. 3.5.1) zeigen nach BREWER (1964) verschiedene Mikrogefüge mit unterschiedlichem Plasma (isotisch = isotrop, sepisch = anisotrop bzw. deutl. Aufleuchten unter gekreuzten Polarisatoren; asepisch = isotrop + ungerichtet anisotrop); Einzelkörner sind granular, Feinkoagulate agglomeratisch (Körner neben Kotpillen), Krümel intertextisch (lockere Verknüpfung von Körnern durch Ton und Humus ohne Orientierungsdoppelbrechung), Polyeder oft sepisch. Das ist insbesondere dort wichtig, wo die stofflichen Änderungen noch sehr gering sind (z. B. primäre Stadien von Verwitterung bzw. Zersetzung, vgl. Abschn. 7.2.4.1 und 7.2.4.2), wenig in Erscheinung treten (z. B. Umlagerung von Ton, Humus, Kalk, Eisenoxiden in ton-, humus- usw. -reichen Böden) oder in geschichteten Profilen nicht diagnostizierbar sind. Allgemein gilt, dass gelöste Stoffe in grobporigen Böden in breiter Front wandern, mithin am Fällungsort die Teilchen umhüllen (granulares Mikrogefüge mit isotischem Plasma). Feste Stoffe in feinporigen Böden werden dagegen in größeren Leitbahnen wie Wurzelröhren

Tab. 7.2.2 Mikromorphologische Deutung verschiedener Cutane (überwiegend aus Brewer 1964)

Vorgang	Verlagerung			
	kolloiddispers	*ionendispers*	*Diffusion*	*Einregelung*
Stoffbestand	Tonminerale Huminstoffe krist. Sesquioxide	Salze, Carbonate, akt. Sesquioxide		Tonminerale
Auftreten in/an	dränenden Poren		allen Poren	Polyeder-, Prismen-, und Skelettoberflächen
Oberfläche	glatt	rau		glatt
Übergang z. Matrix	scharf		diffus	
Ablagerung	häufig schichtig		stets diffus	
Gefügeplasma	sepisch (-asepisch)	isotisch, asepisch oder feinkristallin		sepisch
Skelettkörner	fehlend		vorhanden	
Farbunterschied z. Matrix	oft vorhanden		gering	fehlend
Bodenbildender Prozess	Tonverlagerung	Podsolierung, Pseudovergleyung, Vergleyung, Versalzung, Carbonatanreicherung		Aggregierung, Peloturbation

oder interaggregären Poren transportiert, bilden also Wandbeläge mit sepischem Plasma (gelöste Stoffe in feinporigen und feste in grobporigen Böden nehmen eine Mittelstellung ein). Der Transportweg ist in ersterem Fall meistens ziemlich lang, in letzterem manchmal nur kurz. Im Extremfall sind die Teilchen lediglich durch Quellung und Schrumpfung lokal eingeregelt. Besonders in geschichteten tonigen Böden, in denen man eine Tonumlagerung nicht aus Gehaltsunterschieden schließen kann, ist Vorsicht geboten. Andererseits lässt sich eine nicht körnungsselektive Umlagerung in wenig verwitterten Böden nur durch Gefügemerkmale belegen, etwa mit einem Säulengefüge parallelisieren. – Durch Organismen werden die Stoffe meist in Röhren und dort regellos abgelagert (Pedotubulen), sodass man diese Transportart, die stofflich kaum zu fassen ist (vgl. Abschn. 7.2.4.2), diagnostizieren kann.

Stoffe gleicher Stabilität werden aber nicht nur in der Vertikalen in Horizonten, sondern oft auch in der Horizontalen in Konkretionen angereichert. Infolge der üblichen Horizontprobenahme wird diese Umlagerung durch Stoffanalysen nicht erfasst. Der Dünnschliff erlaubt neben dem Ausmaß der Differenzierung insbesondere die Struktur der Konkretionen und ihre Beziehung zur Matrix zu klären. Reine Konkretionen entstehen bei Fällung in Hohlräumen (z. B. Kalk und Fe-Oxide in G_o-Horizonten, manchmal Pseudomorphosen, z. B. Kalk mit Gips-Kristalltracht), solche mit eingeschlossenen Mineralkörnern bei Fällung in der Matrix (z. B. Fe-Oxide in S-Horizonten). Scharf begrenzte Konkretionen ohne gleitenden Übergang zu einer verarmten Matrix sind meist lithogen bzw. ein reliktisches Bodenmerkmal. – Bei der Interpretation von Dünnschliffen muss natürlich stets bedacht werden, dass sie ohne Berücksichtigung der dritten Dimension und ohne Morphometrie nur qualitative Schlüsse erlauben. In Tab. 7.2.2 ist ein kurzer Bestimmungsschlüssel für Cutane zusammengestellt (s. auch FITZPATRICK 1993 und STOOPS et al. 2009).

7.2.4.4 Die bodenbildenden Prozesse

In den vorhergehenden Abschnitten wurde dargelegt, wie die einzelnen physikalisch(bio)chemischen Vorgänge aus den Untersuchungsergebnissen zu erschließen sind. Da ähnliche Zustände auf verschiedenen Wegen erreicht werden können, kam es insbesondere darauf an, Differenzmerkmale zu finden. Da aber diese Vorgänge durch eine gegebene Ausgangsmaterial-Umwelt-Kombination gemeinsam gesteuert werden und sich gegenseitig beeinflussen, müssen die einzelnen Bodenmerkmale auch miteinander korrelieren. Das trifft einmal für Prozesspaare zu (z. B. Glimmerabbau – Illitbildung), zum anderen aber auch für verschiedene Merkmale (z. B. Verwitterungsgrad – Humifizierungsgrad, Körnung – Gefüge). Um die Mannigfaltigkeit der Vorgänge und Merkmale zu vereinfachen, muss man also nach Merkmalen gliedern, die bestimmte Kombinationen als bodenbildende Prozesse zu diagnostizieren gestatten. Dafür soll Abb. 7.2.2 einen Anhalt geben.

Sie ist stets im Zusammenhang mit der Geländeansprache (s. Abschn. 3.6.1) anzuwenden, und zwar besonders in Zweifelsfällen. Solche liegen oft vor, wenn ein Prozess sich morphologisch noch nicht oder nicht mehr genügend ausprägt (wenn er noch zu schwach oder ein anderer zu stark ist), es in dem speziellen Ausgangsmaterial auch kaum kann (sog. schlechte Zeichner, z. B. Buntsandstein für Marmorierung) oder mit den herrschenden Umweltverhältnissen nicht in Einklang zu bringen ist (reliktische Merkmale, z. B. G_o-Horizont bei abgesenktem Grundwasser).

1. **Fermentierung und Humusakkumulation** sind meist in der angegebenen Tiefenfunktion verbunden (nach oben folgt dann die L-Lage); kehrt sie sich nach oben wieder um (wird also ∨ zu ◊ und ∧ zu X, so ist mit einem Wechsel von Streu und/oder Umweltbedingungen zu rechnen (was in Torfen nicht selten ist). Humusakkumulation durch Zufuhr gewanderter Huminstoffe gibt sich in einer erneuten Erweiterung von C/N, Q4:6 und Fulvosäuregehalt zu erkennen.

2. **Aggregierung** ist mit Geländemethoden gut zu fassen; hier ist nur quantitativ zu ergänzen.

3. **Konkretionsbildung** ist ähnlich zu beurteilen; quantitativ ist sie bei schwacher Ausprägung besser durch Lösung oder mikroskopisch, bei starker durch den größeren Effekt schwacher Extraktionsmittel (z. B. H_2O für Gips, Oxalat-

lösung für Fe-Oxide) bei Verwendung gemahlener Proben zu fassen.

4. **Versalzung** einer Lage kann durch Ab- (↓) oder Auftransport (↑) erfolgen. In ersterem Fall liegt ein Kalkmaximum (wenn überhaupt vorhanden) über, in letzterem unter dem salzreichen Horizont. Der Anteil leichter löslicher Salze wie Nitrate und Chloride gegenüber Sulfaten und Carbonaten geht dem Salzmaximum jeweils voraus. Die pH-Werte werden durch die Dominanz bestimmter Salze bestimmt: > 9 bei viel Soda, 8 bei viel Kalk, 7 bei viel NaCl, 6 bei viel Gips. Die Bildung von Palygorskit oder Sepiolit ist bei höherem Mg-Gehalt des Grundwassers zu erwarten. – Überdüngung ist von natürlicher Salzakkumulation dadurch zu unterscheiden, dass sie sich nicht auf leicht lösliche Salze, aber völlig auf den Oberboden beschränkt (s. **12**).

5. **Solonetzierung** ist an der Ausbildung eines Säulengefüges, einem Anstieg des Na-Anteils der KAK sowie starkem pH-Anstieg zu erkennen, während die Salzgehalte nach unten meist zunehmen.

6. **Carbonatanreicherung** ist ähnlich Versalzung zu beurteilen. Entsprechend liegt bei Sickerwassertransport ein Oxalat-Fe-Maximum über, bei Kapillarwassertransport unter der kalkreichen Lage. Zusätzliche Kriterien sind oft Pseudomycel in ersterem und Konkretionen in letzterem Fall. – Kalkung des Oberbodens ist meist an Carbonatfreiheit und oft saurer Reaktion des Unterbodens kenntlich (s. **12**).

7. **Vergleyung** konzentriert oxidierbare Sesquioxide und führt mithin zu einem Oxalat- (bzw. Dithionit-) Fe-Maximum in Oberboden und an Aggregatoberflächen. Der Unterschied gegenüber der Podsolierung liegt darin, dass in oder unmittelbar über diesem Horizont keine mobilen Huminstoffe (und wohl Dithionit-Mn, nicht aber laugelösliches Al) angereichert werden. Von der Pseudovergleyung ist sie durch das Fehlen eines Makroporenminimums (und geringe Gehalte an austauschbarem Al) zu unterscheiden.

8. **Verwitterung** ist ein Komplex aus Abbau des Gesteinsgefüges (Abnahme der Partikelgröße), Silicatverwitterung (nicht nur messbar in ihrem Effekt, sondern auch erschließbar aus ihren Voraussetzungen, nämlich Entkalkung, oft auch Entbasung und Versauerung), Verlehmung (Zunahme der Tongehalte) und Verbraunung (Zunahme von pedogenen Oxiden). Liegt das Verwitterungs- und mithin Tonbildungsmaximum im Unterboden – was bei ausgeprägter

Wechselfeuchte möglich ist –, so wird ∨ zu ◊ und ∧ zu ✕. Von Tonverlagerung und Entsandung durch Turbation unterscheidet sich dieser Effekt dadurch, dass hier höhere Ton- mit geringeren Gesamt-K- und Mg-Gehalten zusammenfallen und dass gegenüber Tonverlagerung Cutane fehlen.

9. **Tonverlagerung** ergreift im entkalkten Raum sowohl Tonminerale (bes. Feinstton) als auch pedogene Oxide (Dithionit-Fe und Lauge-Al). Von Podsolierung (und damit möglichem Tonabbau) ist sie durch ein Oxalat-Fe-Maximum im Oberboden und pH-Werte über 3,5 zu unterscheiden. Unterschied zu Tonbildung im Unterboden s. **8** (gilt jedoch nicht bei Kaolinitdominanz). Bei *Entsandung* bzw. Aufwärtsbewegung gröberer Partikel durch Quellung/ Schrumpfung fehlen Toncutane, treten hingegen Stresscutane auf.

10. **Pseudovergleyung** bedeutet lateralen Fe-Transport vornehmlich in Aggregate hinein, der bei Nassbleichung sehr stark ist und die Grenzen des Pedons überschreitet. Nassgebleichte und durch Podsolierung verarmte Horizonte sind dadurch zu unterscheiden, dass Erstere stets von einem sehr makroporenarmen Horizont unterlagert werden (und höhere Austausch-Al:Ton-Werte aufweisen). Marmorierung äußert sich meist auch in geringem Kristallisationsgrad der Fe-Oxide (viel Oxalat-Fe im Unterboden), Unterschiede zur Vergleyung s. **7**.

11. **Podsolierung** ist Umlagerung von Sesquioxiden und mobilen Huminstoffen. Unterschiede gegenüber Vergleyung s. **7**, gegenüber Tonverlagerung s. **9**, gegenüber Pseudovergleyung s. **10**.

12. **Bearbeitung** ist häufig (wenn nicht meist) mit Düngung verknüpft, deren Effekt von Versalzung und Carbonatanreicherung zu unterscheiden ist, s. **4** und **6**.

Der Prozess **1** (ggf. **12**) ist selten nur mit einem der Prozesse **2–11** vergesellschaftet. Häufig aber überwiegt einer von ihnen doch stark (reine Typen); noch häufiger sind jedoch mehrere ähnlich stark ausgeprägt (Subtypen usw., vgl. Abschn. 3.6.1.2). Es können z. B. von oben nach unten aufeinander folgen: **5** und **4a**; **6** und **7**; **8** oder **9** oder **10** oder **11** und **7**; **11**, **10**, **9**, **8**, **6** und **4**. Ebenso werden die einzelnen Horizonte oft – wenn nicht meist – von mehreren Prozessen geprägt. – Die Einteilung der Humusformen ergibt sich sinngemäß (vgl. Abschn. 3.6.1.4).

Die Unterscheidung zwischen Tonverlagerung und Podsolierung sowie der Nachweis schwacher Verbraunung neben starker Tonverlagerung werden durch den Tonbezug von Fe_o und Fe_d erleichtert. Auf diese Weise ist auch der Nachweis schwacher Verwitterung, Verbraunung oder Vergleyung in geschichteten (und damit tongehaltsunterschiedlichen) Böden möglich.

Wertet man die Daten unseres Beispielprofils in Abb. 7.2.3 nach diesem Bestimmungsschlüssel aus, so sind folgende Aussagen zu machen:

Das Ausgangsgestein – ein ziemlich dichter Geschiebemergel – ist mäßig verwittert. Der Mineralkörper ist tiefgründig entkalkt (s. $CaCO_3$), stark versauert (s. pH), aber erst mäßig entbast (s. BS). Einem mäßigen Silicatabbau (auch schon Feldspäte – s. Q:Feldsp., Glimmer sicherlich stärker) steht eine deutliche Verbraunung (s. Fe_o, und sicher auch eine Verlehmung) mit Maximum im Oberboden gegenüber. Der Effekt der Verlehmung wird überdeckt durch eine deutliche Tonverlagerung (s. Ton). Eine aus geringen Grobporengehalten zu folgernde Pseudovergleyung ist nicht ausgeprägt (s. Fe_o).

Anzeichen einer Podsolierung sind nicht vorhanden (s. Fe_o, C_o in Prozent von C_{org}); diese wäre auch bei der nur mäßigen Entbasung wenig wahrscheinlich. In Übereinstimmung damit ist eine deutliche Humusakkumulation von Moder- bis Mullcharakter festzustellen (s. C/N – das aber nach unten durch NH_4^+ in Tonmineralen verengt wird –, KAK_{org}, H_z, C_z und Q4/6). Es handelt sich mithin um einen Boden aus Mergelgestein, der im Wesentlichen durch Verwitterung, Tonverlagerung und Humusakkumulation geprägt wurde, also Braunerde- und Lessivémerkmale hat. In Übereinstimmung mit dem Feldbefund (s. Abschn. 3.7) ist er als Parabraunerde mit Mull zu bezeichnen.

In Tab. 7.2.3 sind einige ergänzende Daten aufgeführt, die diesen Befund sichern sollen. Zunächst zeigen die K_t- und Mg_t-Werte, dass das Verwitterungsmaximum tatsächlich im Oberboden liegt, dass mithin nicht Ton bevorzugt im Unterboden gebildet, sondern dorthin verlagert wurde. Damit stimmt auch die Zunahme des Feintonanteils überein. Dass sie noch über den tonreichsten Horizont hinausgreift, spricht für eine Vertiefung des B_t nach unten. Mit den Tonmineralen werden pedogene Oxide verlagert (s. Fe_d, Al_p, während beim Mn_d die Pumpwirkung der Vegetation und die Bindung an die organischen Bodenstoffe stärker sind). Fehlen deutlicher Pseudovergleyung und jeglicher Podsolierung geht auch aus dem Maximum der Al_a:Ton-Werte im Oberboden hervor.

Die mikromorphologische Profilbeschreibung (s. Tab. 7.2.4) stützt diese Aussagen weiter. Der verlagerte Ton ist in dicken Cutanen angereichert.

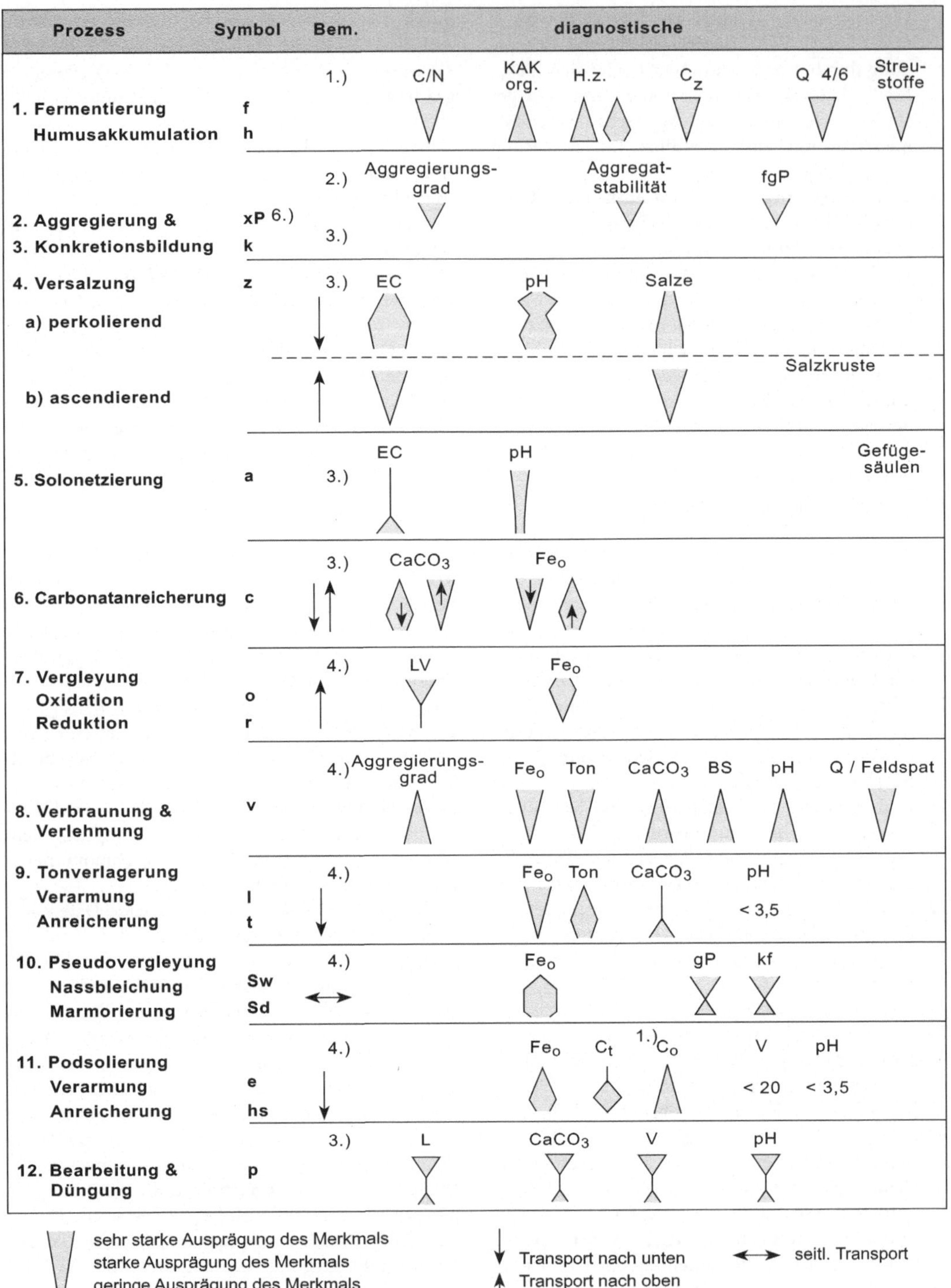

Abb. 7.2.2 Bestimmungsschlüssel für bodenbildende Prozesse (a)

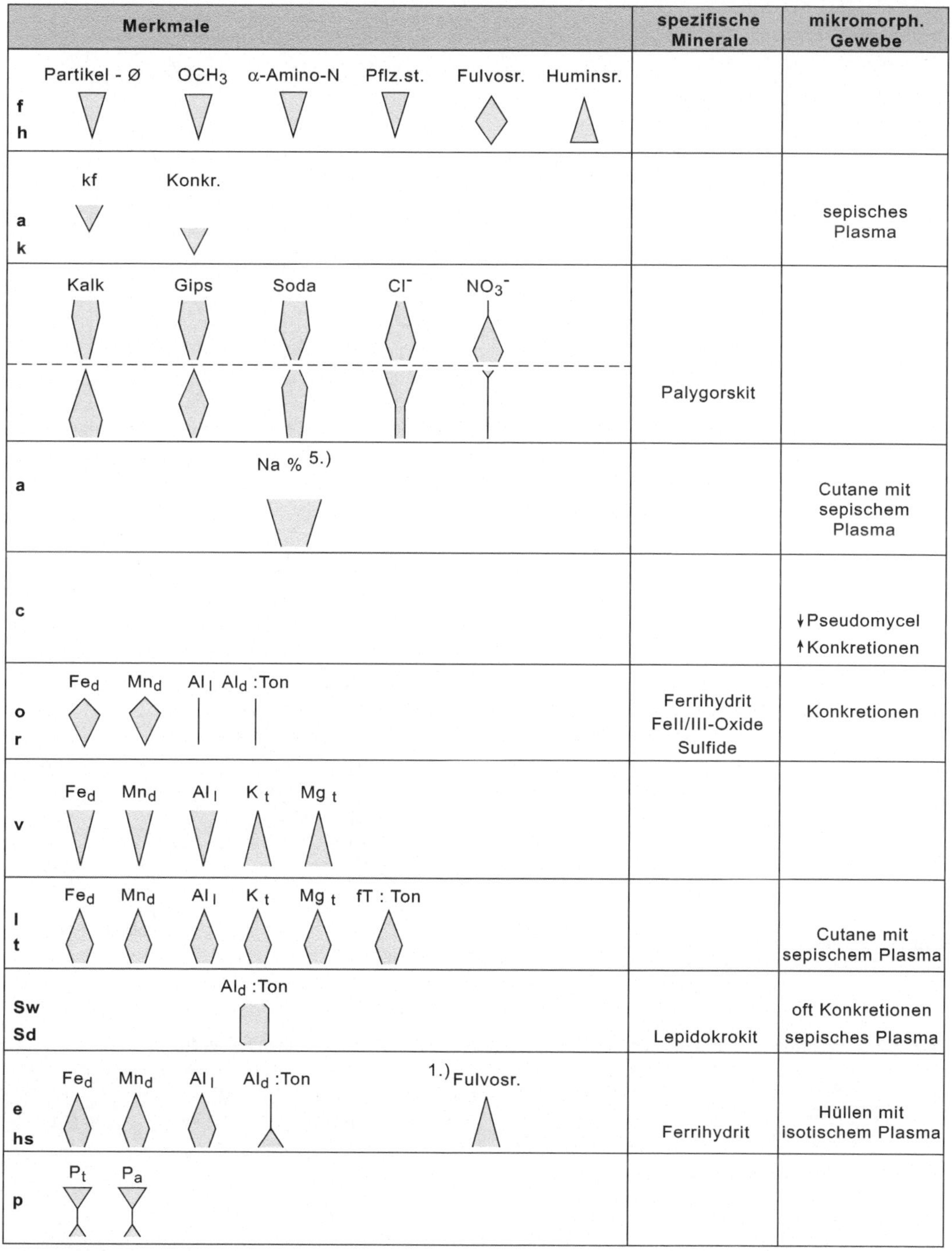

Merkmale						spezifische Minerale	mikromorph. Gewebe
f **h**	Partikel - Ø	OCH_3	α-Amino-N	Pflz.st.	Fulvosr. Huminsr.		
a **k**	kf	Konkr.					sepisches Plasma
	Kalk	Gips	Soda	Cl^-	NO_3^-		Palygorskit
a			Na % 5.)				Cutane mit sepischem Plasma
c							↓Pseudomycel ↑Konkretionen
o **r**	Fe_d Mn_d	Al_l Al_d :Ton				Ferrihydrit FeII/III-Oxide Sulfide	Konkretionen
v	Fe_d Mn_d Al_l	K_t Mg_t					
l **t**	Fe_d Mn_d Al_l	K_t Mg_t fT : Ton					Cutane mit sepischem Plasma
Sw **Sd**	Al_d :Ton					Lepidokrokit	oft Konkretionen sepisches Plasma
e **hs**	Fe_d Mn_d Al_l	Al_d :Ton		1.)Fulvosr.		Ferrihydrit	Hüllen mit isotischem Plasma
p	P_t P_a						

Bemerkungen:

1.) Gehalte/org. Substanz, 2.) Gehalte/Volumen, 3.) Gehalte/min. Feinerde, 4.) Gehalte/silicat. Feinerde, 5.) Na_a in % KAK, 6.) bes. b. Lehm u. Ton

Abb. 7.2.2 Bestimmungsschlüssel für bodenbildende Prozesse (b)

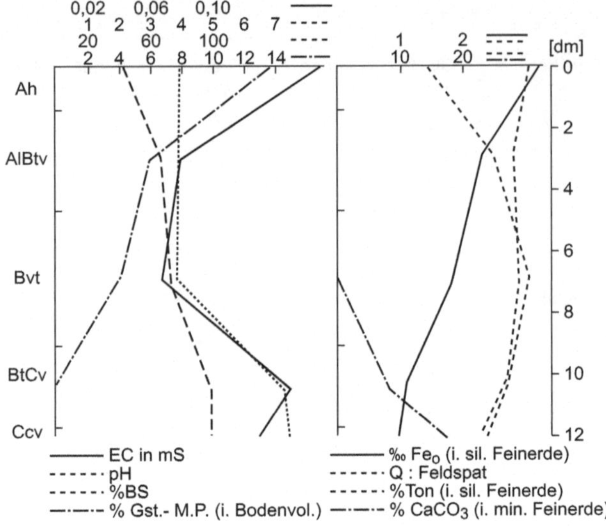

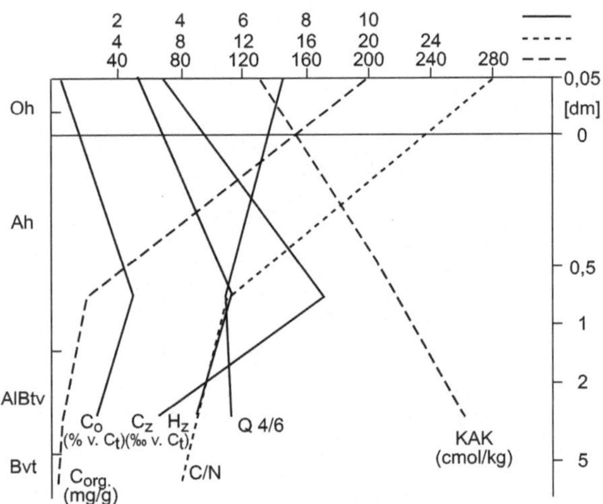

Abb. 7.2.3: Tiefenfunktionen einiger Analysendaten des Profils Siggen

Tab. 7.2.3 Ergänzende Analysendaten des Profils Siggen (Gehalte der silicatischen Feinerde)

	Al_a $cmol_c$ kg^{-1} Ton	K_t mg g^{-1}	M_{gt} mg g^{-1}	Feinton :Ton	Fe_a mg g^{-1}	Mn_a mg kg^{-1}	Al_l mg g^{-1}
Ah	6,05	19,0	3,95	0,35	6,41	618	3,72
AlBtv	4,2	21,0	4,87	0,47	9,15	333	4,51
Bvt	3,1	21,5	6,82	0,48	10,9	316	4,55
BtCv	0	21,7	7,32	0,48	9,40	357	3,58
Ccv	0	22,0	7,52	0,44	6,78	320	3,12

Im AlBtv deutet isotisches Plasma auf eine Vererdung des Gefüges (Flockung durch Al?). Auf eine beginnende Pseudovergleyung könnte man aus den dunkelbraunen Konzentrierungen im Bvt schließen. Dass im Ccv wieder Carbonate angereichert wurden, geht aus dem Kristallrasen auf Aggregatoberflächen hervor.

Mit den als Bemerkungen in Abb. 7.2.2 angegebenen unterschiedlichen Bezugsbasen wurde versucht, den Einfluss stärkerer Veränderungen in den jeweils eliminierten Fraktionen zu kompensieren (vgl. Abschn 7.2.1), und unterstellt, dass die Bezugsfraktion (als stabilste hier silicatische Feinerde) selbst keine stärkeren Masseänderungen erlitt. Ersteres ist natürlich bei wenig entwickelten Böden nicht nötig, Letzteres bei stark entwickelten nicht zulässig. Verluste an labileren Bestandteilen täuschen dann eine Anreicherung vor oder über eine Verarmung hinweg, Gewinne umgekehrt. Das kann innerhalb der Fraktion *silicatische Feinerde* bei Tonverlagerung, Podsolierung und Vergleyung eintreten; wirkt sich allerdings deswegen oft nicht stark aus, weil die meisten der fraglichen Bodenmerkmale mit der Tonfraktion vergesellschaftet bzw. labiler sind als die Sesquioxide. Immerhin kann aber Tonverlagerung, z. B. im Al, eine Anreicherung von und im Bt eine Verarmung an Na vortäuschen, und zwar besonders dann, wenn eine intensive Umlagerung sich auf einen kleinen Raum erstreckt. Kennt man die umgelagerte Funktion, so kann man diesen Fehlschlüssen jedoch noch ziemlich leicht durch Bezug der Daten auf den jeweils stabilen Anteil (z. B. tonfreie bzw. sesquioxidfreie silicatische Feinerde) entgehen. Schwieriger wird es bei summierten Verwitterungsverlusten, die insbesondere bei sehr alten Böden und solchen aus basischen Silicatgesteinen sehr hoch sein können. Dann müsste eine absolut stabile Bezugsbasis gewählt werden, um die wirklichen Veränderungen zu erfassen. Bei Böden aus Gesteinen, die praktisch nur aus leichter verwitterbaren Mineralen bestehen (z. B. Gabbro, Basalt), muss man dann oft auf Spurenbestandteile zurückgreifen. Je mehr man auf diesem Weg fortschreitet, desto absoluter, aber auch desto weniger differenziert wird die Aussage.

Böden werden genetisch nach Eigenschaften diagnostischer Horizonte *klassifiziert,* die das Ergebnis bodenbildender Prozesse darstellen. Dabei wird in der Regel ein Mindestmaß an Veränderung gefordert. So muss in der deutschen Bodensystematik z. B. ein Ah-Horizont 1–15 % Humus enthalten, ein Bt-Horizont einen um mindestens eine Bodenartenstufe höheren Tongehalt im Vergleich

Tab. 7.2.4 Mikromorphologische Beschreibung des Profils Siggen (Erläuterung der Begriffe s. Abschn. 7.2.4.3)

Ah (2 cm)[1]	feinporenreiches, intertextisches Mikrogefüge mit graubraunem isotischem Plasma; einzelne Streureste
AlBtv (30 cm)	feinporenarmes, intertextisches Mikrogefüge mit hellbraungrauem, isotischem bis asepischem Plasma; in größeren Hohlräumen z. T. scharf abgesetzte dünne (< 100 µm), ockergelbe Cutane mit sepischem Plasma
Bvt (65 cm)	feinporenarmes, intertextisches bis porphyrisches Mikrogefüge mit hellbraungrauem, asepischem, fleckenweise sepischem Plasma und kleinen (20 µm), dunkelbraunen (Fe-?) Konzentrierungen; in größeren Hohlräumen scharf abgesetzte, ockergelbe, schichtige, dicke (100–500 µm) Cutane mit sepischem Plasma
BtC (100 cm)	feinporenarmes, intertextisches his porphyrisches Mikrogefüge mit schmutzig graubraunem, isotischem bis asepischem Plasma; in größeren Hohlräumen scharf abgesetzte, ockergelbe, schichtige Cutane mit sepischem Plasma
Ccv (125 cm)	porphyrisches Mikrogefüge mit wenigen Rissen durchzogen und olivgrauem, isotischem bis asepischem (Calcitkriställchen) Plasma; an größeren Hohlraumwandungen scharf abgesetzte, grauweiße Kristalle

[1] Entnahmetiefe (Schliffgröße 28 · 48 mm)

zum tonverarmten Horizont (d. h. > 3 % bei Sanden, > 5 % bei Lehm und Schluffen bzw. > 8 % bei Tonen). Dazu werden Merkmale herangezogen, die im Gelände ansprechbar sind (s. Abschn. 3.6.1.1), deren Schätzung sich aber durch Laboranalyse überprüfen lässt. Für die Definitionen diagnostischer Horizonte und Merkmale, die den beiden international am häufigsten benutzten Klassifikationen, der WRB (2006) und des SOIL SURVEY STAFF (1999) zugrunde liegen, wurden in noch stärkerem Maße Quantitätsmerkmale herangezogen. Die dafür erforderlichen Labormethoden sind Kap. 5 zu entnehmen.

7.2.5 Ausmaß der Bodenbildung

7.2.5.1 Profilbilanz

Die Aussage über das **Ausmaß** der Bodenbildung kann sich zunächst auf die Mengenangabe der gebildeten (pedogenen) Bodensubstanzen oder der abgebauten (lithogenen) Gesteinssubstanzen im Pedon beschränken. Ist der Bodenbestandteil völlig pedogen, der Ausgangswert also = 0 (z. B. Ton- oder Humusgehalt von Böden aus ton- bzw. humusfreiem Ausgangsmaterial), so ist das einfach, weil identisch mit der Ermittlung der gegenwärtig im Solum vorhandenen Mengen (vgl. Abschn. 7.1); In unserem Fall ergeben sich 10,6 kg C m^{-2} oder etwa 21 kg Humus m^{-2}. Subtrahiert man von allen C-Gehalten diejenigen des Ausgangsgesteins, so erhält man etwa 7 kg C m^{-2} entsprechend 14 kg Humus m^{-2}.

Ist dagegen die Substanz lithogen (z. B. Gesamt-K-Gehalt), so muss als Ausgangswert die Menge berechnet werden, die sich in dem ursprünglich vom Gestein eingenommenen Raum bzw. in dessen ursprünglicher Masse befand. Das erfordert nicht mehr allein den qualitativen Nachweis, dass das Profil einen echten C besitzt (Profil ungeschichtet, C unverwittert, vgl. Abschn. 7.2.3.1), sondern die quantitative Rekonstruktion des ursprünglichen Zustands. Dieser theoretisch vorhandene Wert (X_s) muss sich zur gegenwärtigen Menge einer als stabil anzusehenden Indexsubstanz (z. B. Sand, Quarz, Zr, Ti, vgl. Abschn. 7.2.3) im Solum (I_s) verhalten wie das fragliche Merkmal im C (X_c) zu dessen Indexsubstanzgehalt (I_c), d. h. $X_s : I_s = X_c : I_c$. Multiplikation des Quotienten I_s/I_c mit den verschiedenen X_c-Daten ergibt mithin die gesuchten Größen, für unser Beispielprofil aus dem Quarzgehalt (s. Tab. 7.1.2 und 7.1.3) also das theoretische Bodenvolumen zu

$$(144\,960/114) \cdot 1 = 1270 \ [l\,m^{-2}]$$

und die theoretische K-Menge zu
$$114\,960/114 \cdot 32,2 = 40\,600 \ [g\,m^{-2}].$$

Die Differenz gegenüber dem tatsächlichen Wert 1170 l bzw. 38 800 g ergibt sich zu 100 l m^{-2} bzw. 1830 g m^{-2} und weist einen Verlust an Volumen von 7,9 % (d. h. Sackung um 10 cm) und an K von 4,5 % aus.

Solche Angaben sind natürlich nur so absolut, wie die betreffende Indexsubstanz stabil ist (Kontrolle, ob sie wenigstens die stabilste aller untersuchten ist: Keine andere darf bei Bezug auf sie angereichert

erscheinen). Sie betreffen überdies stets die Resultierende aus allen Gewinnen und Verlusten, also nicht den tatsächlichen Umsatz, sondern nur die Bilanz. Sie geben auch keine Auskunft über deren Ursachen. In Profilen mit erodierten Verarmungshorizonten täuschen sie eine Anreicherung vor bzw. über die Verarmung hinweg (in solchen mit geköpften Anreicherungshorizonten umgekehrt). Auf die Einnahmeseite ist nicht nur das Gestein, sondern auch die Zufuhr aus der Atmosphäre (Ionen, Staub) und ggf. durch Düngung, auf die Ausgabeseite ggf. der Pflanzenentzug (nur bei Ernte) zu setzen. Da keiner dieser Werte exakt bestimmbar ist, kann immer nur eine Aussage über die Größenordnung getroffen werden. Mit dem einfachen qualitativen Horizontvergleich ist aber oft nicht einmal das möglich.

Bei sowohl pedo- als auch lithogenen Merkmalen (z. B. Tonminerale in Böden aus Mergelgestein) ist auf diese Weise der aus dem Gestein übernommene Anteil zu bestimmen:

in unserem Fall 144 960/114 · 350 = 446 [kg m^{-2}].

Die Differenz zum Bestand (480 kg m^{-2}) entspricht dann der zusätzlich gebildeten Menge (34,0 kg m^{-2}). Aber auch hier wird nur die Resultierende erfasst; es handelt sich also um eine Mindestmenge, da ein unbekannter Anteil bereits wieder verwittert sein kann. Den Bruttobetrag kann man aus der Bilanz einer irreversible Änderungen erleidenden Komplementärgröße (hier: pyrogene Silicate) erschließen. Dafür muss man jedoch mit einem angenommenen, von der Art der abgebauten als auch der gebildeten Minerale abhängigen Umwandlungsfaktor (Silicatverlust · x = Tongewinn) rechnen. Umgekehrt lässt sich dieser Faktor aus beiden Bilanzen errechnen (x = Gewinn/Verlust = 34,0/128 = 0,27), wenn Stabilität der Tonminerale anzunehmen ist (Sicherung durch Profilvergleich innerhalb einer Entwicklungsserie, vgl. Abschn. 7.5.2.2). Erstere Methode verdient den Vorzug in stark, letztere in weniger entwickelten Böden.

Entsprechend ist grundsätzlich zu verfahren, wenn die stofflichen Veränderungen eines geschichteten Bodens bilanziert werden sollen, sofern die Rekonstruktion des ursprünglichen Zustands der oberen Schicht(en) gelungen war (s. Abschn. 7.2.3.1). Da nunmehr aber verwitterungsresistente Indexsubstanzen zweier (bis mehrerer) Substrate G_1 und G_2 heranzuziehen sind, ist das Ergebnis noch unsicherer (s. ALAILY 1984).

Bei den OBS ist eine solche Umsatzangabe noch problematischer, da infolge des Fehlens organischer (zersetzungsresistenter) Indexstoffe nicht einmal die Ausgangsmenge der Komplementärgröße (hier:

Tab. 7.2.5 K- und Ton-Horizontbilanz (in kg m^{-2}) für das Profil Siggen

Hori-zont	K urspr.	K jetzt	2–1	2 in % v.1	Ton urspr.	S + U urspr.	S + U Ver-lust	$7 \cdot x^{1)}$	Ton theor.	Ton jetzt	10–9	10 in % von 9
	1	2	3	4	5	6	7	8	9	10	11	12
Ah	5,16	3,51	−1,65	68	56	180	27,8	7,5	64	31	−32,3	49
AlBtv	11,62	10,79	−0,83	92	127	409	29,0	7,8	135	128	−6,8	95
Bvt	14,80	15,44	+0,64	104	161	520	43,6	11,8	173	210	+37,6	122
BtC	9,04	9,04	+0,01	101	102	328	28,6	7,7	110	111	+1,3	101
Ccv			0	100							0	100

$^{1)}$ x = Tonbildungsfaktor (= Tongewinn:Silicatverlust des Profils; s. Abschn. 7.2.5.1)

Streu) ermittelt werden kann. Schätzungen aus jährlichem Streuanfall und Dauer der Bodenbildung enthalten infolge der Vegetationssukzession (s. Abschn. 7.2.3.2) und hinsichtlich der anzusetzenden Zeit große Unsicherheiten (sicherer bei Torfen, da Vegetationsform aus Resten erschließbar, deren Jahreszuwachs an rezenten Gesellschaften messbar und Alter mit ^{14}C bestimmbar).

7.2.5.2 Horizontbilanz

Die nächste Aussage erstreckt sich auf das Ausmaß der Umlagerung der Bodenstoffe im Profil auf ihre quantitative Verteilung auf die verschiedenen Horizonte. Das Verfahren entspricht dem Erläuterten, nur muss in diesem Fall die Indexsubstanz nicht nur unlöslich, sondern auch unbeweglich (immobil) sein (z. B. Quarzsand, nicht dagegen Ti, das in mobilen Kolloiden enthalten sein kann). Statt I_s ist dann mithilfe der Indexsubstanzmenge in dem betreffenden Horizont I_H die gefragte Größe X_H zu errechnen. Bei den lithogenen Bestandteilen lässt sich die Resultierende der Umlagerung (Gewinn – Verlust in den verschiedenen Horizonten) ohne Weiteres ermitteln. Bei den teilweise oder ganz pedogenen muss man dagegen die in einem Horizont gebildete Menge aus dem Verlust der Komplementärgröße ermitteln, um den theoretischen Ausgangswert (= aus dem Gestein übernommen + neugebildet) mit dem Bestand (s. Abschn. 7.1) vergleichen zu können. Gegenüber der Profilbilanz (wo diese Größe wünschenswert, aber nicht unbedingt erforderlich ist) tritt hier als zusätzliches Problem die Bedingung auf, dass auch diese Komplementärfraktion immobil sein muss. Eine Gewinn-Verlust-Rechnung für die einzelnen Horizonte wird natürlich umso problematischer, je größer die Fortfuhr der betreffenden Substanz nach oder die Zufuhr von außen im ganzen Profil ist (Prüfung s. Abschn. 7.2.5.1).

Anschaulicher als zahlenmäßig sind die Bilanzen für die Horizonte eines Profils grafisch als Tiefenfunktion darzustellen (s. Abb. 7.1.1). Dabei kann man die Daten entweder für den theoretischen und den tatsächlichen Wert in der Dimension g cm^{-3} oder Letzteren gleich in Prozent des theoretischen Wertes auftragen. Im ersteren Fall ergeben die von den Kurven umschriebenen Flächen bzw. die Diagrammblöcke die Bilanz in Absolut-, in letzterem in Relativwerten (was z. B. für den direkten Vergleich verschiedener Bodenbestandteile vorteilhaft ist). Wenn man die Daten auf die Volumeneinheit bezieht, muss man natürlich den Einfluss der Sackung (d. h. der Verminderung des ursprünglichen Volumens) oder der Lockerung berücksichtigen.

Für unser Beispielprofil sind die beiden Darstellungsweisen in Tab. 7.2.5 veranschaulicht. Der Unterschied gegenüber derjenigen in Tab. 7.1.3 liegt also darin, dass dort die Daten auf die gegenwärtige Bodenmasse bzw. das gegenwärtige Bodenvolumen bezogen wurden (die ja selbst ein Ergebnis der Bodenbildung sind), hier dagegen auf die ursprünglichen Werte. Es muss jedoch betont werden, dass auch die Horizontbilanz nur den Summeneffekt aller Prozesse, günstigstenfalls das Ausmaß eines in seinem Wesen auf andere Weise (s. Abschn. 7.2.4) erkannten Prozesses angibt. Wie bei der qualitativen Profilbetrachtung, so kann man allerdings bei dieser quantitativen zusätzliche Informationen durch einen Vergleich verschiedener Tiefenfunktionen bekommen (z. B. zeigen die Daten für unser Beispielprofil, dass der K-Verlust des Oberbodens durch Auswaschung und Tonumlagerung bedingt ist).

7.2.5.3 Sektionsbilanz

Die Differenzierung eines Horizonts in Sektionen durch laterale Umlagerung (z. B. im Pseudogley) kann man analog dem bereits Geschilderten quantitativ fassen, sofern die Indexsubstanz auch seitlich nicht verlagert wurde. Eine Gewinn-Verlust-Rechnung für solche Sektionen wird wiederum umso problematischer, je größer die Fortfuhr der betreffenden Substanz aus dem ganzen Horizont oder je größer die Zufuhr zu ihm ist (Prüfung s. Abschn. 7.2.5.2). In der Sektionsbilanz summieren sich also deren eigene Probleme sowie diejenigen der Horizont- und der Profilbilanz.

Diese Ausführungen gelten zunächst nur für terrestrische Böden. Über das Profil hinaus greifende Umlagerungen (Erosion-Sedimentation durch Hangwasser bzw. Wind, Auswaschung-Kapillarhub durch den Grundwasserstrom) lassen sich quantitativ nur durch Untersuchung der Einheit erfassen, in der diese abliefen (Landschaftsbilanz, vgl. Abschn. 7.5.2.1). Hat man nicht nur eine Bilanz aufstellen, sondern auch den Umsatz ermitteln können (relativ einfach bei irreversible Änderungen erleidenden lithogenen Merkmalen, z. B. Gehalt an pyrogenen Silicaten, Gesamt-K-Gehalt), so kann man bei bekannter Dauer der Bodenbildung auf deren durchschnittliche Intensität schließen. In unserem Beispielprofil ergibt sich der jährliche K-Verlust des Mineralkörpers derart zu

$$1830 \ \mathrm{g \ m^{-2}} : 15\,000 \ \mathrm{a} = 0{,}12 \ \mathrm{g \ m^{-2} \ a^{-1}}.$$

Für die rezente Veränderung ist natürlich die direkte Umsatzmessung sicherer (vgl. Abschn. 6.5 und 7.5.1).

7.2.6 Verlauf der Bodenbildung

Hat man ermittelt, welche Prozesse einen Boden prägten, so sind die Fragen zu beantworten, in welcher Folge (was Ausblicke auf ursächliche Zusammenhänge eröffnet) und in welcher Zeit sie abliefen (was eine Verknüpfung mit anderen erdgeschichtlichen Phänomenen erlaubt). Eine Aussage über die zeitliche Abfolge der Prozesse lässt sich bei terrestrischen Böden z. T. aus der räumlichen Distanz der Merkmale ableiten. Im Prinzip bedeutet es spätere Reaktionsstufe (und damit geringeres Alter), wenn ein Merkmal erst in größerer Entfernung vom Ausgangsmaterial im Profil auftritt (z. B. von unten nach oben: Mergel – kalkarmer Mergel – brauner Lehm – tonreicher Lehm = Entkalkung

– Verbraunung – Tonbildung). Die Abfolge von Umlagerungsprozessen im Profil lässt sich dagegen nur an einer Entwicklungsserie sicher klären (vgl. Abschn. 7.5.2.2). Beim Humuskörper ist die Richtung natürlich umgekehrt wie beim Mineralkörper, und beim Gefüge überlagern sich theoretisch die beiden. Die Abfolge der Gefügemerkmale aber repräsentiert oft auch den unterschiedlichen Einfluss der Umweltfaktoren zur selben Zeit (z. B. Krümel – Polyeder durch Abfolge organismenreich – organismenarm), sodass hier Vorsicht geboten ist.

Das gilt auch schon für manche Humus- und selbst für einige Mineralkörpermerkmale. Mit ähnlichen Einschränkungen kann man infolgedessen auch dem Prinzip folgen, dass relativ (d. h. auf das Ausgangsmaterial bezogen) stärkere Ausprägung eines Merkmals frühere und schwächere spätere Reaktionsstufe bedeuten. Erschwerend tritt hinzu, dass die Umweltfaktoren sich vielfach ändern (z. B. periglazial – warmzeitlich) und die von ihnen geprägten Merkmale eine unterschiedliche Stabilität besitzen. – Gestützt werden können die obigen Aussagen durch die Abfolge der Merkmale in kleineren Dimensionen, die im Dünnschliff zugänglich werden (z. B. obere Partien von Bs-, nicht von Bt-Horizonten, äußere von Wandbelägen oder Konkretionen aus späterer Reaktionsstufe und damit jünger). Dieser Schluss setzt allerdings voraus, dass die jeweils als älter angesehenen Partien nicht durchwandert werden können (wie es z. B. beim Bt der Fall ist). Das gilt auch für die Abfolge von Umlagerungsprozessen im ganzen Profil (s. o.).

Wie alt das ganze Profil ist, kann man aus unseren Ermittlungen kaum erschließen. Nach den Ausführungen in Abschn. 7.2.4 sprechen stark angereicherter Quarz oder Kaolinit und scharf abgesonderte Aggregate oder Konkretionen für hohes Alter. Meist sind aber geochronologische Methoden zur Datierung der Bildung bzw. Freilegung des Ausgangsgesteins und bei begrabenen Böden des Decksedimentes anzuwenden (z. B. Fossilführung einschließlich der Pollenführung bzw. ^{14}C-Datierung begrabener Humushorizonte, prähistorische Funde). Umwelteingriffe bekannten Alters mit dauerhaften Folgen (z. B. periglaziale Cryoturbation, bronzezeitliche Scherben), die das Mindestalter bezeugen, sind meist mit Feldmethoden sicherer nachzuweisen. Man kann aber die mutmaßliche Intensität eines Prozesses, z. B. der Entkalkung, abschätzen (aufgrund der Kalklöslichkeit bei mittlerem CO_2-Gehalt des Sickerwassers – etwa $0{,}15 \ \mathrm{g \ l^{-1}}$ bei $0{,}5 \ \%$ CO_2 – und der jährlichen Durchfeuchtung – bei unserem Beispielprofil etwa 200 mm Sickerung – zu etwa $30 \ \mathrm{g \ m^{-2} \ a^{-1}}$). Hat man die tatsächlichen Verluste mittels einer Bilanz ermittelt (Beispielprofil: 450 kg Kalk pro m²), so lässt sich die Dauer der Bodenbildung errechnen (hier 450/0,03 = 15 000 Jahre, was mit dem Termin des Eisrückzugs weitgehend übereinstimmt). Für genauere Datierungen sind in Zweifelsfällen solche Rechnungen natürlich, zumal bei reinen Silicatgesteinen, zu grob. Man kann aber die Größenordnung (z. B. Bodenbildung seit Weichsel- oder Saalezeit oder gar Tertiär) abschätzen, und das genügt häufig. Zur Sicherung ist hier mehr noch als bei der Deutung des Profilaufbaus allein die vergleichende Profilbetrachtung, das Einfügen in eine Entwicklungsserie, nötig. Eine Kenntnis der steuernden Faktoren endlich gewinnt man allein durch vergleichende Betrachtung mehrerer Entwicklungsserien (s. Abschn. 7.5.2.3).

7.3 Beurteilung des Bodens als Wurzel- und Lebensraum

Es ist die Frage zu beantworten, welche Eigenschaften ein Boden als Wurzelraum für Pflanzen und Lebensraum für Bodenorganismen und Pflanzen jetzt hat und künftig haben wird. *Jetzt* kann sich auf den Zeitpunkt der Probenahme, auf die gegenwärtige Vegetationszeit oder die wachsende Pflanzengeneration erstrecken, *künftig* auf die jeweils verbleibende Zeit. Praktische Beurteilungszeiträume sind bei genutzten Böden z. B. die Rotation einer Ackerfruchtfolge, eine und einige Baumgenerationen (also ca. fünf, 100 und 500 Jahre). In jedem Fall sind die gegenwärtigen Bodeneigenschaften (s. Abschn. 7.1) mit den Ansprüchen der Organismen (hier: v. a. Pflanzen) zu vergleichen. Diese sind abhängig von Pflanzenart und -alter, sodass man mit Durchschnittswerten operieren muss. War bei der genetischen Interpretation das Hauptproblem die Rekonstruktion des ursprünglichen Zustands, so ist es hier die Umformung besonders der Nährstoffansprüche in analytisch feststellbare Bodeneigenschaften durch Wahl entsprechender Extraktionsmittel. Das ist durch Erfahrung oder statistische Eichung an durchschnittlichen Versuchsergebnissen geschehen und hat seinen Niederschlag in „Grenzzahlen" gefunden. Zu bedenken ist jedoch stets, dass die Standortansprüche der Pflanzen eine Einheit bilden und dass erst Bodeneigenschaften und Witterungsverlauf zusammen die Standorteigenschaften ergeben.

Andererseits findet in den ökologisch wichtigen Bodenmerkmalen die Wirkung der Organismen auf den Boden ihren Niederschlag. Vor allem die organisch gebundenen Nährstoffe werden durch Mikroben mobilisiert und immobilisiert (z. B. N-Mineralisierung, Nitrifizierung); sie sind aber auch an anderen Umsetzungen (z. B. Mn-Mobilisierung und -Festlegung) wesentlich beteiligt. Es ist jedoch kaum möglich, die Wirkung der Bodenorganismen zu isolieren.

7.3.1 Gründigkeit und Durchwurzelbarkeit (vgl. Abschn. 3.6.2.1)

Mechanisch wirkende Gründigkeitsgrenzen lassen sich meist mit Feldmethoden ausreichend sicher nachweisen (s. Abschn. 3.6.2.1), sodass diese allenfalls zu ergänzen sind. Horizonte mit Porenvolumina unter 30 % gelten als extrem, mit 30–35 % als stark, mit 35–40 % als mittel, mit 40–45 % als mäßig und über 45 % als nicht verdichtet. Bei physiologisch wirkenden Faktoren (s. Wasser-, Luft- und Nährstoffhaushalt) entscheiden häufig weniger die Absolutwerte als vielmehr die Gradienten (Δ cm^{-1}). In einem Boden *normale* Horizonteigenschaften können also in anderen die Durchwurzelung hemmen oder fördern.

Auch die Durchwurzelbarkeit ist vorwiegend mit Feldmethoden zu beurteilen. Die obigen Grenzzahlen müssen bei Böden mit weiter Gefügeamplitude gemeinsam mit Daten über die Aggregatporosität gewertet werden. Je geringer und feiner diese ist, desto weniger durchwurzelbar sind die Aggregate selbst, trotz oft starken Wurzelwuchses in den interaggregären Poren. Quantitativ verwertbare Grenzzahlen fehlen noch. Sie können ein Maß für die *räumliche* Verfügbarkeit der „energetisch" verfügbaren intraaggregären Wasser- und Nährstoffvorräte sein. Daher sind Schwierigkeiten bei deren ökologischer Bewertung – insbesondere bei kurzer Vorhersagezeit (Acker!) – *a priori* zu erwarten, wenn nicht die Beurteilung des Profils im Feld die Basis für die Interpretation der Labordaten bildet.

Mikroorganismen sind mindestens in Bodenbereichen und Tiefen zu erwarten, die durchwurzelt sind. In unmittelbarer Nachbarschaft von Wurzeln sind sie besonders zahlreich vertreten, da sie sich von organischen Wurzelausscheidungen und abgestorbenen Wurzelteilen ernähren. Für viele Bodenwühler unter den Tieren ist entscheidend, inwieweit Bodenpartikel mechanisch verschiebbar sind: Steinreiche Böden werden daher gemieden, während einzelne Steine umgangen werden, sodass diese indirekt nach unten wandern und Steinsohlen bilden, sofern über lange Zeiten Feinerde nach oben gewühlt oder als Bestandteil von Kotpillen oben abgelegt wurde.

7.3.2 Wasserhaushalt (vgl. Abschn. 3.6.2.2)

Die durch Klima und Relief bedingten Wasserhaushaltsdaten lassen sich besser mit Feldmethoden, die gefügebedingten besser mit Labormethoden charakterisieren. Von einem gegebenen Wasservolumen (WV) zur Zeit der Probenahme kann von den meisten Kulturpflanzen der in den Feinporen ($< 0{,}2\ \mu m$) mit den Wurzelsog überschreitenden Kräften ($> 15\,000$ hPa bzw. pF 4,2) gebundene Anteil nicht genutzt werden („totes" Wasser). Er ergibt sich näherungsweise aus 1,5 Hy (in Vol.-%!: s. Abschn. 5.3.3.2) ; es ist mithin

verfügbares Wasser = WV − 1,5 Hygroskop. Wasser (1)

Direkter und genauer ist es, anstelle von 1,5 Hy in obige Gleichung den 15 000-hPa-Wert einzusetzen.

Die Wasserversorgung wird in Trockenperioden aber nicht nur durch das Wasserangebot im stärker durchwurzelten Raum bestimmt. Ist dessen verfügbares Wasser verbraucht, steigt Wasser aus tieferen Bodenlagen kapillar auf und ergänzt einen Teil des Defizits. Als effektiver Wurzelraum (We) gilt daher derjenige Raum, der nach einer längeren Trockenperiode im Sommer als vollständig ausgeschöpft gedacht werden kann (wo in Abb. 7.3.1 der gestrichelte dem punktierten Bereich entspricht). We lässt sich bei Kenntnis der PWP- und FK-Tiefenfunktion aus Tensiometermessungen (s. Abschn. 6.2.3.5) nach längeren Trockenperioden ermitteln oder ersatzweise für viele Böden Mitteleuropas aus Bodenart und Lagerungsdichte des Unterbodens ableiten (s. Abschn. 3.6.2.1).

Summierung der Produkte aus verfügbarem Wasser in Vol.-% und der Horizontmächtigkeit in dm bis zur We-Grenze ergibt dann die verfügbare Wassermenge.

PWP (Abschn. 5.3.3.2) bzw. 1,5 Hy gelten jedoch nur in salzfreien Böden; in salzhaltigen ergibt erst die Summe aus Tension der Matrix und osmotischem Druck des Gelösten den totalen Bodenfeuchtestress. In den Hy-Wert geht zwar die Wasserbindung durch Salze ein, jedoch müsste der obige

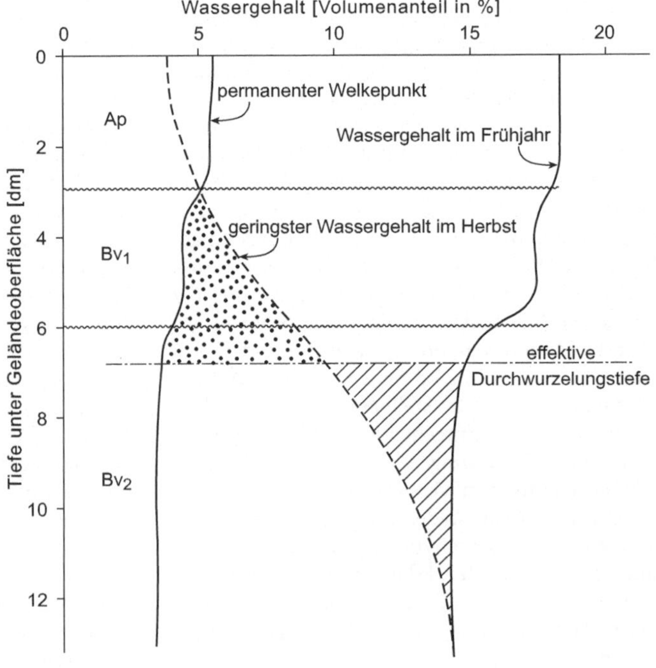

Abb. 7.3.1 Beispiel für die Ermittlung der effektiven Durchwurzelungstiefe in Abhängigkeit von Feldkapazität, permanentem Welkepunkt und aktuellem Wassergehalt, dargestellt für den Herbst eines Trockenjahres einer Sand-Braunerde (n. Renger & Strebel 1982)

Faktor je nach Salzmenge und -art variiert werden. Der 15 000-hPa-Wert repräsentiert dagegen praktisch nur die Tension. Man könnte das osmotisch gebundene Totwasser aus der Leitfähigkeit der Gleichgewichtslösung a (in mS cm^{-1}), dem Wassergehalt der gesättigten Probe b (in Masse-%) und der Lagerungsdichte c näherungsweise zu

$$tW \text{ (Vol.-\%)} = (a \cdot b^2)/5000) \cdot c$$

errechnen. Die Summe aus diesem und dem 15 000-hPa-Wert wäre dann in salzhaltigen Böden der Totwassergehalt. Das Ergebnis aber wäre grob und würde durch schwer lösliche Salze wie Gips verfälscht (dessen Einfluss lässt sich jedoch eliminieren, s. Abschn. 5.5.3.1).

Da überdies der Salzgehalt eines Horizonts weitaus stärker witterungsabhängig ist als der Aufbau der Matrix, begnügt man sich meist damit, den allgemeinen (also nicht nur auf die Verfügbarkeit des Wassers bezogenen) Salzeinfluss mit Erfahrungswerten der Leitfähigkeit des Sättigungsextrakts der bei mittleren Bedingungen gezogenen Krumenproben entsprechend Abschn. 3.5.5.5 zu charakterisieren. Für genauere Aussagen aber müsste man den Totwassergehalt mit Testpflanzen oder den osmotischen Druck der Bodenlösung über eine weite WV-Spanne messen und zu den Tensionswerten addierten.

Das zwischen WV und 15 000 hPa (bzw. 1,5 Hy) gebundene Wasser ist auch nicht gleichmäßig verfügbar. Vielmehr unterschreitet die Nachlieferungsgeschwindigkeit die Wasserabgabe der intensiv wachsenden Pflanze bereits bei Erschöpfen der in Poren < 0,5 µm gebundenen Vorräte (entsprechend > 7000 hPa bzw. pF 3,8), sodass sie zwar noch überlebt, aber nicht mehr produziert. Mithin gilt: verfügbares Produktivwasser = WV – 7000-hPa-Wert.

$$(2)$$

Diese Einschränkung ist besonders für Feldfrüchte wichtig (spätester Bewässerungstermin).

Ist die Wasserversorgung auf längere Sicht zu beurteilen, so ist statt der vorhandenen Wassermenge (WV) diejenige wichtig, die in den Poren < 50 µm gegen die Schwerkraft gehalten werden kann (> 60 hPa bzw. pF 1,8), die Wasserkapazität (WK). Einsetzen des 60-hPa-Wertes in die Gleichung (1) anstelle WV ergibt also die *verfügbare* [bei (2) Produktiv-] *Wasserkapazität* bzw. die nutzbare Feldkapazität (nFK). Verfügbar für die in die Tiefe wachsenden Wurzeln ist auch das in den feinen Grobporen langsam ziehende Sickerwasser. Einsetzen von FK anstelle WV in die Gleichungen (1) und (2) ergibt also die verfügbare (ggf. Produktiv-) *Feldkapazität* (nFK) und die Summe nach Multiplikati-

on mit den entsprechenden Horizontmächtigkeiten (in dm) die nutzbare *Speicherleistung* des *effektiven Wurzelraumes* in l m^{-2} bzw. mm. Diese entspricht dem nutzbaren *Frühjahrsbestand*. Die Zahlen sind ein Maß für die relative Feuchte verschiedener Böden bei gleichem Klima (zur Bewertung im humiden Klima vgl. Abschn. 3.6.2.2). Einen Anhalt für das wirkliche Wasserangebot an die Pflanzen bekommt man nur im Zusammenhang mit einer (klimatischen) Wasserbilanz. Der Wasservorrat im Boden wird durch die Differenz *Niederschlag – Evapotranspiration* aufgefüllt bzw. vermindert. Der Niederschlag lässt sich einfach messen (Abschn. 6.2.1), die Evapotranspiration nach HAUDE aus *Sättigungsdefizit · Monatsfaktor* (von 0,39 im April und Mai jeden Monat um 0,02 auf 0,29 im Oktober abnehmend) berechnen. Das Sättigungsdefizit wird mit dem *Psychrometer* gemessen. Für manche Zwecke genügt es, die bei der nächsten Wetterstation erfragten Dekadenmittel zu verrechnen, um einen Anhalt für die Dürregefahr bei einem bestimmten Boden zu bekommen.

Ist (bei unterbundener Evapotranspiration) WV auch längere Zeit nach Regen höher als FK, so handelt es sich um Stauwasser (Sicherung der Aussage: geringe Durchlässigkeit im darunterliegenden und oft WV < FK im folgenden Horizont), und noch längere Zeit bei Trockenheit, so um Kapillarwasser (Sicherung der Aussage: WV = PV im darunterliegenden Grundwasserhorizont). Der Bereich mit WV > WK entspricht dem Kapillarsaum. Die Förderleistung ist nicht nur vom Feinporenvolumen, sondern auch vom Verbrauch abhängig (bodenartabhängige Faustzahlen s. Abschn. 3.6.2.2).

7.3.3 Lufthaushalt (vgl. Abschn. 3.6.2.3)

Die Luftversorgung der Pflanzen wird zur Zeit der Probenahme bzw. der Beobachtung durch das Luftvolumen bestimmt: LV ergibt sich als Differenz von Porenvolumen (PV) und Wasservolumen (WV), lässt sich also bei Kenntnis des PV über den Wassergehalt bestimmen (s. Abschn. 5.3.3) und nach Tab. 7.3.1 bewerten (wobei ein mittlerer O_2-Gehalt von 20 Vol.- % der Bodenluft unterstellt wird). Hohe LV-Werte bedeuten aber nicht automatisch hohes O_2-Angebot, da Bodenorganismen unterschiedlich stark konkurrieren und der O_2-Austausch mit der Atmosphäre z. B. durch eine verschlämmte Bodenoberfläche oder eine verdichtete Pflugsohle gehemmt sein kann, sofern also weiter oben die

Tab. 7.3.1 Bewertung von Luftvolumen (LV) und Luftkapazität (LK) von Bodenhorizonten (nach AD-HOC-AG BODEN 2005)

Vol.-%	0	–2	5	13	26	>
	sehr gering	gering	mittel	hoch	sehr hoch	
	LK1	LK2	LK3	LK4	LK5	
	LV1	LV2	LV3	LV4	LV5	

Tab. 7.3.2 Bewertung von Sauerstoffdiffusionsraten (ODR-Werten n. 6.3.4) und rH-Werten (n. 6.3.5)

ODR	0,5	0,2	0,02	$\mu g\ O_2\ cm^{-2}\ min^{-1}$
rH	33	29	20	
O_2-Angebot	hoch	mittel	gering	nicht gegeben

Luftleitfähigkeit gering ist. Besser ist es daher, den O_2-Gehalt im Wurzelraum direkt zu messen (besonders geeignet ist eine Sauerstoffdiffusions- bzw. ODR-Messung (s. Abschn. 6.3.4), weil dabei auch die Luftleitfähigkeit mit eingeht) oder aus Redoxmessungen abzuleiten (s. Abschn. 3.5.4.3 und 6.3.5), und nach Tab. 7.3.2 zu bewerten.

Das Gleiche gilt für Aussagen auf längere Sicht. Sie sind am besten aus ODR- bzw. rH-Zeitreihen abzuleiten. Ersatzweise kann man redoximorphe Merkmale heranziehen, wie das durch Ableiten von Belüftungsstufen (L1–L7) aus dem Bodentyp geschieht (s. Abschn. 3.6.2.3). Die Luftkapazität (LK) als Differenz von Porenvolumen und Feldkapazität kann dann als zusätzliches Merkmal herangezogen werden, besonders wenn redoximorphe Merkmale reliktischer Natur sind (z. B. nach Entwässerung). Anstelle LK lassen sich auch kf-Werte heranziehen, da sie Aussagen über möglichen Wasserstau und damit potenziellen Luftmangel gestatten (Bewertung s. Abschn. 3.5.3.7).

7.3.4 Wärmehaushalt (vgl. Abschn. 3.6.2.4 und 6.4)

Der Wärmehaushalt eines Bodens ist stark von Klima (Witterung) und Relief abhängig. Die Abhängigkeiten sind Aufgabe der Geländeklimatologie (GEIGER 1961, EIMERN 1984). Im Boden selbst sind als Kapazitätsgröße die *Wärmekapazität* und als transportbestimmende Größe die *Wärmeleitfähigkeit* anzusehen. Beide sind Konstanten, die sich aus den Volumenanteilen der Minerale, der Bodenluft und des Bodenwassers ermitteln lassen (HARTGE & HORN 2008). Da die Anteile von Wasser und Luft stark wechseln, ändern sich mit ihnen auch die Größen des Energiehaushalts. Deshalb müssen zum Wärmehaushalt der Böden hauptsächlich der Wärmezustand, d. h. die Temperatur, direkt gemessen und bewertet werden. Sie geben bei Betrachtung verschiedener Punkte (Tiefen) im Boden auch die Richtung und den Gradienten für die Wärmetransporte an.

Direkt können Bodentemperaturen mit Kardinalgrößen, die Grenzen für Umsetzungen im Boden angeben, verglichen werden.

Für die Temperaturen im Wurzelraum gilt:

< –2–0 °C	Bodenwasser gefroren, keine Wasser- und Lösungstransporte, keine mikrobielle Aktivität, Absterben frostempfindlicher Pflanzenteile (Gefrierpunkterniedrigung)!
4–6 °C	Biologischer Nullpunkt, Einsetzen von merklicher Assimilation und Wurzelatmung, deutlicher Anstieg der mikrobiellen Aktivität, größte Dichte des Wassers, Optimum der Kalklöslichkeit.
6–30 °C	Normalbereich. Bei gleichen sonstigen Standortbedingungen steigt die Leistung der Lebewelt mit zunehmender Temperatur an (mikrobielle Aktivität, Mineralisierung, Wurzelatmung); ebenfalls nimmt chemische Verwitterung zu. Die Beweglichkeit des Wassers (Viskosität nimmt ab) nimmt zu.
> 32 °C	Hitzebereich. Bei weiterem Ansteigen der meisten mikrobiellen Prozesse nimmt die Nitrifizierung bereits ab. Erste Schäden an Gefäßpflanzen. Bildung von Wurzelhaaren eingeschränkt.
> 40–45 °C	Absterben höherer Pflanzen und nicht an höhere Temperaturen angepasster Mikroorganismen und Tiere. Nachlassen der biotischen Zersetzung (Mineralisation/Bodenatmung).

Sofern 32 °C nicht überschritten und andere Standorteigenschaften nicht begrenzt werden (z. B. Wassermangel), kann man den Zeitraum, in dem der Wurzelraum Temperaturen > 5 °C überschreitet, als (thermische) Vegetationsperiode betrachten. In ebenen Lagen Süddeutschlands (300 m ü. NN) ist dies z. B. vom 15.4. bis ca. 1.11. der Fall. Je nach Exposition und Inklination, Bodenart, Vernässungsgrad und Höhenstufe kann dieser Zeitraum wesentlich kürzer und auch länger sein. Oberflächliche Fröste (Bodenfrost = Frost an der Bodenoberfläche), die mehr als zwei Wochen nach Beginn der Vegetationsperiode einsetzen, bezeichnet man als Spätfröste. Sie zerstören die Blüten oder Jungtriebe empfindlicher Pflanzen (Nussbaum, Apfel, Kirsche, Pfirsich etc.). Als Frühfröste gelten entsprechende Ereignisse, die gegen Ende der Vegetationsperiode auftreten. Sie führen zum Absterben meist eingeführter Nutz- und Zierpflanzen (Rizinus, Geranien, Dahlien, Tomaten, Paprika etc.).

Die direkte Einstufung der aktuellen Temperatur ermöglicht nur kurzfristige Aussagen. Längerfristige sind möglich durch Betrachtung von Temperaturmittelwerten. Hierzu werden Tagesmittel (s. Abschn. 6.4.2) zu Dekadenmitteln oder gar Monatsmitteln verrechnet. Eine Mittelung der Temperatur des Wurzelraumes kann man auch in beliebiger Tiefe mithilfe der Invertzuckermethode vornehmen (SCHMITZ & VOLKERT 1959). Da die täglichen Temperaturschwankungen meist nur den Oberboden erfassen, lässt sich die Mitteltemperatur einer Jahreszeit im Boden ohne rasche Wasserbewegung (s. o.) auch durch einmalige Messung in 50 cm Tiefe im ungestörten Boden (nicht in einer offenen Profilgrube) ermitteln: Vier Messungen über das Jahr verteilt ergeben bereits das Jahresmittel. Jahresmittel des Wurzelraumes liegen 1–2 °C höher als die Mittel der Lufttemperaturen in 2 m Höhe.

Es hat sich international eingebürgert, den Bodenwärmehaushalt nach folgenden Stufen zu klassifizieren (SOIL SURVEY STAFF 2006): Nach Messung der Mitteltemperatur an vier Terminen über ein Jahr verteilt in 50 cm Tiefe ist der Boden

pergelic	< 0 °C,
cryic, wenn	< 8 °C, mit Frostwechsel,
frigid, wenn	> 0–8,0 °C,
mesic, wenn	> 8,0–15,0 °C,
thermic, wenn	> 15,0–22,0 °C,
hyperthermic, wenn	> 22,0 °C.

Ist die Differenz zwischen Sommerdurchschnitt (Juni bis August) und Winterdurchschnitt (Dezember bis Februar) kleiner als 5 °C, so bezeichnet man das Temperaturregime als iso- (z. B. **isofrigid**). In Mitteleuropa kommen die Temperaturregime von cryic (Hochalpen) bis thermic (Poebene) vor.

Neben der Interpretation von Temperaturmessungen ist es sinnvoll, die Wärmekapazität von Böden zu ermitteln. Dies ist unbedingt erforderlich, wenn Wärmetransporte (Energieumsätze) ermittelt werden sollen. In Analogie zum Wasserhaushalt kann aus Temperaturmessungen (Saugspannungsmessungen) lediglich die Richtung des Wärme-(Wasser-)transports ermittelt werden. Zur Bestimmung der Flussgröße muss auch die Menge mit bekannt sein.

7.3.5 Nährstoffhaushalt und Schadstoffverhältnisse (vgl. Abschn. 3.6.2.5)

Der Nährstoffhaushalt lässt sich durch Labor – besser als durch Felduntersuchungen charakterisieren. Da Nährstoffe bei entsprechend hohen Gehalten zu Schadstoffen werden können, werden die Schadstoffverhältnisse im Folgenden generell mit behandelt. Differenziert werden die Standorte durch unterschiedliche Nährstoffmengen im Wurzelraum (s. Abschn. 7.1).

Auch bei den Nährstoffen ist dabei der effektive Wurzelraum anzusprechen, weil mit dem Kapillarwasser gelöste Nährstoffe in den durchwurzelten Raum gelangen. Nährstoffvorräte unterhalb 3 dm (Grünland 2 dm) Tiefe sollten dabei aber nur mit dem Faktor 0,5 berücksichtigt werden (solche unterhalb 10 dm mit dem Faktor 0,1), da sie in geringerem Maße nutzbar sind. Zum Vergleich können die *Nährstoffkonzentrationen* einer Lage umso eher gewählt werden, je mehr sie in den anderen zu vernachlässigen sind und je mehr sich die Durchwurzelung auf diese Lage beschränkt. Beides wird nun bei Ackernutzung für die oberen 30 cm (*Krume*) angenommen. Da man überdies gleiche Lagerungsdichte (ca. 1,4) und geringen Kiesgehalt unterstellt, werden die *Grenzzahlen* für unterschiedliche Versorgungsstufen allgemein als Konzentrationswerte der Feinerde (meist g kg^{-1} oder mg kg^{-1}, oft sogar noch in Oxidform, z. B. K_2O) angegeben. Wenn die Werte im durchwurzelten Unterboden beträchtlich sind, muss jedoch der ermittelte Krumengehalt höher bewertet bzw. ein niedrigerer Grenzgehalt angenommen werden.

Gleiches gilt bei höherer Konzentration in der Bodenlösung des unteren effektiven Wurzelraumes (oft N ≥ Ca > K ≫ P: s. Tab. 7.3.3), und zwar besonders unter trockenen Klima- bzw. Witterungsverhältnissen. Multiplikation der *Grenzkonzentrationen* in $mg\,kg^{-1}$ mit 4 ergibt $kg\,ha^{-1}$ (mit $0{,}4\,g\,m^{-2}$). Mit diesen *Grenzmengen* in $kg\,ha^{-1}$ (bzw. $g\,m^{-2}$) anstelle der *Grenzkonzentrationen* in der Krume ist bei Böden mit stark abweichender Lagerungsdichte (z. B. Anmoor und Moor) oder hohem Kiesgehalt zu operieren. Sie können aber für den Wurzelraum anderer Pflanzengesellschaften mangels entsprechender Vergleichsuntersuchungen nicht als *Grenzwerte*, sondern allenfalls als grober Anhalt dienen. Selbst für Ackernutzung handelt es sich ja nur um statistische Mittelwerte aus recht heterogenen Eichversuchen. Bei größerem Wurzelraum (z. B. Laubwaldstandorte) kann man natürlich nur noch mit den Nährstoffmengen operieren. Bei Grünlandstandorten wären deutlich höhere Konzentrationen anzusetzen, da der Hauptwurzelraum oft nur 10 cm beträgt und eine oft geringere Lagerungsdichte vorliegt. Hierfür gibt es aber keine Eich-, sondern nur Erfahrungswerte.

Die Mengen errechnet man nach dem unter Abschn. 7.1 angegebenen Verfahren für den effektiven Wurzelraum (s. Abschn. 3.6.2.1), wobei die Gehalte ab 3 bzw. 10 dm durch Multiplikation mit 0,5 bzw. 0,1 weniger stark berücksichtigt werden.

Betrachtet man den ganzen Wurzelraum, so ist auch die Tiefenfunktion der Gehalte wichtig. Sie ist umso günstiger, je mehr sich die Optima mit dem Durchwurzelungsmaximum decken. Konzentrierung im Oberboden bedeutet überdies geringere Auswaschungsgefahr. Absolute Minima oder Maxima können Durchwurzelungshemmnisse darstellen.

Beim quantitativen Vergleich zwischen analytisch ermittelten Nährstoffmengen im *Wurzelraum* und Nährstoffentzügen wüchsiger Pflanzenbestände ist überdies noch zu berücksichtigen, dass die Extraktionsmittel selbst ideal durchwurzelbare Böden viel gleichmäßiger durchdringen, als es die Wurzeln können. Dieser Unterschied ist umso stärker, je weniger mobil der betreffende Nährstoff ist (z. B. P gegenüber N), je gröber, dichter und stabiler die Bodenaggregate sind und je stärker sich die Nährstoffkonzentrationen der Aggregatoberflächen von denen des -inneren unterscheiden. Die Aggregatoberflächen von Pseudogley-Sd-Horizonten und von sauren Waldböden sind oft nährstoffärmer, diejenigen der Go-Horizonte von Gleyen sowie der Bt-Horizonte von Parabraunerden hingegen reicher als die Matrix, sodass die verfügbaren Nährstoffe durch Perkolation ungestörter Volumenproben erfasst werden sollten (HILDEBRAND 1986). Je kürzer dieser Zeitraum ist, desto schwächer muss das angewandte Extraktionsmittel sein. Die gegenwärtige Versorgungslage dürfte am besten durch den Nährstoffgehalt der Bodenlösung widergespiegelt werden, für den die Gleichgewichtsbodenlösung ein Maß darstellt. Die *physiologische* Verfügbarkeit eines Nährstoffs wird aber durch seine Natur (z. B. einfache Ionen kleiner und damit leichter aufnehmbar als komplex gebundene) und durch antagonistische oder synergetische Effekte anderer bestimmt, die sich bislang in einem so komplizierten System kaum ermitteln lassen. Bei dieser Wasserextraktion steht infolgedessen der Nachweis von Überschussschäden im Vordergrund. Entsprechende Werte sind für wichtige Nähr- und Schadelemente Tab. 7.3.3 zu entnehmen.

Sehr geringe Konzentrationen sind nur in extrem stark verwitterten Böden basenarmer Gesteine zu erwarten. Bereits bei Stufe 2 leiden manche Kulturpflanzenarten Mangel am entsprechenden Nährelement. Jahresmittelwerte unterhalb des Wurzelraumes ergeben nach Multiplikation mit der Sickerungsrate (Schätzwerte s. Tab. 7.3.4) eine Vorstellung über den jährlichen Stoffaustrag. Die fett gedruckten Werte entsprechen den Grenzwerten für Trinkwasser, sind mithin für die menschliche Gesundheit bereits als bedenklich anzusehen. Kursiv gedruckte Werte sind Eingreifwerte für Grundwasser unterhalb von Landböden. Werte der Stufe 6 sind in Salzböden zu erwarten, sofern das genannte Element im dominierenden Salz enthalten ist (s. Tab. 5.5.1), wobei die genannten Höchstwerte in der Regel nur in Lösungen trockener Böden zu erwarten sind (ein für Wüstenböden allerdings normaler Zustand). Ansonsten lassen hohe bis sehr hohe Werte eine anthropogene Kontamination vermuten.

Um die in einer normalen Frist – z. B. in einer Vegetationsperiode – *verfügbaren Nährstoffe zu* erfassen, sind die an Bodenkolloide leicht austauschbar gebundenen (nicht die gelösten) Nährstoffe geeignet. Die Interpretation dieser Daten wird noch durch die Unkenntnis der „physiologischen", stärker aber durch die der „räumlichen" Verfügbarkeit (vgl. Abschn. 7.3.1) beeinträchtigt. Dazu kommt, dass mit manchen Extraktionsmitteln zwar auch die Nährstoffe in mäßig löslichen Salzen, nicht aber die in leicht zersetzlichen organischen Stoffen erfasst werden (problematisch besonders bei P). Aus diesen Werten auf die Versorgungslage zu jeder Zeit der Vegetationsperiode zu schließen, ist wegen des starken Witterungseinflusses meist nicht möglich.

Tab. 7.3.3 Bewertung der Elementkonzentrationen[1] von Bodenlösungen und Gleichgewichtslösungen (GBL); n. Angaben in FIEDLER & RÖSLER (1988), MATTHESS (1993), STREIT (1994)

	Stufe 1 sehr gering	Stufe 2 gering	Stufe 3 mittel	Stufe 4 erhöht	Stufe 5 hoch	Stufe 6 sehr hoch	Stufe 7 extrem hoch
a) Angaben in mg l⁻¹							
NH_4-N	0,01	0,1	**0,39**	*2,3*	1000		
NO_3-N	0,1	1	11,3	*45*	2400	30 000	
NO_2-N	?		0,15		?		
P	0,005	0,03	0,1	*0,23*	1,0	10	
CO_3	0,1	1	20	100	1000	10 000	
Cl	0,2	2	40	**250**	6000	80 000	
SO_4	1	40	**240**	*1000*	80 000	100 000	
Fe	0,01	0,01	0,2	10	1000		
K	0,2	2	20	50			
Ca	0,2	2	12	100	1000	10 000	
Mg	0,1	1	20	100	1000	10 000	
Na	0,1	1	20	**200**	3900	50 000	
B	0,01	0,1	1	*4*	1000	10 000	
Si	0,1	1	10	100	1000		
Zn	0,001	0,01	0,1	*2*	10		
F	0,01	0,1	**1,5**	4	100		
b) Angaben in µg l⁻¹							
A1	1	10	**200**	1000	5000		
As	0,01	0,2	**10**	*80*	500		
Co	0,05	1	**50**	*200*	1000		
Cu	0,1	10	100	*150*	1000		
Mo	0,2	4	10	100	1000		
Mn	0,2	10	**50**	2000	10 000		
Se	0,05	1	**10**	100	1000		
Sn	0,1	1	**40**	*150*	1000		
Cd	0,01	1	**5**	*15*	100		
Cr	0,1	1	**50**	*200*	1000		
Hg	0,01	0,1	1	*3*	30		
Pb	0,1	1	**10**	*150*	1000		
Ni	1	5	**20**	*100*	1000		

[1] Fett gedruckte Werte entsprechen den Grenzwerten der Trinkwasserverordnung (BMJFG 2001), kursiv gedruckte Werte Eingreifwerten für Grundwasser in Naturschutzgebieten.

Tab. 7.3.4 Mittlere jährliche klimatische Wasserbilanzen (KWBa) als Differenz zwischen Niederschlag und Verdunstung, bei Überschuss Maß für Versickerungsrate (DVWK 1999)

Kurzzeichen	Bezeichnung	mm/Jahr	Beispiele für Klimaregionen[1]
KWBa 0	extrem gering	< 0	Leipziger Land, östl. Harzvorland, NO-Mecklenburg. Lehmplatten, Uckermark, Elbe-Elster-Tiefland, Hügelland Prignitz, Warnow-Regnitz-Gebiet, Helgoland
KWBa 1	sehr gering	< +100	Zülpicher Börde, Alzeyer Hügelland, Wetterau, mittleres Maintal, Kaiserstuhl, Berlin, Harzrandmulde Thüringer Becken, Altenburg-Zeitzer Lössgebiet
KWBa 2	gering	+100 bis +200	Fehmarn, Hildesheimer Börde, Hellwegbörden, Kempen-Aldekerker Platte, Untermainebene, Marktheidenfelder Platte, Mittelfränkisches Becken, Donaumoos, Oberpfälzer Becken, Leipziger Bucht Mittelsächsisch. Lösslehm-Hügelland
KWBa 3	mittel	+200 bis +300	Angeln, zentrale Niedersächs. Geest, Kraichgau, Westmünsterland, Oberes Gäu, Isar-Inn-Hügelland, nördl. Erdinger Moos, Unterharz, Westlausitzer Vorberge
KWBa 4	hoch	+300 bis +400	Heide-Itzehoer Geest, oberes Weserbergland, Osteifel, Odenwald, Schwäb. Alb Thüringer Wald, Voralpines Hügelland, Mühldorfer u. Altöttinger Terrassenlandschaft
KWBa 5	sehr hoch	+400 bis +600	Zentralharz, Sauerland, Zentral-Schwarzwald, Bayerischer Wald, Schwäbisch-Oberbayerische Voralpen, Hohe Schwäbische Alb
KWBa 6	äußerst hoch	> +600	nördliche Kalkalpen, Hochschwarzwald

[1] Lokale Werte können bei der nächsten Station des Deutschen Wetterdienstes erfragt werden; Werte gelten für Grünland. geringe bis mittlere Wasserleitfähigkeit (kf < 40 cm d^{-1} n. 353.7) und ebene Lage.

Für die reale Verdunstung bzw. Wasserbilanz wirken sich Vegetation, Relief und Grundwasserstand sowie die Durchlässigkeit des Wurzelraumes stark aus. Es kann mit folgenden Faustzahlen gerechnet werden:

bei Ackernutzung Zuschlag von 50–100 mm   Einfluss des Reliefs nach Tab. 3.6.8
bei Forstnutzung Abschlag von 50 mm   Typ 1 Zuschlag von 150 mm
bei kf 40–100 cm d^{-1} im Wurzelraum Zuschlag von 50 mm   Typ 2 Zuschlag von 50 mm
bei kf 100–300 cm d^{-1} im Wurzelraum Zuschlag von 100 mm   Typ 4 Abschlag von 50 mm
bei kf > 300 cm d^{-1} im Wurzelraum Zuschlag von 150 mm   Typ 5 Abschlag von 150 mm

Tab. 7.3.5 enthält entsprechende Werte. Die Bewertung gilt bei den Nährstoffen für intensive Ackernutzung, und zwar für Standorte mit einem mittleren Ertragspotenzial und einem mittleren Nährstofftransmissionsvermögen (Ersteres hängt von Belichtung, Wärme-, Wasser-, Sauerstoff- und allg. Nährstoffangebot sowie Schadstoffeliminierungsvermögen ab, Letzteres (bis auf Belichtung) ebenfalls, aber z. T. anders, und wird durch die elementspezifische Interzeption, Konvektion und Diffusion sowie Synergismen und Antagonismen mit anderen Nährstoffen bestimmt). Bei niedrigem Ertragspotenzial und/ oder hohem Transmissionsvermögen ist eine bestimmte Menge daher höher, bei hohem Ertragspotenzial und/oder geringem Transmissionsvermögen hingegen niedriger als angegeben zu bewerten. Bei Anwendung für extensivere (Nährstoff-) Nutzungen (Forst, extensives Grünland, ökologischer Landbau) wäre die Bewertung nach links zu verschieben (z. B. Stufe 2 dann = mittel versorgt). Bei den Schadstoffen sollten erhöhte Werte die Möglichkeit und hohe Werte die Wahrscheinlichkeit einer toxischen Wirkung auf Pflanzenwuchs, Bodenorganismen und/ oder Qualitätseinbußen für Kulturpflanzen und

Tab. 7.3.5 Bewertung verfügbarer Nährstoffmengen und vorläufige Bewertung verfügbarer Schadstoffmengen in kg ha^{-1} des effektiven Wurzelraumes (Multiplikation mit 0,25 ergibt etwa Gehalt einer Ackerkrume in mg kg^{-1}; ein fett gedruckter Wert entspricht dann einem Prüfwert nach PRUESS 1992)

Element	Methode	alternative Methoden[1]	Stufe 1 sehr g.	Stufe 2 gering	Stufe 3 mittel	Stufe 4 erhöht	Stufe 5 hoch	Stufe 6 sehr h.
N_{min}	5.4.2.5		1	20	45	120	800	
N_z			2	10	20	80	200	
P_{la}	5.4.3.4, $P_{DI} \cdot 1.4$, $P_{H_2O} \cdot 6$			100	250	400	600	
K_{la}	5.4.2.5, 5.4.2.6. $K_{CAL} \cdot 1.5$, $K_{DI} \cdot 1.3$		80	240	480	800	1200	
Mg_{la}	5.4.2.5, 5.4.2.6		50	150	300	600	1200	
Ca_{la}	5.4.2.5, 5.4.2.6		150	500	1000	2000	6000	
S_{min}	5.4.3.3		20	80	200	400		
Mn_{la}	5.4.2.6			16				
Mn_e	5.4.2.6			60	120	240		
Cu_{la}	5.4.2.6				1,2	**8**		
Cu_e	5.4.2.6		0,4	4	8	40		
Zn_{la}	5.4.2.6		0,04	0,4	6	**40**		
Zn_e	5.4.2.6		4	24	60	180	320	
Co_{la}	5.4.2.6		0,004	0,04	0,2	2		
B_m	5.4.3.3		0,4	3	6	12	60	
Mo_m	5.4.3.3		0,04	0,32	0,6	1,2	2,4	
As_{la}	5.4.2.6			0,08	0,2	**0,4**		
Be_{la}	5.4.2.6			0,004	0,04	**0,08**		
Bi_{la}	5.4.2.6			0,004	0,04	**0,4**		
Cd_{la}	5.4.2.6			0,02	0,04	**0,08**		
Cr_{la}	5.4.2.6			0,004	0,04	**0,4**		
Ni_{la}	5.4.2.6			0,02	1,0	**4,0**		
Pb_{la}	5.4.2.6			0,02	0,4	**8,0**		
Sb_{la}	5.4.2.6			0,02	0,2	**4,0**		
Sn_{la}	5.4.2.6				0,04	**0,32**		
Tl_{la}	5.4.2.6			0,001	0,03	**0,12**		
V_{la}	5.4.2.6			0,002	0,06	**0,4**		

[1]für die alternativ genannten Methoden gilt Bewertung nur ungefähr.

Grundwasser bedeuten, und zwar wiederum gültig für ein mittleres Schadstofftransmissionsvermögen (da mit der zugrunde gelegten Extraktion die Erfahrungen gering sind, muss die Bewertung als vorläufig gelten).

Eine etwas längere Zeit (z. B. einige Ackerrotationen) beurteilt man mit der zusätzlichen Bestimmung der schwer austauschbaren bzw. in leicht verwitterbaren bzw. zersetzbaren Bodenstoffen gebundenen, sogenannten *nachlieferbaren Nährstoffe*. Diese Ermittlung steht bei den Spurenelementen im Vordergrund (außer B), da sowohl die Bestimmung als auch die Düngung kleinerer Mengen technisch schwierig sind. Tab. 7.3.5 enthält entsprechende Bewertungen für Cu, Mn und Zn in jeweils zweiter Querspalte.

Über noch längere Fristen (z. B. einige Waldgenerationen) geben die *mobilisierbaren Reserven* (Tab. 7.3.6) Auskunft, also die Gehalte an Nährstoffen, die durch den Verwitterungs- bzw. Zersetzungseffekt stärkerer Extraktionsverfahren erfasst werden. Hier wird die Deutung mehr durch die Unsicherheit erschwert, ob auch die richtige „energetische" Verfügbarkeit erfasst wurde. Je größer die Verwitterungsenergie des Klimas (z. B. warm – feucht), desto größer, und je geringer (z. B. kühl – arid),

desto geringer ist die tatsächliche Nährstoffnachlieferung. Das gilt auch für Zersetzungsexperimente unter Standardbedingungen. Die von uns benutzten Grenzwerte gelten für ein gemäßigtes Klima (8 °C, 700 mm, atlantisch).

Tab. 7.3.6 enthält neben einer Bewertung der mobilisierbaren Nährstoffreserven auch Schadstoffreserven. Hervorgehoben sind diejenigen Werte, die bei einer Anwendung von Klärschlamm als Humusdünger nicht überschritten werden dürfen. Entsprechende Böden sollten dann auch nicht mehr der Lebensmittelproduktion dienen. Die Kenntnis der Schadstoffreserven gestattet eine Präzisierung von Aussagen, die aus festgestellten Mengen an verfügbaren Schadstoffen (Tab. 7.3.5) abgeleitet werden: Je höher das Mobilisierbare, desto stärker werden bereits geringfügige Änderungen des Säure- oder Redoxzustands das Verfügbare verändern. Dieses Prinzip, die maximal verfügbare Menge zu bestimmen und dann aus der Kenntnis der verfügbarkeitsbeeinflussenden Parameter die wirkliche Anlieferung zu erschließen, gilt im Übrigen für die ganze ökologische Interpretation der Nährstoffdaten. Im Idealfall verwertet man erkannte quantitative Beziehungen für die Variation der Grenzwerte in Abhängigkeit von diesen Größen.

Tab. 7.3.6 Bewertung der mobilisierbaren Nährstoff- und Schadstoffreserven in kg ha^{-1} des effektiven Wurzelraumes (Multiplikation mit 0,25 ergibt in etwa Gehalte in mg kg^{-1}, wobei die **fett** gedruckten dann Grenzwerte der ABFKLÄRV 2006 darstellen)

Element	Methode	Stufe 1 sehr gering	Stufe 2 gering	Stufe 3 mittel	Stufe 4 erhöht	Stufe 5 hoch	Stufe 6 sehr hoch
N_t	5.6.1.3	1000	2500	5000	10 000	20 000	
P_v	5.5.1.5	250	1250	1750	2500	5000	
K_v	5.5.1.5	1000	5000	10 000	15 000	30 000	
Ca_v	5.5.1.5	500	2500	3500	5000	10 000	
Mg_v	5.5.1.5	500	2500	3500	5000	10 000	
Cd_k	5.5.1.4	0,2	0,8	2	**6**	80	
Cr_k	5.5.1.4	4	40	100	**400**	3200	
Cu_k	5.5.1.4	4	40	120	**240**	2400	
Ni_k	5.5.1.4	4	20	100	**200**	1200	
Pb_k	5.5.1.4	4	40	160	**400**	2400	
Zn_k	5.5.1.4	10	80	200	**800**	1600	

v = Extraktion mit konz. koch. HCl   k = Königswasserextraktion; für Gesamtgehalte n. 5.5.1.2 bzw. 5.5.1.3 können näherungsweise die doppelten Werte angesetzt werden.

Tab. 7.3.7 enthält mittlere Nährstoffgehalte geernteter Pflanzenteile. Deren Multiplikation mit dem Ertrag ergibt eine Vorstellung über die bei der Ernte auftretenden Nährstoffentzüge. Beispielsweise wurden bei einem Weizenertrag von 8 t ha^{-1} dem Boden an N, P und K ca. 150, 26 und 35 kg mit dem Korn entzogen; wird auch das Stroh von 6 t ha^{-1} geborgen, erhöhen sich die Entzüge um 28, 4 und 54 kg.

Tab. 7.3.7 Nährstoffgehalte[1] geernteter Pflanzenteile (n. ANONYM 1972, BOYSEN & OERING 1991, FINCK 2007, RUHR-STICKSTOFF 1988

Acker		Tr. S.	N	P	K	Cl	Mg	S	Ca
		%	kg t^{-1}						
1 Getreide	a) Korn	86	19	3,2	4,4	0,60	1,1	2,0	0,7
	b) Stroh	89	4,6	0,70	9,0	3,2	0,80		2,3
2 Raps	a) Korn	91	33	6,3	8,0	4,3	2,3	10	
	b) Stroh	100	53	0,75	23		1,8		10
3 Zuckerrüben	a) Rübe	23	2,3	0,40	2,0	0,38	0,40		0,3
	b) Blatt	16	3,6	0,40	3,6	2,0	0,77		
4 Kartoffeln	Knolle	22	3,2	0,37	4,8	0,10	0,30		0,2
5 Silomais	Teigreife	27	3,7	0,60	1,8	0,20	0,46		2,5
6 Erbsen, Ackerbohnen	a) Korn		38	4,8	12		1,2		
	b) Stroh		15	0,90	10		1,1		
7 Mais	a) Korn	83	14	2,7	2,5	0,33	0,84	1,3	
	b) Stroh	100	10	1,9	19		3,0		6,0
8 Reis	Korn		13	2,5	3,0	2,0	1,3		
9 Futterrüben	a) Rübe	100	12	2,6	27		2,4		
	b) Blatt	100	24	3,1	33		6,0		
10 Ackergras		100	30	2,7	28		2,7		
Grünland									
11 Schnitt		100	25	3,9	23		3,0		
12 Milch			23	1,8	3,3		2,4		
13 Fleisch			230	18	33		24		
		Fe	Mn	Zn	Cu	Mo	Co	B	
		g t^{-1}							
1 Getreide	a) Korn	260	30	56	6,0	0,28	0,08	10	
	b) Stroh	540	57	35	7,0	0,16	0,06		
3 Zuckerrüben	a) Rübe	67	15	9,0	2,8	0,03	0,02	9	
	b) Blatt	41	29	12	0,85	0,07	0,06		

[1] Multiplikation mit dem Ertrag in t ha^{-1} ergibt den Entzug in kg ha^{-1} bzw. g ha^{-1}

7.3.5.1 Kohlendioxid (CO_2)

Die Kennzeichnung des CO_2-Versorgungsgrades der Sprosse durch die Bodenatmung wird durch die sehr unterschiedliche Weitergabe an den freien Luftraum entscheidend beeinträchtigt. Da sowohl Bodenatmung als auch CO_2-Bedarf der Sprosse stark temperaturabhängig sind, sind Einzelmessungen (s. Abschn. 6.3.3) nach Abb. 7.3.2 temperaturbereinigt zu bewerten. Bei einem Standortvergleich ist zudem sinnvoll, vor der Bewertung einen Zuschlag von 20 % vorzunehmen, wenn der Boden deutlich trockener oder nasser als normal war. Als rohe Grenzmengen für geringe, mittlere und hohe Anlieferung während der Vegetationsperiode können 500, 4000 und 12 000 kg CO_2 ha^{-1} gelten. Eine Vorstellung vom Bodenatmungspotenzial vermittelt die Zersetzbarkeit der organischen Substanz (s. Abschn. 5.6.3.7), deren Oberbodenmengen (0–3 dm, 24-h-Werte) von 100, 500, 1000 und 2000 kg ha^{-1} als Grenzwerte für sehr geringes, geringes, mittleres, hohes und sehr hohes mögliches Angebot gelten können. Bei geringer LK sind hohe Werte im Unterboden ein Indiz für Wurzelschäden (vgl. Abschn. 7.3.3).

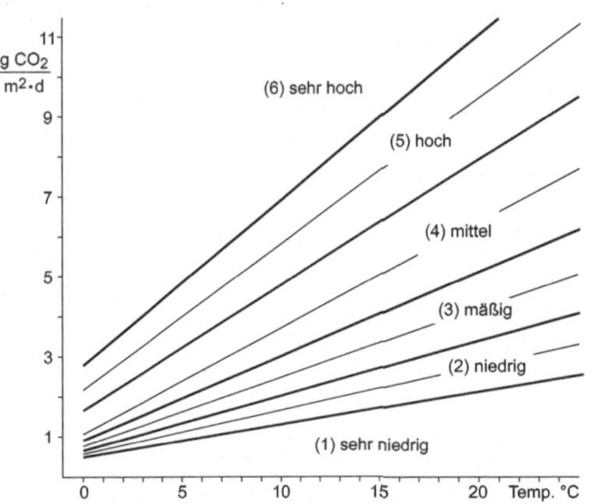

Abb. 7.3.2 Bewertungsschema für die Bodenatmung in Abhängigkeit von der aktuellen Tagesmitteltemperatur am Boden (Beyer 1990)

7.3.5.2 Stickstoff (N)

Hier kann der Niederschlagseintrag (s. Tab. 7.3.8) beachtlich sein und sollte daher bei einer Bewertung berücksichtigt werden. Die verfügbaren N-Mengen (Tab. 7.3.5) schwanken im Jahreslauf stark, geben also nur ein Augenblicksbild. Nennenswerte NH_4-Anteile sind nur in luftarmen Böden (s. Abschn. 7.3.3) und generell im Frühjahr zu erwarten, da niedrige Wintertemperaturen die Nitrifikation stärker als die Ammonifikation hemmen. Die N_z-Mengen (Tab. 7.3.5) vermitteln eine Vorstellung über die Nachlieferung während einer Vegetationsperiode. Geringere Einstufung der Werte ist unter den beim CO_2 genannten Bedingungen sowie bei niedrigen pH- und P-Werten erforderlich. Kürzlich entwässerte, gekalkte und/oder strohgedüngte Böden lassen sich auf diese Weise nicht beurteilen. Für Nadelholzforste unseres Klimagebiets ist beim mineralisierbaren N (s. Abschn. 6.5.3.2) für die obigen Versorgungsstufen mit den Grenzmengen 5, 15 und 30 im Oberboden zu rechnen.

Über längere Zeiträume kann der ganze N-Vorrat als Maß für die mobilisierbare Reserve gelten, da der Humuskörper schneller umgesetzt wird als der Mineralkörper (< 20 bis > 100 Jahre). Bei der Einstufung nach Tab. 7.3.6 sind jedoch die oben genannten Standortfaktoren zu berücksichtigen. Da eine Anhäufung bei weitem C:N-Verhältnis auf geringe Ausgabe, bei engem auf hohe Einnahme schließen lässt, ist auch dieses von Belang.

7.3.5.3 Phosphor (P)

Beim kurzfristig verfügbaren Austauschphosphat (s. Tab. 7.3.5) geht man von sandigen, neutralen Böden aus; tonige und/oder saure sind besser einzustufen, da aus ihnen das Phosphat relativ schlechter extrahiert als aufgenommen wird. Entsprechendes gilt für humusreiche Böden, da der organisch gebundene und leicht mineralisierbare Phosphor nicht erfasst wird.

Aus dem Humuskörper ist mit einer merklichen P-Anlieferung bei einem C/P-Verhältnis < 200 zu rechnen. Deren Ausmaß kann man aus P_{org} · Zersetzungsraten abschätzen (s. Abschn. 3.6.2.5). Bei einer Bewertung des in längeren Zeiträumen Mobilisierbaren (Tab. 7.3.6) sind die für N genannten Standortfaktoren zu berücksichtigen.

7.3.5.4 Kalium (K)

Für das kurzfristig verfügbare Austausch-K (Tab. 7.3.5) gilt der Mittelwert von 360 kg ha^{-1} für (illitische) Lehme (Tongehalt ca. 25 %, KAK 14 cmol$_c$ kg^{-1}). Für andere Böden lässt sich ein Korrekturwert von ca. 45 kg je 10 % Ton (bzw. 12 kg je cmol) benutzen, um den Einfluss der K-Sättigung (hier 2 %) zu nivellieren. Sande wären z. B. bis 150, Tone bis 450 kg als gering einzustufen. Hohe Ca-Gehalte können die Aufnahme antagonistisch mindern.

Die mobilisierbaren K-Reserven (Tab. 7.3.6) sind umso geringer einzustufen, je geringer die Verwitterungsenergie des Klimas und je weiter die Verwitterung bereits fortgeschritten ist (Anreicherung immer resistenterer Minerale), und umso höher, je mehr nachlieferbares K (s. Abschn. 5.5.1.7) in sie eingeht.

7.3.5.5 Calcium (Ca)

Mangel an verfügbarem Ca ist bei regelmäßig gekalkten Ackerböden nicht zu erwarten. Die Bewertung nach Tab. 7.3.5 ist bei Forstnutzung nach links zu verschieben (z. B. bedeutet Stufe 2 mittel) und umso günstiger anzusehen, je weiter das Verhältnis von $Ca_a : Al_a$ ist. Die mobilisierbaren Reserven (Tab. 7.3.6) sind umso höher einzustufen, je mehr $CaCO_3$ in sie eingeht.

7.3.5.6 Magnesium (Mg)

Beim leicht austauschbaren Mg gilt Tab. 7.3.5 unabhängig von der Bodenart. Die ermittelten Mengen sind umso geringer einzustufen, je Ca- bzw. K-reicher und je saurer der Boden bzw. je niedriger die Mg_a/Al_a-Quotienten sind. Der Mg-Eintrag durch Niederschlag ist besonders in Meeresnähe zu berücksichtigen (s. Tab. 7.3.8). Bei Forstböden und bei der Bewertung der Reserven nach Tab. 7.3.6 gilt das für Ca Genannte.

7.3.5.7 Schwefel (S)

Die verfügbaren S-Mengen (Tab. 7.3.5) reichten bisher infolge starker Niederschlagsdeposition (Tab. 7.3.8) meist aus; dank verminderter Luftverschmutzung hat sich das geändert, sodass (außer meeresnah) Stufe 3 unterschritten werden kann und Mangel besonders bei Raps zu erwarten ist.

7.3.5.8 Bor (B)

Die Grenzwerte der Stufen 2–4 des mobilen B (Tab. 7.3.5) sind bei Sanden zu halbieren. Die Versorgung ist bei pH-Wert unter 6 günstiger. Bei Stufe 6 sind Wuchsstörungen zu erwarten, ebenso bei Stufe 5 der GBL-Lösung (Tab. 7.3.3; bei empfindlichen Pflanzen wie Getreide, Kartoffeln, Mais bereits ab 4).

7.3.5.9 Molybdän (Mo)

Mangel ist unter Stufe 3 des gelösten (Tab. 7.3.3) bzw. mobilen (Tab. 7.3.5) Mo zu erwarten (Letzteres nur bei pH-Werten über 6, während unter 6 ca. 0,6 und unter 5 ca. 1,2 kg nötig sind). Hohe P- und geringe Mn-Gehalte begünstigen die Versorgung.

7.3.5.10 Mangan (Mn)

Mangel ist unter Stufe 3 des verfügbaren Mn_a und Mn_e (Tab. 7.3.5) zu erwarten: bei pH-Werten über 5,7 sind 240 kg ha^{-1} Mn_e erforderlich. Viel Mn_d bzw.

Tab. 7.3.8 Häufige, jährliche Nähr- und Schadstoffdepositionen der Niederschläge in Deutschland (aus BLUME 1992)

kg ha^{-1} a^{-1}	N	Mg	K	Ca	S	Na	Cl
a) küstennahe Gebiete	20	4	3	4	20	25	50
b) küstenferne Gebiete	20	2	4	8	15	5	10
c) Ballungsräume	50			100	40		
g ha^{-1} a^{-1}	B	Cu	Mn	Zn	Cd	Pb	P
a)	50	30	60	200	1	50	500
b)	20	200	200	200	2	100	300
c)	80	1000	1000	2000	20	600	1000

7

wenig Ca_a, Fe_o oder Humus verbessern das Angebot. Ab Stufe 5 (bei wechselfeuchten bis nassen, biologisch aktiven Böden sowie neben Mülldeponien bereits ab 4) kann Mn toxisch wirken.

7.3.5.11 Kupfer (Cu), Cobalt (Co), Eisen (Fe) und Zink (Zn)

Unterversorgung (Stufen 1 und 2 des Austauschbaren bzw. Mobilen; Tab. 7.3.5) von Co, Fe und Zn sind in deutschen Böden selten (Fe und Zn am ehesten bei pH > 7, Co bei pH > 5 bzw. viel Fe_o); bei > 8 % Humus sind 10 kg, bei > 30 % 12 kg Cu_e erforderlich. Die Stufen 5 und vor allem 6 sind bedenklich (viel Cu_e verursacht Fe-, Mo- und Zn-Mängel; viel Fe_a kann besonders bei rH-Werten von 19–13 toxisch wirken; viel Zn wirkt wuchshemmend und mindert, wie auch viel Co, Lebensmittelqualität). Die Werte für Cd, Cu, Pb und Zn des Standortes Siggen in Tab. 7.1.1 bzw. 7.1.3 sind als gering (z. T. mittel) einzustufen.

7.3.5.12 Natrium (Na) und Chlor (Cl)

Der geringe Bedarf wird in der Regel bereits durch die Niederschlagsdeposition (Tab. 7.3.8) gedeckt. Ab Stufe 5 des Gelösten (Tab. 7.3.3) ist mit Wuchsschäden zu rechnen (besonders bei salzempfindlichen Pflanzen, z. B. Bohne, Luzerne, Mais, viele Straßenbaumarten).

7.3.5.13 Aluminium (Al)

Ab Stufe 4 des Gelösten (Tab. 3.7.3) ist mit Wuchsstörungen bei Al-empfindlichen Pflanzen (z. B. Fichten) zu rechnen, und zwar besonders bei hohem ionaren Anteil (bei wenig C_{org} der Bodenlösung zu erwarten) sowie niedrigen Ca/Al- bzw. Mg/Al-Quotienten.

7.3.5.14 Weitere Schadstoffe

Verfügbare Mengen an As, Be, Bi, Cd, Cr, Hg, Ni, Pb, Sb, Sn, TI und V (Tab. 7.3.5) gelten ab Stufe 5 bezüglich Arznei-. Nahrungs- und Futterqualität (z. T. auch Pflanzenwuchs) als bedenklich; bei Stufe 4 ist Besorgnis gegeben, sofern die mobilisierbaren Reserven (Tab. 7.3.6) hoch bis sehr hoch sind und/oder zeitweilig rH-Werte (s. Abschn. 3.5.4.3) zwischen 19–13 auftreten.

7.3.5.15 Allgemeine Kennwerte

Da sowohl Verwitterung als auch Zersetzung stark pH-abhängig sind, dient der pH-Wert oft als Maß für die gegenwärtige Verfügbarkeit eines bestimmten Vorrats (niedrige Werte senken die Verfügbarkeit von N, P, Mo und Sb, heben diejenige von Fe, Mn, Cu, Zn, B, AI, As, Be, Cd, Co, Cr, Hg, N i, Pb, Sn, TI und V, und lassen meist auf Armut an K, Ca und Mg schließen, vgl. Bewertung der entsprechenden Grenzzahlen). Daher ist der pH-Wert nur im Zusammenhang mit diesen Vorräten interpretierbar (z. B. Gefahr von Al-Toxizität bei niedrigem pH abhängig von Vorrat sowie Komplexierungsgrad des Gelösten, wofür als rohes Maß der Mineral- bzw. Tongehalt sowie der C_{org}-Gehalt der Bodenlösung gelten). Ein direkter H-Einfluss auf die Pflanzen liegt nur in seltenen Fällen vor. Die als optimal für Acker- und Grünlandböden angesehenen pH-Werte sind Tab. 7.3.9 zu entnehmen.

Auch der *Redoxzustand* beeinflusst stark Verwitterung, Zersetzung und Mobilität vieler Nähr- und Schadstoffe: oberhalb rH 35 starke Nitrifizierung; unterhalb rH 33 Denitrifizierung und damit N-Verluste; unterhalb rH 29 bzw. 19–13 zunehmende Mn- bzw. Fe-Verfügbarkeit und damit auch des stark an Mn/Fe- Oxidoberflächen gebundenen P, Mo, Cu, Co, Zn sowie der Schadmetalle; unterhalb rH 13 Sulfatreduktion und damit starke Minderung der SO_4^{2-}-, Fe-, Mn-, Cu-, Zn- und Schadmetallverfügbarkeit durch Sulfidbildung. Er wird entscheidend durch die Mikrobentätigkeit beeinflusst und wechselt mit dem O_2-Angebot umso rascher und stärker, je wärmer der Boden und je mehr leicht zersetzbare organische Substanz vorhanden ist. Niederschlag, Bodenlockerung und -verdichtung sowie Zufuhr an organischer Substanz können mithin die Mobilität vieler Nähr- und Schadstoffe rasch und stark verändern. Die im Jahreslauf dominierenden rH-Werte eines Bodens lassen sich im Gelände aus redoximorphen Merkmalen erschließen oder messen (s. Abschn. 3.5.4.3, 6.3.5, 6.5.3).

Schließlich ist der *S-Wert* (Summe der austauschbaren basisch wirksamen Kationen), ausgedrückt in Mol_c m^{-2} effektiver Wurzelraum, ein grobes Maß der allgemeinen Kationenversorgung (Basenhaushalt): Messung s. Abschn. 5.4.2.3; Schätzung und Bewertung s. Abschn. 3.6.2.5; Rotationsentzug etwa 5 Mol_c m^{-2}. Weicht die Zusammensetzung der Ionengarnitur beträchtlich von der hier unterstellten Norm (Ca : Mg : K : x = 20 : 3 : 1 : 1) ab, so können antagonistische Effekte auftreten, die in den bisher genannten Grenzzahlen nicht berücksichtigt sind. Das ist von Belang, wenn $Me^+ > Me^{2+}$, Mg > Ca

Tab. 7.3.9 Anzustrebender pH-Wert für landwirtschaftliche Nutzung in Abhängigkeit von Körnung und Humusgehalt (aus DVWK 1994)

Humus (Masse-%) DV-Zeichen Nutzung	Bodenart	0-4 h1-h3	4-8 h4	8-15 h5	15-30 h6	> 30 H
Acker	Ss, Su2–4, St2–3	5,5	5,0	5,0	4,5	4,0
	Sl2–4, Us, Uls	6,0	5,5	5,0	4,5	4,0
	Ls2–4, Uu, Slu	6,5	6,0	5,5	5,0	4,5
	Tu4, Ut2–4	7,0[1]	6,5	6,0	5,5	4,5
	Lt2–3, Lu, Lts	7,0[1]	6,5	6,0	5,5	5,0
	Tu2–3, Tl, Tt	7,5[2]	7,0[1]	6,5	6,0	5,0
Grünland	Ss, Sl2–4, Su2–4					
	St2–3, Slu, Us, Ut2–4	5,0	5,0	5,0	4,5	4,5
	Ls2–4, Lu, Uu, Uls	5,0	5,0	5,0	4,5	4,5
	Lt2–3, Lts, Tu2–4, Tl, Tt	6,0	6,0	5,5	5,0	4,5

[1] mindestens 0,2–0,5 % $CaCO_3$; [2] mindestens 1 % $CaCO_3$

oder Na > K. Zu starker Na-Einfluss liegt vor, wenn Na über 15 % der Basensättigung ausmacht. In diesem Wert ist jedoch nicht nur der Einfluss auf den Nährstoff-, sondern auch auf den Wasser- und Lufthaushalt (s. Abschn. 7.3.2) erfasst.

Für die „nachschaffende" Mineralkraft ist der *Silicatgehalt* der Sandfraktionen (s. Abschn. 5.5.6.2) ein geeignetes Maß, das durch den Gehalt an (durchsichtigen) Schwermineralen (s. Abschn. 5.5.6.3) zu stützen ist.

Man kann für Wald mit folgenden Werten rechnen (KUNDLER 1956):

10	15	20	% Silicate
1,0	1,5	2,0	% Schwerminerale
gering	mäßig	hoch	sehr hoch

Für die Variation der Einstufung gilt das beim Reserve-K (s. Abschn. 7.3.5.4) Erläuterte.

7.3.6 Schadstoffbelastung

Im Folgenden geht es nicht in erster Linie um negative Wirkungen erhöhter Elementkonzentration auf den Pflanzenwuchs: Das wurde bereits unter Abschn. 7.3.5 behandelt. Es geht um die Bewertung der Schadstoffgehalte durch einen Vergleich erhaltener Messwerte mit publizierten Hintergrund- bzw. Referenzwerten oder mit Grenzwerten offizieller Verordnungen im Sinne des Bodenschutzes, z. B. der Bundes-Bodenschutzverordnung (BBODSCHV 2004). Das soll im Folgenden am Beispiel der polyzyklischen aromatischen Kohlenwasserstoffe (PAK) geschehen. Diese am weitesten verbreitete Klasse organischer Schadstoffe kann durch natürliche (z. B. anaerober Abbau organischer Substanzen) und anthropogene Prozesse (z. B. Unvollständige Verbrennungen von fossilen Energieträgern) entstehen. Gewisse Rückschlüsse auf die Herkunft der nach Abschn. 5.6.9 bestimmten PAK lassen sich aus den Anteilen der Einzelverbindungen ziehen. So dominieren die höhermolekularen PAK mit vier und mehr Ringen in diffusen Einträgen aus Verbrennungsprozessen. Mittels statistischer Methoden (Hauptkomponenten- und Clusteranalyse) wurden Benz(a)anthracen, Benzo(b,k)fluoranthen, Benzo(a)pyren und Indeno(1,2,3-c,d)pyren anthropogener Herkunft und Acenaphthene, Fluoren, Pyren, Dibenzo(a,h)anthracen, Naphthalen und Benzo(g,h,i)perylen einer Bildung im Boden zugeordnet (ATANASSOVA & BRÜMMER 2004). Einfacher zu bewerten sind aber entweder die summierten Gehalte bzw. die Konzentration der Leitsubstanz Benzo(a)pyren. Unbelastete Böden können 0,1–0,3 mg PAK pro kg und 0,05–0,1 mg Benzo(a)pyren pro kg enthalten (LITZ 2004). Die in Tab. 7.3.10 beispielhaft aufgelisteten Hintergrundwerte

Tab. 7.3.10 Hintergrundwerte für die Gehalte an PAK und Benzo(a)pyren in Deutschland nach Daten aus LABO (1995); 50. und 90. Perzentile; Typ 0 ohne Differenzierung, Typ II Verdichtungsräume

Stoff	Acker		Grünland		Forst	
	50. P.	90. P.	50. P.	90. P.	50. P.	90. P.
PAK	0–0,3	0,1–0,9	0,3–0,5	0,8–1,1	0,0	0,2
B(a)P Typ 0	0,04	0,2	0,2	0,8	0,03	0,6
B(a)P Typ II	0,06	0,3	0,4	0,7	0,07	0,3

der Bund-Länder-Arbeitsgemeinschaft Bodenschutz (LABO) ermöglichen eine grobe Einschätzung, ob aufgefundene Gehalte punktuelle Kontaminationen bedeuten. Die entsprechenden Werte für organische Auflagen übersteigen die der Ah-Horizonte von Waldböden um das Drei- bis Achtfache. Dies, sowie die Unterschiede entsprechend der siedungsstrukturellen Gebietstypen für NRW deuten auf die Atmosphäre als wichtigen Eintragspfad hin. Für Benzo(a)pyren gelten Vorsorgewerte von 0,3 ($\leq 8\ \%$ OBS) bzw. 1 ($\geq 8\ \%$ OBS) mg kg^{-1} (BBODSCHV 2004) sowie ein Prüfwert von 1 mg kg^{-1} für den Wirkungspfad Boden – Nutzpflanze bei Nutzung als Acker oder Garten.

7.3.7 Habitatfunktion

Die eigentliche Synthese der Analysendaten besteht im Korrelieren aller Standorteigenschaften, was ja letztlich auch die Organismen tun. Oft sind die Wechselwirkungen mit klimatischen Folgen so stark, dass ungünstige Witterung günstige Bodeneigenschaften oder diese jene überspielen. Das ist besonders deshalb von Belang, weil für die Pflanze die dem entwicklungsabhängigen Bedarf entsprechende Zufuhr entscheidend ist. Ein einzelnes Bodenmerkmal sollte man also nur dann bewerten, wenn es ökologisch extremen Mangel oder Überschuss bedeutet; sonst muss sein Verhältnis zu anderen berücksichtigt werden. Das wurde bei den konkreten Fällen im Vorhergehenden veranschaulicht und geht z. T. in die genannten Grenzwerte ein. Diese enthalten überdies meist beträchtliche Sicherheitszuschläge. Es muss also im Einzelfall dahingestellt bleiben, ob nicht ein geringerer Gehalt auch ausreichend gewesen wäre. Über das optimale Verhältnis der Gehalte untereinander bestehen jedoch noch Kenntnislücken. Außerdem stellen Grenzzahlen nur statistische Mittelwerte unterschiedlicher Boden-Pflanze-Witterungs-Kombinationen dar (mit überdies verschiedenem Beurteilungsmaß wie Wuchsfreudigkeit, Mangelsymptome, Düngerwirkung). Ob der jeweilige Boden diesem *Normstandort* ausreichend ähnlich ist, muss also für genauere Aussagen geprüft werden.

Nahe liegender Prüfstein ist die Vegetation selbst, die das Produkt aller Standortfaktoren in der jüngsten Vergangenheit darstellt. Zum Vergleich heranzuziehen sind Artenbestand der Pflanzengesellschaft (bei Naturbeständen, s. Abschn. 3.3.1), Wuchsleistung und Nährstoffgehalt in den Pflanzen. Problematisch ist nun aber das Aufgliedern des Produkts in seine Faktoren, da verschiedene Kombinationen zum selben Ergebnis führen können. Bei Artenbestand und Wuchsleistung kommt es also darauf an, wirklich geeignete Zeigerpflanzen und spezifische Mangel- bzw. Überschusssymptome zu erkennen, was infolge des häufigen Faktorenersatzes nicht ganz einfach ist. (Hier sei wiederum auf pflanzensoziologische bzw. -physiologische Werke verwiesen.)

Oft wird die Nährstoffkonzentration (z. B. in mg g^{-1} Trockenmasse) in der Vegetation zur Charakterisierung des Nährstoffhaushalts des Bodens verwendet. Das ist jedoch nicht zulässig, da die Konzentration von der aufgenommenen Nährstoffmenge und von der produzierten Pflanzenmasse gleichermaßen abhängt, die wiederum ein Produkt aller, d. h. sowohl der klimatischen als auch der edaphischen Standortfaktoren ist. Mit den Gehalten wird also nur der relative, auf die Gunst der anderen Wachstumsfaktoren bezogene Versorgungsgrad der Pflanze, nicht die absolute Nährstoffanlieferung aus dem Boden gekennzeichnet. Dafür muss man die aufgenommene Nährstoffmenge (z. B. in g m^{-2}) heranziehen (s. Abschn. 7.1).

Als Grenzzahlen für deren Bewertung können die in Tab. 7.3.7 genannten Gehalte (nach Ableitung der Entzüge durch Multiplikation mit den Erträgen und Umrechnung auf 1 m²) angesehen werden (der geringere Bedarf gegenüber dem Fruchtfolgedurchschnitt und der Gehalt der dort nicht berücksichtigten *Ernterückstände* gleichen sich etwa aus).

Obschon der Nährstoffentzug eine spezifischere Größe ist als etwa Artenbestand und Wuchsleistung (der Ertrag), kann man doch auch über die ihn bestimmenden Faktoren nur mithilfe der Bodenanalyse eine Aussage treffen, z. B. ob eine geringe Aufnahme mehr auf geringe Vorräte oder deren

Tab. 7.3.11 Obergrenze des Nährstoffmangels (1) und Beginn optimaler Versorgung (2) zehn- bis 90-jähriger Bäume in Mitteleuropa (n. HÜTTL 1992 u. a.)

Element	Konz. T. S.	Fichte 1	Fichte 2	Kiefer 1	Kiefer 2	Buche 1	Buche 2
N	mg g^{-1}	13	15	14	16	18	25
P	mg g^{-1}	1.2	1,5	1,2	1,3	1,3	1,7
K	mg g^{-1}	4.5	6,0	4,5	6,0	5,5	7,5
Ca	mg g^{-1}	2.0	3,0	1,5	2,0	5,0	8,5
Mg	mg g^{-1}	0,8	1,0	0,8	1,0	0,8	1,4
Mn	mg kg^{-1}	20	500	20	500	-	-
Zn	mg kg^{-1}	13	25	13	25	-	-
Cu	mg kg^{-1}	4	12	4	12	-	-
B	mg kg^{-1}	10	30	10	30	-	-

geringe Verfügbarkeit zurückzuführen ist. Solche differenzierenden Schlüsse können durch Bezug der aufgenommenen Menge eines Nährstoffs auf die anderer oder aller Mineralstoffe (Aschegehalt) und Vergleich mit den entsprechenden Bodenmerkmalen gesichert werden (z. B. geringere Aufnahme eines im Unterboden konzentrierten Nährstoffs spricht für Durchwurzelungshemmung).

Unter bestimmten Bedingungen (kein starker Mangel oder Überschuss an anderen Wachstumsfaktoren, Probenahme zur Zeit geringer Ertragsunterschiede) können die Nährstoffgehalte als Maß für die Nährstoffanlieferung dienen. Oft werden auch nur Pflanzenorgane analysiert, die einen besonderen Zeigerwert besitzen. Dieses Verfahren muss man notgedrungen dort anwenden, wo die Analyse der ganzen Vegetationsdecke schwierig wäre, wie z. B. im Wald.

Bei Fichten (*Picea abies*) und Kiefern (*Pinus sylvestris*) werden die Gehalte einjähriger Nadeln des ersten Wirtels am Ende der Vegetationsperiode (Okt.–Jan.), bei Buchen voll entwickelte Blätter an Jungtrieben der Lichtkrone bewertet. Näheres zur Blatt- und Nadelanalyse ist dem Handbuch Forstliche Analytik (HFA 2005ff), Bewertungen sind Tab. 7.3.11 zu entnehmen.

Die Vegetationsuntersuchung ist also die Gegenprobe für die integrierende Standortbeurteilung. Es wäre daher nahe liegend, sie von vornherein und als alleinige Methode anzuwenden. Aber auch dann ist es erforderlich, dieses Produkt wieder in seine Faktoren zu zerlegen, d. h. die Gunst der verschiedenen Standortfaktoren einzeln zu beurteilen.

Dafür gibt es zwei Gründe. Nur auf diese Weise lässt sich ermitteln, 1. welche ökologischen Folgen die einzelnen bodengenetischen Prozesse haben und 2. welche Bodeneigenschaften gezielt zu verändern sind, um die Standorteigenschaften zu verbessern. Ersteres ist das theoretische, Letzteres das praktische Ziel der Bodenuntersuchung.

Für unser Beispielprofil ergibt sich aufgrund der in Abb. 7.1.1 und in Tab. 7.3.12 (nach der in Abschn. 7.3.1 geschilderten Weise umgerechnet) dargestellten Ergebnisse, dass es tiefgründig, aber nur im Oberboden gut durchwurzelbar (Ausgangsgestein dicht, Entkalkung führte infolge Toneinschlämmung im Bt und Gefügezusammenbruchs im AlBtv kaum zu Porenzuwachs), frisch und nur mäßig durchlüftet ist (geringes Porenvolumen und hoher Totwasseranteil im Unter-, günstigere Verhältnisse im Oberboden durch Belebung und Humusakkumulation). Die Nährstoffreserven sind nach Tab. 7.3.6 hoch bei K, Ca und Mg und erhöht bei P (nährstoffreiches Gestein und nur bei Ca und P stärkere Verwitterungsverluste des Profils, bei K und Mg mehr Umlagerungsverlust des tonverarmten Oberbodens) sowie erhöht bei N (Anreicherung von Mullhumus). Der Vorrat an verfügbaren Nährstoffen nach Tab. 7.3.5 (da Forstnutzung um jeweils eine Stufe besser beurteilt) ist gering bei P, erhöht bei N und sehr hoch bei K und Mg, wobei sich bei N, P und K (wie auch beim Reserve-P) die Pumpwirkung der Vegetation deutlich auswirkt.

Zum Vergleich sind in Abb. 7.3.3 die Analysendaten für einen feuchten Ackerpodsol aus Geschiebe-

Tab. 7.3.12 Standorteigenschaften einer Parabraunerde aus Geschiebemergel unter Buchen/Eichen-Altholz (effektiver Wurzelraum 10 dm)

	nNFKWe	N_t	N_z	P_v	P_{la}	K_v	K_{la}	Mg_{la}
0–100 cm	200 mm	700	1,4	200	7,5	2470	83	160 g m^{-2}
0–30 cm	70 mm	546	1,4	115	5,7	1090	48	75 g m^{-2}

sand dargestellt. Das Ausgangsgestein ist grobkörnig und nährstoffarm; in ihm lief eine intensive Verwitterung und danach eine mit starker Rohhumusakkumulation (erhalten etwa 400 t organische Substanz pro ha) verbundene Podsolierung ab. Der mit Heide bestandene Boden wurde ca. 1915 kultiviert und 1955 analysiert. Er ist tiefgründig und gut durchwurzelbar (teils infolge lockeren Gesteins, teils infolge Tiefpflügens), mäßig trocken und gut durchlüftet (ohne die Speicherleistung des erhaltenen Rohhumus sehr trocken!). Die Nährstoffreserven sind gering bei P, K und Mg (Folge der starken Auswaschung), erhöht bei N und hoch bei Ca (Zufuhr durch Meliorationskalkung), die Vorräte an verfügbaren Nährstoffen sind erhöht bei Mn, mittel bei K, P und Cu (Düngungseinfluss) sowie gering bei N (Zersetzungsresistenz des Rohhumus).

Derart sind Standorteigenschaften aus Ausgangsgestein und Verlauf der Bodenbildung (einschließlich der Kultivierung) zu verstehen und entsprechende Nutzungsmaßnahmen (z. B. Unterbodenaufschließung bei der Parabraunerde, Erhöhung der Nährstoffreserven beim Podsol) abzuleiten.

Als allgemeines Maß für die Bodenfruchtbarkeit vermag die mikrobielle Biomasse zu dienen, da Mikroorganismen ähnliche Standorteigenschaften bevorzugen wie Kulturpflanzen. Die lebende Biomasse und die biologische Aktivität des Bodens weisen ebenso wie die gesamten Humusgehalte meist einen ausgeprägten Tiefengradienten auf. Bodenbiologische Parameter werden überwiegend im Bereich maximaler Aktivität (A-Horizont bzw. organische Auflage) erfasst. Die biologische Aktivität ist oft eng mit chemischen (z. B. Gehalt an toter OBS, pH-Wert) und physikalischen (z. B. pH-Wert, Tongehalt, Wassergehalt) Bodeneigenschaften korreliert. Sie unterliegt einer jahreszeitlichen Dynamik. Im gemäßigten Klima liegen die Maxima biologischer Aktivität im Boden im Frühjahr und Herbst. Die Heterogenität der biologischen Aktivität im Boden kann bereits kleinräumig sehr hoch sein. Das C/N-Verhältnis der mikrobiellen Biomasse im Boden beträgt durchschnittlich ca. 10, das C/P-Verhältnis ca. 20. Hohe C/N-Verhältnisse (12) lassen auf die Dominanz pilzlicher Biomasse,

enge C/N-Verhältnisse (6) auf einen hohen Anteil bakterieller Biomasse schließen.

Die Aktivität von Bodenenzymen setzt sich aus der Aktivität von intra- und extrazellulären Enzymen zusammen. In Böden mit hohen Ton- und/oder Humusgehalten wird ein erhöhter Anteil der Enzyme langfristig an diese Bodenbestandteile gebunden und daher verlangsamt abgebaut. Daher müssen bei der Bewertung der Enzymaktivitäten die Ton- (steigende Enzymaktivitäten mit steigendem Tongehalt) und Humusgehalte (steigende Aktivitäten mit steigenden Humusgehalten) berücksichtigt werden. Zusätzlich steuern der pH-Wert des Bodens (Optima variieren enzymspezifisch; vgl. saure bzw. alkalische Phosphatasen), die Vegetation, die Temperatur und die Nährstoffversorgung entscheidend die Aktivität von Bodenenzymen. Da die Bestimmung der Aktivität von Bodenenzymen im Labor unter optimierten Bedingungen (Temperatur, pH-Wert) erfolgt, wird die potenzielle Aktivität, nicht die aktuelle Aktivität am Standort, bestimmt. Die Höhe der Enzymaktivitäten muss grundsätzlich unter Berücksichtigung der Bodeneigenschaften und Nutzungsform eingestuft werden. Ein Wert, der für einen sand. Podsol hoch ist, wäre für einen lehm. Lessivé gering, ein hoher Wert für einen Ackerboden kann geringer als ein durchschnittlicher Wert unter Grünland sein (HOFMANN & HOFFMANN 1955). Aufgrund der vielfältigen Einflussfaktoren gibt es auch keine publizierten Angaben über niedrige, mittlere oder hohe Gehalte, sondern bestenfalls Bereiche möglicher Enzymaktivitäten (Tab. 7.3.13).

Ein hoher Gehalt an Enzymen lässt sich nun grundsätzlich als hohe Fruchtbarkeit des Bodens interpretieren, ein geringer als geringe Fruchtbarkeit. Allerdings wurden die Enzyme nach Abschn. 5.6.3 unter optimierten Laborbedingungen bei 25 °C ermittelt: Zu erwartende Gehalte unter Standortbedingungen ließen sich für das Jahresmittel der Temperatur des untersuchten Standorts nach dem für die Bodenatmung entwickelten Bewertungsschema (Abb. 7.3.2) unter Veränderung der senkrechten Skala ableiten. Die Bewertung selbst hätte dann nach Tab. 7.3.13 zu erfolgen.

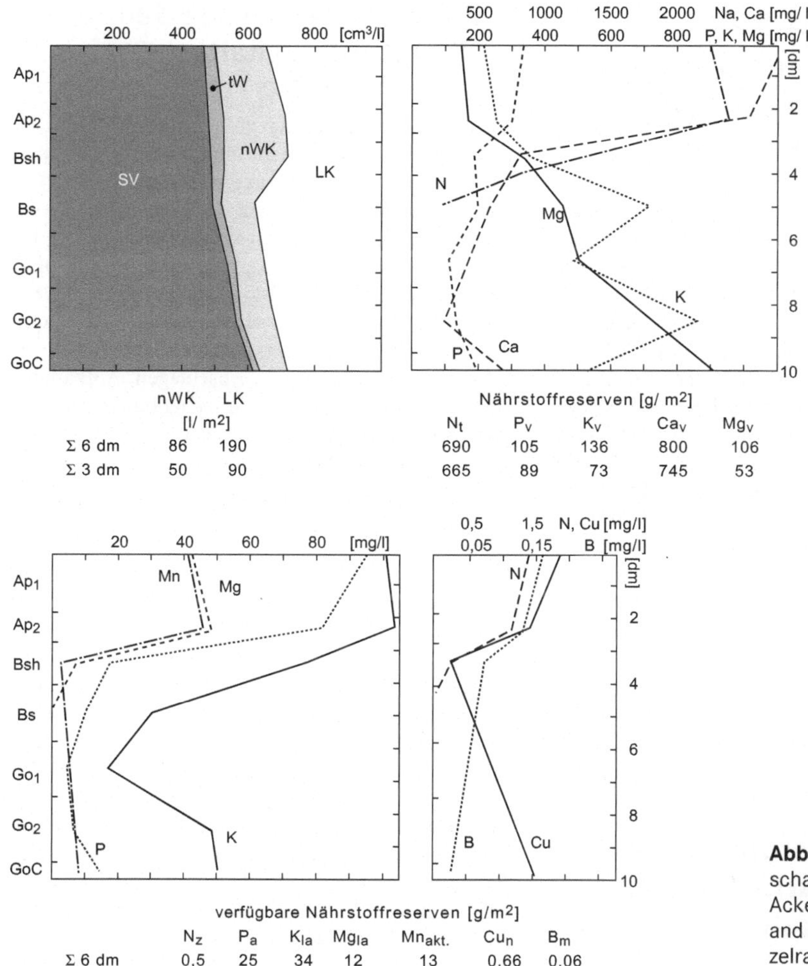

Abb. 7.3.3 Standorteigenschaften eines vergleyten Ackerpodsol aus Geschiebesand mit 6 dm effektivem Wurzelraum; $Mn_{akt.}$ ähnliche Mu_e (KÖHNLEIN & SCHLICHTING 1959)

Tab. 7.3.13 Vorläufige Aktivitätsbereiche von Bodenenzymen, abgeleitet aus Daten von TABATABAI & FU (1992), NANNIPIERI et al. (2002) und KANDELER (2007)

Enzym	Aktivitätsbereich	niedrig		mittel	hoch
Dehydrogenase	0,6–207 µg TPF g^{-1} (24 h)$^{-1}$	<	10	100	>
β-Glucosidase	0,09--405 μM p-Nitrophenol $g^{-1}h^{-1}$	<	10	100	>
Proteinase	0.5–2,7 μM Tyrosin $g^{-1}h^{-1}$	<	1	2	>
Urease	0,14–14,3 μM N-NH$_3$ $g^{-1}h^{-1}$	<	1	10	>
alkal. Phosphatase	6,76–27,3 μM p-Nitrophenol $g^{-1}h^{-1}$	<	5	20	>
saure Phosphatase	0,05–86,3 μM p-Nitrophenol $g^{-1}h^{-1}$	<	1	50	>
Arylsulphatase	0,01–42,5 μM p-Nitrophenol $g^{-1}h^{-1}$	<	1	20	>

7.4 Ableitung von Meliorations- und Nutzungsmaßnahmen

Bei jeder Meliorations- und Nutzungsmaßnahme sind die Belange des Boden- und Umweltschutzes sowie der Gesundheit von Mensch und Tier strikt zu beachten. Zu vermeiden sind mithin (vor allem schwer zu behebende) Veränderungen benachbarter Ökosysteme (häufig durch Ent- bzw. Bewässerung), der Atmosphäre (häufig durch NH_3 der Wirtschaftsdünger), des Grund- und Oberflächenwassers (häufig durch Überdüngung), der Bodensubstanz (durch Erosion/Sedimentation), des Bodengefüges (häufig durch Verdichtung), des Stoffbestands der Böden (oft durch Überdüngung, z. T. durch Nährstoffentnahmen ohne entsprechende Kompensation), der Leistungsfähigkeit der Bodenorganismen (oft durch Pflanzenschutz) sowie des Tier- und Pflanzenartenbestands der Landschaft (oft durch Verzicht auf naturbelassene Randstreifen); Näheres s. BLUME (2004).

Im Folgenden sollen nur die Folgerungen aus Laboruntersuchungen skizziert werden, die Geländebefund und -urteil (vgl. Abschn. 3.6.2.7) ergänzen.

7.4.1 Verbesserung von Durchwurzelbarkeit, Wasser- und Lufthaushalt

Werden die in Abschn. 7.3.3 genannten LV- bzw. LK-Werte unterschritten, so sollte entwässert oder gelockert werden. Graben- bzw. Dränabstand hängen von der Durchlässigkeit ab, an deren Stelle man meist noch die Körnung (bzw. der durch sie bestimmte Hygroskopiewert; Tab. 7.4.1) verwendet. Dazu kommen die bereits unter Abschn. 3.6.2.7 genannten groben Korrekturwerte (z. B. für die Lagerungsdichte), die man bei Kenntnis des Porenvolumens in folgender Weise errechnen kann:

Korrekturwert = – [Normwert · 2 · (45 – PV %)]/100 [m].

Bei Bewässerungsbedarf lassen sich Termin und Auffüllrate aus Messungen der Bodenfeuchtespannung (s. Abschn. 6.2.3.5) oder des Wassergehalts (s. Abschn. 6.2.3.2) ableiten, sofern die pF-Wassergehaltskurve des Bodens bekannt ist (s. z. B. Abb. 5.3.3).

7.4.2 Verbesserung des Nährstoffhaushalts

Meliorationscharakter hat zunächst die Kalkung. Da ihr Ziel weniger die Ca-Zufuhr als der pH-Anstieg ist, wird die nötige Menge nicht nach dem Ca-Gehalt, sondern nach dem H-Wert bemessen (s. Abschn. 5.4.2.4). Soll die *Krume* (bis 30 cm bei 1,3 kg dm^{-3} ρb = 4 Mill. kg ha^{-1} Boden) auf pH 7 aufgekalkt werden, so ist 1 cmol H kg^{-1} 11,2 dt CaO, 14,8 dt Ca(OH)$_2$ und 20 dt CaCO$_3$ ha^{-1} äquivalent. Steingehalt oder geringe Lagerungsdichte führen zu entsprechenden Abschlägen, Aufkalkung auch des Unterbodens zu berechenbaren Zuschlägen. Die für den jeweils optimalen pH (CaCl$_2$) nach Tab. 7.3.9 nötige Düngermenge ist dann

x = (opt. pH – gegenwärt. pH) / (7 – gegenwärt. pH) [100 kg ha^{-1}] für pH 7.

Je höher der Anteil an Austausch-Al ist, desto weniger wird wegen dessen langsamen OH-Verbrauchs der berechnete pH-Wert tatsächlich erreicht.

Unter Entzug ist in Bezug auf ein Feld das Geerntete gemeint (z. B. Rübe, Milch und Fleisch, nicht untergepflügtes Blatt, Tierkot und -harn); in Bezug auf den Betrieb ist nur das Verkaufte zu sehen (und durch Zukauf von Dünger bzw. nährstoffhaltige Futter- und Pflanzenschutzmittel zu kompensieren), nicht das im Betrieb Verbliebene (z. B. Futterrüben, Einstreustroh), da deren Nährstoffe zurückfließen (ggf. ist zwischen den Schlägen auszugleichen: Bei Mischbetrieben erfolgt oft durch Wirtschaftsdünger ein Nährstofftransfer vom Grün- zum Ackerland).

N ist grundsätzlich nach Entzug zu düngen, und zwar abzüglich des Verfügbaren (N$_{min}$). Außer bei sandreichen Böden kompensieren sich N-Einnahmen durch Niederschlag sowie N-Bindung und Verluste durch Auswaschung sowie Denitrifikation (sofern in mehreren Portionen bedarfsgerecht gedüngt wird und Bodenverdichtungen behoben werden). Bei jenen sind erhöhte Austräge (> 30 kg ha^{-1} a^{-1}) kaum zu vermeiden und rechtfertigen einen Zuschlag von ca. 20 kg ha^{-1}. Die N-Mengen der Wirtschaftsdünger sind voll zu berücksichtigen, was nur unter Vermeidung jeglicher Verluste zu erreichen ist (z. B. Einsatz nach Nährstoffbedarf ggf. in mehreren Portionen, um Auswaschung, Stallmisteinsatz bei Regen und Eindrillen der Gülle, um NH_3-Verluste zu vermeiden).

Die *Spurenelementdüngung* hat mehr Meliorationscharakter. Hier empfiehlt sich ggf. ein Anheben der verfügbaren Mengen auf Versorgungsstufe 3 (s. Tab. 7.3.5), sofern man nicht überhaupt nur

Tab. 7.4.1 Dränabstand in Abhängigkeit von Körnung bzw. Hygroskopizität bei unterschiedlicher Dräntiefe (DIN 1185)

Masse-	%		m Tiefe	0,8	1,0	1,2	1,4
< 2 μm	< 20 μm	Hy	m		Dränabstand		
> 82	> 98	> 21	5,5	6			
–60	–86	–16	6,5	7			
–47	–74	–13	7	8			
–35	–62	–10	8	9	9,5		
–26	–50	–8	9	10	11	12	
–19	–38	–6	10,5	12	13	14,5	
–12	–26	–4	12,5	15	17	19,5	
–6	–8	–2	15,5	19,5	23	27	
< 1	< 2	< 0,5	19	25	33	40	

versucht, festgelegte Vorräte zu mobilisieren (z. B. durch pH-Senkung Mn, Fe, oft P, B; durch pH-Steigerung P, Mo); durch organische Düngung sowie Walzen sandreicher Böden oft P, Mn und Cu infolge Erniedrigung des pH-Wertes).

Bei stärkerer Belastung mit Schadstoffen, deren Löslichkeit mit steigendem pH sinkt (s. Abschn. 7.3.5.15), kann ein stärkeres Anheben des pH zweckmäßig sein (was ggf. mit einer Düngung von Nährstoffen zu verbinden ist, deren Verfügbarkeit dann ebenfalls sinkt). Belastungen, deren Löslichkeit mit sinkendem pH sinkt (z. B. Sb), wäre kurzfristig durch verstärkten Einsatz organischer oder physiologisch sauer wirkender Dünger, mittelfristig (im humiden Klima) durch verminderte Erhaltungskalkung zu begegnen. Alternativ könnte man in beiden Fällen die Schadstoffbindungskapazität erhöhen (z. B. durch Zusatz von Metalloxiden). In gravierenden Fällen muss hingegen saniert werden (s. hierzu BLUME et al. 2004: Abschn. 5.6).

In *alkalisierten* Böden tritt an die Stelle des Kalkens das Gipsen (oder Schwefeln). Der Gipsbedarf ist der Menge an Austausch-Na (s. Abschn. 5.4.3.6) äquivalent, und zwar entspricht 1 cmol Na kg^{-1} unter obigen Bedingungen 25,8 dt Gips ha^{-1} (oder 4,8 dt Schwefelblüte). Vorhandener Gips- und Steingehalt sowie Aufgipsen auch des Unterbodens sind entsprechend zu berücksichtigen.

Die ermittelten Gehalte an kurzfristig verfügbaren Nährstoffen sind nur eine qualitative Basis für die jeweilige *Düngermenge*. Bei mittlerer P-, K- und Mg-Versorgung ist es ratsam, den normalen Jahresentzug zu düngen, bei geringer bzw. sehr geringer das 1,3- bzw. 1,6-Fache, bei erhöhter die halbe Menge, während man bei hoher Versorgung auf Düngung verzichten kann.

Diese Empfehlungen gelten für intensive Acker- bzw. Grünlandnutzung bei mittlerem Ertragspotenzial und mittlerem Nährstofftransmissionsvermögen (s. Abschn. 7.3.5). Bei geringem Potenzial oder hohem Transmissionsvermögen ist etwas weniger, bei hohem Potenzial etwas mehr zu düngen, während ein geringes Transmissionsvermögen besser erhöht (z. B. durch Gefügemelioration, s. Abschn. 7.3.7.1) als durch erhöhte Düngung kompensiert wird (da sonst oft erhöhte Auswaschung). Ob das zweckmäßiger ist als Zufuhr, zeigen die Fixierungsraten, und ob es erfolgversprechender ist, die nachlieferbaren Mengen.

Art, Zusammensetzung und Wirkung käuflicher und wirtschaftseigener Dünger sind FINCK (2007) zu entnehmen, Hinweise zur Anwendung auch einschlägigen Werken des Acker-, Garten-. Obst-, Wald- und Weinbaus. Abschließend sei besonders hervorgehoben, dass die Meliorations- und Nutzungsmaßnahmen natürlich nicht nur auf den Standort, sondern auch untereinander abgestimmt werden müssen, und dass außer den erwähnten eine große Zahl anderer pflanzenbaulicher Maßnahmen zu berücksichtigen ist.

7.4.3 Verbesserung als Schadstofffilter

Da, wie in Abschn. 5.4.4 gezeigt wurde, das Bindungsvermögen für anorganische (v. a. Schwermetalle) und organische Schadstoffe weitgehend durch die Faktoren pH, Tongehalt (auch organisch-mineralische Tonfraktion aus silicatischen Tonmineralen, pedogenen Oxiden und gebundener OBS) und OBS-Gehalt bestimmt wird, bilden diese die wichtigsten Ansatzpunkte zur Verbesserung des Bindungsvermögens für Schadstoffe, wodurch die Filterwirkung des Bodens gegenüber Schadstoffeinträgen ins Grundwasser und Schadstofftransfers in Bodenorganismen und Pflanzen verbessert wird.

Durch Kalkung können für Schadstoffbindung und Pflanzenwachstum günstige pH-Werte eingestellt werden. Vorsichtige Kompensationskalkungen von Wäldern zur Neutralisation eingetragener Säuren werden ggf. in Verantwortung der Bundesländer durchgeführt. Dabei sind bei Aufwandmengen von beispielsweise 3 t $CaCO_3$ ha^{-1} (wirksame Bestandteile) schwerlöslicher Kalke mit Helikoptern keine Umweltrisiken zu befürchten; vielmehr nimmt der Versauerungsgrad bis in tiefere Horizonte ab, und Basen- und Nährstoffverhältnisse sowie biologische Aktivität verbessern sich (SCHIMMING 2004). Die Kalkung landwirtschaftlich und gärtnerisch genutzter Böden ist eine Routinemaßnahme, für die umfangreiche Daten zu Ermittlung des Kalkbedarfs sowie für die Berechnung der Aufwandmengen vorliegen (s. Abschn. 7.3.5). Anzustrebende pH-Werte liegen bei Mineralböden je nach Bodenart und Humusgehalt zwischen 5,0 und 7,3 (≥ 7 nur $CaCO_3$-haltige Lehme, Schluffe und Tone); für Anmoor und Torfe gelten Ziel-pH zwischen 4 und 5. Bei stärkerer Belastung mit Schadstoffen, deren Bindungsstärke besonders pH-abhängig ist (z. B. Cd), kann eine Kalkung auf pH oberhalb der Ansprüche der Kulturpflanzen sinnvoll sein.

Erhöhungen der Tongehalte durch Zufuhr tonreicher Substrate (z. B. Tonmergel, Bentonite) können zu einer grundlegenden Verbesserung sandiger Böden führen (REUTER 1994). Mit zugeführten Tonen verbessern sich das Stabilisierungsvermögen für organischer Substanzen (Erhöhung der OBS-Gehalte durch organisch-mineralische Verbindungen), die Kationenaustauschkapazität (Bindung kationisch vorliegender Schadstoffe) sowie die Wasserspeicherung (Verringerung der Schadstoffauswaschung). Obgleich sich durch Tonsubstratzufuhr nicht nur Filtereigenschaften, sondern auch das Ertragspotenzial sandiger Böden grundsätzlich verbessern lassen, bestehen Beschränkungen für Praxisanwendungen in der Verfügbarkeit geeigneter Tonsubstrate und in der Verfahrensökonomie.

Die Gehalte des Bodens an OBS können grundsätzlich erhöht werden, indem man 1. den Abbau verringert (weniger Belüftung, z. B. durch mehrjährige Gräser oder Dauerkulturen, konservierende Bodenbearbeitung) und/oder 2. die Zufuhr erhöht (z. B. Belassen der Ernterückstände auf dem Feld, organische Düngung). Durch Düngung können die OBS-Gehalte mit vertretbarem Aufwand nur in relativ engen Grenzen (zwischen 0,1 und 0,5 % C_{org}) verändert werden; trotzdem hat dies erhebliche Auswirkungen auf die Schadstoffbindung. Besonders das Bindungsvermögen für organische Schadstoffe, und in dieser Gruppe speziell für die mit hohen K_{OC}-Werten (z. B. PAK), wird durch die Humusgehalte positiv beeinflusst. Stroh, Rottemist und Kompost haben die höchste Wirkung zur Erhöhung der Humusgehalte (Humusreproduktion), allerdings ist zu beachten, dass man mit Mist und Kompost selbst anorganische und organische Schadstoffe zuführen kann. Bei vernässten Böden besteht die Gefahr der Mobilisierung redoxsensitiver Schadstoffe, insbesondere von Schwermetallen, infolge Lösung von Mn- und Fe-Oxiden, an denen die Schwermetalle gebunden sind. Daher können Lockerung und Entwässerung die Filtrationseigenschaften dieser Böden gegenüber Schadstoffen verbessern.

7.5 Sicherung der Ergebnisse

In den Abschn. 7.2 und 7.3 wurde dargelegt, wie sich durch Auswertung der gegenwärtigen Eigenschaften eines Bodens die Fragen beantworten lassen, wie und wann die Bodenmerkmale geprägt wurden, welche Standorteigenschaften der Boden dadurch bekam und welche er künftig haben wird. Diese Aussagen können einerseits durch die Untersuchung des betreffenden Profils zu verschiedenen Zeiten (Umsatzmessung, s. Kap. 6) oder vergleichbarer Profile zur selben Zeit (Profil- und Standortvergleich) auf die bisher beschriebene Weise und andererseits durch Experimente gesichert werden.

7.5.1 Umsatzmessungen

Im Grunde sind viele der im vorigen Kapitel interpretierten Daten bereits das Ergebnis von Umsatzmessungen; hier handelt es sich darum, die Veränderungen nicht unter Standard-, sondern unter Standortbedingungen zu erfassen. Zu unterscheiden sind die sich reversibel (± rhythmisch) und die sich irreversibel ändernden Merkmale. Die Amplitude Ersterer zu ermitteln (s. Kap. 6), gehört eigentlich bereits zur Beschreibung des Bodens als dynamischer Naturkörper. In beiden Fällen aber ist für die Exaktheit der Aussage entscheidend, dass wirklich am selben Ort gemessen wird, da sonst räumliche Unterschiede in das Ergebnis mit eingehen. Oft empfiehlt es sich daher, die Resultate auf eine in der Messzeit als konstant anzusehende Größe zu beziehen (z. B. den NO_3-N auf den N_t-Gehalt, das Austausch- auf das Gesamt-Mn). Reversibel ändert sich insbesondere das Gefüge (vor allem die Porenfüllung, aber auch die Porenverteilung), aber selbst der Mineralbestand (z. B. die Salzverteilung im Profil, die Mn-Verteilung auf austauschbares und aktives). Diese Änderungen sind insbesondere für die kurzfristige ökologische Vorhersage sehr wichtig, weil es für die Pflanzen weniger entscheidend ist, wie viel ihnen durchschnittlich angeboten wird, als vielmehr, wie Minima und Maxima ihrem Bedarf bzw. ihrer Widerstandskraft entsprechen. Eine Untersuchung des zeitlichen Verlaufs der Nährstoffaufnahme sichert diese Aussagen.

Irreversible Änderungen im Laufe kurzer Zeit wirken sich in den mobilen Fraktionen meist stärker aus (z. B. K-Auswaschung auf Austausch- stärker als auf HCl-K), sind aber exakt nur zu fassen, wenn man sie nicht aus dem Aufbau des Profils erschließt (*Umsatzbilanz*), sondern direkt misst (z. B. im Dränwasser eines genau umgrenzten Standorts, in Lysimetern oder noch besser in gewonnenen Bodenlösungen, vgl. Abschn. 6.5.3.4). Diese Änderungen geben Aufschluss über die – bei der rekonstruierenden Profilbetrachtung unterbewerteten – rezenten bodenbildenden Prozesse und mithin über die künftige Entwicklung der Standorteigenschaften. Die Aussagen über den Mechanismus der Prozesse (das Wie) werden umso sicherer, je mehr man die gegenseitige Abhängigkeit verschiedener

Änderungen ermittelte. Kennt man bisheriges Ausmaß und Dauer der Bodenbildung, so ergänzt der Vergleich der errechneten bisherigen durchschnittlichen Intensität der Prozesse mit der rezenten (gemessenen) die aus dem Profilaufbau erschlossene Abfolge der Prozesse (das Wann).

7.5.2 Boden- bzw. Standortvergleich

Um die aus einem Boden abgeleiteten Aussagen weiter zu sichern, muss die Untersuchung in Gelände und Labor auf die anderen Böden der Landschaft, auf Regionen, Provinzen und letztlich sogar Zonen ausgedehnt werden. Damit werden umgekehrt auch die Aussagen über die zum Vergleich herangezogenen Böden gestützt. Das Hauptproblem ist hierbei die Vergleichbarkeit der Objekte.

7.5.2.1 Untersuchung einer Hangserie innerhalb einer Landschaft

In den bisherigen Darlegungen wurden die Böden und Standorte einer Landschaft mehr oder weniger isoliert betrachtet. Sie sind aber oft durch Verlagerungsprozesse miteinander verbunden. Wie man im Boden Verluste an einer Stelle (Fraktion, Horizont) und Gewinn an anderer miteinander vergleicht, um die Aussage über beide zu sichern, so auch in einer Landschaft. Das ist offenkundig und relativ leicht zu untersuchen an Bodenserien, die nur oder doch vorwiegend durch unterschiedliches Relief differenziert wurden (in ersterem Fall Toposequenz nach JENNY (1980) im engeren Sinne, im letzteren Catena). Abflusswasser verbindet geköpfte Böden am Ober- und überdeckte am Unterhang, Hangzugwasser und Grundwasser entsprechend Auswaschung der Hochfläche mit Kapillarhub in der Senke. Wie die Merkmale geprägt wurden, lässt sich also oft einfacher durch den Vergleich mehrerer als durch genaue Untersuchung eines Bodens klären.

Dies ist bereits bei der Profilaufnahme im Gelände zu beachten und stellt den wesentlichen Erkenntniszuwachs einer Bodenkartierung dar (vgl. Abschn. 4.10). Entsprechend müssen die Ergebnisse von Laboruntersuchungen zu einer vergleichenden Betrachtung der betreffenden Böden und im Idealfall zu einer Landschaftsbilanz verbunden werden. Infolge der Heterogenität der Bodendecke sind aber allenfalls qualitative Bilanzen durch Verknüpfen typischer Böden einer Landschaft möglich. Bei dem

Prozesspaar *Erosion–Sedimentation* ist meist der Gewinn, bei demjenigen *Auswaschung–Kapillarhub* der Verlust besser zu fassen. Aus diesen Daten den Verlust bzw. Gewinn zu erschließen, ist aber umso problematischer, je feiner bzw. löslicher das umgelagerte Material ist, da es völlig aus der Landschaft herausgetragen worden sein kann. Auch Umsatzmessungen lassen sich zu einer Landschaftsanalyse verknüpfen. Auf diese Weise gewinnt man z. B. quantitative Angaben über den Wasserhaushalt der Landschaft. Dem Verlust an Abfluss- oder Sickerwasser an einem Ort steht ein Gewinn an Zufluss- bzw. Kapillarwasser am anderen gegenüber.

Vor allem Senkenböden sind also in ihrem Stoffhaushalt selten autonom. Daraus folgt, dass weder ihre Entwicklung noch ihre Standorteigenschaften ohne Kenntnis derjenigen der Hügelböden verstanden und dass auch zweckmäßige Meliorationsmaßnahmen nicht allein aus ihrem Bodenaufbau abgeleitet werden können.

Das ist in Abb. 7.5.1 für eine *Toposequenz* in der Jungmoränenlandschaft dargestellt. Von dem Beispielsboden auf der Hochfläche unterscheidet sich die *Parabraunerde* am Hang durch geringere Verwitterungstiefe und -intensität (Entkalkungstiefe geringer, Verbraunung und Entbasung schwächer) sowie geringere Humusmenge. Das ist vornehmlich durch Erosion bedingt, die sich in einer Anreicherung von Kies + Grobsand gegenüber Feinsand + Schluff sowie von Schwermineralen zu erkennen gibt (Verwitterung hat den gegenteiligen Effekt). Gemeinsam ist beiden Böden die Verarmung durch Sickerwassertransport (deutlich sichtbar an der Entkalkung). Der *Gley* des Bachtales bekommt vornehmlich die

– in ihrer Körnung wechselnde, aber besonders feinsandig-schluffige – Erosionsfracht zugeführt, während die Basen- und Kalkanreicherung des Oberbodens durch Kapillarhub nur mäßig ist. Im *Niedermoor* tritt diese stark hervor (Wechsel der Maßstäbe beachten!), während die Zufuhr fester Stoffe gering ist. Gley und Niedermoor unterscheiden sich von den Parabraunerden überdies durch höhere Gehalte an Oxalat-Fe und besonders natürlich in der Menge angehäufter organischer Substanz (C/N in allen Böden um 10). Diese ist zwar nicht im Wesentlichen von der Hochfläche zugeführt, wurde aber in ihrer Bildung durch Nährstoff- und in ihrer Erhaltung durch Wasserzufuhr von Hang und Hochfläche begünstigt.

7.5.2.2 Untersuchung einer Entwicklungsserie innerhalb einer Bodenregion (Provinz)

In einem etwas größeren Bereich begegnet man meist einer abgestuften Wirksamkeit der Faktoren der Bodenbildung und mithin Böden unterschiedlichen Entwicklungsgrades. An ihnen lässt sich die an einem Boden gewonnene Aussage über das Wie und insbesondere über das Wann der bodenbildenden Prozesse sichern. Voraussetzung ist jedoch, dass die Böden vergleichbar sind. Streng genommen ist das nur dann der Fall, wenn sie sich lediglich im Alter unterscheiden, Zeit also die alleinige Variable ist (*Chronosequenz*). Das trifft selten zu (z. B. Böden auf datierbaren La-

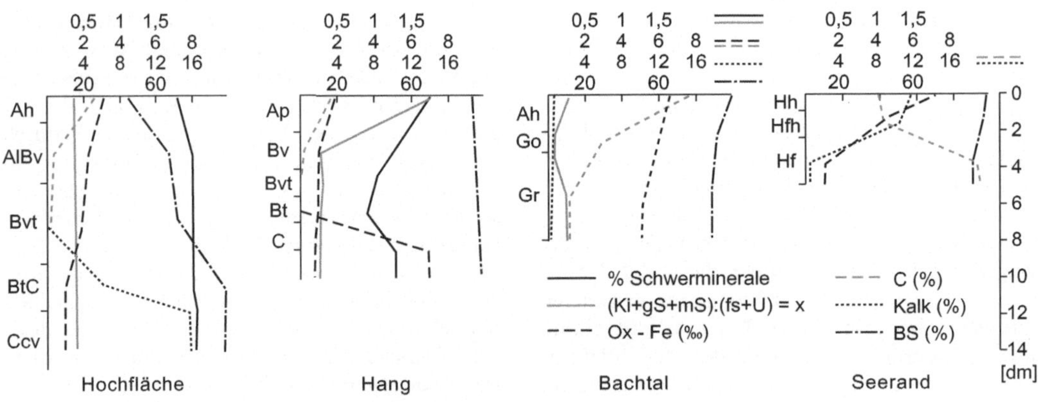

Abb. 7.5.1 Toposequenz einer Weichsel-Geschiebemergel-Landschaft

vaströmen oder Moränen); meist hat sich auch das Klima verändert oder ist das Gestein heterogen (z. B. Marschensedimente). Böden aus unterschiedlichen Gesteinen (Lithosequenzen) können dann eine Serie bilden, wenn sie sich nur im Gehalt eines entwicklungsverzögernden, aber keine immobilen Reaktionsprodukte bildenden Minerals unterscheiden (z. B. Geschiebemergel oder Löss verschiedenen Kalkgehalts). Ähnliches gilt für Böden unter verschiedenem Klimaeinfluss (*Klimasequenz*), die nur in der Durchfeuchtung voneinander abweichen, und für die oberen Glieder von Toposequenzen, bei denen nur der Erosionsgrad verschieden ist. Meist muss man sich mit gemischten Serien begnügen (z. B. Anfangsglied etwas jüngerer, kalkreicherer Geschiebemergel in schwacher Hanglage in etwas trockenerem Gebiet; Endglied gegenteilig). Unterschiede im Ausgangsmaterial kann man teilweise durch Bezug der labilen auf stabilere Merkmale (z. B. Oxalat-Fe auf Gesamt-Fe) kompensieren.

Solche Entwicklungsserien können wiederum durch Profilbeschreibung bei der Kartierung, durch Profilanalysen und -bilanzen im Labor sowie durch Umsatzmessungen gekennzeichnet werden. Wenn das Ausgangsmaterial ausweislich gleicher Gehalte der Böden an stabilen Bestandteilen gleich war, sind solche Serien überdies die einzige Möglichkeit, viele Prozesse selbst dann aufzuklären, wenn das Ausgangsgestein in fortgeschrittenen Stadien oder in der ganzen Serie längst verwittert ist. Weniger entwickelte Stadien (im günstigsten Fall das irgendwo erhaltene frische Gestein) dienen dann als Ausgangswert für die Beurteilung der seither abgelaufenen Prozesse.

Der Hauptzweck von Entwicklungsserien liegt aber im Nachweis der Abfolge der einzelnen bodenbildenden Prozesse. Absolut-chronologisch ordnen kann man sie auch mit Entwicklungsserien nur, wenn eine *Chronosequenz* aus datierbarem Gestein oder mit datierbar begrabenen Böden vorliegt. Eine Aussage, ob bestimmte Merkmale reliktisch sind, d. h. unter den jetzigen Bedingungen nicht mehr gebildet werden können, ist nur bei denen möglich, die sicher früh entstanden sein müssen, aber in rezenten jungen Böden nicht mehr auftreten. Die Einordnung eines Bodens in seine *Entwicklungsserie* bildet auch die Basis für Aussagen über die ökologischen Konsequenzen der bodenbildenden Prozesse und über die künftige Entwicklung der verschiedenen Standorteigenschaften. Damit wird es möglich, fruchtbarkeitsmindernde Vorgänge durch Nutzungsmaßnahmen zu hemmen, -fördernde zu begünstigen.

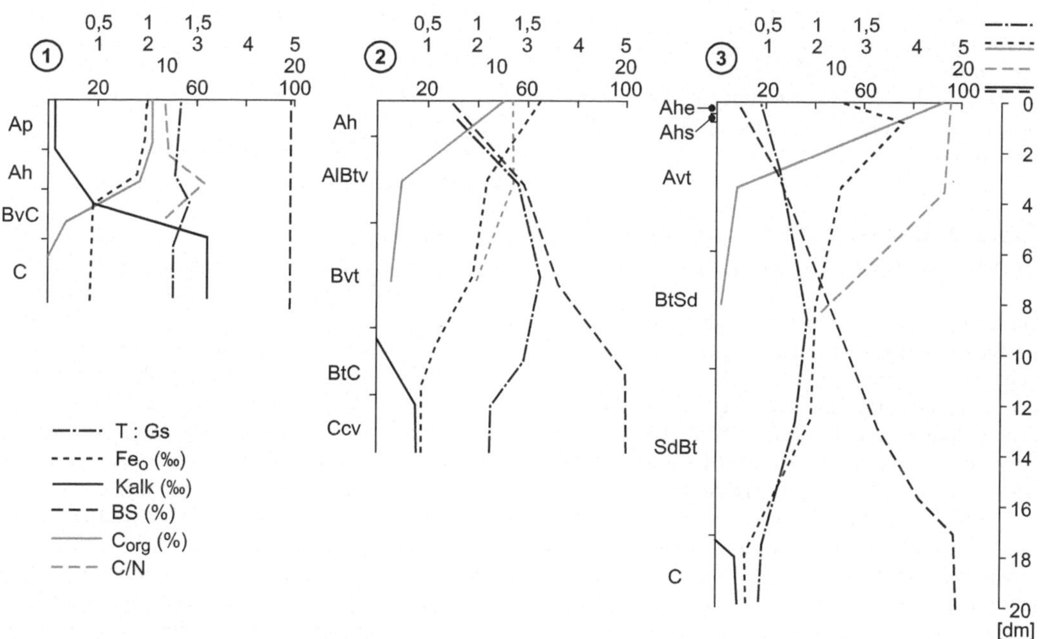

Abb. 7.5.2 Entwicklungsserie in der Weichsel-Geschiebemergel-Landschaft

Aus den Daten für eine gemischte Serie aus unserem Beispielprofil und einigen anderen in Abb. 7.5.2 kann man Folgendes schließen:

Das erste Profil ist durch Humusakkumulation (Mull) und beginnende Verwitterung (Entkalkung und Verbraunung, aber noch nicht Entbasung und Verlehmung) geprägt. Im Beispielprofil **2** ist die Verwitterung stärker (auch Entbasung und Verlehmung) und über den Humushorizont hinaus greifend. Außerdem hat eine deutliche Tonverla-

gerung eingesetzt. Diese Vorgänge sind im dritten Boden noch intensiver und betreffen vor allem einen weitaus größeren Raum. Der Humuskörper konzentriert sich dagegen mehr an der Oberfläche und bekommt Modercharakter. Im tonärmeren Oberboden beginnt eine Podsolierung und im tonangereicherten Unterboden eine Pseudovergleyung (die allerdings durch Analysen weniger fassbar ist). Daraus lässt sich folgendes Schema ableiten:

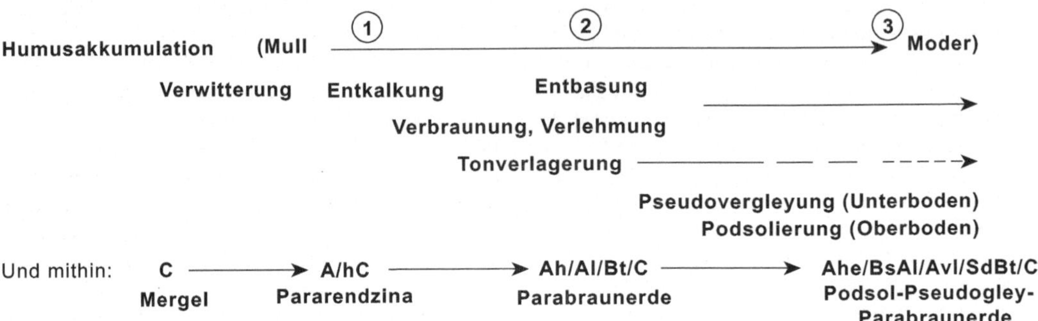

Wie Einzelböden so können auch Catenen in Entwicklungsserien eingeordnet werden, um die Abfolge der Prozesse sicherer zu erfassen, die Hügel- und Senkenböden miteinander verbinden. Auf diese Weise mündet die Aussage über einen einzelnen Boden ein in eine solche über die Landschaftsgeschichte.

7.5.2.3 Untersuchung verschiedener Entwicklungsserien

Die letzte Frage, durch welchen Faktor ein bestimmtes Bodenmerkmal am meisten geprägt wurde (geprägt wird es stets von allen!), lässt sich aufgrund der Untersuchung eines Bodens nur in bescheidenem Maße (nämlich hinsichtlich der Entscheidung, ob es überhaupt pedogen ist) beantworten. Die Aufgliederung des Faktorenkomplexes gelingt nur, wenn Böden bei Variation nur eines Faktors und Konstanz der übrigen in reinen Sequenzen miteinander verglichen werden. Das ist noch relativ gut möglich beim Relief, wird schon schwieriger bei Gestein und Klima und recht problematisch bei langer Zeit, da sich mit ihr auch das Klima verändert hat. Einfacher zu lösen wäre das Problem, wenn

man nicht Böden, sondern ganze Entwicklungsserien miteinander vergliche. Auf diese Weise wäre es auch möglich, die klimatischen und edaphischen Standortfaktoren zu isolieren.

7.5.2.4 Untersuchung von Standortserien

In den bisherigen Vergleichsserien wurde zwar die genetische Frage in den Vordergrund gerückt, aber auch immer betont, dass sich auch die ökologische Aussage für einen Boden auf jeder Stufe durch den weiteren Boden- und Vegetationsvergleich sichern lässt. Nun könnte man daran denken, dies auch durch die entsprechende Untersuchung einer Standortserie zu tun, in der nur ein Merkmal variiert ist. Eine solche zu finden, ist aber nahezu ausgeschlossen. Infolgedessen prüft man meist statistisch (durch partielle Korrelationen), von welchen Faktoren die Beziehung zwischen einem Bodenmerkmal und der Vegetation am meisten beeinflusst wird. Je heterogener aber das Versuchsmaterial, desto breiter ist zwar die Basis, desto unsicherer aber auch die Anwendbarkeit der gewonnenen Beziehung auf den zu deutenden Fall. Man sollte sich daher jeweils auf

Glieder einer Entwicklungsserie oder auf genetisch vergleichbare Böden unterschiedlichen Kultureinflusses beschränken. In diesem letzteren Fall liegt die Hauptbedeutung der Untersuchung von Standortserien, da sich die Nutzungsmaßnahmen ökologisch schon sehr stark auswirken können, wenn ihr Einfluss auf das Profilgepräge noch sehr gering ist.

7.5.2.5 Bodenkundliche Experimente

Das bisher Geschilderte lässt ziemlich sicher beurteilen, was in einem Boden geschehen ist und künftig geschehen wird. Die Ursache dafür lässt sich aber allenfalls aus Beziehungen zwischen den Daten (die reine Parallelitäten sein können) wahrscheinlich machen. Man gewinnt damit aber vernünftige Arbeitshypothesen und -bedingungen für Experimente, die Kausalitäten nachweisen. Die Experimente können ganz verschiedenes räumliches und zeitliches Ausmaß haben; gemeinsam ist ihnen ein chemischer oder physikalischer Eingriff in die Bodenprozesse (das ist genau genommen bereits bei den früher beschriebenen Operationen der Fall und bedeutet ein schwieriges methodisches Problem bei Umsatzmessungen). Grundsätzlich ist jedes Experiment genetisch oder ökologisch interpretierbar; gleichwohl steht aber oft die eine oder die andere Frage bei der Versuchsanstellung im Vordergrund.

Der Feldversuch: Objekt ist ein Boden *in situ* von beliebiger Fläche, sofern sie ausreichend homogen ist (was durch eine Kartierung sicherzustellen ist). In bestimmten Fällen ist es auch eine Landschaft mit bekanntem Anteil verschiedener Böden. Der Witterungseinfluss ist durch eine ausreichende Versuchsdauer zu kompensieren. Langfristversuche werden meist durch vergleichende Beschreibung oder Messung gegenüber dem Ausgangszustand, Kurzzeitversuche mehr durch Umsatzmessungen ausgewertet. Flächenrepräsentative Probenahme ist unbedingt erforderlich. Wurde der Ausgangszustand nicht ermittelt (bei früher angelegten Dauerversuchen leider nicht selten!), so kann der Zustand einer unbehandelten Parzelle als Bezugsgröße dienen, sofern sie ursprünglich vergleichbar war (Prüfung an stabilen Merkmalen, nötigenfalls Bezug der Resultate auf diese). Die Art des Eingriffs wird durch die Fragestellung bestimmt.

Der Feldversuch ist im Wesentlichen eine Domäne der Ökologie. Messgrößen sind also die Standorteigenschaften des Bodens einerseits, und Artenbestand, Wuchs und Zusammensetzung der Vegetation andererseits. Anstelle der möglichen Vielfalt solcher

Versuche sei ein konkretes Beispiel geschildert. Frage sei, wie ein als arm eingestufter Boden seine Vegetation mit Mn versorgt. Mangel wird üblicherweise dann als tatsächlich vorliegend angenommen (die *Grenzzahl* für richtig gehalten), wenn Zufuhr einer löslichen Mn-Verbindung Ertrag und/oder Qualität erhöht. Grundsätzlich sagt ein solcher Befund aber nur aus, dass die zugeführte Verbindung (also nicht notwendigerweise das Mn) unter den betreffenden Verhältnissen den Wuchs (bei genetischer Fragestellung: den jeweils untersuchten Prozess) begünstigte. Er sagt nicht aus, ob der Einfluss direkt und spezifisch ist und welche Partner an der ganzen Reaktion sonst noch beteiligt waren. In unserem Fall heißt das: 1. Die Mn-Verbindung könnte über einen anderen wuchsbeeinflussenden Faktor gewirkt haben, und 2. der Effekt könnte auch auf andere Weise zu erreichen sein (dann wäre die Grenzzahl zwar ein richtiges Maß für die Erklärung der allgemeinen Beziehungen zwischen Boden und Vegetation, nicht aber eine kausale Größe). Erst wenn weder Förderung des Wurzelwuchses (z. B. durch entsprechende Bodenbearbeitung) noch der Verfügbarkeit (z. B. durch pH-Senkung) denselben Effekt zeigen, kann man annehmen, dass tatsächlich der Vorrat den Wuchs begrenzte. Der Wirkungsmechanismus lässt sich mit Feldversuchen nicht sicher klären.

Ausbleibende Wirkung wird entgegengesetzt interpretiert (die Grenzzahl also für falsch gehalten). Aber auch diese Aussage ist nicht sicher, da das Mn in schwerverfügbare Form übergeführt, d. h. festgelegt (dann müsste Zufuhr in allgemein oder in Wurzelnähe in größeren Dosen oder als Komplex wirken), oder antagonistisch in der Aufnahme gehemmt sein kann (dann müsste Zufuhr über das Blatt wirken). Wenn das alles nicht zutrifft, ist entweder die Pflanze ausreichend versorgt, oder die Ursache für den Mangel liegt in ihr selbst, was wiederum mit Feldversuchen nicht sicher klärbar ist. Unterschiedliche Wirkungen auf die Komponenten gemischter Bestände können auf Unterschieden in Bedarf oder Toleranz beruhen. Im gegebenen Fall kann die mangelnde Übereinstimmung zwischen Grenzzahl und Experiment wiederum auf überdurchschnittlichem Gehalt an mobilisierbaren Reserven (dann müsste man ein stärkeres Extraktionsmittel anwenden) oder löslichen Verbindungen (dann wäre ein schwächeres zu wählen), auf ausgezeichneter Durchwurzelbarkeit oder starkem Mangel anderer beruhen. Aus dem Geschilderten folgt, dass Feldversuche nicht nur schon deshalb sichere Ergebnisse liefern, weil sie unter *natürlichen* Bedingungen angestellt werden. Das tun sie nur bei sinnvoller Kombination einer Anzahl von

Eingriffen in die Bodenprozesse (sog. Komplexversuche). Hinsichtlich technischer Einzelheiten sei auf die Spezialliteratur verwiesen. Die Ergebnisse von Feldversuchen sind selbstverständlich nur auf vergleichbare Böden zu übertragen. Mittelwertbildung aus einem heterogenen Material mindert die Verwertbarkeit für den Einzelfall (s. Abschn. 7.5.2.4) und FINCK (2007), MUNZERT (1992) sowie SCHUSTER & VON LOCHOW (1991).

Der Gefäßversuch: Objekt ist hier ein Bodenausschnitt unter kontrollierten Umweltbedingungen. Der Ausschnitt kann räumlich (Pedon, Horizont) und mit natürlichem oder gestörtem Gefüge oder stofflich sein (Größen- oder Löslichkeitsfraktionen). Ausgewertet werden solche Experimente meist durch Umsatzmessungen. Ihr Ziel ist es, die *Störfaktoren* des Feldversuchs sukzessive auszuschalten (zunächst die wechselnde Witterung, dann den Horizontverband, das unterschiedliche Gefüge, die Gegenwart konkurrierender Stoffe usw.). Die Zahl der möglichen Fragestellungen und mithin Versuchsarten ist wiederum sehr groß. Für eine ökologische Interpretation versucht man vornehmlich, die nötige Dauer durch Witterungskonstanz einzuschränken und die Durchwurzelbarkeit gleichzusetzen (Beispiel: MITSCHERLICH-Versuch, beim Neubauer-Versuch zusätzlich durch Beimischen von inertem Quarzsand). Hinsichtlich der Technik

muss wiederum auf die Spezialliteratur verwiesen werden. Je differenzierter die Versuchsanstellung, desto eindeutiger wird natürlich die Antwort auf die spezielle Frage, desto unsicherer aber auch ihre Bedeutung für das ganze System (z. B. bleiben Witterungseinfluss auf die Nährstoffverfügbarkeit und Unterbodenvorräte unberücksichtigt). Das gilt besonders dann, wenn man teilweise Modelle verwendet (z. B. synthetische anstelle natürlicher Fe-Oxide für den Nachweis der Chelatbildungsaktivität extrahierter organischer Bodenstoffe, den Schimmelpilz *Aspergillus niger* anstelle höherer Pflanzen für die Bestimmung pflanzenverfügbarer Nährstoffe), oder letztlich Modellversuche anstellt (Reagenzglasexperiment, Wasserkultur), die nicht mehr bodenkundlicher, sondern chemischer bzw. pflanzenphysiologischer Natur sind; vgl. GIESECKE (1954), FINCK (2007).

Bodenbeschreibung und Modellversuche sind also zwei Pole bodenkundlicher Untersuchungen, die für sich zunächst nur die Aussage erlauben, wie weit sich ein postulierter Prozess unbekannter Art ausgewirkt hat bzw. welcher Art ein Prozess von unbekannter Bedeutung ist. Alle dazwischenstehenden Untersuchungen müssen also dazu beitragen, die bodenkundliche Grundfrage zu beantworten, wie sich ein Boden entwickelte und welche Standorteigenschaften er dadurch bekam.

8 Anhang

8.1 Maßeinheiten und Symbole

Länge

m	Meter	
dm	Dezimeter	10^{-1} m
cm	Zentimeter	10^{-2} m
mm	Millimeter	10^{-3} m
µm	Mikrometer	10^{-6} m
nm	Nanometer	10^{-9} m

Fläche

m²	Quadratmeter	
cm²	Quadrat –cm	10^{-4} m²
ha	Hektar	10^{4} m²

Volumen

m³	Kubikmeter	
l, L = dm³	Liter	10^{-3} m³
ml = cm³	Milliliter	10^{-6} m³

Masse

dt	Dezitonne	10^{2} kg
t	Tonne	10^{3} kg
kg	Kilogramm	
g	Gramm	10^{-3} kg
mg	Milligramm	10^{-6} kg
µg	Mikrogramm	10^{-9} kg

Druck

Pa	Pascal	
bar	10^{5} Pa	
mbar	10^{2} Pa = hPa	

Stoffmenge

M	Molmasse in g	
mol$_c$	molare Menge Kationen	
cmol	10^{-2} mol	

Verhältniszahlen

%	Prozent 10 mg/g, (g/ 100g)

Zeit

s	Sekunde
min	Minute
h	Stunde
d	Tag
a	(J.) Jahr

Elektrizität

V	Volt	
mV	Millivolt	10^{-3} V
S	Siemens	(Ohm^{-1})
mS	Millisiemens	

Gefüge

BV	Bodenvolumen
SV	Substanzvolumen
PV (GPV)	Porenvolumen
WV	Wasservolumen
LV	Luftvolumen
ϱp	Dichte der Festsubstanz
ϱb, ϱt	Lagerungsdichte (Raumgewicht)
SG	Substanzgewicht
gP	Grobporen (> 10 µm ∅)
ggP	Gröbstporen (> 1000 µm ∅)
mgP	mittl. Grobporen (50-1000 µm ∅)
fgP	feine Grobporen (10-50 µm ∅)
mP	Mittelporen (0,2-10 µm ∅)
fP	Feinporen (< 0,2 µm ∅)
pF	Saugspannung (log -cm WS = log -hPa)
WK	Wasserkapazität (pF 1.8)
WK$_{max}$	maximale Wasserkapazität (pF 0.6)
FK	Feldkapazität (pF 1,8)
kf	Wasserleitfähigkeitskoeffizient
ku	ungesättigte Wasserleitfähigkeit
kl	Luftleitfähigkeit
GW	Grundwasser
Hy	Hygroskopizität (pF 4.7 = 0,1 µm ∅)
nFK	nutzbare Feldkapazität (pF 1,8-4,2)
PWP	permanenter Welkepunkt (pF 4,2)
LK	Luftkapazität
We	effektiver Wurzelraum
Wp	Gründigkeit, möglicher Wurzeltiefgang

Dispersität/Körnung

X	Steine (> 63 mm $\varnothing$)
G	Kies (2-63 mm $\varnothing$)
gS	Grobsand (630-2000 μm $\varnothing$)
mS	Mittelsand (200-630 μm $\varnothing$)
fS	Feinsand (63-200 μm $\varnothing$)
gU	Grobschluff (20-63 μm $\varnothing$)
mU	Mittelschluff (6.3-20 μm $\varnothing$)
tU	Feinschluff (2-6.3 μm $\varnothing$)
gT	Grobton (0.63-2 μm $\varnothing$)
mT	Mittelton (0.2-0.63 μm $\varnothing$)
lT	Feinton (< 0.2 μm $\varnothing$)
T	Ton (< 2 μm $\varnothing$)

Ionenaustausch und Redoxzustand

KAK	Kationenaustauschkapazität
KAK_{eff}	effektive KAK
KAK_{pot}	potentielle KAK
KAK_{sil}	KAK der Silicate
KAK_{org}	KAK der org. Substanz
S	S-Wert
H	H-Wert
AAK	Anionenaustauschkap. als PO_4-Molarität
BS	Basensättigungsgrad (V-Wert)
K_a	austauschbares K
Na_a	austauschbares Na
Mg_a	austauschbares Ca
K_{la}	leicht austauschbares K
Ca_{la}	leicht austauschbares Ca
Mg_{la}	leicht austauschbares Mg
Al_a	austauschbares Al
Mn_a	austauschbares Mn
Mn_{akt}	aktives Mn
Cu_a	austauschbares Cu
P_a	austauschbares P
P_m	mobilisierbares P
Me_{la}	leicht austauschbares Metall (z. B. Cd_{la})
Mo_m	mobiles Mo
B_m	mobiles B
pH	pH-($CaCl_2$)-Wert
EC	elektr. Leitfähigkeit
Eh	Redoxpotential
rH	rH-Wert $= \dfrac{2\,Eh}{59} + 2pH$

Mineralkörper

K_z	Gesamt-K
Na_t	Gesamt-Na
Ca_t	Gesamt-Ca
Mg_t	Gesamt-Mg
Fe_t	Gesamt-Fe
Ti_t	Gesamt-Ti
Al_t	Gesamt-Al
Me_t	Gesamt- Metall (z. B. Cd_t)
Me_k	Königswasser-Metall (z. B. Cd_k)
P_t	Gesamt-P
Si_t	Gesamt-Si
K_v	verwitterbares K
Ca_v	verwitterbares Ca
Mg_v	verwitterbares Mg
P_v	verwitterbares P
K_n	nachlieferbares K
Mg_n	nachlieferbares Mg
Sa_{ll}	leicht lösliche Salze
$CaCO_3$	Kalk
Fe_o	Oxalat-Fe
Fe_p	Pyrophosphat-Fe
Fe_d	Dithionit-Fe
Mn_d	Dithionit-Mn
Al_l	Lauge-Al
Al_o	Oxalat-Al
Si_o	Oxalat-Si
Si_l	Lauge-Si
KAK_{min}	KAK der Minerale
KAK_{sil}	KAK Si-haltiger Minerale

Humuskörper

Hu, OBS	Humus, org. Bodensubstanz
GV	Glühverlust
C_{org}, TOC	org. Gesamt-C
N_t	Gesamt- N
KAK_{org}	KAK der org. Substanz
Hz	Humifizierungszahl
Q 4/6	Humifizierungsart
C_z	zersetzbarer Kohlenstoff
N_z	mineralisierbarer Stickstoff
C_o	oxalatlöslicher Kohlenstoff
FA	Fulvosäure
HA	Huminsäure
FH	Feinhumus
GH	Grobhumus

8.2 Literatur

Die genannte Literatur stellt eine Auswahl unter Bevorzugung deutscher Autoren dar. Der Titel der Veröffentlichung entfällt, wenn ihr Inhalt aus dem Zitat im Text eindeutig hervorgeht.

8.2.1 Normen

DIN – und in Deutschland übernommene ISO-Normen sind beim Beuth-Verlag, Berlin, erschienen. Sie wurden überwiegend im Handbuch der Bodenuntersuchung (HBU 2000ff) abgedruckt: Nachdruck s. HBU.

HBU: BLUME, H.-P., DELLER, B., LESCHBER, R., PÄTZ, A., SCHMIDT, S. U. B.M. WILKE (Redaktion, 2000, ff): Handbuch der Bodenuntersuchung. – Ergänzte Loseblatt- Sammlung 10 Bde. Beuth Verlag, Berlin und Wiley-VCH, Weinheim.

DIN ISO 10381 Probenahme. Nachdruck s. HBU.

DIN ISO 10390 Bestimmung des pH-Wertes. Nachdruck s. HBU.

DIN ISO 10693 Bestimmung des Carbonatgehalts. Nachdruck s. HBU.

DIN ISO 10694 Boden – Kohlenstoffgehalt. Nachdruck s. HBU.

DIN ISO 11260 Bestimmung der Kationenaustauschkapazität und Basensättigung. Nachdruck s. HBU.

DIN ISO 11261 Bestimmung von Gesamt-Stickstoff. Nachdruck s. HBU.

DIN ISO 11271 Redox-Messung im Feld. Nachdruck s. HBU.

DIN ISO 11272 Bestimmung der Trockenrohdichte (Lagerungsdichte). Nachdruck s. HBU.

DIN ISO 11274 Bestimmung des Wasserrückhaltevermögens. Nachdruck s. HBU.

DIN ISO 11276 Bestimmung des Druckpotentials – Tensiometerverfahren. Nachdruck s. HBU.

DIN ISO 11277 Bestimmung der Partikelgrößenverteilung. Nachdruck s. HBU.

DIN ISO 11461 Bestimmung des Volumen- bezogenen Wassergehaltes. Nachdruck s. HBU.

DIN ISO 11464 Probenvorbehandlung für physikal.-chem. Untersuchungen. Nachdruck s. HBU.

DIN ISO 11466 Extraktion von in Königswasser löslichen Spurenmetallen. Nachdruck s. HBU.

DIN ISO 11508 Bestimmung der Kornrohdichte. Nachdruck s. HBU.

DIN ISO 13536 Bestimmung der potentiellen Kationenaustauschkapazität und Basensättigung. Nachdruck s. HBU.

DIN ISO 14240 Bestimmung der mikrobiellen Biomasse. Nachdruck s. HBU.
   – 1 Substratinduzierte Atmung.
   – 2 Fumigations-Extraktionsverfahren.

DIN ISO 14255 Boden – Nitrat-, Ammonium-, lösl. Gesamt-N. Nachdruck s. HBU.

DIN ISO 14869 Bodenaufschlüsse Nachdruck. s. HBU.

DIN ISO 19730 Boden – Ammoniumnitratextraktion. Nachdruck s. HBU.

DIN ISO 23753 Mikroorganismen – Intrazellulärer Stoffwechsel. Nachdruck s. HBU.

DIN 1185 Teil 1–5 (1973): Dränung, Regelung des Bodenwasserhaushaltes durch Rohrdränung, rohrlose Dränung und Unterbodenmelioration.

DIN 38414 Schlamm und Sedimente – Chemische Eigenschaften. Nachdruck s. HBU

DIN 4220 Bodenkundliche Standortbeurteilung; i. Aufnahme, Kennzeichnung und Darstellung, 2. Auswertung der Untersuchungen. Nachdruck s. HBU.

DIN 19671 Boden – Bohrgeräte. Nachdruck s. HBU.

DIN 19672 Boden – Probenahme. Nachdruck s. HBU.

DIN 19681 Bodenuntersuch. im landw. Wasserbau – Entnahme von Bodenproben. Nachdruck s. HBU.

DIN 19682 Boden – Felduntersuchungen. Nachdruck s. HBU.

DIN 19684 Boden – Chemische Laboruntersuchungen. Nachdruck s. HBU.

DIN 19685 Standortbeurteilung – Klima. Nachdruck s. HBU.

DIN 19686 Vegetationsökologische Datenerhebung. Nachdruck s. HBU.

DIN 19688 Boden – Mechanische Belastbarkeit . Nachdruck s. HBU.

DIN 19706 Boden – Winderosion. Nachdruck s. HBU

DIN 19708 Boden – Wassererosion. Nachdruck s. HBU.

DIN 19745 Boden – Wassergehaltsmessung mit TDR. Nachdruck s. HBU

DIN 38405 Wasseranalyse – Anionen. Nachdruck s. HBU.

DIN 38406 Wasseranalyse – Kationen. Nachdruck s. HBU.

DIN EN 932 Gesteinskörnungen Probenahme und Aufbereitung.
   – 1 Probenahme (incl. Probenteiler). Nachdruck s. HBU.
   – 2 Aufbereitung. Nachdruck s. HBU.

DIN 58655 Boden – Temperaturmessung bis 20 cm Tiefe

DIN 58664 Boden – Temperaturmessung 30–100 cm Tiefe

DIN 58667 Niederschlagsmessung

ISO/DIS 10573: Determination of water content – Neutron depths probe method. NNJ, Delft

8.2.2 Literatur

AbfKlärV (2006): Klärschlammverordnung; Nachdruck s. HBU.

AD-HOC-AG BODEN (2005): Bodenkundliche Kartieranleitung. 5. Aufl. Schweizerbart, Stuttgart.

AK BODENSYSTEMATIK (1998): Systematik der Böden Deutschlands. Kap. 3.2.2 in BLUME et al. 1996ff

AK STANDORTKARTIERUNG(1996): Forstliche Standortaufnahme. 5. Aufl., Landwirtschaftsv., Hiltrup

AK STADTBÖDEN (1997): Empfehlungen AK Stadtböden der DBG für die Bodenkdl. Kartierung urban, gewerblich, industriell und montan überformter Flächen. 2. Aufl.; Nachdruck s. HBU

ALAILY, F. (1984): Heterogene Ausgansgesteine von Böden: Rekonstruktion und Bilanzierung. Landschaftsentw., Umweltforsch. 25, TU Berlin

ALEF, K. (1991): Methodenhandbuch Bodenmikrobiologie. ecomed, Landsberg

ALEXANDER, R., MILLINGTON, A.C. (eds. 2000): Vegetation mapping – from patch to planet, J. Wiley, Chichester, UK

ALTMANN, H.J., FÜRSTENAU, E., GIELEWSKI, A., SCHOLZ, L. (1971): Photometrische Bestimmung kleiner Phosphatmengen mit Malachitgrün. Fresenius' Z. Anal. Chem. **256**, 274–276.

AMELUNG, W., ZECH, W. (1999): Minimisation of organic matter disruption during particle-size fractionation of grassland epipedons. Geoderma **92**, 73–85

AMELUNG, W. (1997): Zum Klimaeinfluß auf die organische Substanz nordamerikanischer Prärieböden. Bayreuther Bodenkdl. Ber. 53.

ANDERSON, J., DOMSCH, K. (1978): Mineralization of bacteria and fungi in chloroform fumigated soils. Soil Biol. Biochem. **10**, 210–213

ANDREWS, M.A. (1989): Capillary gas-chromatographic analysis of monosaccharides: Improvements and comparisons using trifluoroacetylation and trimethylsilylation of sugar *O*-benzyl- and *O*-methyl-oximes. Carbohydr. Res. **194**, 1–19.

ANONYM (1972): DLG-Futterwerttabellen, Mineralstoffgehalte in Futtermitteln. DLG-V., Frankfurt

ARMSTRONG, W. (1967): The relationship between oxidation-reduction potentials and oxygen-diffusion levels in some waterlogged organic soils. J. Soil Sci. **18**, 27–34

ATANASSOVA , I., BRÜMMER, G. (2004): Polycyclic hydrocarbons of anthropogenic origigin in a colluviated hydromorphic soil. Geoderma **120**: 27–34

ATTERBERG, A. (1912): Die mechanische Bodenanalyse. Int. Mitt. f. Bodenk. 2: 312–342

ATV-DVWK-901 (2002): Gefügestabilität ackerbaulich genutzter Mineralböden. Teil III: Methoden für eine nachhaltige Bodenbewirtschaftung. GFA-Ges. Förd. Abwassertech., Hennef

BAILY, E. H., STEVENS, R. E. (1960): The American Mineralogist **45**: 1020–1030

BAERMANN, G. (1917): Eine einfache Methode zur Auffindung von Ankylostomum (Nematoden) Larven in Erdproben. Geneeskundig Tijdschrift voor Nederlandsch-Indië 57, 131–137.

BARTON, C.D., KARATHANASIS, A.D. (1997): Measuring cation exchange capacity and total exchangeable bases in batch and flow experiments. Soil Technol. **11**, 153–162.

BBodSchutzG (1999): Bundes-Bodenschutzgesetz; zuletzt geändert am 09.12.2004. BGBl. I 2004, S. 3214. Nachdruck s. HBU.

BBodSchV (2004): Bundes-Bodenschutz- und Altlastenverordnung vom 12. 07.1999 (BGBl. I S. 1554), geänd. 2004 (BGBl. I S. 3758). Nachdruck s. HBU.

BECKMANN, T. (1997): Präparation bodenkundlicher Dünnschliffe für mikromorphologische Untersuchungen. In: Stahr, K. (Hg.): Mikromorphologische Methoden in der Bodenkunde. Hohenheimer Bodenkdl. H. **40**: 89–103.

BEHRENS, T., FÖRSTER, H., SCHOLTEN, T., STEINRÜCKEN, U., SPIES, E.-D., GOLDSCHMITT, M. (2005): Digital soil mapping using artificial neural networks. J. Plant Nutrition and Soil Sci. **168**, 21–33.

BEHRENS, T., SCHOLTEN, T. (2006): Digital soil mapping in Germany – a review. J. Plant Nutrition and Soil Sci., **169** 434–443.

BERGER, K. C., TRUOG, E. (1944)L: Boron tests and determination for soils and plants: Soil Sci. 57, 25–36.

BEYER, L. (1990): Standortsaktivität der biolog. Aktivität von Böden über Ermittlung der Bodenatmung u. zellulytischen Aktivität im Feld. Z. Pflanzenern., Bodenk. **153**: 261–269

BLAKE, L., GOULDING, K. W. T., MOTT, C. J. B., POULTON, P. R. (2000): "Temporal changes in chemical properties of air-dried stored soils and their interpretation for long-term experiments.", European Journal of Soil Science **51**, 345–353.

BLUME, H.-P. (1984): Definition, Abgrenzung und Benennung von Bodenlandschaften. Mitt. Dt. Bodenkundl. Ges. **40**: 169–176

BLUME, H.-P. (Hrsg., 1992/2004): Handbuch des Bodenschutzes. 2./3. Aufl.; ecomed, Landsberg/ Lech./ Wiley-VCH, Weinheim

BLUME, H.-P., BEYER, L. (1996): Zur Definition von Humusformen ackerbaulich genutzter Böden. Mitt. Dt. Bodenk. Ges. **80**: 183–185

BLUME, H.-P., FELIX-HENNINGSEN, P., FREDE, H.-G., HORN, R., STAHR, K., GUGGENBERGER, G. (1996ff): Handbuch der Bodenkunde; ecomed, Landsberg; ab 27. Ergänz.lief. Wiley-VCH, Weinheim

BLUME, H.-P., FRIEDRICH F. (1979): Bodenkartierung, Standortbewertung und Ökoplanung. Verhandl. Gesellsch. Ökol. **7**: 145–152.

BLUMSCHEN (2009): Diplomarbeit Univ. Rostock

BLUME, H.-P., HELSPER, M. (1987): Schätzung des Humusgehaltes nach der Munsell-Farbhelligkeit. Z. Pflanzenern., Bodenk. **150**: 354–356

BLUME, H.-P., HORN, R. THIELE-BRUHN, S. (Hg., 2010): Handbuch des Bodenschutzes, 4. Aufl. ; Wiley-VCH, Weinheim

BMJFG (1990): Bundesmin. Jugend, Familie u. Gesundh., Trinkwasserverordnung. BGBJ., I (Bonn)

BodSchätzG (2007): Gesetz zur Schätzung des landwirtschaftlichen Kulturbodens (Bodenschätzungsgesetz). Art. 20, BGBl. I 2007 Nr. 69, S. 3176–3183. Nachdruck s. HBU: B.II.1c

BOHN, U., GOLLUB, G., HETTWER, C. (2000): Karte der natürlichen Vegetation Europas 1:2.5 Mill., mit Legende. Hg. Bundesamt für Naturschutz. Landw. V., Münster-Hiltrup

BOUTTON, T.W., YAMASAKI, S.I. (Eds.) (1996): Mass Spectrometry of Soils. New York, Marcel Dekker, 517 pp.

BOYSEN, P. OEHRING, M. (1991): Richtwerte für die Düngung. 13. Aufl. Landwirtschaftskammer, Kiel

BRADBURY, S., EVENET, P., HASSELMANN, H., PILLER, H. (1989): Dictionary of light microscopy. Microscopy Hdb. 15; Univ. Press, Oxford

BRAUNE, W., LEMAN, A., TAUBERT, H. (1999): Pflanzenanatomisches Praktikum . 4. Aufl.; Spektrum Akad. V., Heidelberg

BRAUN-BLANQUEI, I. (1964): Pflanzensoziologie. 3. Aufl., Springer, Wien

BRECHTEL, H. (1971): Der Einfluß des Waldes auf Hochwasserabflüsse bei Schneeschmelzen. Wasser & Boden **3**: 60ff

BREWER, R. (1964): Fabric and Mineral Analysis of Soils. Wiley, New York.

BRODOWSKI, S., RODIONOV, A., HAUMAIER, L., GLASER, B., AMELUNG, W. (2005): Revised black carbon assessment using benzene polycarboxylic acids. Org. Geochem. **36**, 1299–1310.

BROOKES, P.C., POWLSON, D.S., JENKINSON, D.S. (1982): Measurement of microbial phosphorus in soil. Soil Biol. Biochem. **14**, 319–329.

BRONNER, H. (1976): Kenndaten des pflanzenverfügbaren Bodenstickstoffs in Beziehung zum Wachstum der Zuckerrübe. II Teil – Bodenkultur: Ausgabe B, Oesterreichischer Agrarverlag.

BRONNER, H. (1985): Serienmäßige Bodenuntersuchung bei Zuckerrübe-Anwendung und Interpretation verschiedener Verfahren im Hinblick auf N, P und K. Bodenfruchtbarkeit, Bodenschutz: Kongreßband 1986 – VDLUFA-Verlag

BURINGH, P. (1960): The Applications of Aerial Photographs in Soil Surveys, p. 633–666. In: Amer. Soc. Photogram.: Manual of Photograph. Interpretat., Washington.

CASAGRANDE, A. (1934): Die Aräometermethode. J. Springer, Berlin

COLEMAN, D.C., FRY, B. (1991): Carbon Isotope Techniques. Acad. Press, New York.

DE BOODT, M. (1967): Water-saturated permeability determination on undisturbed soil samples. Pedologie 1967: 20-25

DIERSCHKE, H. (1994): Pflanzensoziologie. Grundlagen und Methoden. Ulmer, Stuttgart

DIERSSEN K. (1990): Einführung in die Pflanzensoziologie. Wiss. Buchges., Darmstadt

DIMBELBY, G. W. (1954): A simple method for the comparative estimation of soil water. Plant and Soil **5**, 143-154.

DIXON, J. B., WEED, S. B., Ed. (1989): Minerals in soil environments. 2. ed. Soil Sci Soc. Am. J., Madison

DÜMMLER, H., SCHROEDER, D. (1965): Zur röntgenographischen Bestimmung von Dreischicht-Tonmineralen in Böden Z. Pflanzenern., Bodenk. 109: 35-47

DUNGER, W. (1983): Tiere im Boden. 3. Aufl., A. Ziemsen, Wittenberg

DUNGER, W., FIEDLER, H.-J. (Hg. 1997): Methoden der Bodenbiologie, 2. Aufl.; Fischer, Jena

DVWK (1986): Bodenkundliche Untersuchungen im Felde. Teil III. Anwendung Kennwerte f. Melioration. Regeln 117. Parey, Hamburg

DVWK (1994): dito; Teil II (2. Aufl.) Teil I: Ansprache der Böden. DVWK Regeln 129, Wirtschafts. u. Verlagsges. Gas & Wasser, Bonn

DVWK (1999): dito; Teil III (2. Aufl.) Ableitungen zum Wasser- u. Lufthaushalt. DVWK-Regeln 136. Wirtschafts. u. Verlagsges. Gas & Wasser, Bonn

EGNÉR, H., RIEHM, H., DOMINGO W. R. (1960): Untersuchungen über die chemische Bodenanalyse als Grundlage für die Beurteilung des Nährstoffzustandes der Böden. II. Chemische Extraktionsmethoden zur P- und K- Bestimmung. Kungl. Lantbrukshögsk. Ann. **26**: 199–215

ELLENBERG, H., WEBER, H.E., DÜLL, R., WIRTH, V., WERNER, W., PAULISSEN, D. (1992): Zeigerwerte von Pflanzen in Mitteleuropa. 2. Aufl., Goltz, Göttingen

EIMERN, J. van (1984): Wetter- und Klimakunde. Ulmer, Stuttgart

EIVAZI, F., TABATABAI, M.A. (1988): Glucosidases and galactosidases in soils. Soil Biol. Biochem. **20**, 601–606.

FAO (2006): Guidelines for soil description. 4. Aufl.; FAO, Rom

FIEDLER H. J. (1964): Die Untersuchung der Böden. Bd. 1, Th. Steinkopff, Dresden

FIEDLER, H. J., RÖSLER, H. J. (1988): Spurenelemente in der Umwelt. Enke, Stuttgart

FINCK, A. (2007): Pflanzenernährung und Düngung. 6. Aufl. Gbr. Borntraeger, Berlin

FITZPATRICK, E. A. (1984): Micromorphology of soils. Chapman & Hall, London

FITZPATRICK, E. A. (1993): Soil microscopy and micromorphology. G. Wiley, Chichester

FORSTER, M. D. (1953): Geochemical studies of clay minerals. 3. Determination of free Si and Al. Geochim. et Cosmochim. Acta 3: 143 ff.

FRIMMEL, F.H., CHRISTMANN, R.F. (1988): Humic substances and their role in the environment. Wiley, Chichester.

GEIGER, R. (1961): Das Klima der bodennahen Luftschicht. Vieweg, Braunschweig

GIESECKE, F. (1954): Der Vegetationsversuch. 2. Der Gefäßversuch und seine Technik. Neumann, Radebeul

GÖTTLICH, K. (Hrsg., 1990): Moor- und Torfkunde. Schweizerbart, Stuttgart

GLASER, B., HAUMAIER, L., GUGGENBERGER, G., ZECH, W. (1998): Black carbon in soils: the use of benzenecarboxylic acids as specific markers, Org. Geochem. **29** : 811–819.

GLASER, B., KNORR, K.-H. (2008): Isotopic evidence for condensed aromatics from nonpyrogenic sources in soils – implications for current methods for quantifying soil black carbon. Rapid Comm. Mass Spectrom. **22**: 935–942.

GRAEF, F. (1999): Evaluation of agricultural potentials in Semi-arid SW-Niger – eine standortskundliche Untersuchung (NiSOTER). Hohenheimer Bodenk. H. **54**, Stuttgart.

GRAETZ, D.A., NAIR. V.D. (2000): Phosphorus sorption isotherm determination. In: Pierzynski, G.M. Methods for P Analysis for Water and Soil. South. Cooperat. S. bull..396, SERA-IEG Reg. Publ.

GUGGENBERGER, G. CHRISTENSEN, B.T., ZECH, W. (1994): Land-use effects on the composition of organic matter in particle-size separates of soil: I.Lignin and carbohydrate signature. Europ. J. Soil Sci. **45**, 449–458.

HFA (2005ff): Handbuch Forstliche Analytik Nachdruck s. HBU.

HARTEMINK, A.E., MCBRATNEY, A.B., MENDONCA, L. (Hrsg.) (2008): Digital Soil Mapping with Limited Data. Springer, Dordrecht

HARTGE, K.-H., HORN, R. (1999): Einführung in die Bodenphysik. 4 Aufl., Enke, Stuttgart

HARTGE, K.-H., HORN, R. (2008): Die physikalische Untersuchung von Böden. 3. Aufl. Schweizerbarth, Stuttgart

HARTMANN, F. (1952): Forstökologie. Fromme, Wien

HBU (2000ff): Handbuch der Bodenuntersuchung. Grundwerk und Ergänzungen. Beuth, Berlin & Wiley-VCH, Weinheim

HFA (2005ff): Handbuch Forstliche Analytik. Eine Loseblatt-Sammlung der Analysenmethoden im Forstbereich. Hg. Gutachterausschuss Forstliche Analytik. Nachdruck s. HBU

HILDEBRAND, E. (1986): Ein Verfahren zur Gewinnung der Gleichgewichts-Bodenlösung.Z. Pflanzenernähr. Bodenk. **149**, 340–346

HEDLEY, M.J., STEWART, J.W., CHAUHAN, B.S. (1982): Titel fehlt Soil Sci. Soc. Am. J. **46**, 970.

HLU (Hess. Landesanst. Umwelt) (1998): Bestimmung von Polycyclischen Aromatischen Kohlenwasserstoffen in Feststoffen. Hb. Altlasten 7, T. 1, Wiesbaden,

HOFMAN, E., HOFFMANN, G. (1955): Über Herkunft, Bestimmung und Bedeutung der Enzyme im Boden. Z. Pflanzenernähr. Düng. u. Bodenk. **70**, 9–16.

HOMES A. (1930): Petrographic methods and calculations. London

HOOGHOUDT-ERNST, S. (1937): Die Bohrlochmethode zur Ermittlung der Durchlässigkeit des Bodens. Proc. 3. Lom. ISSS A 12–14, B 42–57, Zürich

HÜTTL R. F. (1992): Die Blattanalyse als Diagnose- und Monitoringinstrument in Waldökosystemen. Freiburger Bodenkdl. Abh. **30**, 31–60

ISERMEYER H. (1952): Eine einfache Methode zur Bestimmung der Bodenatmung und der Carbonate im Boden. Z. Pflanzenern., Bodenk. **6**, 26–38.

JAEGER, L. (1984): Wetter und Leben, 35, 149

JAHN, R. (1988): Böden Lanzarotes. Hohenheimer Arb. Ulmer, Stuttgart

JAHN, R., BLUME, H.-P., ASIO, V.B. (2006): Students guide for soil description, soil classification and site evaluation. Jahn-Selbstdruck, Halle

JANDL, G., LEINWEBER, P., SCHULTEN, H.-R., EUSTERHUES, K. (2004): The concentrations of fatty acids in organo-mineral particle-size fractions of a Chernozem. Europ. J. Soil Sci. **55**, 459.

JASMUND, K., LAGALY, G. (Hrsg. 1993): Tonminerale und Ton. Steinkopff, Darmstadt

JENNY, H. (1980): The soil resource. Springer, New-York

JÖRGENSEN, R.G (1996): The fumigation-extraction method to estimate soil microbial biomass: Calibration of the K_{EC} value. Soil Biol. Biochem. **28**, 25–31.

KAHMEN, H. (2005): Angewandte Geodäsie: de Gruyter, Berlin

KANDELER, E., LUXHØI, J., TSCHERKO, D., MAGID, J. (1999): Soil Biol. Biochem. **31**, 1171.

KANDELER, E. (2007): Physiological and biochemical methods for studying soil biota and their function. Soil Microbiol., Biochem. a. Soil Ecol., p. 53–83 in E. A. PAUL, ed.)., Elsevier, San Diego.

KÖGEL, I., BOCHTER, R. (1985): Anino sugar determination in organic soils by capillary gas chromatography. Z. Pflanzenernähr. Bodenk. **148**, 260–267.

KÖGEL-KNABNER, I., GUGGENBERGER, G., KLEBER, M., KANDELER, E., KALBITZ, K., SCHEU, S., EUSTERHUES, K., LEINWEBER, P. (2008): Organo-mineral associations in temperated soils. J. Plant Nutr. Soil Sci. 171: 61–82

KÖHN, M. (1928): Beiträge zur Theorie und Praxis der mechanischen Bodenanalyse. Landwirtsch. Jb. 67

KOEPF, H. (1961): Beitrag zur Strukturbildung bei verschiedenen Bodentypen. Landw. Forsch. **14**: 1–9

KÖHNLEIN, J., SCHLICHTING, E. (1959): Eigenschaften und Nutzung kultivierter Heidepodsole in Nordwestdeutschland. Z. Pflanzenern., Bodenk. 84, 296ff

KÖRSCHENS, M., SCHULZ, E. (1999): Die organische Bodensubstanz. Dynamik – Reproduktion – ökonomisch und ökologisch begründete Richtwerte. UFZ-Ber. **13**.

KOPECKY, J. (1914): Schlämmapparat zur Korngrößenfraktionierung. Internat. Mitt. f. Bodenk. **4**: 199–202

KRAHMER, U., SCHRAPS, W. (1997): Kartiertechnik. Kap. 3.5 in BLUME et al. 1996ff

KUNDLER, P. (1956): Beurteilung forstlich genutzter Sandbödenim norddeutschen Tiefland. Archiv f. Forstw. **5**, 585ff

KUZYAKOV, Y., FRIEDEL, J.K., STAHR, K. (2000): Review of mechaniss and quantification of priming effects Soil Biol. Biochem. **32**, 1485–1498.

LABO (Bund/Länder-AG Bodenschutz) (1995): Hintergrund- und Referenzwerte für Böden. E. Schmidt, Berlin

LEENHEER, L. de, RUYMBEKE, M. v., MAES, L. (1955): Die Kettenaräometermethode für die mechanische Bodenanalyse. Z. Pflanzenernähr., Bodenk. **68**, 10 -19

LEINWEBER, P. (1995): Organische Substanzen in Partikelgrößenfraktionen: Zusammensetzung, Dynamik und Einfluß auf Bodeneigenschaften. Vechtaer Studien zur Angewandten Geographie und Regionalwissenschaft, Band 15. Vechtaer Druckerei und Verlag 1995, 148 S.

LEINWEBER, P., H.-R. SCHULTEN, M. KÖRSCHENS (1997): Hot water extracted organic matter: chemical composition and temporal variations in a long-term field experiment. Biol. Fertil. Soils **20**, 17–23.

LEMON, E., ERICKSON, A. (1952): The measurement of Oxygen Diffusion in the Soil with a Platinum Microelectrode. Soil Sci Soc. Am. J. 16: 160–163.

LESER, H., KLINK, H.-J. (Hrsg., 1988): Handbuch und Kartieranleitung Geoökologische Karte 1:25000. Zentralaussch. dt. Landesk., Trier

LEUSCHNER, H.H. (1983): Dichtefraktionierung der Boden-Partikel aus Ap-Horizonten von Sand-Böden Ostniedersachsens zur Charakterisierung des Acker-Humus. Diss. Univ. Göttingen

LITZ, N. (2004): Organische Verbindungen. p. 416–483, in: BLUME (2004).

LOEBELL, R. (1953): Barometerfreie Luftpyknometer. Z. Pflanzenernähr., Bodenk. **60**, 172–181

LOZAN, J., KAUSCH, H. (2007): Angewandte Statistik für Naturwissenschaftler. 4. Aufl.; P. Parey, Hamburg

MACHULLA, G., BLUME, H.-P., JAHN, R. (2001): Schätzung der mikrobiellen Biomasse von Böden aus anthropogenen und natürlichen Substraten. J. Plant Nutr. Soil Sci. **164**: 547–554

MARSCHNER, B. (1990): Elementumsätze in einem Kiefernforstökosystem auf Rostbraunerde unter dem Einfluß einer Kalkung/Düngung. Ber. Forsch. zentr. Waldökosysteme, R. A, 60, Göttingen

MATTHESS, G. (1993): Die Beschaffenheit des Grundwassers. 3. Aufl. Borntraeger, Berlin

MATTSON, S., KOUTLER-ANDERSON, E. (1942): Kungl. Lantbrukshögsk. Ann. **10**, 241

MATTSON, S., KOUTLER-ANDERSSON, E. (1942): The acid base condition in vegetation, litter and humus: VI. Ammonia fixation and humus nitrogen. Kgl. Landtbruks-Högskol. Ann. (Schweden) **11**, 107.

MAYER, E. (1989): Regionale und saisonale Unterschiede in der Stickstoffmineralisierung Baden-Württembergischer Böden. Diss. Univ. Hohenheim.

MCKEAGUE, J.A., WANG, C., COEN, G.M., DEKIMPE, C.R., LAVERDIERE, M.R., EVANS, L.J. KLOOSTERMAN, B., GREEN, J.A. (1983): Testing Chemical Criteria for Spodic Horizons on Podzolic Soils in Canada. Soil Sci. Soc. Am. J. **47**, 1061–1062.

MEHLICH, A. (1942): Rapid estimation of base-exchange properties of soil. Soil Sci. **53**, 1–14

MEHRA, O. P., JACKSON, M. L. (1960): Iron oxide removal from soils and clays by a dithinite-citrate system buffered with sodium bicarbonate; p. 317–327 in Proc. 7th US Conf. Clays a. Clay Minerals.

MIEHLICH (1976): Homogenität, Inhomogenität und Gleichheit von Bodenkörpern, Z. Pflanzenern., Bodenk. **139**: 597–609.

MEIWES, K.-J., KÖNIG, N., KHANA, P. K., PRENZEL, J., ULRICH, B. (1984): Chemische Untersuchungsverfahren für Mineralboden, Auflagehumus und Wurzeln zur Charakterisierung und Bewertung der Versauerung in Waldböden. Ber. Forsch.zentr. Waldökosyst./-sterben 7, Göttingen.

MEUSER, H. (1993): Technogene Substrate in Stadtböden des Ruhrgebietes. Z. Pflanzenernähr. Bodenk. **156**: 137–142

MIELENZ R. C., KING, M. E., SCHIELTZ, M. C. (1950): Staining Tests. Rept. 7, Am. Petrol. Inst., Columbia Univ., New York

MITSCHERLICH, E. A. (1954): Bodenkunde für Landwirte, Forstw. u. Gärtner, 7 Aufl., Niemeyer, Halle

MOUKAILA, M. (2006): Spectral and Mineralogical Properties of Potential Dust Source on a Transect from the Bodele Depression (Central Sahara) to the Lake Chad in the Sahel. Hohenheimer Bodenk. H **78**, 311 S. + 2 Tafeln.

MÜLLER, G. (1964): Methoden der Sedimentuntersuchung. E. Schweizerbart, Stuttgart

MÜLLER, M. J. (1987): Handbuch ausgewählter Klimastationen der Erde. 4. Aufl. Hrsg. J. Richter, Trier

MUNSELL (1954): Soil Color Charts. Baltimore, Maryland USA

MUNZERT, M. (1992): Einführung in das pflanzenbauliche Versuchswesen. Parey, Hamburg

NANNIPIERI, P., KANDELER, E., RUGGIERO, P. (2002): Enzyme activities and microbiological and biochemical processes in soil; pp. 1–34 in R.G. BURNS A. R.P. DICK, eds.: Enzymes in the environment – activity, ecology and applications. Dekker, New York.

OADES, J.M. (1984): Soil organic matter and structural stability: Mechanisms and implications for management. Plant Soil **76**, 319–337.

OTTOW, J.C.G. (1985): Einfluß von Pflanzenschutzmitteln auf die Mikroflora von Böden. Naturwiss. Rundschau **38**, 181–189.

OSTENDORFF; E. (1945): Grundlage und Methode neuzeitlicher Bodenaufnahme. – Schr. Wirtschaftsw. Ges. zum Studium Niedersachsens, N. F. 23, Oldenburg.

PALLMANN, H., EICHENBERGER, E., HASLER, A. (1940): Bodenkundl. Forsch. 7, 53

PAPE, H. (1996): Leitfaden der Gesteinsbestimmung. 5. Aufl.; Enke, Stuttgart

PETER, H., MARKERT, S. (1960): Ein Beitrag zur Schnellbestimmung der Umtauschkapazität und des Sättigungsgrades von Ackerböden bei Serienanalysen. Z. Landw. Versuchs- u. Untersuchungswesen **6**: 505–517.

PETERS, M. (1990): Nutzungseinfluß auf die Stoffdynamik schleswig-holsteinischer Böden – Wasser-, Luft-, Nähr- und Schadstoffdynamik -. Univ. Kiel, Schr. Inst. f. Pflanzenern., Bodenk. 8.

PFISTERER, U., GRIBBOHM, S. (1989): Zur Herstellung von Platinelektroden für Redoxmesseungen. Z. Pflanzenern., Bodenk. **152**, 455–456

POST, H. von (1924): Das genetische System der organogenen Bildungen Schwedens. Proc. Internat. Kongress der Bodenk. in Rom, Bd. **3**: 287–304

PRÜESS, A. (1992): Vorsorgewerte und Prüfwerte für mobile und mobilisierbare, potentiell ökotoxische Spurenelemente in Böden. U. Grauer, Wendlingen

QUIRK, J., PANABOKKE, C. (1962): Pore volume-size distribution and swelling of natural soil aggregates. J. Soil Sci. **13**, 71–81

REEUWIJK, VAN L. (ed.). (1993): Procedures for soil analysis, 4. Aufl., Int. Soil Refere. Informat. Centre Techn. Paper. 9. Wageningen.

RENGER, M., STREBEL, O. (1982): Beregnungsbedürftigkeit der landwirtschaftlichen Nutzpflanzen in Niedersachsen. Geolog. Jb. Reihe F, Heft 13

REUTER, G. (1976): Gelände- und Laborpraktikum der Bodenkunde, 3. Aufl. Dt. Landw. V., Berlin.

REUTER, G. (1994): Improvement of sandy soils by clay-substrate application. Appl. Clay Sci. **9**, *107* - 120.

RICHARDS, L. A. (1949): Methods of measurering soil moisture tension. Soil Sci. **68**, 95–112

RIEHM, H. (1948): Arbeitsvorschrift zur Bestimmung der Phosphorsäure und des Kaliums nach Lactatverfahren. Z. Pflanzenernähr. Düng. Bodenkd. **40**, 152–156, 170–172.

RINNE/BEREK (1973): Anleitung zur Mikroskopie der Festkörper im Durchlicht. 3. Aufl. H. Schumann. Schweizerbart, Stuttgart

RUCK, A. (1989): Experimentelle Ökodynamik an zwei Standorten der Extremwüste. Diss. TU Berlin, FB 14.

RUHR STICKSTOFF AG (Hrsg., 1988): Faustzahlen für Landwirtschaft und Gartenbau. Landw. V., Hiltrup

RUMP, H., KRIST, H. (1992): Laborhandbuch für Untersuch. von Wasser, Abwasser und Boden. VCH, Weinheim

SAALBACH, E,, AIGNER, H. (1987): Zum Diagnosewert der NaCl + CaCl2-extrahierbaren Sulfatmengen von Böden. Landwirtsch. Forsch. **40**, 8–12.

SAUNDERS, W. M., WILLIAMS, E. G.(1955): Observations on the determination of total inorganic phosphorus in soils. J. Soil Sci. **6**, 254–67.

SCHACHTSCHABEL, P. (1951): Die Methoden zur Bestimmung des Kalkbedarfs im Boden. Z. Pflanzenern. Bodenk. **54**:134–145.

SCHEFFER/SCHACHTSCHABEL (2002, 2010): Lehrbuch der Bodenkunde, 15./16. Aufl. von H.-P. BLUME, G. BRÜMMER, U. SCHWERTMANN. R. HORN, I. KÖGEL-KNABNER, K. STAHR et al. Spektrum Akad. V., Heidelberg

SCHIMMING, C.-G. (2004): Schutz vor Säuren und deren Folgen. p. 716–722. In: BLUME (2004

SCHINNER, F., ÖHLINGER, R.,KANDELER, E. (1993): Bodenbiologische Arbeitsmethoden. 2. Aufl., Springer, Berlin

SCHLICHTING, E. †, BLUME, H.-P., STAHR, K. (1995): Bodenkundliches Praktikum, Blackwell, Berlin.

SCHLICHTING, A., LEINWEBER, P. (2002): Effects of pretreatment on sequentially-extracted phosphorus fractions in peat soils. Comm. Soil Sci. Plant Anal. **33**: 1617–1627.

SCHMIDT, M.W.I., RUMPEL, C., KÖGEL-KNABNER, I. (1999): Evaluation of an ultrasonic dispersion procedure to isolate primary organomineral complexes from soils. Europ. J. Soil Sci. **50,** 87–94.

SCHMITZ, W., VOLKERT, E. (1959): Die Messung von Mitteltemperaturen auf reaktionskinetischer Grundlage. Zeiß-Mitt. 1, Wetzlar

SCHOLICH, G., FIEDLER, S. (1994): Kontinuierliche Messung von Grundwasserständen mittels Messsensor nach Kompartimentprinzip. Z. Pflanzenern. Bodenk. **157**, 279 -281

SCHOLICH, G. (2005): Regionalisierung von Bodenvariablen auf Landschaftsebene (Am Beispiel von Pararendzinen aus Löß der Oberrheinischen Vorbergzone). Hohenheimer Bodenk. H. **74**, Stuttgart.

SCHÖNWIESE, C.D. (2003): Klimatologie. 2. Aufl.; Ulmer, Stuttgart

SCHULER, U. (2008): Towards Regionalisation of Soils in Northern Thailand and Consequences for Mapping Approaches and Upscaling Procedures. Hohenheimer Bodenk. H. **89**

SCHULTEN, H.-R., P. LEINWEBER, P. (1999): Thermal stability and composition of mineral-bound organic matter in density fractions of soil. Europ. J. Soil Sci. **50**, 237–248.

SCHULTEN, H.-R., LEINWEBER, P. (2000): New insights in organic mineral particles: composition, properties and models of molecular structure. Biol. Fertil. Soils, 30, 399.

SCHULTEN, H.-R., LEINWEBER, P., SCHNITZER, M. (1998): Analytical pyrolysis and computer modelling of humic and soil particles. p. 281–324, in HUANG, P.M., SENESI, N., BUFFLE, J. (eds): Environm. Particl., Wiley, Chichester,

SCHUSTER, W. H., LOCHOW, v., I. (1991): Anlage und Auswertung . von Feldversuchen. DLG-V., Frankfurt

SCHWERTMANN, U. (1964): Differenzierung der Eisenoxide des Bodens durch Extraktion mit Ammoniumoxalat-Lösung. Z. Pflanzenern., Bodenk. **105**, 194–202

SEKERA, F., BRUNNER, A. (1943): Beiträge zur Methodik der Gareforschung. Bodenk. & Pflanzenernähr. 29: 169–212

SIBIRSKI, B. (1935): Pochvovednie 1, 188

SLEUTEL, S., DE NEVE, S., SINGIER, B., HOFMAN, G. (2007): Quantification of organic carbon in soils: a comparison of methodologies and assessment of the carbon content of organic matter. Comm. Soil Sci. Plant Anal. **38**, 2647.

SMETTAN, U., BLUME, H.-P. (1987): Salts in sandy desert soils. SW Egypt. Catena **14**, 333–343.

SOIL SURVEY STAFF (1999): Soil Taxonomy, 2. Aufl.; USDA, Washington DC, USA

SOIL SURVEY STAFF (2006): Keys to Soil Taxonomy. 10. Aufl.; USDA, Washington DC, USA

SOMMER, M. (1992): Musterbildung und Stofftransporte in Bodengesellschaften Baden-Württemberg. Hohenheimer Bodenkdl. H. 4. Stuttgart

SPARKS, D.L. (Ed., 1996): Methods of soil analysis. 2. Chemical and microbiological properties. 3. ed. ASA, Madison, USA SSSA (1996): Methods of Soil Analysis. Part 3. Chemical Methods. Soil Sci. Soc. America. Madison Wi, USA.

STAHR, K. (1979): Die Bedeutung periglazialer Deckschichten für Bodenbildung und Standorteigenschaften im Südschwarzwald. Freib. Bodenkdl. Abh. 9.

STAHR, K. (1985): Bodenschutz aus ökologischer Sicht. In: Sen. Für Stadtentwickl. & Umweltschutz (Hrsg.): Umwelt und Naturschutz für Berliner Gewässer 2: 30–46, Berlin.

STAHR, K., HÄDRICH, F., GAUER, J. (1983): Wasser- und Elementtransport in einem Stagnogley am Hang der Bärhalde (Schwarzwald, Deutschland). Z. Pflanzener. Bodenkunde 146, 23–37

STAHR, K., KANDELER, E., HERRMANN, L., STRECK, T. (2008) Bodenkunde und Standortslehre, Grundwissen Bachelor. UTB, Ulmer, Stuttgart

STEVENSON, F.J., CHENG, C.-N. (1970): Amino acids in sediments: recovery by acid hydrolysis and quantitative estimation by a colorimetric procedure. Geochim. Cosmochim. Acta **34**, 77–88.

STOOPS, G. (2003): Guidelines for Analysis and Description of Soil and Regolith Thin Sections. Soil Sci. Soc. Am., Inc. Madison, Wi, USA.

STOOPS, G., MARCELINO, V., MEES, F. (Hrsg.) (2009): Interpretation of micromorphological features of soils and regoliths. Elsevier. Amsterdam

STREBEL, O. (1970): Messung der Bodenwasserspannung mit Hg-Manometer-Tensiometern bei Lufttemperaturen unter 0°C. Z. Pflanzenern Bodenk **126**, 111–116.

STREIT , B. (1994): Lexikon Ökotoxikologie. 4. Aufl., VCH, Weinheim

STRUNZ, H. (1982): Mineralogische Tabellen. 8. Aufl., Akademische Verlagsges., Leipzig

TABATABAI, M.A., BREMNER, J.M. (1969): Use of p-nitrophenyl phosphate for assay of soil phosphatase activity. Soil Biol. Biochem. **1**, 301–307.

TABATABAI, M.A., BREMNER, J.M. (1970): Arylsulfatase activity of soils. Soil. Sci. Soc. Am. Proc. **34**, 225–229.

TABATABAI, M.A., FU, M. (1992): Extraction of enzymes from soils. p. 197–227. In G. STOTZKY, J.-M. BOLLAG (ed.) Soil Biochemistry. M. Dekker, New York.

TATE, K.R., JENKINSON, D.S. (1982): Adenoosine triphosphate measurement in soil. Soil Biol. Biochem. **14**, 331–335.

TEBAAY, R.H., WELP, G., BRÜMMER, G.W. (1993): Gehalte an polycyclischen aromatischen Kohlenwasserstoffen (PAK) in unterschiedlich belasteten Böden. Z. Pflanzenern. Bodenk. **156**, 1–10.

TAMM, O. (1922): Method for the estimation of the inorganic components of the gel-complex in soils. Meddel. f. Statens Skogsförsöksanst. **19**, 385ff; Stockholm

TEPE, W. (1961): Meßverfahren zur Bestimmung der Wasserversorgung der Pflanzen. Die Weinwissensch. **16**: 56ff.

THIELE, S. (1997): PAK in belasteten Böden.. Bonner Bodenk. Abh.. **22**

THIELE, S., BRÜMMER, G.W. (1998): PAK-Abnahmen in Bodenproben verschiedener Altlaststandorte bei Aktivierung der autochthonen Mikroflora. J. Plant Nutr. Soil Sci. **161**, 221–272.

TOPP, G., DAVIS, J., ANNAN, A. (1982): Electromagnetic determination of soil water content using TDR: I. Applications of wetting fronts and steep gradients. Soil Sci. Soc. of Am. J. **46**: 672–678

TRIBUTH, H., LAGALY, G., Hg. (1991): Identifizierung und Charakterisierung von Tonmineralen. Ber. d. Dt. Ton- u. Tonmin.gruppe, Gießen

TRÖGER, W. E. (1982): Optische Bestimmung gesteinsbildender Minerale. E. Schweizerbart, Stuttgart

TVO (1991): Trinkwasserverordnung, Anl. 2, Abschn. I, Lfd.Nr. 11, 12.1990 BGB 1, 2612, berichtigt 23.01.1991, I, 227.

ULRICH, B. (1983): Interactions of forest canopies with atmospheric constituents. – In: B. ULRICH, J. PANKRATH (eds.) Effects of Accumulation of Air Pollutants in Forest Ecosystems: 33–45; Dordrecht

US-EPA (1979): Federal register, polynuclear aromatic hydrocarbons – method 610, 44, 69514. http://www.accustandard.com/asi/pdfs/epa_methods/610.pdf

VDLUFA (2002/2005): Methodenbuch des Verb. Dt. Landw. Untersuch.- u. Forschungsanst. 2002/5. VDLUFA-V., Darmstadt

VOGEL, F , KOHL, F. (1962): Das Bodenprofil. Verfahren zu seiner Entnahme und Präparation für Lehr- und Sammlungszwecke, S. 3–12, Bayer. Geol. Landesamt, München

VOIGT, E. (1936): Bodenk. & Pflanzenernähr. 45: 111ff

WALKLEY, A., BLACK, I.A. (1934): An examination of the Degtjareff method for determining soil organic matter and a proposed modification of the chromic acid filtration method. Soil Sci. **37**, 29.

WARD, K., KLEPPER, B., RIECKMAN, R.W., ALLMARIS, R.R. (1978): Agron. J. **70**, 675.

WISCHMEIER W.H., JOHNSON C.B., CROSS B. V. (1971): A Soil Erodibility Nomograph for Farmland and Construction Sites. Journal of Soil and Water Conservation **26**, 189–193.

WRB (IUSS Working Group WRB) (2006): World reference base for soil resources. FAO, Rome

ZEZSCHWITZ, E. VON (1976): Ansprachemerkmale der terrestrischen Waldhumusformen des nordwestdeutschen Mittelgebirgsraumes. Geol. Jb. F3, 53–105

ZIBILSKE, L.M. (1994) Carbon mineralization, pp. 835–863. In: R.W. Weaver, S. Angle, P. Bottomley, D. Bezdicek, S. et al. (eds.): Method of soil analysis, part 2. American Soc. of Agranomy, Madison, Wis.

8.3 Stichwortverzeichnis